Hoppmann/Schaller/Stoll
Terroir

Dieter Hoppmann, Klaus Schaller,
Manfred Stoll

Terroir

Wetter, Klima und Boden im Weinbau

Die in diesem Buch enthaltenen Empfehlungen und Angaben sind von den Autoren mit größter Sorgfalt zusammengestellt und geprüft worden. Eine Garantie für die Richtigkeit der Angaben kann aber nicht gegeben werden. Autor und Verlag übernehmen keinerlei Haftung für Schäden und Unfälle.

Bibliografische Information der Deutschen Nationalbibliothek
Die Deutsche Nationalbibliothek verzeichnet diese Publikation in der Deutschen Nationalbibliografie; detaillierte bibliografische Daten sind im Internet über http://dnb.d-nb.de abrufbar.

Wollgrasweg 41, 70599 Stuttgart (Hohenheim)
E-Mail: info@ulmer.de
Internet: www.ulmer-verlag.de
Lektorat: Ulrike Andres, Anna Häusler
Herstellung: Thomas Eisele
Umschlagentwurf: Verlag Eugen Ulmer, Stuttgart
Satz: pagina GmbH, Tübingen
Druck und Bindung: Friedrich Pustet, Regensburg
Printed in Germany

ISBN 978-3-8001-0350-8

Inhaltsverzeichnis

Vorwort

An Lehrbüchern über den Weinbau besteht im In- und Ausland kein Mangel. Dagegen sind zusammenfassende Schriften zum Einfluss von Wetter, Klima und Boden auf das Wachstum der Reben und die Qualitätsbildung der Trauben sehr dünn gesät.

Die Rebe reagiert empfindlich auf alle sie umgebenden Umweltbedingungen. Dazu gehören die Wechselfälle der Jahreswitterung, das Gelände- und Bestandsklima sowie die Einflüsse des Bodens und der Pflanzennährstoffe. Die Beziehung zu rebphysiologischen Vorgängen vertieft das Verständnis für die Einflüsse der Umwelt auf die Rebe. Das Buch bietet einen umfassenden Einblick über Ursachen und Wirkungen der natürlichen Standortfaktoren auf die Traubenqualität, wobei diese sich dann auch in ihrer Summe im Wein widerspiegeln.

Der Winzer verändert mit seinen Maßnahmen zur Bodenbewirtschaftung, Bewässerung und Bestandsführung sowohl das Mikroklima als auch die Bodenverhältnisse. Positive und negative Einflüsse auf Wachstum und Qualität bleiben nicht aus. Die Auswirkungen werden durch zahlreiche anschauliche Beispiele und Versuche belegt.

In den letzten Jahren gab es in den deutschen Weinbaugebieten zahlreiche Bestrebungen, die vielfältig variierenden natürlichen Standortbedingungen durch Klima, Topografie und Boden bei der Weinbereitung stärker in den Vordergrund zu stellen und dem Weinliebhaber unter dem Sammelbegriff „Terroir" näherzubringen.

Ist dieser Begriff nur ein Marketinginstrument der Weinwerbung? Allzu häufig werden bei der Anwendung in der Weinbauwelt ausschließlich die Geologie und der Boden am Weinbaustandort in den Vordergrund gestellt. Es ist deshalb notwendig, diesen aus dem französischen Weinverständnis abgeleiteten Begriff genauer zu analysieren und die verschiedenen Aspekte des Begriffs Terroir zu erläutern. Die Kenntnisse der Zusammenhänge und Einflüsse sind für den Winzer von größter Bedeutung, da sie ihn in die Lage versetzen, das Qualitätspotenzial eines Standortes voll auszuschöpfen.

Die unterschiedlichen Sichtweisen zum Terroir bei Winzern und Weinbauverbänden erschweren dem weinbaulich interessierten Leser den Zugang zu diesem Begriff. Das Buch kann Hilfen anbieten, die Hintergründe zum Terroir zu entdecken. Der Klimawandel mit ansteigenden Temperaturen erfordert vom Winzer neue Anpassungsstrategien im Hinblick auf die Auswahl der Rebsorten und Anbaustandorte. Diese Zusammenhänge werden ebenfalls ausführlich erläutert.

Das Buch richtet sich an Winzer, Schüler und Studenten auf den Gebieten der Oenologie, Meteorologie, Geografie, Bodenkunde und angrenzender Wissenschaften. Zweifellos kann es auch als gute Handreichung für Weinhandel und Sommeliers dienen, die dem Verbraucher direkt Rede und Antwort stehen müssen. Schlussendlich eröffnet es aber auch dem Laien, der an weinbaulichen Fragestellungen oder am Wein interessiert ist, neue Erkenntnisse und viele Anregungen. Es stellt keine besonderen fachlichen Anforderungen an den Leser. Das Glossar im Anhang hilft bei der Erläuterung von Fachbegriffen.

Was wurde gegenüber der 1. Auflage verändert?

Die Kapitel 2, 3 und 4 wurden überarbeitet. Neue Abbildungen und Tabellen über den Zeitraum 1981–2010 ersetzen nun die alten Darstellungen mit ergänzenden Erläuterungen in den Kapiteln 3 und 4. Die Niederschlagstabellen im Anhang beziehen sich ebenfalls auf den Zeitraum 1981–2010. In Kapitel 5 ergänzen neuere Betrachtungen zum Einfluss von Bodenwärme- und Bodenwasserhaushalt sowie die Einflüsse der Pflanzennährstoffe auf das Rebwachstum die alten Beschreibungen. Neue Erkenntnisse flossen in die Kapitel 6 und 7 ein, gleichzeitig wurden sie dem aktuellen Wissensstand angepasst. Während das Kapitel 8 unverändert erhalten blieb, beinhaltet das Kapitel 9 die Bewertung des Weinbau-Terroirs unter verschiedenen Aspekten. Dazu gehören die Rebphysiologie, die Bodenkunde, die Weinbereitung sowie ökonomische Betrachtungen. Viele neue Erkenntnisse ermöglichten die komplette Neugestaltung dieses Kapitels. Kapitel 10 und 11 entfielen, aus dem früheren Kapitel 12 „Klimawende" wurde nun Kapitel 10. Die Erkenntnisse aus zwei verschiedenen Klimaszenarien ergänzen die Darstellungen zum Klimawandel.

Es darf nicht unerwähnt bleiben, dass uns viele Kollegen bei der Neufassung des Buches geholfen haben. So lieferten die Kollegen vom Deutschen Wetterdienst in Braunschweig die agrarmeteorologischen Daten sowie spezielle Modellrechnungen. Die Klimadaten entstammen dem Zentralarchiv des Deutschen Wetterdienstes. Die Kollegen Thomas Kartschall und Martin Wodinski vom PIK (Potsdam-Institut für Klimafolgenforschung) stellten die Ergebnisse der beiden Klimaszenarien zur Verfügung. Marco Hofmann unterstützte uns bei der Darstellung des Wasserhaushaltes, Andreas Ehlig erstellte für die Computerprogramme die Grunddaten und Elfriede Weber half bei der Korrektur der Texte. Bei allen Kollegen und Mitarbeitern möchten wir uns herzlich bedanken.

Nun wünschen wir Ihnen viel Spaß beim Lesen!

Dieter Hoppmann, Klaus Schaller und Manfred Stoll
Geisenheim, im Juni 2016

1 Welche Bedeutung hat das Klima für die Rebe?

1.1 Was ist Klima?

„Die Atmosphäre ist die Mutter der sehr ungleichen Kinder Wetter und Klima“ (SCHÖNWIESE 1992).

Die Lufthülle, die unsere Erde umgibt, nennen wir **Atmosphäre**. Der Begriff leitet sich von dem griechischen Wort „atmós“ ab und bedeutet soviel wie „Luft, Druck und Dampf“. Das griechische Wort „sfära“ bedeutet Kugel. Die Atmosphäre besteht aus einem Gemisch von Gasen, deren Hauptbestandteile Stickstoff, Sauerstoff, Wasserdampf, Kohlendioxid und verschiedene Spurenelemente sind. Daneben schweben in der Luft aber auch Wassertröpfchen, kleine Eiskristalle und kleinste organische und anorganische Teilchen. Die genannten Gase stellen den unsichtbaren nicht fassbaren Teil dar, während uns Wasser- und Eispartikel in Form von sichtbarem Nebel, Wolken, Schnee oder Regen begegnen.

Die Energie für die Luftbewegungen spendet die Sonne. Im Mittel fallen pro Tag auf jeden Quadratmeter der Eroberfläche 342 Watt.

Aus dem Weltraum betrachtet erscheint unsere Erde als blauer Planet ebenso wie der blaue Himmel über uns. Aus dem **Farbspektrum des Sonnenlichts** werden blaue Anteile an den Luftteilchen gestreut. Diese Streuung verleiht dem Himmel die blaue Farbe. Ist der Weg der Sonnenstrahlen durch die Atmosphäre sehr lang, wie beispielsweise am Abend oder frühmorgens, so wird fast der gesamte blaue Anteil des Sonnenlichtes herausgestreut und die Sonne erscheint dann in gelben bis roten Farben.

Die Untergrenze der Atmosphäre bildet die Erdoberfläche, nach oben in den Weltraum gibt es keine klare Abgrenzung. Erst in 700 km Höhe erreichen wir annähernd das Luftvakuum. Aufgrund der Schwerkraft nehmen die Dichte und der Luftdruck nach oben kontinuierlich ab. Während wir in Bodennähe im Mittel einen **Luftdruck** von 1013 hPa messen, sind es in 50 km Höhe nur noch 1 hPa, in 100 km Höhe sogar nur 0,01 hPa.

Die Atmosphäre ist ständig in Bewegung. Das zeigen uns Thermometer, Barometer oder Windmesser an. Die Wolken sind ein weiterer Beleg für die Luftbewegungen, ohne dass wir die Ursachen dafür direkt wahrnehmen können.

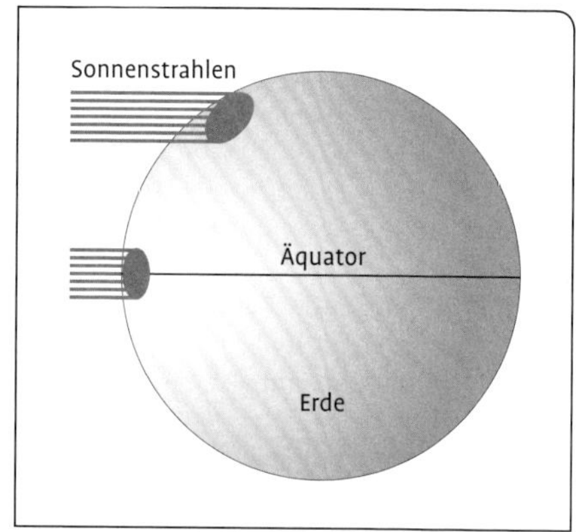

Abb. 1.1: Die Veränderung des Neigungswinkels der Sonnenstrahlen mit zunehmender geografischer Breite.

Die zugestrahlte Energie verteilt sich aber nicht gleichmäßig über den Globus (Abb. 1.1). Gebiete nahe dem Äquator empfangen deutlich mehr Energie als die in den höheren Breiten, weil sich die Sonnenstrahlen bei flachem Einfallswinkel auf eine größere Fläche verteilen. Wärmeüberschüsse bzw. -defizite führen zu Ausgleichsströmungen und treiben mit Unterstützung der ablenkenden Kraft der Erdrotation die „Hochs" und „Tiefs" auf unserem Globus an. Gebiete mit hohem und niedrigem Luftdruck verändern sich zeitlich und räumlich und bestimmen an einem bestimmten Ort den Wetterablauf. Daraus ergibt sich die Definition für das **Wetter**.

Das Wetter ist der augenblickliche Zustand der Atmosphäre zu einer bestimmten Zeit an einem bestimmten Ort mit der Beschreibung aller meteorologischen Elemente wie beispielsweise:
- Lufttemperatur
- Luftfeuchtigkeit
- Luftdruck
- Wind
- Strahlung
- Niederschlag
- Bedeckung
- Sicht

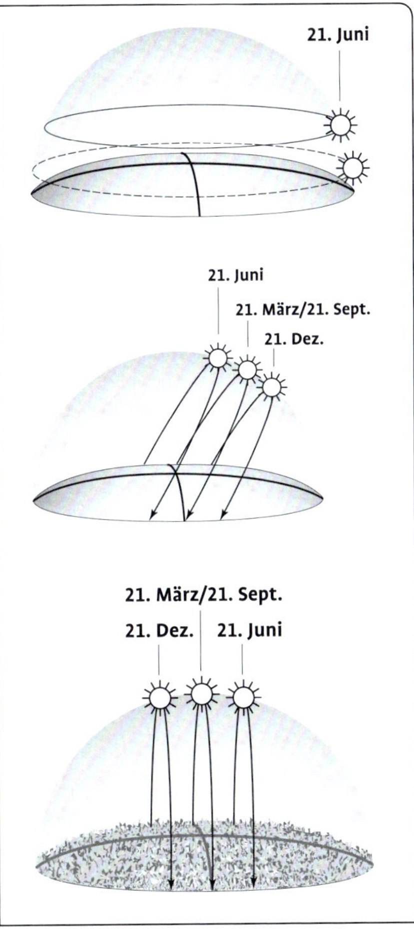

Abb. 1.2: Der Tageslauf der Sonne über dem Horizont am Nordpol (oben), in 45° Nord (Mitte) und am Äquator (unten) in den verschiedenen Jahreszeiten.

Nun beobachten wir auf unserem Globus eine weitere Besonderheit. Die **Rotationsachse der Erde** steht nicht senkrecht auf der Bahnebene unseres Planeten um die Sonne, sondern ist gegenwärtig mit einem Winkel von 23°26' gegen die Bahnebene geneigt. Bei einem Fehlen dieser Neigung hätten wir keinen Wechsel der Jahreszeiten. An jedem Ort ergäbe sich dann über das gesamte Jahr hin der gleiche Tagesablauf für die scheinbare Sonnenbahn über die Himmelskugel.

Die Neigung der Erdrotationsachse bestimmt den Ablauf der Jahreszeiten. Aus dem Wort Neigung leitet sich der Begriff Klima ab, denn das griechische Wort „klinein" steht für neigen.

Der wechselnde Einfallswinkel der Sonnenstrahlen bestimmt etwas vereinfacht die verschiedenen Klimagürtel auf der Erde mit **tropischem Klima** nahe dem Äquator, **gemäßigtem Klima** in den mittleren Breiten und **kaltem Klima** in hohen Breiten. Abb.

1.2 soll diese Zusammenhänge verdeutlichen. Am Nordpol (Abb. 1.2 oben) erreicht die Sonne im Sommer einen Höchststand von 23,5°, im Winter verschwindet sie dagegen völlig unter dem Horizont, in den mittleren Breiten erleben wir einen starken Wechsel der Jahreszeiten (Abb. 1.2 Mitte) und am Äquator ist die Veränderung über die Jahreszeiten bei nahezu gleichen Tageslängen sehr gering (Abb. 1.2 unten).

In Anlehnung an die Klimadefinition von KÖPPEN (1923) lässt sich der Begriff Klima wie folgt umschreiben:

Das Klima ist die Zusammenfassung aller Wettererscheinungen, die den mittleren Zustand der Atmosphäre an einem bestimmten Ort beschreiben. Der Zeitraum sollte mindestens 30 Jahre abdecken.

Die Charakterisierung erfolgt mit Mittelwerten, Häufigkeiten Extremwerten und anderen statistischen Eigenschaften über Tage, Monate und Jahreszeiten hinweg. Das Wetter ändert sich zwar an einem bestimmten Ort in rascher Folge, häufig bleiben aber bestimmte Wetterzustände über mehrere Tage oder sogar Wochen erhalten. In Erinnerung ist das lang andauernde heiße und trockene Sommerwetter des Jahres 2003.

Zwischen Wetter und Klima besteht ein weiteres Bindeglied, das man mit dem Begriff „**Witterung**" umschreibt. Diesen Begriff gibt es allerdings nur im deutschen Sprachraum. Zum Wetterablauf gesellt sich dabei auch das Merkmal „Erhaltungstendenz". Wenn wir jeden Tag unserem Nachbarn sagen: „Morgen wird das Wetter so wie heute", so erreichen wir in der Wettervorhersage bereits eine Trefferquote von 60 %.

Je länger eine Phase mit trockenem, warmem und sonnenscheinreichem Sommerwetter andauert, desto größer ist die Wahrscheinlichkeit, dass dieser Witterungstyp erhalten bleibt.

Der Allgemeinheit sind viele markante Witterungsabläufe im Jahresablauf bekannt. So fürchten die Winzer die häufig wiederkehrenden Kälterückfälle nach einem frühen Austrieb der Reben oder sie hoffen auf den häufig wiederkehrenden Altweibersommer Ende September und Anfang Oktober. Schon beinahe sprichwörtlich ist das Tauwetter um Weihnachten mit einer Eintreffwahrscheinlichkeit von fast 80 %.

Die Elemente **Wetter**, **Witterung** und **Klima** stehen nicht für sich allein, sondern sind sozusagen die drei ungleichen Kinder der gleichen Mutter **Atmosphäre**.

1.2 Eine Klimareise – vom Makro- zum Mikroklima

Bei der Beschreibung des Klimas bedienen wir uns räumlichen und zeitlichen Zuordnungen. Die 30-jährigen Mittelwerte sind uns bereits geläufig. Man kann sich aber durchaus auch andere Zeitskalen vorstellen. In den Zeitungen stehen z. B. häufig Berichte über die globale Erwärmung. „Die globale Mitteltemperatur ist in den letzten 150 Jahren um 0,75 K angestiegen", lautet eine dieser Meldungen. In dieser Aussage tauchen die Begriffe „global" (also weltweit) und der Zeitraum „150 Jahre" auf. Ein Zeitraum, mit dem der Winzer in der Praxis nichts anfangen kann. Es ist daher nicht das Ziel dieses Buches, das Klima in solchen räumlichen und zeitlichen Zuordnungen zu beschreiben.

Vielmehr stellen wir uns vor, dass wir mit einem Spaceshuttle aus dem Weltraum auf die Erde zufliegen. In etwa 10000 km Höhe erkennen wir die Hälfte der gesamten Erdkugel. Wir können aus dieser Entfernung nur wenig von Deutschland und schon gar nicht die Weinbauregionen erkennen. Wir fliegen deshalb auf die Erde und auf Deutschland zu. Die gesamte Fläche des

Bundesgebietes erkennen wir in einer Höhe von 900 km. Nun können wir bereits die Mittelgebirge erkennen, die Lage zum Meer, die großen Flüsse wie Rhein, Donau und Elbe, und natürlich hebt sich auch die Alpenkette im Süden deutlich ab. Wenn wir die Grenzen der deutschen Weinbaugebiete vor Augen haben, so können wir auch diese in diesem Bild deutlich zuordnen. Wir erfassen jetzt die Räume des **Makroklimas** (s. Kapitel. 3 und 4).

Zur räumlichen Differenzierung des Makroklimas stehen die Messwerte von 121 bemannten Wetterstationen und 480 Klimastationen zur Verfügung.

Diese Zahl verdeutlicht, wie stark die klimatischen Unterschiede zwischen den Weinbaugebieten sind. In Kap. 3 und 4 werden die weinbaulich relevanten Wettererscheinungen und klimatischen Besonderheiten der Weinbaugebiete ausführlich beschrieben, die sich insbesondere im Hinblick auf Temperaturen, Sonneneinstrahlung und Niederschlagsverteilung unterscheiden. Innerhalb eines Gebietes verändern z. B. Luv- und Leeeffekte die Niederschlagsverteilung und die Höhenlage beeinflusst die Temperatur.

Die Weinbaugebiete sind von der Wärme und der Einstrahlung begünstigt, häufig sind sie aber auch trockener als andere Regionen, da sie meist im Regenschatten der Mittelgebirge liegen.

Natürlich gibt es Ausnahmen, wie das Weinbaugebiet Bergstraße und das badische Weinbaugebiet, die auf der Westseite von Odenwald und Schwarzwald liegen. Die bestehende **Messnetzdichte** erlaubt eine räumliche Auflösung der Klimaelemente zwischen 20 und 30 km. Diese Tatsache führt uns vor Augen, dass wir innerhalb der Weinbaugebiete keine räumlich und zeitlich differenzierte Betrachtung des Klimas anstellen können.

Deshalb betrachten wir beispielhaft Rheinland-Pfalz, das mit knapp 65000 ha die größte Rebfläche aller Bundesländer besitzt. In 200 km Höhe ist ganz Rheinland-Pfalz im Blickwinkel; wir erkennen bereits die Waldgebiete der Mittelgebirge wie Hunsrück, Taunus und Eifel, die Täler großer und kleiner Flüsse, landwirtschaftlich genutzte Räume sowie die urban geprägten Gebiete wie beispielsweise das Rhein-Main-Gebiet. Die in diesem Gebiet vorhandenen Wetter- und Klimastationen können die einzelnen Landschaftselemente nicht mehr ausreichend räumlich auflösen. Wir bewegen uns nunmehr im Bereich des **Mesoklimas**. Die räumliche Zuordnung umfasst die große Spanne von etwa 50 m bis hin zu 10 km. Temporäre Messungen, Messfahrten, Klimakartierungen und Modellrechnungen ergänzen die Lücken in den vorhandenen Messnetzen.

Ein Teilbereich des Mesoklimas befasst sich mit dem Geländeklima, dem an der Nordgrenze des Weinbaus eine besondere Bedeutung zukommt (s. Kap. 5). In der räumlichen Zuordnung liegt es im unteren Bereich des Mesoklimas zwischen 50 und 500 m.

Jetzt fliegen wir zwischen Rüdesheim und Eltville den Rhein entlang. In etwa 1500 m Höhe erkennen wir alle kleinräumigen geländeklimatisch relevanten Strukturen: die einzelnen Rebflächen, kleinste Mulden und Täler, einzelne Baum- und Strauchreihen, wir unterscheiden gartenbaulich genutzte Flächen und einzelne Häuserreihen und können somit alle Gebiete im Hinblick auf die Flächennutzung, Höhenlage, Exposition und Neigung differenzieren. Dies sind die wesentlichen topografischen Elemente des **Geländeklimas** (s. Kap. 5 und 8).

Damit sind wir aber noch nicht an das Ende der räumlichen klimatischen Zuordnungen angelangt. Wir betrachten nun die umliegenden Rebflächen von einer kleinen Anhöhe aus. Das **Mikroklima** oder **Bestandsklima** erschließt uns den Grenzbereich zwischen Boden und 2 m Höhe. In diesem Grenzbereich wachsen die Reben. Maßgeblich für das Bestandsklima ist der **Strahlungsumsatz** im Bestand und die sich daraus ergebende **Temperatur- und Feuchteverteilung**. Die Rebe selbst beeinflusst mit **Stoffwechsel** und **Transpiration** das Bestandsklima. Während des Wachstums verändern sich die einzelnen Elemente. Selbst die Bewässerung verändert Temperatur und Luftfeuchte im Bestand.

Mit der Wahl der Erziehungsform, Zeilenrichtung, Bestandshöhe und -breite sowie den Laubarbeiten steuert auch der Winzer das Bestandsklima.

An der Grenzfläche zum Boden finden weitere Wärmeumsetzungen statt. Die Böden erwärmen sich unterschiedlich, ein Teil der Sonneneinstrahlung wird reflektiert. Auch diese physikalischen Prozesse sind an der Entwicklung des Bestandsklimas beteiligt. Dabei werden die Differenzen zu einem Referenzwert betrachtet, der sich in der Regel an einer Messstation über einer Grasdecke in 2 m Höhe befindet. Der gesamte Skalenbereich des Mikroklimas erfasst eine horizontale Erstreckung von 1 cm bis etwa 50 m. Deshalb gehören die Rebblätter auch dazu (s. Kap. 6 und 7).

Die Temperaturunterschiede zwischen einem von der Sonne beschienenen und einem Schattenblatt sind oft größer als die Unterschiede zwischen zwei Weinbauregionen.

Die Phänomene des Bestandsklimas lassen sich ähnlich wie beim Geländeklima mit temporären Messungen oder neuerdings auch mit Modellrechnungen erschließen.

Bei den angegebenen räumlichen Abgrenzungen des Makro-, Meso- und Mikroklimas handelt es sich nicht um genau definierte Grenzen. Sie stellen vielmehr die ungefähre Bandbreite dar. Je nach Betrachtungsweise ergeben sich Überlappungen. Da es hier um Reben geht, haben kleinräumige Strukturen eine besondere Bedeutung.

1.3 Welches Klima braucht die Rebe?

Die Rebe gehört unter den vielen Kulturpflanzen zu den „Sensibelchen“, wenn man die Einflüsse von Klima und Witterung auf die Qualitätsbildung betrachtet (s. Kap. 8). Deshalb ist sie auch für die Paläoklimatologen, welche die Klimageschichte weit zurückliegender Zeiträume rekonstruieren, ein sehr beliebtes Objekt. Die Aufzeichnungen zum Weinertrag und zur Weinqualität gehen teilweise bis ins 9. Jahrhundert zurück. Beispielsweise gibt es in der Pfarrei Forst bei Deidesheim in der Pfalz eine Zusammenstellung der Weinjahre von 809 bis 1800. Diese Aufzeichnungen sind auch deshalb so wertvoll, weil erst seit 200 Jahren in Deutschland kontinuierliche Messungen zum Klima durchgeführt werden. Zu den Auswirkungen des Klimawandels auf den Weinbau laufen zurzeit weltweit intensive Untersuchungen (Kap. 10).

Die genannten Aktivitäten in der Forschung sind unter anderem auf die hohen Wärmeansprüche der Rebe zurück zu führen. Deutschland liegt an der Nordgrenze des Weinbaus in Europa. Daher lässt sich die Rebe hier nur in klimatisch bevorzugten Gebieten mit Erfolg anbauen.

In den nächsten Jahrzehnten werden sich die potenziellen Anbaugrenzen für Reben aufgrund der globalen Erwärmung nach Norden verschieben.

Im Mittelalter war der Weinbau schon einmal wegen der damals um 1–2 K höheren Temperaturen bis nach Ostpreußen und Südschweden ausgedehnt. Mit der Abkühlung vom 16. bis zum 18. Jahrhundert wurde der Anbau in den nördlichen Regionen wieder aufgegeben.

Die hohen Wärmeansprüche werden auch aus dem Ursprungsbiotop der Reben deutlich. Die Wildreben und auch die von ihnen abstammenden Kulturreben sind Lianen des mäßig warmen bis mediterran warmen Auwaldes.

Die Kulturrebe hat sich in ihrer Entwicklungsgeschichte an die ihr heute zugewiesenen Standorte angepasst, die sich klimatisch sehr deutlich unterscheiden. Global betrachtet liegt die Grenze des Weinbaus auf der Nordhemisphäre knapp über bzw. unter 50° Nord, auf der Südhemisphäre reicht der Weinbau wegen fehlender Landmassen bis etwa 45° Süd. In Richtung Äquator gibt es keine festen, auf den Breitenkreis bezogenen Grenzen.

Inzwischen breitet sich auch der tropische Weinbau insbesondere mit dem Anbau von Tafeltrauben aus. Hitzestress und hohe Luftfeuchtigkeit begrenzen allerdings den Anbau in niedrigen Breiten. In äquatornahen Gebieten lassen sich dann in größeren Höhen wieder Gebiete finden, in denen sich die Rebe wohl fühlt. Die immerwährende hohe Luftfeuchtigkeit der innertropischen Regenklimate ist der Rebe wenig bekömmlich, da sie die Assimilationsleistung beeinträchtigt und die Anfälligkeit für Pilzerkrankungen erhöht.

Die Wirkung der Klimafaktoren auf das Wachstum der Reben und die Ausreife der Beeren lässt sich nicht durch Grenzwerte exakt festlegen. Die phänologische Entwicklung der Rebe wird vor allem durch die **Temperatur** beeinflusst. In der Literatur wird auch eine ausschließliche Temperaturabhängigkeit angegeben (GLADSTONES 1992), wobei nach der Blüte sicherlich auch die **Strahlungsintensität** und der damit verbundene Einfluss auf die **Photosyntheseleistung** eine zusätzliche Rolle spielen (GUTIERREZ et al. 1985). Die vegetative Entwicklung, welche am Anfang der Vegetationsperiode den phänologischen Fortschritt dominiert, reagiert ausschließlich auf die Temperatur (BUTTROSE 1969a). Als unterste Schwelle des Wachstums werden meist 10 °C angenommen und diese Werte dienen auch bei vielen klimatischen Indizes als unteres Limit. Zwischen ca. 10 °C und 16–17 °C steigt die **Wachstumsrate** linear an. Darüber wird der Anstieg schwächer und maximale Wachstumsraten werden, je nach Sorte, bei einer Tagesdurchschnittstemperatur von ca. 20 °C (SCHULTZ 1993) erreicht. Bei mediterranen Rebsorten liegen die Werte etwas höher. In Versuchen unter kontrollierten Bedingungen variierte die Temperatursumme (> 10 °C) zwischen Austrieb und Blüte von 230–485 Gradtagen mit zunehmender Tagesdurchschnittstemperatur. Variationen der Tag-Nacht-Amplitude bei gleicher Durchschnittstemperatur hatten keinen Einfluss auf die Zeitspanne zwischen Austrieb und Blüte (BUTTROSE und HALE 1973). Der obere Schwellenwert, bei dem das Wachstum reduziert wird, ist sortenabhängig. Während Sorten wie Riesling ab ca. 30 °C bereits eingeschränktes Wachstum zeigen, scheinen Sorten wie Syrah (BUTTROSE 1969b) oder Chardonnay (SEPULVEDA und KLIEWER 1986) weniger empfindlich zu sein.

Sowohl bei zu niedrigen als auch bei zu hohen Temperaturen spielt die Transport-

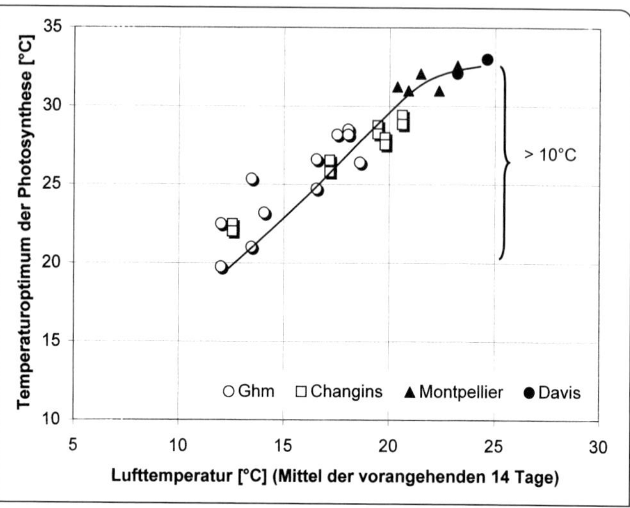

Abb. 1.3: Die Verschiebung des Optimums der Photosynthese in Abhängigkeit von den Temperaturverhältnissen der vorangehenden 14 Tage in verschiedenen Weinbauregionen (SCHULTZ 2000). Ghm: Geisenheim

richtung der Photosyntheseprodukte in der Wachstumsbeeinflussung eine wichtige Rolle. Bei 15 °C z. B. werden **Assimilate** vorwiegend zur Triebbasis transportiert, bei 25 °C vorwiegend zur Triebspitze. Bei zu hohen Temperaturen (> 35 °C) vermindert sich die Photosyntheseleistung so stark, dass nicht genügend Substrat für das Wachstum zur Verfügung steht und hohe Verluste durch die Veratmung von Photosyntheseprodukten entstehen. Untersuchungen haben zudem gezeigt, dass sich die Optimalbereiche für die wichtigsten Klimagrößen wie Temperatur und Lichtverhältnisse mit der phänologischen Entwicklung und dem Blattalter verschieben. Außerdem verändern sie sich in Wechselwirkung mit den wechselnden Witterungsverhältnissen. So ist das Temperaturoptimum für die Photosynthese nicht fixiert, sondern im Hinblick auf die obere und untere Grenze sehr variabel (Abb. 1.3). Innerhalb einer Vegetationsperiode kann das Optimum zwischen ≤18 °C und ≤ 34 °C Blatttemperatur liegen, je nach den Temperaturbedingungen, die über einen gewissen Zeitraum herrschen und an das sich der Photosyntheseapparat anpasst. Dabei können über einen Bereich von ca. 25–33 °C ähnliche Maximalwerte erzielt werden. Der untere Schwellenwert für eine positive Photosyntheserate liegt bei ca. 3 °C im Oktober, während der obere Schwellenwert – sofern kein Wassermangel besteht – bei ca. 45 °C im Hochsommer liegt (SCHULTZ 2000).

Die Photosyntheseleistung passt sich ebenso an die umgebenden Lichtverhältnisse an. Die **photosynthetisch aktive Strahlung (PAR)** liegt in unseren Breiten bei maximal ca. 2000 μmol/(m^2 s) im Bereich der Wellenlängen des sichtbaren Lichtes von 400–700 nm. Bei niedrigen Temperaturen um 15 °C ist die Photosyntheserate bereits bei unter 500 μmol/(m^2 s) gesättigt, bei sehr hohen Temperaturen von mehr als 34 °C erst im Bereich von 1000–1300 μmol/(m^2 s) (ZUFFEREY et al. 2000).

Auch deshalb muss in Regionen mit hohen Temperaturen die Strahlungsintensität hoch sein, um ausreichend Assimilate zu bilden.

Das gilt aber nur, wenn die Blätter dem vollen Sonnenlicht ausgesetzt sind. Blätter im Schatten der Laubwand passen sich den ungünstigen Lichtverhältnissen an (Kap. 7). Auch das Blattalter und der Blatttyp verändern die Optimalbereiche. Während der Rebblüte liegt das Temperaturoptimum im vollen Sonnenlicht zwischen 25 und 30 °C, zum Herbst senkt sich das Optimum um mindestens 5 °C ab.

Bei dieser Betrachtung wurde der Einfluss des **Wasserdampfsättigungsdefizits** – häufig auch als Dampfhunger der Luft umschrieben – noch nicht berücksichtigt. Diese wichtige Stellgröße beeinflusst sowohl die Transpiration als auch die Assimilation der Rebblätter. Bei sehr hohen Defiziten von mehr als 30 hPa und gleichzeitig hohen Temperaturen schließen sich die Stomata und schränken den Gaswechsel ein. Es gibt allerdings hierbei relativ große Sortenunterschiede (Soar et al. 2006) und zwischen den Regionen, in denen diese Sorten angebaut werden. In den deutschen Weinbaugebieten ist diese Reaktion weniger stark ausgeprägt als in trockenen und sehr warmen Regionen.

Der Stoffwechsel wird auch dann eingeschränkt, wenn das **Wasserpotenzial** im Boden unter -0,3 MPa absinkt (Kap. 6). Das pflanzenverfügbare Bodenwasser schwankt mit dem Niederschlagsangebot während der gesamten Vegetationsperiode. In sehr trockenen Jahren wie 2003 gerät die Rebe unter **Trocken- und Hitzestress**.

Das Temperaturoptimum wird während der Beerenreife deutlich niedriger. Gladstones (1992) siedelt das Temperaturoptimum für die Zuckereinlagerung, Säureabbau und die Bildung von Inhaltsstoffen in der Beere im Bereich von 15–20 °C an, wobei die untere Grenze eher den kühlen Weinbauklimaten mit frischen Weißweinen, die obere Grenze dagegen den farbintensiven, tanninhaltigen mediterranen Rotweinen zuzuordnen ist.

Der grundsätzliche Unterschied zum Optimalbereich der Photosynthese besteht darin, dass die Stoffbildung in der Beere auch während der Nacht abläuft. Trotz der komplexen Wirkung des klimatischen Umfeldes auf das Wachstum der Reben wird bei einem makroklimatischen Vergleich die Temperatur fast immer in den Vordergrund gestellt. So kennzeichnet Becker (2000) die Grenzen für den Qualitätsanbau wie folgt:

„In der nördlichen Grenzzone des Weinbaus benötigt die Rebe eine Mindestvegetationszeit von etwa 180 frostfreien Tagen. Die für die Zeitspanne April bis Oktober berechnete Summe der positiven Abweichungen der mittleren Tagestemperaturen von 10 °C darf den Wert 1000 nicht unterschreiten, wenn spät reifende Sorten wie Riesling zu genügender Reife kommen sollen. Unsere europäischen Kulturrebsorten ertragen Winterfröste bis minus 15 °C. Bei strengeren Frösten kann es je nach Rebsorte und Reife des Holzes zu mehr oder minder schweren Frostschäden kommen. In Gebieten, wo die Wahrscheinlichkeit besteht, dass es mehr als einmal in einer 20-Jahres-Periode zu Frösten unter minus 20 °C und somit zu den entsprechenden Schäden an den Winteraugen und am Holz kommt, ist die Wirtschaftlichkeit des Weinbaus in Frage gestellt.“

Bezüglich Sonnenscheindauer weist Becker (2000) darauf hin, dass in den deutschen Weinbaugebieten der Wert von 1300 h im Jahr nicht unterschritten wird. Ohne auf die genannten Grenzwerte im Einzelnen einzugehen, wird in diesen Bemerkungen die große Bedeutung der Temperatur für den Rebanbau an der Nordgrenze des Weinbaus deutlich (Kap. 3).

Insbesondere die Risiken durch Frost und die Temperatursummen über 10 °C bestimmen makroklimatisch die Eignung für den Weinbau.

Die klimatischen Verhältnisse in Deutschland bedingen auch ein Rebensortiment, das sich deutlich von den südlich gelegenen, wärmeren und trockeneren Anbauzonen unterscheidet. Hinzu kommen die geländeklimatischen Gegebenheiten, die die Wahl der Rebsorte und -unterlage bestimmen.

Der Standort der Rebe wird aber auch durch den Boden bestimmt. Die Bodenoberfläche bildet die untere Grenzfläche der Atmosphäre. Wie bei den Erläuterungen zum Bestandsklima bereits erwähnt, finden an der Bodenoberfläche wesentliche Wärmeumsätze statt, die ihrerseits auch das Bestandsklima beeinflussen.

Klima und Boden bestimmen mit ihren wechselseitigen Einflüssen, welches Potenzial ein Standort für den Rebanbau mitbringt. Die Hervorhebung dieses Potenzials ist auch der Ausgangspunkt für die Erläuterungen, Definitionen und Abgrenzungen des Begriffs „Terroir".

Neben der Bodenwärme ist die Wasserversorgung der Rebe über den Boden und die Zufuhr mineralischer Nährstoffe von grundlegender Bedeutung für die Wahl standortgeeigneter Rebsorten und für Ertrag und Qualität der Trauben.

2 Terroir – Mythos oder eine neue Entwicklung im Weinbau?

2.1 Geschichte

Der Weinbau als ein Teil der landwirtschaftlichen Produktion war in seiner Geschichte weitaus stärker abhängig von den jeweiligen Moden und Bedürfnissen der bestehenden Gesellschaften als andere landwirtschaftliche Kulturen. Er musste über diese Abhängigkeiten immer wieder erfahren, dass fortwährende Anpassungsprozesse abverlangt wurden, die mitunter auch zu sozialen Verwerfungen führten. Beispielhaft sei hier nur auf die verbesserten Herstellungs- und Lagerverfahren für Bier hingewiesen, nachdem man gezielt das fertige Produkt kühlen konnte. Dies führte nach dem Dreißigjährigen Krieg dazu, dass große Weinbauareale aufgegeben wurden und nur noch alte Flurnamen die weite Verbreitung des Weinbaus erahnen lassen. Die starke Abkühlungsphase (kleine Eiszeit), die im 16. Jahrhundert einsetzte und bis in das 19. Jahrhundert andauerte, verstärkte diesen Verdrängungsprozess. Der Weinbau musste sozusagen dem damals präferierten alkoholischen Getränk Bier weichen. In der Folge zog sich die Rebkultur in klimatisch begünstigte Räume zurück und konnte dort bis zum heutigen Tag überleben.

Erste Ansätze, bestimmte Qualitäten ausgewählten Standorten zuzuordnen, wurden in Portugal 1756 in die Tat umgesetzt. Die heutige Einteilung der Rebflächen für den Portweinanbau im Duorotal stammt aus dieser Zeit. Der verstärkt einsetzende Handel mit Portwein und die Sicherung des Absatzes hatten sicher einen starken Einfluss auf die Abgrenzung des Portweingebietes.

Im 19. Jahrhundert führte der sich entwickelnde Welthandel zu neuartigen Problemen speziell in der französischen Weinwirtschaft. In der stark exportorientierten Region des Bordeaux ließen sich die produzierten Weinmengen nur mehr schwer absetzen. Grund war nach Auffassung des Weinhandels die rückläufige Qualität. Dies initiierte das heutige System „Bordeaux". Seinen Ursprung hatte das System in der damals durch den Handel ermittelten Weinqualität, welche anhand der erzielten Weinpreise ermittelt wurde, und so in eine Klassifizierung der einzelnen Betriebe einmündete. Wechselten Besitzer oder Kellermeister, war eine erneute Klassifikation erforderlich (vgl. Kap. 9). Hier mag man vielleicht schon ein Element der Diskussion um das Terroir erkennen, dass nämlich dem Menschen (Weinmacher) bereits damals eine beachtliche Bedeutung zugeordnet wurde.

Weitere krisenhafte Entwicklungen in der Weinwirtschaft führten im ersten Drittel des 20. Jahrhunderts zur Einführung des **AOC**-Systems (**Appellation d'Origine Contrôlée**). Es versucht zwei grundlegende Faktorenbündel miteinander zu verknüpfen, nämlich die natürlichen Grundlagen der pflanzlichen Produktion – Klima, Boden und geologisch-geografische Einheiten – und die menschlichen Einflussgrößen. Ein weiteres Element des Terroir ist die Abgrenzung und Klassifizierung von Rebflächen. Es ist also durchaus sinnvoll die verschiedenen Elemente des Terroirs genauer zu erfassen, abzugrenzen und zu erläutern.

2.2 Was bedeutet der Begriff Terroir?

In der Weinbaufachwelt ist der Begriff „**Terroir**" hoch aufgeladen. Meist wird er in Verbindung mit einer Lagenklassifizierung oder zur Beschreibung eines Weines herangezogen. „Terroir" ist behaftet mit vielen Wahrnehmungen, insbesondere im sensorischen Bereich, die sich aber nicht klar abgrenzen und einordnen lassen. Man ist vor allem bestrebt, im Geschmack des Weins den Boden, teilweise sogar das geologische Ausgangsmaterial wiederzufinden. Ein erst kürzlich aufgekommener Begriff ist das Attribut „**mineralisch**", welches verwendet wird, um die Herkunft eines Weines besonders hervorzuheben. Aber hat „Terroir" wirklich nur mit dem Boden und seinen Einflüssen auf die Weinqualität zu tun oder ist es vielleicht nur eine Marketingstrategie des Weinbaus? Wie bei allen landwirtschaftlichen Produkten ist zu erwarten, dass die natürlichen Gegebenheiten eines Standortes generell einen Einfluss auf die Bildung von Inhaltsstoffen haben und somit letztendlich auch die Weinqualität prägen.

Eine exakte Übersetzung dieser zutiefst **französischen Konzeption** und der dahinter stehenden Gedankenwelt gibt es nicht. Sucht man in einem französischen Wörterbuch nach dem Wort „Terroir", so werden folgende Übersetzungen angeboten: „Boden, Erdreich, Ursprung, Herkunft, Lage, Weinberg". In dem weiterführenden Oxford Weinlexikon von Robinson (1995) wird dieser Begriff weiter gefasst: *„Die wichtigsten Komponenten des Terroir sind (wie das Wort selbst schon besagt) der Boden und die lokale Topografie sowie ihre Wechselwirkungen untereinander und mit dem Makroklima auf das Mesoklima (Geländeklima) und das Mikroklima (Bestandsklima) der Rebe"* (Abb. 2.1). Das Zusammenwirken aller dieser Faktoren soll nach diesen Überlegungen jeder Lage ihr charakteristisches Terroir verleihen, das sich dann über Jahre hinweg mehr oder weniger einheitlich ausdrückt und zwar unabhängig von den Variationen in den Weinbau- und Weinbereitungsmethoden.

Eine einfache Übertragung auf die **deutschen Weinbaugebiete** wird allein schon deshalb schwierig, weil die Variationsbreite unserer Makro- und Mesoklimate besonders groß ist und auch die über Jahre hinweg angenommene Einheitlichkeit des Terroirs nicht vorhanden ist (vgl. Kap. 3 und 4). Die Jahrgangsschwankungen der Qualität sind derartig groß, dass sie die lagenbedingten Unterschiede stark überlagern. Möglicherweise nehmen die Jahrgangsschwankungen mit dem Klimawandel zukünftig ab, sodass das Terroir auch bei uns über die Jahre hinweg erkennbar bleibt (vgl. Kap. 8).

Da das Buch seinen Schwerpunkt in die Darstellung des Weinbauklimas legt, werden die Komponenten Makroklima und Bestandsklima in gesonderten Kapiteln 3 und 7 behandelt. Wir wenden uns zunächst den natürlichen, naturwissenschaftlich fassbaren Grundlagen zu (Kap. 5), bevor wir in den weiteren Kapiteln auf andere vom Menschen beeinflusste Aspekte eingehen (Kap. 8 und 9). Die Ansichten zum Terroir fallen auch in Deutschland deutlich auseinander. Die wichtigsten Bestandteile neben Makro- und Mikroklima umfassen das Geländeklima und die jeweils vorliegenden bodenkundlichen Bedingungen.

Alle naturwissenschaftlichen Aspekte lassen sich mit der Abb. 2.1 zu einem **Wirkungskomplex** grafisch darstellen. Dabei müssen die Einflüsse der einzelnen Faktoren und ihre Wechselwirkungen untereinander beachtet werden.

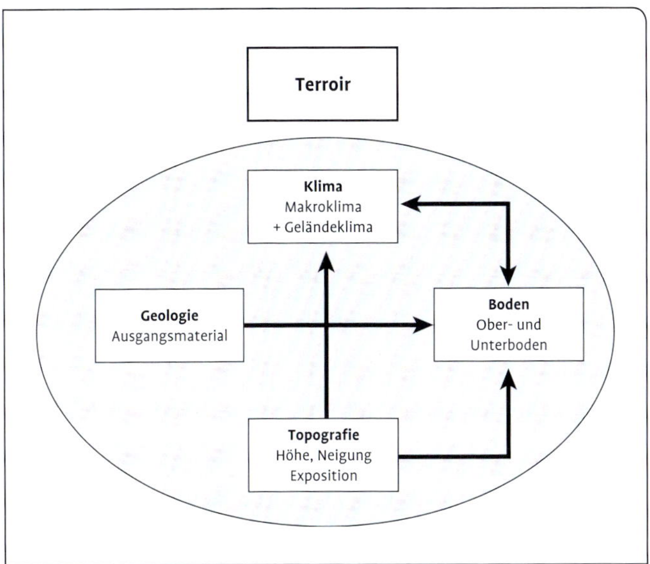

Abb. 2.1: Wechselwirkungen zur Umschreibung der natürlichen Faktoren (Klima – Topografie – Boden – Geologie) als eine Erklärung des Begriffs „Terroir".

Einerseits beeinflusst die geologische Formation unter dem Einfluss des Makroklimas den Bodentyp und die Bodenart. Wasser- und Wärmegehalt des Bodens hingegen verändern sich aber andererseits ständig unter den Einflüssen von Witterung und Klima sowie der Bodenpflege des Winzers.

Die aktiven Bodenpflegemaßnahmen und Düngungsgewohnheiten führen zu dauerhaften Veränderungen des ursprünglich vorgefundenen Terroirs. Erstere führen langfristig zu Änderungen der bodenphysikalischen Kennwerte, wie Wasser-, Luft- und Bodenwärmehaushalt. Letztere steuern das Nährstoffangebot an die Reben und können direkt die Bildung qualitätsbestimmender Inhaltsstoffe beeinflussen. Darüber hinaus wird auch das Verhalten der Rebe, sowohl negativ als auch positiv, gegenüber tierischen, bakteriellen und pilzlichen Schaderregern verändert. Hinzu kommen Düngegewohnheiten, die die Nährstoffgehalte im Boden verändern.

Die Topografie wirkt sich mit Hangneigung, Exposition und Höhenlage auf den Wärme- und Wasserhaushalt des Bodens aus. Auch in diesem Bereich greift der Mensch mit landschaftsverändernden Maßnahmen ein, wie z. B. mit dem Bau von Groß- oder Kleinterrassen, Wasserrückhaltebecken, Windschutz- und Rainbepflanzungen etc.

Bei der Diskussion um die Einflüsse des Bodens auf die Weinqualität wird häufig vergessen, dass im Rahmen von Flurbereinigungs- und Flurneuordnungsverfahren der ursprüngliche Boden, der das eigentliche Terroir verkörpert hat, verloren gegangen ist.

Auf vielen Flächen wurden Fremdböden ausgebracht, die mit der ursprünglichen Herkunft nichts mehr zu tun haben. Mit Düngung, Bodenpflege, Laubarbeiten, Rebschnitt, Ausdünnen und der Wahl der Erziehungsform verändert der Winzer auch die in Abb. 2.1 dargestellten Wechselwirkungen.

2.3 Wodurch wird das Terroir beeinflusst?

Die Darstellung der **Wechselwirkungen** in Abb. 2.1 verdeutlicht, dass eine Reduzierung des Terroir-Gedankens auf ausschließlich natürliche Faktoren zu kurz greift und die ganzheitliche Betrachtung, wie sie ursprünglich vorgesehen ist, nicht eindeutig widerspiegeln kann. Die nachfolgende Darstellung nach SALETTE et al. (1998) vermittelt ein Bild über die Verknüpfungen, die in einem solchen ganzheitlichen System bestehen können (Abb. 2.2). Zu einer ähnlichen Schlussfolgerung kommt HOPPMANN (1999) bei Untersuchungen zur Bildung der Mostgewichte in einem langjährigen Versuch (Abb. 2.3). Jahrzehntelange Untersuchungen im Rheingau haben gezeigt, dass der Anteil natürlicher Faktoren an der Entwicklung des Mostgewichtes mit etwa 70 % beteiligt ist; 30 % liegen in der Hand des Winzers mit seinen Maßnahmen zur Bodenpflege, Düngung, Ertragsregulierung, Rebenerziehung, Laubarbeit und zum Pflanzenschutz. Ähnlich ist der Anteil natürlicher Einflüsse bei den Säurewerten. Mostgewicht und Säure bilden zusammen mit den mineralischen Komponenten das Grundgerüst des späteren Weines. Dies sollte bei allen Diskussionen um das Terroir strikt beachtet werden. Grundsätzlich kann dieser methodische Ansatz auf jegliche Art der Herstellung landwirtschaftlicher Güter angewendet werden.

Wenn wir uns dagegen anderen geschmacksgebenden Inhaltsstoffen zuwenden, so ist von einer stärkeren **Einflussnahme des Winzers** auszugehen, da sie von seinen persönlichen Fähigkeiten bestimmt werden. Diese Einflüsse konnten aber bis jetzt noch nicht eindeutig quantifiziert werden (vgl. Kap. 8). Somit werden die Definitionen zum Terroir, die dem Winzer eine starke Rolle bei der Ausprägung eines Terroirs zubilligen, vom Ansatz her bestätigt. Die prozentualen Anteile verschieben sich mit den Qualitätsparametern, die man untersuchen will.

Die Einflüsse des Winzers gehen noch weit über die des Bodens hinaus: Er wählt die Rebsorte und -unterlage für den Rebstand-

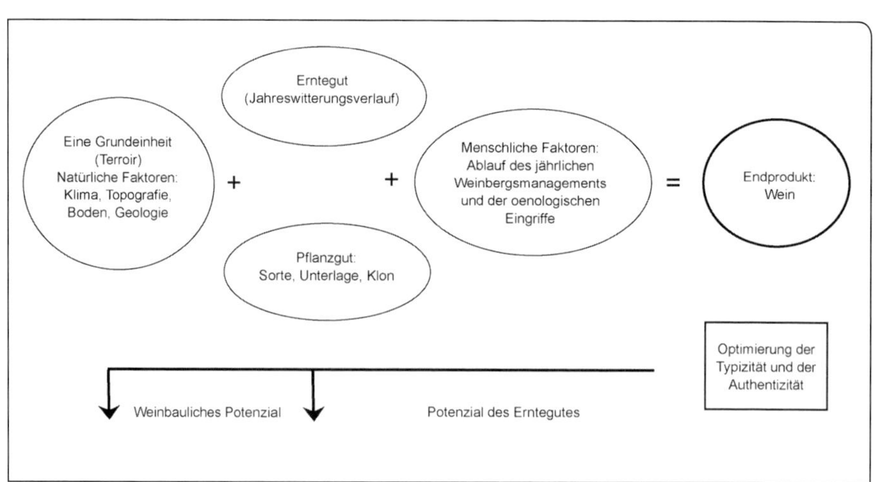

Abb. 2.2: Die Verknüpfungen bei einer ganzheitlichen Betrachtung des „Terroirs" (SALETTE et al. 1998).

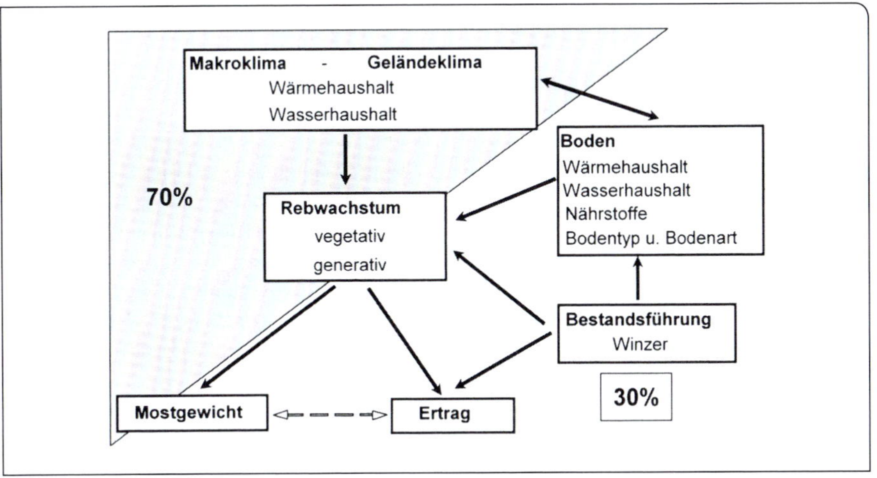

Abb 2.3: Verteilung der Einflüsse auf das Mostgewicht und den Ertrag der Rebsorte Riesling anhand der langjährigen Untersuchungen im Rheingau (HOPPMANN und SCHALLER 1999).

ort aus, er muss sich also Gedanken machen, ob Sorte und Standort zusammenpassen (Abb. 2.2). Erziehungsform, Rebschnitt und Laubarbeiten beeinflussen das Mikroklima entscheidend und wirken sich somit auch auf die Traubenqualität aus. Entblättern und Ausdünnen sind weitere qualitätsbildende Maßnahmen. Die Weinbereitung einschließlich der vielfältigen technischen Vorgänge, wie z. B. Art der Lese, Traubentransport und -verarbeitung, Mostgewinnung, Gärung, Abstich und Lagerung, liegt dann ausschließlich in der Hand des Winzers.

Wenn man also über Qualität im Glase spricht, dann dürfen diese vielen **Interaktionen** zwischen Winzer, Boden und Klima nicht unberücksichtigt bleiben. In der deutschen Weinbaufachwelt hat der Begriff „Terroir" zwar eine hohe Aktualität, aber eine einheitliche Konzeption ist nicht erkennbar. Dazu sind die Ansichten zu verschieden. Häufig wird dieser Begriff in Verbindung mit einer Lagenklassifizierung oder zur Beschreibung eines Weines verwendet. Wir wollen einzelne Autoren zu Wort kommen lassen, die die qualitativen Aspekte des Weins mit emotionalen Ebenen erweitern.

„Qualitativ hochwertiges Terroir liegt dort vor, wo das Habitat ein vollständiges, aber langsames Ausreifen der Trauben ermöglicht." (SEGUIN 1983).

„Terroir bedeutet weit mehr als nur das, was unter der Erde geschieht. Der Begriff umfasst die gesamte Ökologie einer Weinbergslage, all ihre Aspekte, vom Felsuntergrund bis hin zu Spätfrost und Herbstnebel, ja auch die Weinbergspflege und schließlich die Seele des Winzers." (JOHNSON und BROOK 2004).

„Die Flächen der heutigen französischen Appellation sind das Ergebnis einer empirischen, historischen und evolutionären Auswahl, die, allgemein gesprochen, eine Übereinstimmung zwischen den natürlichen Faktoren, Sorten und Weinbaupraktiken herbeigeführt hat. Die Festlegung des Terroirs ist die Hauptbasis der AOC. Sie stützt sich zum einem Teil auf die besonderen natürlichen Faktoren und zum anderen auf das Wissen des Winzers; zusammen erlauben sie die Produk-

tion eines Weines, der authentisch und von typischer sensorischer Eigenart ist." (MORLAT 1998). Ähnliche Aspekte sieht auch WILSON (1999), der neben den physischen Elementen auch die geistigen Elemente wie *„die Freude, den Schmerz, den Stolz, den Schweiß und die Rückschläge einer langen Geschichte"* anspricht. In Deutschland vollzieht KOLESCH (2002) mit seinem Ansatz den Schritt zur **Marketingstrategie** einer Weinbauregion (vgl. Kap. 9). Neben dem Ökosystem Weinberg begreift er das Terroir vor allem als das Zusammenspiel von Rebsorte und Standort, die Wahrnehmung von Boden, Winzer und Wein und die Geschichte einer Landschaft und seiner Geologie. REUTER und HARDT (2005) erweitern den Begriff „Terroir" in einer großen Bandbreite auf soziokulturelle und ökonomische Disziplinen (Abb. 2.4).

Die Naturwissenschaften, insbesondere die instrumentelle analytische Chemie mit ultra-hochauflösender Massenspektrometrie und Flüssigchromatografie ist in der Lage, in Trauben, Mosten und Weinen geringste Mengen anorganischer und organischer Verbindungen zu erfassen, welche dann mithilfe neuerer statistischer Verfahren einem Standort bzw. einer Herkunft zugeordnet werden können. Es lässt sich über diesen Weg auch ein „Terroir" bestimmen. Inwieweit diese Bestimmungen Einfluss auf das Terroir haben, das der Konsument im Glas zu erkennen glaubt, muss erst noch bewiesen werden (BRESCIA et al. 2002, ONIJA et al. 2010, ROULLIER et al. 2014, SCHMIDT et al. 2011, TARR et al. 2013). Zahlreiche Wissenschaftler befassen sich seit Jahrzehnten mit den analytisch messbaren Komponenten des Standorts. Die gemessenen Variablen stehen in starker Wechselwirkung zueinander mit den Reaktionen der unterschiedlichen Rebsorten auf den Standort.

Leider werden in der Diskussion zum Terroir oftmals nur einzelne Komponenten dieses vielschichtigen **Wirkungsgefüges** herausgegriffen – ein häufig verwendetes Bei-

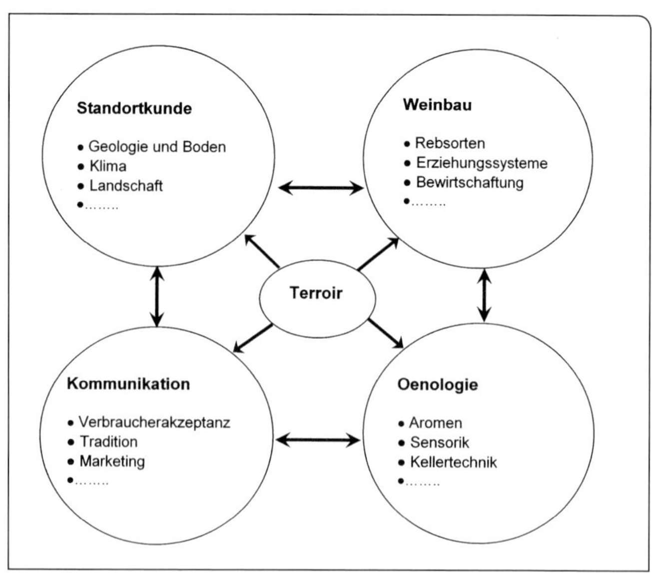

Abb. 2.4: Erweiterung des Terroir-Begriffs auf soziokulturelle und ökonomische Bereiche (nach REUTER und HARDT 2005).

spiel stellt der Boden dar. Das hängt damit zusammen, dass Boden und Geologie sich gut visualisieren lassen, Klima lässt sich dagegen nicht „anfassen“, allenfalls beschreiben und fühlen. Die ganze Bandbreite spiegelt sich z. B. in der Fülle der Beiträge zu inzwischen fünf internationalen Symposien „Viticultural Zoning“ seit 1996 wider (unter der Mitwirkung der Groupe d'Experts Zonage Vitivinicole des Internationalen Weinamts OIV).

In die natürlichen Gegebenheiten des Standortes greift der Mensch – wie bereits beschrieben – mit einer Vielzahl von Maßnahmen ein. Hinzu kommen Ansprüche aus Tourismus und Landespflege, die zum Besuch eines Weinbaugebietes Anreize schaffen sollen. Die Übergänge zu den geschichtlich-kulturellen und ökonomischen Disziplinen sind fließend. Die kulturellen und ökonomischen Bereiche erstrecken sich von der Philosophie des Winzers, wie ein Wein schmecken sollte, bis hin zu den Erwartungen des Konsumenten, der die Landschaft, den Wein und Winzer höchst subjektiv erlebt. Viele der Konzepte (Kap. 9) sind von Überlegungen geprägt, wie eine Weinbauregion eine höhere Akzeptanz beim Konsumenten finden könnte.

Terroir ist vor allem eine **Frage der Herkunft**. Der Begriff unterscheidet nicht zwischen höherer oder niedrigerer Qualität, sondern ist als Ausdruck des erkennbar Andersartigen zu verstehen. Die später dargestellte Klassifizierung (Kap. 9) verleitet sehr leicht zum Bild qualitativer Herabstufung nicht klassifizierter Rebflächen.

Mit der Einbeziehung ökonomischer und kultureller Aspekte verlassen wir aber die wissenschaftliche Basis des Terroirs und begeben uns in den Bereich der Marketingstrategien für eine bestimmte Weinbauregion (Kap. 9).

Die derzeit verbindlichsten **Definitionen zum Terroir** geben zum einen die UNO (1999) in einer sehr allgemeinen Form und das Internationale Weinamt (OIV) in Paris unter Berücksichtigung weinbaulicher Aspekte ab.

Die UNO definiert den Begriff folgendermaßen: *„Ein Terroir ist eine gebietsbezogene Einheit, dessen kulturgeschichtliche Werte das Ergebnis sind aus den komplexen und langfristigen Beziehungen zwischen kulturellen, sozialen, ökologischen und ökonomischen Eigenschaften.“*

Das OIV hat in seiner Resolution OIV/VITI 333 von 2010 die nachfolgende Definition zum Weinbau-Terroir auf der Generalversammlung in Tiflis/Georgien beschlossen:

Ein Weinbau-Terroir ist ein gebietsbezogenes Konzept, wobei für das jeweilige Gebiet kollektive Kenntnisse der Wechselwirkungen zwischen identifizierbaren physikalischen und biologischen Faktoren und den dort angewandten weinbaulichen Verfahren gewonnen werden, die den Produkten dieses Gebiets ihre Einzigartigkeit geben.
Das Terroir umfasst spezifische Eigenschaften des Bodens, der Topografie, des Klimas, der Landschaft und der biologischen Vielfalt.“

3 Das Makroklima in Deutschland

3.1 Wie unterscheiden sich die Weinbaugebiete?

Die vor allem von der Weinwerbung verbreitete Meinung, dass sich die Weinbaugebiete durch besonders hohe Werte der Sonnenscheindauer auszeichnen, hält einer objektiven Überprüfung nicht stand. Verblüffenderweise ist insbesondere die mecklenburgische Ostseeküste von der Sonne bevorzugt, wobei die Station Arkona auf der Ostseeinsel Rügen mit 1537 Sonnenscheinstunden von April bis Oktober den deutschen Rekord hält. Die Station Freiburg dagegen folgt mit 1365 Stunden erst an 18. Stelle in dieser Bestenliste. In Tab. 3.1 sind die Werte der Sonnenscheindauer für ausgewählte Stationen in den Weinbaugebieten gegenübergestellt. Potsdam ergänzt diese Tabelle, um zum Vergleich auch Werte außerhalb der Weinbauregionen zu erhalten.

Die Streubreite fällt innerhalb der Weinbaugebiete schon recht deutlich aus und reicht von 1365 Stunden in Freiburg bis 1189 Stunden in Koblenz. Der sehr niedrige Wert in Bernkastel ergibt sich aus der Lage der Talstation. Die umliegenden Rebhänge der Mosel schränken durch Horizontabschirmung die astronomisch mögliche Sonnenscheindauer ein. Ohne zusätzliche Abschirmung liegt die Summe der Sonnenscheinstunden im Bereich von Geisenheim und Trier. Potsdam kann in dieser Gegenüberstellung mit 1387 Stunden sehr gut mithalten und übertrifft alle Weinbauregionen. Lediglich Kassel fällt in diesem regionalen Vergleich deutlich ab.

Beim Vergleich der mittleren Tagessumme der **Globalstrahlung** (Tab. 3.2) als Summe aus der Sonnen- und Himmelsstrahlung für den Zeitraum April bis Oktober macht sich dann verstärkt der Einfluss der geografischen Breite bemerkbar. Die Spitzengruppe bildet Baden mit Werten von 1560 bis 1625 J/cm², gefolgt von einem mittleren Bereich, der bei Würzburg mit 1540 J/cm² anfängt und bei Leipzig mit 1505 J/cm² aufhört. Die Station Bernkastel stapelt wiederum mit 1277 J/cm² aus den weiter oben genannten Gründen deutlich zu tief. Erst in Kassel fällt die Strahlungsintensität mit 1334 J/cm² wegen der stärkeren Bewölkung deutlich ab. Die maximalen Unterschiede betragen in den Weinbauregionen lediglich 6 %.

Sonnenscheindauer und Strahlungsintensität können somit offensichtlich nicht die Ursache für die vorhandenen regionalen weinbauklimatischen Unterschiede sein. In den späteren Betrachtungen zum Geländeklima kommt der Strahlung eine weitaus größere Bedeutung zu (Kap. 5.1).

Tab. 3.2 bietet auch einen Überblick über die regionalen Unterschiede bei den Mitteltemperaturen und den mittleren Maximum- und Minimumtemperaturen von April bis Oktober. Die Spannweite überdeckt in den Weinbauregionen einen Bereich von 1,5–2 °C bei den Einzelwerten. Potsdam liegt bei diesem Vergleich nicht mehr in der Spitzengruppe, sondern eher im unteren Drittel der Rangfolge absteigender Temperaturwerte.

Bei den Maximum- und Mittelwerten ergibt sich das erwartete Süd-Nord-Gefälle, bei den Minimumtemperaturen treten lokale Phänomene in den Vordergrund. Insbesondere sind Höheneinflüsse bzw. Einflüsse durch ein stark städtisch geprägtes Umfeld nicht auszuschließen.

Auch bei den mittleren Maximumtemperaturen sollte der Höheneinfluss nicht außer Acht gelassen werden. Die Stationen Trier, Würzburg und Dresden liegen oberhalb der bebauten Rebflächen. Die im Vergleich zu Trier in Bernkastel um 0,7 K höheren Maximumtemperaturen verdeutlichen diese Höhenabhängigkeit. An den genannten Standorten sind die tiefer liegenden Rebflächen am Tage um mindestens 0,7 K wärmer. Unter Berücksichtigung dieser Zusammenhänge reduzieren sich die regionalen Unter-

Tab. 3.1 *Die Verteilung der Sonnenscheindauer [h] für ausgewählte Stationen in den deutschen Weinbaugebieten (1981–2010) von April bis Oktober und die Summe von April bis Oktober.*

Ort	Breite	Apr	Mai	Jun	Jul	Aug	Sep	Okt	Apr–Okt	Rang (*)
Arkona	54,7	206	272	252	277	242	171	117	1537	1
Karlsruhe	49,0	182	220	232	255	239	176	112	1416	2
Potsdam	52,4	187	232	220	242	224	160	122	1387	9
Freiburg i. Br.	48,0	167	204	220	251	233	172	118	1365	18
Bergzabern	49,1	176	211	224	241	226	168	104	1350	29
Konstanz	47,7	179	208	226	249	226	161	98	1347	30
Alzey	49,7	186	215	219	239	227	153	88	1327	52
Leipzig	51,4	178	225	212	228	211	152	119	1325	55
Dürkheim	49,5	175	207	218	237	220	160	103	1320	65
Stuttgart	48,8	169	201	210	242	223	161	114	1320	66
Dresden	51,1	172	218	200	224	212	150	119	1295	100
Geisenheim	50,0	175	206	215	231	217	153	98	1295	101
Würzburg	49,8	172	207	208	229	214	158	104	1292	111
Trier	49,8	175	202	214	232	212	153	95	1283	123
Kreuznach	49,9	171	201	210	224	207	145	90	1248	166
Bernkastel	49,9	164	191	199	221	200	135	90	1200	207
Koblenz	50,3	164	190	198	211	195	138	93	1189	218
Kassel	50,5	161	198	195	206	193	138	95	1186	221
Ahrweiler	51,3	158	181	189	208	193	141	104	1174	234

(*) = Rang bei einer Gesamtzahl von 260 Stationen

***Tab. 3.2** Die mittlere Maximum- und Minimumtemperatur, die mittlere Tagesmitteltemperatur, die Temperatursumme größer 10 °C und die mittlere tägliche Globalstrahlung von April bis Oktober für ausgewählte Stationen in den deutschen Weinbaugebieten (1981–2010).*

Ort	Breite	Höhe	TMT	TXT	TNT	Grt>10	Glob
Müllheim	47,8	273	14,9	20,1	9,8	1219	1560
Freiburg	48,0	236	16,2	21,1	11,8	1469	1582
Stuttgart	48,8	314	15,1	19,9	10,5	1284	1549
Karlsruhe	49,0	112	15,9	21,7	11,0	1451	1625
Alzey	49,7	215	14,7	20,0	9,5	1178	1527
Trier	49,8	265	14,3	19,7	9,9	1170	1523
Würzburg	49,8	268	14,7	19,9	9,9	1198	1540
Bernkastel	49,9	120	15,3	20,4	10,5	1277	1277
Geisenheim	50,0	110	15,2	20,4	10,4	1272	1529
Kassel	50,5	231	13,8	18,6	9,4	1030	1334
Dresden	51,1	227	14,5	19,1	9,8	1118	1507
Leipzig	51,4	93	14,4	19,4	9,8	1142	1505
Potsdam	52,4	81	14,4	19,7	9,8	1180	1494

Erläuterungen:
TMT = mittl. Tagesmitteltemp. TXT = mittl. Tagesmaximumtemp.
TNT = mittl. Tagesminimumtemp. GRT = Temperatursumme > 10 °C
Glob = Globalstrahlung (J/cm²) Höhe = Höhe in m ü. NN
Zeitraum: April–Oktober

schiede in den Weinbauzonen auf maximal 2 K. Können diese auf den ersten Blick geringen Temperaturunterschiede größere weinbauklimatische Unterschiede und Unterschiede in der zu beobachtenden Rebsortenvielfalt erklären?

Die phänologische Entwicklung, das Wachstum der Blätter und die Ausreife der Beeren beschleunigt sich mit zunehmender Temperatur, wobei in der Fachliteratur häufig ein unterer Schwellenwert von 10 °C ins Spiel gebracht wird. Damit lassen sich sogenannte „biologisch effektive Temperatursummen“ bilden, indem die Temperaturen oberhalb der Schwelle von 10 °C von Tag zu Tag aufsummiert und dann als **Gradtage** ausgewiesen werden. Die Temperatursummen wurden mit einem speziellen Verfahren aus den Temperaturminima und Temperaturmaxima des Tages berechnet, wobei der wellenförmige Tagesgang der Temperatur berücksichtigt wird. In Tab. 3.2 sind neben den Temperaturwerten in der nächsten Spalte die Temperatursummen (> 10 °C) für die Stationen aufgelistet. Man erkennt sofort, dass sich die relativen Unterschiede der Weinbauregionen auf über 20 % vergrößern.

Es bilden sich drei zusammengehörende Bereiche aus. Das badische Weinbaugebiet

Tab. 3.3 *Der Wärmeindex nach* Huglin *(1986) für verschiedene Rebsorten.*

Huglin-Index H	Anbauwürdige Rebsorten
H<1500	kein Anbau empfohlen
1500<H<1600	Müller-Thurgau
1600<H<1700	Pinot Blanc, Gamay Noir
1700<H<1800	Riesling, Chardonnay, Sylvaner, Sauvignon Blanc, Pinot Noir
1800<H<1900	Cabernet Franc
1900<H<2000	Chenin Blanc, Cabernet Sauvignon, Merlot
2000<H<2100	Ugni Blanc
2100<H<2200	Grenache, Syrah
2200<H<2300	Carignan
2300<H<2400	Aramon

Die geringen Unterschiede bei den Mittelwerten summieren sich während der gesamten Vegetationszeit zu großen Unterschieden in den Temperatursummen (Gradtage) auf.

führt die Rangliste mit deutlich höheren Temperatursummen an. Dazu gehört mit Sicherheit auch die Vorderpfalz, die näherungsweise durch Karlsruhe repräsentiert wird. Aus dem Rahmen fällt Müllheim in Südbaden. Ein mittlerer größerer Bereich reicht von der Mosel im Westen bis nach Franken im Osten und schließt auch die Weinbaugebiete Ahr, Mittelrhein, Nahe, Rheingau, Rheinhessen und Württemberg mit ein. Die Gebiete in den östlichen Bundesländern fallen dann schon deutlicher ab. Auf die Besonderheiten von Trier, Würzburg und Dresden wurde bereits hingewiesen. Bei diesem Vergleich erreicht die Temperatursumme in Potsdam das Niveau von Saale-Unstrut und Sachsen.

Die Wirkung der Temperatursumme lässt sich mithilfe des Blattflächenmodells von Schultz (1992) veranschaulichen. Abb. 3.1 zeigt auch den Zusammenhang zwischen Temperatursumme (> 10 °C) und neuer Blattbildung auf. Dabei bezeichnet ein Plastochron nach Askenasy (1880) die Zeitspanne zur Bildung eines neuen Blattes. Bis Mitte Juli, wenn die Temperatursummen die Schwelle von 500 Gradtagen nach Austrieb noch nicht überschritten haben, wird nur ein geringer Zuwachs von 25 Gradtagen für die Bildung eines neuen Blattes benötigt, nach Überschreiten der 500 Gradtage nimmt der Wärmebedarf für die Bildung eines neuen Blattes exponentiell zu und erreicht Ende August ein Maximum von 200 Gradtagen für ein neues Blatt.

Diese Wärmeansprüche an die Blattbildung laufen unabhängig von dem verwendeten Erziehungssystem ab und gelten sowohl für Sonnen- als auch für Schattenblätter.

Wenn die Temperatursummen nach dem Austrieb zügig ansteigen, beschleunigt sich sowohl das Blattwachstum als auch die phänologische Entwicklung. Daraus resultiert dann eine frühzeitige Blüte und die jungen

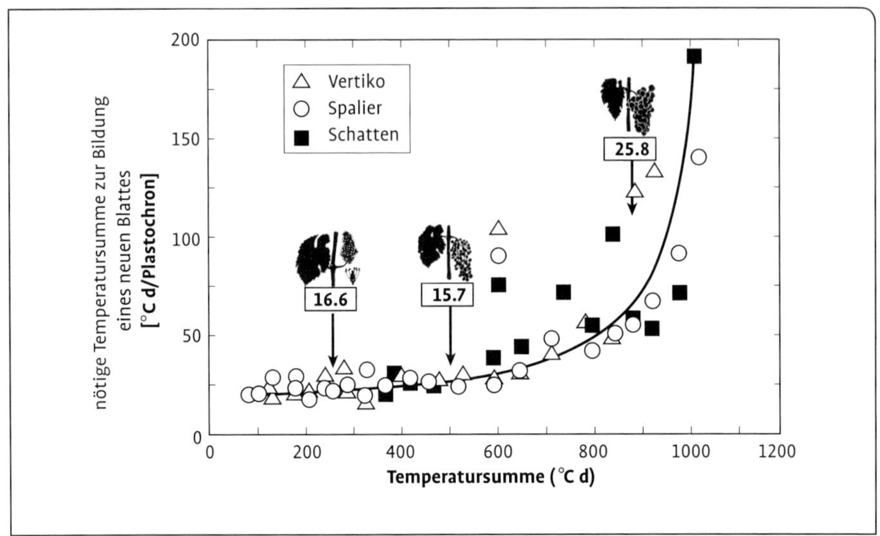

Abb. 3.1: Zusammenhang zwischen Temperatursummen und Blattflächenentwicklung (nach SCHULTZ 1992).

Beeren können dadurch über einen langen Zeitraum ausreifen.

Für die Eignung der Rebsorten in bestimmten Anbauregionen entwickelte HUGLIN (1986) einen bioklimatischen Wärmeindex, für den die Temperatursumme über der Temperaturschwelle von 10 °C berechnet und diese von April bis September aufsummiert wird. Für die Berechnung werden sowohl die Tagesmitteltemperatur als auch die Temperaturmaxima verwendet und die berechnete Summe wird mit der geografischen Breite geringfügig modifiziert. Jede Rebsorte benötigt eine bestimmte Mindestwärmesumme, um auf Dauer in einer Region mit Erfolg zu bestehen (Tab. 3.3).

Nach diesem Wärmeindex wurden die weinbaulichen Qualitätszonen A, B, C in Europa gegliedert. Danach liegen die deutschen Weinbaugebiete in der Zone A, nur das badische Weinbaugebiet wurde der Zone B zugeordnet.

In Abb. 3.2 sind die Verhältnisse für ausgewählte Stationen im Bundesgebiet dargestellt. Diese für die französischen Weinbaugebiete entwickelte Differenzierung bedarf für die Übertragung auf Deutschland deutlicher Modifizierungen. Danach dürfte beispielsweise die Hauptrebsorte Riesling nur in Baden angebaut werden. Lediglich der Müller-Thurgau könnte in fast allen Gebieten gepflanzt werden, die neuen Bundesländer erreichen diesen Grenzwert dagegen nur sehr knapp.

Nun kommen in Deutschland die besonderen klimatischen Bedingungen ins Spiel. In der Regel wachsen die Reben auf thermisch begünstigten Hängen, die um 1,5–2 K wärmer sind als die gemessenen Werte an den Wetterstationen. In den Rebflächen werden somit leicht Temperatursummen erreicht, die um 150–300 Gradtage höher liegen.

Mit diesen zusätzlichen Wärmesummen werden die geforderten Grenzwerte für den Riesling ohne Schwierigkeiten überschritten. Weißburgunder und Grauburgunder sind in Deutschland auch eher auf ähnlich

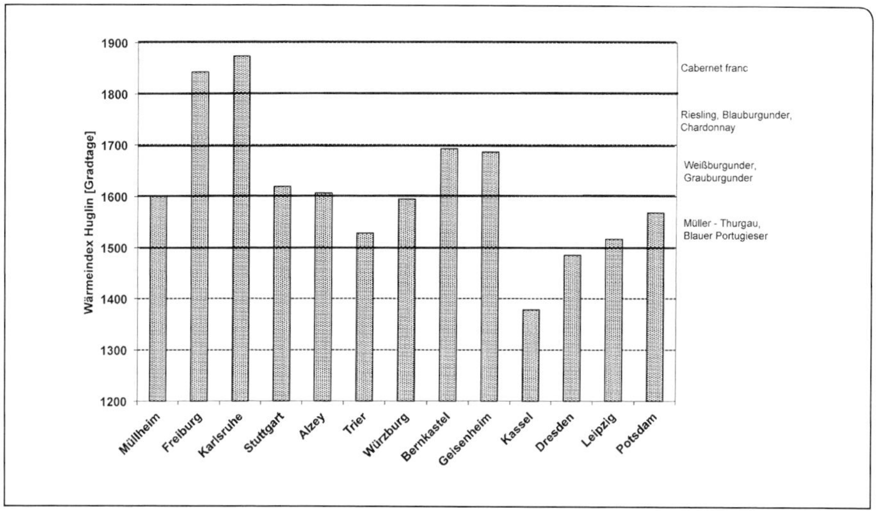

Abb. 3.2: Der Wärmeindex nach HUGLIN (1986) von April bis September (1981–2010) für ausgewählte Orte in den deutschen Weinbaugebieten.

wärmebegünstigten Standorten zu finden wie der Riesling.

Der Huglin-Index verdeutlicht, dass mediterrane Rebsorten wesentlich mehr Wärme benötigen als die Rebsorten der kühlen Weinbaugebiete an der Nordgrenze des Weinbaus. Das relativ kühle Klima des Nordens bringt für unsere Weißweine sogar deutliche Vorteile. Bei relativ geringem Zuckergehalt können die Trauben lange ausreifen und entwickeln dadurch eine beachtliche Ausprägung der Aromen und charakteristische Fruchtsäuren. Rieslinge aus südlichen, mediterran geprägten Anbauzonen enthalten von der Natur her viel Alkohol, lassen aber häufig das Zusammenspiel von Bukett und frischer Säure vermissen. Die regionalen Unterschiede fallen ähnlich aus wie bei den zuvor gezeigten Wärmesummen. Die Höhenlage von Trier, Würzburg und Dresden vermindert wie schon weiter oben erwähnt den Wärmeindex.

Die Temperatursummen, die Sonnenscheindauer und die Globalstrahlung dominieren die Einflüsse auf die Qualität in den Weintrauben (Kap. 8). In diesem Zusammenhang ist auch ein Blick über unseren deutschen Tellerrand erlaubt. Sehr aufschlussreich ist die umfassende Darstellung von GLADSTONES (1992), der die Sonnenscheindauer und die Temperatursummen aus fast allen Weinbauregionen der Welt zusammengetragen hat. Abb. 3.3 stellt einen Auszug mit den Sonnenscheinstunden auf der Y-Achse und die Temperatursummen auf der X-Achse für verschiedene Weinbauregionen dar. Die Summen beziehen sich auf die Vegetationszeit von April bis Oktober bzw. auf der Südhalbkugel von Oktober bis April. Die Kernaussage von GLADSTONES lautet: *„Die Trauben erreichen in wärmeren Zonen im Vergleich zu den kühleren Weinbauklimaten nur dann eine volle Ausreife, wenn neben den höheren Temperatursummen gleichzeitig auch die Zahl der Sonnenscheinstunden deutlich ansteigt.“*

Bei zunehmender Temperatur werden deutlich mehr Assimilate für die Veratmung verbraucht. Dieser Verbrauch kann nur durch eine höhere Photosyntheseleistung während der hellen Tagesphasen mit Sonnenschein ausgeglichen werden. Dabei bleibt allerdings die Temperatursumme der primäre begrenzende Anbaufaktor. Die Gegenüberstellung zeigt deutlich, dass es nur wenige Weinbauregionen gibt, in denen die Temperatursummen zahlenmäßig die Zahl der Sonnenscheinstunden deutlich übertreffen. Ausnahmen sind beispielsweise die norditalienischen Weinbaugebiete mit relativ hohen Wärmesummen bei gleichzeitig vergleichsweise geringen Sonnenscheinstunden. Die beiden deutschen Stationen Freiburg und Geisenheim liegen im linken unteren Bereich der Abb. 3.3. Mit dem Klimawandel ergeben sich deutlich höhere Potenziale mit neuen Möglichkeiten und Anpassungsstrategien (Kap. 10).

Neben Wärme und Licht benötigen die Reben **Wasser** in der richtigen Dosierung in Abhängigkeit vom phänologischen Entwicklungsstadium. Die Niederschlagsverteilung der ausgewählten Stationen bietet lediglich einen großräumigen regionalen Vergleich. Im Anhang sind weitere Niederschlagswerte von verschiedenen Stationen in den Weinbaugebieten zusammengestellt. Im Vergleich zur Temperatur fallen die regionalen

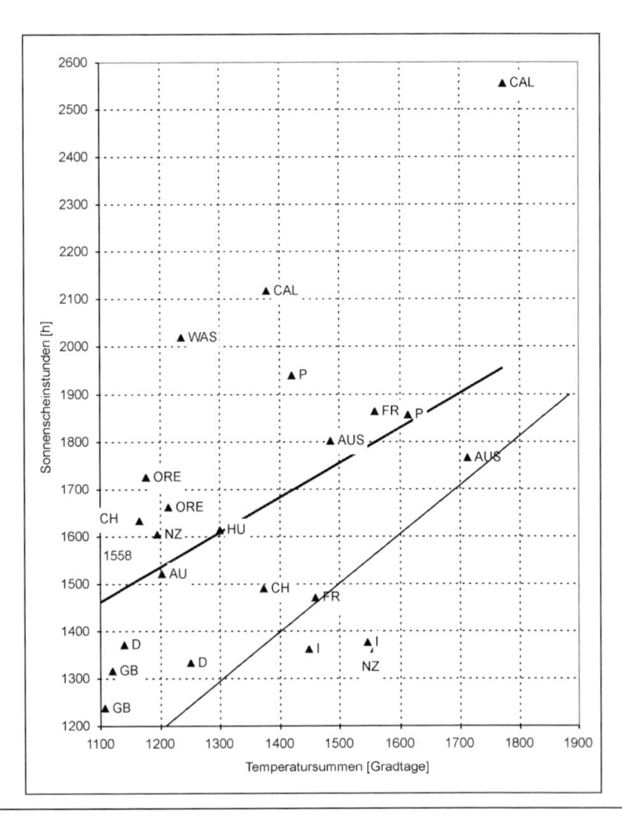

Abb. 3.3: Die Gegenüberstellung von Temperatursummen von April bis Oktober (Nordhalbkugel) bzw. Oktober bis April (Südhalbkugel) und Sonnenscheindauer für die gleichen Zeiträume in verschiedenen Weinbauregionen der Welt (nach GLADSTONES 1992).
Abkürzungen:
AUS = Australien;
D = Deutschland;
GB = England;
FR = Frankreich;
I = Italien;
CAL = Kalifornien;
NZ = Neuseeland;
ORE = Oregon;
AU = Österreich;
P = Portugal;
CH = Schweiz;
HU = Ungarn;
WAS = Washington State.

Unterschiede im Niederschlag wesentlich deutlicher aus (Tab. 3.4). Luv- und Leewirkungen der angrenzenden Mittelgebirge prägen die Niederschlagsverteilung sehr deutlich. In Baden fallen im Luv des Schwarzwaldes 600–1000 mm von April bis Oktober, im benachbarten Kaiserstuhl dagegen nur noch 450 mm. Rheingau, Rheinhessen, Nahe, Franken und Saale-Unstrut liegen im Lee der Mittelgebirge (Taunus, Hunsrück, Spessart, Thüringer Wald und Harz) und erzielen während der Vegetationszeit einen Niederschlag von ca. 350 mm. Trier, Bernkastel und Dresden liegen in einem Übergangsbereich zwischen 420–460 mm.

Während des Winterhalbjahres füllen sich die Böden in der Regel mit Wasser auf. Im Sommer zehren die Reben diese Wasservorräte über die Verdunstung wieder auf. Niederschläge im Sommer ergänzen die Wasservorräte im Boden. Neben dem Niederschlag ist die Verdunstung eine wesentliche Wasserhaushaltsgröße.

Mit steigender Sonneneinstrahlung, Temperatur und Windgeschwindigkeit sowie abnehmender relativer Luftfeuchtigkeit steigt der Verdunstungsanspruch der Atmosphäre an.

Tab. 3.4 *Die potenzielle Verdunstung, der Niederschlag und die klimatische Wasserbilanz von April bis Oktober für ausgewählte Stationen in den deutschen Weinbaugebieten (1981–2010).*

Ort	Breite	Höhe	VERD	NIED	WSBL
Müllheim	47,8	273	462	636	174
Freiburg	48,0	236	518	624	106
Stuttgart	48,8	314	471	461	-10
Karlsruhe	49,0	112	542	475	-67
Alzey	49,7	215	482	360	-122
Trier	49,8	265	452	457	5
Würzburg	49,8	268	469	378	-92
Bernkastel	49,9	120	531	425	-106
Geisenheim	50,0	110	500	336	-164
Kassel	50,5	231	407	426	19
Dresden	51,1	227	434	429	-5
Leipzig	51,4	93	446	355	-92
Potsdam	52,4	81	453	361	-92

Erläuterungen:
VERD = potenzielle Verdunstung [mm]
NIED = Niederderschlagssumme [mm]
WSBL = klimatische Wasserbilanz (NIED-VERD) [mm]
Zeitraum: April–Oktober

Die Rebe kann diesem Verdunstungsanspruch nur dann folgen, wenn genügend Bodenwasser zur Verfügung steht. Diesen Wert bezeichnet man als **potenzielle Verdunstung**. Die in Tab. 3.4 aufgelisteten potenziellen Verdunstungswerte zeigen ein ähnliches Süd-Nordgefälle wie die Temperatur und die Globalstrahlung. Die Werte schwanken bei Weitem nicht so stark wie die Niederschläge und überdecken eine Spanne von 100 mm im regionalen Vergleich der Weinbaugebiete. Aus der Differenz von Niederschlag und potenzieller Verdunstung ergibt sich die **klimatische Wasserbilanz**. Entsprechend den Niederschlagssituationen in den Weinbauregionen gibt es nur wenige Bereiche mit ausgeglichenen oder positiven Bilanzen. Dazu gehören insbesondere das Bodenseegebiet (nicht dargestellt), Baden und Kaiserstuhl, die hessische Bergstraße, die Obermosel, die westlichen Randgebiete des Spessarts und Sachsen. Sehr deutliche Defizite weisen Rheingau, Rheinhessen, Nahe und Saale-Unstrut auf. Daraus ist aber nicht die Schlussfolgerung möglich, dass die Reben in den letztgenannten Regionen unter ständigem Wasserstress leiden. Bei abnehmendem Bodenwassergehalt schränken die Reben die Verdunstung ein. Man spricht dann von der **realen Verdunstung**, die deutlich unter den potenziellen Werten liegt (s. Kap. 6). Ein ungehinderter Wassernachschub führt bei der Rebe aufgrund des Ursprungsbiotops zu einem unerwünschten „Luxuskonsum“ von Wasser, der sich sogar nachteilig für die Qualität auswirken kann (s. Kap. 8). Die sehr großen Jahresschwankungen des Niederschlags führen ohnehin zu stark wechselnden Situationen des Wasserhaushaltes in den Einzeljahren.

3.2 Makroklima und Rebenentwicklung

In Gebieten mit unterschiedlichem Makroklima werden sich auch die Reben von der Winterruhe über Austrieb, Blüte, Reife, Lese und Blattfall unterschiedlich schnell entwickeln. Wesentlichen Anteil daran haben die in Kap. 3.1 dargestellten Temperatursummen, für die sich deutliche regionale Unterschiede ergeben. Mit steigenden Temperatursummen beschleunigt sich auch das Rebwachstum. Die Entwicklung lässt sich an dem Eintrittstermin bestimmter phänologischer Ereignisse beobachten.

Phänologie --> Phänomen = Erscheinung

Abb. 3.4 beschreibt die wichtigsten Stadien vom Austrieb bis zur Lese, die auch nachfolgend im regionalen Vergleich gegenübergestellt werden. Die angegebenen Zeitspannen in Abb. 3.4 sind langjährige Mittelwerte, die makroklimatisch dem Rheingau oder Rheinhessen zuzuordnen sind. Wegen der Jahresschwankungen der Temperatursummen wechseln die Eintrittstermine von Jahr zu Jahr sehr stark und können sich um 30 Tage unterscheiden.

Abb. 3.5 verdeutlicht diesen starken Wechsel von Jahr zu Jahr an dem Beispiel der Rebsorte Riesling für den Rheingau von 1951 bis 2000. Unten ist das Blühende und im oberen Teil der Reifebeginn dargestellt. Ein früher Austrieb gewährleistet noch nicht eine schnelle phänologische Entwicklung während der Vegetationszeit. Vielmehr birgt ein früher Austrieb die Gefahr von Spätfrösten.

Wesentlich wichtiger für die Rebentwicklung ist der Blühtermin; er beeinflusst die Qualität bereits sehr stark.

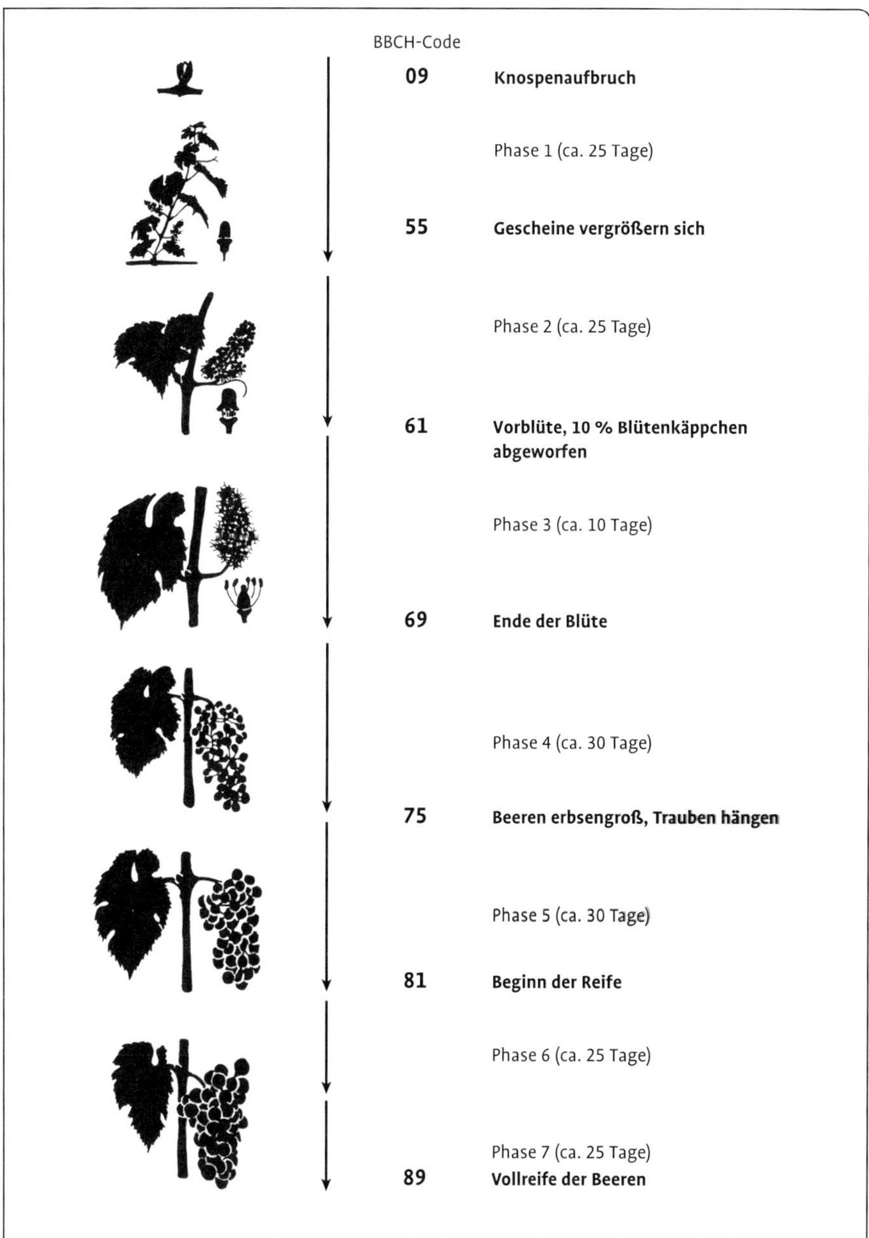

Abb. 3.4: Die wichtigsten Entwicklungsstadien der Rebe nach dem BBCH-Code und die durchschnittliche Dauer in Tagen für die Rebsorte Riesling (nach LORENZ et al. 1994).

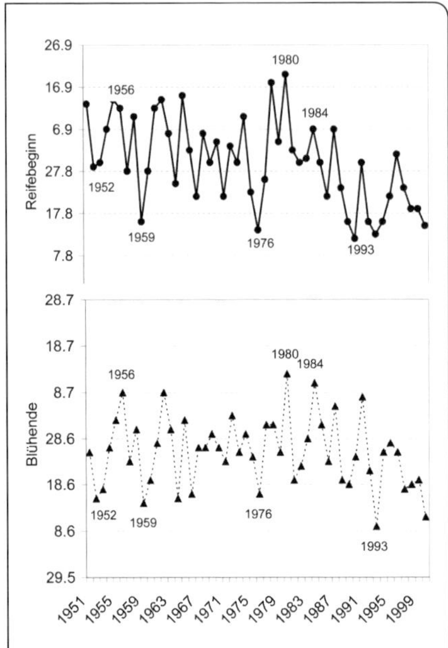

Abb. 3.5: Eintrittstermine Blühende und Reifebeginn Riesling in Geisenheim (Rheingau) 1951–2000.

Ein früher Blühtermin begünstigt eine frühzeitige Entwicklung der Beeren und damit in der Regel auch eine längere Reifezeit für die Trauben. Die Jahre (1952,1959, 1976 und 1993) mit einem frühen Blühende stehen für qualitativ sehr wertvolle, die Jahre (1956, 1980 und 1984) dagegen für geringe Weinjahrgänge. Die zügige Rebentwicklung findet ihre Fortsetzung in einem frühen Reifebeginn, ebenso verzögert sich die Reife bei später Blüte. Zwischen Blühende und Reifebeginn besteht bereits eine hohe Korrelation (Abb. 3.6). Die gesamte Schwankungsbreite des Reifebeginns wird zu 49 % vom Blühende bestimmt. So wird beispielsweise im Elsass anhand der beobachteten Blüte auch die Bonität der Lage ermittelt, wärmebegünstigte Standorte lassen die Reben zwischen drei bis sieben Tage früher aufblühen als kühlere Standorte. In dem für den Spätburgunder klassischen Anbaugebiet Burgund ist dagegen der Reifebeginn ein wichtiges Qualitätskriterium für den Standort.

Die phänologische Entwicklung vom Austrieb bis zur Lese ist nicht an die Temperatursummen über 10 °C gekoppelt, sondern an den Schwellenwert von 13 °C. Das zeigen Analysen an einer über 50-jährigen phänologischen Reihe bei der Rebsorte Riesling. Blüte und Reife sind Entwicklungsstadien des generativen Wachstums. Daraus erklärt sich der Unterschied zu der häufig genannten Schwelle von 10 °C. Basler (1980) kommt bei seinen Analysen für die Ostschweiz zu vergleichbaren Schwellenwerten.

Die Einflüsse des Klimas auf die phänologische Entwicklung lassen sich besonders gut in der Gegenüberstellung extremer Jahrgänge aufzeigen. Abb. 3.7 zeigt die Entwicklung der Temperatursummen > 13 °C ab Austrieb von Anfang Mai bis Ende Juli für die Rebsorte Riesling in Geisenheim (Rheingau) in den Spitzenjahrgängen 1976 und 2003 im Vergleich mit den geringen Jahrgängen 1965 und 1984. Die Temperatursummen in den Spitzenjahren 2003 und 1976 gewinnen sehr schnell einen deutlichen Vorsprung gegenüber den Jahren 1965 und 1984. Die Temperatursumme von 200 Gradtagen wird 2003 um 37 Tage früher erreicht als 1965. Das Stadium Blühbeginn tritt deshalb 2003 um einen Monat früher ein als 1965.

In der weiteren Entwicklung driften die kumulierten Temperatursummen zwischen guten und geringen Jahren immer weiter auseinander. Die Schwelle von 300 Gradtagen wird 1965 im Vergleich mit 2003 um 46 Tage später überschritten. Die Spanne des Reifebeginns vergrößert sich zwischen den Extremjahren auf 43 Tage. Temperatur und Globalstrahlung stellen dann die Weichen für die Ausreife der Beeren.

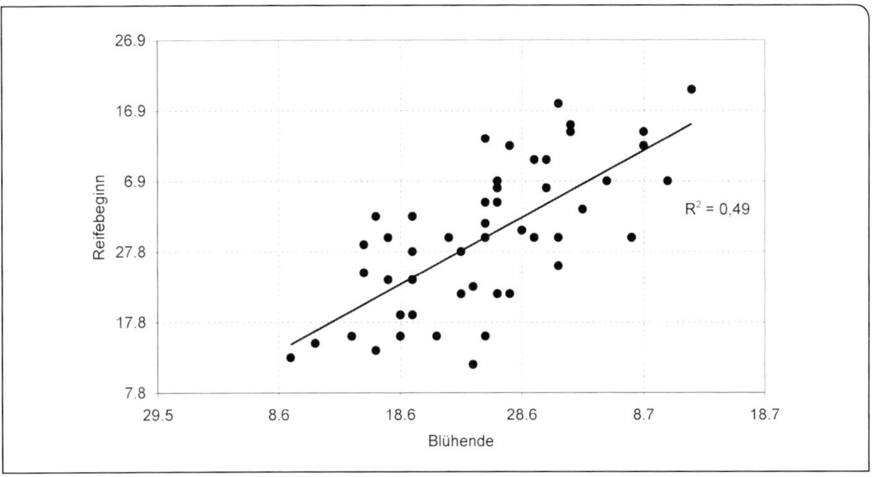

Abb. 3.6: Korrelation zwischen Blühende und Reifebeginn Riesling in Geisenheim (Rheingau) 1951–2000 (R^2 = Bestimmtheitsmaß).

Die Konsequenz aus einer frühen und späten Rebentwicklung zeigt Abb. 3.8 auf. Während in dem extrem warmen Jahr 2003 die Temperatursummen noch einmal um 400 Gradtage zulegen, werden 1984 und 1965 bis zur Lese gerade mal 50 Gradtage erreicht. Bei den Strahlungssummen klaffen die Werte zwischen sehr guten und geringen Jahrgängen nicht so weit auseinander. Die Spanne reicht von 30 kJ/cm² im Jahr 1984 bis 111 kJ/cm² im Jahr 2003. Bemerkenswert sind die Differenzen zwischen 1976 und 2003. Während die Mostgewichte 2003 extrem hoch lagen, fehlte es den Weinen an Frische, d. h. die Äpfelsäure lag auf einem zu niedrigen Niveau. Erstmals musste auch in den nördlichen Anbaugebieten dem Wein Säure zugeführt werden. Der extrem starke Säureabbau war die Folge zu hoher Temperatursummen.

Weitaus günstiger verlief der Witterungsverlauf 1976, die Temperatursummen stiegen während der Reifezeit nur noch mäßig an, die Summe der Globalstrahlung entwickelte sich sehr günstig, die Äpfelsäure sank wesentlich moderater. Der Wein wies dann das für einen Spitzenjahrgang optimale Zucker-Säure-Verhältnis auf. Im Vergleich schneidet der Jahrgang 1976 trotz niedriger Mostgewichte deutlich besser ab als 2003.

Temperatursummen und Globalstrahlung bestimmen nicht allein die frühe oder späte Entwicklung der Reben. Während bis zum Blühende der Einfluss der Temperatursummen dominiert, verläuft die Entwicklung danach wesentlich differenzierter. So beeinflusst nach Becker (1978) auch der Wasserhaushalt das Wachstum der Beeren nach der Blüte und dem Reifebeginn. Sehr trockenes und sonniges Wetter nach der Blüte mindert und beendet das vegetative Wachstum früher. Die Assimilate wandern dann früher in die Beeren. Man spricht in diesem Zusammenhang von einem moderaten Wasserstress, für den inzwischen auch Grenzwerte vorliegen (Gruber et al. 2006) (Kap. 6). Ein frühzeitiger Abschluss des vegetativen Wachstums verlängert die Ausreife der Beeren.

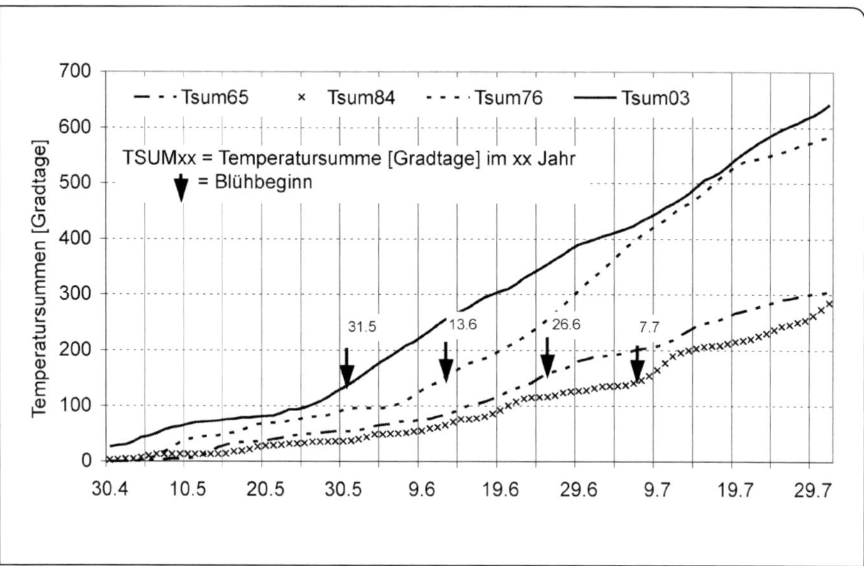

Abb. 3.7: Temperatursummen größer 13 °C ab Austrieb von Anfang Mai bis Ende Juli für die Rebsorte Riesling in Geisenheim (Rheingau) in den Jahren 1965, 1976, 1984 und 2003.

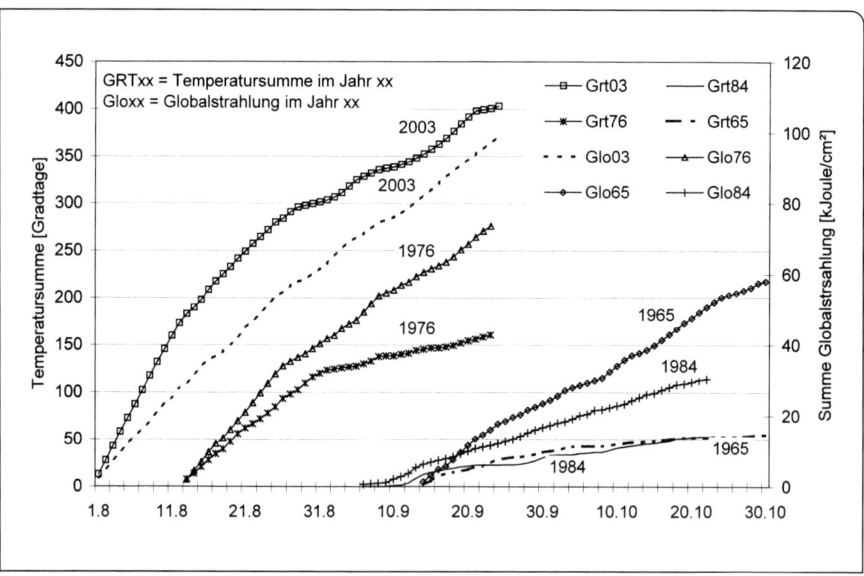

Abb. 3.8: Temperatursummen größer 13 °C und die Summe der Globalstrahlung vom Reifebeginn bis zur Lese für die Rebsorte Riesling in Geisenheim (Rheingau) in den Jahren 1965, 1984, 1976 und 2003.

Wir wollen uns abschließend noch einem regionalen Vergleich der phänologischen Entwicklung in den Weinbaugebieten zuwenden. Die Tab. 3.5 dokumentiert am Beispiel der Rebsorte Riesling für den Zeitraum von 1971–2010 die frühesten, spätesten und mittleren Eintrittstermine der wichtigsten phänologischen Phasen im regionalen Vergleich. Wegen teilweise lückenhaften Datenmaterials in der 40-jährigen Reihe – vor allem in den neuen Bundesländern – wurden die fehlenden Jahre mithilfe des Phänologiemodells berechnet (Hoppmann und Berkelmann-Löhnertz 2000). Der Austrieb verzögert sich um 3 Wochen, wenn man die Distanz von knapp 600 km vom Südwesten im badischen Weinbaugebiet bis zum nördlichen Ende der deutschen Weinbaugebiete in Werder bei Potsdam berücksichtigt. Bildlich gesprochen schreitet der Austrieb um ca. 30 km pro Tag nach Nordosten voran. Höher gelegene Standorte treiben später aus. Für eine Höhendifferenz von 100 m werden ca. 3–4 Tage benötigt. Eine Ausnahme bildet die Mosel. Dort beginnt der Austrieb im Bereich der Untermosel und erreicht etwa 1 Woche später die Obermosel. In der Tab. 3.5 erkennt man die große Spannweite zwischen dem frühesten und spätesten Termin des Blühendes, die in den einzelnen Regionen zwischen 27 und 43 Tagen liegt. Im Bereich der frühen Gebiete im Südwesten besteht bei einem sehr frühen Austrieb Anfang April die Gefahr nachfolgender Spätfröste (Kap. 4.2). Beim Reifebeginn steigen die Spannweiten zwischen frühem und spätem Eintrittstermin im Vergleich zur Blüte deutlich an und erreichen in Meißen den Maximalwert von 81 Tagen. Die anderen Differenzen zwischen frühen und späten Terminen schwanken zwischen 32 und 60 Tagen. Eine geografische Zuordnung ist dabei nicht erkennbar. Im Zeichen des Klimawandels nehmen die Schwankungen von Jahr zu Jahr möglicherweise ab (Kap. 10). Dennoch stellen der Blühtermin und der Reifebeginn auch weiterhin die Weichen für die Qualitätsbildung in den Trauben.

3.3 Jahreszeitliche Änderungen des Makroklimas

Die jahreszeitlichen Änderungen der für den Weinbau wichtigen Klimagrößen bestimmen den **Vegetationsrhythmus** der Reben.

Der jahreszeitliche Wechsel der Sonnenhöhe mit den wechselnden Strahlungsintensitäten ist die treibende Kraft für die jahreszeitlichen Änderungen des Makroklimas.

Abb. 3.9 beschreibt die Sonnenstände für Geisenheim (50° Nord) in Abhängigkeit von Tages- und Jahreszeit jeweils für den 1. Tag im Monat in einem Sonnenhöhenazimutdiagramm. Auf der y-Achse sind die Sonnenhöhen über dem Horizont in Grad angegeben, auf der x-Achse die Richtung, in der die Sonne im Tagesverlauf steht. Die Linien, die den Sonnenbogen nahezu senkrecht durchschneiden, sind die Stundenlinien. Um 12:00 Uhr MOZ (Mittlere Ortszeit) wird jeweils der höchste Sonnenstand erreicht. Die benachbarten Stundenlinien um 11:00 und 13:00 Uhr zeigen bereits wieder niedrigere Sonnenstände. Je steiler die Sonnenstrahlen auf die Erde fallen, desto stärker ist die Strahlungsintensität und umso mehr erwärmen sich Luft und Boden. Bei einer Zu- bzw. Abnahme des Breitengrades um 1 Grad verschieben sich die Sonnenhöhen bei 51 Grad Nord um 1 Grad nach unten bzw. bei 49 Grad Nord um 1 Grad nach oben. Die Erwärmung folgt den Sonnenständen zeitlich versetzt.

Die nachfolgenden Abb. 3.10 bis 3.14 beschreiben den Jahresgang der wesentlichen

Tab. 3.5 Spätester, frühester und mittlerer Eintrittstermin von Austrieb, Blühbeginn, Blühende und Reifebeginn im regionalen Vergleich für die Rebsorte Riesling (1971–2010).

			Austrieb			Blühbeginn			Blühende			Reifebeginn		
Ort	Breite	Höhe	Max	Min	Mittel	Max	Min	Mittel	Max	Min	Mittel	Max	Min	Mittel
Müllheim	47,8	270	11.5	2.4	18.4	7.7	21.5	11.6	12.7	4.6	21.6	5.9	3.8	18.8
Vogtsburg	48,1	223	11.5	28.3	18.4	22.6	22.5	9.6	29.6	2.6	18.6	2.9	30.7	19.8
Weinsberg	49,2	220	17.5	7.4	23.4	6.7	1.6	13.6	16.7	6.6	20.6	13.9	2.8	20.8
Bullheim	49,6	280	24.5	14.4	30.4	12.7	27.5	18.6	17.7	4.6	26.6	4.1	28.7	3.9
Miltenberg	49,7	130	15.5	12.4	26.4	5.7	31.5	16.6	10.7	7.6	23.6	16.9	7.8	25.8
Trier Petrisberg	49,8	265	19.5	13.4	29.4	8.7	26.5	18.6	13.7	8.6	27.6	25.9	14.8	31.8
Schwabenheim	49,9	140	11.5	14.4	25.4	2.7	24.5	13.6	9.7	31.5	22.6	20.9	5.8	25.8
Geisenheim	50,0	110	11.5	11.4	24.4	6.7	23.5	13.6	10.7	3.6	21.6	16.9	6.8	23.8
Bernkastel	50,0	160	7.5	9.4	29.4	9.7	26.5	17.6	13.7	3.6	23.6	21.9	12.8	25.8
Bad Kösen	51,1	185	18.5	21.4	3.5	9.7	6.6	22.6	23.7	16.6	3.7	29.9	17.8	2.9
Meißen	51,2	130	20.5	14.4	5.5	6.7	29.5	20.6	19.7	13.6	1.7	6.1	19.8	7.9
Werder/Potsdam	52,4	38	17.5	20.4	7.5	10.7	7.6	26.6	20.7	17.6	6.7	8.1	20.8	8.9

Klimaelemente mit den dazugehörenden Schwankungen der jeweiligen Monatsmittelwerte, die durch die wechselnde Jahreswitterung geprägt werden. Dabei wurde Geisenheim als Station für die jahreszeitlichen Änderungen ausgewählt und auch die Differenzen zwischen Freiburg, Geisenheim und Leipzig dargestellt, um die Größenordnung der regionalen klimatischen Unterschiede zu beschreiben. Abb. 3.10a stellt den Jahresgang der photosynthetisch aktiven Strahlung (PAR) dar, Abb. 3.10b die Differenz zwischen Freiburg, Rheingau und Leipzig. Der senkrechte Strich kennzeichnet die Schwankungen von Jahr zu Jahr in Geisenheim. Im Winter sind die Differenzen von Jahr zur Jahr bei einem insgesamt niedrigen Strahlungsangebot gering, im Sommer dagegen sehr groß, deren Ursache insbesondere in den von Jahr zu Jahr wechselnden Bewölkungsverhältnissen zu suchen ist. Der weiter oben beschriebene Optimalbereich zwischen 500 und 1000 µmol $m^{-2} s^{-1}$ ist durch horizontale Striche gekennzeichnet.

In der Zeit von Mai bis August entstehen im Rebbestand bezüglich PAR auch bei schwankender Bewölkung kaum Defizite, die können erst im September und Oktober auftreten. In diesen Monaten tritt der Einfluss der PAR in den Hintergrund, die Ausreife der Beeren und die Einlagerung von Inhaltsstoffen gewinnt an Bedeutung. Diese hängen aber vornehmlich von der Temperatur ab. Im Vergleich zu den Jahresschwankungen fallen die regionalen Unterschiede im Süd-Nord-Vergleich (Abb. 3.10b) bedeutend geringer aus. Während der Vegetationszeit sind die Unterschiede zwischen Frei-

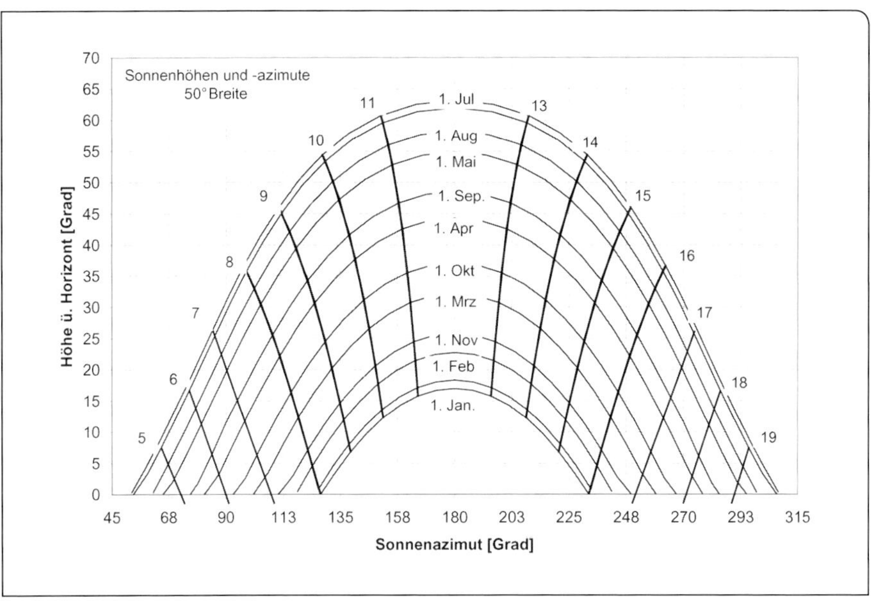

Abb. 3.9: Das Sonnnenhöhen- und -azimutdiagramm von Januar bis Dezember für 50°Nord. Die zur Sonnenbahn senkrecht verlaufenden Linien stellen die Stundenlinien dar, d. h. die Sonne erreicht zur der angegebenen Stunde die Höhe des Sonnenbogens. (Beispiel: Am 1. Juli steht die Sonne um 11:00 Uhr MOZ (Mittlere Ortszeit) 61 Grad über dem Horizont).

burg und Geisenheim vernachlässigbar klein, steigen zwischen Feiburg und Leipzig aber auf maximal 110 µmol/(m^2 s) im September an.

Zwischen PAR und Globalstrahlung besteht eine enge Korrelation. Der sich jahreszeitlich verändernde Sonnenstand bestimmt auch das Grundmuster im Jahresgang der Temperatur. Diesen Jahresgang der Temperatur überlagern ständige Luftmassenwechsel. Atlantische Tiefausläufer mit Westwinden führen maritime milde Luft nach Mitteleuropa, die reich an Wasserdampf ist und somit die Wolkenbildung fördert. Im Gegensatz dazu transportieren Ostwinde im Bereich eines Hochs im Winter trocken-kalte, im Sommer trocken-heiße Luft nach Mitteleuropa. Daraus resultiert sonnenscheinreiches Wetter mit geringer Luftfeuchtigkeit und hohen Temperaturen im Sommer. Der Wechsel der Monatsmitteltemperaturen von Jahr zu Jahr verdeutlicht diesen ständigen Wechsel (Abb. 3.11a). Die Variabilität (senkrechte Striche) der Mitteltemperatur steigt vom April mit 6,7 K zum Juli auf 8 K an. Die zunehmenden Schwankungen im Sommer sind der wechselnden Ausprägung des europäischen Monsuns zuzuschreiben, der insbesondere im Juli häufig kühle und feuchte Luftmassen nach Europa führt. Andrerseits können uns blockierende Hochs im Sommer lang andauernde Trockenphasen bescheren. Vom August bis Oktober nimmt die Variabilität wieder ab und steigt dann zum Winter wieder an. In Freiburg ist es in der Vegetationszeit im Mittel um etwa 1 K wärmer als im Rheingau, aber um mindestens 0,8–1,3 K wärmer als in Leipzig (Abb.

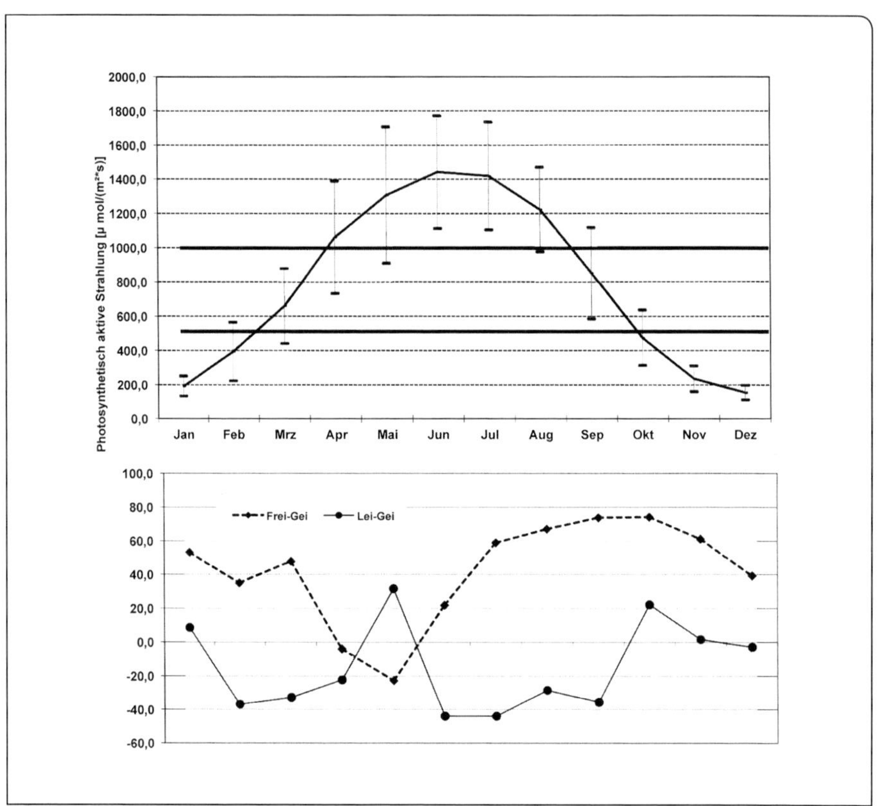

Abb. 3.10: a): Jahresgang der photosynthetisch aktiven Strahlung (PAR) von Januar bis Dezember (1981–2010) für Geisenheim mit Mittelwert, Maximum und Minimum in den Einzelmonaten
b): und die Differenz der mittleren monatlichen photosynthetisch aktiven Strahlung (PAR) zwischen Freiburg und Geisenheim und zwischen Leipzig und Geisenheim.

3.11b). Im Winter steigen die Unterschiede sogar auf 1,5 K an. Die Winter sind in den östlichen Weinbaugebieten stärker ausgeprägt als in den westlichen und südlichen Weinbauregionen. Die regionalen Unterschiede fallen auch bei der Temperatur deutlich geringer aus als die Jahrgangsunterschiede.

3.4 Wie viel Variabilität der Temperatur verkraftet die Rebe?

Smart und Dry (1980) verbinden eine vergleichsweise höhere Qualität mit einer stärkeren Kontinentalität des Klimas, d. h. stärkeren jahreszeitlich geprägten Gegensätzen der Temperatur. Hale und Buttrose (1974) betonen, dass die Temperaturen zu Beginn der Beerenentwicklung besonders hoch sein sollten, um dann später während der Reife

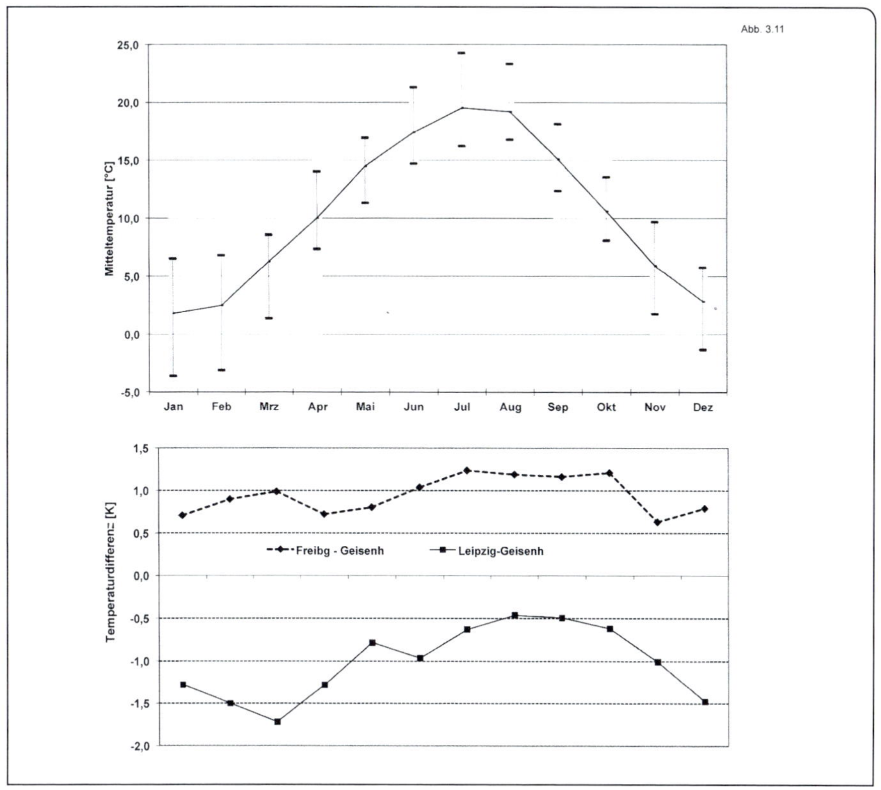

Abb. 3.11: a): Jahresgang der Monatsmitteltemperatur von Januar bis Dezember (1981–2010) für Geisenheim mit Mittelwert und Schwankungen um den Mittelwert in den Einzelmonaten (die senkrechten Striche stellen die Hälfte der gesamten Schwankungsbreite dar)
b): Differenz der Monatsmitteltemperatur zwischen Freiburg und Geisenheim und zwischen Leipzig und Geisenheim.

Während das Zusammenspiel von Temperatur und Sonnenscheindauer mit seiner Wirkung auf die Weinqualität in der Weinbaufachwelt unstrittig ist, werden die Auswirkungen der Variabilität der Temperatur auf die Entwicklung der Trauben kontrovers diskutiert (SMART und DRY 1980).

einer kühlen Phase zu weichen. Dieser Wechsel führt z. B. beim Cabernet Sauvignon zu kleineren Beeren mit höheren Zucker- und Anthocyangehalten in den Beerenhäuten. Den gegensätzlichen Standpunkt vertritt GLADSTONES (1992), der zwar auch von hohen Temperaturen in der Blüte- und Nachblütezeit als Voraussetzung für eine hohe Qualität ausgeht, für die spätere Entwicklung während der Reifezeit dann aber den Schwerpunkt auf eine möglichst gleichmäßige Tagesmitteltemperatur nahe dem Optimum um 20 °C annimmt, um das Optimum der Reife zu erzielen.

Ein Blick auf Abb. 3.11a zeigt uns, dass wir insbesondere im September vom Optimalwert noch deutlich entfernt sind. Der genannte Wert bezieht sich allerdings auf mediterrane Rotweinsorten, bei der heimischen Rebsorte Riesling liegt dieser Optimalwert sicherlich tiefer. GLADSTONES (1992) weist auch darauf hin, dass mit zunehmender Variabilität bei den Temperaturen während der Reifezeit auch die Qualitätsschwankungen zunehmen.

Bei den Fachleuten in Europa findet man aber mehr Anhänger der erstgenannten These mit hohen Sommertemperaturen und anschließender langsamer Ausreife bei vergleichsweise kühlen Temperaturen.

Wir werden diese Frage in Kap. 8 noch einmal aufgreifen. Die Variabilität der Temperatur lässt sich auch zahlenmäßig darstellen (Tab. 3.6). Diese wird in Anlehnung an GLADSTONES (1992) aus der mittleren Differenz zwischen dem mittleren Temperaturmaximum (TXm) und -minimum (TNm) und den mittleren absoluten Extremwerten des Tages (TXam u. TNam) für jeden Einzelmonat berechnet. Die Ergebnisse sind in den Spalten TX-TN und VAR aufgelistet. In Tab. 3.6 sind die Werte für Vogtsburg (Kaiserstuhl), Bordeaux (Frankreich) und Fresno (Kalifornien) gegenübergestellt. Die anderen Standorte in Deutschland ähneln bezüglich der Variabilität den Ergebnissen aus dem Kaiserstuhl mit einer leicht höheren Variabilität wegen des stärkeren kontinentalen Einflusses in den östlichen Weinbaugebieten.

Sehr deutlich sind dagegen die Unterschiede zwischen Europa und Kalifornien; Vogtsburg und Bordeaux mit eher geringen Schwankungen und Fresno mit sehr hoher Variabilität bei gleichzeitig sehr hohen Temperaturen. Die Bandbreite möglicher Klimabedingungen für den Rebanbau ist offensichtlich sehr groß. Daraus resultieren sehr unterschiedliche Rebsorten und Anpassungsstrategien an die jeweilige Umwelt.

Die Differenzen zwischen mittlerer Monatsmaxima und -minima der Temperatur in

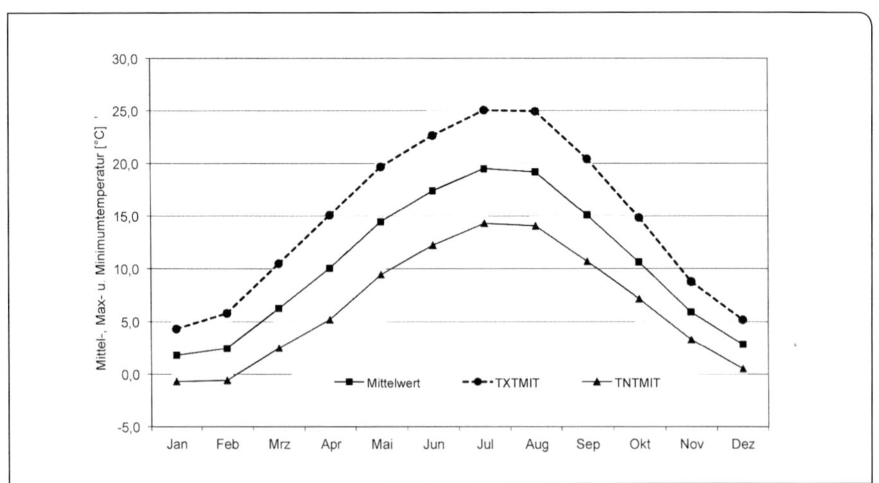

Abb. 3.12: Jahresgang der Monatsmitteltemperatur, der mittleren monatlichen Maximum- (TXTMIT) und Minimumtemperatur (TNTMIT) für Geisenheim (Rheingau) (1981–2010).

Tab. 3.6 *Die Variabilität der Temperatur [°C] von April bis Oktober für die Weinbaugebiete Baden, Bordeaux und Kalifornien (nach* GLADSTONES *1992).*

		TNa	TNam	TNm	TM	TXm	TXam	TXa	TX-TN	Var
Fresno (Kalifornien)	Apr	0,0	3,5	8,5	16,2	23,9	31,9	37,8	15,4	43,8
	Mai	2,2	7,2	12,1	20,6	29,0	37,2	41,7	16,9	46,9
	Jun	6,7	10,8	15,8	24,8	33,7	41,3	43,3	17,9	48,4
	Jul	10,0	13,9	18,4	27,7	37,0	42,0	44,4	18,6	46,7
	Aug	9,4	13,2	17,7	26,8	35,9	40,7	43,9	18,2	45,7
	Sep	2,8	9,8	14,9	23,6	32,3	38,2	43,9	17,4	45,8
	Okt	-2,8	5,4	10,4	18,4	26,5	33,7	38,9	16,1	44,4
	Apr-Okt	4,0	9,1	14,0	22,6	31,2	37,9	42,0	17,2	46,0
Bordeaux (Frankreich)	Apr	-4,8	0,4	6,3	11,1	16,3	24,4	30,9	10,0	34,0
	Mai	-1,8	3,6	9,5	14,4	19,7	28,1	33,6	10,2	34,7
	Jun	2,5	7,2	12,4	17,7	23,2	33,2	38,4	10,8	36,8
	Jul	5,1	9,4	14,4	20,0	26,0	33,3	38,8	11,6	35,5
	Aug	4,7	9,0	14,2	19,5	25,6	33,1	38,3	11,4	35,5
	Sep	-1,7	6,0	12,2	17,4	23,7	31,1	37,0	11,5	36,6
	Okt	-5,3	1,4	9,1	13,5	18,9	25,7	31,5	9,8	34,1
	Apr-Okt	-0,2	5,3	11,2	16,2	21,9	29,8	35,5	10,8	35,3
Vogtsburg (Kaiserstuhl)	Apr	-4,7	-1,1	5,0	9,9	14,8	24,3	29,5	9,9	35,2
	Mai	-1,6	3,0	9,2	14,6	19,7	27,9	31,3	10,5	35,4
	Jun	4,5	6,8	12,3	17,5	22,6	30,2	34,0	10,2	33,7
	Jul	6,1	9,0	14,3	19,7	25,2	32,8	36,2	10,9	34,7
	Aug	5,2	8,0	13,9	19,1	25,1	32,5	36,4	11,2	35,8
	Sep	0,6	4,3	10,6	15,2	21,0	27,8	32,0	10,3	33,8
	Okt	-5,1	-0,3	6,7	10,4	15,1	23,1	29,9	8,4	31,8
	Apr-Okt	0,7	4,2	10,3	15,2	20,5	28,4	32,8	10,2	34,3

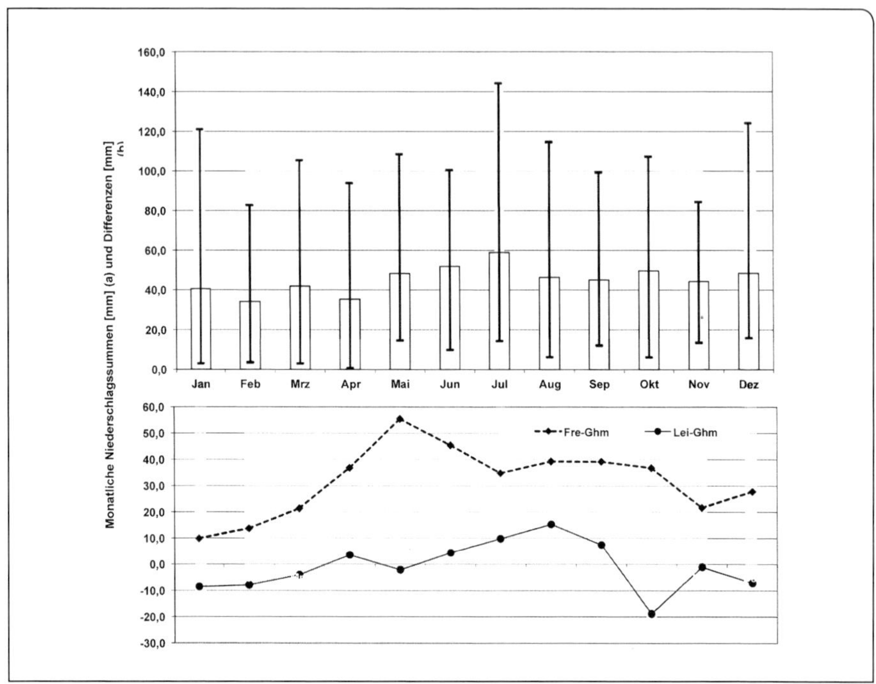

Abb. 3.13: Mittlere monatliche Niederschlagssummen von Januar bis Dezember (1981–2010) für Geisenheim (Rheingau) mit den Schwankungen (96 %) zwischen den Einzeljahren (Bild oben) und die Differenz der mittleren monatlichen Niederschlagssummen zwischen Freiburg und Geisenheim sowie zwischen Leipzig und Geisenheim (Bild unten).

Geisenheim (Abb. 3.12) klettern mit steigender Sonne vom Winter zum Sommer von knapp 5 K im Januar auf fast 11 K im August. Die Unterschiede zwischen den Weinbaugebieten ähneln den bereits bei den Mitteltemperaturen beschriebenen Differenzen und werden deshalb nicht dargestellt.

Die Schwankungen der mittleren Monatsniederschläge übertreffen die bisher beschriebenen Unterschiede um ein Vielfaches (Abb. 3.13a). Manche Monate bleiben nahezu trocken; im Juli liegt das Maximum eines monatlichen Niederschlags in Geisenheim knapp über 140 mm. In Freiburg sind im Mai 1983 sogar 245 mm gefallen. In Leipzig fielen dagegen im April 2007 nur 0,6 mm Regen. Während der Rheingau und das Saale-Unstrut-Gebiet zu den niederschlagärmsten Weinbauregionen in Deutschland zählen, fällt in Freiburg (Abb. 3.13b) wegen des Regenstaus am Schwarzwald in den Einzelmonaten von April bis Oktober im Mittel 40–50 mm mehr Regen als im Rheingau.

Wegen der großen regionalen Unterschiede in den Anbaugebieten präsentieren die ausgewählten Beispiele natürlich nicht die gesamte Bandbreite möglicher Niederschlagsverteilungen. Selbst innerhalb der einzelnen Anbaugebiete wechseln die Monatssummen der Niederschläge in Abhängigkeit von der Höhenlage und den schon

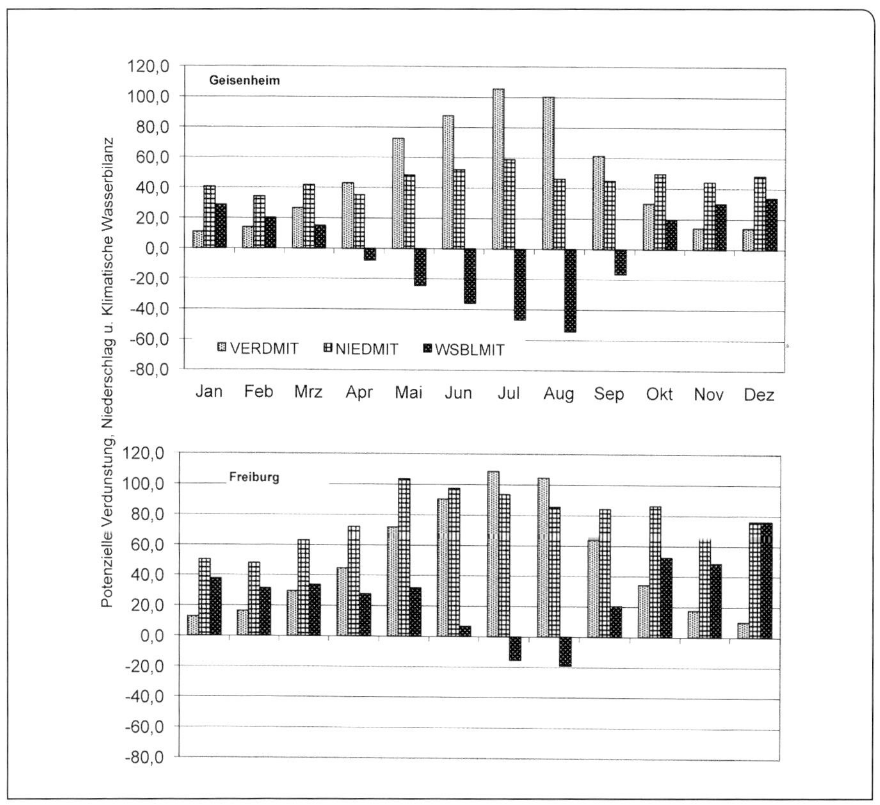

Abb. 3.14: Mittlere monatliche Niederschlags- (NIEDMIT) und Verdunstungssummen (VERDMIT) sowie die mittlere monatliche klimatische Wasserbilanz (WSBLMIT) von Januar bis Dezember (1981–2010) für Geisenheim und Freiburg.

angesprochenen Luv- und Leeeffekten sehr stark (Kap. 5). Abb. 3.14 stellt Niederschlag, Verdunstung und klimatische Wasserbilanz für Freiburg und Geisenheim dar. Das Wasserdefizit steigt ab Juni im Rheingau deutlich an und fällt erst im September wieder ab. Wegen des höheren Niederschlagsangebots in Freiburg treten dort nur im Juli und August relativ geringe negative Wasserbilanzen auf. Die sehr große Variabilität der Niederschläge von Jahr zu Jahr führt aber natürlich auch im badischen Weinbaugebiet in Trockenjahren zu Wasserstress.

4 Jahreswitterung und deren Einflüsse

4.1 Großwetterlagen

Schon eine alte Bauernregel besagt: „Das Wetter erkennt man am Winde wie den Herrn am Gesinde." Trotz der vielen Zufälligkeiten und Unregelmäßigkeiten des Wetterablaufs in unseren Breiten gibt es einige Spielregeln, die das Wetter bestimmen. Entsprechend der oben zitierten Bauernregel gibt es Zusammenhänge zwischen Windgeschwindigkeit bzw. Windrichtung und dem weiteren Wetterablauf. Gemeint sind damit nicht kurzzeitige Änderungen der Windrichtung, sondern über mehrere Tage andauernde Wettersituationen. Dafür wird häufig der Begriff Großwetterlage verwendet.

Die unterschiedlichen thermischen Bedingungen in den geografischen Breiten und die Land-Meer-Verteilung sorgen dafür, dass die Luftmassen, die durch die großräumige Zirkulation „verschoben" werden, charakteristische Merkmale aufweisen. Die Luft, die aus nördlichen Breiten zu uns kommt, ist wesentlich kälter als Luft aus südlichen Zonen, Luft aus dem asiatischen Kontinent trockener als Luft vom Atlantik. In Tab. 4.1 sind die Zusammenhänge dargestellt. Grundsätzlich unterscheidet man **subtropische Luft** und **Polarluft** voneinander.

Ein Westwind bringt **feuchte Luft** von Westen mit reichlichem Angebot an Wasserdampf und Niederschlag. Häufig hat die Luft ihren Ursprung bei Island oder Grönland und ist deshalb im Sommer als kühl, im Winter dagegen als mäßig kalt einzustufen, da dann die Kontinente stärker ausgekühlt sind als die Meere. Ostwinde transportieren **trockene Festlandsluft** aus dem asiatischen Kontinent zu uns. Die Neigung zu Niederschlägen ist gering, im Sommer ist

***Tab. 4.1** Eigenschaften der Luftmassen nach ihrer Herkunft und Windrichtung für Mitteleuropa (nach MALBERG 1999).*

Luftmasse	Windrichtung	Herkunft	Eigenschaften
maritime Polarluft	West, Nordwest	Atlantik, Island, Grönland, Nordmeer	Sommer: kühl Winter: mäßig kalt, große Bewölkungs- und Niederschlagsneigung
kontinentale Polarluft	Ost, Nordost, Nord, Südost (Winter)	Russland, Skandinavien, Balkan	Sommer: warm Winter: (sehr) kalt, geringe Bewölkungs- und Niederschlagsneigung
maritime Subtropikluft	Südwest, Südost	Azoren, Mittelmeer	Sommer: schwülwarm (Gewitter) Winter: mild, große Bewölkungs- und Niederschlagsneigung
kontinentale Subtropikluft	Südost (Sommer)	Balkan	Sommer: heiß und sonnig

Tab. ***4.2*** *Die durchschnittliche prozentuale Niederschlagsmenge in Abhängigkeit von den acht Hauptwindrichtungen (gültig für das Flachland ohne Mittelgebirge) (nach* MALBERG *1999).*

Windrichtung	N	NO	O	SO	S	SW	W	NW
Niederschlag [%]	4,7 %	4,7 %	4,1 %	5,9 %	10,5 %	31,0 %	24,6 %	14,6 %

es warm, im Winter dagegen lausig kalt. Warme Mittelmeerluft aus Südwesten beschert uns reichlich Regen. Im Sommer sind damit häufig Gewitterfronten verknüpft. Dreht der Wind dagegen über einen längeren Zeitraum auf Südost – stationäres Hoch über Polen oder dem Baltikum – so stehen die Wetterzeichen im Sommer auf trockenes, sehr heißes Wetter, im Winter dagegen auf kaltes Wetter.

Wenn man die Niederschlagsereignisse nach Windrichtungen aufschlüsselt und klimatologische Mittelwerte bildet, so ergeben sich signifikante Unterschiede, wie es z. B. die Tab. 4.2 zeigt. Sie gilt für die Sommermonate und das norddeutsche Flachland. Bei stark ausgeprägtem Gelände oder in den Mittelgebirgen verändern sich die prozentualen Anteile, die Grundaussagen gelten dann aber auch. Bildet man die Summe der Niederschläge mit Windrichtungen aus östlichen Richtungen, so ergibt sich ein Anteil von näherungsweise 15 % am Gesamtniederschlag. Die Anteile des Niederschlags, die dagegen mit Wind aus westlichen Richtungen gekommen sind, bringen 70 % des Gesamtniederschlags. Die restlichen prozentualen Anteile von 15 % bilden Niederschlagsereignisse bei einem Süd- bzw. Nordwind.

Auch bei den **Temperaturen** ergeben sich deutliche Unterschiede in Abhängigkeit von der Windrichtung. So sind die Temperaturmaxima bei östlichen Windrichtungen im Sommer im Mittel 4 bis 6 K wärmer als bei der Luftmassenzufuhr aus Westen. Im Winter dreht sich diese Beziehung um, dann ist die kontinentale Luft aus Osten um den gleichen Betrag kälter.

4.2 Jahreswitterung und Vegetationszyklus der Rebe

Neben den monatlichen Darstellungen langjähriger Mittelwerte in Kap. 3 ist es natürlich auch möglich, langjährige Mittel der einzelnen Tage zu berechnen.

Aus den täglichen Mittelwerten lassen sich **Singularitäten** ablesen. Das sind besondere Wetterereignisse im Jahreswitterungsverlauf, die häufiger wiederkehren.

Abb. 4.1 verdeutlicht die Singularitäten am Beispiel der Station Karlsruhe, wobei die Zeitreihe das Jahrhundert von 1901 bis 2000 abdeckt. Es wurden für jeden Tag des Jahres die Abweichungen der Tagesmaximumtemperatur von einem geglätteten mittleren Jahresgang der Maximumtemperatur berechnet. Dabei treten die Singularitäten durch besonders warme bzw. kühle Witterungsphasen in Erscheinung. Beispielsweise fallen die Kältephasen in der zweiten Februarhälfte, Ende April bis Anfang Mai, Mitte bis Ende Juni oder Mitte November deutlich auf. Auch die warmen Witterungsphasen Mitte März, zweite Maihälfte, Anfang August oder zum Monatswechsel September bis Oktober sind nicht zu übersehen.

Mit den Singularitäten verknüpfen sich auch Namen wie die bei den Winzern berüchtigten **Eisheiligen** oder der **Altweibersommer**

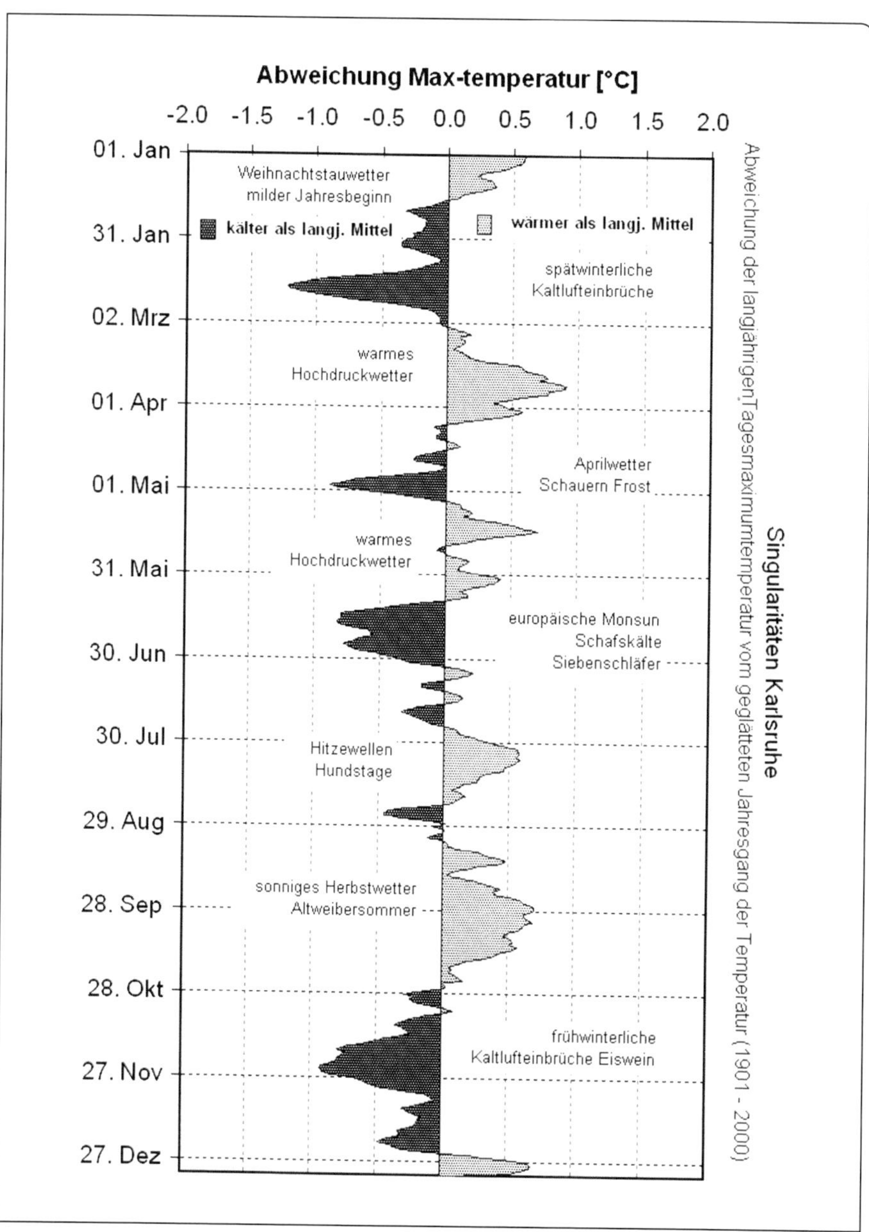

Abb. 4.1: Abweichung der mittleren Maximumtemperatur der Einzeltage von 1901 bis 2000 von dem geglätteten Jahresgang der Maximumtemperatur für Karlsruhe und die im Laufe eines Jahres häufig wiederkehrenden Wetterlagen (Daten: DWD Geisenheim, Rheingau).

Tab. 4.3 a *Häufig wiederkehrende Wetterlagen, Vegetationszyklus der Rebe, Arbeiten im Weinberg, witterungsbedingte Risiken und qualitätsfördernde Witterungsabläufe im Jahresablauf vom 1. Januar bis 30. Juni.*

Zeitraum	Häufig wiederkehrende Wetterlagen	Phänologische Entwicklung	Anfallende Arbeiten	Witterungsbedingte Risiken	Qualitätsfördernde Witterung
1.–15. Jan	zu Beginn mild, danach kalt Hochdruckneigung	Winterruhe	Rebschnitt, Biegen, Binden, Eisweinernte bei ausreichendem Frost	milde und feuchte Witterung beschleunigt die Fäulnis der Trauben für Eiswein	Auffüllung der Bodenwasservorräte, Tiefst temperaturen < −7 °C für Eisweingewinnung
16.–31. Jan	Wechsel von Hochs und Tiefs, Wechsel von kalt und mild	Winterruhe	Rebschnitt, Biegen, Binden	Bodenerosion bei starken Regenfällen auf offenen Böden	Auffüllung der Bodenwasservorräte
1.–15. Feb	antizyklonale Nordwestlage, kalt	Winterruhe	Rebschnitt, Biegen, Binden	Winterfrostrisiko bei Schneebedeckung, Tiefsttemperaturen < −15 °C	
16.–28. Feb	spätwinterliche Kaltlufteinbrüche, sehr kalt	Winterruhe	Rebschnitt, Biegen, Binden	Winterfrostrisiko bei Schneebedeckung, Tiefsttemperaturen < −15 °C	
1.–15. Mrz	Tendenz zu Schauerwetter, Ende des Nachwinters	Winterruhe	Rebschnitt, Biegen, Binden		
16.–31. Mrz	deutliche Milderung und Hochdruckwetter	Saftanstieg und Bluten	Einsaat Dauerbegrünung		
1.–15. Apr	Aprilwetter, Schauern und kühl	Knospen Schwellen	Bodenbearbeitung, Düngung, Einsaat Dauerbegrünung		

Tab. 4.3 a *Fortsetzung*

Zeitraum	Häufig wiederkehrende Wetterlagen	Phänologische Entwicklung	Anfallende Arbeiten	Witterungsbedingte Risiken	Qualitätsfördernde Witterung
16.–30. Apr	Abnahme Schauerneigung, Hochdruckwetter, kalt	Austrieb	Düngung, Einsatz Phermonfallen oder RAK 1+2, Bekämpfung spezieller Schaderreger	Spätfrostgefahr, bei Dauerbe grünung erhöht, Tal- u. Muldenlagen besonders gefährdet	Tiefstemperaturen > -0 °C, Tageshöchsttemperaturen um 20 °C, sonnig
1.–15. Mai	zu Beginn Kälterückfälle und Schauerwetter, Eisheilige	Triebwachstum und Blattentwicklung	Bodenbearbeitung zur Schonung der Bodenwasservorräte	hohe Bodenfeuchtigkeit und kräftige Regenschauer, Primärinfektion Falscher Mehltau	trocken, Tageshöchsttemperaturen um 25 °C, sonnig begünstigt einen frühen Blühtermin
16.–31. Mai	hoher Luftdruck, trocken und wärmer	Erscheinen der Blütenanlagen	1. Bekämpfung Echter u. Falscher Mehltau, starke Traubenwicklerpopulation	hohe Tag-Nacht-Schwankungen der Temperatur begünstigen den Befall mit Echten Mehltau	trocken, Tageshöchsttempera turen um 25 °C, sonnig begünstigt einen frühen Blühtermin
1.–15. Jun	zu Beginn trocken und warm, danach Schauerneigung, kälter	Gescheine voll entwickelt	Kontrolle Schaderreger (Falscher u. Echter Mehltau, Traubenwickler)	kräftige Regenschauer begünstigen Boden- u. Sekundärinfektion des Falschen Mehltaus	ausreichende Wasservorräte im Boden begünstigen die Entwicklung der Blattfläche
16.–30. Jun	Einbrüche von kühler Meeresluft, Schafskälte	Beginn Blüte, Ende Blüte	Bodenpflege, Pflanzenschutzmaßnahmen nicht möglich	unbeständige Witterung verzögert Blühverlauf, Verrieseln der Blüten, Befall Grauschimmel	Trocken, Tageshöchsttemperaturen um 25 °C, sonnig beschleunigen den Blühverlauf

Tab. 4.3 b *Häufig wiederkehrende Wetterlagen, Vegetationszyklus der Rebe, Arbeiten im Weinberg, witterungsbedingte Risiken und qualitätsfördernde Witterungsabläufe im Jahresablauf vom 1. Juli bis 31. Dezember.*

Zeitraum	Häufig wiederkehrende Wetterlagen	Phänologische Entwicklung	Anfallende Arbeiten	Witterungsbedingte Risiken	Qualitätsfördernde Witterung
1.–15. Jul	Tendenz zu Schauern, danach erste Hochsommerperioden	Putzen der Beeren, Beeren erbsengroß	Pflanzenschutz abgehende Blüte, Entblätterung zur Qualitätsförderung, Gipfeln hinausschieben	hohe Tag-Nacht-Schwankungen der Temperatur Befall mit Echten Mehltau, höhere Temperat. fördern Sauerwurm	ausreichende Niederschläge zum Auffüllen der Bodenwasservorräte, starkes Rebwachstum
16.–31. Jul	zunehmende Niederschlagsneigung, kühler	Beginn, Ende Traubenschluss	Gipfeln und erster Laubschnitt, Ausdünnen der Tauben zur Qualitätsförderung, Bodenpflegemaßnahmen	bei Niederschlägen, hoher Luftfeuchtigkeit, Blattbenetzung Falscher Mehltau, kühl und feucht Grauschimmelbildung	sonniges Wetter Tageshöchsttemperaturen um 30 °C fördert die Entwicklung der Beeren, ausreichende Bodenwasservorräte
1.–15. Aug	sommerlich, trocken und warm, Hundstage	Ende Taubenschluss	Ausbringung von Blattdüngern bei bedecktem Wetter, Stiellähmebekämpfung	geringe Bodenwasservorräte verzögern Entwicklung der Beeren, bei Kühlem und feuchtem Wetter Grauschimmelbildung	sommerliches Wetter mit Tageshöchsttemperaturen um 25 °C und ausreichendem Bodenwasser
16.–31. Aug	Sommergewitter, danach Zufuhr kühler Meeresluft	Reifebeginn frühe Sorten	abschließende Pflanzenschutzmaßnahmen vor Reifebeginn		
1.–15. Sep	Nachsommer, danach zunehmend zyklonal	Reifebeginn späte Sorten			
16.–30. Sep	zunehmender Hochdruckeinfluss, Altweibersommer	Weichwerden der Beeren	Bodenpflege und Einsaat Begrünung, Einsaat Wintergetreide	hohe Nachttemperaturen Abbau der Äpfelsäure, feuchtes Wetter Grauschimmelbildung	sonniges Wetter mit Höchsttemperaturen bei 20–25 °C und kühlen Nächten begünstigt Reifeentwicklung

Tab. 4.3 b *Fortsetzung*

Zeitraum	Häufig wiederkehrende Wetterlagen	Phänologische Entwicklung	Anfallende Arbeiten	Witterungsbedingte Risiken	Qualitätsfördernde Witterung
1.–15. Okt	zu Beginn noch warm mit hohem Luftdruck, danach zyklonal mit stärkerer Niederschlagsneigung	Vollreife bei frühen Sorten	Beginn Lese frühreifender Sorten	anhaltende Regenfälle behindern Lese, Einsatz von Vollerntemaschinen, andauernde Niederschläge Entwicklung von Grau-, Schwarz- u. Grünschimmel	sonniges Wetter Höchsttemperaturen um 20 °C kühlen Nächten um 5 °C, moderater Wasserstress fördert Phenolgehalte in den Beeren
16.–31. Okt	deutlich kühler, erste Fröste bei Hochdruckwetter	Vollreife bei späten Sorten	Beginn Lese spätreifender Sorten, Einhüllen der Traubenzone mit Plastikfolie für spätere Eisweingewinnung	anhaltende Regenfälle behindern Lese, Einsatz Vollerntemaschinen, andauernde Niederschläge fördern Entwicklung von Grau-, Schwarz- u. Grünschimmel	sonniges und trockenes Wetter mit Höchsttemperaturen um 20 °C und kühlen Nächten um 5 °C
1.–15. Nov	antizyklonal, trocken, häufig Nebel	Beginn Laubfall, Holzreife abgeschlossen	Abschluss der Lese, Ausbringung der Ernterückstände in den Weinberg	milde und feuchte Witterung(>10 °C) verzögert die Umwandlung von Stärke in Zucker im Rebholz und beschleunigt die Fäulnis der Trauben für Eiswein	tiefe Temperaturen (<10 °C) beschleunigen die Umwandlung von Stärke in Zucker im Rebholz (wichtig für Frosthärte)
16.–30. Nov	Schlechtwetterperiode, erste Schneefälle und Kälteeinbrüche	Ende Laubfall, Winterruhe	Eisweinernte bei ausreichendem Frost	milde und feuchte Witterung beschleunigt die Fäulnis der Trauben für Eiswein	Tiefsttemperaturen < -7 °C für Eisweingewinnung
1.–15. Dez	Tiefdruckgebiete und starke Niederschlagsneigung	Winterruhe	Rebschnitt, Biegen, Binden, Eisweinernte bei ausreichendem Frost	milde und feuchte Witterung beschleunigt die Fäulnis der Trauben für Eiswein	Tiefsttemperaturen < -7 °C für Eisweingewinnung

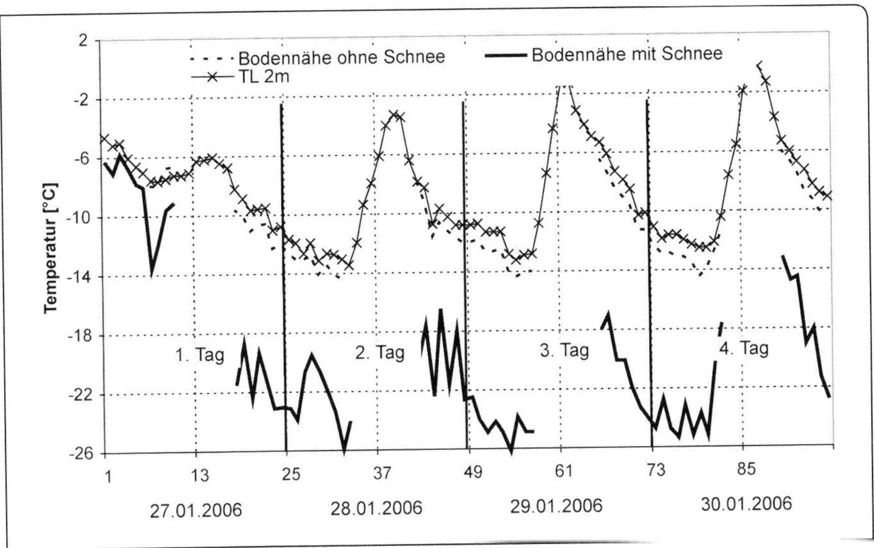

Abb. 4.2: Gemessene Lufttemperaturen (2 m) und simulierte Nachttemperaturen in Bodennähe (5 cm über Grund) mit und ohne Schneebedeckung vom 27.01.2006 bis 30.01.2006 in Braunschweig (Quelle: DWD Braunschweig).

Anfang Oktober. Die Tab. 4.3a und b listen die häufig wiederkehrenden Wetterlagen, die wichtigen phänologischen Entwicklungsstadien, die anfallenden Arbeiten im Weinberg, die witterungsbedingten Risiken und qualitätsfördernde Witterungsabläufe im Wechsel der Jahreszeiten auf. Bei der Beschreibung wird auf die Bedeutung der Singularitäten hingewiesen. Die Tabelle erhebt keinen Anspruch auf Vollständigkeit.

Infolge des vorangehenden Weihnachtstauwetters (Eintrittswahrscheinlichkeit 70–80 %) beginnt auch der Januar häufig zu mild. Die Hoffnung auf eine erfolgreiche Lese von Eiswein hält viele Winzer bis in den Januar hinein in Spannung. Nur in drei von fünf Jahren wird in Geisenheim vor dem 31.12. die erforderliche Frostgrenze von −7 °C unterschritten. Im Winter 1985/86 wartete man in den Hessischen Staatsweingütern bis zum 8. Februar auf die Lese, der spätesten Eisweinlese in der jüngeren Geschichte. Bei mildem und feuchtem Wetter verderben die Trauben aber viel früher, bei mäßigem Gesundheitszustand verfaulen die Trauben bereits bis Mitte Dezember.

Aufschlüsse bietet auch die alte Bauernregel: „Ist bis Dreikönigstag kein Winter, so kommt auch keiner mehr dahinter." Nach Malberg (1999) sind bei einem zu milden Jahreswechsel und Start ins neue Jahr in zwei Drittel aller Fälle die nachfolgenden Winter auch zu mild. Erst in der zweiten Januarhälfte nehmen die Kälteeinbrüche zu und erreichen dann in der zweiten Februarhälfte einen signifikanten Höhepunkt. Der Arbeitskalender weist für diese Zeit den Rebschnitt aus. Der spätwinterliche Kälteeinbruch kann bei Schneebedeckung wie im Winter 1956 für die Reben gefährlich werden.

Die Unterschiede zwischen einem schneebedeckten und offenen Boden verdeutlicht das Beispiel in Abb. 4.2. Dabei handelt es sich um Modellrechnungen für die gleiche Wettersituation. In der Nacht zum 28. Januar 2006 fällt die Lufttemperatur in 2 m Höhe bei Schneebedeckung auf −13,4 °C, während direkt über der Schneedecke die Temperatur auf −25,9 °C sinkt. Unter der Schneedecke schwanken die Temperaturen nur leicht. In 10 cm Bodentiefe bleiben die Temperaturen nahezu konstant.

Ganz anders sehen die Verhältnisse bei einem offenen Boden aus. In dieser Situation ist es direkt über dem Erdboden mit −14,5 um über 10 K wärmer als bei Schneebedeckung. Das Rebholz, das in unseren Breiten aus der Schneedecke herausragt, ist dann extrem gefährdet, weil die Temperaturen am Tage bei Sonneneinstrahlung im Rebholz auf 6–8 °C ansteigen können. Wenn in der Nacht dann die Temperaturen abstürzen, führen die enormen Schwankungen zu Frostrissen.

Die Kraft der Märzsonne führt zu den ersten Wärmeschüben im Boden. Die Frühblüher wie die Forsythie kündigen den kommenden Frühling an. Bei den Reben beginnt der **Saftanstieg**. Bei trockenem Wetter und ausreichender Bodenfeuchtigkeit kann in den Weinbergen die Begrünung eingesät werden, falls das nicht schon im Herbst des Vorjahres erfolgte. Die Wechselhaftigkeit des Aprilwetters ist nahezu sprichwörtlich. Der Kontinent reagiert auf die ansteigende Sonnenbahn mit rascher Erwärmung, während der nördliche Atlantik noch vom Winter her sehr kühl ist. Frische Polarluft stößt regelmäßig weit nach Süden vor und in den warmen und kalten Luftmassen entwickeln sich heftige Aprilschauer. Das Aprilwetter beschert uns wunderschöne Wolkenlandschaften, die Reben

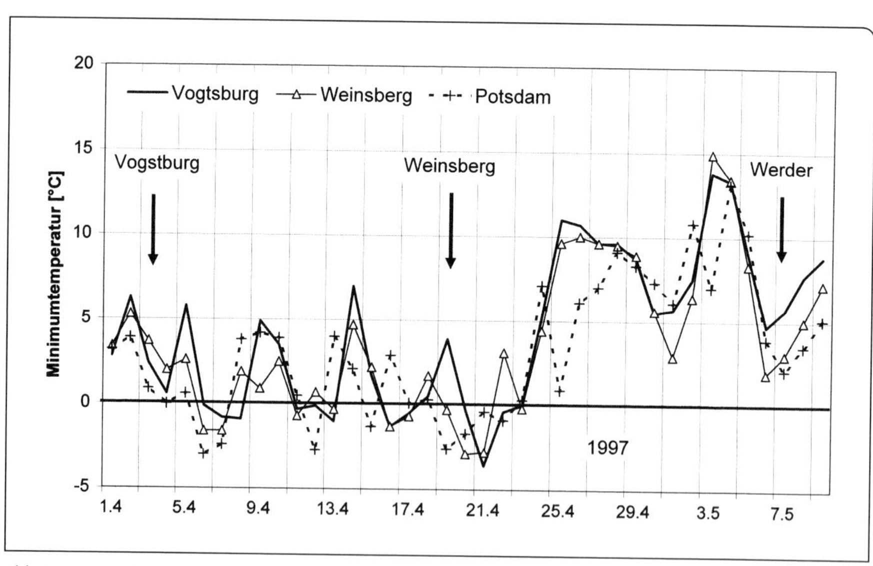

Abb. 4.3: Die Minimumtemperaturen vom 01.04.1997 bis 09.05.1997 in Vogtsburg (Kaiserstuhl), Weinsberg und Potsdam sowie der beobachtete Austrieb der Rebsorte Riesling in Vogtsburg, Weinsberg und der berechnete Austrieb in Werder bei Potsdam.

müssen in dieser Zeit aber manche Wetterrisiken durchstehen.

In frühen Jahren beginnt bereits Anfang April der **Austrieb** der Reben (s. Kap. 3.3). Frühreifende Sorten wie der Müller-Thurgau starten um eine Woche früher als spät reifende Sorten wie der Riesling. Bei sehr frühem Austrieb ist die Gefahr eines nachfolgenden Spätfrostes besonders groß. Die letzten größeren Spätfrostschäden ereigneten sich 1997.

Abb. 4.3 stellt die Zusammenhänge für die drei Regionen Baden, Württemberg und Brandenburg dar. Bereits am 4. April trieben die Reben in Vogtsburg am Kaiserstuhl aus, die Reben in Weinsberg folgten 14 Tage später, in Werder in Brandenburg dagegen erst 33 Tage später am 7. Mai. Das höchste Risiko bestand somit im Kaiserstuhl mit insgesamt vier Spätfrösten. Wegen des späten Austriebs gab es dagegen in Werder keine Frostschäden.

Für begrünte Rebflächen besteht im April und Mai ein besonders hohes Frostrisiko, insbesondere wenn die Begrünung bei warmer Witterung im März bereits stark aufgewachsen ist. Die Tab. 4.4 verdeutlicht die Temperaturunterschiede zwischen begrüntem und offenem Boden in einer Frostnacht in Braunschweig. Die Lufttemperatur in 2 m Höhe sank in dieser Nacht auf −5,7 °C, die Oberflächentemperatur bei offenem Boden auf −12,3 und auf einer Wiese auf −15,8 °C, an einer extrem exponierten Stelle sogar auf −18,0 °C.

Im Frühjahr können auf begrünten Rebflächen ähnliche Wettersituationen auftreten, wenn die Laubwände noch nicht entwickelt sind und der Boden der nächtlichen Wärmeabstrahlung in wolkenarmen Nächten voll ausgesetzt ist. Besonders gefährlich wird es dann, wenn die Begrünung nicht kurz gehalten wird und einzelne Grasbüschel im Stockbereich stehen bleiben. Frisch ausgetriebene Blätter in der Nachbarschaft sind dann besonders gefährdet (Bild 1 Anhang).

In der Zeit vom „Knospen schwellen“ bis „Austrieb“ werden die Weinberge gedüngt, da die **Stickstoffaufnahme** der Reben im Vergleich zu anderen landwirtschaftlichen Kulturen sehr spät im Jahr beginnt. Erst nach der Blüte nehmen die Reben verstärkt Stickstoff auf, weil dann parallel die Blattfläche und Beeren stark anwachsen. Die Tab. 4.5 zeigt als Beispiel für den Rheingau im Jahr 2006 den seit Jahresbeginn mineralisierten Stickstoff [kg/ha] in Abhängigkeit vom Humusgehalt.

Die Mineralisierung des Stickstoffs im Boden hängt sehr stark von der Bodentemperatur und Bodenfeuchtigkeit im Winter und Frühjahr ab. Die Rebflächen werden dann auf einen Sollwert von 70 kg/ha aufgedüngt, d. h. es müssen in der Regel nicht mehr als 30–50 kg/ha ausgebracht werden. Damit sollen unnötige Auswaschungsverluste ins Grundwasser vermieden werden. Bei der Etablierung einer Dauerbegrünung wird die Stickstoffgabe um 20 kg/ha erhöht. In unbegrünten Anlagen kann mit der Düngung bei gut versorgten Rebflächen bis zur Blüte gewartet werden.

Tab. 4.4 *Minimumtemperaturen über offenem Boden und über einer Wiese am 24.10.2003 in Braunschweig [°C].*

Luft 2 m	Oberflächentemperatur offener Boden	Oberflächentemperatur Wiese		
		Max	Min	Mittel
−5,7	−12,3	−14,2	−18	−15,8

Berühmt-berüchtigt sind die **Eisheiligen** Pankratius, Servatius, Bonifatius (12.–14. Mai). Dazu gesellt sich noch die Kalte Sophie (15. Mai). Die Singularitäten im Witterungsablauf (Abb. 4.1) widersprechen aber diesen alten Bauernregeln. Das Risiko ist danach Anfang Mai deutlich höher gewesen.

In der zweiten Aprilhälfte schiebt sich immer wieder eine Warmluftphase in das launische Aprilwetter. Das ist die Zeit, in der auch die spät blühenden Obstgehölze Birnen und Äpfel (Vollfrühling) aufblühen und die Reben im langjährigen Mittel austreiben. Mit dem Austrieb sind die Wetterrisiken des Frostes aber noch nicht überwunden. Polare Kaltluftvorstöße können auch Anfang Mai die jungen Rebblätter gefährden.

In der zweiten Maidekade ist es eher überdurchschnittlich warm. Die Gefahr von April- und Maifrösten ist in der Tendenz in den letzten 4 Jahrzehnten fallend (Kap. 10).

Mit der warmen und trockenen Schönwetterperiode ab der zweiten Maidekade beschleunigt sich die Entwicklung der Blattfläche und der Gescheine. Temperaturen um 25 °C und Sonnenschein in dieser Zeit sind die Vorraussetzung für einen frühen Blühtermin. Natürlich folgt die Witterung nicht in jedem Jahr den in Abb. 4.1 dargestellten Singularitäten. Mit dem Wechsel zu **Schauerwetter** in dieser Entwicklungsphase wächst die Gefahr einer Primärinfektion durch den **Falschen Mehltau**. Die überwinternden Sporen können bei feuchtem Wetter in den obersten Bodenschichten gut auskeimen und gelangen dann mit Wind und Re-

Tab. 4.5 *Mineralisierter Stickstoff in [kg/ha] seit Jahresbeginn in Abhängigkeit vom Boden und Humusgehalt für offene Böden im Jahr 2006 im Rheingau und Humusgehalt für offene Böden.*

			Sand – skelettreiche Böden (leicht durchlässig) Humusgehaltsstufen	
Datum	< 2,0 %	2,0–2,5 %	2,5–3,0 %	> 3,0 %
24.04.06	25–35	40–50	50–57	50–60
18.04.06	22–28	30–40	40–45	45–50
			Lehmböden (mittelschwer) Humusgehaltsstufen	
Datum	< 2,0 %	2,0–2,5 %	2,5–3,0 %	> 3,0 %
24.04.06	22–35	32–50	43–50	48–55
18.04.06	17–27	26–41	33–40	37–45
			tonhaltige Böden (schwer) Humusgehaltsstufen	
Datum	< 2,0 %	2,0–2,5 %	2,5–3,0 %	> 3,0 %
24.04.06	15–20	20–25	30–40	
18.04.06	14–16	15–18	20–30	

genspritzer auf die jungen Rebblätter (Tab. 4.6).

Schon in diesen frühen Stadien der Rebentwicklung gilt die Aufmerksamkeit des Winzers der Gesunderhaltung des Rebstockes. Diesem drohen auch in sonnenscheinreichen Perioden Gefahren. Starke **Tag-Nacht-Schwankungen** der Temperatur und der relativen Luftfeuchtigkeit begünstigen die Entwicklung des **Echten Mehltaus**, der manchmal parallel zur Entwicklung des Rosenmehltaus verläuft. Einige Winzer setzen Rosen deshalb auch als Zeigerpflanzen ein.

Auch die Schädlinge regen sich schon im frühen Stadium der Rebentwicklung. In der Dämmerungsphase steigt bei trockenem Wetter und nicht zu tiefen Nachttemperaturen (< 7 °C) die Flugaktivität der **Traubenwickler** kräftig an und die begatteten Weibchen legen ihre Eier auf die frisch entwickelten Gescheine ab (Tab. 4.6). Nach etwa 7–10 Tagen schlüpfen dann aus den abgelegten Eiern Ende Mai die jungen Larven.

Bei sonnenscheinreichem und warmem Wetter beginnen in sehr frühen Jahren früh reifende Sorten bereits Anfang Juni zu blühen. Beispiele dafür sind die Jahre 1993 und 2003. In sehr ungünstigen Jahren kann sich der Blühbeginn bis Mitte Juli verzögern. Die Jahre 1965 und 1984 sind Beispiele für diese der Traubenqualität sehr abträgliche Witterung. Die phänologische Entwicklung ist sehr eng an den Anstieg der Temperatursummen gekoppelt (s. Kap. 3.2). In der zweiten Maihälfte steht häufig eine stabile Hochdruckwetterlage an, die manchmal sogar bis zum 10. Juni anhält. Im statistischen Mittel ist das die Zeit mit der geringsten Regenhäufigkeit in Deutschland. Nach dem 10. Juni bricht die Hochdruckwetterlage zusammen und macht atlantischen Tiefdruckausläufern Platz. Mit dieser Umstellung dreht der Wind auf West. Er bringt uns kühle Meeresluft mit Wolken und Regen und in Anlehnung an die Verhältnisse in Indien spricht man von dem „**Europäischen Sommer-**

Tab. 4.6 *Hinweise zum witterungsbedingten Risiko zum Auftreten des Falschen Mehltaus und des Traubenwicklers im Wetterfax für den Rheingau vom 21.05.2007.*

Vorhersagetag	22.05.	23.05.	24.05.	25.05.	26.05.
Höchst-/Tiefsttemperatur 2 m [°C]	27/15	28/16	30/15	31/16	28/17
Niederschläge [mm]	0–5	0	0	0–2	0–2
Blattbenetzung (nachts, durch...)					Regen
Falscher Mehltau	**Primär-infektion**	**letzte Infektion**	**nächste Infektion**	**Ölflecken sichtbar ab**	**Befallsdruck Tendenz**
Tallage	09.05.	09.05.	26.05.	19.05.	steigend
Hanglage	09.05.	09.05.	26.05.	19.05.	steigend
Traubenwickler	**Falterflug**	**Eiablage**		**Larvenschlupf**	
		Beginn	**Tendenz**	**Beginn**	**Tendenz**
Einbindiger (Erbacher Honigberg)	Ende	01.05.	fallend	09.05.	fallend
Bekreuzter (Erbacher Honigberg)	Ende	04.05.	steigend	12.05.	steigend

monsun". Im Volksmund kursiert er unter dem Namen „**Schafskälte**", weil die Schafe nach der Schur sehr kälteempfindlich sind.

Phänologisch gesehen fällt in die zweite Junihälfte die Rebblüte und kann sich bei kühler und feuchter Witterung bis Anfang Juli hinziehen. Kühle und feuchte Witterungsphasen begünstigen das Verrieseln der Gescheine und die Entwicklung des Grauschimmels in den Gescheinen. Sonniges und warmes Wetter beschleunigen den Blühverlauf. Dann reduziert sich die Blüte auf wenige Tage.

Der **Zeitpunkt der Blüte** setzt erste Zeichen im Hinblick auf die Qualitätsbildung der Trauben. Je früher die Blüte, desto länger bleibt der Rebe Zeit für die Entwicklung der Trauben und die Ausreife der Beeren.

Wenn die Rebblüte erst im Juli beginnt, dann ist die Zeit für die Ausreife der Beeren bis zur Lese zu knapp bemessen. Die Jahre 1965, 1968, 1980 und 1984 stehen in der Liste der ungünstigen Jahre ganz oben.

Eine Woche Blühverzögerung mindert die Traubenqualität um 5°Oe (vgl. Kap 8.1).

Möglicherweise können kurz vor und nach der Blüte **Entblätterungsmaßnahmen** anstehen. Wenn die Quelle der Photosyntheseprodukte – das sind die basalen Blätter – entfernt wird, lassen sich die Befruchtungsrate und der Beerenansatz bei großen Gescheinen vermindern. Dies ist eine erste Maßnahme, um zu hohe Erträge zu regulieren.

Ein wichtiger Termin für den **Pflanzenschutz** ist die abgehende Blüte. Die jungen Beeren müssen vor dem Echten und Falschen Mehltau sowie vor Grauschimmel geschützt werden. Längere Blattbenetzungszeiten und höhere Luftfeuchtigkeit in Verbindung mit Niederschlägen begünstigen die Entwicklung der genannten Krankheiten.

Ende Juni werden dann die wetterbedingten Spielregeln für den Sommer festgelegt (**Siebenschläfertag** 27. Juni). Entscheidend ist, ob der europäische Monsun mit kühler Meeresluft die Oberhand behält oder ob das Azorenhoch wieder seine Fühler nach Mitteleuropa ausstreckt und eine längere trockene und sehr warme Wetterperiode einläutet, die dann nur ab und zu von kräftigen Gewitterfronten unterbrochen wird. Diese bringen dann auch kurzzeitig etwas Abkühlung. Die Jahre 1989, 1993 oder 2003 waren für diesen Witterungsverlauf typisch. Sie brachten uns in Deutschland neue Hitzerekorde.

Die andere Richtung bestimmt die **Siebenschläferregel** mit mehrwöchigem kühlfeuchtem Wetterverlauf. Die Jahre 1965, 1980 oder 1984 treten besonders markant als ungünstige Jahre in Erscheinung.

Man sollte sich aber nicht allein auf die Wetterbeobachtung am 27. Juni verlassen, sondern die gesamte Zeitspanne zwischen dem 20. Juni und dem 10. Juli im Auge haben. In zwei von drei Jahren zeigt nach einer kühlen und feuchten Periode in dieser Zeit auch der Sommer ein ähnliches Bild. Die sich einstellende sommerliche Zirkulation hat eine hohe Erhaltungstendenz. Die Statistik besagt, dass kühle Sommer bei uns etwas häufiger sind als länger andauernde Hitzeperioden. Der Winzer wünscht sich natürlich einen warmen und trockenen Sommer.

Nach der Blüte beginnt die erste Wachstumsphase der Beeren, die sogenannte **Zellteilungsphase**. Neben dem Rebschutz richtet sich der Blick des Winzers nun zunehmend auf **qualitätsfördernde Maßnahmen** im Weinberg. Früher war es üblich, möglichst bald die Reben zu „**Gipfeln**", d. h. die obersten Triebspitzen abzuschneiden. Ein zu früher Laubschnitt bricht aber die apikale Dominanz (Unterdrückung des Wachstums der Gipfelknospen) und fördert die Zellteilung der Beeren, wodurch größere Beeren und kompaktere Trauben entstehen. Heute bemüht sich der Winzer um möglichst lockere Trauben und das erreicht er nur, wenn er das Gipfeln hinauszögert und erst dann durchführt, wenn die Triebe drohen, abzubrechen. Kompakte Trauben erhöhen den Ertrag und fördern den Befall durch Grauschimmel. Beides läuft einer hohen Qualität zuwider.

Nach Ende der Zellteilungsphase beginnt in frühen Jahren ab Mitte Juli der **Traubenschluss**, in späten Jahren dagegen erst einen Monat später. Der Juli weist in Abb. 4.1 keine besonderen Singularitäten aus. Im normalen Sommer wechseln sich warme und trockene Perioden mit kühlem und feuchtem Schauerwetter ab. Höhere Temperaturen begünstigen die Entwicklung des Sauerwurms, feuchte Perioden erhöhen das Risiko durch Grauschimmel und Falschen Mehltau.

Das Risiko für Pilzerkrankungen lässt sich mindern, wenn man die Laubwand in der Traubenzone entblättert. Die Rebbestände werden dann besser belüftet und trocknen nach Regenfällen schneller ab. Das Entfernen der Blätter in der Traubenzone vor oder während der Reife wirkt wie ein Widerspruch: Zum Zeitpunkt einer intensiven Kohlenhydrat-Akkumulation in den Trauben wird assimilierende Blattfläche entfernt. Dennoch wird dem **Entblättern** eine qualitätsfördernde Wirkung zugesprochen, weil dadurch die Traubenzone besser belichtet wird und mit den ansteigenden Beerentemperaturen sich Stoffwechselraten erhöhen und die Reife mit verstärkter Zuckereinlagerung in die Beeren zügiger abläuft.

Tab. 4.7 *Positive und negative Einflüsse des Auslaubens bei früher, später, rigoroser oder zurückhaltender Durchführung des Arbeitsgangs (nach* Weissenbach *und* Ruffner *2002).*

Entlaubung	Positive Einflüsse	Negative Einflüsse
früh	Sonnenbrandrisiko gering	Hagelrisiko groß
	Pflanzenschutz vor Traubenschluss möglich: Schutz gegen Botrytis!	Beeinträchtigung der Assimilationsleistung möglich
spät	Assimilationsfläche bleibt lange erhalten	Sonnenbrandrisiko hoch
	ein Arbeitsgang mit letzter Ertragsregulierung nach Reifebeginn	Pflanzenschutz: Zugänglichkeit der Trauben verringert, Wirksamkeit der Abschluss-Spritzung evtl. beeinträchtigt
rigoros	Ernteerleichterung	Trauben plötzlich stark exponiert
	Einsatz von unqualifiziertem Personal möglich, Durchlüftung schafft gutes (trockenes) Mikroklima	Arbeitsaufwand bei gestaffelter Durchführung hoch
wenig	Schatten/Halbschatten für Trauben	Wirksamkeit eher gering
	mechanischer Schutz bei Hagel Assimilationsfläche bleibt erhalten	Botrytis-Risiko hoch

Die Vor- und Nachteile des Entblätterns sind nach Weissenbach und Ruffner (2002) in Tab. 4.7 zusammengefasst. Aufgrund des Klimawandels (Kap. 10) hat das Risiko für **Sonnenbrand** in den letzten Jahren deutlich zugenommen. Besonders die Jahre 2003 und 2007 waren davon betroffen. Dem Risiko des Sonnenbrandes kann man dadurch begegnen, dass man nur die der Sonne abgewandten Teile der Laubwand entblättert.

Der **Zeitpunkt des Entblätterns**, der sehr unterschiedlich beurteilt wird, muss im Zusammenhang mit der Jahreswitterung bestimmt werden. Bei einem raschen Wechsel von einer kühlen und feuchten Periode zu heißem und trockenem Wetter ist die Gefahr des Sonnenbrandes besonders hoch.

Ende Juli und Anfang August begegnen wir einer weiteren Singularität, die häufig mit sehr heißer und trockener Witterung einhergeht und im Volksmund unter dem Begriff „**Hundstage**" läuft (Abb. 4.1). Wenn die Wochen davor auch schon trocken waren, geraten die Reben vor allem in den Steillagen zunehmend in den Trockenstress, der weiteres Wachstum hemmt oder die Reifeentwicklung sogar zum Stillstand bringt. Der Winzer ist nun darauf bedacht, die Bodenwasservorräte durch Bodenbearbeitung zu schonen. Das **Herausschneiden von Trauben** verringert ebenfalls den Wasserstress. Teilweise werden die Trauben auch halbiert.

Die wasserschonende Bodenbearbeitung gehört während der gesamten Vegetationsperiode zu den regelmäßigen Arbeiten im Weinberg, insbesondere bei begrünten Rebflächen, da die Begrünungspflanzen schon frühzeitig in Wasserkonkurrenz zu den Reben treten.

Die Witterung von Juni bis August ist geprägt durch zahlreiche Tage mit Gewitter. Die Serie von trockenen Sommern seit 1989 sollte nicht dazu verleiten, die Gefahren zu unterschätzen. Besonders gefährdet **Hagelschlag** die Reben und **Starkregen** fördert in Hanglagen die **Bodenerosion**. Mit der Begrünung lässt sich die Erosion verhindern; die Kehrseite der Medaille ist die Wasserkonkurrenz der Begrünung zu den Reben.

Der Hochsommer geht in der Regel in der zweiten Augusthälfte zu Ende. In sehr frühen Jahren wie 1993 und 2003 beginnt bereits Anfang August die **Reife der Trauben** mit der Aufhellung der Beeren, in sehr späten Jahren wie 1965 oder 1984 erst Anfang Oktober. Der Reifebeginn ist gleichzeitig das Ende für viele Pflanzenschutzmaßnahmen, weil das Lesegut keine Rückstände an Pflanzenschutzmitteln aufweisen darf. Eine Ausnahme bilden spezielle Mittel gegen Grauschimmel, die in sehr kurzer Zeit abgebaut werden.

Von Mitte August bis Mitte September ist die Wahrscheinlichkeit, dass atlantische Tiefausläufer das Wetter bestimmen, recht hoch. Im statistischen Mittel umgeben uns an jedem zweiten Tag in dieser Zeit kühle und feuchte atlantische Luftmassen.

Die Wetterlage stabilisiert sich erst in der zweiten Septemberhälfte. Der September gehört neben dem Mai zu den wolkenarmen Monaten. Auch in den Temperaturverhältnissen entsprechen sich beide Monate.

Mit der Verfrühung des Reifebeginns in den letzen 20 Jahren (s. Kap. 10) werden die Winzer zunehmend mit Fäulnisproblemen der Trauben konfrontiert, die es in früheren Jahrzehnten nur selten gab. Diese treten bei unbeständiger und relativ warmer Witterung ab der zweiten Augusthälfte auf. Der Witterungsablauf für Geisenheim aus dem Jahr 2000 steht beispielhaft für die Folgen eines sehr frühen Reifebeginns mit nachfolgender feuchter Witterung (Abb. 4.4). Mit dem Reifebeginn am 14. 8. 2000 begann eine Witterungsperiode, bei der auf relativ

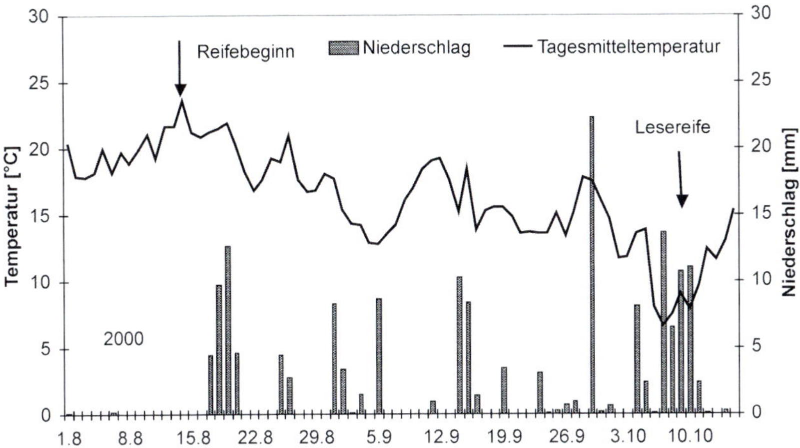

Abb. 4.4: Die Tagesmitteltemperatur und die tägliche Niederschlagssumme während der Reifezeit der Rebsorte Riesling im Jahr 2000 für Geisenheim (Rheingau).

hohem Temperaturniveau immer wieder Regen fiel, der sich dann zum Zeitraum der Lese noch verstärkte. Diese Witterung verstärkte den Befall der Trauben mit Schwarzfäule, die ihrerseits die Infektion mit Grünschimmel begünstigt. Diese Erkrankungen sind in dieser Stärke in den zurückliegenden Jahrzehnten nicht aufgetreten.

Derartige extreme Witterungsabläufe bilden aber eher die Ausnahme, denn ab Mitte September stabilisiert sich sehr häufig das Wetter. In großer Regelmäßigkeit stellt sich dann der sprichwörtlich bekannte **Altweibersommer** ein (Abb. 4.1). Die Temperaturen klettern noch einmal auf fast sommerliche Werte. Wenn sich der Hochdruckeinfluss schon zu Beginn des Monats durchsetzt, sind bei einem frühen Reifebeginn die Voraussetzungen für einen Spitzenjahrgang gegeben. Die **Reifeentwicklung** soll für den Standort Weinsberg für zwei extreme Jahre verdeutlicht werden, wobei das Jahr 1971 zu den Spitzenjahrgängen, 1965 dagegen zu den geringen Jahrgängen zählt (Abb. 4.5 bis Abb. 4.7). Höhere Temperaturen und Globalstrahlungswerte beschleunigen den Mostgewichtsanstieg. 1971 beginnt die Reife des Rieslings am Standort Weinsberg bereits am 19. August, 1965 dagegen erst am 17. September (Abb. 4.5). Jahreszeitlich bedingt liegen Temperatur- und Strahlungssummen in der letzten Augustdekade deutlich höher als Ende September. Im Jahr 1971 haben Temperatur und Strahlungssummen bis zum 17. September bereits einen gewaltigen Vorsprung von 200 Gradstunden bzw. 45 kJ/cm^2 im Vergleich zu 1965 (Abb. 4.6). Ab 8.Oktober steigen die Temperatursummen 1965 dann auch nur noch geringfügig an. Entsprechend hoch fallen 1965 die Gesamtsäurewerte aus (Abb. 4.7). Zum Reifebeginn entfallen davon etwa 12 g/l auf die Weinsäure, 18 g/l auf die Äpfelsäure.

Während die Weinsäure nur relativ gering abnimmt, hängt der Abbau der Äpfelsäure sehr stark von der Tagesmitteltemperatur ab. Dabei beschleunigen insbesondere Temperatursummen über 7 °C den **Säureabbau** (SCHULTZ et al. 2006).

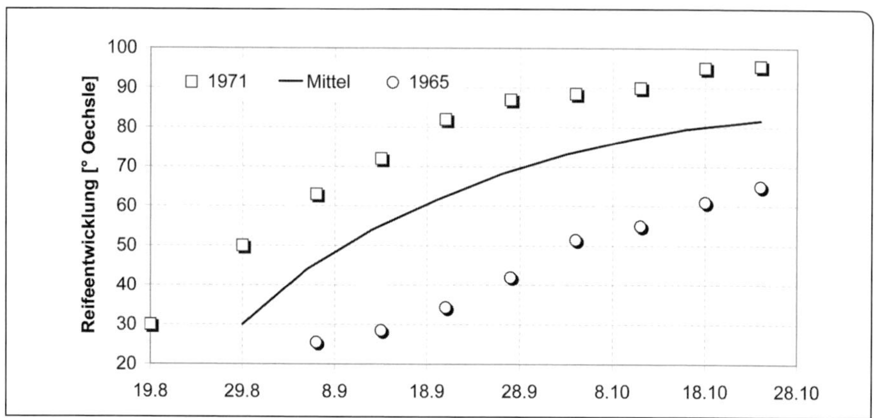

Abb. 4.5: Die Reifeentwicklung [°Oe] der Rebsorte Riesling in Weinsberg in einem qualitativ guten (1971) und schlechten Jahr (1965) sowie der langjährige gemittelte Reifeverlauf.

Mit dem Reifebeginn beginnt die verstärkte Zuckereinlagerung in die Beeren, die zu diesem Zeitpunkt ein Mostgewicht zwischen 25 und 30 °Oe aufweisen. Parallel zur Zuckereinlagerung baut sich die Säure ab. Der Vergleich der Temperatursummen (Abb. 4.6) und die Abnahme der Gesamtsäure (Abb. 4.7) bestätigen den engen Zusammenhang zwischen Temperatursummen und Säureabnahme. 1965 beschleunigt sich der Säureabbau erst nach dem 17. September, zu diesem Zeitpunkt erreicht die Gesamtsäure im Jahr 1971 bereits den Wert 15 g/l.

Ab Anfang Oktober beginnt dann die Lese der früh reifenden Sorten, die sich je nach Abreife bei den späten Sorten bis in den November ausdehnen kann. Mit dem Klimawandel verfrüht sich der Lesebeginn, in den letzten zwei Jahrzehnten startete die Lese häufig schon im September. Diese Verfrühung ist nicht unbedingt ein Vorteil, weil bei hohen Temperaturen am Ende dann Säure- und Extraktwerte zu niedrig sind.

Das kühlere Klima in den nördlichen Anbaugebieten fördert die langsame Abreife, die Bildung von Bukett- und Aromastoffen, und die verbliebene Fruchtsäure verleiht den Weinen die gewünschte Frische.

Frühzeitige **Frostperioden** ab Mitte Oktober beenden dann die weitere Reifeentwicklung der Beeren. In einem geringen Jahrgang wie 1972 beendeten die Nachtfröste am 19. Oktober die Hoffnungen auf den weiteren Anstieg der Mostgewichte.

Nach Abschluss der allgemeinen Lese richten sich die Hoffnungen der Winzer dann auf tiefe Temperaturen. Dabei bildet das Unterschreiten von −7 °C die magische Grenze für den gewünschten **Eiswein**.

Der nahende Winter kündigt sich ab November mit Kälteeinbrüchen an (Abb. 4.1). Hochdruckwetter bedeutet im November aber häufig Nebelwetter, da die Sonne oft nicht mehr in der Lage ist, die bodennahe Kaltluftschicht aufzuheizen und den Nebel aufzulösen. Bei Nebelwetter werden aber auch die Nachttemperaturen −7 °C nur selten unterschreiten, sodass das Warten auf Frost häufig zu einem Geduldsspiel wird.

Markant treten dann ab Anfang Dezember die ersten stärkeren Kälteperioden mit Schnee auf. Schneebedeckung ist er-

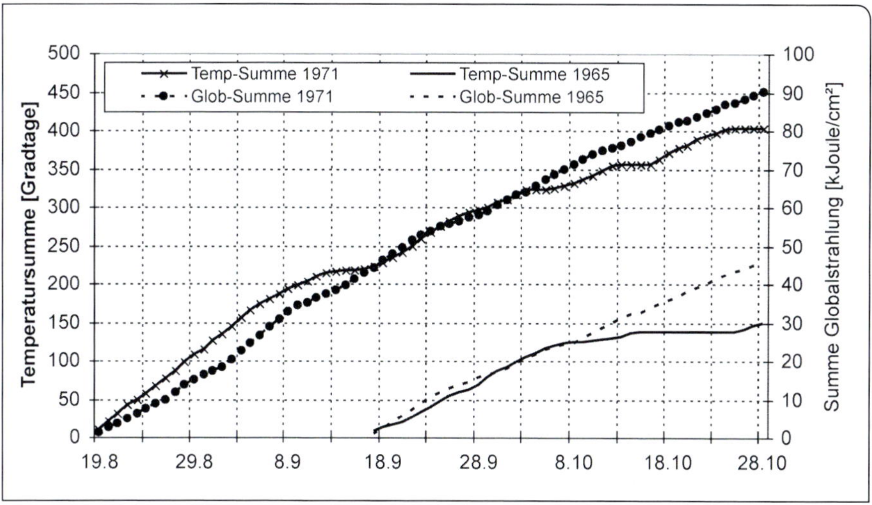

Abb. 4.6: Anstieg der Temperatursummen > 13 °C und der Globalstrahlungssummen in einem qualitativ guten (1971) und schlechten (1965) Jahr in Weinsberg.

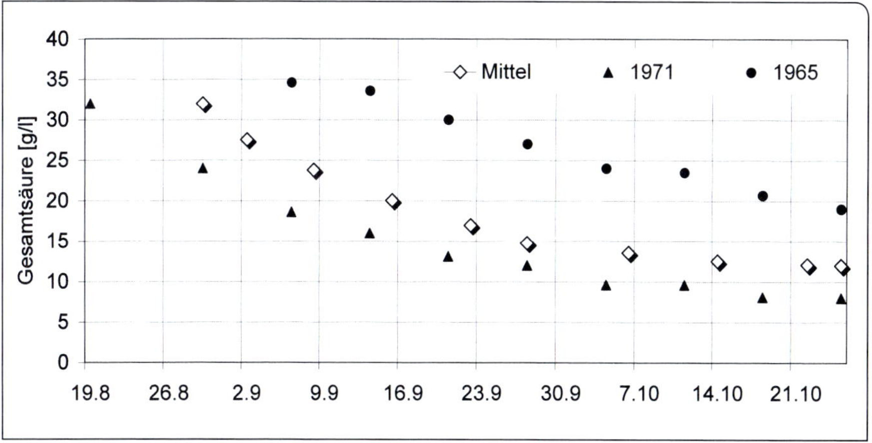

Abb. 4.7: Die Reifeentwicklung (Abfall der Gesamtsäure) der Rebsorte Riesling in Weinsberg in einem qualitativ guten (1971) und schlechten Jahr (1965) sowie der langjährige gemittelte Gesamtsäureabbau.

wünscht, denn dann gehen in den kalten klaren Nächten die Wünsche der Winzer in Erfüllung. Ein Frost in der Nacht zum 6. Dezember beschert ihnen dann den berühmten Nikolaus-Eiswein. Aber diese Punktlandung ist ein seltenes Ereignis.

Nur in jedem dritten bis vierten Jahr kann Eiswein gelesen werden, neuerdings mit stark fallender Tendenz.

Je näher Weihnachten heranrückt, umso geringer wird die Wahrscheinlichkeit für Eiswein, denn mit schöner Regelmäßigkeit bildet das Weihnachtstauwetter den Jahresabschluss. Nur in einem von fünf Wintern weist die Statistik weiße Weihnachten aus. Aber vielleicht bringt der Dreikönigstag dann den erwünschten Frost.

4.3 Spezielle witterungsbedingte Risiken

4.3.1 Frost

Die Frostsituation stellt sich in den Weinbauregionen sehr unterschiedlich dar. Fröste können die Reben insbesondere während der Winterruhe, in der Austriebs- und dann später auch in der Reifephase schädigen. Während der Winterruhe werden erst Temperaturen unter −20 °C für die Reben gefährlich, bei früh reifenden Sorten und schlechter Holzausreife möglicherweise auch schon zwischen −15 und −20 °C. Tab. 4.8 verdeutlicht, dass mit zunehmendem kontinentalen Klima in den nördlichen und östlichen Weinbauregionen die Gefahr durch Winterfröste deutlich zunimmt. An der Saale-Unstrut und in Sachsen kann in jedem siebten Jahr der Winter für die Reben gefährlich werden, in den südlichen und westlichen Weinbaugebieten sind diese harten Fröste von 1971 bis 2010 überhaupt nicht mehr aufgetreten, in Württemberg und Franken dagegen in einem bzw. drei Jahren. Diese tiefen Temperaturen treten nur bei einer geschlossenen Schneedecke auf. Bei offenem Boden sinken die Temperaturen am Boden nur sehr selten unter −15 °C ab (Tab. 4.8).

Die Tab. 4.9 bestätigt den in Abb. 4.2 für eine einzelne Wetterlage beschriebenen Sachverhalt.

Im Zeitraum von 1962 bis 2005 gab es in allen Regionen nicht mehr als neun Frosttage ohne Schnee mit Temperaturen unter −15 °C. Nimmt man die Tage mit Schneebedeckung hinzu, so verzehnfacht sich die Anzahl der Tage mit Temperaturen unter −15 °C. Mit zunehmender Kontinentalität des Klimas in Franken oder in Sachsen liegen die Zahlen dort deutlich höher als im Westen. Die Werte in Tab. 4.8 beziehen sich auf eine Messhöhe von 2 m, in der Tab. 4.9 dagegen auf 5 cm über dem Boden. In klaren Winternächten sinken die Lufttemperaturen über einer Schneedecke extrem ab. In Höhe des Rebholzes in 70 cm Höhe ist es dann noch um 2–3 K kälter als in 2 m Höhe, −25 °C sind dann durchaus keine Seltenheit. Die Gefährdung durch Winterfröste wird in der Zukunft aber auch in den östlichen Weinbauregionen deutlich abnehmen.

Während des Austriebs reichen jedoch schon geringe Fröste (Spätfrost) aus, um die jungen Rebblätter empfindlich zu schädigen. In wolkenarmen Nächten im April und Mai fallen die Temperaturen in Höhe der jungen Blätter dann um 1–2 K unter die Temperaturwerte in 2 m Höhe. In Tab. 4.10 wurde als Schwellenwert deshalb +2 °C gewählt. In Tallagen ist es dann je nach Grad der Frostgefährdung noch einmal deutlich kälter. Temperaturdifferenzen von 4–5 K zu einer Vergleichswetterstation sind dann keine Seltenheit.

Die Tab. 4.10 verdeutlicht, dass die Gefahr durch Maifröste in den letzten fünf Jahrzehnten unabhängig von der Weinbauregion deutlich abgenommenen hat. Im letzten Jahrzehnt traten nur noch 1–5 Jahre mit Temperaturminima von weniger als 2 °C auf, in der Dekade von 1951 bis 1960 waren es immerhin 4–9 Jahre. Tendenziell nehmen die Maifröste nach Norden und Osten zu. Während der Reife kann ein Frühfrost die Vegetationszeit dann vorzeitig beenden.

Bei den **Oktoberfrösten** (Tab. 4.11) wurde als Schwelle die 0 °C gewählt, weil

Tab. 4.8 *Die Verteilung der Winterfröste (Dez–Feb, 1971–2010) für ausgewählte Stationen in den deutschen Weinbaugebieten.*

			Anzahl der Jahre mit einem Temperaturminimum < –15 °C							
	Breite	**Höhe**	**51–60**	**61–70**	**71–80**	**81–90**	**91–00**	**01–10**	**Summe**	**Proz**
Müllheim	47,8	273	3	3	1	3	2	2	14	23 %
Freiburg	48,0	236	3	2	0	2	0	1	8	13 %
Stuttgart	48,8	314	4	4	6	3	1	0	18	30 %
Karlsruhe	49,0	112	4	4	2	2	0	1	13	22 %
Alzey	49,7	215	4	6	4	4	1	3	22	37 %
Trier	49,8	265	3	1	1	1	1	2	9	15 %
Würzburg	49,8	268	5	6	4	4	1	3	23	38 %
Bernkastel	49,9	120	2	3	2	1	0	2	10	17 %
Geisenheim	50,0	110	3	2	1	3	1	1	11	18 %
Kassel	50,5	231	5	3	2	4	1	2	17	28 %
Leipzig	51,1	227	4	8	2	5	3	5	27	45 %
Dresden	51,4	93	4	8	3	5	6	6	32	53 %
Potsdam	52,4	81	5	9	3	4	3	4	28	47 %
			Anzahl der Jahre mit einem Temperaturminimum < –20 °C							
	Breite	**Höhe**	**51–60**	**61–70**	**71–80**	**81–90**	**91–00**	**01–10**	**Summe**	**Proz**
Müllheim	47,8	273	1	1	0	0	0	0	2	3 %
Freiburg	48,0	236	1	0	0	0	0	0	1	2 %
Stuttgart	48,8	314	1	0	1	2	0	0	4	7 %
Karlsruhe	49,0	112	1	0	0	0	0	0	1	2 %
Alzey	49,7	215	1	1	1	0	0	0	3	5 %
Trier	49,8	265	0	0	0	0	0	0	0	0 %
Würzburg	49,8	268	1	0	1	2	0	0	4	7 %
Bernkastel	49,9	120	0	0	0	0	0	0	0	0 %
Geisenheim	50,0	110	1	0	0	0	0	0	1	2 %
Kassel	50,5	231	1	0	0	0	0	0	1	2 %
Leipzig	51,1	227	1	2	1	2	1	2	9	15 %
Dresden	51,4	93	2	1	0	3	1	1	8	13 %
Potsdam	52,4	81	1	2	0	1	0	0	4	7 %

Tab. 4.9 Regionaler Vergleich der Minimumtemperaturen am Erdboden [°C] (5 cm über Boden) 1962–2005.

Zahl Tage und Jahre mit Temperaturen < – 15 °C				
	kein Schnee		mit Schnee	
Orte	Tage	Jahre	Tage	Jahre
Freiburg	6	3	43	11
Geisenheim	5	4	52	13
Würzburg	9	6	94	22
Dresden	8	7	131	32

Tab. 4.10 Häufigkeit von Jahren mit Maitemperaturen < 2 °C von 1951 bis 2010 für ausgewählte Stationen in den deutschen Weinbaugebieten.

	Anzahl von Jahren mit Temperaturminima < 2 °C im Mai									
	Breite	Höhe	51–60	61–70	71–80	81–90	91–00	01–10	Summe	Proz
Müllheim	47,8	273	6	4	3	4	1	5	23	38 %
Freiburg	48,0	236	4	2	2	2	0	1	11	18 %
Stuttgart	48,8	314	8	5	8	5	2	0	28	47 %
Karlsruhe	49,0	112	7	6	4	5	2	3	27	45 %
Alzey	49,7	215	7	8	8	5	2	1	31	52 %
Trier	49,8	265	8	6	6	5	5	2	32	53 %
Würzburg	49,8	268	7	6	7	6	3	3	32	53 %
Bernkastel	49,9	120	8	6	3	3	1	1	22	37 %
Geisenheim	50,0	110	7	6	2	3	2	0	20	33 %
Kassel	50,5	231	9	5	6	4	4	5	33	55 %
Leipzig	51,1	227	6	4	6	7	2	3	28	47 %
Dresden	51,4	93	9	5	7	5	2	2	30	50 %
Potsdam	52,4	81	8	4	8	4	4	2	30	50 %

die älteren Rebblätter erst bei Temperaturen um −4 °C geschädigt werden. Auch im Oktober sind geländeklimatische Unterschiede von 4–5 K keine Seltenheit. Es ergibt sich, wie im Frühjahr, eine abnehmende Tendenz in den letzten fünf Jahrzehnten, die Anzahl der Jahre mit Frostrisiko schwankt zwischen 33 und 67 %.

Diese Gegenüberstellung der Frostgefährdung im Mai und Oktober berücksichtigt

Tab. 4.11 *Häufigkeit von Jahren mit Oktobertemperaturen < 0 °C von 1951 bis 2010 für ausgewählte Stationen in den deutschen Weinbaugebieten.*

	Anzahl von Jahren mit Temperaturminima < 0 °C im Oktober									
	Breite	**Höhe**	**51–60**	**61–70**	**71–80**	**81–90**	**91–00**	**01–10**	**Summe**	**Proz**
Müllheim	47,8	273	8	7	5	3	5	7	35	58 %
Freiburg	48,0	236	6	7	1	0	1	5	20	33 %
Stuttgart	48,8	314	10	10	10	2	6	4	42	70 %
Karlsruhe	49,0	112	9	8	4	4	3	3	31	52 %
Alzey	49,7	215	8	10	8	4	5	6	41	68 %
Trier	49,8	265	6	8	4	4	4	5	31	52 %
Würzburg	49,8	268	9	8	8	4	6	5	40	67 %
Bernkastel	49,9	120	5	4	3	2	3	4	21	35 %
Geisenheim	50,0	110	7	5	4	3	4	3	26	43 %
Kassel	50,5	231	5	5	4	6	7	5	32	53 %
Leipzig	51,1	227	5	6	6	5	6	7	35	58 %
Dresden	51,4	93	7	6	5	6	8	6	38	63 %
Potsdam	52,4	81	5	6	5	5	6	4	31	52 %

allerdings nicht die starken Jahresschwankungen des Austriebs und der Lesereife. Für die Gefährdung ist ein Frostereignis aber nur dann von Bedeutung, wenn es nach Beginn des Austriebs bzw. vor Beginn der Lesereife auftritt. Da für die verwendeten Klimastationen keine rebphänologischen Beobachtungen vorliegen, wurde ein Phänologie-Modell für die Rebsorte Riesling verwendet (Hoppmann und Berkelmann-Löhnertz 2000). Anhand der Klimadaten können die phänologischen Eintrittstermine mit einer Computersimulation berechnet werden. Die Ergebnisse in Tab. 4.12 ergeben ein deutlich anderes Bild als Tab. 4.10 und 4.11. Wegen der starken Jahresschwankungen des Austriebs – häufig beginnt er in den westlichen und südlichen Weinbaugebieten bereits um den 20. April – ist die Gefahr für diese Weinbaugebiete durch nachfolgende Kälteeinbrüche besonders groß (Tab. 4.12). In den nördlichen und östlichen Weinbaugebieten beginnt der Austrieb dagegen 10–14 Tage später. Die Gefahr durch nachfolgende kalte Witterungsperioden verringert sich. Insgesamt kann in jedem 2. bis 3. Jahr die Rebe durch Kaltlufteinbrüche im Frühjahr gefährdet sein. Im Herbst kehren sich die Verhältnisse um. Im Norden und Osten beginnt die Lesereife um 14 Tage später im Oktober, d. h. das Frostrisiko ist in diesen Regionen dann deutlich erhöht. **Frühfröste** treten dann zwei- bis zehnmal so häufig auf wie in den südlichen Weinbaugebieten. In den Weinbaugebieten Baden, Mosel und Rheingau ist die Gefahr durch Frühfröste sehr gering. Mit den zu erwartenden ansteigenden Temperaturen in den kommenden

Tab. 4.12 *Häufigkeit von Jahren mit Minimumtemperaturen < 2 °C nach Austrieb u. < 0 °C vor Lesereife (1971–2010) für ausgewählte Stationen in den deutschen Weinbaugebieten.*

	Anzahl von Jahren mit Temperaturminima < 2 °C nach Austrieb							
	Breite	Höhe	71–80	81–90	91–00	01–10	Summe	Proz
Müllheim	47,8	273	4	6	1	8	19	48 %
Freiburg	48,0	236	3	5	2	5	15	38 %
Stuttgart	48,8	314	7	4	2	1	14	35 %
Karlsruhe	49,0	112	6	6	3	4	19	48 %
Alzey	49,7	215	8	5	2	2	17	43 %
Trier	49,8	265	7	5	4	3	19	48 %
Würzburg	49,8	268	7	3	3	5	18	45 %
Bernkastel	49,9	120	4	5	2	2	13	33 %
Geisenheim	50,0	110	3	5	2	1	11	28 %
Kassel	50,5	231	5	2	4	5	16	40 %
Leipzig	51,1	227	2	5	2	4	13	33 %
Dresden	51,4	93	5	3	2	2	12	30 %
Potsdam	52,4	81	5	2	4	2	13	33 %
	Anzahl von Jahren mit Temperaturminima < 0 °C vor Lesereife							
	Breite	Höhe	71–80	81–90	91–00	01–10	Summe	Proz
Müllheim	47,8	273	2	0	0	0	2	5 %
Freiburg	48,0	236	0	0	0	0	0	0 %
Stuttgart	48,8	314	4	1	1	0	6	15 %
Karlsruhe	49,0	112	2	0	0	0	2	5 %
Alzey	49,7	215	5	2	1	0	8	20 %
Trier	49,8	265	3	1	0	0	4	10 %
Würzburg	49,8	268	3	2	5	0	10	25 %
Bernkastel	49,9	120	1	0	0	0	1	3 %
Geisenheim	50,0	110	2	0	1	0	3	8 %
Kassel	50,5	231	4	3	4	3	14	35 %
Leipzig	51,1	227	6	3	1	2	12	30 %
Dresden	51,4	93	5	1	4	2	12	30 %
Potsdam	52,4	81	4	1	1	1	7	18 %

Jahrzehnten wird zumindest die Frühfrostgefahr weiter zurückgehen (s. Kap. 10).

4.3.2 Hagel

Schwere Gewitter sind bei uns in Mitteleuropa häufig auch mit Hagel und schweren Sturmböen verbunden. Sie treten vor allem im späten Frühjahr und im Sommer auf, wenn die Reben besonders empfindlich auf Wetterrisiken reagieren.

4.3.2.1 Wie entstehen Hagelkörner?

An einem heißen und schwülen Sommertag erhitzen sich die bodennahen Luftschichten wegen der intensiven Sonneneinstrahlung extrem stark. Da die erhitzte Luft sehr leicht ist, steigt sie in Form von Warmluftblasen auf. Kleinere Windböen begleiten diese Aufwärtsbewegungen. Bei ausreichendem Auftrieb kann die Luft um mehrere Tausend Meter bis in große Höhen aufsteigen. Mit der Aufwärtsbewegung kühlt sich die Luft ab und die relative Luftfeuchtigkeit steigt an, bis in einer bestimmten Höhe der Kondensationspunkt erreicht wird. Das ist die Geburt der **Wolke** (Abb. 4.8a).

Bei der Umwandlung von Wasserdampf in die Wassertröpfchen einer Wolke wird Wärme frei, die der aufsteigenden warmen Luft einen zusätzlichen Auftrieb verleiht.

Bei Wetterlagen mit hoher Gewitterneigung können sich dann hohe Wolken auftürmen (Abb. 4.8b). Der Auftrieb lässt erst dann nach, wenn die aufsteigende Luft kälter wird als die Umgebung. Die Wolken erreichen in unseren Klimaregionen Höhen zwischen 8 und 12 km, in den Tropen sogar 16 km.

Wegen der niedrigen Temperaturen in großen Höhen wandeln sich die Wassertropfen in **Eiskristalle**. Die Eiswolke erkennt man an der faserigen Struktur eines Eisschirms, der aus der hohen Wolke seitlich herauswächst (Abb. 4.8c). Wegen der starken Aufwinde werden kleine Wassertröpfchen mit nach oben gerissen. Neben den Aufwinden gibt es in der Gewitterwolke aber auch Zonen mit starken Fallwinden, in der die kalte Höhenluft nach unten stürzt. Sie reißen große Wassertropfen und Eiskörner mit nach unten. Die Entstehung von Hagel beschreibt Abb. 4. 9.

Auf dem Weg durch die Wolke werden die Wassertropfen immer größer, gefrieren in großen Höhen, fallen mit Fallwinden wieder nach unten, tauen auf und werden durch die Turbulenz wieder nach oben gerissen. Im oberen Bereich gefrieren die Tropfen erneut. Der immer größer werdende Eistropfen fällt herab nimmt wieder Wasser auf und wird möglicherweise wieder nach oben geschleudert. Somit bildet sich Schicht um Schicht ein **Hagelkorn** (Abb. 4.10). Bei Aufwinden von 25 m/s und mehr benötigen die Hagelkörner schon einen gewissen Umfang, um aufgrund ihres Gewichtes aus der Wolke zu Boden fallen zu können.

Eine weitere Begleiterscheinung sind die **elektrischen Felder** mit positiven Ladungen an den Eiskristallen im oberen und negativen Ladungen an den Wassertropfen im unteren Bereich der Wolke. (Abb. 4.11) Das führt wiederum zur positiven Aufladung am Boden. Mit den größer werdenden Wolken wachsen die Spannungsunterschiede an. So bauen sich innerhalb der Wolke, zwischen den Wolken und zum Boden hin gewaltige Spannungsunterschiede auf, die sich dann über einen **Blitz** entladen. Der Blitz von der Wolke zum Boden kann eine Differenz von mehreren 100 Millionen Volt überbrücken. Die meisten Blitze springen innerhalb der Wolke bzw. von Wolke zu Wolke. Sehr spektakulär sind natürlich die Entladungen zur Erde.

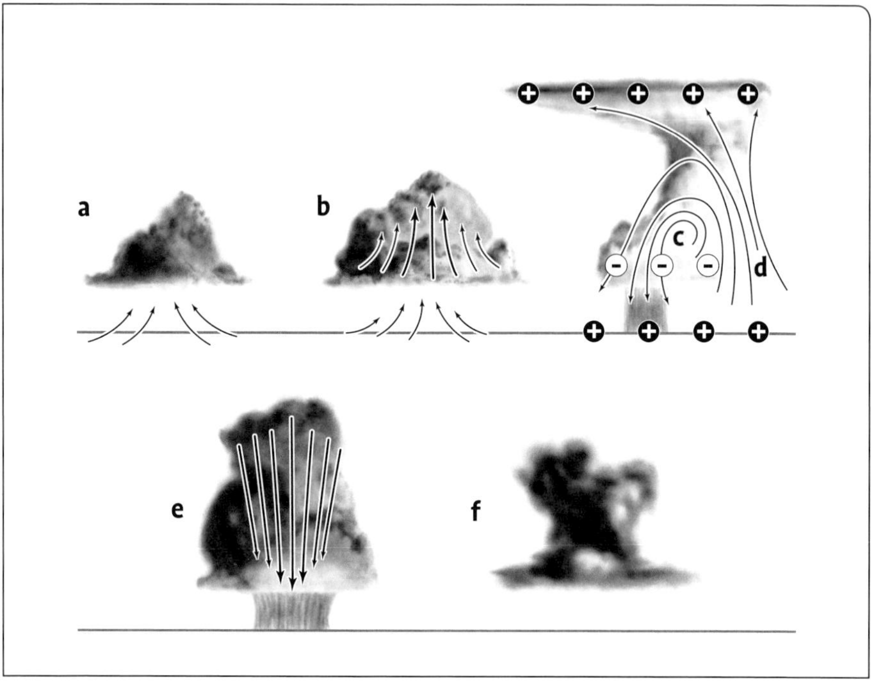

Abb. 4.8: Lebenszyklus einer Gewitterwolke:
a = Entstehen einer Quellwolke,
b = Auftürmen der Wolke durch die Labilität in der Atmosphäre und freiwerdende Kondensationswärme,
c = in der Höhe gefrieren die Wassertropfen; es entsteht ein Eisschirm, das ist die Voraussetzung für das Entstehen von Hagel,
d = elektrisches Aufladen in der Wolke, Entwicklung von Graupelkörnern (positiv geladen) und großen Wassertropfen (negativ geladen),
e = Abkühlung durch Sturm und Regen, die Dynamik lässt nach,
f = Auflösung der Gewitterwolke.

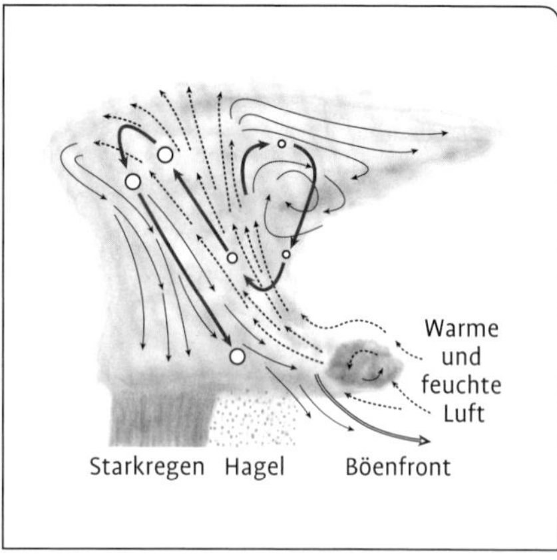

Abb. 4.9: Entstehung von Hagelkörnern: Durch Turbulenz in der Gewitterwolke geraten die zunächst kleinen Eisgraupel abwechselnd in Aufwindzonen und starke Fallwinde. Das mehrmalige Auf- und Absinken lässt die Graupel zu Hagel heranwachsen.

Abb. 4.10: Die zu Boden gefallenen Hagelkörner können sehr unterschiedlich ausfallen.

Abb. 4.11: Verteilung der elektrischen Ladung in einer Gewitterwolke.

Steigt keine Warmluft mehr in dem Gewitter auf, weil Sturm und Regen die Luft abgekühlt haben, lässt die Dynamik nach, die Wolke regnet aus und löst sich schließlich auf. (Abb. 4.8e und f).

Meistens währt dieser Ablauf nicht länger als 15 oder 30 Minuten. Bei länger andauerndem Gewitterrisiko bilden sich immer wieder neue Gewitterzellen. Der kurze Lebenszyklus erschwert die Ortung und Bekämpfung des Hagels (s. Kap. 4.2.2.3).

Das Leben einer Gewitterzelle dauert nur selten länger als eine Stunde.

Gewitter entstehen nicht nur in der schwülwarmen Luft an heißen Tagen im Sommer, sondern entwickeln sich auch im Bereich von **Wetterfronten**, wenn kalte Luftmassen aus nördlichen Breiten auf warme subtropische Luftmassen aus Süden stoßen (Abb. 4.12). Die vordringende Kaltluft schiebt sich keilförmig unter die vor ihr liegende warme Luftmasse und zwingt sie zum Aufsteigen. In der bis in große Höhen aufsteigenden Warmluft entwickeln sich ähnlich wie beim Wärmegewitter kräftige Gewitterturbulenzen mit heftigen Auf- und Abwinden, die ebenfalls zur Hagelbildung führen können.

Als dritte Gruppe von Gewittern müssen noch die **orografischen Gewitter** erwähnt werden, wenn eine Luftmasse ein Gebirge überströmt und dadurch in größere Höhen gehoben wird. Bei entsprechenden atmosphärischen Bedingungen können dann ebenfalls Gewitterwolken entstehen. Jedoch tritt nicht in allen Gewittern Hagel auf. Für die Entstehung von Hagel in Gewittern müssen nach WALDVOGEL (1993) einige Phänomene zusammenkommen:

- Labilität der Troposphäre – starker Auftrieb der aufsteigenden Warmluft
- vorhandene Feuchtigkeit
- starke und hoch reichende Konvektion
- vertikale Änderung von Windrichtung und -Geschwindigkeit

Schwere Gewitter bei Hitze und bei dem Durchzug intensiver Kaltfronten im Sommer bestehen häufig aus vielen einzelnen Gewitterzellen, die sich auch zu einer **Superzelle** formieren können.

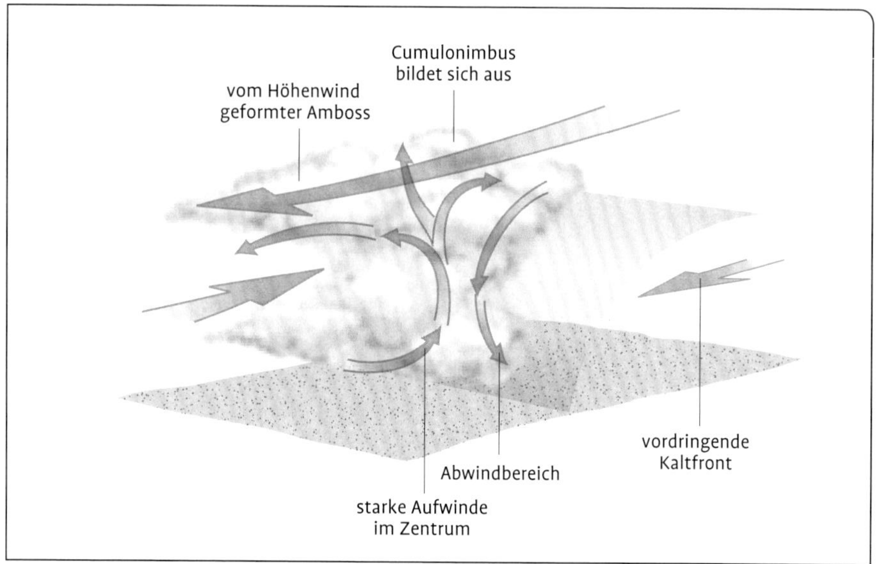

Abb. 4.12: Entstehung eines Frontalgewitters. Die vordringende Kaltluft schiebt sich keilförmig unter die vor ihr liegende Warmluft und zwingt sie zum Aufsteigen.

4.3.2.2 Wann und wo tritt Hagel auf?

Eispartikel mit einem Durchmesser von < 5 mm gelten noch nicht als Hagel, sie werden **Graupel** genannt. Ab 20 mm Durchmesser sind Schäden zu erwarten. Hagelkörner mit mehr als 50 mm Durchmesser fallen in die Kategorie der Starkhagel und lösen schwerste Schäden aus. Mit ihrer hohen Aufprallenergie können die Hagelkörner einen Rebbestand komplett zerstören (Bild 2 Anhang). Immerhin liegen die Fallgeschwindigkeiten größerer Hagelkörner zwischen 80 und 140 km/h.

Wie man Abb. 4.13 entnehmen kann, fällt das Hagelschlagrisiko in Deutschland von Süden nach Norden kontinuierlich ab. Aufgrund der räumlichen Verteilung der Mittelgebirge und der alpinen Regionen weisen Bayern und Baden-Württemberg die höchste Hagelgefährdungsstufe in Deutschland auf, während die Küstenländer von Schleswig-Holstein bis Mecklenburg-Vorpommern deutlich weniger gefährdet sind. Die hohe Hagelgefahr im Süden resultiert aus den starken Aufwärtsbewegungen labiler Luft, die durch die Berge und den Nachschub feuchter Luft aus benachbarten Seen und Moorgebieten stark gefördert wird. Aber nicht nur die Berge begünstigen die Entwicklung von schweren Gewittern, auch urban geprägte Regionen fördern im Vergleich zum ländlichen Umfeld die Entstehung von Gewittern (Tab. 4.12).

Stuttgart liegt in einem Talkessel. Bei starker Sonneneinstrahlung bildet sich über dem Tal eine kräftige Konvektion, die durch die umliegenden Berghänge noch verstärkt wird. In der Statistik von 1951–2002 traten in Stuttgart 74 Hagelfälle auf, während in Alzey über den gleichen Zeitraum nur 17 Hagelfälle gemeldet wurden. Wegen der Nähe zum Schwarzwald fällt auch in Freiburg das Hagelrisiko sehr hoch aus. In

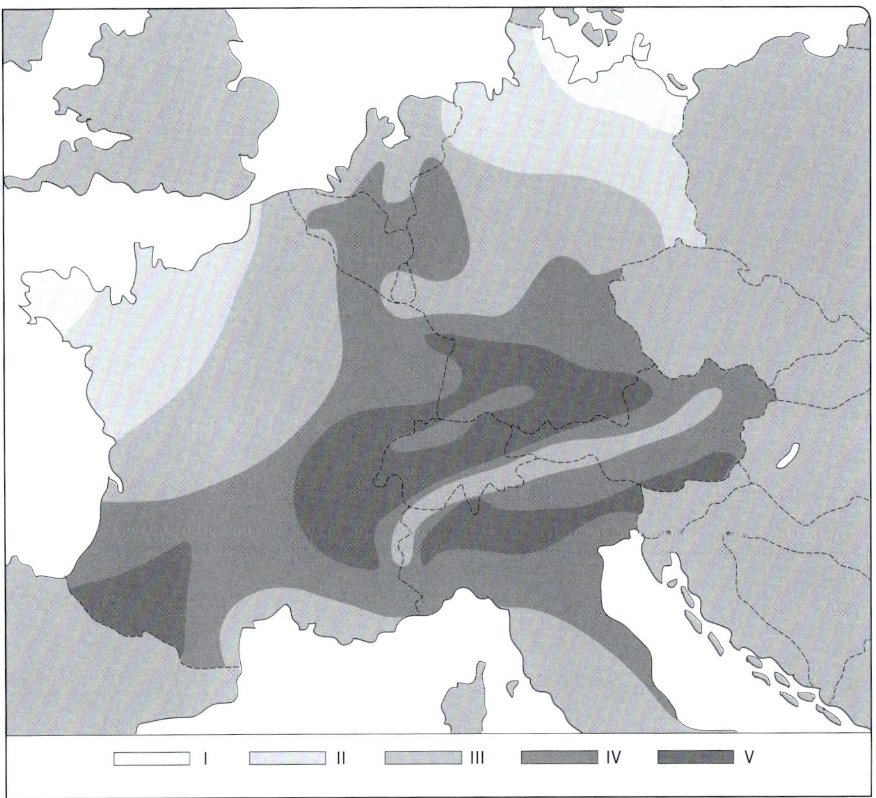

Abb. 4.13: Räumliche Verteilung des Hagelschlagrisikos in Deutschland; I = geringe Gefährdung (weniger als ein Hagelereignis pro Jahr), V = sehr hohe Gefährdung (maximal vier Hagelereignisse pro Jahr). (Quelle: Schweizerische Rückversicherungsgesellschaft).

Frankfurt machen sich dagegen mit nur 38 Hagelfällen in 52 Jahren die Leewirkungen von Taunus und Hunsrück bemerkbar. Besonders gefährdet sind auch die im Oberrheingraben gelegenen Weinbaugebiete. Dazu gehören die badischen Weinbaugebiete, die Vorderpfalz, die Rheinfront in Rheinhessen und die hessische Bergstraße. Die häufig im Sommer aus Südwesten heranziehenden Gewitterfronten verstärken sich im Oberrheingraben zu mehrzelligen Gewittern und sind bis in größere Höhen labil geschichtet. Unter den Winzern im Rheingau kursiert deshalb auch die Wetterregel: *„Stürme von Süden, die wüten.“*

Die Aufwärtsbewegungen verstärken sich dann entlang des Rheingaugebirges. Seit 1999 gibt es ein flächendeckendes Messnetz zur Blitzaktivität in Europa. Daraus lassen sich für diesen Zeitraum auch die Zahl der Tage mit schweren Gewittern ableiten (Abb. 4.14). Das gesamte Spektrum reicht von 5 bis 25 Tage im Jahr, wobei an der Südseite der Alpen ein besonders hohes Risiko besteht. In Deutschland erkennt man das Gefälle von Südwesten nach Nordosten.

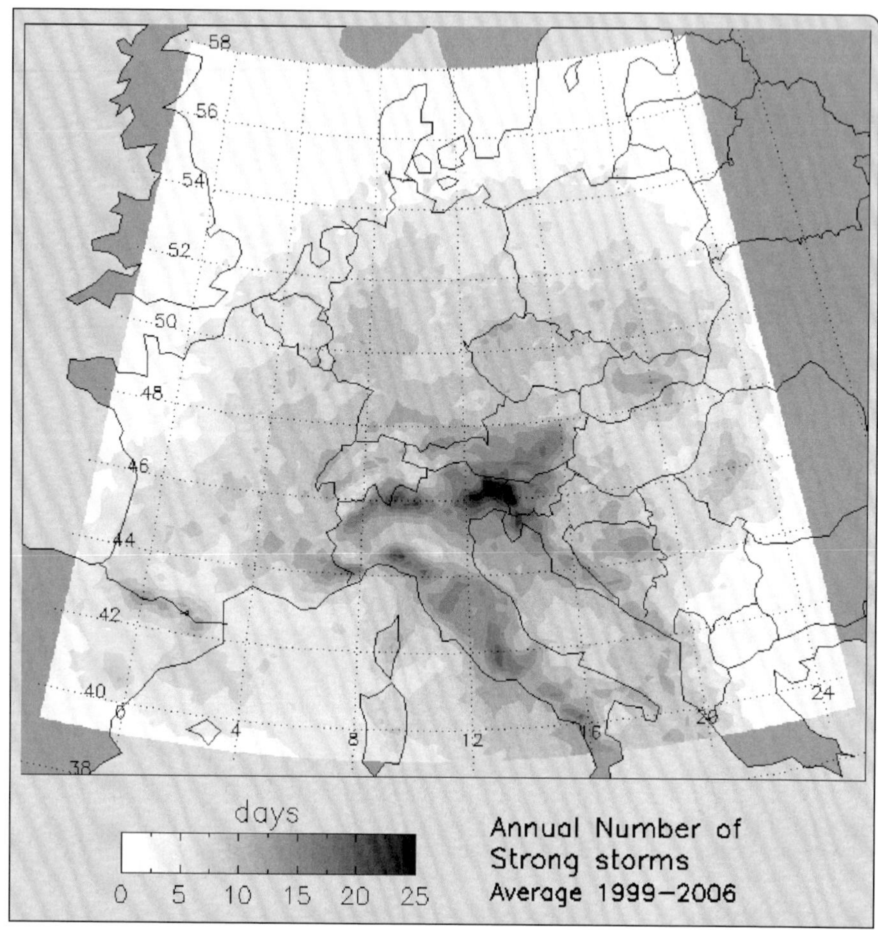

Abb. 4.14: Zahl der Tage mit schwerem Gewitter (Blitzrate > 1 pro Minute) (Quelle: FINKE, Hannover).

Das **Risiko für Hagel** ist nicht gleichmäßig über das Jahr verteilt. In Tab. 4.13 fällt das Risiko im September und Oktober gegenüber den Vormonaten deutlich ab. Die saisonale Hagelhäufigkeit (Abb. 4.15) ergibt sich aus den durchschnittlichen Monatswerten und verdeutlicht die hohe Variabilität zwischen den Jahreszeiten. Allein im Zeitraum Mai bis August fallen ca. 85 % der Hagelereignisse; mit einer Spitze von ca. 33 % im Juli.

Hagel fällt also hauptsächlich in den Sommermonaten, in denen eine hohe Einstrahlung die bodennahen Luftschichten stark erhitzt, und der Aufstieg feuchtwarmer Luftpakete die schnelle Bildung von Gewittern mit Hagel fördert. Im Winter dagegen verhindern niedrige Temperaturen die Bildung von hohen Cumuluswolken mit starken Aufwinden, die für die Bildung von großen Hagelkörnern benötigt werden.

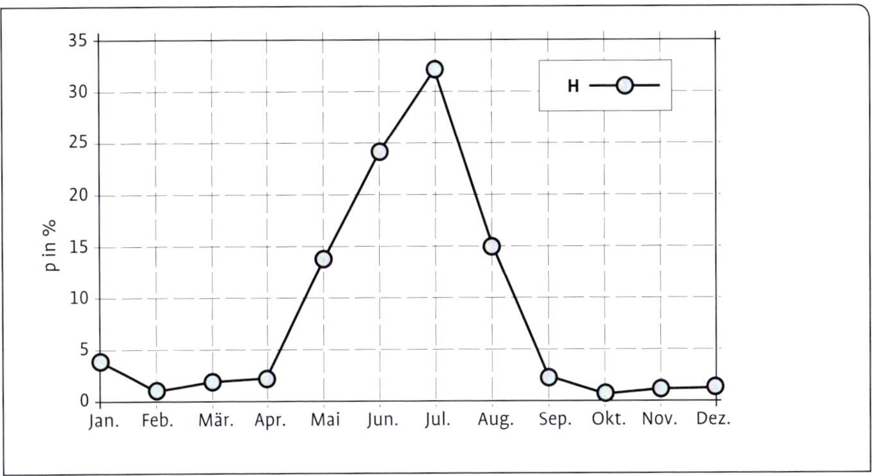

Abb. 4.15: Saisonale Hagelhäufigkeit der durchschnittlichen monatlichen Hagelhäufigkeit in Deutschland – bezogen auf insgesamt 413 Hagelmeldungen > 20 mm (Quelle: www.tordach.org).

Tab. 4.13 *Hagelhäufigkeit von Mai bis Oktober für ausgewählte Standorte in den deutschen Weinbaugebieten (1951–2002).*

			1951–2002		
Orte	**Mai-Jun**	**Jul-Aug**	**Sep-Okt**	**Mai-Okt**	**Häufigkeit pro Jahr**
Alzey	4	9	4	17	0,3
Bernkastel	27	19	4	50	1,0
Bergzabern	13	9	2	24	0,5
Frankfurt	21	14	3	38	0,7
Freiburg	33	23	8	64	1,2
Karlsruhe	23	13	7	43	0,8
Kassel	30	16	4	50	1,0
Stuttgart	48	21	5	74	1,4
Trier	32	14	7	53	1,0

Das Risiko für Hagel ändert sich auch mit der Tageszeit. Die größte Blitzhäufigkeit tritt in den späten Nachmittagsstunden ein. Mit der Erhöhung der Blitzaktivität verstärkt sich auch das Risiko für Hagel. Häufig dauern die Gewitter aber auch bis in die Abendstunden an. Im Herbst und Winter sind dagegen kaum tageszeitliche Veränderungen zu erkennen.

4.3.2.3 Kann Hagel bekämpft werden?

Die heute verwendete Methode zur **Hagelunterdrückung** ist die Beimpfung der Wolken vom Flugzeug aus mit Silberjodid. Dadurch wird eine unendliche Zahl von Gefrierkernen produziert. Die Wirkung von Silberjodid beruht auf folgenden Mechanismen:

Mit dem Silberjodid gelangt eine viel größere Zahl von Eiskeimen in die Hagelwachstumszone, als dies unter natürlichen Bedingungen der Fall wäre. Die vorhandene Menge an flüssigem Wasser muss sich dann auf eine größere Zahl von Hagelembryonen verteilen, sodass deren Konkurrenz um das flüssige Wasser die Größe der einzelnen Hagelkörner begrenzt. Das vorzeitige Ausfallen der Hagelembryos beschleunigt die Niederschlagsbildung. Mit der zusätzlichen Gefrierkernzufuhr durch Silberjodid können die gebildeten Graupeln in Bereichen mit geringen Aufwindgeschwindigkeiten frühzeitig ausfallen und so nicht mehr in die Zone bevorzugten Hagelwachstums gelangen. Ferner werden die unterkühlten Tropfen im Hauptaufwind durch die Wirkung künstlicher Eiskeime gefrieren. Jedes Wolkentröpfchen wird zu einem Eiskristall und kann damit nicht mehr zum Bereifen von Embryos und damit zur Hagelbildung beitragen.

Diese Wirkungsmechanismen sind in der Fachwelt unstrittig. Die Meinungen gehen aber deshalb weit auseinander, weil bisher kein wissenschaftlicher Nachweis über den Erfolg dieser Methode in der Praxis erbracht werden konnte.

Die Schwierigkeiten bei der Bekämpfung liegen insbesondere an der kurzen Lebensdauer von Gewitterwolken, ferner an der Unkenntnis über den genauen Ort der Hagelentstehung. Einzellige Gewitter leben nur 10 bis 20 Minuten, mehrzellige Gewitter dagegen zwischen 30 und 90 Minuten. Bei den mehrzelligen Gewittern gestaltet sich die Ortung weitaus schwieriger als bei einzelligen Gewittern. Die Gewitterzellen werden heute mit dem **Niederschlagsradar** geortet, die Hagelzonen können aber nicht eindeutig lokalisiert werden. Aufgrund dieser Schwierigkeiten fallen die Erfolgsmeldungen sehr unterschiedlich aus.

Eines der bekanntesten Hagelabwehrexperimente fand nach einigen Vorversuchen in der Zeit von 1977 bis 1983 in der Zentralschweiz statt. Dabei sollte die Hypothese, dass das Impfen potenzieller Hagelzellen mit Silberjodid zu einer Verminderung der kinetischen Hagelenergie führt, experimentell getestet werden. Es konnten keine signifikanten Unterschiede zwischen geimpften und ungeimpften Zellen sowohl für Radardaten als auch Hageldetektordaten nachgewiesen werden. In den Jahren 1980–1989 wurde im Raum Stuttgart ein ähnliches Experiment ohne nachweisbaren Erfolg durchgeführt.

Eine weitere Studie von internationaler Bedeutung untersuchte bereits die heute am häufigsten eingesetzte Hagelabwehrmethode der Befliegung von Hagelwolken. Bei dieser Methode geht man davon aus, dass die Aufwinde an der Wolkenbasis der vermuteten Hagelwolke das ausgebrachte Silberjodid schon an den richtigen Ort bringen würden, man müsse nur genügend impfen. Höller und Meischner (1993) von der DLR (Deutsche Forschungsanstalt für Luft- und Raumfahrt) untersuchten Flugzeugimpfungen von Hagelwolken im Raum Rosenheim (Bayern). Die Autoren setzten dabei ein neues Doppler-Polarisationsradar ein und konnten somit sowohl Hagel von Regen unterscheiden als auch Informationen über die Strömungen in den Wolken ableiten. Der Untersuchungszeitraum umfasste die Jahre 1987–1992. Als Ergebnis der Studie schreiben die Autoren: „*...dabei zeigte sich, dass, unter Berücksichtigung aller in Betracht kommender Einflussgrößen, die Wolkenimpfung nahezu keinen Effekt auf die am Boden zu erwartenden Hagelschäden hat.*" Einen Erfolg der Beimpfung mit Flugzeugen meldet dagegen SVABIK (2004) im 20. Jahresbericht über die Hagelabwehr in der Steiermark für den Untersuchungszeitraum 1982–2001. Diese wissenschaftliche Arbeit beweist, dass in den letzten beiden Jahrzehnten aufgrund der Tätigkeit der Steirischen Hagelabwehrgenossenschaft die durchschnittlichen Hagelkornspektren mit kleineren Kornklassen stark zugenommen haben. Bei der Anzahl der Hageltage ergab sich eine Abnahme von 16 Tagen auf 12 Tage. Die erfreulichste Feststellung ist, dass die bei einem Hagelereignis durchschnittlich verhagelte Fläche von 34 auf 16 Quadratkilometer abgenommen hat. In einer Bewertung der Hagelabwehrexperimente in der Steiermark kommt PACHATZ (2005) allerdings zu dem Ergebnis, dass die Wirksamkeit der Wolkenbeimpfung mit Silberjodid durch die Flugzeuge der Steirischen Hagelabwehrgenossenschaft wissenschaftlich nicht eindeutig nachgewiesen werden kann. Es kann nicht ausgeschlossen werden, dass die Abnahme der großen Hagelkörner durch einen nicht erklärbaren zeitlichen Trend verursacht wurde. Er schließt allerdings nicht aus, dass mit einer verbesserten Technik bei der Ortung der Hagelzonen, einer verbesserten Hagelvorhersage und technischen Verbesserungen im Flugzeugeinsatz in Zukunft die Hagelbekämpfung erfolgreicher wird.

5 Geländeklima und Boden – die Grundlagen des Terroirs

5.1 Welche Bedeutung hat das Geländeklima?

Klima und Boden beeinflussen das Wachstum und die Qualitätsbildung in vielfältiger Weise und tragen damit auch zum Geschmack, Charakter und der Ausprägung eines Weines bei. Die klimatischen Einflüsse lassen sich dabei den verschiedenen Skalenbereichen des Makro-, Meso- und Mikroklimas zuordnen (vgl. Kap. 1). Für den Weinbau ist dabei das Geländeklima von besonderer Bedeutung, das einen Teilbereich des Mesoklimas umfasst. Südlich exponierte Hänge sind durch Temperatur und Sonneneinstrahlung begünstigt, während Nordhänge in der Regel an der Nordgrenze des Weinbaus um den 50. Breitengrad weinbaulich nicht genutzt werden. Auf freien Hochflächen weht oft ein stärkerer Wind als in tiefer eingeschnittenen Tälern. Täler werden tagsüber deutlich wärmer, nachts dagegen kälter als freie Hochflächen. Das Geländeklima unterscheidet sich im Hinblick auf die kleinräumige Topografie. Damit meint man die Oberflächengestalt und die Landnutzung. Städtisch geprägte Gebiete werden tagsüber deutlich wärmer als das ländliche Umfeld oder reine Waldgebiete. Geländeformen und die Oberflächenstruktur sind dem Wetter und den heranströmenden Luftmassen frei ausgesetzt.

Dieser passive Einfluss des Geländes auf den Wetterablauf lässt sich besonders gut am Beispiel des Föhns beschreiben (Abb. 5.1) (Häckel 1999). Bei **Föhn** werden Luftmassen gegen eine Gebirgskette geführt und zum Aufsteigen gezwungen. Dieses Phänomen tritt dort auf, wo Luftmassen nahezu senkrecht auf ein Gebirge treffen. Besonders wetterwirksam ist diese Erscheinung an der Nord- und Südseite der Alpen. Beim Aufsteigen kühlt sich die Luft um 1 K pro 100 m Höhenzuwachs ab. Bei der Abkühlung steigt die relative Luftfeuchtigkeit an, bis der Kondensationspunkt für Wasserdampf erreicht ist. Die relative Luftfeuchtigkeit beträgt dann 100 % und es bilden sich Wolken. Bei der Wolkenbildung wird Energie frei. Die Kondensationswärme vermindert die Abkühlung beim weiteren Aufstieg der Luft. Der überschüssige Wasserdampf fällt als Regen auf der Luvseite aus.

Im Gipfelbereich endet die Kondensation und die Luft sinkt im Lee des Gebirges ab. Die Wolken lösen sich auf, und die Luft erwärmt sich um 1 °C, wenn sie um 100 m absinkt. Da sie den Wasserdampf auf der Luvseite verloren hat, kommt sie in Talnähe im Lee deutlich wärmer und sehr viel trockener an, als in der vergleichbaren Höhe im Luv.

Diese Föhneffekte treten in allen Mittelgebirgsregionen auf, also auch in den Wein-

> Die hereinströmenden Luftmassen sind in der Lage, Mittelgebirge oder selbst Hochgebirgsregionen zu überströmen. Aufsteigende Luftmassen regnen sich im Luv der Gebirge aus, im Lee klart der Himmel dagegen auf. Die Gebirge spielen in diesem Wetterablauf nur eine passive Rolle.

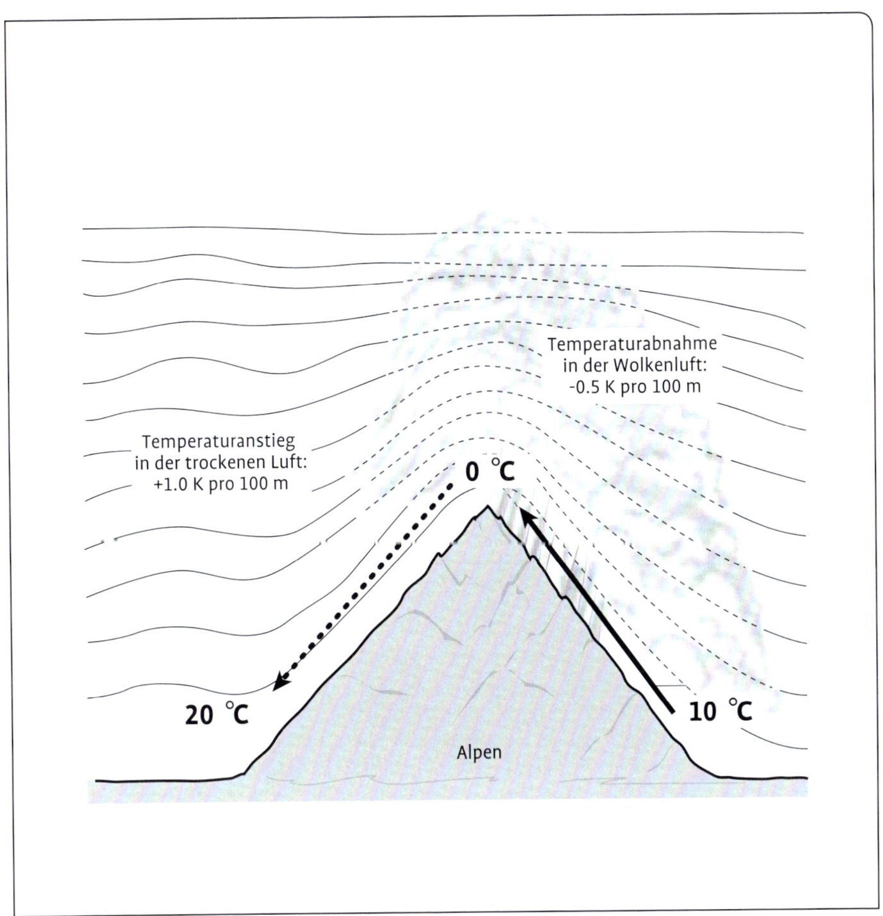

Abb. 5.1: So entsteht der Föhn an den Alpen (nach HÄCKEL 1999).

baugebieten. Oft sind die damit verbundenen Wettererscheinungen nicht so markant, wie wir sie aus den Alpen kennen. Häufig hört es im Lee früher auf zu regnen, oder die Wolken lockern auf. Bekannt sind diese Phänomene für die Gebiete Bodensee, Kaiserstuhl, Vorderpfalz, Rheinhessen, Nahe, Rheingau, Franken und Saale-Unstrut. Es gibt diesen passiven Einfluss aber auch bei kleinräumigen Strukturen. In Abb. 5.2 (HÄCKEL 1999) ist der Einfluss des Geländes oder der Bebauung auf die Veränderung der Windrichtung und -geschwindigkeit deutlich erkennbar. Es gibt Luv-, Lee-, Düsen- und Wirbeleffekte. Niederschlag und Schnee häufen sich im Lee von Hindernissen an, wo auch verstärkt **Wirbel** auftreten. Das häufig zu beobachtende Lagergetreide hinter einem hohen Straßendamm deutet auf eine solche verstärkte Wirbelbildung hin. Die Abb. 5.3 (VAN EIMERN und HÄCKEL 1984) zeigt die Verteilung der Windgeschwindig-

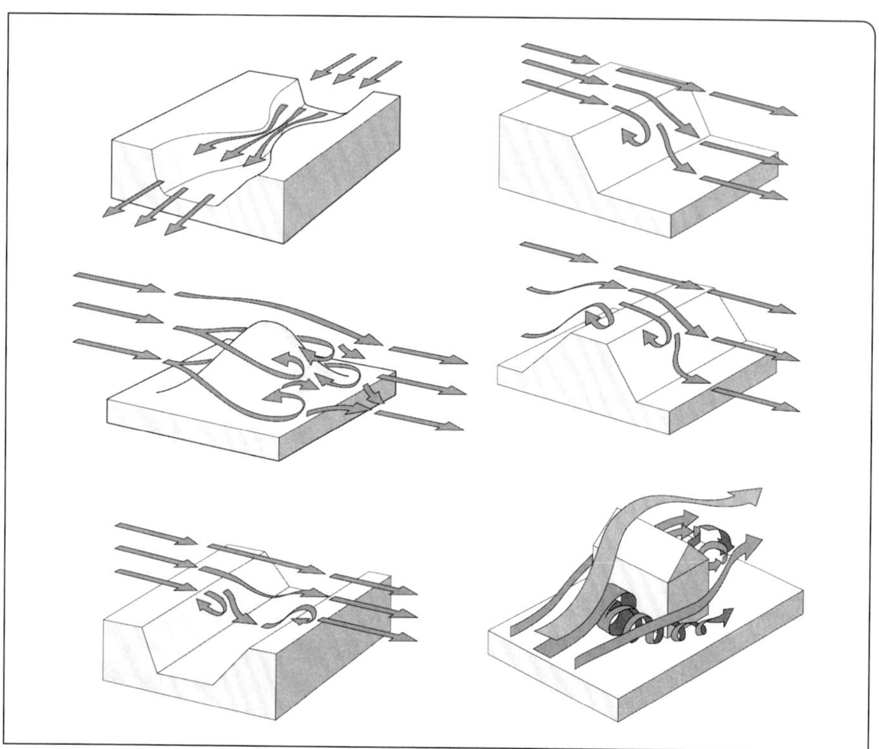

Abb. 5.2: So verändern sich Windverhältnisse unter dem Einfluss verschiedener Geländeformen und in der Nähe eines Gebäudes (nach HÄCKEL 1999).

keit in Abhängigkeit von zwei verschiedenen Geländeprofilen. Besonders windgefährdet sind die Bereiche um die Punkte A, B und C.

Besonders prägnant sind die Effekte bei terrassenförmigen Geländestrukturen. Die „**Windnase**" mit höherer Windgeschwindigkeit in Abb. 5.3 fällt besonders deutlich aus. Auf den Großterrassen des Kaiserstuhls begegnet man der höheren Windbelastung an den Terrassenkanten mit Windschutzpflanzungen. Auf Kleinterrassen treten Windnasen nicht auf.

> Es ist keineswegs so, dass die Windgeschwindigkeit kontinuierlich bis zum Gipfel zunimmt, vielmehr führen die Diskontinuitäten in der Geländestruktur zu relativ höheren Windgeschwindigkeiten.

> Neben den genannten passiven Einflüssen kann die Geländestruktur das lokale Klima aber auch **aktiv** verändern.

Wenn der Wind nur schwach weht und die Sonne gleichzeitig Boden und bodennahe Luftschichten kräftig erwärmt, entwickeln sich thermisch bedingte lokale Unterschiede, die ihrerseits lokale Ausgleichsströmungen und Windsysteme entstehen lassen. Die Abb. 5.4 verdeutlicht die unterschiedliche Erwärmung an sonnigen Tagen bei un-

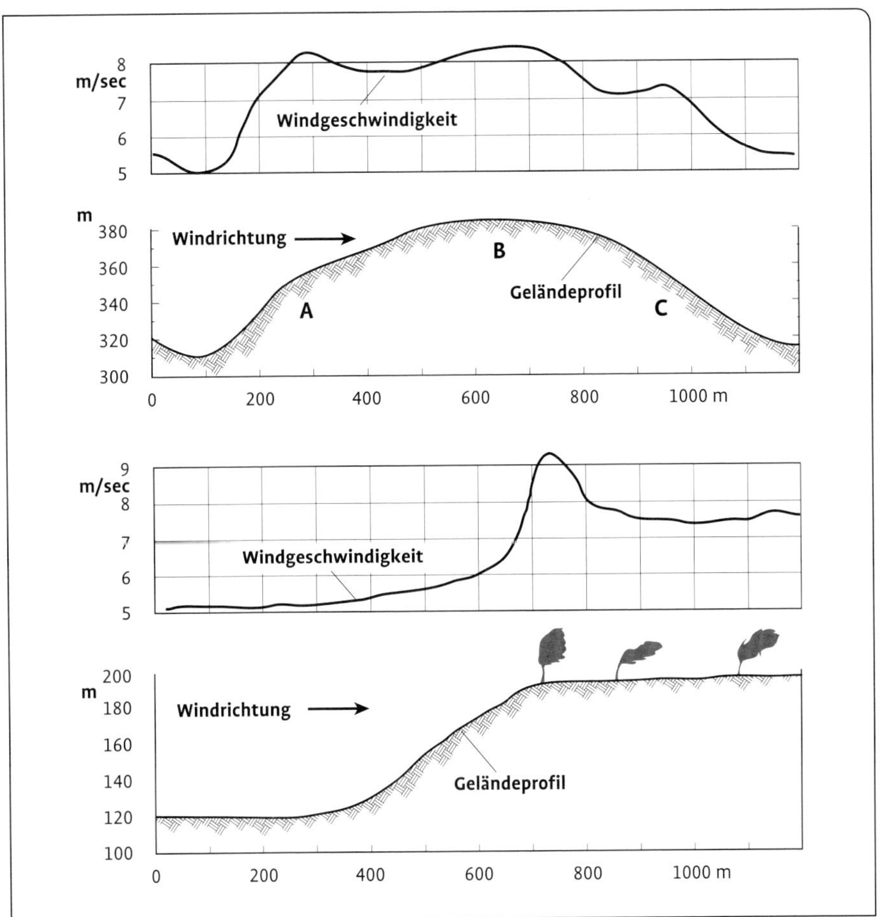

Abb. 5.3: Die Windgeschwindigkeit beim Überströmen bestimmter Geländeformen (nach HÄCKEL 2008).

terschiedlicher Oberflächenstruktur. Lokale Auf- und Abwinde führen zu **Ausgleichsströmungen**. So entwickeln sich über erhitzten Städten starke Aufwinde, und von einem ländlichen Umfeld weht der Wind dann in die Stadt. Das Gelände kann dann eine aktive Rolle übernehmen, wenn die Himmelsbedeckung unter 50 % sinkt, das heißt, die Sonne übernimmt die Hauptrolle.

Ähnliche Gesetzmäßigkeiten gelten auch für die Nacht, wenn bei klarem Himmel die Wärmeabstrahlung der Bodenoberfläche besonders groß ist und die Abkühlung bei unterschiedlicher Oberflächenbeschaffenheit verschieden ausfällt. Dann entwickeln sich auch in der Nacht thermisch bedingte Ausgleichsströmungen Bei bewölktem Himmel entstehen nur wenig lokal bedingte Unterschiede, denn dann ist nur die luftmassenspezifische Abkühlung mit der Höhe wirksam.

Die tagesperiodischen lokalen Ausgleichsströmungen an sonnigen Tagen sollen nachfolgend anhand der Abb. 5.5 (DEFANT 1949) erläutert werden, da sie für das Geländeklima in den Weinbergen eine wichtige Rolle spielen. Frühmorgens entwickelt sich auf den besonnten Hängen ein **Hangaufwind**, der die warme Hangluft nach oben führt, wie wir es auch bei Heizungen gewohnt sind, wo die erhitzte Luft aufsteigt (Abb. 5.5a). In der ersten Tagesstunde ist aber noch der Bergwind der Nacht wirksam, der die nächtliche Kaltluft aus den höher gelegenen Gebieten zum Talausgang strömen lässt. Bald nach Sonnenaufgang erlischt dieser **Bergwind** und wechselt dann in den **Talwind** (Abb. 5.5b). Die warme Hang- und Talluft strömt dann in die höheren Bergregionen. Etwas höher gelegene Weinberge profitieren von dieser Warmluft. In strahlungsreichen Jahren sind deshalb die höhenbedingten Qualitätsunterschiede in den Steillagen von Mosel, Rhein und Main weniger deutlich ausgeprägt.

Als lokale Besonderheit werden Kaminwirkungen beobachtet, wenn die Weinbergslage von Felswänden umrahmt ist. Die berühmte Lage „Erdener Prälat" an der Mosel profitiert beispielsweise von diesen Kamineffekten.

Am Nachmittag geraten dann Nordost- bis Osthänge frühzeitig in den Schatten, kühlen schneller aus und es bildet sich am Hang wegen der Wärmeabstrahlung eine Kaltluftschicht, die schwerer ist als die warme Talluft (Abb. 5.5c). Damit beginnt der **Hangabwind** an den beschatteten Hängen, während im Tal immer noch der Talwind weht. Erst nach Sonnenuntergang erlischt der Talwind und macht wieder dem

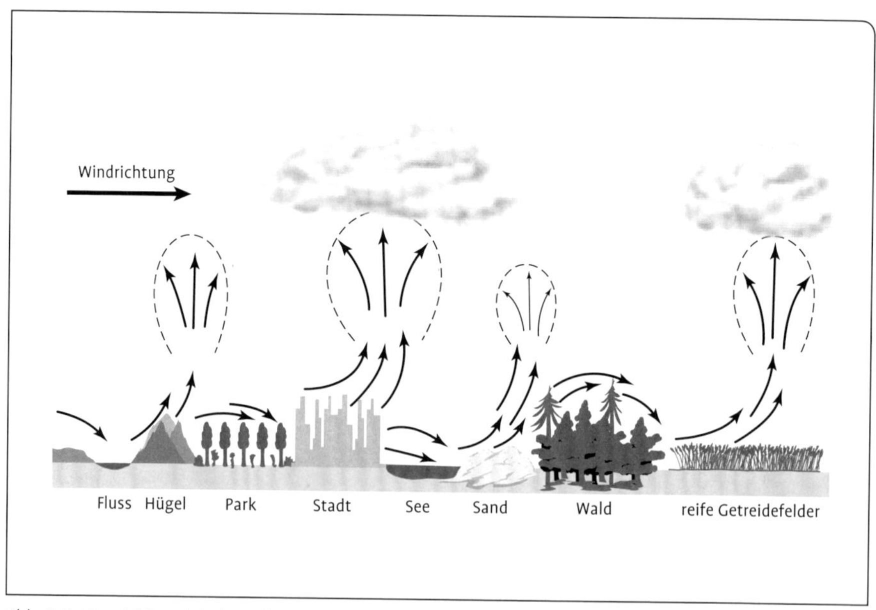

Abb. 5.4: Entwicklung lokaler Luftströmungen bei sonnenscheinreichem Wetter unter dem Einfluss unterschiedlicher topografischer Gegebenheiten.

kühlen Bergwind Platz, der dann während der Nacht die Regie übernimmt und die Kaltluft ins Tal fließen lässt.

Gut entwickelte Talwinde sind in den Weinbaugebieten eher selten, die nächtlichen Kaltluftbewegungen treten dagegen bereits in leicht hügeligem Gelände auf. Sie haben somit für den Weinbau die größere Bedeutung, weil sie das Wachstum der Reben und die Qualitätsbildung der Trauben durch die nächtliche Abkühlung auf vielfältige Weise beeinflussen.

Bergwindsysteme entwickeln sich vor allem in lang gestreckten engen Tälern. Besonders bekannt sind dabei der Höllentäler, der Heidelberger oder der Wisperwind im Rheingau. Letzterem hat F. Freiligrath sogar ein poetisches Denkmal gesetzt.

Starke Kaltluftbewegungen beobachtet man insbesondere bei hoher nächtlicher Wärmeabstrahlung. Die Voraussetzung dafür ist ein wolkenloser bis gering bewölkter Nachthimmel. Wenn in wolkenlosen Nächten dann noch der Wassergehalt der Atmosphäre gering ist, entwickeln sich starke Kaltluftströme.

> Die Kaltluft bewegt sich nicht wie abfließendes Wasser, sondern fließt eher schubweise ab, da ihr eine gewisse Trägheit innewohnt.

Der Vergleich der Kaltluft mit einem zähen Brei wäre aber völlig unangemessen, da bei dem tropfenförmigen Abfluss auch kurzfristig kleinere Windböen auftreten können. Bei stärkeren Kaltluftabflüssen nimmt die Böigkeit des Windes dann zu. Die stark vereinfachte Gegenüberstellung mit den wesentlichen Unterschieden von abfließendem Wasser und herabströmender Kaltluft in hängigem Gelände zeigt Abb. 5.6 (Geiger 1961). Das turbulente Abfließen ist im linken Bild unten zu erkennen.

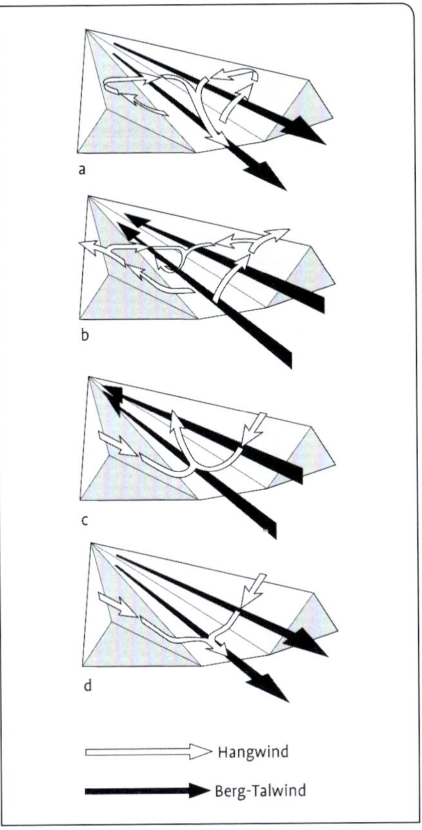

Abb. 5.5: Das Zusammenwirken von Hangwindsystemen und dem Berg- und Talwind im Tagesverlauf (nach Defant 1949).

Für den Weinbau bedeutsam ist aber die konkave Form der Kaltluftobergrenzen in Talnähe und die konvexe Form auf der Hochfläche. Wenn die Kaltluft auf der Hochfläche eine bestimmte kritische Dicke erreicht, fällt sie wie eine Lawine den Hang hinunter und macht sich dem Beobachter als Windböe bemerkbar. Bei schwach geneigtem Gelände sind die Kaltluftbewegungen eher als kühler Luftzug spürbar.

Die Intensität der Kaltluftbildung hängt zusätzlich noch von der Flächennutzung auf

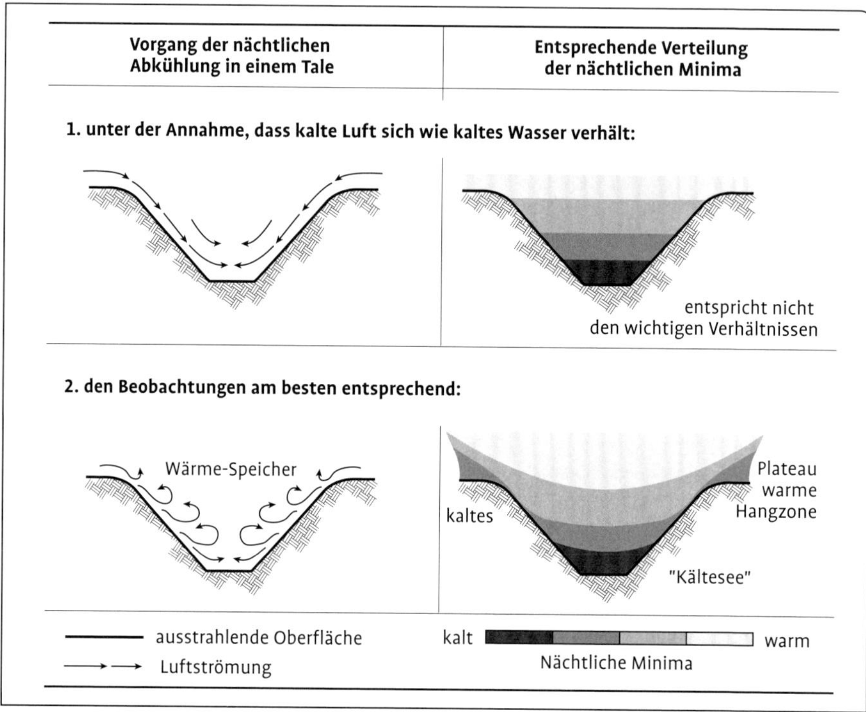

Abb. 5.6: Der Vergleich zwischen dem Verhalten nächtlicher Kaltluft und dem Abfluss von Wasser in einem Tal (nach GEIGER 1961).

den höher gelegenen Hochflächen ab. Ackerbaulich oder als Wiese und Weide genutzte Flächen produzieren in wolkenlosen Nächten viel Kaltluft für angrenzende tiefer gelegene Rebflächen. Die in der Höhe an Rebflächen angrenzenden Waldgebiete schützen hingegen vor allzu intensiven Kaltluftzuflüssen.

Da sich Kaltluft nur bei hoher Wärmeabstrahlung entwickelt, zeigen sich auch jahreszeitliche Tendenzen. Im Frühjahr und Herbst mit längerer Nachtphase im Vergleich zum Sommer bildet sich mehr Kaltluft als im Hochsommer, wenn die Nacht nur 7–8 Stunden andauert.

Nächtliche Kaltluftbewegungen folgen in der Regel den natürlichen Gefällelinien, Gelände- und Bewuchsstrukturen. Es kommt ähnlich wie in einem hydrologischen System zu Prall- Gleit- und Stauerscheinungen (Abb. 5.7) (SCHNELLE 1965). So kann sich an Hindernissen oder Talverengungen die Kaltluft aufstauen.

Bei geschickter Bepflanzung lässt sich die Fließrichtung der Kaltluft steuern (Abb. 5.8) (SCHNELLE 1965). Das Beispiel in Abb.5.9 aus Australien (MASON 1958) zeigt, wie sich nächtliche Kaltluftstraßen (gestrichelte Li-

Straßentrassen und Dämme quer zur Fließrichtung der Kaltluft gefährden im Nahbereich liegende Weinberge. Als Folge daraus erhöht sich die Frostgefahr.

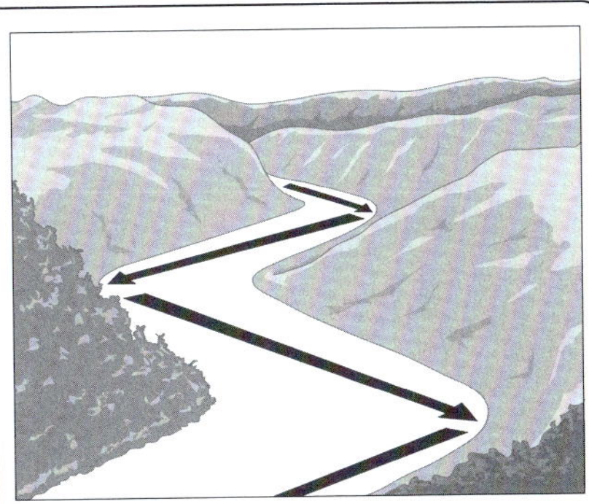

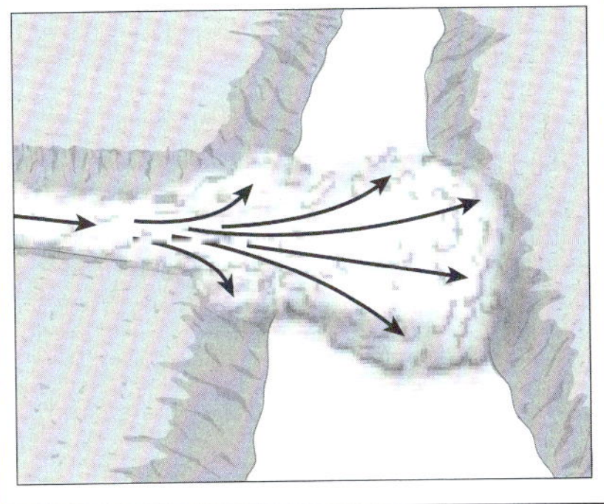

Abb. 5.7: Kaltluftströmungen (oben) und Kaltluftstau (unten) in Tälern (nach SCHNELLE 1965).

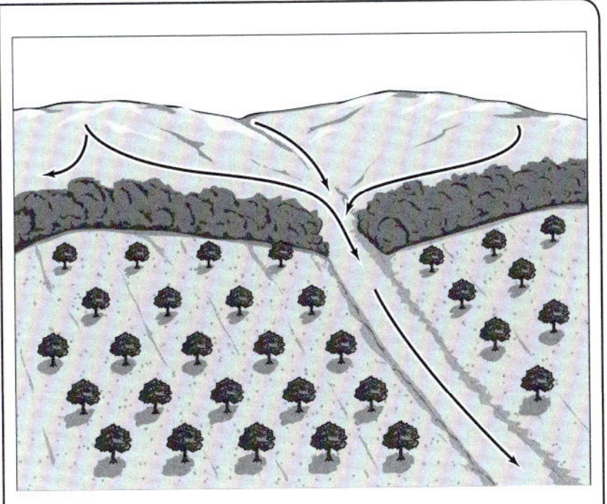

Abb. 5.8: Die Planung von Schutzpflanzungen gegen das Eindringen nächtlicher Kaltluft in den Bereich von Sonderkulturen (nach SCHNELLE 1965).

nien) und Kaltluftsammelbecken entwickeln. Dazu bedarf es keiner stark ausgeprägten Geländestruktur. In dem Beispiel betragen die maximalen Höhenunterschiede nur 90 m (Abb. 5.9). Hiermit wird belegt, dass auch in warmen und sehr trockenen Weinbaugebieten das Frostrisiko nicht vernachlässigbar ist.

Wegen des geringen Wasserdampfgehaltes nehmen die Temperaturschwankungen vom Tag zur Nacht sehr stark zu, weil in der trockenen Luft der nächtliche Wärmeverlust wesentlich stärker ausgeprägt ist als in feuchter Luft. Die Abb. 5.10 mit einem Beispiel aus Kalifornien (YOUNG 1920) bestätigt einen solchen Sachverhalt. Die in verschiedenen Höhen über Talgrund gemessenen Temperaturen liefern ein anschauliches Bild, auf welche Werte die Temperaturunterschiede in verschiedenen Höhenlagen in einer Strahlungsnacht anwachsen können. So steigen die Unterschiede zwischen dem Talgrund und 15 m Höhe während der Nacht auf 11 K an. Solche Temperaturdifferenzen treten nur bei geringem Wasserdampfgehalt der Atmosphäre auf und sind aus den deutschen Weinbaugebieten nicht bekannt. Deshalb werden beispielsweise im Napa Valley in Kalifornien auch Windmaschinen zum Frostschutz eingesetzt. Sie wirbeln die bodennahe Kaltluft auf und durchmischen sie mit der darüber liegenden wärmeren Luft. An dem Beispiel aus Kalifornien erkennt man auch das tropfenförmige Abfließen der Kaltluft, denn der kurzeitige Anstieg der Temperatur in den verschiedenen Höhen deutet auf die Turbulenzen hin. In der Nähe des Talgrundes von 0 bis 8 m über dem Talgrund kommt die Kaltluft mit fortschreitender Nacht zur Ruhe und die Differenz zu den wärmeren Hanglagen wird immer größer.

Aus Deutschland liegen z. B. für den Kaiserstuhl detaillierte Kaltluftstudien vor. So führte die Umgestaltung der Kleinterrassen

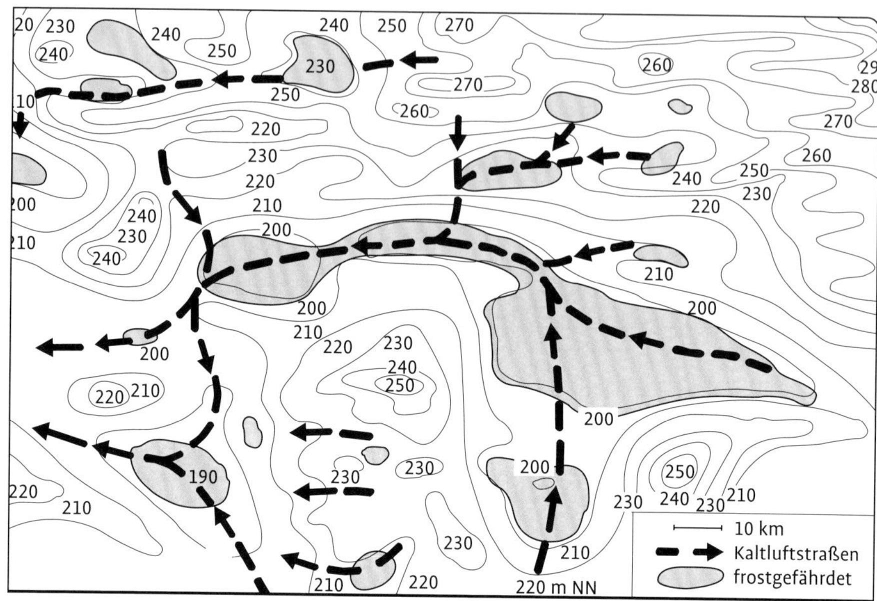

Abb. 5.9: Kaltluftbewegungen in einem Weinbaugebiet in Australien bei Adelaide (nach MASON 1958).

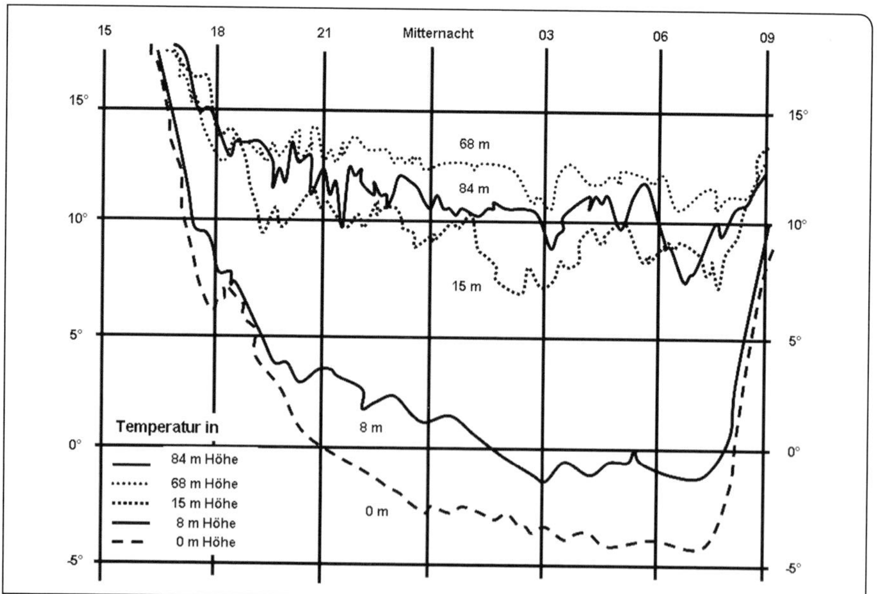

Abb. 5.10: Nächtlicher Temperaturgang in fünf verschiedenen Höhenlagen über Talgrund in einem Tal in Kalifornien (nach YOUNG 1920).

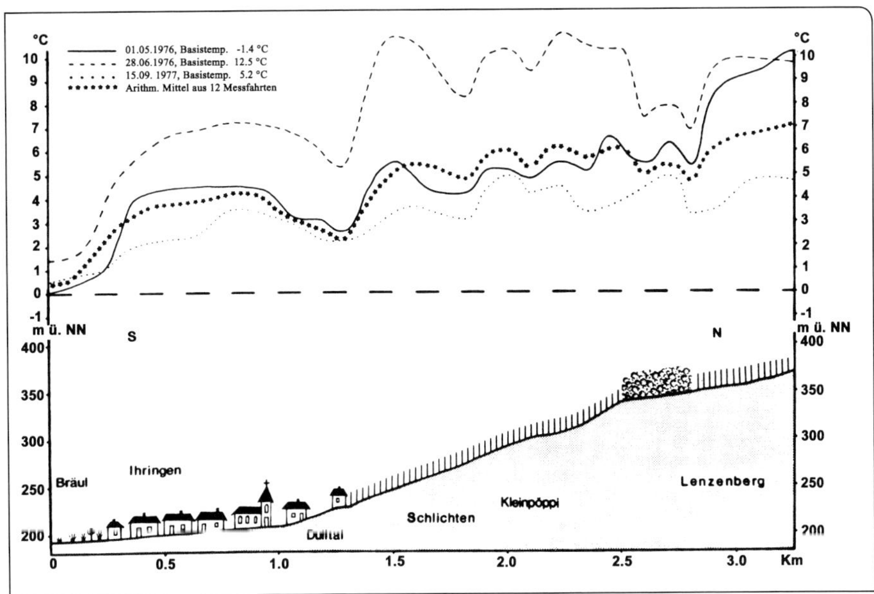

Abb. 5.11: Morgendliche Temperaturminima im Rahmen von Messfahrten bei Strahlungswetter von Ihringen zum Lenzenberg (Kaiserstuhl, 1976) (nach ENDLICHER 1980).

in Großterrassen zu deutlichen Veränderungen des Geländeklimas, die von ENDLICHER (1980) in detaillierten Studien mit Messfahrten und Infrarotaufnahmen dokumentiert sind. Die Abb. 5.11 zeigt die nächtlichen Temperaturverläufe in unterschiedlichen wolkenarmen Nächten im Frühjahr und Herbst sowie das Gesamtmittel aus zwölf Strahlungsnächten an einem nach Süden orientierten Rebhang, an dessen Fuß in der Talzone der Ort Ihringen liegt. Deutlich sind die Stauzonen für die abfließende Kaltluft vor der Ortschaft und dem kleinen Waldstück zwischen den Rebflächen im Hang zu erkennen. Selbst kleine Diskontinuitäten im Hangprofil verändern das Temperaturprofil. Ebenso tritt die Ortschaft als Wärmeinsel in Erscheinung. Die Einzelsituationen im Frühjahr und Herbst fallen zwar sehr unterschiedlich aus, die relativen Unterschiede sind dagegen ähnlich.

Die Abb. 5.12 a–c verdeutlicht die klimatischen Veränderungen am Beispiel der Großterrasse am Schneckenberg. Das Geländeprofil in Abb. 5.12 a legt dar, dass die Großterrasse mit leichtem Gefälle nach innen fällt. Die Infrarotaufnahme Abb. 5.12 b belegt den Kaltluftstau im Innenbereich der Terrasse. Obwohl die Höhendifferenz nur 3 m beträgt, fallen die Temperaturunterschiede mit 3 K deutlich ins Gewicht. Die großen Unterschiede in den Frostschäden (Abb. 5.12 c) sind der Beweis für die dokumentierten Temperaturunterschiede. Sie bestätigen, dass landschaftsverändernde Maßnahmen das Geländeklima gravierend verändern können.

Weite Teile der deutschen Weinbaugebiete wurden auf diese Weise geländeklimatisch kartiert. Die Abb. 5.13 verdeutlicht das Prinzip der temporären Messungen, für die in der Regel ein Zeitraum von drei Monaten

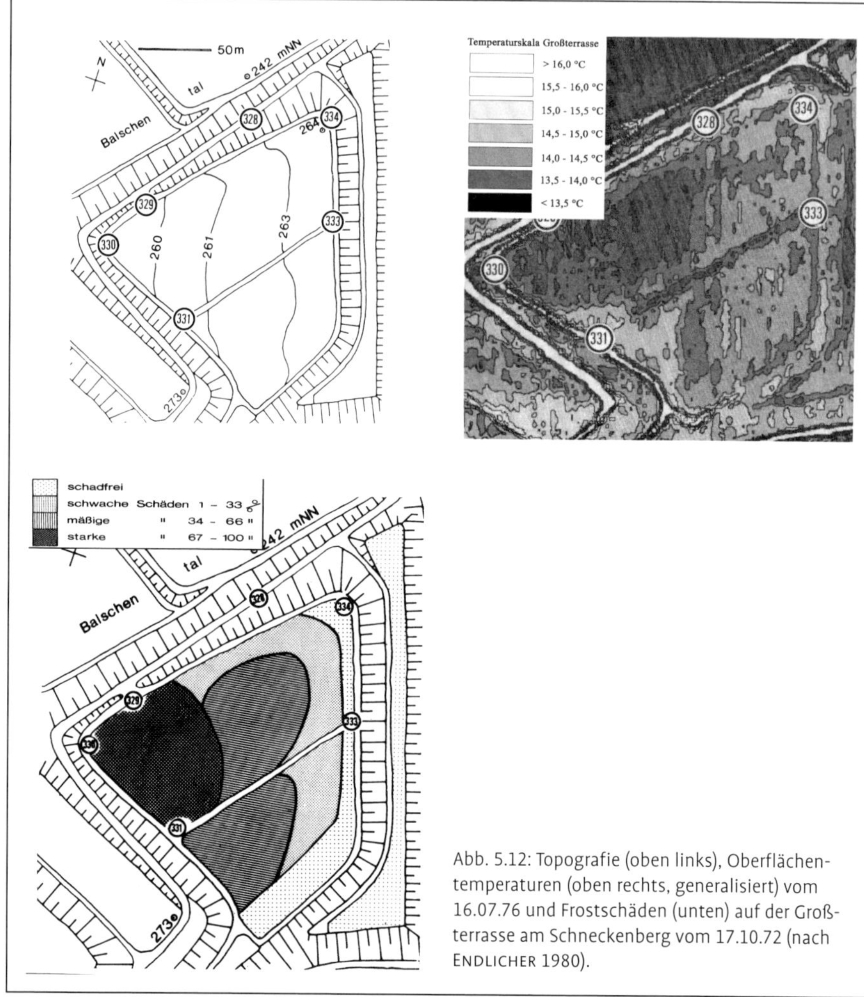

Abb. 5.12: Topografie (oben links), Oberflächentemperaturen (oben rechts, generalisiert) vom 16.07.76 und Frostschäden (unten) auf der Großterrasse am Schneckenberg vom 17.10.72 (nach Endlicher 1980).

eingeplant wird. Dazu werden Minimumthermometer im Gelände so verteilt, dass sie die vertikale Struktur der Kaltluft voll erfassen. Parallel stellt man über Vergleichsmessungen in Wetterhütten eine Verbindung zu einer langjährigen Beobachtungsstation her. Über sogenannte Transformationsgleichungen lässt sich dann die Frostwahrscheinlichkeit für einen 30-jährigen Zeitraum für jeden Geländepunkt berechnen und man erhält innerhalb kurzer Zeit eine flächendeckende Kartierung der Kaltluft.

Die Kaltluftbewegungen in wolkenarmen Nächten folgen immer den gleichen Gesetzmäßigkeiten. Die Struktur der Kaltluft lässt sich deshalb mit relativ kurzzeitigen Messungen der Minimumtemperaturen im Gelände erfassen.

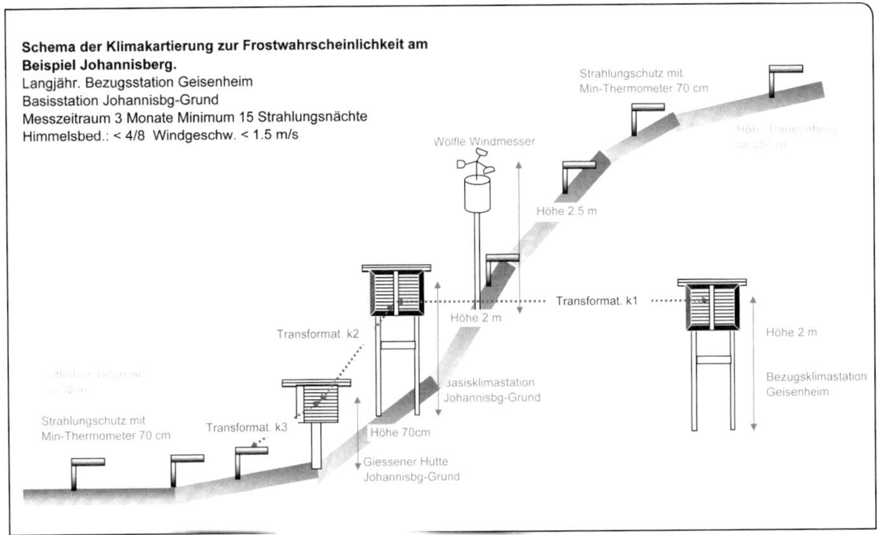

Abb. 5.13: Das Schema zur Klimakartierung der Frost- und Kaltluftgefährdung in den deutschen Weinbaugebieten nach den Kartierungsrichtlinien des Deutschen Wetterdienstes.

Das Bild 3 (Anhang) zeigt das Ergebnis einer solchen Kartierung in der Südpfalz. Aus den ost-west gerichteten Talzügen des Pfälzer Waldes ergießt sich Kaltluft in die Rheinebene. Entlang der gleichfalls von Ost nach West verlaufenden Hügelketten der Südpfalz bilden sich lang gestreckte Kaltluftseen unterschiedlicher Intensität. Gebiete in violetten bis blauen Farbtönen sind stark frostgefährdet, braune und gelbe Gebiete weisen nur eine mäßige bis geringe Gefährdung auf. Die Kenntnis über die meteorologischen Einflüsse auf Kaltluftbewegungen ermöglicht es, Kaltluftgefährdung in Abhängigkeit von der Geländeform, Oberflächengestalt und Landnutzung am Computer zu simulieren.

Das Bild 4 (Anhang) (Hoppmann et al. 1997) zeigt eine Computersimulation der Temperatur- und Windfelder in einer Strahlungsnacht im Bereich der Weinbaugemeinde Bad Dürkheim in der Vorderpfalz. Außerhalb des Kaltluftgebietes weht ein schwacher Wind aus Südwest entlang des Hardtrandes am Pfälzer Wald. Die Länge der kleinen Pfeile bezieht sich auf die Windgeschwindigkeit. Innerhalb des Kaltluftgebietes werden nur geringe Windgeschwindigkeiten oder Windstille ermittelt. Das Gelände fällt von links nach rechts in die Talmulde.

Am rechten Rand fließt ein Kaltluftstrom aus Westen in die Talsenke ein. Im Kernbereich der Kaltluft (dunkelblaue Zonen) ist es windstill. Die hellblau eingezeichneten Schneisen sind Baum- und Heckenreihen, in deren Nahbereich sich Kaltluft aufstaut.

Die Widerstandsfähigkeit der Reben gegenüber Frostereignissen wechselt sehr stark mit dem Entwicklungsstadium (Kap. 4.3.1). Die Berechnung der Frostwahrscheinlichkeit erfolgt in den deutschen Weinbaugebieten für die Schwellen von −2 °C und −4 °C und entspricht dem unterschiedlichen Frostrisiko für Spät- und Frühfröste. Dieses Risiko bezieht sich auf eine Höhe von 70 cm über dem Grund, da die jungen Knospen bei den üblichen Erziehungsformen in dieser Höhe austreiben. Die Temperaturen in der Standardmesshöhe von 2 m liegen um 1–2 °C darüber, d. h. die jungen Blätter sind bereits dann gefährdet, wenn an einer Messstation nur 0 °C beobachtet werden. Das Frostrisiko verändert sich auf engstem Raum.

Die Abb. 5.14 zeigt die Frostschäden in einer Obstanlage, wobei die schwarzen Kreissegmente den prozentualen Anteil erfrorener Blüten veranschaulichen (Winter 1958). Beachtenswert ist auch die geringe Höhendifferenz von nur 3 m. Ähnliches erlebt man häufig in den Weinbergen. Oft entscheiden nur Zentimeter über Wohl und Wehe der jungen Blätter.

Das Frostrisiko ist allerdings nur ein Teilaspekt im Rebanbau. Mit dem Klimawandel bleibt uns das Frostrisiko erhalten, weil bei einem höheren Temperaturniveau der Austrieb früher beginnt und dann auch die Gefahr eines später folgenden Frostes immer vorhanden ist (vgl. Kap. 10). In den nördlichen kühlen Anbauzonen des Weinbaus wirkt sich die nächtliche Kaltluft während der gesamten Vegetationszeit negativ auf die Entwicklung der Reben aus. Der Zeitraum mit den für das Rebwachstum optimalen Temperaturbereichen ist auf kaltluftgefährdeten Standorten deutlich kürzer als in ungefährdeten Weinbergen.

Untersuchungen in den vergangenen Jahrzehnten im Rheingau haben ergeben, dass auf stark gefährdeten Standorten die Mostgewichtseinbußen je nach dem Grad der Gefährdung auf bis zu 7°Oe bei der Rebsorte Riesling ansteigen kann.

Auf kaltluftgefährdeten Standorten vollzieht sich auch der Säureabbau langsamer. Deshalb waren in der Vergangenheit kaltluftgefährdete Weinberge eher für Rebsorten geeignet, die als Sektgrundwein verwendet werden sollten. Wenn in Zukunft die Zahl der sehr warmen Jahrgänge – ähnlich dem Jahr 2003 – zunimmt, kehrt sich dieser Nachteil aus vergangenen Jahrzehnten sogar in einen Vorteil um. Das Jahr 2003 brachte in den warmen trockenen Hanglagen Weine mit extrem hohen Mostgewichten hervor, aber die geringen Säurewerte nahmen den Weinen die erforderliche Frische. Trauben aus dem Talgrund schnitten im Zucker-Säure-Verhältnis deutlich besser ab, zumal auch die Wasserversorgung im Tal

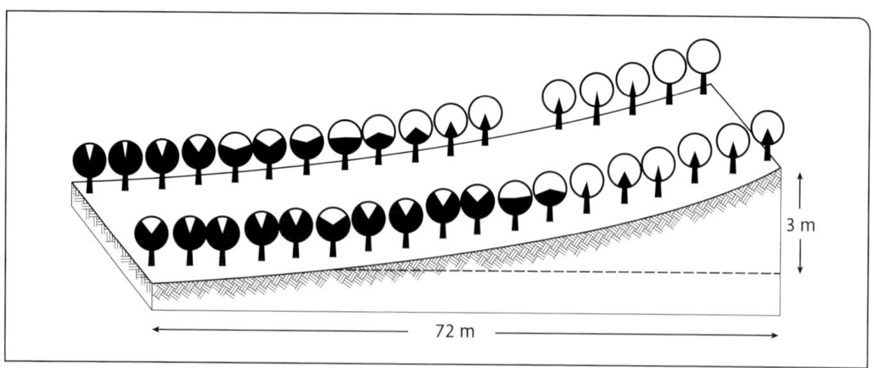

Abb. 5.14: Schema eines Frostschadens an Obstgehölzen in leicht hängigem Gelände. Die dunklen Kreissegmente zeigen den prozentualen Anteil geschädigter Blüten (nach Winter 1958).

Tab. 5.1 *Nächte mit mehr als vier Stunden Benetzung von 01.05. bis 31.08. eines Jahres für zwei geländeklimatische Situationen in der Gemarkung Bad Dürkheim (1961–1990).*

Jahr	Hanglage	Tallage	Differenz Tal minus Hang
1961	37	45	8
1962	14	24	10
1963	30	36	6
1964	14	31	17
1965	39	43	4
1966	28	37	9
1967	25	42	17
1968	28	38	10
1969	29	45	16
1970	24	34	10
1971	30	37	7
1972	20	30	10
1973	30	39	9
1974	22	27	5
1975	20	30	10
1976	7	9	2
1977	23	31	8
1978	41	47	6
1979	24	33	9
1980	42	46	4
1981	32	39	7
1982	24	34	10
1983	32	40	8
1984	35	39	4
1985	38	45	7
1986	39	44	5
1987	38	41	3
1988	38	50	12
1989	16	24	8
1990	22	30	8
Max	42	50	17
Min	7	9	2
Mittel	28	36	8

besser war als auf den trockenen Standorten im Hang.

Auch Schadpilze fühlen sich in Talnähe wohler, denn die feuchteren Bedingungen im Tal begünstigen insbesondere die Entwicklung des Falschen Mehltaus. Dieser Pilz breitet sich besonders gut aus, wenn die Blätter während der Nacht bei Temperaturen zwischen 10 und 18 °C über mindestens vier Stunden nass sind. Die Tab. 5.1 zeigt die Blattnässezeiten von mehr als vier Stunden über einen 30-jährigen Zeitraum für eine Tal- und Hanglage von Mai bis August, wenn die Reben durch diesen Pilz besonders gefährdet sind.

Die Häufigkeit der Nächte mit längeren Blattnässezeiten liegen in Tallagen im Mittel um 25 % höher als in Hanglagen. Der Beginn der Taubenetzung startet im Tal früher und endet frühmorgens später als im Hang.

Im Hang weht meist ein stärkerer Wind, der die Rebblätter schneller abtrocknen lässt. Besonders lange Blattbenetzungszeiten sind bei einer Wetterlage mit Wärmegewittern zu erwarten, wenn nach einem abendlichen Regenschauer der Himmel während der Nacht aufklart und die Regenbenetzung in Taubenetzung übergeht.

Während in der Nacht die Kaltluft die Spielregeln des Geländeklimas bestimmt, übernimmt dann am Tage die Sonneneinstrahlung die Herrschaft über das geländeklimatische Geschehen. Die Wirkung kann sie allerdings nur dann voll entfalten, wenn der Himmel nicht mit Wolken bedeckt ist. Bei bedecktem Himmel wirkt sich nur die Höhenlage auf das Rebwachstum aus, weil die Temperaturen im Mittel um 0,7 °C pro 100 m Höhenzuwachs abnehmen.

Diese Temperaturabnahme bestimmt auch die **Obergrenze für den Rebanbau** in den einzelnen Weinbaugebieten. Mit abnehmender geografischer Breite steigen die Obergrenzen an. Die Obergrenze liegt an der Ahr bei 250 m, im Rheingau bei 300 m, im Kaiserstuhl bei 500 m und steigt in Südtirol auf 700–800 m an. Im Zeitalter des Klimawandels werden sich auch die Obergrenzen weiter nach oben verschieben. Den Anstieg der Obergrenzen in Richtung Süden verdanken die Reben wiederum der zunehmenden Strahlungsintensität der Sonne. Zwischen 29 und 52 % der maximal möglichen Stunden liegen die Rebhänge bei uns in der Sonne, wobei sich ein Gefälle von Süden nach Norden ergibt (Abb. 5.15). Wegen des stärkeren kontinentalen Einflusses fällt die Station Potsdam aus der Reihe, die auf Augenhöhe mit Weinsberg liegt. Astronomisch wären bei uns etwa 3000 Sonnenscheinstunden als Gesamtsumme von April bis Oktober möglich. Daneben bestehen jahreszeitliche Abhängigkeiten. Im Sommer liegt der prozentuale Anteil von Sonnenscheinstunden deutlich höher als im Herbst. Im Oktober fällt der Anteil der Sonnenstunden auf 35 bis 29 %, weil die Herbstnebel die Rebhänge auch tagsüber häufiger als im Frühjahr und Sommer in Nebel einhüllen.

Es ist aber nicht der Anteil der Sonnenstunden, sondern der **Einfallswinkel der Sonnenstrahlen**, der die Wärmegunst eines Standortes bestimmt. Die tief stehende Wintersonne bietet wesentlich weniger Wärme als die im Sommer hoch über dem Horizont stehende Sonne. Das Prinzip veranschaulicht Abb. 5.16 a. Die Sonnenstrahlen kann man sich als Strahlenbündel vorstellen, wie es rechts bei senkrechtem Einfall angedeutet ist. Das Strahlenbündel fällt auf die dunkel markierte Fläche. Links fallen die Sonnenstrahlen dagegen unter einem Winkel von $\alpha = 30°$ über dem Horizont ein. Jetzt überdeckt das gleiche Bündel Sonnenstrahlen eine wesentliche größere Fläche, d. h. das Energieangebot aus der Sonne nimmt deut-

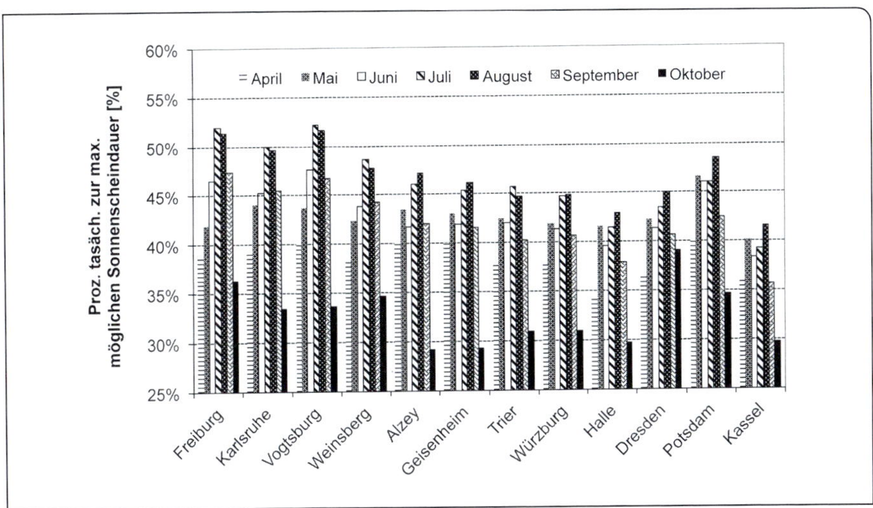

Abb. 5.15: Verhältnis von tatsächlicher zur maximal möglichen Sonnenscheindauer für ausgewählte Stationen in den Einzelmonaten von April bis Oktober (1981–2010).

lich ab. Die Menge an zugeführter Energie ist proportional dem sin α des Einfallswinkels. Wenn die Sonne nur noch knapp über dem Horizont steht, geht das Wärmeangebot gegen Null.

Aber nicht nur der Winkel der einfallenden Sonnenstrahlen beeinflusst die Wärmezufuhr. Bei flachem Einfall müssen die Sonnenstrahlen einen wesentlich längeren Weg durch die Atmosphäre zurücklegen, bevor sie auf den Boden treffen. Hinzu kommt die Lufttrübung, die die Sonnenenergie schwächt. Insgesamt fallen die Verluste bei schrägem Einfall sehr deutlich aus. Die Abb. 5.16 b und c zeigen das beispielhaft für Situationen im Juni und im September für verschiedene Hangneigungen und -richtungen auf. Dabei wird der Strahlungsgenuss für eine ebene Fläche gleich 100 % gesetzt. Die Darstellung verdeutlicht die prozentualen Gewinne und Verluste auf unterschiedlich geneigten Süd- und Nordhängen. Im Sommer (15. Juni) sind die Unterschiede zwischen Nord- und Südhängen wesentlich kleiner als im Herbst (15. September). Mittags erreicht die Sonne am 15. Juni einen Höchststand von 63° über dem Horizont, am 15. September reicht es nur noch für 43°.

Die unterschiedlichen Sonnenstände wirken sich besonders auf die Qualitätsbildung aus. Deutliche Standortunterschiede entwickeln sich erst ab der zweiten Augusthälfte (Abb. 5.17). Beginnend im Mai, wenn sich die jungen Rebblätter entwickeln, bis Ende Juli, wenn die jungen Trauben heranwachsen, bleiben die Unterschiede zwischen den Expositionen und Hangneigungen relativ klein und wachsen erst ab August dann stark an.

> Die standortspezifischen Unterschiede bei den Mostgewichten und Säuregehalten prägen sich geländeklimatisch vornehmlich in den Reifemonaten September und Oktober aus.

Diese Qualitätsparameter werden natürlich auch noch von den Bodenverhältnissen, der

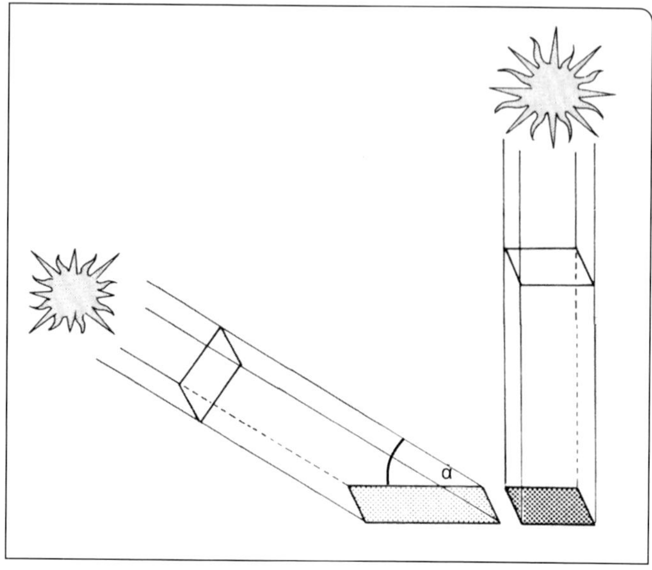

Abb. 5.16a: Schema zur Erklärung unterschiedlicher Strahlungszuflüsse durch die direkte Sonneneinstrahlung bei verschiedenen Sonnenständen (nach HÄCKEL 1999).

Wasser- und Nährstoffversorgung bestimmt. Die geländeklimatisch bedingten Standortunterschiede sind deshalb in den nördlichen Weinbaugebieten auch größer als in den südlichen Anbauzonen. In Beschreibungen zu den Standortbedingungen im Weinbau findet man häufig den Hinweis, dass die großen Flüsse wie Rhein, Main oder Mosel den angrenzenden Rebflächen Licht und Wärme spenden und somit einen erheblichen Beitrag zur Klimagunst der Rebstandorte beitragen. Nach einer fachlich fundierten Betrachtung der ein- und ausgehenden Strahlungsanteile können diese Annahmen nicht bestätigt werden. Dazu helfen einige Überlegungen. Ein wichtiges Argument für die positive Wirkung der Flüsse ist der Hinweis auf die **Reflexion** der Sonnenstrahlen an der Gewässeroberfläche.

Das Wasser reflektiert bei hoch stehender Sonne nur maximal 6 % der einkommenden Strahlung.

Davon kann sich auch ein Laie überzeugen, wenn er ein Satellitenfoto betrachtet. Da erscheinen Wasserflächen dunkel und Landoberflächen deutlich heller, d. h. letztere reflektieren das Sonnenlicht deutlich stärker, nämlich zwischen 10 und 50 % je nach ihrer Oberflächenbeschaffenheit. Neuschnee reflektiert sogar 90 %.

Wasser hat nun die besondere Eigenschaft, dass es bei flach einfallenden Sonnenstrahlen, das Licht stärker und bei streifendem Einfall – die Sonne steht dann unmittelbar über dem Horizont – zu 100 % reflektiert. Eine stärkere Zunahme beginnt etwa bei Sonnenständen von 10° über dem Horizont. Bei diesen Sonnenständen müssen die Sonnenstrahlen bereits einen langen Weg durch die Atmosphäre zurücklegen, sodass der Wärmegewinn für die Rebflächen vernachlässigbar klein ist.

Die Möglichkeit der Reflexion in die Weinberge besteht auch immer nur wenige Augenblicke, wenn Ein- und Ausfallwinkel genau zueinander passen. Wenn man diese

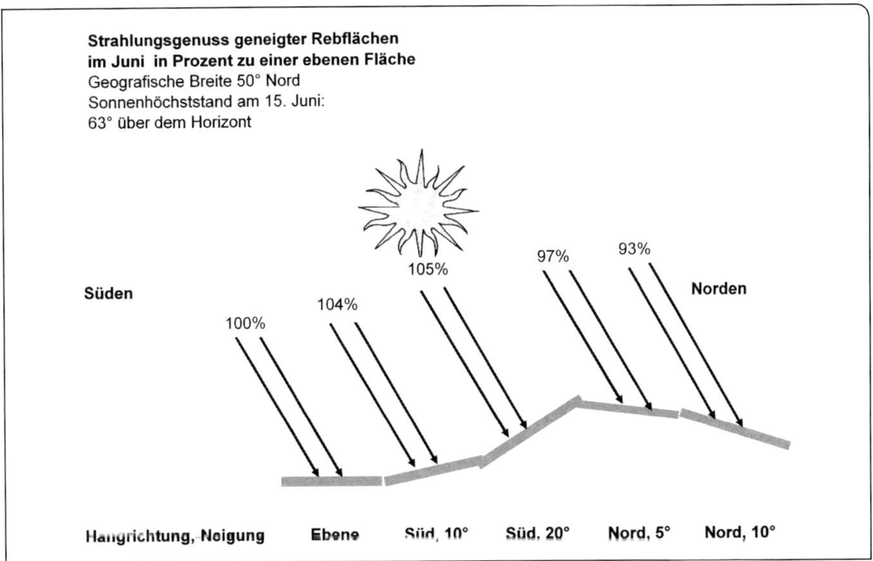

Abb. 5.16b: Der prozentuale Unterschied des Strahlungsgewinns aus der direkten Sonneneinstrahlung für verschiedene Hangneigungen und -richtungen im Vergleich zur ebenen Fläche (100 %) am 15. Juni auf einer geografischen Breite von 50°Nord unter Berücksichtigung der tatsächlichen Sonnenscheindauer.

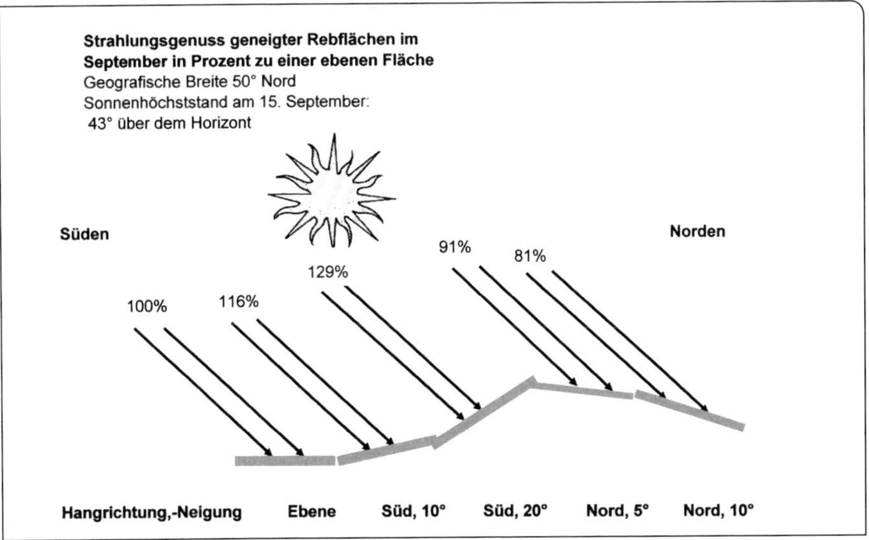

Abb. 5.16c: Der prozentuale Unterschied des Strahlungsgewinns aus der direkten Sonneneinstrahlung für verschiedene Hangneigungen und -richtungen im Vergleich zur ebenen Fläche (100 %) am 15. September auf einer geografischen Breite von 50°Nord unter Berücksichtigung der tatsächlichen Sonnenscheindauer.

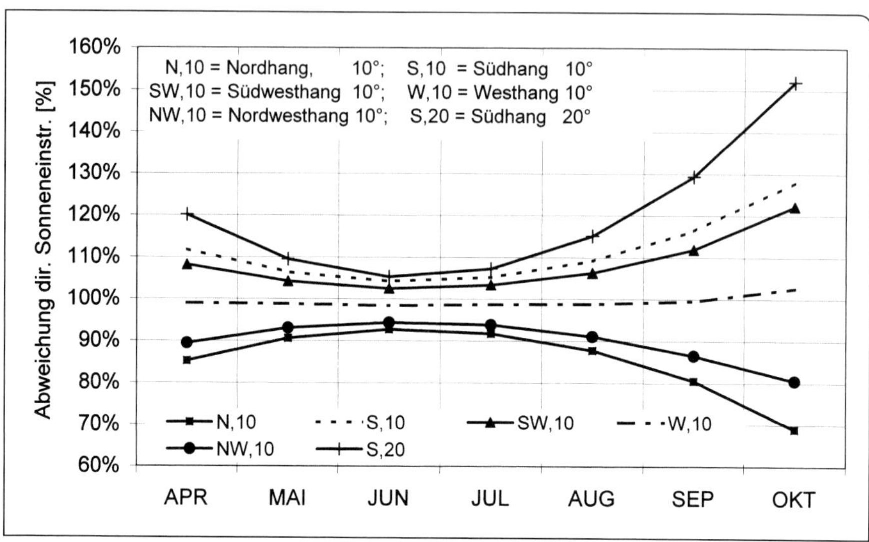

Abb. 5.17: Der prozentuale Unterschied des Strahlungsgewinns aus der direkten Sonneneinstrahlung für verschiedene Hangneigungen und -richtungen im Vergleich zur ebenen Fläche (100 %) von April bis Oktober auf einer geografischen Breite von 50°Nord unter Berücksichtigung der tatsächlichen Sonnenscheindauer.

Momente aufsummiert, so ergeben sich Zugewinne von maximal 2 ‰.

> Auch bei den langwelligen Strahlen können die Flüsse den angrenzenden Rebflächen keine Wärme spenden, da sie während der Vegetationszeit immer kälter sind als die Weinberge.

Die Wärmestrahlung fließt aber immer vom wärmeren zum kälteren Körper, d. h. letztlich: Die Rebflächen geben Wärme an die Flüsse ab. Viele geländeklimatische Untersuchungen haben gezeigt, dass der geländeklimatische Einfluss der Flüsse auf angrenzende Rebflächen minimal ist und bis maximal 50 m landeinwärts reicht. So sind selbst Rheininseln ähnlich frostgefährdet wie vergleichbare Standorte an Land.

Neben der direkten Sonneneinstrahlung wirkt sich am Boden auch die **diffuse Himmelsstrahlung** aus. Darunter versteht man die kurzwellige Strahlung des blauen Himmels. Neben dem blauen Himmel senden aber auch die Wolken kurzwellige Strahlung zum Erdboden, weiße Wolken liefern mehr, graue Wolken weniger kurzwellige Strahlung. Bei wolkenlosem Himmel beträgt der diffuse Anteil circa 20 % an der gesamten kurzwelligen Strahlung. Mit zunehmender Bedeckung durch Wolken steigt der prozentuale Anteil an und erreicht 100 %, wenn der Himmel bedeckt ist.

> Das Verdienst der Flüsse für ein Weinbaugebiet liegt eher darin, dass sie über Millionen von Jahren als Landschaftsbildner tätig waren und Rebhänge geschaffen haben, die aufgrund ihrer Lage für den Rebanbau begünstigt sind.

Der diffuse Anteil der kurzwelligen Strahlung differenziert aber nicht die Rebstandorte, weil das Himmelsblau, die zu- oder abnehmende Bewölkung gleichmäßig für alle Standorte wirksam wird. In mindestens der Hälfte der Vegetationszeit wachsen die Reben bei uns unter bewölktem bzw. teilweise bewölktem Himmel, d.h. diese Strahlung ist auch für das Rebwachstum von Bedeutung. In dieser Zeit treten aber die Einflüsse von Neigung und Exposition zurück und die Rebentwicklung ist dann mehr oder weniger höhenabhängig, je nachdem, ob subtropische warme Luft oder kühle Meeresluft die Weinberge einhüllt. In der kühlen Meeresluft nimmt die Temperatur mit der Höhe etwas schneller als in der warmen subtropischen Luft ab, im statistischen Mittel sind es −0,7 K bei einem Höhenzuwachs von 100 m. Dieser Höheneinfluss wirkt sich natürlich auch auf die Qualität aus. Die Tab. 5.2 soll das an einem Beispiel aus dem Moselbereich im Bereich der Spitzenlage „Wehlener Sonnenuhr" verdeutlichen. In strahlungsarmen Jahren wie 1974, 1977 und 1978 nahmen die Mostgewichte mit der Höhe wesentlich deutlicher ab als in den strahlungsreichen Jahren 1975 und 1976. Die Einbußen auf 100 m Höhendifferenz können auf bis zu 12 °Oe ansteigen (1978), in einem Spitzenjahrgang wie 1976 sind sie dagegen mit 2 °Oe vernachlässigbar klein. Dieser Vergleich bestätigt in eindrucksvoller Weise die Bedeutung der direkten Sonneneinstrahlung.

Im langjährigen Mittel liegen die Mostsgewichtseinbußen je nach Lage zwischen 3 und 5 °Oe pro 100 m Höhendifferenz.

Wenn die Trauben gesund sind und das Wetter mitspielt, können die Lesetermine in den Höhenbereichen nach hinten geschoben werden, um den Trauben die Ausreife zu ermöglichen.

Die direkte Sonneneinstrahlung lässt sich ohne Schwierigkeiten für jeden Geländepunkt berechnen, wenn die Abschwächung der Strahlung durch die Atmosphäre, die Lufttrübung, die prozentuale Sonnenscheindauer und der Einfallswinkel der Sonneneinstrahlung bekannt sind. Dazu liegen entsprechend lange Datenreihen vor. Die Tab. 5.3 vergleicht den Energiegewinn aus der direkten Sonneneinstrahlung für verschiedene Expositionen und Neigungen im Rheingau für den Zeitraum von April bis Oktober, der die gesamte Wachstumsphase der Rebe umfasst. Die Unterschiede fallen recht deutlich aus und steigen im Extremfall auf 80 kJ/(cm²Vp) an. Das Bild 5 (Anhang) zeigt, dass in der realen Welt der Weinberge keine derartigen Unterschiede auftreten. Das Energieangebot am Schloss Johannisberg im Rheingau schwankt zwischen 135 und 185 kJ/(cm²Vp). Langjährige Untersuchungen auf insgesamt 123 Testparzellen im Rheingau haben gezeigt, dass sich die berechnete Strahlung direkt auf das Mostgewicht auswirkt.

Ein Strahlungsanstieg von 3 kJ/cm² hebt das Mostgewicht bei der Rebsorte Riesling um 1 °Oe.

Die Sonnenstrahlung spendet den Reben nicht nur das für die Photosynthese notwen-

Tab. 5.2 *Vergleich der Mostgewichte [°Oe] der Rebsorte Riesling in der Lage „Wehlener Sonnenuhr" (Mosel) von 1974 bis 1978 bei unterschiedlicher Höhenlage aber gleicher Exposition und Hangneigung.*

	50 m ü. Talgrund	150 m ü. Talgrund
1974	54	62
1975	81	83
1976	88	90
1977	52	62
1978	45	57

dige **Licht**, sondern auch die **Wärme**, um den Boden und den Bestand tagsüber zu erwärmen. Die Folge davon ist, dass Rebflächen mit höherem Energieangebot tagsüber auch wärmer werden. Nur folgt die Erwärmung von Boden und Luft mit einer zeitlichen Verzögerung von etwa zwei Stunden. Die Maximumtemperaturen treten deshalb erst zwei Stunden nach Sonnenhöchststand auf. Die Sonne ist inzwischen Richtung Westen gewandert und begünstigt nun die Südwesthänge.

Viele geländeklimatische Untersuchungen zeigen, dass an sonnenscheinreichen Tagen die höchsten Maximumtemperaturen an Südwest-, die relativ niedrigsten Maximumtemperaturen dagegen an Nordosthängen gemessen werden.

Das Bild 6 (Anhang) stellt die gemessenen Maximumtemperaturen in 70 cm Höhe über dem Boden an einem Strahlungstag im September für den Bereich Geisenheim-Johannisberg flächendeckend dar. Die wärmste Stelle liegt an diesem Tag direkt unterhalb im Südwesthang von Schloss Johannisberg. Dies ist auch der Bereich, in dem in der Regel die höchsten Qualitätsstufen erzielt werden. Ähnlich warm werden die Südwesthänge nordwestlich von Johannisberg, sowie am Kilzberg und Rothenberg in der Gemarkung Geisenheim. Alten Berichten zufolge soll Bismarck die Rotweine vom Rothenberg bevorzugt haben.

Weiter oben wurde bereits darauf hingewiesen, dass sich die geländeklimatischen Unterschiede besonders während der Reifezeit auf die Qualität auswirken. Dabei fällt der Temperatur in der hellen Tagesphase – das ist der Mittelwert in der Zeit von Sonnenauf- bis -untergang – eine besondere Bedeutung zu (vgl. Kap. 8.2). Langjährige Untersuchungen zur Mostqualität haben gezeigt, dass dieser Temperaturfaktor den größten Einfluss auf die Zuckerbildung hat.

Die Abb. 5.18 veranschaulicht das Prinzip dieser Berechnung für die Tagesgänge der Temperatur auf zwei Rebstandorten, die beide nach Süden abfallen, sich aber in der Höhe um 115 m unterscheiden. Der höher gelegene Standort weist einen deutlich flacheren Tagesgang der Temperatur auf. Für die Berechnung der Temperatur der hellen Tagesphase sind der Startwert bei Sonnenauf-

Tab. 5.3 *Der Energiegewinn aus der direkten Sonneneinstrahlung in [kJ/(cm²Vp)] für verschiedene Hangneigungen und Expositionen für das Weinbaugebiet Rheingau unter Berücksichtigung der tatsächlichen Sonnenscheindauer (1961–1990).*

Hangneigung	Nord	Nordost	Ost	Südost	Süd	Südwest	West	Nordwest
0°	160	160	160	160	160	160	160	160
5°	151	154	160	166	168	166	160	155
10°	141	146	158	169	174	170	158	146
15°	130	137	155	172	179	173	156	138
20°	118	128	151	174	182	175	152	128
25°	105	116	146	175	185	176	148	116

Vp = Vegetationsperiode April bis Oktober

gang und die tagsüber gebildete Temperatursumme bis Sonnenuntergang entscheidend. Die Temperatur lässt sich mit Hilfe eines Rechenmodells aus der Sonneneinstrahlung, der nächtlichen Tiefsttemperatur und der Kaltluft- und Windgefährdung berechnen.

Das Bild 7 (Anhang) stellt die Tagemitteltemperatur für die helle Tagesphase während der Reifezeit in den Gemarkungen Geisenheim und Oestrich-Winkel dar. Dabei wurden die Temperaturen flächendeckend in einem Raster von 20 × 20 m berechnet. Deutlich ist der Einfluss der Höhe, der Exposition und Neigung zu erkennen.

Ähnlich wie bei den gemessenen Maximumtemperaturen sind Südwest- und Südhänge deutlich wärmer als Ost- oder Nordosthänge. Daneben fallen die Mitteltemperaturen deutlich mit der Höhe ab. **Südwesthänge** sind während der Reifezeit begünstigt, Talzonen und Nordosthänge dagegen etwas kühler. **Konkave Geländeformen** liegen windgeschützt und zeichnen sich ebenfalls durch höhere Temperaturen aus. **Geländekuppen** sind häufig windgefährdet und sind dadurch etwas kühler.

Da die **Windgefährdung** offensichtlich die thermischen Bedingungen am Tag im Rebhang beeinflusst, müssen wir diese geländeklimatische Größe näher betrachten. Dabei sind Tage mit hohen Windgeschwindigkeiten ohne Bedeutung. Wie schon bei den anderen geländeklimatischen Einflüssen wirken sich die **Windverhältnisse** an sonnenscheinreichen Strahlungstagen weinbauökologisch aus (Horney 1975).

Ein für die Rebentwicklung günstiges Bestandsklima entwickelt sich dann, wenn der Rebbestand im Vergleich zum umliegenden Freiland wärmer wird (vgl. Kap. 7). Diese Situation tritt aber nur dann ein, wenn die warme Bestandsluft nicht durch den vorherrschenden Wind ausgeblasen wird. Mikroklimatische Untersuchungen belegen,

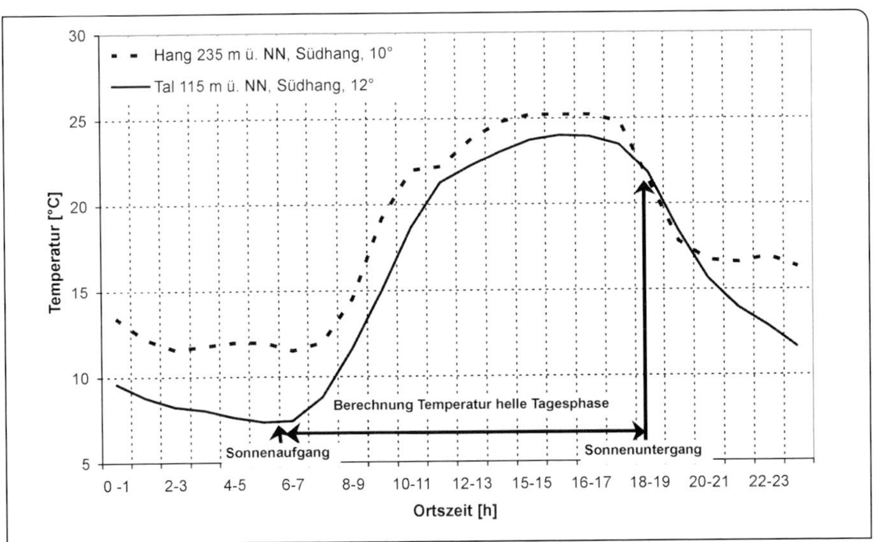

Abb. 5.18: Temperaturtagesgang auf zwei Standorten mit einer Höhendifferenz von 115 m an einem Strahlungstag Anfang September 2003 an mäßig geneigten Südhängen (Quelle: Deutscher Wetterdienst Geisenheim, Rheingau).

dass Windgeschwindigkeiten von mehr als 2 m/s das Mikroklima im Rebbestand deutlich verändern, d. h. die Temperaturen im Bestand nähern sich dann den umliegenden Freilandwerten (vgl. Kap. 7).

Für die geländeklimatischen Unterschiede in der Windgefährdung sind sowohl Windrichtung als auch Windgeschwindigkeit wichtig. Die Geländeform verändert sowohl die Windrichtung als auch die Windgeschwindigkeit. Die Leitwirkung des Moseltals lässt sich in der Abb. 5.19 unschwer erkennen. In dem Winddiagramm über alle Wetterlagen dominieren die Windrichtung Südwest bzw. Nordost, weil die Streichrichtung des Moseltals in diesem Bereich von Südwest nach Nordost verläuft. Die verschiedenen Farbstufen grenzen die Intervalle der Geschwindigkeitsstufen voneinander ab. Aus der Länge der Achsen in den einzelnen Richtungssektoren ergeben sich dann die prozentualen Anteile in den Windrichtungen.

Nach der Statistik über alle Wetterlagen weht der Wind in 36 % aller Beobachtungen aus Südwesten, wobei in 11 % aller Messungen die Geschwindigkeit mehr als 3 m/s beträgt (graue Farbabstufung). Bei sonnigem und heiterem Wetter verlagert sich der Schwerpunkt auf Nordosten, wobei höhere Windgeschwindigkeiten dann selten sind. In etwa 18 % aller Messungen ist es windstill oder die Geschwindigkeiten liegen unter 1,5 m/s. In 13 % aller Fälle weht der Wind bei sonnenscheinreichem Wetter aus Nordost mit einer Windgeschwindigkeit von mehr als 1,5 m/s. Auch der Anteil von 11 % mit stärkeren Südwestwinden fällt sehr deutlich aus. Auf das Bestandsklima wirken sich Südwest- bzw. Nordostwind ähnlich aus.

Ein Kartierungsergebnis zur Windgefährdung veranschaulicht die Abb. 5.20 im Bereich der Gemarkung Wellenstein im Weinbaugebiet Luxemburg (Frühauf 2007). So ist der Bergrücken südöstlich von Wellenstein stärker gefährdet, weil er parallel zu den Hauptwindrichtungen Südwest und Nordost verläuft und eine weitgehend konvexe Form aufweist. Dagegen liegen die Rebflächen westlich von Wellenstein windgeschützt im Nahbereich eines angrenzenden Waldes und die konkave Form schützt sie vor stärkeren Winden. Es darf aber nicht verkannt werden, dass dem Wind nach Regenwetter auch eine positive Bedeutung zufällt.

Bei stärkerem Wind können die nassen Rebbestände schneller abtrocknen und das Risiko für Pilzerkrankungen verringert sich, weil das Infektionsrisiko bei nassen Rebblättern deutlich erhöht ist. Besonders anfällig werden die Reben dann für den Falschen Mehltau.

Sonneneinstrahlung, Kaltluft- und Windgefährdung, die Temperaturen am Tage und in der Nacht sind die wesentlichen geländeklimatischen Einflussgrößen für die Qualität der Trauben. Neben dem Geländeklima spielt der Boden eine wichtige Rolle beim Wachstum und Ausreifen der Beeren. Boden und Klima bilden die fachliche Grundlage, das „**Terroir**“ eines Weinbaugebietes näher zu beschreiben.

5.2 Welche Bedeutung hat der Boden?

Der Boden wirkt sich in sehr vielfältiger und komplexer Weise auf das Rebwachstum aus. Schließlich stellt er die Nährstoffe bereit, die die Rebe für ein optimales Wachstum benötigt. Der Boden ist ein universeller Reaktor, der alle erforderlichen „Lebenselemente“, die die Rebe benötigt in einer verfügbaren Form bereitstellt. Es sind dies zum einen die essenziellen Nährstoffe (N, P, S, K, Ca, Mg, Fe, Zn, Mn, Cu, Mo) und zum ande-

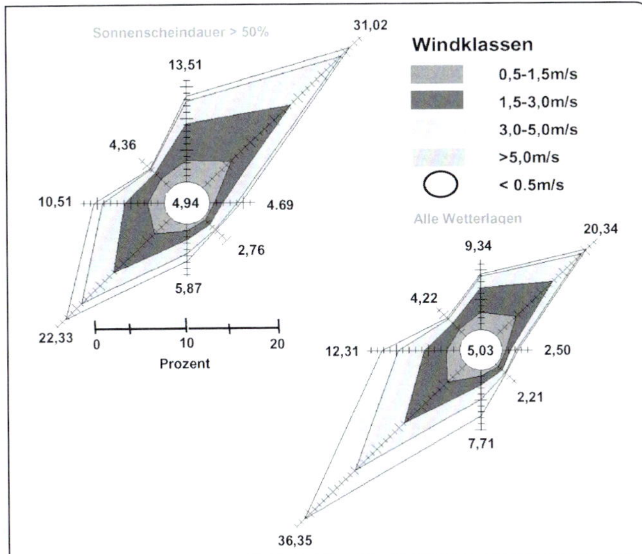

Abb. 5.19: Verteilung der Windrichtungen in vier Windgeschwindigkeitsklassen für Tage mit Strahlungswetter (Sonnenscheindauer > 50 %, Bild links oben) und über alle Wetterlagen (Bild rechts unten) im Bereich der Obermosel (Station Trier-Petrisberg 1970–1999 (Quelle: Deutscher Wetterdienst Geisenheim).

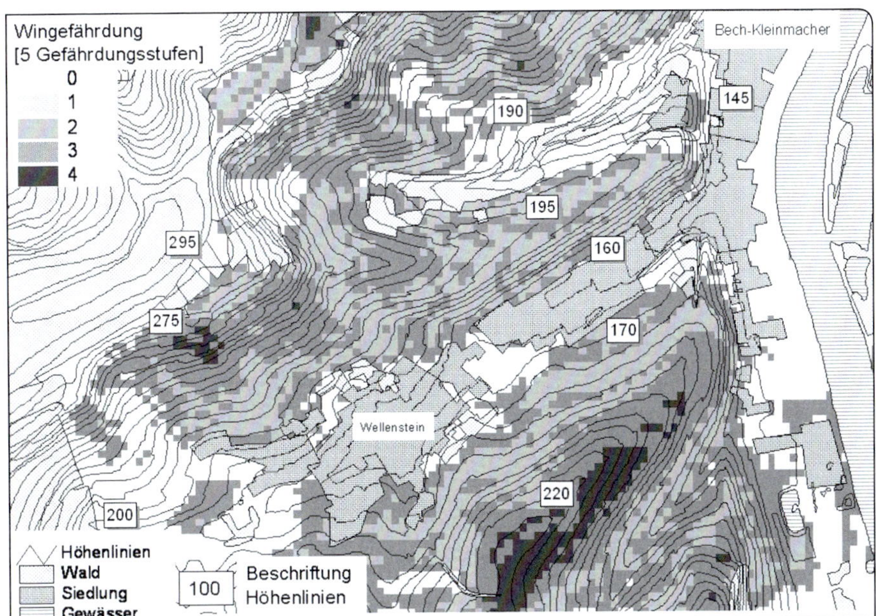

Abb. 5.20: Flächendeckende Darstellung der Windgefährdung in fünf Gefährdungsstufen (0 = keine Gefährdung; 4 = sehr starke Gefährdung) für den Bereich der Obermosel in Bereich Wellenstein/Bech-Kleinmacher (Weinbaugebiet Luxemburg, FRÜHAUF et al. 2007).

ren das erforderliche Wasser, welches für Photosynthese und die nachfolgenden Aufbauleistungen der Pflanze unerlässlich ist. Die Meinungen über die Einflüsse des Bodens auf die Weinqualität gehen aber weit auseinander. Während die Franzosen als Schöpfer des Terroir-Gedankens dessen Wirkung sehr hoch einschätzen, legte man in den „Neue-Welt-Weinbauländern" Amerika oder Australien nur geringen Wert auf diesen Denkansatz, sondern stellte die Differenzierung nach makroklimatischen Kriterien in den Vordergrund (GLADSTONES 1992). Der besondere Schwerpunkt lag dabei auf der Gliederung der Anbaugebiete nach geografischen Gesichtspunkten.

Bereits im 19. Jahrhundert beschrieben GUYOT (1865) oder PORTES und RUYSSEN (1886) aus Frankreich die Einflüsse des Bodentyps auf den Weingeschmack. So sollen sich die Weine von sandigen Böden im Weinglas eher leicht, grazil, mit wenig Farbe, aber sehr frisch präsentieren, während sich Weine von kalkhaltigen Böden alkoholreicher und wuchtiger ins Bild setzen. Neuere Untersuchungen aus dem Bordelais (CARBONNEAU und CASTERAN 1987a, 1987b) schreiben Weinen der Rebsorte Cabernet Sauvignon von Sandböden mit guter Wasserversorgung Eigenschaften zu wie „ausbalanciert, weich und „samtig", während Wein aus Trauben der gleichen Rebsorte, die auf kieshaltigen und trockenen Böden wachsen, einerseits eine aromatische Fülle, Frucht, Struktur, Intensität und Farbe, andererseits aber auch eine höhere Säure, Strenge oder manchmal sogar Bitterkeit aufweisen.

Den Aspekt der **Bodenfarbe** bringen PORTES und RUYSSEN (1886) erstmals ins Spiel, wenn sie berichten, dass rötlich gefärbte Böden den Anbau von Rotweinen, graue oder gelbe Böden eine höhere Qualität bei Weißweinen begünstigen. Grundsätzlich ist aber festzuhalten, dass die Bodenfarbe auch ein Indikator für frühere *und* aktuelle makroklimatische Ereignisse darstellt. Ähnliche Beziehungen findet GREGORY (1963) für das Hunter Valley in Australien.

Die Wirkung der Reflexion der Sonneneinstrahlung vom Boden auf die Trauben- und Schattenzonen der Laubwand führen zu neueren Untersuchungen zur Wirkung des reflektierten Lichtes in den weniger belichteten Teilen der Laubwand und der Traubenzone.

Die ausgewählten Beispiele bilden natürlich nicht das gesamte Spektrum möglicher Bodeneinflüsse ab. Grundsätzlich lassen sich die Wirkungen nach den bodenphysikalischen und bodenchemischen Eigenschaften klassifizieren. Auf die chemischen Eigenschaften soll im Rahmen dieses Buches nicht eingegangen werden. Details bietet die umfangreiche Fachliteratur zum Thema Rebenernährung.

Auf eine Besonderheit im Hinblick auf die notwendigen Nährstoffe soll aber schon an dieser Stelle im Vorgriff auf die Darstellung der Terroir-Frage (Kap. 9) hingewiesen werden: Die gegenseitige Beeinflussung der Nährstoffe bei der Aufnahme in die Pflanze über das Wurzelsystem (Abb. 5.21). Die Abb. 5.22 zeigt die Interaktionen von Pflanze und Boden in der Phase der Aufnahme und des Wachstums.

Es liegt auf der der Hand, dass der Winzer mit seinen Möglichkeiten, Mängel oder Überschüsse in den Nährstoffen *aktiv* zu regulieren, auch die Zusammensetzung der Pflanze und die Qualität der Ernteprodukte massiv beeinflussen kann. Im Hinblick auf die Qualität stehen dabei insbesondere die Stickstoff- und Kaliumversorgung, einschließlich der Spurenelemente im Fokus neuerer Untersuchungen. Hier sollen nur jene Faktoren Beachtung finden, die in einem engen Zusammenhang zu den natürlichen Standortbedingungen stehen, also diejenigen, bevor die Reben gesetzt werden. Dazu gehören insbesondere die **bodenphysikalischen Eigenschaften**, die den Wärme- und Wasserhaushalt der Böden umfassen. Mit der Bodenpflege kann der Winzer mehr oder minder gezielt natürlich auch die bodenphysikalischen Eigenschaften seines Produktionsstandortes aktiv verändern.

Das **Bodenklima** hängt zu großen Teilen vom bodeneigenen Milieu ab (Abfolge der Bodenhorizonte, Makro- und Mikroporen, der Korngrößenzusammensetzung, Wasserspeicherleistung, Farbe usw.), das den Wärmehaushalt sowie den Transport von Wärme und Wasser in größere Tiefen wesentlich beeinflusst (vgl. Kap 5.3.2 und 5.3.3). Der Boden steht aber auch in starker Wechselwirkung zum Makro- und Geländeklima. So füllen die Niederschläge die Böden mit Wasser auf, die Strahlungsintensität und der Temperaturverlauf in der Atmosphäre bestimmen die Erwärmung im Boden, die sich in Abhängigkeit vom Bodentyp und der Bodenart verändert. Andererseits gibt der Boden auch Wasser und Wärme an die Reben und die Atmosphäre ab. Temperatur und Feuchtigkeitsverhältnisse im Boden können das Wachstum der Reben und die Abreife der Trauben beschleunigen bzw. verzögern.

Die Bodeneinflüsse verändern sich in den einzelnen Weinbauregionen: In den nördlichen Gebieten sind insbesondere die thermischen Effekte wirksam, in den südlichen mediterranen und sehr sommertrockenen Gebieten steht die Wasserversorgung an erster Stelle. Daneben werden diese Einflüsse stark von der jeweiligen Jahreswitterung modifiziert. In trockenen Jahren kann der Effekt der Wasserversorgung auch in nördli-

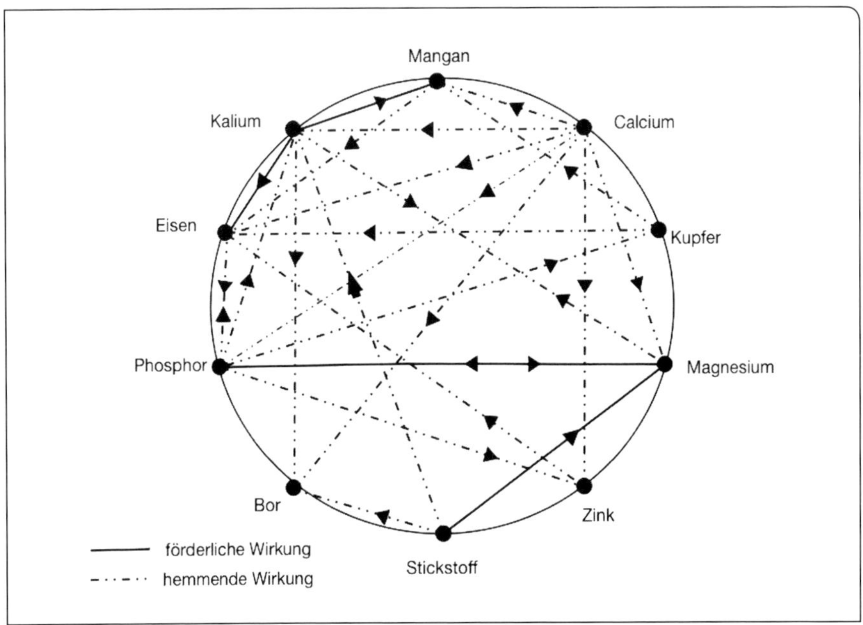

Abb. 5.21: Die gegenseitige Beeinflussung von Nährstoffen bei ihrer Aufnahme in die Pflanze.

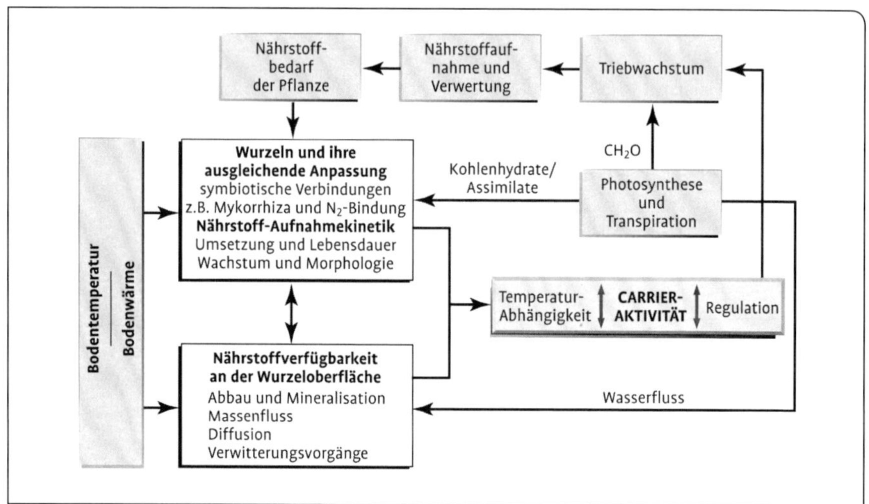

Abb. 5.22: Übersicht über die Beziehungen zwischen Pflanze und Bodenfaktoren, welche die Verfügbarkeit und Aufnahme von Nährstoffen beeinflussen (modifiziert nach BASSIRIRAD 2000).

Die Wissenschaft ist sich heute darüber einig, dass den bodenphysikalischen Eigenschaften und dem Klima, in Anlehnung an die grundlegenden Untersuchungen von SEGUIN in Frankreich, ein dominierender Einfluss auf das Wachstum der Reben und die Ausreife der Beeren zufällt.

chen Anbaugebieten der qualitätsbegrenzende Faktor sein. Die zunehmende Auseinandersetzung mit dem Einsatz einer Bewässerung als qualitätssteigerndem Faktor belegt dies deutlich (vgl. Kap. 6). Zunächst sollen aber die Eigenschaften von Boden und Untergrund (Geologie) beschrieben werden.

5.2.1 Die Eigenschaften von Boden und Untergrund

Die Weinberge werden vor der Neuanlage tiefgründig umgegraben (rigolt), bzw. tief gepflügt (40–60 cm) und sind auch durch die Tätigkeit des Menschen vielfach verändert worden.

Häufig werden auch im Rahmen von Flurbereinigungsmaßnahmen auf den ursprünglichen Boden Fremdauflagen ausgebracht.

Die Weinbergsböden gelten deshalb als sogenannte **Rigosole** und sind der Klasse der Kultosole zugeordnet. Neben der vielfältigen Umgestaltung durch Auffüllung und Umlagerung findet man aber überall auch die traditionellen Rigosole, die durch reines Umgraben des anstehenden Bodens entstanden sind (Anhang Bild 8). Dabei wird nur das obere Bodengefüge zerstört und miteinander vermischt. Die mineralische Bodenzusammensetzung bleibt dabei erhalten. Bei entsprechender Bodenmächtigkeit wurzeln die Reben bis in größere Tiefen – bei tief reichenden Lösslehmdecken sogar bis in 10 m Tiefe.

Die Rebe stellt keine hohen Ansprüche an den Boden; häufig wächst sie auf sehr skelettreichen und sehr wasserdurchlässigen Standorten, die für andere Kulturen ungeeignet sind. Auf diesen Standorten ist die nur mäßige Wassernachlieferung einerseits ein qualitätsbegrenzender Faktor, andererseits zeichnen sich diese Standorte durch eine gute Erwärmbarkeit aus.

Im 2. Jahrzehnt des vorigen Jahrhunderts wurden die Pfopfreben zur Bekämpfung der Reblaus eingeführt. Seitdem ist es notwendig, in erster Linie die Standortansprüche der verschiedenen Unterlagsreben zu berücksichtigen, welche wechselnde Ansprüche an Boden-pH, Karbonatgehalt sowie Wasserführung der Standorte haben und die ganz wesentlich die Wuchskraft der Pfropfrebe beeinflussen. Die detaillierten Bodenkarten des Rheingaus sind beispielsweise unter dem Aspekt der Standortverträglichkeit der Unterlagen entstanden. Häufig geht es um die Kalkverträglichkeit von Unterlagen, die beispielsweise auf sehr kalkreichen und dichten Böden eine hohe Chlorosefestigkeit aufweisen. Es versteht sich von selbst, dass Unterlagen, Ertragsreben und Standort zusammen passen müssen.

Die **Ausgangsgesteine** in den deutschen Weinbaugebieten überdecken nach Wittmann (2006) alle Alterstufen der Entwicklung der Erde; wir finden eine so große Vielfalt, dass sie im Rahmen dieses Buches nicht erfasst werden kann. In der Regel überwiegen feste und lockere Sedimentgesteine, wobei in einzelnen Bereichen auch Plutonite (Granit, Granodiorit), Vulkanite (Porphyr, Basalt, Tephrit) oder Metamorphite (Gneis, Phyllit, Glimmerschiefer) vorkommen. Die unterschiedliche Herkunft stellt Wittmann (2006) in seiner geologischen Übersichtskarte anschaulich dar (Anhang Bild 9). Die Tab. 5.4 ergänzt diese räumliche Verteilung mit der Darstellung der Ausgangsgesteine in den einzelnen Weinbaugebieten. Die Weinbergsböden sind nur in extremen Erosionssituationen unmittelbar aus den aufgelisteten Festgesteinen entstanden.

Sehr häufig sind die Böden das Ergebnis von Einflüssen verschiedener Eiszeiten oder sie haben sich aus vorzeitlichen Meeressedimenten gebildet.

Daneben hat der Wind Löss, Lösslehm oder Flugsand, die aus Skandinavien und z. T. aus China angeweht wurden, den Bodenauflagen bei Um- und Verlagerungen des Bodens beigemischt. Aus all diesen Vorgängen sind die verbreiteten **Solifluktionsdecken** entstanden, die nur noch wenig mit dem Ausgangsgestein zu tun haben. Unter dem Einfluss von Frost und Wasser bewegt sich der Boden in hängigem Gelände aus den oberen Hangpartien langsam in tiefer gelegene Hangzonen und bildet Schuttdecken mit lockerem Gestein.

In ihrer langen und wechselvollen Entwicklungsgeschichte bilden die Böden sehr unterschiedliche Bodenhorizonte aus. Der Typ Rigosol der Weinbaugebiete wird in der Publikation des Arbeitskreises. Bodensystematik (Deutsche Bodenkundliche Gesellschaft 1998) ausführlich beschrieben. Wittmann (2006) beschreibt die unterschiedlichen Rigosole des fränkischen Weinbaugebietes.

Im Anhang sind ausgewählte Bodenprofile aus den deutschen Weinbaugebieten in Farbtafeln zusammengestellt. Sie erheben keinen Anspruch auf Vollständigkeit. Dazu ist die Vielfalt zu groß. Da kein anderes Weinbaugebiet der Welt im Hinblick auf die Bodenverhältnisse so genau untersucht wurde wie der Rheingau, soll die Erläuterung der Bodentypen und ihre Entstehung als ein ausgewähltes Beispiel folgen. Damit lässt sich natürlich nicht die gesamte Vielfalt der Böden in den deutschen Weinbaugebieten erfassen.

Bereits 1947 begannen Kartierungen mit dem Ziel, die **Bodeneigenschaften** im De-

Tab. 5.4 *Das Auftreten verschiedener Gesteinsarten in den deutschen Weinbaugebieten (nach* WITTMANN *2006).*

	Ahr	Mosel-Saar-Ruwer	Nahe	Rheingau	Hessische Bergstraße	Rheinhessen	Mittelrhein	Pfalz	Baden	Württemberg	Saale, Unstrut	Sachsen	Franken	Stratigrafie
Rebflächen ha (2002)	525	9828	4297	3193	452	26296	505	23257	15917	11418	648	449	6041	
Magmatische Festgesteine														
Vulkanite und deren Tuffe sauer (Si-reich): Rhyolith (Quarzporphyr), Porphyr, Porphyrit, Trachyttuff			•			•		•	•			•		
basisch (Si-arm): Andesit, Melaphyr, Diabas, Basalt, Tephrit, Basalt-, Tephrittuff		•	•	•		•	•	•	•	(•)				
Plutonite, sauer bis intermediär: Granit, Granodiorit					•			•	•			•		
Metamorphe Festgesteine														
Metamorphite, sauer bis intermediär: Gneis, Quarzit(schiefer), Glimmerschiefer, Phyllit			•	•					•			•	•	
Sedimentäre Festgesteine														
Tonschiefer, schwach metamorph, Schluffschiefer, Sandsteine (einschl. Grauwacken)	•	•	•	•			•							Devon
Schiefertone, Ton- und Schluffsteine sowie Ton; oft karbonathaltig			•	•		•		•	•	•	•		•	Rotliegendes, Buntsandstein, Keuper, Jura, Tertiär
Kalksteine, Mergel(steine)		•		•		•		•	•	•	•		•	Muschelkalk, Jura, Tertiär

***Tab. 5.4** Fortsetzung*

	Ahr	Mosel-Saar-Ruwer	Nahe	Rheingau	Hessische Bergstraße	Rheinhessen	Mittelrhein	Pfalz	Baden	Württemberg	Saale, Unstrut	Sachsen	Franken	Stratigrafie
Rebflächen ha (2002)	525	9828	4297	3193	452	26296	505	23257	15917	11418	648	449	6041	
Sandsteine, auch Konglomerate		•	•	•	•			•	•	•	•		•	Rotliegendes, Buntsandstein, Keuper
Sedimentäre Lockergesteine														
Löss, Sandlöss	(•)	(•)	•	•	•	•	(•)	•	•	•	•	•	•	Quartär (Pleistozän)
Lösslehm über verschiedenen Substraten oder als Zwischenmittel in Solifluktionsdecken	•	•	•	•	•	•	•	•	•	•	•	•	•	
Sande (Flug- und Terrassensande, Tertiärsande, Sandüberdeckung)		•	•	•		•		•				•	•	Tertiär, Quartär (Pleistozän, Holozän)
Schotter, Kiese, ± sandig	•	•	•	•		•	•	•	•	•	•		•	Tertiär, Quartär
Moränenablagerungen (Geschiebemergel)									•	•				Quartär (Pleistozän)
Kolluviale Ablagerungen (Anhäufung von erodiertem Bodenmaterial)	•	•	•	•	•	•	•	•	•	•	•	•	•	Quartär (Holozän)

tail zu erfassen, um eine standortangepasste Auswahl von Unterlagsreben zu ermöglichen. Der Boden wurde im Abstand von 10 m kartiert und im Maßstab 1:2500 dokumentiert. Die Bodenkarten erschienen erstmals flächendeckend in der Standortkartierung der hessischen Weinbaugebiete 1967 (Zakosek et al. 1967) im Maßstab 1:50000. Später erschienen einzelne Blätter des Rhein- und Maingaus im Maßstab 1:5000 (Zakosek et al. 1979). In der Neuauflage der Standortkarte wurden die Bodenkarten durch das Hessische Landesamt für Bodenforschung überarbeitet und erweitert. Friedrich und Sabel (2004) erläutern die insgesamt acht **Bodengruppen** mit zahlreichen Subtypen. Von der umfassenden Beschreibung soll die wichtigste Bodengruppe V als Beispiel wie folgt kurz erläutert werden:

Die Bodengruppe V besitzt in Hessen mit 33,9 % Flächenanteil die weiteste Verbreitung. Die Böden sind aus Löss hervorgegangene Pararendzinen, die ihrerseits Erosionsformen der Parabraunerde darstellen. Sie treten bevorzugt in hängigem Gelände auf, wo die schluffreichen Böden einer erhöhten Erosionsgefahr unterliegen. Neben der alkalischen Bodenreaktion neigen erodierte Lössstandorte in meist exponierter Lage bei sommerlicher Trockenheit eher zu Trockenstress, wogegen günstiger Lufthaushalt und Tiefgründigkeit diese Lagen aufwerten.

Die Bodengruppe Va (Flächenanteil 1,5 %) wurde als Untereinheit zur Bodengruppe V neu eingeführt. Sie wird schwerpunktmäßig ebenfalls durch Pararendzinen repräsentiert, allerdings aus kalkhaltigen Flugsanden und teilweise aus Lösssanden. Diese im Pleistozän aus den Schotterfluren ausgeblasenen Flug- bis Lösssande beschränken sich auf Areale an der Bergstraße im Übergang von der Oberrheinischen Tiefebene zum Odenwald und den nördlich des Mains anschließenden Bereichen des Maingaus.

Das Bild 10 (Anhang) zeigt beispielhaft die Bodengruppen im Bereich Geisenheim/Oestrich-Winkel. Es fällt die Vielfalt der Bodengruppen auf, die für den Rheingau typisch ist. Es dominieren eindeutig die Bodengruppen II (mittel- bis tiefgründige, steinreiche, lehmige, trockene bis frische, meist kalkfreie Böden) und V (tiefgründige, nur vereinzelt steinführende, schluffige, vereinzelt sandig-lehmige, trockene bis frische, meist kalkhaltige Böden). Die Bodengruppe V dominiert in den Hanglagen und weist einen günstigen Wärme- und Wasserhaushalt auf. Wegen des vergleichsweise hohen Schluffanteils ist allerdings die Erosionsgefahr erhöht. Dieser Gefährdung begegnet man mit gezielter Begrünung, wobei in sonnenscheinreichen Jahren auf den nach Süden exponierten Hängen die Gefahr von Trockenstress ansteigt. In der berühmten Südlage am Schloss Johannisberg bestimmt dieser Boden eindeutig die Lage.

Die Bodengruppe II verteilt sich auf die höheren Hanglagen. In den prozentualen Anteilen folgt insbesondere im Bereich von Oestrich- Winkel die Bodengruppe IV (lehmig-tonige, z. T. steinführende, häufig staunasse, meist kalkfreie Böden). Charakteristisch ist ein höherer Tongehalt; diese Böden sind kühl und neigen bei stärkeren Niederschlägen zur Vernässung.

Die günstigste Bodengruppe III (tiefgründige, steinarme, lehmige, frische, basenreiche, meist kalkfreie Böden) dominiert dann am östlichen Rand der Karte (Lage: Lenchen, Oestrich-Winkel). Sie stellt der Rebe einen hohen Anteil pflanzennutzbaren Bodenwassers zur Verfügung. In sehr trockenen Jahren entwickeln sich auf diesen Standorten qualitativ hochwertige Weine.

Eine Randerscheinung bildet dann noch die Bodengruppe VI (tiefgründige, häufig steinführende, tonig-lehmige, frische bis feuchte, meist kalkhaltige Böden), die sich auf die talnahen Standorte des Rheins und seiner zufließenden Bäche begrenzt.

5.2.2 Bodenwärme

Der Wärmehaushalt des Bodens bestimmt die augenblickliche Temperatur des Bodens sowie deren Veränderungen in Zeit und Raum. Die **Bodentemperatur** sowie die periodischen Schwankungen derselben bilden aber auch unmittelbar einen wichtigen Faktor der Rebenentwicklung und deren Ertrags- und Qualitätsbildung.

Der Austrieb der Reben setzt nur oberhalb einer bestimmten Bodentemperatur ein. So beginnt nach Horney (1969b) das Bluten der Reben, wenn zum ersten Mal im zeitigen Frühjahr die Temperaturen in 50 cm Bodentiefe höher liegen als in 100 cm. Während des Winterhalbjahres sinken die Temperaturen in den oberen Bodenschichten deutlich unter das Niveau der tieferen Bodenschichten. Die oben genannte Regel ist mit diesem Temperaturwechsel, der häufig auch als „**Frühjahrsinversion**" bezeichnet wird, verknüpft. Physiologische Erklärungen gibt es dafür nicht. Die Permeabilität der Aufnahmegewebe des Wurzelwerkes verändert sich mit der Temperatur, folglich wirkt sich die Bodentemperatur auch direkt auf das Nährstoffaufnahmevermögen der Rebe aus. Gleichermaßen ist die Atmung der Wurzeln von ihr abhängig. Nicht unerwähnt bleiben soll auch ihre entscheidende Wirkung auf die im Boden stattfindenden temperaturabhängigen mikrobiologischen Prozesse, die den Reben lebenswichtige Nährstoffe (Stickstoff, Schwefel, Phosphor) zur Verfügung stellen.

Lebensrhythmus und Intensität der tierischen Organismen, Würmer, Insekten usw., die den Bodenraum bewohnen, sind gleichfalls von der Bodentemperatur abhängig: Überwinterung und Aufbau neuer Populationen tierischer Schädlinge, gegebenenfalls auch das Auftreten pflanzenpathogener Pilze, steht im engen Zusammenhang mit den Bodentemperaturen. Deshalb ist das Wissen darüber sowie über zu erwartende Veränderungen der Populationen von großer Wichtigkeit für die Pflanzenschutzprognose.

Diesem engen Zusammenhang zwischen Wärmehaushalt des Bodens und meteorologischen Elementen ist es zuzuschreiben, dass der Wärmehaushalt des Bodens die Bodenkundler nur am Rande interessierte, sondern vielmehr die Meteorologen und insbesondere die Mikroklimatologen – dies gilt bis heute. Als erster befasste sich Wild (1878) in den 70ger-Jahren des 19. Jahrhunderts mit der Untersuchung der Gesetzmäßigkeiten der im Boden stattfindenden Temperaturveränderungen. Mehr als 100 Jahre später betonte Bowen (1991), wie wenig Aufmerksamkeit der Bodentemperatur gewidmet wird, obwohl sie von fundamentaler Bedeutung für das Wachstum der Pflanzen und damit auch der Reben ist. Angesichts der Tatsache, dass sich die Bodentemperaturen durch den Klimawandel unter Umständen drastisch ändern werden, ist es dringend notwendig, diese Einflüsse auch auf die weinbaulichen Produktionssysteme zu studieren. Andererseits mag man aber auch daran erkennen, dass die Bodenwärme nicht unbedingt ein neues Thema darstellt.

Ähnlich wie die Lufttemperatur beeinflusst auch die Bodentemperatur alle Lebensvorgänge in der Pflanze.

Die Bodentemperatur beeinflusst die **Nährstoffaufnahme** direkt, indem sie das Muster des Wurzelwachstums verändert, seine Morphologie und die Aufnahmekinetik. Neuere

Untersuchungsergebnisse zeigen, dass niedrige Temperaturen im Wurzelbereich auch die direkte Nährstoffaufnahme mit dem „Carrier“ nach unten regulieren. Innerhalb eines gewissen Toleranzbereiches wird aber der „Carrier“ wieder nach oben reguliert und die Nährstoffnachfrage der oberirdischen Teile befriedigt. Es ist ein sehr komplexes System, das durch die Bodentemperatur gesteuert wird (Abb. 5.22).

Indirekt nimmt die Bodentemperatur auch Einfluss auf den Abbau der organischen Substanz und die Freisetzung von wichtigen Nährstoffen (N, P, S), auf die Verwitterungsvorgänge der Mineralien und die Transportvorgänge der Nährstoffe (Massenfluss, Diffusion und Viskositätsänderungen der Bodenlösung). Deutlich wird aber auch, dass das oberirdische Wachstum seinerseits auf die im Boden ablaufenden Prozesse Einfluss nimmt.

Die Abb. 5.23 dokumentiert das Wachstum von verschiedenen Baumarten bei wechselnden Bodentemperaturen. Man erkennt deutlich, dass sowohl das einsetzende Wachstum bei unterschiedlichen Bodentemperaturen je nach Baumart beginnt, als auch unterschiedliche Temperaturmaxima (22–32 °C) zu erkennen sind.

Der Einfluss der Bodentemperatur auf das vegetative Wachstum manifestiert sich vor allem in der Phase kurz vor und kurz nach dem Austrieb (Alleweldt 1965). Ansteigende Bodentemperaturen im Wurzelbereich im Frühjahr führen zum einen zu einem Anstieg der Aktivität verschiedener Enzyme, die Stärke in Zucker umwandeln und N-haltige Verbindungen wie Arginin für den Austrieb zur Verfügung stellen (Glad et al. 1992). Abb. 5.24 gibt einen Eindruck über die Dynamik des Stickstoffs in Reben im Verlauf einer Vegetation. In der Phase des beginnenden Austriebs nehmen die N-Vorräte im Holzkörper dramatisch ab und werden in das aufzubauende Blattsystem verlagert. Im Herbst setzt ein entgegengesetzter Verlagerungsvorgang von den Blättern in den Holzkörper ein.

All diese Komponenten finden sich neben Mineralstoffen und Phytohormonen mit der Hauptkomponente Zytokinin dann auch im Blutungssaft und dienen der Versorgung der sich entwickelnden Knospen. Anhand der Intensität der **Blutung** konnten Reuther und Reichardt (1963) Schlüsse auf die Temperatureffekte im Boden unter Feldbedingungen ziehen. Bei Bodentemperaturen von 4–6 °C in den oberen Bodenschichten von 0 bis 20 cm lag nur eine geringfügige Aktivität vor, während dann bei 8 °C eine kontinuierliche Blutung einsetzte und schon bei 10–12 °C maximale Mengen erreichte.

Da die Temperaturen in unterschiedlichen Bodentiefen unterschiedlich sind und unbekannt ist, in welchen Bereichen die Wurzeln am stärksten stimuliert werden, können diese Werte nur als Anhaltspunkte gelten. Der eigentliche physiologische Mechanismus, der zum Austrieb führt, ist die Zunahme der Zytokininkonzentration in den Knospen bei gleichzeitiger Abnahme der Abscisinsäure. Erstere steht in Bezug zur Temperaturentwicklung im Wurzelraum. Für den weiteren Verlauf der Phänologie und der Triebentwicklung gibt es unterschiedliche Ergebnisse hinsichtlich des Einflusses der Bodentemperatur.

Die Entwicklung des Wurzelsystems stimuliert das Triebwachstum und umgekehrt (Abb. 5.25). Eine funktionsfähige Laubwand ist unerlässlich für das Wurzelwachstum, da es mit Kohlenhydraten und N-haltigen Verbindungen versorgt werden muss. (Abb.5.25)

Für die Rebe scheint es charakteristisch zu sein, dass das Wurzelsystem den Austrieb mit seinen Reserven „stimuliert“ und erst nach erfolgter Ausbildung der Blätter mit

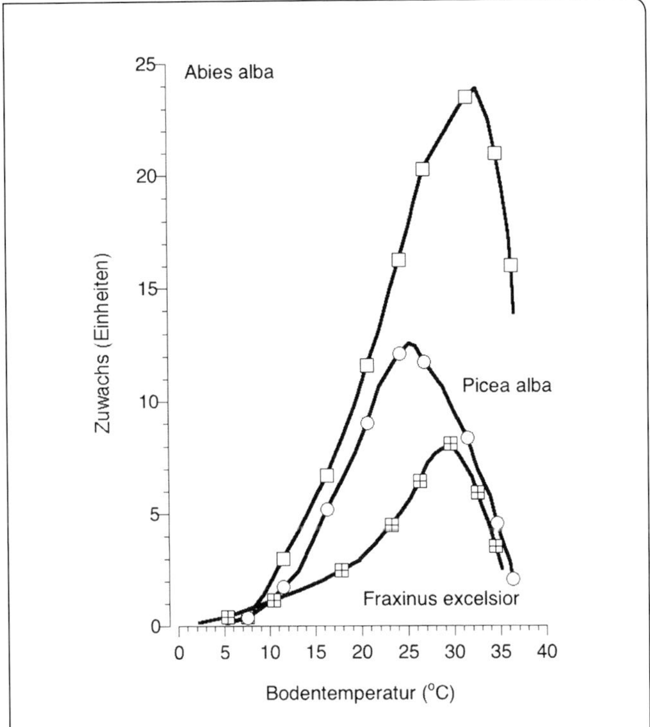

Abb. 5.23: Wachstumsrate von Wurzeln verschiedener Baumarten bei verschiedenen Bodentemperaturen (modifiziert nach LYR und HOFFMANN 1967).

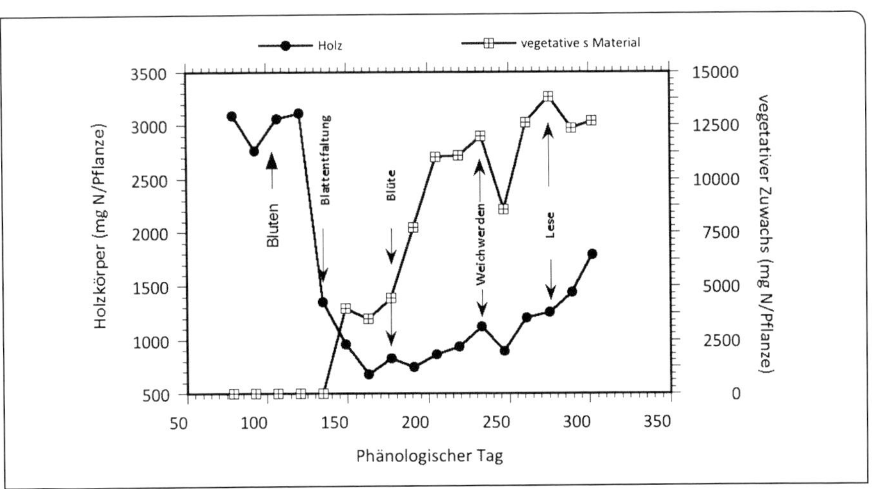

Abb. 5.24: Stickstoffauslagerung aus dem Holzkörper der Rebe zum Austrieb und Neueinlagerung in der Phase Blüte-Weichwerden (SCHALLER et al. 1989).

eigenem Wachstum beginnt. Es läuft dem Triebwachstum sozusagen hinterher. Nachdem das voll entwickelte Blattsystem Kohlenhydrate exportieren kann, insbesondere nach der Blüte, werden **neue Wurzeln** gebildet. Dies ist auch die Zeit, wo der Boden sich optimal erwärmt hat.

Während bei Versuchen unter kontrollierten Bedingungen mit der Sorte Sultana eine Zunahme der Wurzelraumtemperatur von 11 °C über 20 °C bis auf 30 °C keine Veränderung in der Phasendauer Austrieb bis Blüte erbrachte (WOODHAM und ALEXANDER 1966), zeigten Versuche mit Cabernet Sauvignon die kürzeste Phasendauer bei 20–30 °C Wurzeltemperatur mit vier Tage längeren Phasen bei 11 °C und 35 °C (KLIEWER 1975). Auch das Triebwachstum (in Länge und als Trockengewicht) war bei 30 °C am stärksten ausgeprägt. Erwärmung und Abkühlung werden weitgehend von der Wärmebilanz am Boden bestimmt.

Die Sonneneinstrahlung wird an der Bodenoberfläche in Wärme umgewandelt. Wie hoch dieser Anteil ausfällt, entscheidet das Reflexionsvermögen der Böden.

Sandböden können bis zu 30 %, Lehmböden dagegen bis zu 17 % der Sonneneinstrahlung reflektieren. Einen wesentlichen Anteil an der Reflexion hat auch der Wassergehalt. Ein feuchter dunkler Lehmboden reflektiert nur 7 % der zugestrahlten Sonnenenergie. Dunkle Böden erwärmen sich deshalb deutlich schneller als helle. Zwei spezifische **Bodenkenngrößen** entscheiden darüber, wie schnell sich ein Boden erwärmen kann. Die **spezifische Wärme** eines Bodens ist die Wärmemenge, die notwendig ist, um die Masseneinheit 1 g eines Bodens um ein Grad zu erwärmen, wobei es aus ökologisch-bodenkundlicher Sicht sinnvoll wäre, als Bezugseinheit das Bodenvolumen zu wählen, da damit auch die Lagerungs-

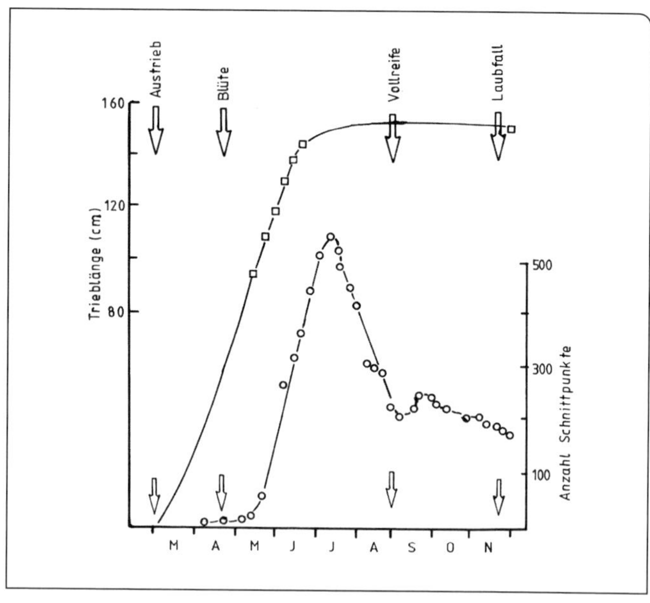

Abb. 5.25: Wurzel- und Triebwachstum einer Rebe im Verlauf einer Vegetationsperiode (modifiziert nach RICHARDS 1983).

verhältnisse mit berücksichtigt würden, d. h. spezifische Wärme × Volumengewicht. Die Tab. 5.5 stellt die spezifische Wärme bzw. die Wärmekapazität für verschiedene Stoffe dar.

Von allen Materialien hat Wasser die höchste Wärmekapazität. Deshalb erwärmt sich ein feuchter Boden wesentlich langsamer als ein trockener Boden.

Die Bedeutung des **Bodenwassergehaltes** für die Bodenerwärmung soll mit einem Beispiel verdeutlicht werden: Verglichen werden ein trockener und ein feuchter Sandboden mit 20 Vol.-% Bodenwasser. Führt man dem trockenen Boden eine Wärmemenge von 10 J/cm³ zu, so erwärmt er sich um 7,9 °C/cm³. Ein feuchter Sandboden erreicht dagegen nur 4,8 °C/cm³. Deshalb sind feuchte Böden im Frühjahr lange kühl und hemmen die Entwicklung der Reben. Böden mit hohem Tongehalt binden das Wasser sehr stark und werden deshalb auch als kalte Böden bezeichnet.

Die Wirkung der Erhöhung des Wassergehalts auf die Temperaturveränderungen des Bodens wird durch die Untersuchungen von Ramdas und Dravid (1934) sehr deutlich aufgezeigt (Abb. 5.26). Sie bestimmten die Bodentemperatur über einen Zeitraum von sechs Tagen jeweils um 14 Uhr. Am zweiten Tag morgens um 6 Uhr wurde die eine der beiden Untersuchungsparzellen bewässert. Der Bewässerungszeitpunkt ist mit einem Pfeil gekennzeichnet. Unter der Einwirkung der Bewässerung ging die Bodentemperatur unvermittelt zurück. Von der Zunahme des Wassergehalts wird die Bodentemperatur so stark beeinflusst, dass sie bei der bewässerten Parzelle noch am vierten Tage nach der Bewässerung zu Versuchsende noch wesentlich niedriger war.

Die Erwärmung des nassen Bodens wird auch dadurch weitgehend behindert, dass der nasse Boden einen bedeutenden Teil der

***Tab. 5.5** Wärmeeigenschaften verschiedener Bodensubstanzen.*

Stoff	c [J/(g K)]	C [J/(cm³ K)]	λ [W/(m K)]
Luft	1,00	0,0013	0,02
Wasser	4,19	4,19	0,6
Eis	2,14	1,88	2,30
Schnee, frisch	2,14	0,13	0,08
Granit	0,84	2,18	4,61
Ton	1,38	2,47	0,92
Humus	1,84	2,39	1,26
Sand, trocken	0,84	1,26	0,17
Sand, naß	1,26	1,67	1,68
c = spezifische Wärme	C = Wärmekapazität	λ = Wärmeleitfähigkeit	

Wärmeeinnahme auf die Verdampfung seines Wassergehalts verwendet.

Nicht unerwähnt sollte in diesem Zusammenhang der Einfluss der Bodenbearbeitung auf den Bodenwärmehaushalt bleiben. Denn durch die Veränderungen der Bodenstruktur kann das Eindringen der Wärme gefördert oder verlangsamt werden (Abb. 5.27).
Die **Bodenstruktur** regelt wesentlich die Menge an Bodenluft. Die Luft ist ein sehr schlechter Wärmeleiter und ihre spezifische Wärme ist gering (Wärmekapazität 3257-mal kleiner als jene des Wassers!). Die lockeren Böden von hohem Luftgehalt weisen ein schlechtes Wärmeleitungsvermögen und eine niedrige **Wärmekapazität** auf. In den oberen Schichten solcher Böden erfolgt eine rasche und starke Erwärmung und eine ebenso rasche Abkühlung. Diese Böden sind daher bezüglich Temperaturschwankungen als extrem anzusehen. Die lockere obere Bodenschicht bildet aber – infolge derselben Eigenschaften – eine sehr gute Isolationsschicht, unter deren Einwirkung der Wärmehaushalt der darunter befindlichen Schichten sich gleichmäßiger gestaltet, der Boden vor starker Erwärmung geschützt wird und auch eine gemäßigtere Abkühlung aufweist.

Unter Nutzung dieser Erkenntnisse kann der Winzer mithilfe der **Bodenbearbeitung** auch aktiv in den Prozess der Wärmeleitung eines Standortes eingreifen. So konnte Kreybig (1952) (Abb. 5.28) sehr schön zeigen, dass im natürlich abgesetzten Stoppelfeld (a), in dem mit der Walze bearbeiteten (b) und in dem mit der Scheibenegge und an der Oberfläche mit der Walze verdichteten Boden (c) sich äußerst unterschiedliche Temperaturverhältnisse entwickelten.

Als regulierend auf den Wärmehaushalt kann sich die Aufbringung von Mulchmaterialien verschiedenster Art und Herkunft auswirken, denn sie bilden eine stark lufthaltige Isolationsschicht. In gleicher Weise wirkt eine Begrünungsmaßnahme. Beide Maßnahmen könnten angesichts der zu erwartenden Klimaänderungen zu Standardmaßnahmen werden, denn auch der Weinbau sollte seine Flächen nutzen, um in seinen Böden eine gewisse Menge an Kohlenstoff zu speichern.

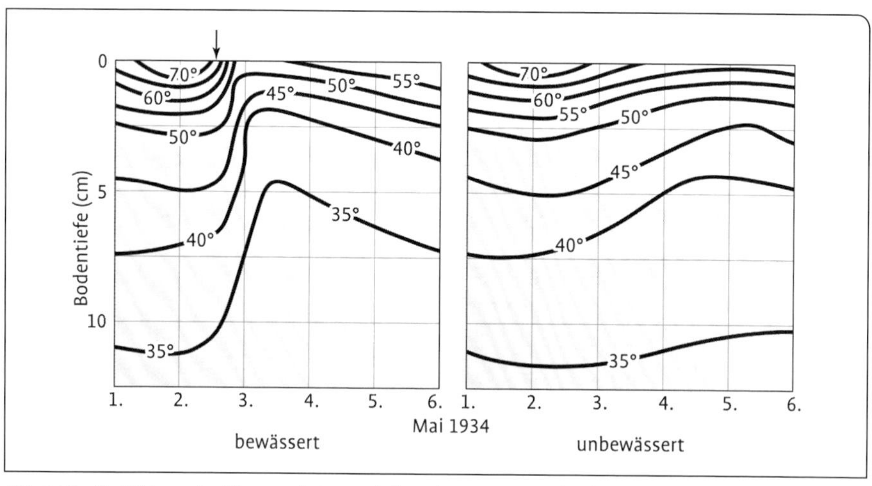

Abb. 5.26: Die Wirkung des Wassergehaltes auf die Bodentemperatur (nach Ramdas und Dravid 1934).

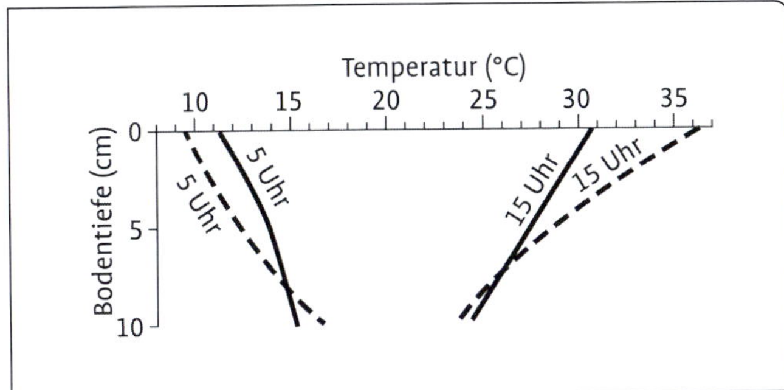

Abb. 5.27: Die Einwirkung des Strukturzustandes des Bodens auf den Wärmehaushalt (nach SCHMIDT 1931); die kontinuierliche Linie zeigt die Temperatur des kompakten, die Strichellinie jene des gelockerten Bodens.

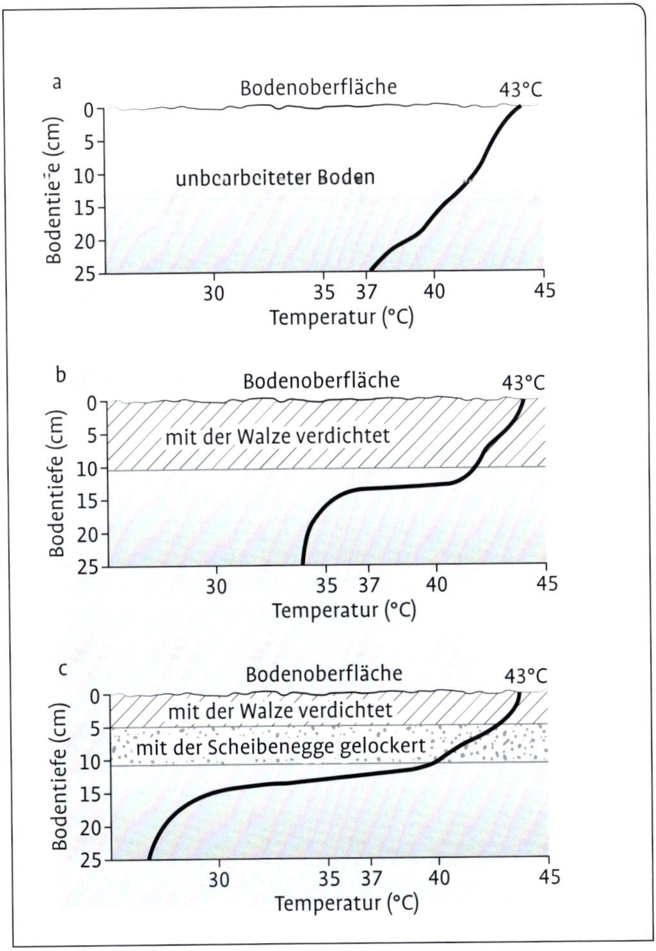

a
Bodenoberfläche
43°C
Bodentiefe (cm)
0
5
10
15
20
25
unbearbeiteter Boden
30 35 37 40 45
Temperatur (°C)

b
Bodenoberfläche
43°C
Bodentiefe (cm)
0
5
10
15
20
25
mit der Walze verdichtet
30 35 37 40 45
Temperatur (°C)

c
Bodenoberfläche
43°C
Bodentiefe (cm)
0
5
10
15
20
25
mit der Walze verdichtet
mit der Scheibenegge gelockert
30 35 37 40 45
Temperatur (°C)

Abb. 5.28: Die Wirkung der Bodenbearbeitung auf die Bodentemperatur (nach KREYBIG 1951).

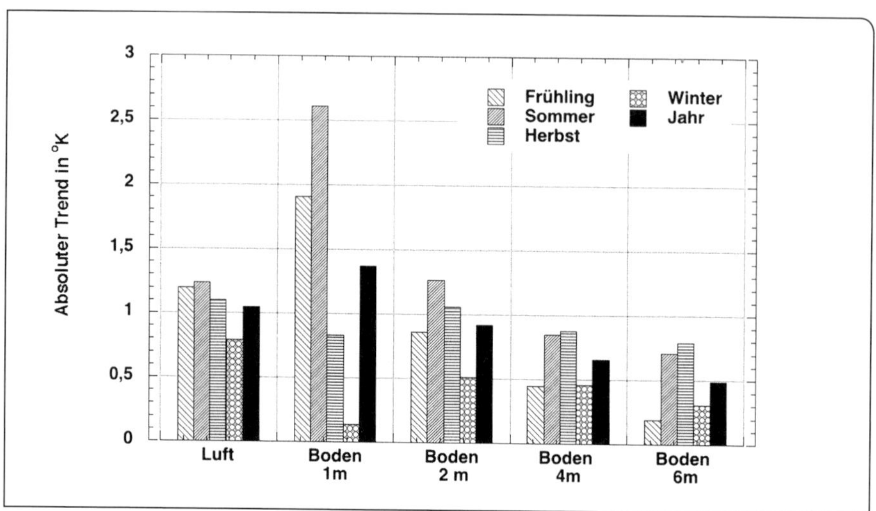

Abb. 5.29: Absolute Trends der Dekadenjahreszeiten- und Dekadenjahresmittel der Luft- und Bodentemperaturen [K] in Potsdam. Beobachtungszeitraum 1898–2007 (modifiziert nach BÖTTCHER 2015).

Nach den Untersuchungen des Deutschen Wetterdienstes sind im Verlauf der letzten 100 Jahre die Bodentemperaturen bis in 12 m Tiefe signifikant angestiegen (Abb. 5.29). Auffallend ist der sehr starke absolute Anstieg im Sommer um mehr als 2,5 K bis in 1 m Tiefe. Die Auswirkungen sowohl auf die Bodenbiologie als auch auf das Wurzelsystem der Rebe können in ihrer vollen Tragweite wahrscheinlich noch nicht richtig abgeschätzt werden.

MORLAT (1998) hebt die Bedeutung des Wassergehalts des Bodens für die Bodenerwärmung hervor. In der Konsequenz kann das auch zu einer mehr oder weniger starken Verfrühung im Vegetationszyklus führen. Für das Loiretal wurde für die Sorte Cabernet Franc ein Index der **Frühreife** durch BARBEAU (1998) entwickelt. Er sagt aus, dass der Effekt der Frühreife auf die Qualität der Trauben zum Zeitpunkt der Blüte und der Veraison (Weichwerden) in Verbindung zum Bodenklima während der ersten Entwicklungsphasen der Rebe steht. Bei den im Jahr 1988 durchgeführten Arbeiten zeigte MORLAT (1998), dass die mittleren Temperaturunterschiede von 2,4 °C bis 1 m Bodentiefe reichen, wobei der Vorteil des Sandbodens im Vergleich zum Löss nicht aus der Lufttemperatur abgeleitet werden kann (Tab. 5.6).

Die zweite Kenngröße beschreibt die Geschwindigkeit, mit der die Wärme von den oberen in die tieferen Bodenschichten weitergeleitet wird und heißt **Wärmeleitfähigkeit**. Sie ist die Wärmemenge in Joule [J], die durch eine Flächeneinheit in einer Zeiteinheit infolge eines Temperaturunterschiedes von 1 K pro Längeneinheit fließt. Die Tab. 5.5 stellt auch die unterschiedliche Wärmeleitfähigkeit der Materialien dar. Wenn wir wiederum den feuchten und den trockenen Sandboden vergleichen, so kennzeichnet den feuchten Sandboden zwar eine hohe **Wärmekapazität**, gleichzeitig wird die Wärme aber relativ rasch in größere Bodentiefen geleitet.

Wie schnell die Wärme den tieferen Schichten zugeführt wird, soll an einem Beispiel nach Van Eimern und Häckel (1984) verdeutlicht werden. In Abb. 5.30 ist der Temperaturverlauf an einem sonnigen Sommertag in einem gut und in einem weniger gut leitenden Boden bis 50 cm Bodentiefe wiedergegeben. Die linke Darstellung enthält auch den Verlauf der Lufttemperatur in 2 m Höhe. Die Tagesschwankung der Temperatur nimmt in beiden Böden mit zunehmender Tiefe sehr schnell ab, beim schlecht leitenden Boden (rechts) ist in 50 cm Tiefe kein Tagesgang mehr zu erkennen. Gleichzeitig bleibt er aber um 2,5 °C kühler als der gut leitende Boden. Zur Oberfläche hin nehmen die Schwankungen stark zu, und der schlecht wärmeleitende Boden weist an der Oberfläche in 2 cm Tiefe eine wesentlich größere Tagesschwankung auf, als der gut leitende Boden.

Reben auf einem Boden mit ungünstiger Wärmeleitung zeigen ein deutlich höheres **Frostrisiko** als in einem feuchten und dichten Boden. Deshalb sollte auch die Bodenbearbeitung bei Frostrisiko unterbleiben, weil die vielen Lufteinschlüsse im bearbeiteten Boden die Wärmeleitfähigkeit stark herabsetzen. Die thermischen Verhältnisse von 15 unterschiedlichen Weinbergsböden untersuchte Horney (1969a), wobei die Böden am gleichen Ort in Geisenheim den gleichen Witterungsbedingungen ausgesetzt waren. Das Jahr 1964 war sonnenscheinreich und relativ trocken. Lediglich im September übertraf die Niederschlagsmenge den langjährigen Mittelwert. Bei den Auswertungen ergaben sich vier unterschiedliche Gruppierungen bezüglich des thermischen Verhaltens der Böden (Abb. 5.31). In der Abbildung sind die Dekadenmittel der Extremwerte der vier Bodengruppen von Juli bis September dargestellt. Böden mit hohem Kies- und Sandanteil erwärmen sich tagsüber in 20 cm Bodentiefe am stärksten, kühlen in der Nacht aber auch deutlicher ab als andere Böden. In der Nacht sind die Unterschiede zwischen den Bodengruppen kleiner als am Tage.

Deshalb liegen die Mittelwerte der Kies- und Sandböden höher als die der anderen Bodengruppen. Hinter den Kies- und Sandböden reihen sich die Bodentemperaturen von Schiefer- und Quarzitböden sowie Löss- und Lehmböden ein. Das Schlusslicht bilden die Kalkböden; sie sind über alle drei Monate deutlich kälter als die anderen Böden.

Da Kalkböden heller sind, reflektieren sie stärker die Sonneneinstrahlung. Möglicherweise hatten sie aber auch einen höheren Wasseranteil als die anderen Böden. Jahreszeitlich bedingt nehmen die Unterschiede mit abnehmender Sonneneinstrahlung im September ab.

Aufschluss über das thermische Verhalten verschiedener Bodenarten geben die

***Tab. 5.6** Einfluss des thermischen Faktors auf den Reifebeginn bei Reben in einem nördlichen Anbaugebiet (Loiretal mit Cabernet Franc) (Morlat 1998).*

Parzelle	Sand	Kreide	steiniger Löss
Mitteltemperatur [°C] vom 01.03–31.07.88	frühreif ++	frühreif +	verzögert -
Station (2 m)	13,9	13,9	14,0
Boden (1 m Tiefe)	14,0	13,3	11,6

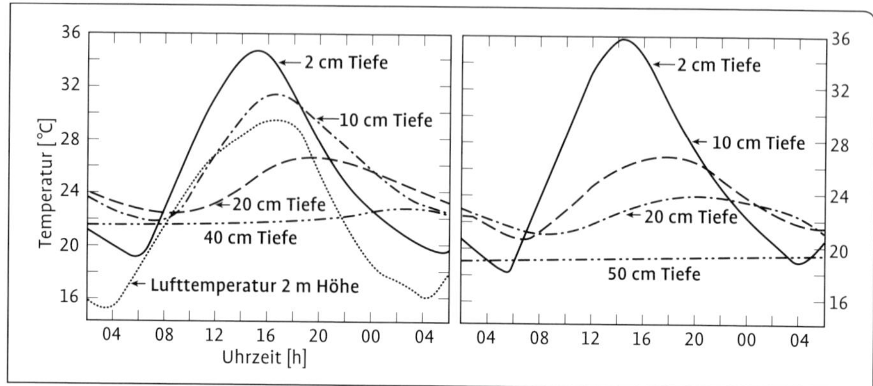

Abb. 5.30: Temperaturverlauf im Erdboden an einem Sommertag in Weihenstephan; links Lehmboden (guter Wärmeleiter), rechts gelockerter Boden mit Torfzusatz (mäßiger Wärmeleiter) (VAN EIMERN und HÄCKEL 1984).

Modellrechnungen zur Bodentemperatur für die Jahre 2003 und 2006 am Standort Karlsruhe für einen offenen Boden (Tab. 5.7). Im Jahr 2006 fiel relativ viel Niederschlag mit über 100 mm im Juli und August, das Jahr 2003 war dagegen sehr trocken und das pflanzenverfügbare Bodenwasser sank im August und September unter 20 %.

Die Bodentemperaturen stehen nicht nur unter dem Einfluss wechselnder Lufttemperaturen und Einstrahlungsverhältnisse, sondern auch der **Wassergehalt des Bodens** steuert die Bodentemperaturen der im Vergleich stehenden Bodenarten. Bei den insgesamt höheren Wassergehalten im Jahr 2006 fallen die Differenzen zur Lufttemperatur in 2 m Höhe in 5 und 10 cm Bodentiefe deutlich geringer aus als im Trockenjahr 2003. Auch die Rangfolge der Bodenarten bleibt nicht immer gleich. In der Mehrzahl der Einzelmonate ist der lehmige Ton (Tl) der wärmste und der schwachsandige Lehm (Ls2) der kälteste Boden, während sich der schwach- (Sl2) und mittel- (Sl3) lehmige Sand in der Temperatur ähneln. Unter sehr trockenen Bedingungen im August 2003 wird der schwachsandige Lehmboden beispielsweise deutlich wärmer als der lehmige Sand.

Insgesamt liegen die Bodentemperaturen immer deutlich höher als die Lufttemperatur; die Differenzen steigen mit zunehmender Einstrahlung deutlich an und erreichen von Juni bis August die höchsten Werte. Standortbedingte Unterschiede, die durch unterschiedliche Bodenarten verursacht werden, sind somit in den Sommermonaten besonders stark ausgeprägt. Geländeklimatische Unterschiede entwickeln sich dagegen besonders im Herbst. Im Wurzelraum der Rebe zwischen 20 und 60 cm Boden sind die Unterschiede im Vergleich zu den oberflächennahen Schichten deutlich geringer. Zudem wird der Boden während der Sommermonate durch die Laubwände der Reben im Tagesrhythmus zeitweise abgeschattet und in der Folge verringern sich auch die Unterschiede zur Lufttemperatur.

Bei der Betrachtung der Qualitätsunterschiede in den Trauben dürfen jedenfalls die Wechselwirkungen zwischen dem Wärme- und Wasserhaushalt des Bodens nicht unberücksichtigt bleiben. Die mit dem Wärme-, Luft- und Wasserhaushalt des Bodens zusammenhängenden Erscheinungen treten nicht vereinzelt auf und üben ihre Wirkungen nicht unabhängig voneinander aus, sondern sie stehen stets in einer gegenseitigen engen Beziehung, sodass die Änderung des einen Faktors die Änderung der anderen Faktoren nach sich zieht.

Das Vorhandensein von **Steinen** in vielen berühmten Weinbergslagen beeinflusst sowohl die Bodentemperatur als auch die Qualität der Trauben. Steine sind extrem gute Wärmespeicher und leiten die Wärme auch zügig in größere Bodentiefen. Ihnen wird im Allgemeinen eine qualitätsfördernde Wirkung zugeschrieben, obwohl das Wasserspeichervermögen im Vergleich zu anderen Böden gering ist.

Dabei wird eine niedrige Erziehungsform auf einem gleichfalls niedrigen Ertragsni-

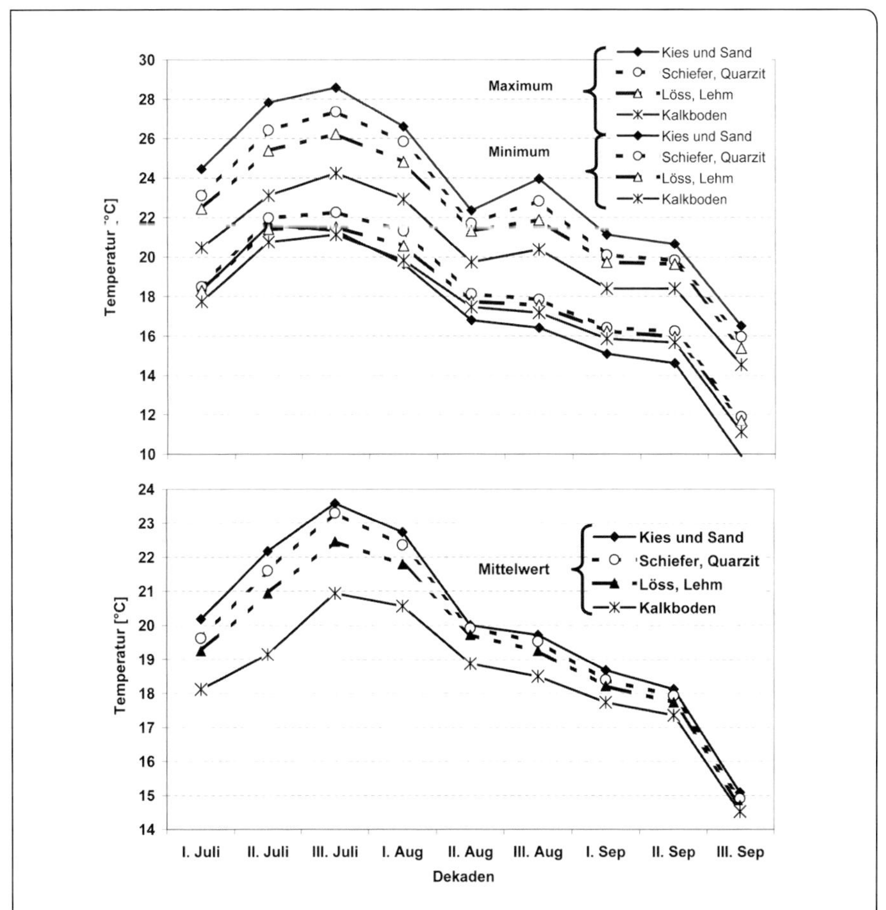

Abb. 5.31: Dekadenmittel der Bodentemperaturmaxima und -minima in 20 cm Bodentiefe (Bild oben) und die Dekadenmittelwerte in 50 cm Bodentiefe (Bild unten) von Juli bis September 1964 für verschiedene Böden am gleichen Standort in Geisenheim, Rheingau (HORNEY 1969a).

***Tab. 5.7* Monatsmittelwerte** *u. -summen der Klimadaten, des pflanzenverfügbaren Bodenwassers und der Bodentemperaturen (berechnet) für verschiedene Bodenarten eines offen gehaltenen Bodens in Karlsruhe.*

		2003							2006						
Boden	Param	Apr	Mai	Jun	Jul	Aug	Sep	Okt	Apr	Mai	Jun	Jul	Aug	Sep	Okt
	TM	11,1	16,2	23,0	21,7	24,3	16,3	8,4	10,8	15,6	19,6	24,8	17,3	18,9	13,8
	RR	28,0	67,5	61,1	64,7	24,1	24,4	91,9	33,6	64,5	65,2	131,6	156,8	26,9	135,7
	Glob	1,7	1,8	2,4	2,2	2,1	1,5	0,7	1,5	1,8	2,4	2,5	1,5	1,4	0,8
	nFK	48,6	31,5	23,5	30,3	15,3	11,4	39,8	93,7	46,7	39,5	54,3	64,2	58,1	92,4
Ls2	TOM	12,9	19,0	27,3	25,2	28,3	18,1	8,8	12,5	18,1	23,2	28,2	19,4	21,1	15,1
	BT5	12,7	18,5	26,5	24,7	27,5	18,2	9,2	12,2	17,7	22,4	27,4	19,4	20,9	15,2
	BT10	12,5	18,2	26,0	24,5	27,3	18,3	9,6	12,0	17,5	21,9	27,0	19,6	20,7	15,4
Sl2	TOM	13,3	19,6	27,1	25,1	27,6	18,2	9,3	13,1	18,3	23,2	28,1	20,1	21,6	15,5
	BT5	13,1	19,3	26,6	24,8	27,0	18,3	9,5	12,9	18,0	22,7	27,6	20,1	21,4	15,6
	BT10	12,9	19,0	26,2	24,6	26,8	18,4	9,9	12,6	17,8	22,2	27,2	20,2	21,2	15,8
Sl3	TOM	13,3	19,6	27,1	25,2	27,8	18,3	9,2	13,1	18,3	23,2	28,0	20,0	21,6	15,4
	BT5	13,1	19,2	26,6	24,8	27,1	18,3	9,5	12,8	18,0	22,6	27,5	20,0	21,4	15,5
	BT10	12,9	18,9	26,1	24,6	26,9	18,4	9,9	12,6	17,8	22,1	27,1	20,1	21,2	15,7
Lt	TOM	14,0	19,7	29,0	26,6	29,4	19,3	9,2	13,1	19,0	24,8	30,1	20,0	22,7	15,6
	BT5	13,5	19,2	27,9	25,9	28,6	19,3	9,6	12,7	18,5	23,6	29,1	20,0	22,3	15,7
	BT10	13,3	18,8	27,3	25,7	28,4	19,4	10,1	12,4	18,2	23,0	28,6	20,2	22,0	15,9

Abkürzungen:
TM = Lufttemperatur 2 m [°C]
RR = Niederschlag [mm]
Glob = Tagesmittelwert Globalstrahlung [kJ/cm²]
nFK = pflanzenverfügbares Bodenwasser (%)
Ls2 = schwachsandiger Lehm
Sl2 = schwachlehmiger Sand
Sl3 = mittellehmiger Sand
Tl = lehmiger Ton
TOM = Oberflächentemperatur [°C]
Bt5 = Bodentemperatur 5 cm Tiefe
Bt10 = Bodentemperatur 10 cm

veau von 35 hl/ha gewählt. Auch bei uns können steinige Böden in einem kühlen Sommer die Vorteile der Wärmespeicherung ausspielen. Bekannt sind die positiven Eigenschaften der Schieferböden an der Mosel, die den Reben durch Wärmerückstrahlung zusätzliche Wärme in kühlen Witterungsphasen spenden.

Berühmt sind die vielen Steine im Bereich von Châteauneuf-du-Pape. In diesen Lagen können die besten Rotweine erzeugt werden, weil die in den Steinen gespeicherte Sonnenwärme die Reife beschleunigt.

Umgekehrt kann man in sehr heißen Gebieten mittels Bodenbearbeitung bzw. bestimmter Bodenformen die **Taubildung** nutzen, die bei der Abkühlung der Bodenluft stattfindet (Kreybig und Bajai 1952). Sie lässt sich in der Praxis besonders in warmen und trockenen Perioden in den ganz ausgetrockneten, aber in der Oberfläche in einer dünnen Schicht gelockerten Böden beobachten. Einige Tage oder Wochen nach der Bearbeitung kann man unter der gelockerten Schicht feststellen, dass der ursprünglich vollkommen trockene Boden sich allmählich durchfeuchtet. Dieser Vorgang ist eine Folge der Kondensation des sowohl in der von der Oberfläche eindringenden Luft enthaltenen als auch aus den tieferen Bodenschichten aufwärts strömenden Wasserdampfes.

Diese Technik kann auch als „Bewässerung des Bodens mit Luft“ bezeichnet werden. In den felsigen Gebieten der Krim werden in dem trockenen Kalkstein ausgehobene und mit Kies gefüllte Gräben als Wasserfangzisternen bereitet. Diese füllen sich mit Wasser, indem sich infolge der großen Temperaturschwankungen aus der Luft große Mengen von Tau ausscheiden und kondensieren. Der Weinbau auf Lanzarote und der griechischen Insel Santorin nutzt gezielt diese Technik: Starke nächtliche Abkühlung der oberen Bodenschichten erhöht deren Feuchtigkeitsgehalt, welcher im Boden verbleibt und zunimmt, falls die Verdampfung bei Tag durch entsprechende Bodenbearbeitung oder Beschattung durch eine geeignete Laubwand behindert wird.

Ein weiterer Aspekt darf nicht unerwähnt bleiben:

An strahlungsreichen Tagen wird viel Wärme in den **Steinen** gespeichert, die durch Wärmerückstrahlung die Variabilität der Temperaturen zwischen Tag und Nacht in der Traubenzone abschwächt und den Stoffwechsel in Beeren mit der Anreicherung von Zucker und Aromen fördert.

Dieses gilt insbesondere für Rotweine, deren Qualität durch den Anstieg von Anthocyanen in den Beeren gefördert wird. Die Rotweinspezialisten aus den warmen Weinbauregionen favorisieren deshalb eine gleichbleibende Temperatur während der Reifezeit mit einem Optimalbereich zwischen 19 und 21 °C (Gladstones 1992). Bei unseren Weißweinen ist eine differenziertere Betrachtungsweise notwendig. Hier können zu hohe Nachttemperaturen während der Reifezeit den Weinen die Frische nehmen, wenn die Äpfelsäure zu schnell abgebaut wird (vgl. Kap. 8.2). Der Steingehalt wirkt sich auch auf den Wasserhaushalt aus. Die Überlegungen dazu folgen im nächsten Kapitel.

5.2.3 Bodenwasser

Bei der Diskussion um den Einfluss des Bodens auf die Qualitätsbildung in den Trauben kommt dem **Bodenwasser** eine besondere Bedeutung zu. Die plausibelsten Erklärungen, die gegenwärtig vorliegen, befassen sich mit den möglichen Einflüssen des

Bodens, in dem Reben kultiviert werden, auf die Zusammensetzung der Trauben. Hintergrund der Überlegungen ist, dass jede Pflanze an ihren jeweiligen Standort gebunden ist. Sie kann möglichen Änderungen eines Standortes nicht ausweichen, wie das ein Tier tun würde, wenn ihm die Umwelt nicht mehr zusagt. Die Pflanze kann ihrerseits den Standortveränderungen – häufig sind sie negativ – dadurch begegnen, indem sie mittels eigener Stoffwechselleistungen versucht, diese für sie ungünstigen Entwicklungen entweder durch Bildung chemischer Verbindungen oder durch Veränderung ihrer physikalischen Struktur (Zellwände u. ä.) abzuschwächen. Einer der wesentlichen „Stress-Faktoren" eines Standortes stellt das sich ständig ändernde Wasserangebot des Bodens dar. Dabei spielt die Körnung des Bodens eine wesentliche Rolle, d. h. die Anteile an Sand, Schluff und Ton.

Mit den drei genannten Fraktionen lässt sich ein sogenanntes **Körnungsdreieck** konstruieren und mit ihm kann man die häufigsten in Deutschland vorkommenden Bodenarten und gleichzeitig auch die jeweiligen zu den Bodenarten gehörenden Wassergehalte abbilden (Abb. 5.32). Man erkennt, dass alle tonhaltigen Substrate hohe, die schluffigen Typen mittlere und die sandhaltigen geringe Wassergehalte besitzen.

Diese Information, dass mit zunehmendem Tongehalt der Böden deren Wassergehalt steigt, ist für den Winzer nur bedingt zu gebrauchen, da noch nichts darüber ausge-

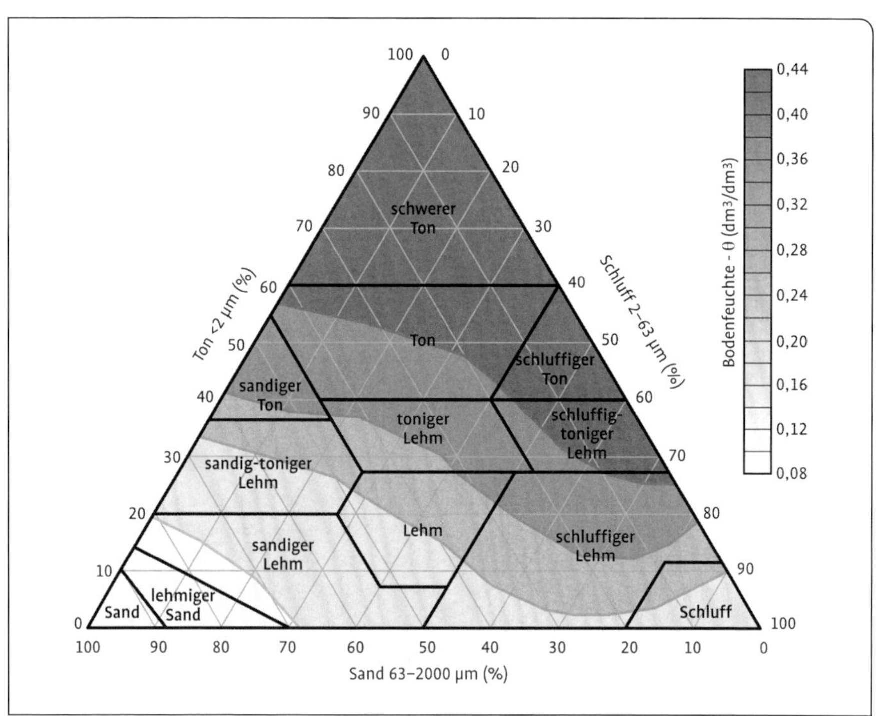

Abb. 5.32: Bodenarten und ihr Wasserhaltevermögen [cm³/cm³].

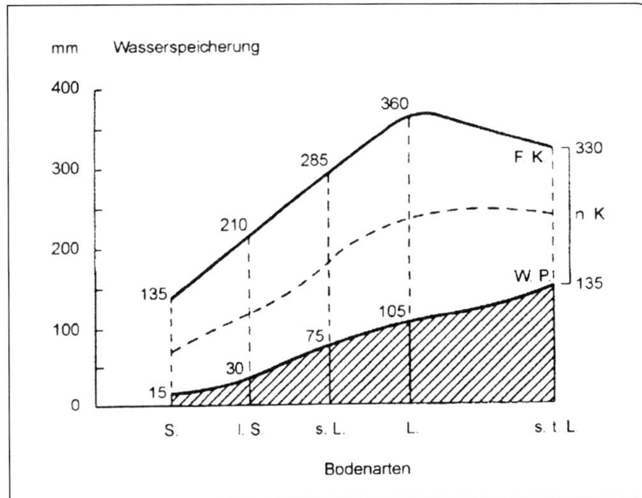

Abb. 5.33: Pflanzenverfügbares Wasser in verschiedenen Bodenarten, Profil 0–100 cm. F. K. = Feldkapazität, n. K. = nutzbare Kapazität, pflanzenverfügbares Wasser, W. P. = Permanenter Welkepunkt, Totwasser (nach CZERATZKI 1961).

sagt wird, ob dieses Wasser auch für die Rebe nutzbar ist.

Steigende Tongehalte führen zur Bildung von Feinstporen (∅ < 0,2 µm), die das Wasser so fest halten, dass es von der Rebe nicht mehr aufgenommen werden kann. Es tritt die paradoxe Situation ein, dass augenscheinlich ausreichend Feuchtigkeit vorhanden ist, sie aber nicht verwertet werden kann. Die realen Verhältnisse über das **„nutzbare Wasser“** zeigt die nachfolgende Abb. 5.33.

Man erkennt, dass Sande und sandhaltige Böden nur geringe Mengen an Wasser speichern können, lehmige und Lehmböden hingegen am meisten und die Tonböden trotz ihres großen Gesamtwassergehalts schon wieder geringere Mengen. Pflanzen können aber die Nährstoffe des Bodens nur dann nutzen, wenn diese frei in der Bödenlösung vorliegen.

Wie stark sich Nährstoff-, Wasserangebot und Bodenluft gegenseitig steuern, veranschaulichen wir mit der Darstellung der Aufnahme von Phosphor in Abhängigkeit vom **Bodenwasserpotenzial** (Abb. 5.34) und dem Sauerstoffgehalt im Boden (Abb. 5.35). Da sich beide Komponenten räumlich und zeitlich sehr stark ändern, ist es plausibel, einen Einfluss auf das Endprodukt Wein anzunehmen. Mit zunehmendem Wassergehalt verdrängt das eindringende Wasser die Luft in den Poren, bei trockenem Boden sind alle Poren, bei feuchtem Boden nur noch die Grobporen mit Luft gefüllt. Lockere Böden mit feiner Struktur enthalten auch bei Wassersättigung noch Luftanteile, die für die Wurzelatmung notwendig sind. Sehr dichte Böden mit Wassersättigung erschweren hingegen die Wurzelatmung. Nässe, Verdichtung, Verschlämmung oder Verkrustung führen zu ungenügender Bodendurchlüftung. Die Bodenart und das Wasserspeichervermögen beeinflussen die **Durchwurzelungstiefe** an einem Standort (Abb. 5.36 a, b, c). Je nach Tongehalt verbleiben die Wurzeln in den oberen Schichten (Abb. 5.36 a) oder sie wandern in tiefere Horizonte ein, um weitere Wasservorräte zu erschließen (Abb. 5.36 b, c). Auch eine geringe Bodenmächtigkeit setzt der Durchwurzelung Grenzen.

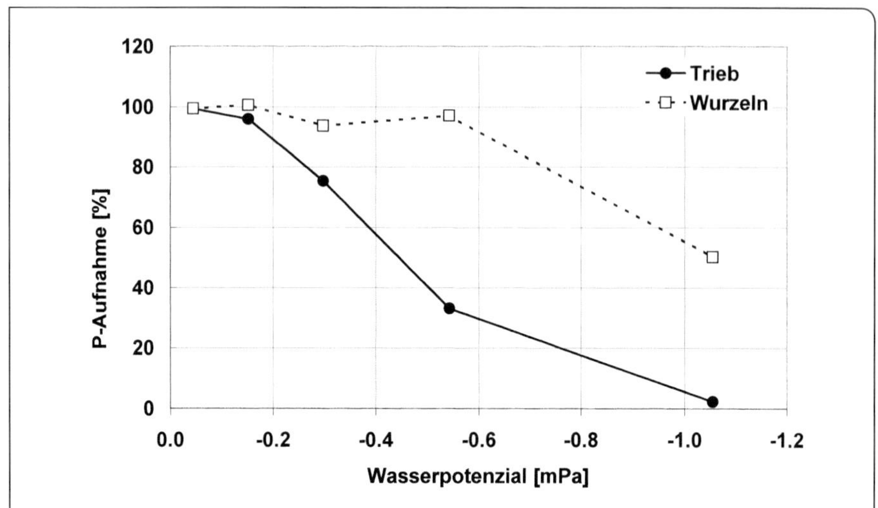

Abb. 5.34: Einfluss des Wasserpotenzials auf die Aufnahme von Phosphor in Trieb und Wurzeln. Die Ergebnisse stellen die prozentuale Abweichung von der Kontrolle dar, die bei –0,4 bar wachsen konnte (MOUAT und NES 1986).

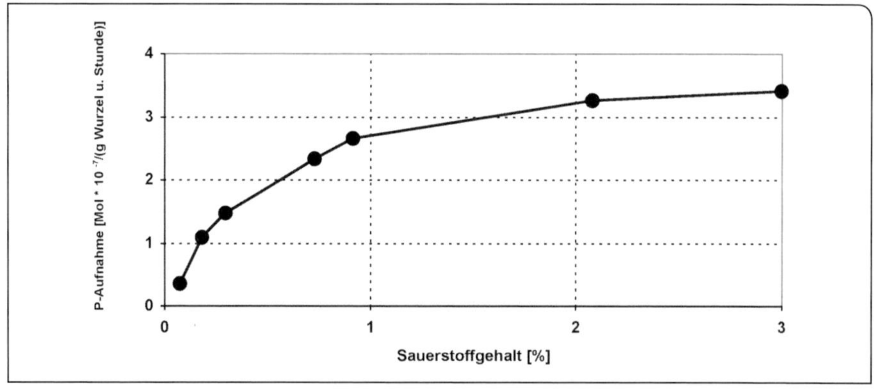

Abb. 5.35: Einfluss des Sauerstoffs im Nährmedium auf die Aufnahme von Phosphor in die Pflanze (HOPKINS 1956).

Während des Winterhalbjahres füllen sich die Böden durch den eindringenden Niederschlag auf, da die Abgabe von Wasser durch Verdunstung im Winter gering ist. Während des Sommerhalbjahres können die Reben während länger anhaltender Trockenperioden von den Bodenwasservorräten zehren.

Die **Speicherkapazität** der Böden wird durch die **nutzbare Feldkapazität** (nFK) beschrieben. Der nFK-Wert ergibt sich aus der Differenz der Feldkapazität (FK) und dem sogenannten **Totwasser** oder **Welkepunkt** (WP). Das Totwasser wird von den Bodenteilchen so stark gebunden, dass die

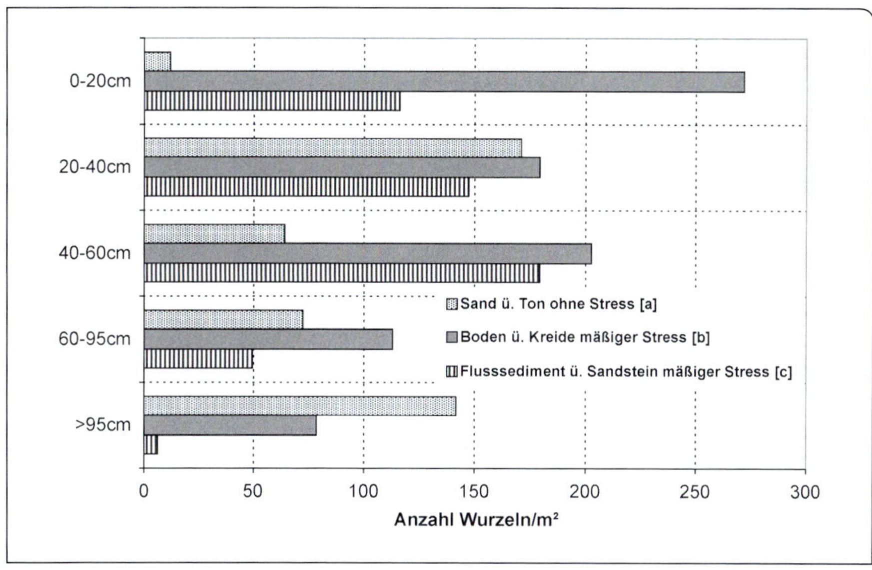

Abb. 5.36: Wurzelverteilung bei Cabernet Franc auf der Unterlage SO 4 in drei vorherrschenden Bodentypen des Val de Loire. a = lehmiger Sand (52 mm Wasser), b = anlehmiger Sand (35 mm Wasser), c = anlehmiger Sand (34 mm Wasser) (MORLAT und JAQUET 1993).

Pflanzenwurzeln es nicht mehr aufnehmen können. In Tonböden ist dieser Anteil besonders hoch, in Sandböden dagegen sehr gering. Die Feldkapazität ist die Wassermenge, die der Boden in seinen Poren gegen die Schwerkraft halten kann. Wenn bei Erreichen der Feldkapazität weitere Niederschläge fallen, versickert das Wasser in der Regel in tiefere Schichten. Bei reduzierter Wasserleitfähigkeit kann es auch kurzfristig zur Übersättigung des Bodens kommen.

Die pflanzenverfügbare Wassermenge ist natürlich auch von der Pflanzenart abhängig. Dabei spielen die Wurzelverteilung, die Wurzeltiefe und die Saugkraft der Pflanzen eine wesentliche Rolle.

Reben können kleinste Wasservorräte erschließen; ihre Saugkraft reicht bis 1,6 MPa und die Wurzeln wachsen, wenn es der Boden erlaubt, bis in 10 m Tiefe.

Neben der Bodenart bestimmt die **Mächtigkeit** der durchwurzelbaren Bodenschicht die Wassermenge, die den Reben zur Verfügung steht. Die Abb. 5.33 und Tab. 5.8 geben einen Überblick über das Angebot verfügbaren Wassers in verschiedenen Bodenarten. Die Unterschiede fallen doch sehr deutlich aus. Reine Sandböden bieten eine Speicherleistung von 70 mm bei einer Bodentiefe von 1 m, schluffige Böden erreichen Spitzenwerte von 250 mm, reine Tonböden sinken auf 130 mm ab.

Die im Weinbau häufig vorkommenden flachgründigen Steillagen mit Bodenauflagen von 50 cm stellen weniger als 100 mm Bodenwasser zur Verfügung und neigen verstärkt zum Trockenstress. Bei Zunahme der Skelettanteile um 10 % vermindert sich die Speicherleistung bei einer Bodentiefe von 1 m um 10 mm. Im Rheingau wurden die nFK-Werte der kartierten Bodengruppen

***Tab. 5.8** nFK-Werte für ausgewählte Bodenarten pro 10 cm Bodenschicht [mm]; 10 % Skelettanteile verringern die Speicherleistung um ca. 1 mm.*

Ss	St3	Sl3	Ls2	Su3	Uls	Us	Lt2	Tl
7	15	18	16	21	22	25	14	13

Abkürzungen:
Ss = reiner Sand; St3 = mitteltoniger Sand; Sl3 = mittellehmiger Sand
Ls2 = schwachsandiger Lehm; Su3 = mittelschluffiger Sand; Uls =sandig lehmiger Schluff
Us = sandiger Schluff; Lt2 = schwachtoniger Lehm; Tl = lehmiger Ton

sehr genau auf insgesamt 264 Standorten untersucht (ZIMMER 1997). Die ermittelten sieben nFK-Klassen berücksichtigen nicht nur die Bodenart, sondern auch die durchwurzelbare Bodentiefe, weil die Rebe auch den tieferen Bodenschichten Wasser entziehen kann.

Die Tab. 5.9 zeigt die sieben verschiedenen **nFK-Klassen** auf, die aus den bereits vorliegenden Bodenkarten des Rheingaus entwickelt wurden. Bei der Klasse 7 handelt es sich um grundwassernahe Standorte. Mit Klasse 1 beginnen sehr flachgründige Böden, wo festes Gestein den Wurzelraum abgrenzt bzw. sehr skeletthaltiger Boden oder grobes Lockergestein jegliche Wasserspeicherung verhindert. Der Anteil dieser Flächen ist gering und häufiger in den Steillagen zu finden. In der Klasse 2 steigt die Bodenmächtigkeit dann auf 60–100 cm an, der Grobbodenanteil oder der Anteil von Lockergestein ist sehr hoch. Der Flächenanteil steigt in den einzelnen Lagen in der Regel nicht über 10 %; maximal können 40 % erreicht werden. Die Klasse 3 umfasst Bodenmächtigkeiten von 60 bis 100 cm, wobei der Feinbodenanteil nun zunimmt. Auch Hangschuttstandorte mit großer Bodentiefe und Flugsandstandorte fallen in diese Gruppe. In der Klasse 4 finden wir häufig tertiären Mergel und Parabraunerden mit hohen Feinerdeanteilen oder reinem Löss bis zu einer Mächtigkeit von 150 cm. Die Klasse 5 erfasst alle Böden, die über einen hohen Löss- bzw. Lösslehmanteil verfügen. An manchen Standorten neigen diese Standorte wegen des hohen Tongehaltes im Untergrund zu Staunässe; die Reben können während langer Trockenperioden Wasser im Untergrund erschließen.

***Tab. 5.9** nFK-Klassen der Bodenkartierung im Rheingau.*

Klasse	Wasserspeicher-vermögen	nFK-Klasse [mm]
I	gering	<100
II	gering bis mäßig	100–125
III	mäßig	126–150
IV	mäßig bis gut	151–175
V	gut	176–200
VI	sehr gut	>200
VII	Gleye und Auenböden	Sonderklasse

Die Standorte mit dem besten Wasserspeichervermögen (Klasse 6) haben meist mächtige Lössdecken, z. T. sind sie mit umgelagertem Mergel vermischt. Sie liefern auch in Trockenjahren den Reben immer noch ausreichend Wasserreserven.

Da im Rheingau ohnehin wenig Niederschlag fällt, ist ein hohes Wasserspeichervermögen für die Qualitätsbildung besonders in Trockenjahren unerlässlich. Am Beispiel

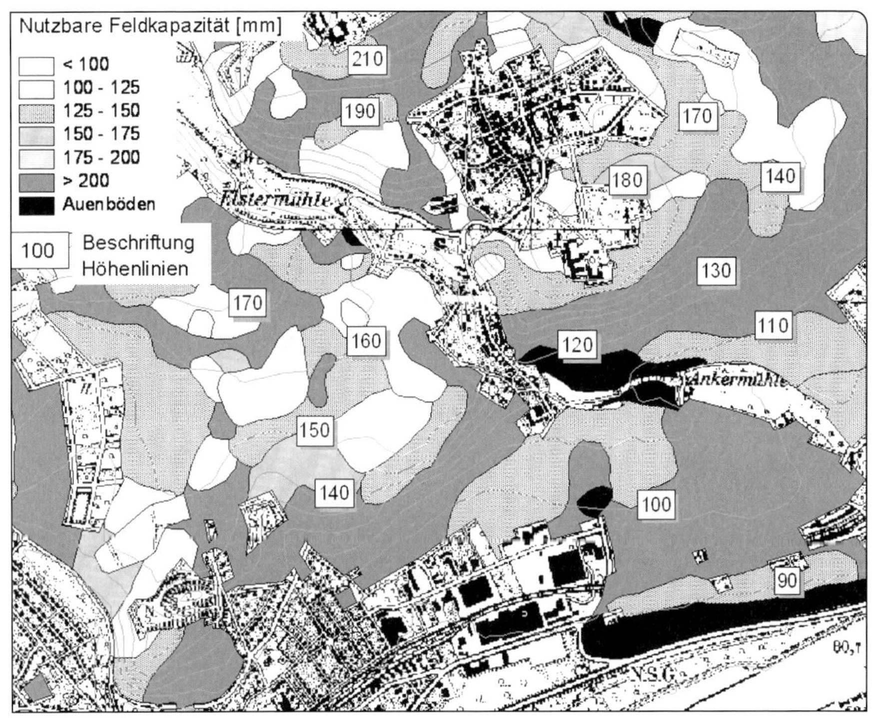

Abb. 5.37: Flächendeckende Darstellung der nutzbaren Feldkapazität [mm] von 0 bis 100 cm Bodentiefe in sieben Stufen im Bereich Geisenheim/Johannisberg, Rheingau (ZIMMER 2004).

der nFK-Karte (ZIMMER 2004) aus dem Bereich Geisenheim erkennt man unschwer den hohen prozentualen Anteil der Bodenklasse 6 (Abb. 5.37). Knapp 40 % aller Rebflächen des Rheingaus liegen in dieser Bodenklasse. Es folgen dann die Bodenklassen 2, 3 und 4 mit jeweils 14, 13 und 12 %. Das hohe Speichervermögen gewährleistet auch in trockenen Jahren noch eine angenehme Frische der Weine bei einem günstigen Zucker-Säure-Verhältnis.

Die Bodenklasse 7 konzentriert sich auf Gebiete mit hohen Grundwasserständen in den Auen des Rheins und seiner zulaufenden Bäche. Weinbaulich sind sie ohne Bedeutung und nur mit etwa 2,5 % an der gesamten Rebfläche vertreten.

Ähnlich wie beim Wärmehaushalt ist auch bei der Diskussion um das pflanzenverfügbare Bodenwasser der **Steingehalt** bedeutsam. Mit zunehmenden Steingehalten nehmen die nFK-Werte ab, das Trockenstressrisiko steigt an (vgl. Kap. 6). Daneben gibt es auch positive Wirkungen. In den Schieferböden der Mosel ist beispielsweise die Infiltrationsrate des Regenwassers im Vergleich zu lehmigen und schluffigen Böden deutlich erhöht. Dadurch verringert sich die Erosionsgefahr. Das Wasser dringt auch schneller in den Bereich der Rebwurzeln in 20–60 cm Bodentiefe vor. Optimal für die Qualitätsbildung wäre eine gleichmäßige Wassernachlieferung im Rebwurzelbereich.

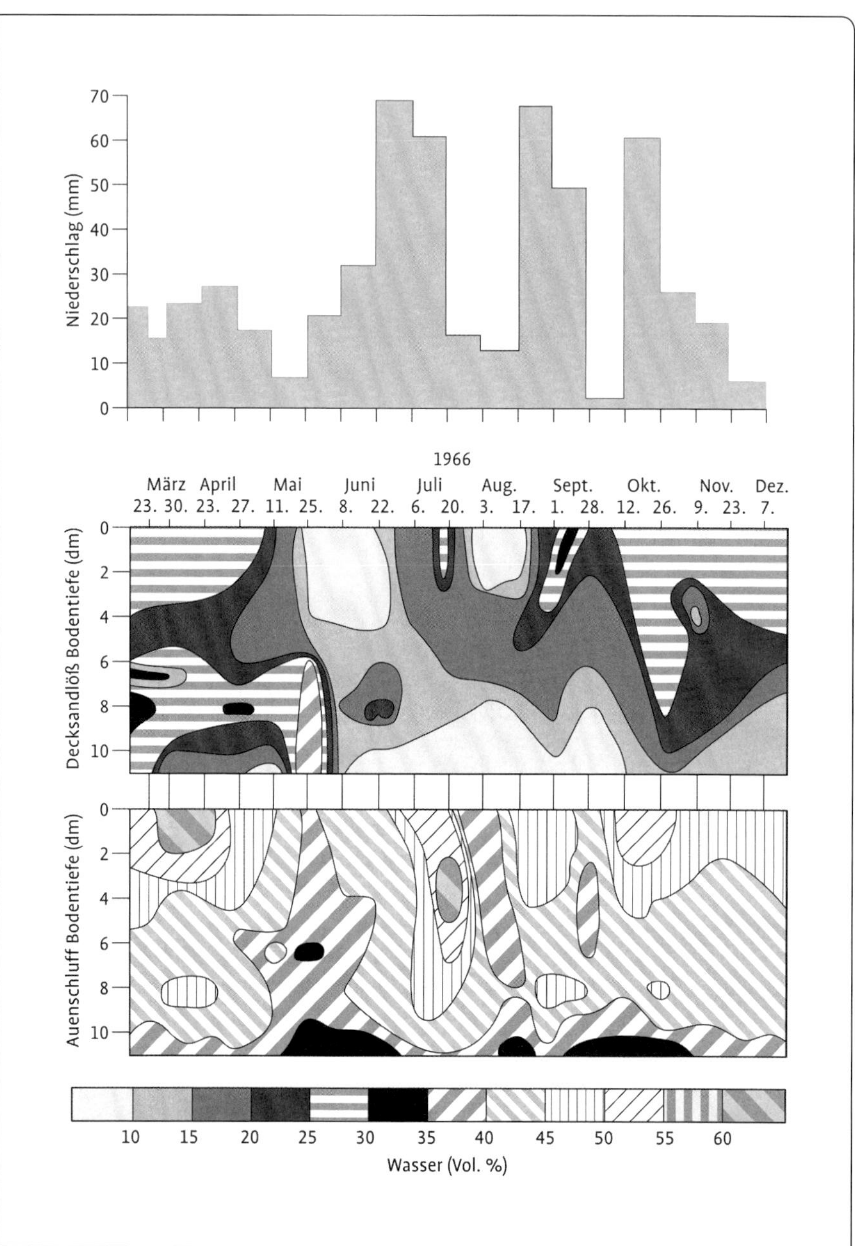

Abb. 5.38: Veränderungen der Wassergehalte zweier Bodenformen in Abhängigkeit von Bodentiefe und Zeit (nach HUBRICH 1970).

In diesem Zusammenhang muss ganz deutlich herausgestellt werden, dass der Wasserhaushalt der verschiedenen Böden auch eine Veränderung nach der Zeit und im Raum aufweist, insbesondere ist das Porensystem sehr veränderlich und kann an einem Standort auf kleinstem Raum unterschiedlichste Werte annehmen. Die punktuellen Messungen, die zur Charakterisierung einer Fläche vorgenommen werden, können deren Variabilität nur unvollständig abbilden.

Eine Untersuchung, die Hubrich (1970) zu diesem Thema veröffentlichte, zeigt die Veränderungen der Wassergehalte in zwei Bodenformen in Abhängigkeit von der Bodentiefe und im Verlauf einer Vegetationszeit auf (Abb. 5.38). Bei gleichen Niederschlagsmengen und unmittelbarer räumlicher Nähe beider Bodenformen ist die Wasserdynamik sehr verschieden. Übertragen auf den Rebbau heißt das, dass über kürzeste Distanzen das Wasserangebot an die Kultur extrem variieren kann und in der Folge auch die Qualitätsausprägungen der Rebe eine starke Veränderung erfahren können.

Grundsätzlich kann der Wunsch einer gleichmäßigen Versorgung mit Niederschlag und Sonnenschein, wie ihn vermutlich jeder hat, der sich mit dem Anbau von Pflanzen befasst, wegen des stark wechselnden Niederschlagsangebotes während der Vegetationsperiode und im Jahreswechsel nicht erfüllt werden. Skelettreiche Böden füllen sich schnell, trocknen aber ebenso schnell wieder aus. Abhilfe kann in trockenen Perioden eine **Zusatzbewässerung** sein, die im Qualitätsweinbau zunehmend an Bedeutung gewinnt. Die Meinungen gehen allerdings darüber auseinander, ob wir dann noch von einem Terroir auf den bewässerten Standorten sprechen können (vgl. Kap. 6). Alternativ wäre zu überlegen, ob man über eine Anreicherung der Böden mit organischer Substanz die Wasserspeicherleistung erhöhen könnte. Wobei sich hier die gleiche Frage stellen würde: Organische Substanz wird in den „Weinbauklimaten" mit höherer Geschwindigkeit abgebaut und bringt ein höheres Nährstoffangebot (N,P,S) in die Bodenlösung; inwieweit dann noch das ursprüngliche Terroir vorliegt, bleibt zu diskutieren.

Unbeantwortet bleibt immer noch die Frage, ob Terroir den „natürlichen" Zustand eines Erzeugungsgebiets abbilden soll oder ob nachhaltige Änderungen erlaubt sein dürfen, um immer noch vom gleichen System sprechen zu können (s. Kap. 9).

6 Wasserhaushalt – Wasserbedarf – Bewässerung

6.1 Welche Größen beeinflussen den Wasserhaushalt der Rebe?

Das Wasser ist eines der wesentlichen Elemente allen Lebens auf der Erde. Das Wettergeschehen wird erst durch Wasser sichtbar. Die Luft enthält das Wasser als unsichtbaren Wasserdampf. Mit abnehmender Temperatur kann die relative Luftfeuchtigkeit in der Atmosphäre 100 % erreichen. Dann kondensiert der Wasserdampf zu Wassertröpfchen und wird als Wolke sichtbar. Ein ähnliches Phänomen beobachten wir über einem erhitzten Wasserkessel. Der unsichtbare Wasserdampf steigt aus dem Kessel hoch und kondensiert in der relativ kühlen Luft zu zahlreichen Wassertröpfchen, die für uns sichtbar werden.

Das meiste Wasser auf der Erde, nämlich 97,2 %, ist in den Weltmeeren zu finden. Mit 2,0 % ist ein beachtlicher Teil auch noch im Eis der Gletscher und Polargebiete gebunden. Fast 0,6 % macht das Grundwasser aus, in den Seen und Flüssen sind noch 0,02 %. Demgegenüber ist der gesamte Wasservorrat in der Atmosphäre als Wasserdampf und Wolken mit 0,001 % verschwindend gering. Würde aller Wasserdampf der Atmosphäre ausregnen, so gäbe das eine Wasserschicht von nur 25 mm. Da für die ganze Erde die mittlere jährliche Niederschlagshöhe etwa 980 mm beträgt, heißt das, dass rund alle 9–10 Tage der gesamte Wasservorrat der Atmosphäre ausregnet. Der **Wasserkreislauf** wird somit ca. 30-mal im Jahr durchlaufen.

In Deutschland fallen im Mittel 837 mm Niederschlag, wobei die regionalen Unterschiede und die Jahresschwankungen sehr groß sind (vgl. Kap. 3). Im Regenstau am Nordrand der Alpen werden im Extremfall bis zu 2400 mm als langjähriger Mittelwert gemessen, während an extrem trockenen Standorten in Sachsen-Anhalt lediglich 400 mm pro Jahr erreicht werden.

Die **Wasserbilanz** der Rebe selbst ergibt sich aus der Aufnahme von Wasser über die Wurzel und der Abgabe durch die Transpiration im Blatt, die bei der Aufnahme von Kohlendioxid bei der Photosynthese zwangsläufig eintritt.

Für die Rebe sind insbesondere die Niederschläge während der Vegetationszeit von April bis Oktober bedeutsam. Für die ausgewählten Standorte der Tab 3.4 (Kap. 3) schwanken die Werte zwischen 620 mm in Freiburg und 322 mm in Halle. Wir können generell davon ausgehen, dass sich die Weinbergsböden während des Winterhalbjahres mit Wasser auffüllen, weil während des Winterhalbjahres die Verdunstungsraten sehr niedrig sind und die Niederschläge im Boden gespeichert werden. Von diesen Wasserreserven des Bodens und den natürlichen Niederschlägen während der Vegetationszeit müssen die Reben leben.

Welche Witterungseinflüsse steuern den Wassertransport und die Transpiration der Rebe? Dazu ist es notwendig, einige Grundlagen zum Wasserhaushalt zu erläutern. Der Übergang von Wasser oder Eis zu Wasserdampf heißt **Verdunstung**. Bei ungesättigter Luft verdunstet Wasser von jeder feuchten Oberfläche unmittelbar als Evaporation von den Land- und Wasserflächen, mittelbar durch die Transpiration der Pflanzen.

Man nennt daher die von einem mit Pflanzen bedeckten Boden insgesamt an die Luft abgegebene Wasserdampfmenge auch **Evapotranspiration**.

In dieser Größe ist letztlich auch das Wasser enthalten, das nach einem Regen an den Pflanzenteilen hängen bleibt und dort unmittelbar verdunstet. Diese Größe heißt **Interzeption** und kann je nach Bestandsart und Witterung bis zu 1 mm pro Tag betragen. In Rebbeständen beträgt die Interzeptionsrate maximal 0,2 mm pro Tag.

Für die Verdunstung wird Wärmeenergie benötigt, bei normalen Außentemperaturen liegt der Wert bei etwa 2500 J für 1 g Wasser oder für eine 10 mm hohe Wasserschicht. Daraus folgt unmittelbar, dass bei geringer Sonneneinstrahlung auch die Verdunstungsraten nicht groß sein können. An den täglichen Verdunstungsraten der Rebe sind neben der Sonneneinstrahlung auch die Temperatur, die relative Luftfeuchtigkeit, das **Sättigungsdefizit** und die Windgeschwindigkeit im Rebbestand beteiligt. Dabei kommt dem Sättigungsdefizit der Luft eine besondere Bedeutung zu, die wir klären müssen.

Der gesamte Luftdruck der Atmosphäre setzt sich als Summe aus den partiellen Gasanteilen der Atmosphäre zusammen. Das bedeutet, dass auch der Wasserdampf einen partiellen Anteil am Luftdruck hat, den man als **Dampfdruck** (e) bezeichnet. Bei vollkommen trockener Luft ist e =0, was unter natürlichen Bedingungen allerdings nie eintritt. Selbst in der Wüste enthält die Luft noch geringe Mengen an Wasserdampf. Je nach Feuchtigkeitsgehalt der Atmosphäre

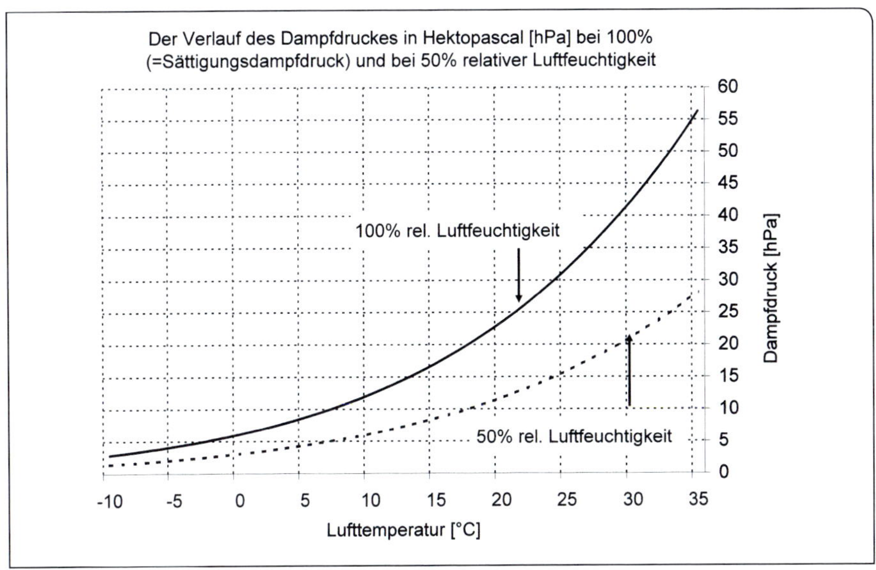

Abb. 6.1: Der Sättigungsdampfdruck und der Dampfdruck bei 50 % relativer Luftfeuchtigkeit in Abhängigkeit von der Temperatur.

schwankt der Dampfdruck zwischen 0,5 und 60 hPa.

In der kalten Jahreszeit bildet sich häufig Nebel. Bei Nebel ist die Luft mit Wasserdampf gesättigt, sie kann kein weiteres Wasser aufnehmen. Diesen Wert bezeichnet man als **Sättigungsdampfdruck** (E), der ausschließlich von der Temperatur abhängig ist (Abb. 6.1). Wir sehen, dass der Sättigungsdampfdruck mit zunehmender Temperatur exponentiell ansteigt. Bei 0 °C kann die Luft maximal 6 hPa aufnehmen bei 30 °C dagegen 42 hPa. Damit finden wir auch eine Erklärung, warum es im Winter häufig neblig ist. Bei niedrigen Temperaturen reichen schon geringe Verdunstungsmengen aus, um die Luft mit Wasserdampf zu sättigen. Im Sommerhalbjahr sind Nebeltage selten, weil bei hohen Temperaturen der Sättigungsdampfdruck sehr hoch ist. Die Differenz E – e bezeichnet man als Sättigungsdefizit, in der volkstümlichen Umschreibung auch als „Dampfhunger" der Luft.

Mit steigender Temperatur und wachsendem Sättigungsdefizit nimmt auch der Wasserdampftransfer (Transpiration) von den Pflanzen deutlich zu. Das weitaus bekann-

Tab. 6.1 *Potenzielle Verdunstungsraten eines Rebbestandes (Riesling) bei unterschiedlichen Wetterbedingungen im Juli und September für ebene und geneigte Rebflächen.*

Wetter	Mon	Tmit	Tx	Tn	RF	SD	VM	E-e	PETr	S 10°	S 20°
kühl, trocken, stark bewölkt, windig	Juli	17,3	20,8	14,9	77	0,3	4,1	4,5	1,9	2,0	1,9
warm, feucht, bewölkt, windig	Juli	17,8	23,3	14,4	86	2,6	4,5	2,9	2,7	2,8	2,7
warm, trocken, wechselnd bewölkt	Juli	20,6	27,7	11,3	53	8,4	1,9	11,4	4,7	4,8	4,7
heiß, trocken, sonnig	Juli	24,7	32,6	15,4	40	14,8	2,7	18,7	6,8	7.0	6,8
kühl,, feucht, stark bewölkt	Sep	11,9	15,3	8,9	87	0,4	3,3	1,8	0,6	0,7	0,7
kühl, trocken, stark bewölkt, windig	Sep	14	18,8	8,5	67	1,1	5,0	5,3	2,1	2,4	2,6
warm, trocken, wechselnd bewölkt	Sep	20,3	25,7	17	72	6,0	4,1	6,7	3,5	3,9	4,3
warm, trocken, sonnig	Sep	21,1	26,8	15,2	59	12,0	3,6	10,3	4,4	5,0	5,4

Erläuterungen:
Tmit = Tagesmitteltemperatur [°C]
TN = Tagesminimumtemperatur [°C]
SD = Sonnenscheindauer [h]
E-e = Sättigungsdefizit [hPa]
S 10° = potenzielle Verdunstung Süd 10°
TX = Tagesmaximumtemperatur [°C]
RF = mittl. relative Luftfeuchtigkeit [%]
VM = mittl. Windgeschwindigkeit [m/s]
PETr = potenzielle Verdunstung Rebe [mm]
S 20° = potenzielle Verdunstung Süd 20°

tere Feuchtigkeitsmaß ist die relative Luftfeuchtigkeit (RF), die sich aus dem Verhältnis von e/E berechnet, es gilt: RF (%) = e/E *100. Diese Größe stellt allerdings kein unmittelbares Verdunstungsmaß dar. In Abb. 6.1 ist der Dampfdruck e bei einer relativen Luftfeuchtigkeit von 50 % dargestellt. Diese Linie halbiert die Linie des Sättigungsdampfdrucks. Bei gleicher relativer Luftfeuchtigkeit von 50 % ergibt sich bei 0 °C ein Sättigungsdefizit von 3 hPa, bei 30 °C dagegen ein Wert von 21 hPa. Daraus resultiert die Tatsache, dass auch immergrüne Pflanzen im Winter die Transpiration stark einschränken. Die Tab. 6.1 verdeutlicht, wie viel ein Rebbestand (Riesling) bei voll entwickelter Laubwand und ausreichender Wasserversorgung maximal pro Tag bei verschiedenen Wettersituationen verdunsten kann.

Bei sehr warmem, sehr trockenem, sonnenscheinreichem Wetter im Juli mit mäßigen Windgeschwindigkeiten kann die Verdunstung auf maximal 7 mm pro Tag ansteigen, bei kühlem, aber trockenem Wetter und bedecktem Himmel im September sind es dagegen nur noch 0,6 mm pro Tag.

In Tab. 6.1 sind auch die Verdunstungsraten für einen Südhang mit mäßigem und starkem Gefälle dargestellt, in der Gegenüberstellung erkennt man, dass die relativen Unterschiede im September im Vergleich zum Juli zunehmen. Andererseits nehmen die Verdunstungsraten wegen der jahreszeitlich abnehmenden Einstrahlung bei sonst ähnlichen Wetterverhältnissen vom Juli zum September ab. Die in Tab. 6.1 aufgelisteten Werte der Evapotranspiration bezeichnet man auch als potenzielle Evapotranspiration. Sie wird wie folgt definiert:

Die **potenzielle Verdunstung ETp** ist diejenige Verdunstungsmenge, die pro Zeiteinheit – bei optimaler Wasserversorgung und Wachstumsstand der Pflanzen in Abhängigkeit von der phänologischen Entwicklung – unter den vorgegebenen Witterungsbedingungen maximal in die Atmosphäre transferiert werden kann.

Diesem maximalen Verdunstungsanspruch kann die Rebe aber über weite Strecken der Vegetationszeit nicht Folge leisten, weil es viele Regelmechanismen gibt, die den Wasserverbrauch während kurzer oder längerer Trockenperioden einschränken. Einen Überblick über alle Einflüsse auf den Wasserhaushalt der Rebe vermittelt die Tab. 6.2. Die Wirkungen spielen sich auf sehr unterschiedlichen Ebenen ab.

Wetter und Witterung sind für die Rebe unabänderliches Schicksal, sie reagiert in sehr unterschiedlicher Weise auf zunehmende Trockenheit. Da sind zunächst die sortentypischen Eigenschaften des Edelreis und der Unterlage. Rebsorten aus warmen trockenen Klimaten reagieren anders als Rebsorten aus mäßig warmen und wechselfeuchten Klimaten. Das Wasser spielt bei allen Stoffwechselvorgängen in der Rebe eine wesentliche Rolle. Ohne Wasser könnte die Rebe keine Photosyntheseleistung erbringen, und die Aufnahme von Nährstoffen wäre nicht möglich. Da die Pflanzenzellen zu 80–90 % aus Wasser bestehen, ist der Wassertransport zur Aufrechterhaltung der Lebensfunktionen in der Zelle sowie für das Zellwachstum unerlässlich.

Bei der Beschreibung des Wassertransports vom Boden in die Rebe und dann letztendlich über die Transpiration in die Atmosphäre folgt man dem Konzept des **Wasserpotenzials**.

Dabei sind die Wassermengen, die über die Transpiration in die Atmosphäre transferiert werden, bedeutend größer als die Mengen, die für das Wachstum der Zelle benötigt werden. Für den Wassertransport vom Boden über die Pflanze in die Atmosphäre wird Energie benötigt, die mit dem Begriff des Wasserpotenzials beschrieben wird. Der Wasserfluss folgt dabei immer vom höheren zum niedrigeren Potenzial. In der Rebe erfolgt der Massenfluss überwiegend in den wasserführenden Gefäßen der Tracheen und Tracheiden des Xylems, aber es existieren auch Transportmechanismen, die auf das Vorhandensein lebender Zellen angewiesen sind. Hierbei sind Wasserkanäle (Aquaporine) oder auch das Saftsteigen in der Pflanze (Kohäsion) von Bedeutung. Ei-

Tab. 6.2 *Meteorologische, rebphysiologische, bodenphysikalische und weinbautechnische Einflüsse auf den Wasserhaushalt der Reben.*

Meteorologie	Rebe (Physiologie, Sorteneigenschaft)	Boden	Weinbautechnik
Niederschlag	Wasseraufnahme und Wassertransport	Bodenart	Größe, Form und Blattfläche der Laubwand
Sättigungsdefizit	Transpiration	Bodentyp	Altersstruktur der Laubwand
Strahlungsbilanz	Kohlenhydrat- und Stickstoffmetabolismus	nutzbare Feldkapazität	Pflanzdichte
Temperatur	phänologische Entwicklung	Welkepunkt	Ertragsregulierung
Rel. Luftfeuchtigkeit	Blattflächenzuwachs	Feldkapazität	Laubarbeiten
Windgeschwindigkeit	vegetative/generative Entwicklung	Bodenmächtigkeit	Wahl der Unterlage
Evaporation	Wurzelverteilung	Skelettanteil	Begrünung/Bodenbearbeitung
	Wurzeldichte	Verteilung Grob- und Feinporen	
	Blattfläche (Form+Größe)	Korngrößenverteilung	
	Xylem (Länge + Durchmesser)	Wasserleitfähigkeit	
	Anzahl, Lage und Reaktion der Stomata	chemische Zusammensetzung	
	Größe der Reben	Bodendichte	
		Durchlüftung	
		Bodentemperatur	

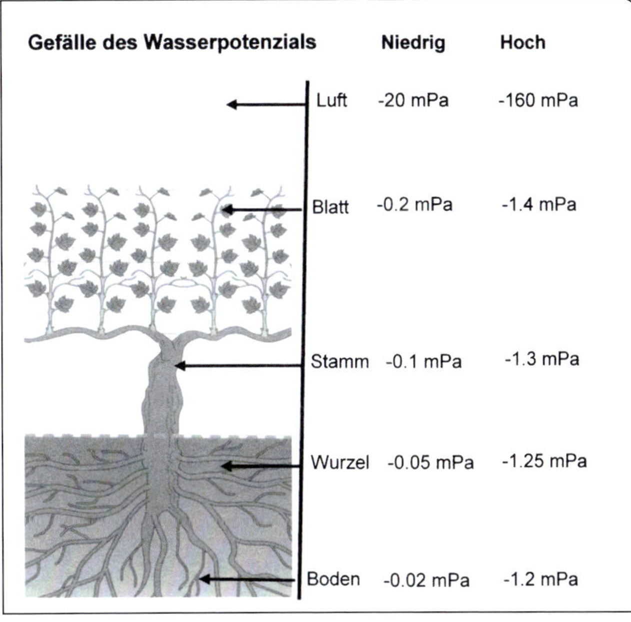

Abb. 6.2: Das Gefälle des Wasserpotenzials vom Boden über die Wurzeln, Stamm und Blätter in die Atmosphäre bei relativ niedrigem und hohem Gefälle.

nen Überblick darüber vermittelt STEUDLE (2001).

Die Abb. 6.2 beschreibt das Gefälle des Wasserpotenzials über die Rebe in die Atmosphäre. Das zunehmende Gefälle ist die treibende Kraft für den Wassertransport. Damit Wasser in die Reborgane kommt, müssen die Potenzialwerte von der Wurzel über den Stamm und den Trieb bis zum Blatt immer kleiner werden (Abb. 6.2). Das größte Gefälle besteht nun zwischen Blatt und Atmosphäre.

Bildlich gesprochen saugt die Atmosphäre das Bodenwasser durch die Rebe in die Atmosphäre.

Bei 100 % relativer Luftfeuchtigkeit steigt der Wasserpotenzialwert in der Luft auf 0 MPa und fällt bei 30 % relativer Luftfeuchtigkeit und 30 °C Lufttemperatur auf −165 MPa ab. Wegen dieser großen Schwankungen beobachtet man an den Blättern eine große Dynamik im **Blattwasserpotenzial** (Abb. 6.3). Ein feuchter Boden hat einen Potenzialwert von ca. −0,02 MPa. Mit der Evaporation und der Transpiration fallen natürlich auch die Wasserpotenzialwerte im Boden. Damit sinken aber auch die Blattwasserpotenziale. Die Rebe kann dem Boden Wasser bis zu einem Wasserpotenzialwert von etwa −1,6 MPa (permanenter Welkepunkt des Bodens) entziehen. Während der Tagesphase fällt sowohl in der Wurzel als auch am Blatt das Wasserpotenzial. Damit wird der Wasserfluss aufrechterhalten (Abb. 6.3). Während der Nacht gleichen sich die Potenzialwerte in den Blättern, in der Wurzel und im Boden an und erreichen vor Sonnenaufgang ähnliche Werte.

Mit der Messung des Blattwasserpotenzials vor Sonnenaufgang (frühmorgendliches Wasserpotenzial) lässt sich der Wasserstatus in der Rebe und im Boden ermitteln.

Die Rebe verfügt über verschiedene Strategien, den Wasserverbrauch bei zunehmender Trockenheit einzuschränken. Der Wasserfluss vom Boden in die verschiedenen Reborgane wird nicht nur von der Differenz im Wasserpotenzial bestimmt, sondern von einem Widerstand innerhalb des Systems. Hier besteht eine Analogie zu dem elektrischen Widerstand eines Drahtes. Bei großen Xylemzellen, die den Wassertransport in der Rebe übernehmen, ist der Widerstand gering und entsprechend benötigt man geringere Wasserpotenzialdifferenzen, um den gleichen Fluss zu erzeugen.

Den größten Einfluss auf den Wassertransport erzielen die **Spaltöffnungen** an der Blattunterseite. Mit der Regulierung der Spaltöffnungen kann der Wasserdampftransport in die Atmosphäre fast vollständig eingestellt werden. Während der Nacht und in Trockenphasen schließt die Rebe die Spaltöffnungen (Stomata). Auch bei sehr hohen Temperaturen und sehr niedrigen Luftfeuchten kann die Rebe die Transpiration einstellen.

Mit dem Schließen der Stomata unter diesen extremen Bedingungen entfällt aber auch die Kühlung durch die Transpiration und die Blatttemperaturen klettern dann um 8–10 °C über die Lufttemperaturen.

Bei heißem Sommerwetter müssen die Reben kritische Phasen überstehen. Die Reaktionen auf Wasserstress fallen bei den Rebsorten sehr unterschiedlich aus. Sie unterscheiden sich im Hinblick auf die Morphologie (Blattbehaarung), die Stomatadichte (Anzahl je Blattflächeneinheit), den Widerstand in den Xylemzellen und in den Reaktionen auf das fallende Blattwasserpotenzial.

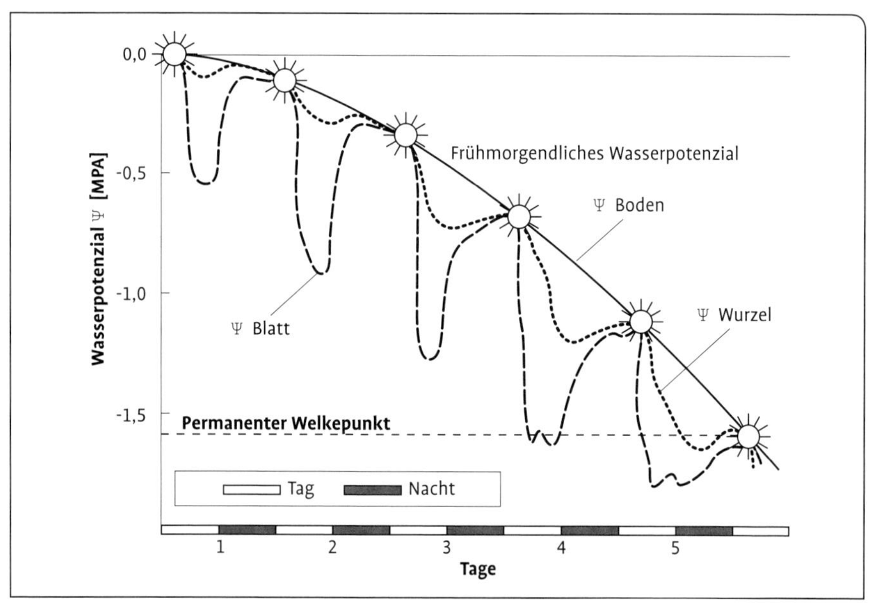

Abb. 6.3: Dynamik des Bodenwasser-, Wurzel- und Blattwasserpotenzials bei zunehmender Trockenheit (nach Slayter 1967).

Rebsorten, die an die warmen und trockenen Klimate angepasst sind, können das Blattwasserpotenzial weiter absinken lassen, ohne dass die Photosynthese deutlich eingeschränkt wird. Auch die Stomata reagieren weniger sensibel auf zunehmende Trockenheit.

Unsere mitteleuropäischen Rebsorten schließen die Stomata bei abnehmendem Blattwasserpotenzial, sparen dadurch Wasser, schränken zugleich aber die Kohlendioxidaufnahme ein. Von den deutschen Weißweinsorten ist der Riesling deutlich toleranter gegenüber Trockenheit als Silvaner oder Müller-Thurgau. Letztere sind sehr empfindlich gegenüber Wasserstress.

Aus Abb. 6.3 wird deutlich, dass dem Bodenwasserpotenzial eine entscheidende Bedeutung in der Wasserversorgung der Rebe zukommt. Deshalb wollen wir uns den Einflüssen des Bodens in der Tab. 6.2 zuwenden. Wesentliche Stellgrößen für die Wasserversorgung sind die Bodenart, der Bodentyp, die Bodenmächtigkeit, der Skelettanteil und die nutzbare Feldkapazität (nFK-Werte). Die Abb. 6.4 stellt einen Zusammenhang zwischen dem Bodenwasserpotenzial und dem Wassergehalt des Bodens in Volumen-% her.

In der Äquivalenz zum Niederschlag entspricht 1 Volumen-% – bezogen auf eine 10 cm starke Bodenschicht – einem Wert von 1 mm.

Die Reben können dem Boden im Bereich der nFK zwischen der Feldkapazität (−0,032 MPa) und dem permanenten Welkepunkt (−1,6 MPa) Wasser entziehen. Bei grundwassernahen Standorten wird für die Feldkapazität auch der Wasserpotenzialwert von −0,006 verwendet. Die durchgezogenen Linien beschreiben die Wasserspannungskurven für reinen Sand, Schluff und Ton. Reale Bodenarten (Sl3, Ls2, Tl) weichen deutlich von den Ideallinien ab. Es handelt sich um Mischformen mit wechselndem

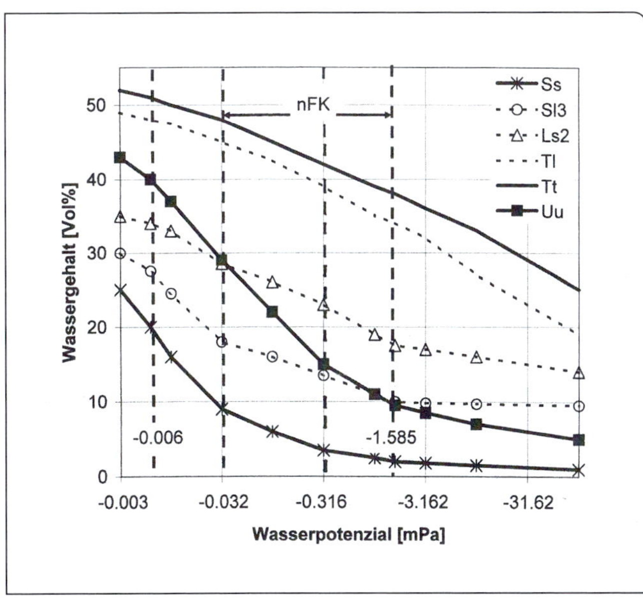

Abb. 6.4: Zusammenhang zwischen den Wasserpotenzialwerten im Boden und dem Wassergehalt des Bodens (Ss = reiner Sand; Sl3 = mittellehmiger Sand; Ls2 = schwachsandiger Lehm; Tl = lehmiger Ton; Tt = reiner Ton; Uu = reiner Schluff).

Ton-, Schluff- und Sandanteil. Böden mit hohem Sand- oder Skelettanteil reagieren bei Wasserentzug mit einem raschen Abfall des Bodenwasserpotenzials, ebenso schnell füllen sie sich bei Niederschlag wieder auf. Ein solches Verhalten zeigen insbesondere Böden an Steilhängen mit hohem Skelettanteil. Lösslehmböden mit hohem Schluffanteil lassen die Wasserpotenzialwerte nur langsam absinken. Die Rebe muss sich auf diese sehr unterschiedlichen Bodenverhältnisse einstellen.

Die wichtige Rolle der **Bodenmächtigkeit** sollen folgende Zahlenbeispiele verdeutlichen. Bei einer Bodenmächtigkeit von 1 m Tiefe stehen der Rebe bei reinem Sandboden 70 mm, bei einem Lösslehm (Schluff) 200 mm und bei einem stark tonhaltigen Boden 110 mm zur Verfügung. Bei knapper Bodenauflage von 50 cm halbieren sich die Werte. Dann geraten die Reben bei Trockenheit sehr schnell in Schwierigkeiten. Inzwischen ist bekannt, dass sich für die bei uns wachsenden weißen Rebsorten unterhalb eines Wasserpotenzialwertes von −0,2 bis −0,3 MPa (Schwellenwert eines moderaten Stresses) die Photosyntheseleistung einschränkt (Gruber und Schultz 2005). Natürlich reagieren die Rebsorten sehr unterschiedlich; für rote Rebsorten sind die Folgen bei Wassermangel und deren Auswirkung auf die Qualitätsbildung deutlich intensiver untersucht als bei weißen Rebsorten (vgl. Kap. 6.3).

6.2 Der Wasserbedarf der Rebe – ein System von Angebot und Nachfrage

Wegen ihres Ursprungsbiotops neigt die Rebe bei ungehindertem Wassernachschub zu einem „Luxuskonsum" des Wassers, der das vegetative Wachstum mit dichten Laubwänden fördert. Die tatsächliche oder aktuelle **Evapotranspiration** (ETa) liegt in jedem Jahr mehr oder weniger deutlich unter den potenziellen Werten. Die Bestimmung der ETa ist entweder nur mit hohem messtechnischen Aufwand über Lysimeter oder über eine rechnerische Gesamtbilanzierung des Wasserhaushalts möglich, weil die reale Verdunstung sehr stark von der Veränderung der Bodenfeuchte während der Vegetationsperiode abhängt. Es ist sinnvoll, die komplexen Zusammenhänge des Wasserhaushalts in Rebbeständen näher zu erläutern (Abb. 6.5), denn im hängigen Rebgelände haben wir es nicht nur mit vertikal zu- und abfließendem Wasser zu tun, sondern es müssen auch horizontale Wasserbewegungen sowie ein von der Inklination abhängiger unterschiedlicher Energieeintrag berücksichtigt werden.

Der größte Teil des Gesamtniederschlags erreicht direkt den Boden. Der Rest bleibt an den Reborganen hängen und verdunstet wieder direkt in die Atmosphäre (Interzeption). Da dieser Anteil in Rebbeständen aber nur wenige Prozent ausmacht, kann er bei der Wasserbilanzierung unberücksichtigt bleiben (Hüster 1993). Der durchfallende Niederschlag feuchtet den Boden an, dringt als Wasserfront in den Boden ein, verdunstet aber teilweise wieder als Evaporation von der Bodenoberfläche. Der in die tieferen Bodenschichten unterhalb von 10–20 cm Bodentiefe vordringende Niederschlag steht den Rebwurzeln zur Verfügung.

Der Anteil der Evaporation ist nicht vernachlässigbar, insbesondere dann, wenn die Rebgassen begrünt werden. Alle zu der dargestellten Bodenschicht (Abb. 6.5) hingerichteten Pfeile sind positive Glieder in der Gesamtwasserbilanz, alle weggerichteten Pfeile stehen für Wasserentzug. Die Stärke der Pfeile soll die Quantität der Wasserzu- und -abflüsse verdeutlichen. Den Hauptanteil an dem Wasserentzug im System Bo-

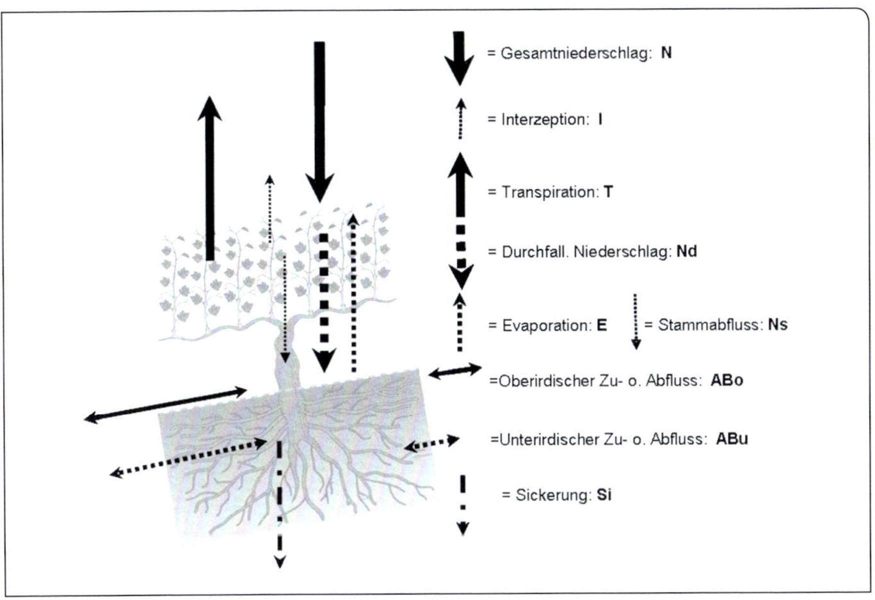

Abb. 6.5: Wasserbewegungen im Rebbestand. Zum Boden hingerichtete Pfeile sind Wassergewinne, vom Boden weggerichtete Pfeile sind Wasserverluste.

den-Pflanzen-Atmosphäre trägt die Transpiration. Ein weiterer Entzug stellt die Sickerung dar, wenn der Bodenspeicher voll ist und überläuft. Insbesondere im Winter beobachten wir die Tiefensickerung.

Bei hängigen Rebflächen führen ober- und unterirdische Zuflüsse zu Veränderungen in der Wasserbilanz. Über die unterirdischen Zu- und Abflüsse weiß man zurzeit nur sehr wenig, zum **Oberflächenabfluss** gibt es dagegen zahlreiche Untersuchungen. Ein weitverbreitetes amerikanisches Modell zur Berechnung des Oberflächenabflusses unterscheidet die Böden im Hinblick auf ihr Versickerungsvermögen in vier hydrologische Bodengruppen. Das Modell berücksichtigt auch die Bodennutzung. Die Abb. 6.6 zeigt die Ergebnisse für begrünte und offene Flächen in Abhängigkeit von der Hangneigung (Huang et al. 2006). Sie bestätigt, dass die Bodennutzung den entscheidenden Einfluss auf den Oberflächenabfluss hat, die Hangneigung dagegen den Oberflächenabfluss nur unwesentlich beeinflusst.

Das geht auch aus Emde (1992) hervor, der in seiner Arbeit zum Oberflächenabfluss den Bodenaustrag an acht Messstationen im Rheingau mit Hangneigungen von 10, 20, 22 und 32 % untersuchte. Er kommt zum Ergebnis: „*Bei den eigenen Untersuchungen konnte kein eindeutiger Zusammenhang zwischen dem Einfluss der Hangneigung auf den Oberflächenabfluss und den Bodenaustrag ermittelt werden.*“ Daher wurde auf eine Berücksichtigung der Hangneigung bei der Abschätzung des Oberflächenabflusses verzichtet.

Im Mittel liegt der mit Beobachtungsdaten (Station Geisenheim) für einen alternierend begrünten Weinberg berechnete Oberflächenabfluss im Rheingau bei etwa 20 mm/Jahr und spielt daher in der Gesamt-

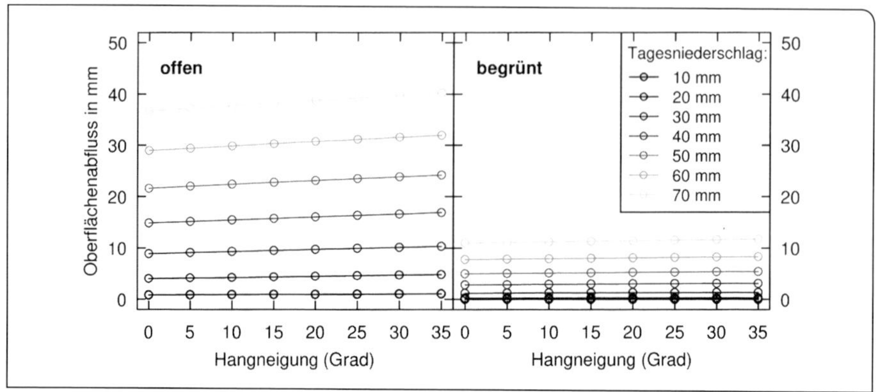

Abb. 6.6: Einfluss von Hangneigung und Niederschlagshöhe auf den Oberflächenabfluss für einen offen gehaltenen und einen begrünten Boden. Für den Einfluss der Hangneigung wurde die Formel von HUANG et al. (2006) verwendet.

bilanz nur eine untergeordnete Rolle. EMDE (1992) konnte in begrünten Anlagen keinen Oberflächenabfluss feststellen und zeigte auch, dass offen gehaltene Weinbergsböden stärker gefährdet sind.

Die Bilanzierung des Wasserhaushaltes führt zu folgendem Ergebnis:

Neff – ETa ± (ABu ± ABo) – SI = Δ Bof

Darin bedeuten:

Neff = effektiver Niederschlag (Summe durchfallender und abtropfender Niederschlag)

ETa = aktuelle Verdunstung

ABu u. ABo = unterirdische und oberirdische Zu- und Abflüsse

SI = Tiefensickerung

Δ Bof = Änderung der Bodenfeuchte

Bei horizontalen Flächen entfallen die seitlichen Zu- und Abflüsse. Wenn alle Größen in dieser Wasserbilanz bekannt wären, könnte man auch die aktuelle Verdunstung berechnen. Leider gibt es keine langjährigen täglichen Messungen der Bodenfeuchte und der Sickerung. Man behilft sich mit einem Simulationsmodell, das den Bodenfeuchte-

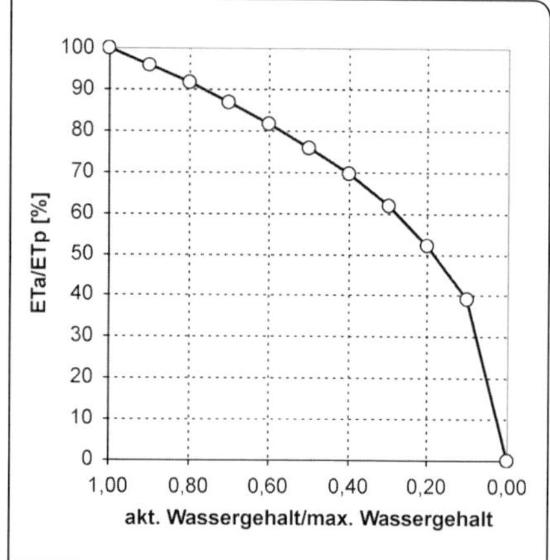

Abb. 6.7: Reduktion der potenziellen Verdunstung (ETp) zur aktuellen Verdunstung (ETa) in Abhängigkeit der aktuellen Bodenfeuchte zur maximalen Bodenfeuchte, bezogen auf das nutzbare Bodenwasser (HÜSTER 1993).

verlauf von Tag zu Tag über die Wasserbilanz neu berechnet. Dann ergibt sich aus der oben genannten Wasserbilanz folgende Beziehung:

Bof (heute) = Bof (gestern) + Neff – ETa ± (ABu ± ABo) – SI.

Unterirdische Zu- und Abflüsse werden allerdings nicht berücksichtigt. Dieses Simulationsmodell entwickelte Hüster (1993) für begrünte und offen gehaltene Rebflächen, später erweiterte Hofmann (2004) diesen Ansatz unter Einbeziehung des Oberflächenabflusses auf geneigten und unterschiedlich exponierten Rebflächen. Dabei wird die aktuelle Verdunstung (ETa) zur potenziellen Verdunstung (ETp) in Abhängigkeit vom Bodenwassergehalt reduziert. Bei einem aktuellen Bodenwassergehalt von 60 % der nutzbaren Feldkapazität verringert sich die aktuelle Verdunstung auf 80 % des potenziellen Wertes. Mit diesem Wert wird dann die Bodenfeuchte für den Folgetag berechnet. Das Simulationsmodell wurde mit real gemessenen Bodenfeuchteverläufen geeicht und auf anderen Flächen überprüft.

Die Simulation der **Bodenfeuchte** soll an einem Beispiel aus dem extremen Trockenjahr 2003 verdeutlicht werden (Abb. 6.8). Die Berechnungen gelten für einen Boden mit einer nutzbaren Feldkapazität von 130 mm. Anfang Juni ist der Boden noch mit Wasser gefüllt und entleert sich dann in der folgenden Trockenzeit. Gelegentliche Niederschläge heben zwar die Bodenfeuchte in der obersten Bodenschicht von 0 bis 20 cm Bodentiefe an, der Abfall der Bodenfeuchte in den tieferen Schichten verzögert sich etwas, lediglich die Niederschläge Ende Juni heben die Bodenfeuchte im Hauptwurzelbereich von 20 bis 60 cm Bodentiefe kurzzeitig an. Nachfolgende kleinere Niederschläge ab Mitte Juli reichern nur die oberste Bodenschicht noch mit Wasser an. Mitte Juli unterschreitet der nFK-Wert im Hauptwurzelbereich von 20–60 cm die Schwelle von 20 %. Mithilfe dieses Modells lässt sich für einen größeren Zeitraum und für verschiedene nFK-Klassen die Bodenfeuchte und die aktuelle Verdunstung (ETa) berechnen.

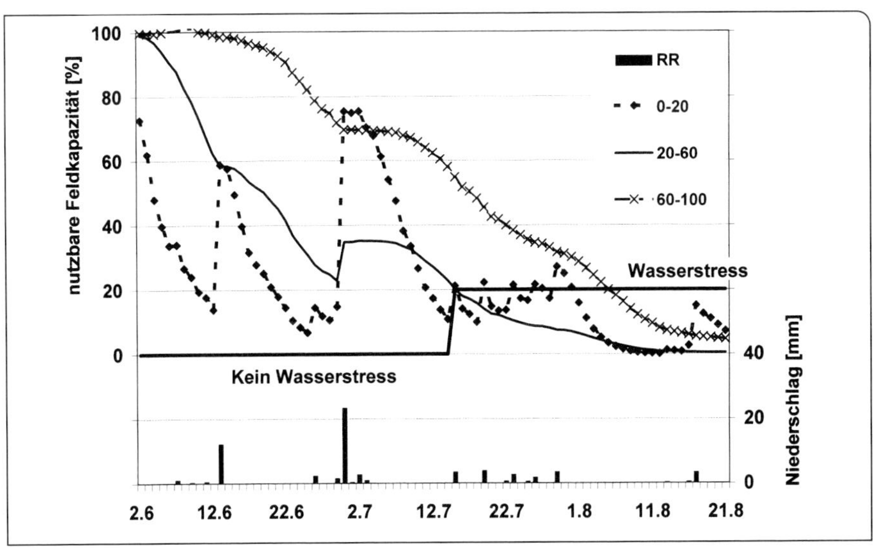

Abb. 6.8: Simulation der Bodenfeuchte mithilfe eines Wasserhaushaltsmodells für drei Bodenschichten (0–20 cm, 20–60 cm, 60–100 cm) bei einer nutzbaren Feldkapazität von 130 mm für 2003 (Geisenheim, Rheingau); Stress = Restwassergehalt 0–100 cm Bodentiefe < 40 mm.

Bleibt das Verhältnis von ETa zur ETp über die Jahre hinweg konstant?

Die Abb. 6.9 verdeutlicht die starke Schwankung des prozentualen Verhältnis ETa/ETp im Zeitraum 1951–2003 in der Zeit vom Austrieb bis zur Lese für die Rebsorte Riesling am Standort Geisenheim bei einer nutzbaren Feldkapazität von 150 mm. Die Werte schwanken zwischen 48 % im Jahr 1976 und 97 % im Jahr 1967. Über den Zeitraum von 53 Jahren ergibt sich ein Mittelwert von 77 %.

Die tatsächlichen Verdunstungswerte schwanken zwischen knapp 240 mm 1976 und 350 mm im Jahr 1992 (Abb. 6.9).

Die Mittelwerte liegen für ETa bei 305, für die ETp bei 405 mm. Spielregeln zu einem reduzierten Wasserverbrauch wurden in Kap. 6.1 erläutert. Ist damit die Frage nach dem Wasserbedarf schon beantwortet? Der genannte Mittelwert, das Maximum und das Minimum der aktuellen Verdunstung (ETa) enthalten keine Angaben darüber, wie häufig die Rebe in den 53 Jahren Stresssituationen erlebt hat. Die Aussagen gelten auch nur für einen Boden mit einem nFK-Wert von 150 mm, mit zunehmendem nFK-Wert würde auch das Verhältnis ETa/ETp ansteigen, bei abnehmendem nFK-Wert dagegen fallen. Ein Grenzwert für den Wasserstress liegt – wie bereits erwähnt – bei einem Bodenwasserpotenzial von −0,3 MPa (Abb. 6.4). Die dort gezeigten Wasserspannungskurven gibt es allerdings nur für ausgewählte Profile. Dagegen wurden flächendeckende Karten zur nFK entwickelt (Zimmer 2004). Aus diesen Angaben leitete Hofmann (2004) ein Trockenstressrisiko über die Restwassergehalte im Boden ab. Der

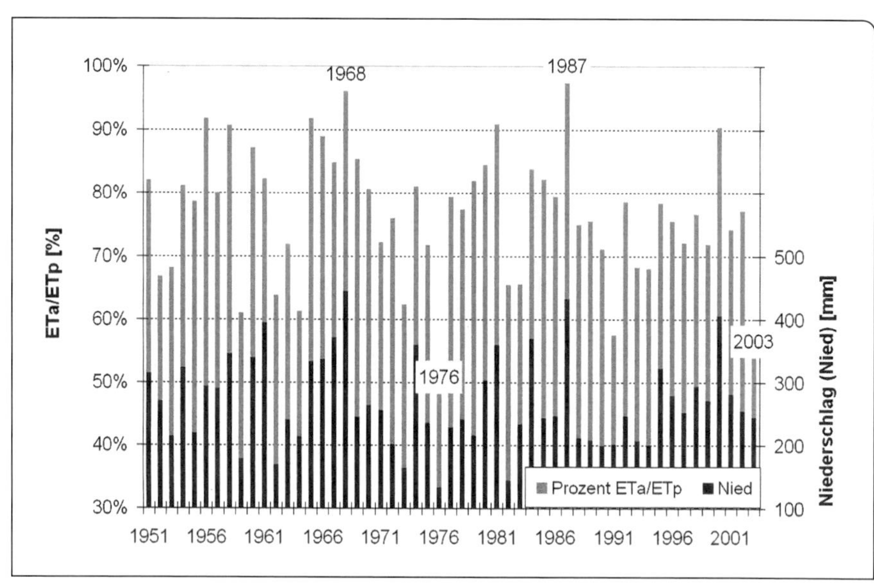

Abb. 6.9: Verhältnis der aktuellen (ETa) zur potenziellen Verdunstung (ETp) und der Niederschlag vom Austrieb bis Lese (Riesling) bei einem pflanzenverfügbaren Bodenwasser von 150 mm für den Zeitraum 1951–2003 in Geisenheim (Rheingau).

angenommene kritische Restwassergehalt für Trockenstress von weniger als 40 mm in der Schicht von 0 bis 1 m Bodentiefe entspricht den bis dahin gewonnenen Erfahrungen. Wenn man in Abb. 6.4 die Restwassergehalte der verschiedenen Bodenarten bei dem genannten moderaten Wasserpotenzialwert von −0,3 MPa ermittelt, so ergeben sich zwischen den Bodenarten deutliche Unterschiede (Tab. 6.3). Ohne Berücksichtigung von reinem Sand schwanken die Werte zwischen 30 und 55 mm Restwasser. Näherungsweise kann ein Wert von 40 mm als Mittelwert angesehen werden.

Mithilfe des beschriebenen Bodenfeuchtemodells lässt sich dann für eine Folge von Jahren und für verschiedene nFK-Klassen das Trockenstressrisiko für Rebstandorte berechnen. Die Tab. 6.4 listet die Zahl der Tage mit Trockenstress für den Zeitraum von der Vollblüte bis 100 Tage nach der Vollblüte von 1951 bis 2003 in Geisenheim für verschiedene nFK-Stufen auf. Links sind die absolute Zahl der Tage, rechts die prozentualen Anteile an dem Zeitraum von 100 Tagen für jedes Einzeljahr dargestellt. Die Werte schwanken zwischen 0 Tagen im Jahr 1965 und 99 Tagen im Jahr 1976. Es fällt auf, dass die Zahl der Jahre mit Trockenstress von 42 (nFK= 100) auf 9 (nFK= 190) Jahre sehr deutlich abfällt.

Die Trockenstresskarte für das Weinbaugebiet Rheingau basiert auf dem genannten Schwellenwert (Hofmann 2004). Die Tab. 6.5 weist sechs Gefährdungsstufen auf. Bei der Berechnung des Trockenheitsrisikos

Tab. 6.3 *Zusammenhang zwischen Bodenwasserpotenzial und nutzbarer Feldkapazität (nFK) in [mm] für verschiedene Bodenarten von 0 bis 100 cm Bodentiefe.*

WP [MPa]	Sand	Sl2	Sl3	Ls2	Tl	Ton	Schluff
−0,003	250	260	300	350	490	520	430
−0,006	200	230	275	340	480	510	400
−0,010	160	205	245	330	475	500	370
−0,032	**90**	**140**	**180**	**285**	**450**	**480**	**290**
−0,100	60	120	160	260	425	450	220
−0,316	35	100	135	230	390	420	150
−1,000	25	80	110	190	350	390	110
−1,585	**20**	**70**	**100**	**175**	**340**	**380**	**95**
−3,162	18	70	98	170	320	360	85
−10,000	15	70	97	160	270	330	70
−100,000	10	70	95	140	190	250	50
nFK (100 cm) in [mm]	70	70	80	110	110	100	195
Rest (−0,3 MPa 100 cm)	15	30	35	55	50	40	55

Rest (−0,3 MPa 100 cm) = Restwasser zwischen −0,3 MPa und Welkepunkt (−1,585 MPa) in [mm]

Tab. 6.4 *Zahl der Tage mit Trockenstress in Geisenheim (1951–2003) für den Zeitraum von der Vollblüte bis 100 Tage danach für verschiedene nFK-Stufen.*
Trockenstress = Restwassergehalt im Boden (0–1 m Bodentiefe) < 40 mm.

Anzahl der Tage mit Wasserstress (Zeitraum: Vollblüte + 100 Tage)									
	Nutzbare Feldkapazität [mm]					Nutzbare Feldkapazität [mm]			
Jahre	100	130	150	190	Jahre	100	130	150	190
1951	14	0	0	0	1977	27	1	0	1
1952	68	54	44	0	1978	54	24	0	0
1953	41	31	22	0	1979	31	8	0	0
1954	5	0	0	0	1980	21	0	0	0
1955	47	20	0	0	1981	0	0	0	0
1956	0	0	0	0	1982	75	55	30	10
1957	36	2	0	0	1983	79	67	56	17
1958	0	0	0	0	1984	16	0	0	0
1959	67	40	26	9	1985	37	9	0	0
1960	5	0	0	0	1986	50	19	3	0
1961	35	0	0	0	1987	0	0	0	0
1962	97	64	43	0	1988	48	33	2	0
1963	26	13	5	0	1989	62	10	0	0
1964	84	65	56	22	1990	59	42	28	0
1965	0	0	0	0	1991	91	64	54	32
1966	0	0	0	0	1992	55	31	3	0
1967	7	0	0	0	1993	94	41	28	3
1968	0	0	0	0	1994	82	69	56	10
1969	5	0	0	0	1995	36	12	5	0
1970	45	4	0	0	1996	72	39	12	0
1971	65	39	13	0	1997	46	39	17	0
1972	41	2	0	0	1998	37	22	11	0
1973	68	44	36	8	1999	68	21	13	0
1974	26	0	0	0	2000	0	0	0	0
1975	15	2	0	0	2001	32	4	0	0
1976	99	86	78	57	2002	35	3	0	3
Zahl der Jahre mit Wasserstress (> 5 %)					2003	72	57	48	33
	42	29	19	9	Mittel	41,0	21,4	13,0	3,9

spielen insbesondere die Stufen der nutzbaren Feldkapazität, Hangneigungen, Expositionen und Höhenlagen eine wichtige Rolle. In den Gefährdungsstufen III und IV nimmt das Risiko deutlich zu, und die Frage nach einer Zusatzbewässerung muss anhand der Standortbedingungen, der Rebsorte, der Unterlage und dem angestrebten Ertragsniveau geklärt werden.

Projektionen des Trockenstressrisikos für die Anbaugebiete Rheingau und Hessische Bergstraße zeigen keine gravierende Zunahme von Trockenstress auf tiefgründigen Standorten während Steillagenregionen stärker betroffen sein können. Da dem Erosionsschutz in Zukunft eine immer stärkere Bedeutung zukommt, ist das Thema Begrünung und Wasserkonkurrenz zukünftig von hoher Bedeutung.

Für die Bewertung in den einzelnen Stufen der nutzbaren Feldkapazität ist jeweils das maximal mögliche Trockenstressrisiko entscheidend, d. h. von 100 bis 150 mm wird das größte Risiko (100 mm) dargestellt. Nutzbare Feldkapazitäten von weniger als 100 mm und Hangneigungen > 30 Grad bilden zusammen eine Sonderklasse S. Auf diesen Standorten ist fast in jedem Jahr Trockenstress zu erwarten. Eine weitere Sonderklasse bilden grundwassernahe Standorte. Das ausgewählte Beispiel (Abb. 6.10) verdeutlicht das Trockenstressrisiko im Bereich talnaher Standorte oder unteren Hanglagen mit Lösslehmauflagen.

Bei einem Risiko von mehr als 10 Jahren über eine Gesamtzeit von 30 Jahren kann auf jeden Fall eine Tröpfchenbewässerung sinnvoll sein.

Am Schloss Johannisberg nimmt hingegen das Risiko oberhalb von 160 m ü. NN deutlich zu. Wir finden aber auch höhere Risiken in den flachen Hanglagen zwischen dem Rothenberg (Geisenheim) und Schloss Johannisberg. Dieser Bereich ist stark kiesig und weist lokal deshalb hohe Skelettanteile auf. Bei der Bewertung der Karte müssen auch die notwendigen Vereinfachungen bei der Berechnung berücksichtigt werden. Die Simulation der Bodenfeuchte erfasst eine Schicht von 0 bis 1 m Bodentiefe. Bei größeren Bodenmächtigkeiten am Einzelstandort erschließen die Rebwurzeln auch das Was-

Tab. 6.5 *Die sechs Gefährdungsstufen für Trockenstress in der Karte des Trockenstressrisikos bei einer Dauerbegrünung in den hessischen Weinbaugebieten.*

Einteilung in Gefährdungsklassen (Datenbasis: 1961–1990)			
	KL	**Prozent. Anteil der Jahre**	**Max. Anzahl in 30 Jahre**
Gefährdungsklasse	**I**	<= 10 %	3 Jahre
Gefährdungsklasse	**II**	> 10 % bis 25 %	8 Jahre
Gefährdungsklasse	**III**	> 25 % bis 50 %	15 Jahre
Gefährdungsklasse	**IV**	> 50 %	mehr als 15 Jahre
Gefährdungsklasse	**S1**	sehr hohes Risiko (nFK < 100 mm, Neig > 30 Grad)	
Gefährdungsklasse	**S2**	Standorte mit hohem Grundwasserstand	

nFK = nutzbare Feldkapazität (0–1 m Bodentiefe)
Neig = Hangneigung

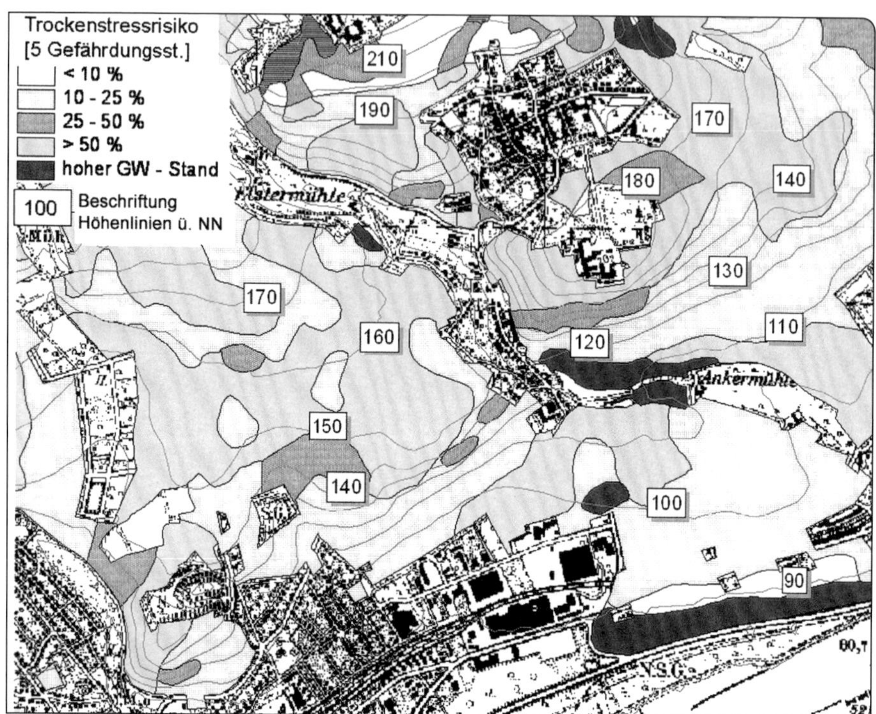

Abb. 6.10: Trockenstressrisiko der Weinbergslagen im Bereich Geisenheim (Rheingau) und Johannisberg (Rheingau) in Abhängigkeit von der nFK, der aktuellen Verdunstung, dem Niederschlag und der Hangneigung (Zeitraum 1961–1990). Prozent = prozentualer Anteil der Jahre mit Stress im 30-jährigen Zeitraum (nach HOFMANN 2004); Stress = Restwassergehalt 0–1 m Bodentiefe < 40 mm.

ser aus tieferen Schichten. Bei flächendeckenden Darstellungen bleibt eine Generalisierung und Vereinfachung nicht aus. Eine genaue Standorteinschätzung kann nur vor Ort erfolgen.

Durch die einzelnen nFK-Klassen sind zwar die hauptsächlich vertretenen Böden repräsentiert, aber es können immer wieder lokal schlechtere oder bessere Standorteigenschaften auftreten. Aufschluss darüber bieten **Bodenkarten** im Maßstab 1:5000, die inzwischen auch für den Rheingau flächendeckend vorliegen.

Durch stauende Schichten im tieferen Untergrund oder regelmäßigen Hangwasserzufluss kann real auch eine bessere Wasserversorgung vorhanden sein, als sie aufgrund der nutzbaren Feldkapazität zu erwarten wäre. Es existieren z. T. auch Standorte der Gefährdungsklasse IV (Assmannshausen), die trotz hoher Gefährdung dauerbegrünt sind. Bei einem geringen Anschnitt, einem Ertragsniveau von nur 3000–4000 l/ha und auf Standorten bepflanzt mit Spätburgunder ist das möglich, darf aber nicht verallgemeinert werden (vgl. Kap. 6.3).

Darüber hinaus spielt auch das **Alter der Rebanlage** eine Rolle. In Abhängigkeit von der Unterlagsrebe sind Altanlagen mit einem gut entwickelten Wurzelsystem weniger gefährdet als Junganlagen. Sie können tief reichende Wurzeln auf Standorten mit größerer Bodenmächtigkeit entwickeln. Rieslingreben sind unter Umständen bei Trockenheit toleranter als andere weiße Rebsorten (vgl. Kap. 6.1).

Je höher die Gefährdungsklasse ist umso sorgfältiger muss die Auswahl und die Bewirtschaftung der **Begrünungspflanzen** erfolgen. Von Leguminosen, natürlicher Dauerbegrünung bis zu speziellen Trockenrasenmischungen besteht eine breite Palette von Möglichkeiten. Auch über den Deckungsgrad oder durch Walzen lässt sich die Begrünung regulieren. Angefangen bei einer flächendeckenden Einsaat, kann der Unterstockbereich oder jede zweite Reihe unbegrünt gelassen werden. Einen nicht zu unterschätzenden Einfluss auf den Wasserverbrauch übt auch die Schnitthäufigkeit einer Begrünung aus. Gerade in Steillagen ist zukünftig abzuwägen, inwieweit sich Bewässerung und Begrünung ergänzen (vgl. Kap. 6.4).

Hofmann et al. (2014) haben das Wasserhaushaltsmodell weiterentwickelt. Ihr Ansatz ermöglicht die getrennte Berechnung der Evapotranspirationsraten von Reben sowie begrüntem und offenem Boden eines Weinbergs. Dazu werden mit einem Strahlungsmodell die Anteile der einfallenden Globalstrahlung berechnet, welche auf die Reben oder den Boden entfallen. Da die Globalstrahlung der maßgebliche Energielieferant ist, der die Verdunstung antreibt, kann so auch die potenzielle Evapotranspiration auf Reben und Boden aufgeteilt werden. Dieser Ansatz wurde zunächst entwickelt, um die Transpiration der Reben bei guter Wasserversorgung zu berechnen, (Riou et al. 1994) und später zur Berechnung des Wasserhaushalts von Reben in nicht begrünten Anlagen verwendet (Lebon et al. 2003).

Das Simulationsmodell bilanziert täglich den Niederschlag und die aktuelle Evapotranspiration, welche aus der Summe der Transpiration der Reben und der Evapotranspiration des offenen und begrünten Bodens gebildet wird. Diese Bilanzierung erlaubt die Berechnung der Bodenfeuchte, welche für Reben zur Verfügung steht und der hierin enthaltenen Teilreservoire für die Begrünung und den offenen Boden. Tritt in einem der Reservoire Wassermangel auf, wird die potenzielle Evapotranspiration, die auf die Reben und auf den offenen oder begrünten Boden aufgeschlüsselt wird, auf die aktuelle Evapotranspiration reduziert. Dazu werden zur Abb. 6.7 vergleichbare Beziehungen verwendet. Mit diesem Ansatz ist auch die Berechnung des Wasserhaushalts für alternierend begrünte Anlagen möglich. Diese Bewirtschaftungsweise stellt einen Kompromiss dar, der die Vorteile einer Begrünung teilweise nutzt aber das Risiko einer zu starken Wasserkonkurrenz reduziert. In der Praxis ist sie weit verbreitet.

Abb. 6.11 (Anhang, S. 338) zeigt eine Simulationsrechnung für das Jahr 2012 für einen Weinberg mit guter Wasserversorgung im Rüdesheimer Schlossberg, bei dem jede Gasse bis auf einen Streifen von ca. 40 cm Breite unterhalb der Rebstöcke begrünt war. Messtechnisch wurde die Bodenfeuchte bis auf eine Tiefe von 1,60 m erfasst und angenommen, dass die Hauptentnahme aus diesem Bodenhorizont erfolgt. Das Modell zeigte eine gute Übereinstimmung mit gemessener Bodenfeuchte sowie der Transpiration der Reben. Im Verlauf des Monats Mai sank die relative Verdunstungsrate, weil die Bodenfeuchte im Begrünungsreservoir stark abgenommen hat. Ende Mai begannen auch die Reben, Wasser zu transpirieren. Die höchsten Werte wurden im Juli erreicht, nach einem relativ feuchten Juni. Die Verdunstung der Begrünung war in dieser

Phase durch die Abschattung der Reben geringer als noch im Mai. Im Herbst nahm die Verdunstung wieder ab, weil auch die potenzielle Evapotranspiration sank. Die relativen Raten erreichten Ende Oktober wieder 100 %, weil die Böden wieder feucht waren.

6.3 Wie wirkt sich Trockenstress auf die Qualität aus?

Die Auswirkung des Trockenstress auf die Qualität kann nicht generell mit Grenzwerten oder bestimmten Schwellenangaben erfolgen. Der mögliche Stress für die Rebe ist – wie bereits beschrieben – von der Sorten- und Unterlagenwahl, dem Ertragsniveau, dem Bodenpflegesystem, dem Begrünungsmanagement und dem Erziehungssystem abhängig. Generell lässt sich aus dem berechnetem Trockenstress ableiten, dass Standorte mit einem nFK-Wert von weniger als 150 mm unter den klimatischen Bedingungen des Rheingaus verstärkt stressanfällig sind. Die Grunddaten zu Mostgewicht, Säure und Ertrag bei der Rebsorte Riesling bieten keine Anhaltspunkte über den Zusammenhang zwischen Trockenstress und Qualitätsbildung (Tab. 6.6). Am Schloss Johannisberg lag in dem Zeitraum von 1951 bis 2000 in den 15 Spitzenjahren mit durchschnittlich 91 °Oe der Ertrag um 24 hl/ha höher als in den 15 geringsten Jahrgängen.

Dieses Beispiel zeigt, dass der Ertrag nicht durch die Wasserhaushaltsgrößen gesteuert wird, sondern durch die Wärmegunst des aktuellen und des abgelaufenen Jahres sowie durch die Bestandsführung des Winzers. Selbst lang andauernde Trockenphasen mit Stress wie beispielsweise 1976 und 1959 waren den Erträgen nur wenig abträglich. In Jahren mit zu viel Niederschlag (positive klimatische Wasserbilanz) wie 1968 oder ausgeglichener klimatischer Wasserbilanz wie 1965 und 1984 liegen die Erträge deutlich unter dem langjährigen Mittelwert.

Auch die **Mostgewicht** und **Säurewerte** lassen keine unmittelbaren Einflüsse zum Trockenstress erkennen. Die Folgen von Wasserstress springen bei einem Vergleich von Mostgewicht und Säure nicht ins Auge, die Ursachen liegen tiefer und sind in physiologisch begründeten Stoffwechselvorgängen zu suchen, die ihrerseits wieder die Zusammensetzung der Aromen in den Beeren und andere Stoffkomponenten verändern.

Für Reben ist sowohl eine zu hohe als auch eine zu niedrige Wasserversorgung für die Bildung von gewünschten Inhaltsstoffen und ausgewogenen Erträgen negativ. Ein sehr hohes vegetatives Wachstum aufgrund hoher Wasserversorgung führt allgemein zu sehr dichten Laubwänden und sehr kompakten Trauben, wodurch sich Fäulniserreger besser ansiedeln können und der Aufwand für Laubarbeiten im Sommer steigt. Auch für die Bildung von Zucker und Säuren sowie der Farbstoffe bei roten Rebsorten ist eine zu hohe Wasserversorgung eher negativ.

Tab. 6.6 *Mostgewicht [°Oe] Ertrag [hl/ha] und Gesamtsäure [g/l] am Schloss Johannisberg (Mittelwert aus 19 Einzelparzellen) für die 15 besten und die 15 geringsten Jahrgänge im Vergleich zu den Wasserhaushaltsgrößen der Einzeljahre in Geisenheim 1951–2000.*

Spitzenjahgänge									
Jahr	**Oe**	**Säu**	**Ert**	**AET**	**PET**	**AET/PET**	**RRsum**	**KWSBL**	**nFK 150**
1976	104	9,8	82	237	492	48 %	133	−360	78
1999	104	8,8	92	330	460	72 %	271	−188	13
1971	99	10,8	75	332	460	72 %	256	−204	13
1959	98	8,2	78	315	517	61 %	178	−338	26
1953	96	10,4	59	324	476	68 %	214	−262	22
2000	92	7,9	84	348	385	90 %	405	20	0
1998	90	9,4	79	321	419	77 %	293	−126	11
1992	88	8,3	97	350	446	79 %	247	−199	3
1993	88	8,7	82	298	437	68 %	207	−230	28
1996	87	11,8	60	308	409	75 %	279	−129	12
1997	86	8,9	107	350	486	72 %	252	−234	17
1951	86	13,5	48	324	395	82 %	314	−81	0
1989	86	8,8	108	299	396	76 %	208	−187	0
1975	84	11,7	91	292	408	72 %	235	−172	0
1964	83	8,5	95	314	513	61 %	214	−299	56
Mittel (15)	91	9,7	82	316	447	72 %	247	−199	19
Langj, Mittel	77	12,1	69	304	400	77 %	269	−131	13

Tab. 6.6 Fortsetzung

Spitzenjahgänge									
Jahr	**Oe**	**Säu**	**Ert**	**AET**	**PET**	**AET/PET**	**RRsum**	**KWSBL**	**nFK 150**
	Gering								
JAHR	Oe	Säu	Ert	AET	PET	AET/PET	RRsum	KWSBL	nFK 150
1960	71	10,3	96	313	360	87 %	339	–21	0
1972	70	17,0	80	280	368	76 %	202	–166	0
1986	69	10,7	72	316	398	79 %	247	–150	3
1957	69	14,5	43	309	386	80 %	290	–96	0
1987	68	13,6	66	321	329	97 %	432	103	0
1981	67	12,3	64	318	350	91 %	360	9	0
1974	64	14,9	77	325	402	81 %	359	–42	0
1977	64	17,7	82	261	328	79 %	228	–101	0
1968	64	17,6	54	281	292	96 %	445	153	0
1980	64	17,9	37	282	334	84 %	303	–31	0
1954	64	13,8	64	297	366	81 %	323	–43	0
1978	61	18,3	73	264	341	77 %	242	–100	0
1965	57	17,9	50	300	327	92 %	333	6	0
1984	56	18,4	50	281	336	84 %	370	34	0
1956	56	12,2	54	280	305	92 %	293	–12	0
Mittel (15)	64	15,1	58	295	348	85 %	318	–30	0
langj. Mittel	77	12,1	69	304	400	77 %	269	–131	13

Erläuterungen:
Oe = Grad Oechsle
Säu = Gesamtsäure [g/l]
Ert = Ertrag [hl/ha]
AET = aktuelle Verdunstungssumme [mm]
PET = potenzielle Verdunstungssumme [mm]
AET/PET = Verhältnis AET zu PET [%]
RRsum = Niederschlagssumme [mm]
KWSBL = klimatische Wasserbilanz [mm]
nFK 150 = Zahl der Tage mit Trockenstress im Zeitraum Vollblüte + 100 Tage bei einem nFK von 150 mm
Die Summenwerte beziehen sich auf den Zeitraum vom Austrieb bis zur Lese.

Tab. 6.7 : Die Auswirkung einer unterschiedlichen Wasserversorgung auf rebphysiologische Parameter.

	Wasserversorgung			
Pflanzenreaktion	**zu hoch**	**adäquat**	**Stress moderat**	**Stress stark**
Wasserpotenzial (MPa)	−0,03 bis −0,1	−0,1 bis −0,2	−0,2 bis −0,6	< −0,6
Assimilationsleistung	hoch	hoch	reduziert	stark reduziert
vegetatives Wachstum	sehr hoch	hoch	stark reduziert	eingestellt (Sorte)
Blüteverlauf	schlecht	gut	gut	schlecht
Ertrag	hoch	hoch	etwas reduziert	stark reduziert
Zuckergehalt	etwas reduziert	hoch	sehr hoch	reduziert
Farbstoffausbildung	reduziert	reduziert	hoch	sehr hoch
Säure	sehr hoch	hoch	reduziert	reduziert
Holzausreife	schwach	gut	sehr gut	gut bis schwach

Optimal ist eine Wasserversorgung, die sich im Bereich eines moderaten Wassermangels bewegt (Tab. 6.7) (SCHULTZ und HOFMANN 2008).

Die Auswirkungen auf die Physiologie der Rebe, auf die Balance des Wachstums und die Bildung der Inhaltsstoffe sind in diesem Bereich als sehr positiv anzusehen. Sortenspezifisch kann die individuelle Reaktion zwar variieren, aber generell gilt ein moderater Wassermangel als qualitätsfördernd. Im starken Stressbereich ist die Assimilationsleistung der Rebe so stark eingeschränkt, dass die Folgen auf den Ertrag und die Inhaltsstoffbildung als sehr negativ einzustufen sind (Tab. 6.7).

Die Grenzen zwischen den aufgeführten Bereichen sind fließend und hängen auch von weiteren Faktoren wie der Sorte, der Unterlage und dem Alter der Anlage ab. Die negativen Folgen durch zu starken Wassermangel sind im Allgemeinen gravierender als die Folgen einer zu hohen Wasserversorgung, außer wenn es zu extremem Krankheitsbefall kommt.

Bezüglich **wertgebender Inhaltsstoffe** gibt es grundsätzliche Unterschiede zwischen roten und weißen Rebsorten. Moderater Wasserstress kann bei **Rotweinen** zu positiven Effekten führen, bei **Weißweinen** ist die Schwelle mit negativen Auswirkungen auf die Geschmacksqualität eher niedriger anzusetzen.

Starker Wassermangel im Boden setzt das Phytohormon **Abscisinsäure** frei, das in den Beeren und Blättern regulierend in den Stoffwechsel eingreift, die Schließung der Spaltöffnungen bei Trockenheit auslöst und somit den Wasserverbrauch einschränkt.

Als Folge reduzieren sich vegetatives und generatives Wachstum und letztendlich auch die Assimilationsleistung. Ein stärkerer Abfall der Assimilationsleistung bei zunehmender Trockenheit beginnt bei der weißen Rebsorte Gewürztraminer wesentlich früher als bei der roten Rebsorte Syrah, die an trockene Klimabedingungen wesentlich besser angepasst ist (Schultz 2003). Aus Australien stammt ein Konzept für **rote Rebsorten**, nur einen Teil der Wurzelzone wechselweise zu bewässern. Dadurch wird einerseits die Photosyntheseleistung gewährleistet, andererseits löst die Trockenheit die langanhaltende Hemmung insbesondere des Triebwachstums aus. Die Abscisinsäure beschleunigt auch die Alterung und schließt die Vegetationszeit früher ab (Schultz und Steinberg 2002).

Wasser transportiert schließlich auch die **Nährstoffe**, eine Folge des Wassermangels ist in der Regel auch Nährstoffstress. Damit verändern sich auch verschiedene Inhaltsstoffe in den Beeren. Die Wasserversorgung reguliert den Anteil der Fruchtsäuren, den pH-Wert, den Stickstoffgehalt, die Phenolkomponenten einschließlich der Farbstoffe (Anthocyane) und verschiedene Aromakomponenten in den Beeren. Da moderater Wassermangel die Wüchsigkeit reduziert und gleichzeitig die Phenol- und Anthocyangehalte in den Beeren steigert, gilt ein solcher Stress für die Rotweinsorten durchaus als positiv. Auch die Tannine konzentrieren sich stärker in der Beerenhaut.

Französische Autoren argumentieren im Hinblick auf einen moderaten Wasserstress für unverwechselbare Lagen und damit auch im Sinne des Terroirs (Seguin 1971, van Leeuwen und Seguin 1994). Dieser Gedanke entstammt der Überzeugung, dass „moderater" Wassermangel positiv für die Qualitätsausprägung ist und somit ausschlaggebend für den Vorzug bestimmter Lagen. Das gilt streng genommen natürlich nur für rote Rebsorten. Mit dem Wassermangel verändert sich das Verhältnis von vegetativer zu generativer Leistung. Trockenheit zum richtigen Zeitpunkt erhöht die Abscisinsäurekonzentration, reduziert die Transpirationsrate und drosselt das vegetative Wachstum zugunsten der Entwicklung der Beeren.

Bei **weißen Rebsorten** laufen die Stoffwechselvorgänge wesentlich komplexer ab. Wasserstress steigert wie bei roten Sorten bestimmte Aromakomponenten (McCarthy und Coombe 1985). Diese müssen aber nicht unbedingt den Geschmack und die Qualität bei Weißwein fördern. Bei der Rebsorte Riesling führen hingegen Änderungen in der Aromastoffvorstufenklasse der Carotinoide, die als Schutzpigmente dienen, sowohl zum Risiko der Verschlechterung als auch der Möglichkeit zur Verbesserung des Aromaprofils. Hier gilt es, die Bewirtschaftungsmaßnahmen – insbesondere im Hinblick auf die Intensität, Position und des Zeitpunktes einer Entblätterung – so durchzuführen, dass der Weinstil nicht nachteilig beeinträchtigt wird.

Andere Inhaltsstoffe, wie z. B. Stickstoffkomponenten, entscheiden über die Ausprägung der Aromen. Hinzu kommt die Bedeutung des Stickstoffs für die Gärung allgemein, die Gärgeschwindigkeit sowie den Endvergärungsgrad, was sich wiederum auf die Zusammensetzung und Ausprägung der sekundären Aromen auswirkt.

Die Wechselwirkungen zwischen Wasserversorgung auf der einen Seite und der Nährstoffaufnahme einschließlich der Hefeversorgung auf der anderen Seite sind bei weißen Sorten sehr variabel und scheinen sortenabhängig zu sein. Die bestehenden Wechselwirkungen sind noch nicht ausreichend erforscht. Zusätzlich bilden sich wertgebende Aromen in Abhängigkeit von der Temperatur mit einem Optimum bei eher niedrigeren Temperaturen (Gruber et al. 2004) sowie in Abhängigkeit der Belichtung der Trauben (Friedel et al. 2015).

Wassermangel kann unter Umständen sogar zu vorzeitigem Blattfall in der Traubenzone führen und verändert dann auch die mikroklimatischen Bedingungen. Beerentemperaturen erhöhen sich bei direkter Sonnenbestrahlung und verlassen somit die optimalen Temperaturbereiche, die für die Bildung der Aromen bedeutend sind (Schultz und Gruber 2005; Friedel et al. 2013).

Die Prinzipien einer stärkeren Terroir-Ausprägung bei moderatem Wasserstress, wie sie von französischen Autoren für die Rotweingebiete eingeführt wurden, sind auf weiße Rebsorten nicht übertragbar.

Die **Typizität** einer Lage ist deshalb auf einem niedrigeren Schwellenwert für den Stress zu suchen. Aus dieser Sicht ist Zusatzbewässerung insbesondere in den wärmebegünstigten guten Lagen aus rebphysiologischer Sicht begründet und „verwässert" nicht das Terroir-Prinzip.

Schultz und Gruber (2005) weisen nach, dass Weinbergslagen in verschiedenen Gebieten Europas – einschließlich der deutschen Weinbaugebiete – auch in „Durchschnittsjahren" deutlich stärkeren Wassermangelsituationen unterliegen, als dies in Überseeregionen bei reduzierter Bewässerung der Fall ist. Insbesondere weisen sie auf die geringe Haltbarkeit trockener Weißweine und das Auftreten des untypischen Alterungstones hin. In einem Experiment mit Rieslingweinen aus dem extremen Trockenjahr 2003 zeigten die Weine aus einem Bewässerungsversuch ein wesentlich besseres Alterungsverhalten als die Vergleichsweine aus der unbewässerten Variante. Die Hälfte der Versuchsweine wurde bei einer Lagerungstemperatur von 30 °C über drei Monate künstlich gealtert. Damit war es möglich, die Wirkung der Bewässerung auf die Haltbarkeit des Rieslings zu überprüfen. Die Verkostung fand paarweise in der Gegenüberstellung „frisch" (nicht gealtert) und „gealtert" für die bewässerte und unbewässerte Variante mit 115 Teilnehmern im September 2004 statt (Tab. 6.8). Das Ergebnis verdeutlicht, dass eine Bewässerung die **Alterung** verzögert.

In der Bewertung von negativen Aromen, wie beispielsweise der Petrolnote, schnitt die bewässerte Variante deutlich besser ab. Die bewässerte Variante ist besser in der Lage, die Typizität eines Weines über einen längeren Zeitraum zu erhalten.

Nicht ganz so eindeutig fällt das Ergebnis bei Rupp (2006) aus. Im Alterungsverhalten schneiden Rieslinge aus der bewässerten

Tab. 6.8 *Auswirkung der Bewässerung auf das Alterungsverhalten von Weißwein (Riesling) Jahrgang 2003, 115 Verkoster im September 2004, Bewertung von 0 bis 5 Punkten, 0 = am wenigsten intensiv, 5 = am intensivsten) (Schultz und Gruber 2005).*

	bewässert		unbewässert	
	frisch	gealtert	frisch	gealtert
positive Aromen	3,45	2,37	2,85	1,93
negative Aromen	2,10	2,61	2,43	3,79
sauer	2,35	2,95	2,43	2,95
bitter	2,40	2,63	2,70	2,87

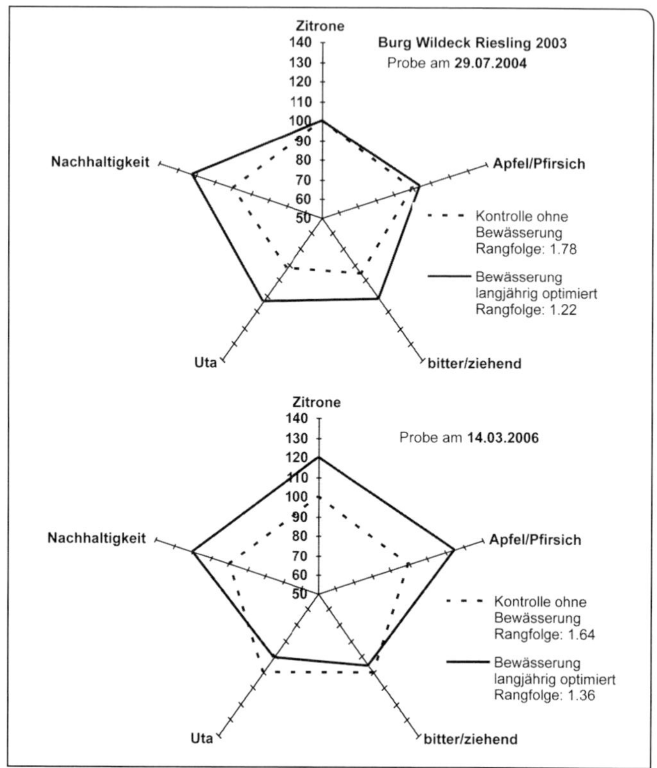

Abb. 6.12: Weinbewertungen für 2003er-Riesling aus bewässerten (Wassergabe 2003: 64 l/m²) und unbewässerten Versuchsflächen in Burg Wildeck zu zwei Terminen (oben: 29.7.2004, unten: 14.3.2006) (RUPP 2006).

Variante im extremen Trockenjahr 2003 bei der ersten Verkostung nach der Flaschenfüllung deutlich besser ab, als Weine aus unbewässerten Varianten (Abb. 6.12). Bei der späteren Verkostung 2006 fällt die Bevorzugung (Rangfolge) der bewässerten Variante nicht mehr so eindeutig aus. Dennoch liegt die Bewertung der Geschmacksattribute in der zweiten Verkostung für die Weine mit Bewässerung eindeutig höher.

6.4 Wann und wie sollte bewässert werden?

Die hohe Variabilität der Niederschläge von Jahr zu Jahr während der Wachstumsphase der Rebe verbietet ein einheitliches Konzept zur Bewässerung. In Erinnerung ist das extreme Trockenjahr 2003 mit kontinuierlich abfallenden Bodenwasservorräten, die selbst auf Standorten mit höheren nFK-Werten zumindest phasenweise Trockenstress auslösten. Auf der anderen Seite ist auch das Jahr 2006 mit reichlichem Niederschlag während des Septembers im Gedächtnis, der bei den Trauben zu verstärkter Fäulnis führte. Dabei ist die Wasserverfügbarkeit im Jahresverlauf bedeutsam. Wenn beispielsweise die Wasserreserven in der **Nachblütezeit** hoch sind, so regen sie das vegetative Wachstum zu einer zu dichten Laubwand und das Beerenwachstum zu kompakten Trauben an.

Ausreichende Wasserreserven in der **Reifezeit** fördern bei nicht zu hohen Temperaturen die Bildung von wertgebenden Inhaltstoffen in den Trauben.

Das betrifft insbesondere die Aminosäuren, den hefeverwertbaren Stickstoff und die Aromastoffe in den Trauben.

Als gutes Beispiel bietet sich in diesem Fall das Jahr 2007 an. In diesem Jahr hat von der Wasserverfügbarkeit her alles gestimmt. Zudem herrschten während der Reifeentwicklung moderate Temperaturen.

Diese sehr differenzierten Wirkungen des Wasserangebots erfordern vom Winzer eine sehr flexible, dem Jahresverlauf angepasste Strategie, wenn er sich mit dem Gedanken einer Zusatzbewässerung auseinandersetzt. Dennoch bietet die Entwicklung der Beeren einige Anhaltspunkte, wann man mit zusätzlichen Wassergaben zurückhaltender und in welchen Phasen man aktiver handeln sollte.

Das Ziel von Wassergaben aus heutiger Sicht ist die Erhaltung und Steigerung der Qualität und nicht die Mengenerhöhung. Das Wasser sollte in der richtigen Wachstums- und Beerenentwicklungsphase und in moderaten Dosierungen verabreicht werden. Zahlreiche Versuche zur Ertragsphysiologie der Rebe belegen, dass eine hohe Wasserversorgung in der Zeit nach der Blüte die Zellteilung junger Beeren anregt und den Ertrag fördert. Ebenso saugen die Beeren kurz vor der Lese das Bodenwasser oder auch Regenwasser auf; häufig platzt die Beerenhaut unter diesen Witterungsbedingungen dann auf.

In der Phase starker Zellteilung (Blüte plus 40 Tage) sollten Bewässerungsgaben nur bei sehr starkem Stress erfolgen (Ojeda et al. 2002) Auch kurz vor der Lese sollte man auf Wassergaben verzichten. Natürlich gibt es auch Jahre, wo es auf leichten und skelettreichen Böden schon vor der Blüte zum Stress kommen kann. Die Tab. 6.9 fasst die Auswirkung von extremem Wassermangel auf der einen Seite und die Folgen einer angepassten und an den Rebstadien orientierten Wasserversorgung auf der anderen Seite zusammen. Die Tab. 6.9 weist insbesondere die Folgen für Weißwein bei Wasserstress aus. Neben einer verbesserten physiologischen Leistung erhöht sich das Alterungspotenzial, Fehltöne lassen sich vermeiden und die Typizität der Lage bleibt erhalten.

Gruber et al. (2006) weisen zu Recht darauf hin, dass die Bewässerung auch unter dem Aspekt der **Bodenbewirtschaftung** (Mulchsysteme) und des **Begrünungsmanagements** gesehen werden muss. Die Wasserdynamik verläuft bei einer Abdeckung des Bodens mit Stroh oder Mulch vollständig anders als in begrünten Rebflächen. Bei einer hohen Wasserverfügbarkeit in der Zellteilungsphase kann eine abgedeckte Rebfläche wegen der wasserschonenden Wirkung der Abdeckung sogar ein Problem werden. Die Autoren empfehlen eine Kombination von Begrünung und Bewässerung.

Wie sollte die Bewässerung gesteuert werden? Als erstes ist das Stadium der **Rebentwicklung** zu beachten. Danach stellt sich die Frage: Wie kann ich Wasserstress erkennen? Dazu bieten sich dem Winzer verschiedene Möglichkeiten an, die von der Beobachtung der Reben über die Messung bis hin zur Berechnung der Bodenfeuchte reichen. Der Winzer muss nicht bis zum Auftreten von Schadsymptomen, wie etwa dem Vergilben der Blätter warten, um Stress zu erkennen. Wesentlich früher zeigen sich Stresssymptome mit dem Strecken der Ranken. Wem die Beobachtung nicht ausreicht, der muss sich zwangsläufig mit der Messtechnik und Bodenfeuchteberech-

Tab. 6.9 Folgen von Wasserstress und angepasster Wasserversorgung mit Zusatzbewässerung für Wachstum der Rebe und Weinqualität (nach RUPP *2006).*

Auswirkungen von Wasserstress in der Reifephase	Angepasste und an den Rebstadien orientierte Wasserversorgung
vorzeitige Laubvergilbung, geminderte Stoffproduktion, Notreife	hohe Wassernutzungseffizienz
erheblich geminderte Reservestoffeinlagerung	begrenzte Laubfläche und Holzmenge
geringerer Mengenertrag, niedrige Säurewerte, unter Umständen auch geringere Mostgewichte	Verlängerung der Assimilationsfähigkeit der Blätter, Stoffproduktion zugunsten der generativen Organe
starker Mangel an Extrakten und Aminosäuren	ausreichende Menge, ausgeglichenes Zucker-Säure-Verhältnis
bei Weißweinsorten Mangel an Aromen und unerwünscht hohe Phenolgehalte	hohe Umwandlungsrate in wertgebende Inhaltsstoffe
starke Neigung zu Fehltönen bei Weißwein	Vermeidung von Fehltönen
Neigung bei Weißwein zu untypischer Alterung (UTA)	Verbesserung des Gärverlaufs
mangelnde Stickstoffversorgung und Gärprobleme	höheres Alterungspotenzial
Geschmack bei Weißwein bitter, ziehend, stumpf, kurz	Erhaltung ausgeprägter Geschmacks- und Aromaprofile, stärkere Nachhaltigkeit

nung auseinandersetzen, um Erkenntnisse über die Verfügbarkeit von Bodenwasser zu gewinnen. Dazu gehört auch die Abschätzung der in den nächsten Tagen zu erwartenden Regenfälle. Regional abgestimmte Wettervorhersagen bieten die notwendige Hilfe.

Viele **Messmethoden der Bodenfeuchtigkeit**, wie wir sie aus dem Obst- und Gemüsebau kennen, sind auf Rebflächen nicht übertragbar. Bei Kulturen im Obst- und Gartenbau sowie in der Landwirtschaft spielt die Ertragssicherung durch Bewässerung eine große Rolle. Die Bewässerung setzt bei deutlich höheren Schwellen der Bodenfeuchtigkeit ein. Im Weinbau steht dagegen die Qualitätssicherung an erster Stelle. Die Tab. 6.10 fasst die Möglichkeiten der Messmethoden und der Berechnung in Anlehnung an die Empfehlungen von REUTHER et al. (2004) zusammen und stellt die Vor- und Nachteile der einzelnen Methoden dar.

Für die **Messung der Bodenfeuchte** sind die aus dem Bereich der Landwirtschaft und des Gemüsebaus bekannten Messsonden (Tensiometer, Watermarksensoren) nicht geeignet. Einsetzbar sind dagegen die in Tab. 6.10 aufgelisteten Sensoren. Spezielle Messfühler mit viel Elektronik, wie beispielsweise die **TDR-Sonde** und der **Kapazitätsfühler**, können wegen der hohen Anschaffungskosten nur an einzelnen Stellen im Rebbestand eingesetzt werden. **Gipsblöcke** ermöglichen die Ermittlung der Wasserspannung im umgebenden Boden. Gipsblöcke sind zwar die kostengünstigste Variante

Tab. 6.10 Die Abschätzung von Wasserstress bei den Reben mithilfe von Mess- und Rechenmethoden (nach RUPP 2006).

Methode	Vorteile	Nachteile
Gipsblock, Messung Bodenwasserpotenzial, Anzeigegerät notwendig	leichte Handhabung, preisgünstig, an mehreren Stellen einsetzbar	relativ ungenau, muss häufiger kalibriert und überprüft werden
Trocknung Bodenproben, aktuelle Bodenfeuchte (% nFK), Trockenschrank erforderlich	hohe Genauigkeit, einfache Handhabung	zeitaufwendig, nur punktuell einsetzbar, relativ hohe Kosten
TDR-/Theta-Sonde, aktuelle Bodenfeuchte (% nFK), Anzeigegerät erforderlich	hohe Genauigkeit, leichte bis mittlere Handhabung	nur punktuell einsetzbar, hoher Kostenaufwand
C-probe Kapazitätsfühler, aktuelle Bodenfeuchte (% nFK), in Verbindung mit Kleinwetterstation	gute bis hohe Genauigkeit, sinnvoll zusammen mit Kleinwetterstation	nur punktuell möglich, relativ hoher Zeit- und Kostenaufwand wegen Wetterstation
Scholanderbombe, Blattwasserpotenzial bei Sonnenaufgang mit Anzeigegerät	sehr hohe Genauigkeit, zeigt den Stress der Rebe direkt an, Messung an mehreren Stellen möglich	zeitaufwendig, Messung zu ungünstigen Zeiten, morgens 4–5 Uhr, kostenaufwendig
Berechnung der Bodenfeuchte, Abfrage über Internet (agrowetter.de) oder Installation eines Bodenfeuchtemodells im PC, erforderlich sind Wetterdaten, nFK-Werte, phänolog. Termine	mittlere bis hohe Genauigkeit, einfache Handhabung nach Installation und Einrichten des Programms, arbeitet flächendeckend	für die Anwendung starke Generalisierung und Vereinfachung von Bodenart, Bodentyp und Bodenmächtigkeit, berechnet nicht die Bodenfeuchtigkeit in der Nähe des Tropfers

der Bodenfeuchtemessung, mit zunehmender Feuchte werden die Werte aber ungenau und weisen einen zeitlichen Trend auf. Die Lebensdauer ist begrenzt.

Eine elegante Methode stellt die **Bestimmung der Wasserbilanz** und die **Berechnung der Bodenfeuchte** dar (HOFMANN et al. 2014).

Vorteilhaft für die Bewässerungssteuerung wirkt sich auch die **Prognose der Bodenfeuchte** für die nächsten fünf Tage aus. Schwierigkeiten bereiten spezielle Böden mit hohen Skelettanteilen und die starken Vereinfachungen bezüglich des Wurzelraums der Rebe. Die größte Problematik stellt allerdings die punktuelle Anreicherung des Bodens im Bereich der Tropfer dar. Diese horizontalen Inhomogenitäten kann das Modell nicht beschreiben. Im Modell wird die gesamte Fläche wie bei einem natürlichen Regenereignis ganzflächig beregnet. Die geringen Wassergaben von 5 mm pro Beregnung erreichen über den Tropfer die Rebwurzeln, im Modell füllen sie nur die oberste Bodenschicht auf.

Seit Langem wird im Weinbau die **Scholanderbombe** verwendet. Mit dieser Messmethode kann man direkt an der Rebe ihren

Wasserversorgungsgrad erfassen – das schon weiter oben eingeführte Blattwasserpotenzial. Wie in Kap. 6.3 dargestellt, sollte ab einem frühmorgendlichen Blattwasserpotenzialwert von −0,3 MPa mit der Bewässerung begonnen werden. Mit dieser Art der Messung wird die Rebe „befragt, wie sie sich fühlt und erholt". Leider schrecken der hohe Arbeitsaufwand und die Kosten die Winzer von einem Einsatz ab. Als neue Messtechnik könnten spektroskopische Verfahren zukünftig herangezogen werden und eine Aussage über den Blattwassergehalt oder die Wasserversorgung geben (Jones 2014).

Die Blattwasserpotenzialwerte unterliegen einem starken Tagesgang (vgl. Kap. 6.3). Daher liefern die Messungen nur frühmorgens, vor Sonnenaufgang, verlässliche Informationen.

Der Einsatz dieser Methode soll an einem Beispiel aus einer Steillage am Rüdesheimer Hang aus dem Jahr 2002 erläutert werden (Abb. 6.13). 2002 ist keineswegs ein Trockenjahr, sondern gehört eher zu den durchschnittlichen Jahrgängen. Aus Kap 6.3 wissen wir, dass auf einem Standort mit einem nFK-Wert von 100 mm in vier von fünf Jahren zumindest zeitweise Wasserstress auftritt. Eine Tröpfchenbewässerung an diesem Standort ermöglichte den direkten Vergleich zwischen bewässerten und unbewässerten Systemen. Die Verwendung der Messung

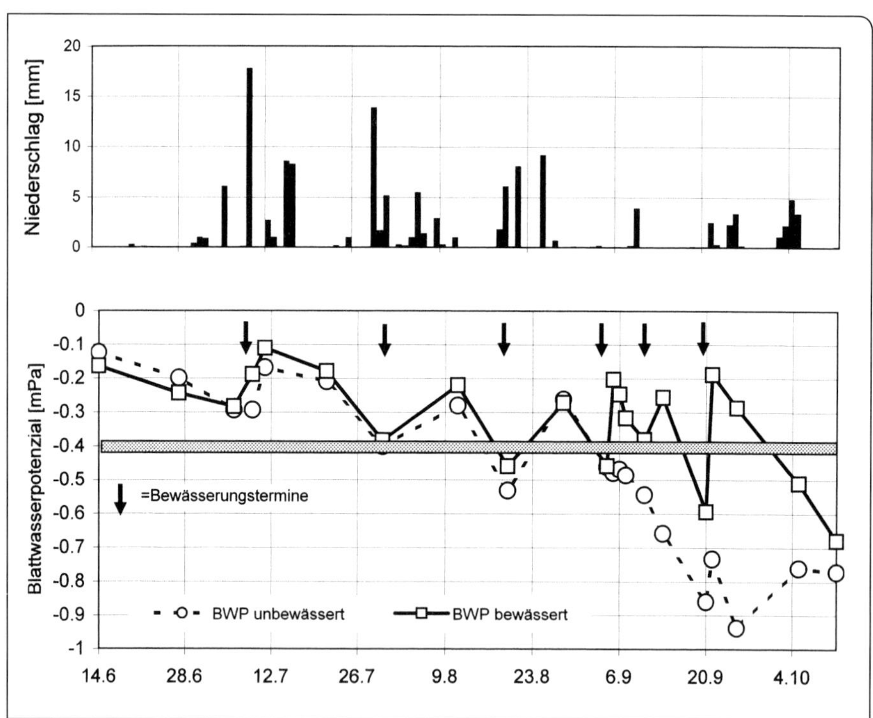

Abb. 6.13: Verlauf des Blattwasserpotenzials 2002 in einer bewässerten und unbewässerten Versuchsvariante in einer Steillage mit nFK = 100 mm (Rüdesheim) (Gruber und Schultz 2005); gesamte Wassergabe = 26 l/m².

des frühmorgendlichen Blattwasserpotenzials als Steuerungsparameter führte zu sechs Bewässerungsterminen mit insgesamt 26 l/m^2. Wegen der hohen Effizienz der Tröpfchenbewässerung führten die geringen Wassergaben von 3,5–5 l/m^2 schon zu einer Erholung der Reben an diesem sehr trockenen Standort.

Da sich das Wasser unter einem Tropfer wie Zwiebelschalen im Boden ausbreitet, ist die Effektivität wesentlich höher als die flächendeckende Wirkung eines natürlichen Niederschlags gleicher Größenordnung. Wegen der kleinen Wassergaben gleichen sich die Wasserpotenzialverläufe im bewässerten und unbewässerten Versuch nach stärkeren Regenfällen immer wieder an (Abb. 6.13). Eine Überversorgung der bewässerten Variante nach nicht einkalkulierten Regenfällen wird damit vermieden. Erst nach dem 20.09. blieb die bewässerte Variante unter dem kritischen Blattwasserpotenzialwert von −0,3 MPa, um ein vorzeitiges Aufquellen der Trauben zu vermeiden. In den Qualitätskomponenten schnitt die bewässerte Variante deutlich besser ab als die unbewässerte. In der unbewässerten Parzelle vergilbten wegen des Wasserstresses frühzeitig die Blätter mit den negativen Folgen zu hoher Traubentemperaturen bei direkter Sonneneinstrahlung in der Endphase der Reifeentwicklung. Mit der gezielten Bewässerung können auch die Vorteile der Begrünung voll genutzt werden.

7 Mikroklima und Rebe

Wenn wir der Definition des Mikroklimas folgen (vgl. Kap. 1), so sind wir am unteren Ende der Klimaskala angelangt. Wir befinden uns jetzt direkt im Rebbestand und betrachten die klimatischen Unterschiede. Zum Mikroklima gibt es wegen des hohen messtechnischen Aufwandes in der Regel keine Langzeitmessungen, sodass man versucht, das Bestandsklima in Abhängigkeit von bestimmten Wetterlagen und Witterungsabläufen darzustellen. Dazu benötigt man eine Vergleichsstation aus einem offiziellen Messnetz, an die sich die Daten des Bestandsklimas anbinden lassen. Die normalen Wetterstationen erfassen die Daten in 2 m Höhe über Grund und über einer Grasfläche. Ausnahmen bilden die Niederschlagsmessung in 1 m Höhe und die Windmessung in 10 m Höhe über Grund.

Neuerdings werden aber auch sogenannte Bestandsklimamodelle entwickelt, die das Mikroklima aus den Messdaten offizieller Messnetze ableiten. Diese werden insbesondere im Bereich der Prognosen zum Pflanzenschutz oder zur Ertrags- und Qualitätsprognose eingesetzt. Im Weinbau kommt dem Mikroklima eine ganz besondere Bedeutung zu, da das Licht- und Strahlungsangebot, die Temperatur und Luftfeuchtigkeit, die Bodentemperaturen und das pflanzennutzbare Bodenwasser im Rebbestand die Qualität im Vergleich zu anderen Kulturen deutlich stärker beeinflussen. Hinzu kommen spezielle bestandsklimatische Effekte auf die Entwicklung der Reben, deren Schaderreger und witterungsbedingte Stressfaktoren, die die Traubenqualität beeinflussen können. Mithilfe moderner Messtechniken ist es möglich, die Blatt- und Beerentemperaturen sowie die Dauer der Blattnässe quantitativ zu erfassen. Letztere spielt insbesondere bei der Ausbreitung von Pilzerkrankungen eine wichtige Rolle.

Erziehungssysteme, Laubwandhöhen und -abstände, Zeilenbreiten, Zeilenorientierung, Laubwandmanagement, Bodenpflege und Begrünungsmanagement beeinflussen das Mikroklima. Die Rebe steht somit in einer Wechselbeziehung zu ihrer natürlichen Umwelt und den Maßnahmen des Winzers im Weinberg. Neben dem Angebot von Licht, Wärme und Wasser beeinflusst der Winzer durch sein Handeln das Mikroklima.

Wir wollen uns zunächst der Frage zuwenden, in welcher Weise sich das Bestandsklima in Abhängigkeit von den Wetterbedingungen entwickelt und welche Unterschiede zu den Freilandbedingungen zu erwarten sind. Als Freilandbedingung verwenden wir die Referenzwerte in 2 m Höhe.

7.1 Welche Faktoren werden beeinflusst?

Ähnlich wie im Geländeklima hat auch beim Mikroklima die Sonne ein wichtiges Mitspracherecht.

Bei wolkenreichem Wetter werden sich die meteorologischen Bedingungen im Rebbestand nicht erheblich von den Freilandwerten unterscheiden. Nur bei Sonnenschein kann sich ein Wärmeüberschuss im Rebbestand entwickeln.

7.1.1 Strahlung und Licht

Zum Verständnis des Mikroklimas ist es notwendig, die Wärmeüberschüsse und -defizite eines Rebblattes etwas genauer zu betrachten. In Abb. 7.1 kennzeichnen die zum Blatt hin gerichteten wellenförmigen Pfeile die Wärmegewinne, die vom Blatt weg gerichteten Pfeile dagegen die Verluste. Die Wellenform soll darauf hindeuten, dass es sich um elektromagnetische Wellen handelt. Man unterscheidet dabei die kurzwelligen (350–3000 nm) und die langwelligen (> 3000 nm) Strahlungsflüsse.

Tagsüber spendieren die Sonne, die Wolken und das Himmelsblau den Rebblättern eine deutliche Wärmezufuhr im kurzwelligen Bereich, die man zur **Globalstrahlung** zusammenfasst. Neben der Zufuhr von Wärme ermöglicht diese kurzwellige Strahlung den Rebblättern auch die Photosynthese. Etwa 20–24 % der kurzwelligen Einstrahlung reflektieren die Blätter (RK), einen ebenso großen Anteil lassen die Blätter auf darunter liegende Schattenblätter fallen (TK), der Rest von ca. 56 % der kurzwelligen Einstrahlung wird im Blatt absorbiert. Absorption, Transmission und Reflexion sind von der Wellenlänge abhängig. Schließlich erscheinen uns die Blätter grün und auch unter einem Blätterdach haben wir den Eindruck des grünen Lichtes. Die Tab. 7.1 verdeutlicht die Abhängigkeit von der Wellenlänge. Im nahen Infrarot (NIR) von 710 bis 4000 nm Wellenlänge steigt der reflektierte Anteil auf 51 %.

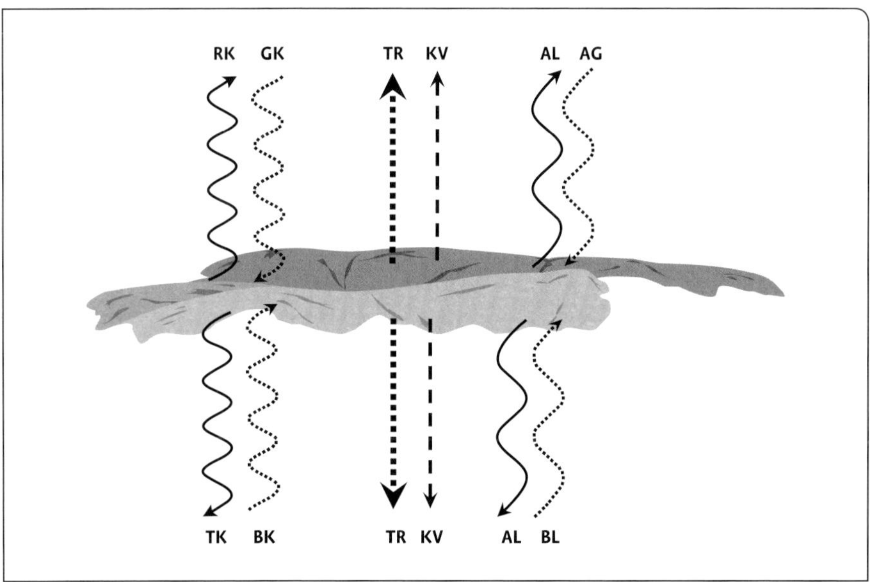

Abb. 7.1: Die Wärmebilanz eines Rebblattes. Die gewellten Pfeile sind die Strahlungszuflüsse (zum Blatt hingerichtete Pfeile) und -abflüsse (vom Blatt weggerichtete Pfeile). Das Blatt verliert zusätzlich Wärme durch die Transpiration (TR) und den turbulenten Wärmeaustausch (KV) infolge von Windbewegung. Abkürzungen: GK = kurzwellige Einstrahlung, RK = kurzwellige Reflexstrahlung, AL = langwellige Abstrahlung, AG = atmosphärische Gegenstrahlung, TK = kurzwellige Transmission, BK = kurzwellige Reflexion Boden (Blatt), BL = langwellige Abstrahlung Boden (Blatt), TR = Transpiration, KV = Wärmeaustausch Wind.

Tab. 7.1 Reflexions-, Transmissions- u. Absorptionsvermögen eines Rebblattes für kurz- und langwellige Strahlung (in %) (nach OKE 1987 und SCHULTZ 1996).

Wellenlängen bereich [nm]	PAR 380–710	NIR 710–4000	KWS 350–4000	LWS 3000–20000
Reflexion	9 %	51 %	24 %	5 %
Transmission	6 %	34 %	20 %	0 %
Absorption	85 %	15 %	56 %	95 %

PAR = Photosynthetisch aktive Strahlung
NIR =nahe Infrarotstrahlung
KWS = gesamte kurzwellige Strahlung
LWS = gesamte langwellige Strahlung

Wenn unser Auge diesen Wellenlängenbereich wahrnehmen würde, hätten alle grünen Blätter eine rote Farbe.

Bei Mangelerscheinungen und Krankheiten verändern die Blätter ihre Reflexionseigenschaften im NIR-Bereich. Die Tab. 7.1 zeigt, dass Schattenblätter mit einem deutlich höheren Anteil an rotem Licht und einem sehr geringen Teil des sichtbaren Lichtes auskommen müssen. Die Sonnenblätter sind somit in der photosynthetischen Aktivität deutlich bevorzugt.

Schattenblätter können sich in gewissem Umfang an ihr Schattendasein gewöhnen.

Jedes Rebblatt sendet in Richtung der nicht durch andere Blätter abgedeckten Himmelshalbkugel langwellige Wärmestrahlung aus (AL). In den oberen Teilen der Laubwand ist dieser Wärmeverlust höher als in den unteren Laubwandzonen, die stärker gegenüber der Himmelskugel abgeschirmt sind (Abb. 7.3a und b). Ein großer Teil dieses langwelligen Verlustes wird aber durch die **atmosphärische Gegenstrahlung** (AG) kompensiert. Der tatsächliche effektive Verlust (AG – AL) ist bei bewölktem Himmel sehr gering, bei klarem Nachthimmel steigt der Anteil deutlich an, die Blatttemperaturen sinken unter die Temperatur der umgebenden Luft. Erkennbar wird diese Abkühlung durch frühzeitige Taubildung vor allem in den oberen Laubwandzonen.

Tagsüber entsteht bei kräftiger Sonneneinstrahlung ein deutlicher Wärmeüberschuss, den die Blätter durch die Transpiration (TR) gut regulieren können.

Diesen Kühlungseffekt können wir nach einem erfrischenden Bad in einem See mit anschließender Lufttrocknung am eigenen Körper deutlich spüren.

Wenn die Blätter die Transpiration nicht aufrechterhalten können – wie beispielsweise in Abb. 7.2 durch Verletzung des Blattes oder aber durch Wassermangelstress – dann springen die Blatttemperaturen auf ein deutlich höheres Temperaturniveau. In dem Beispiel von Abb. 7.2 steigen die Temperaturen knapp über 60 °C. Solche extremen Situationen lassen sich allerdings nur in Wüstenklimaten beobachten (Mauretanien).

Einen kleinen Teil des Wärmeüberschusses tagsüber verliert das Rebblatt dann noch durch molekulare Wärmeleitung und turbulenten Luftaustausch an die umgebende Luft (KV). Wenn die Windgeschwindigkeit zu-

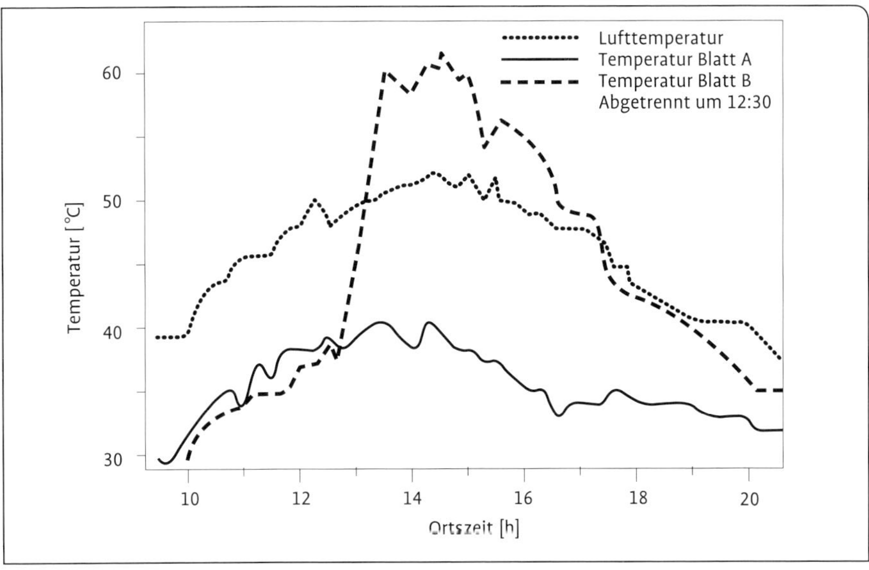

Abb. 7.2: Blatttemperatur von *Citrullus colocynthis* und Lufttemperatur an einem Tag mit hoher Einstrahlung im Wüstenklima von Mauretanien. Vergleich zwischen den Blatttemperaturen eines intakten und eines abgetrennten Blattes (nachgezeichnet nach LANGE 1959).

nimmt, passen sich auch die Blatttemperaturen an die Umgebung an.

Licht- und Strahlungsverhältnisse können nicht unabhängig von der **Bestandsgeometrie** gesehen werden. Das beinhaltet insbesondere die Erziehungsform, die Laubwandhöhe, die Zeilenbreite und -orientierung. Je nach Sonnenstand sind immer bestimmte Teile abgeschattet, in Laubwänden mit großem Volumen im Innern sogar ganztägig abgeschirmt. In der Wahl der Reberziehung bieten sich dem Winzer zahlreiche Gestaltungsmöglichkeiten, die wir uns an den strahlungsgeometrischen Zusammenhängen klarmachen können. Die Abb. 7.3 zeigt uns für eine Nord-Süd-Zeilung mit 2,25 m Laubwandhöhe in einer Pendelbogenerziehung, welche Segmente des Himmels aus der Sicht zweier Blätter in 1 und 2 m Höhe der Laubwand noch erkennbar sind. Die Himmelshalbkugel ist mit den Himmelsrichtungen und der Höhe über dem Horizont als Polardiagramm dargestellt. Der eingefärbte Teil des Himmels ist für das Einzelblatt sichtbar, die anderen Segmente sind durch die eigene Laubwand des Blattes sowie durch die gegenüberliegende Laubwandseite abgeschirmt. Die Blätter in 1 und 2 m Höhe befinden sich auf der Ostseite der Laubwand. In 1 m Höhe ist das Blatt deutlich stärker abgeschirmt als in 2 m Höhe. Die sich in östliche Richtungen öffnenden Himmelssegmente führen insbesondere in den Vormittagsstunden zu einer Besonnung der Blätter. Auf der Westseite öffnen sich die Himmelssegmente nach Westen und die Sonnenstrahlen treffen die Blätter vor allem nachmittags. Die offenen Himmelssegmente liegen dann spiegelbildlich zu Abb.7.3. Das untere Blatt führt ein wesentlich längeres Schattendasein als das obere Blatt.

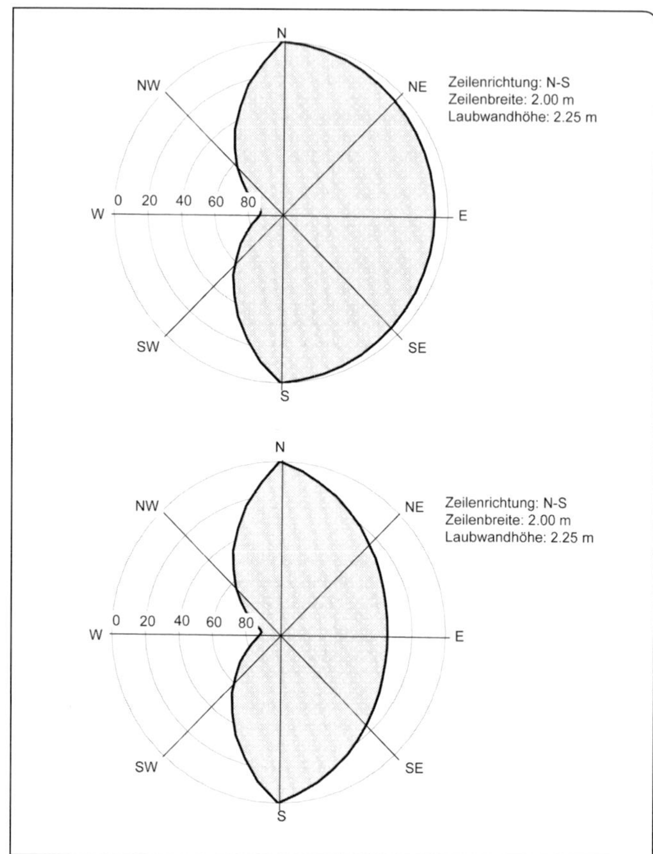

Abb. 7.3: Abschattung eines Einzelblattes in 2 m Höhe (a) und in 1 m Höhe (b) bei einer Nord-Süd gezeilten Rebzeile (Laubwandhöhe 2,2 m, Zeilenabstand 2 m) auf der Ostseite der Laubwand (schraffierter Bereich = sichtbarer Bereich der Himmelshalbkugel).

Wie lange die Besonnung andauert, verdeutlichen die Abb. 7.4 a–c. Mithilfe der Abschattungslinien und dem Sonnenhöhenazimutdiagramm, das wir bereits aus Kap. 3 kennen, können wir genau ermitteln, wann die Einzelblätter bei unterschiedlichen Orientierungen besonnt sind. Die Angaben gelten für den 50. Breitengrad mit einem Rebblatt in Nordsüd- und zwei Rebblättern in Ost-West-Zeilung. Die Zeilenabstände betragen jeweils 2 m. Für das Blatt in 1 m Höhe auf der Ostseite geht am 1. September gegen 8:30 Uhr die Sonne auf und verschwindet gegen 13:30 Uhr hinter der Laubwand, auf der Westseite würde die Abschattungslinie genau spiegelbildlich verlaufen. Die Ost-West-Zeilung bietet das totale Kontrastprogramm. Die auf der Südseite liegenden Blätter genießen während des ganzen Tages die Sonnenstrahlen (Abb. 7.4 b), die Blätter auf der Nordseite leben bis auf die Morgen- und Abendstunden in der Schattenwelt (Abb. 7.4 c). Aus diesen Gründen empfiehlt Smart (1982), wo immer es geht, die Nord-Süd-Zeilung, weil dann die Sonnenstrahlen gleichmäßiger über den Tag verteilt auf die West- und Ostseite der Laubwand fallen. Im Zeitalter des Klimawandels

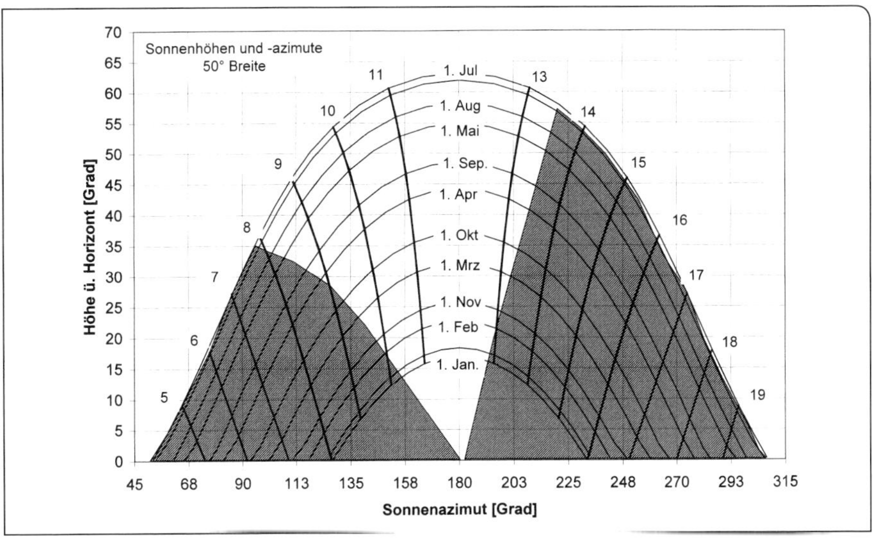

Abb. 7.4 a: Das Sonnnenhöhen- und -azimutdiagramm von Januar bis Dezember für 50° Nord (Beschreibung vgl. Abb. 3.9) und die Abschattungszeiten eines Einzelblatts (schraffiert) in 1 m Höhe bei einer Nord-Süd gezeilten Rebanlage (Laubwandhöhe 2,2 m, Zeilenabstand 2 m) auf der Ostseite der Laubwand.

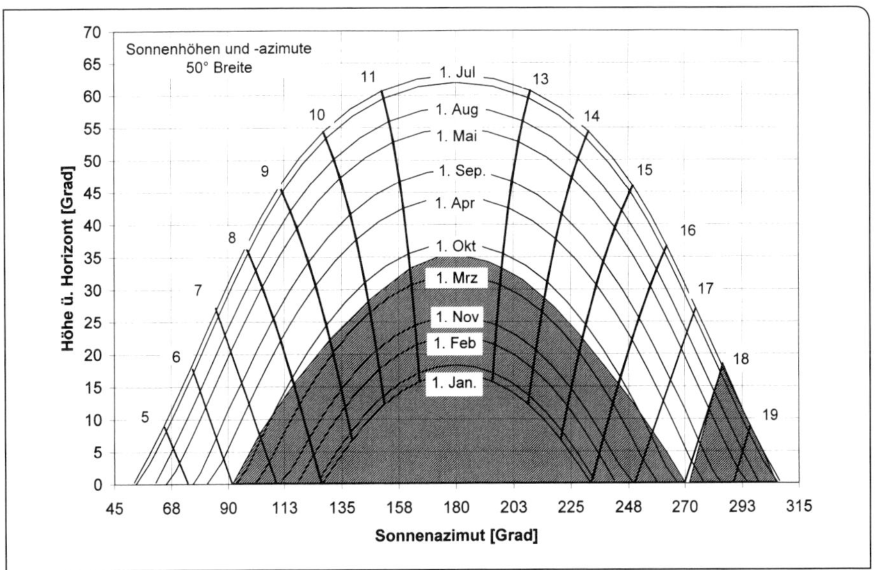

Abb. 7.4 b: Das Sonnnenhöhen- und -azimutdiagramm von Januar bis Dezember für 50° Nord (Beschreibung vgl. Abb. 3.9) und die Abschattungszeiten eines Einzelblatts (schraffiert) in 1 m Höhe bei einer Ost-West gezeilten Rebanlage (Laubwandhöhe 2,2 m, Zeilenabstand 2 m) auf der Südseite der Laubwand.

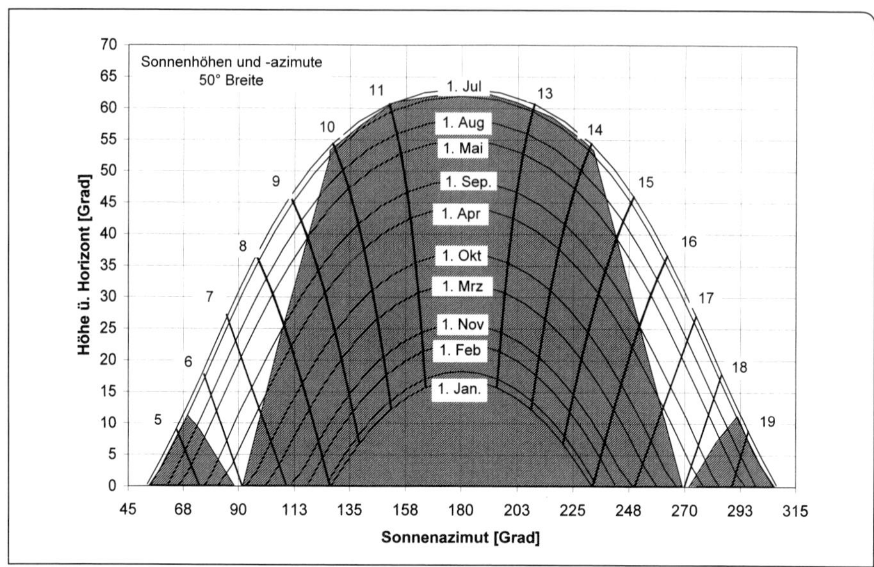

Abb. 7.4 c: Das Sonnnenhöhen- und -azimutdiagramm von Januar bis Dezember für 50° Nord (Beschreibung vgl. Abb. 3.9) und die Abschattungszeiten eine Einzelblatts (schraffiert) in 1 m Höhe bei einer Ost-West gezeilten Rebanlage (Laubwandhöhe 2,2 m, Zeilenabstand 2 m) auf der Nordseite der Laubwand.

und des zunehmenden Hitzestresses wird diese Empfehlung allerdings auch neu überdacht werden müssen (vgl. Kap 7.3).

Nun herrscht auf der Schattenseite nicht tiefe Dunkelheit, sondern ein Teil des Lichtes dringt in das Innere der Laubwand.

Wie viel des ankommenden Lichtes die tieferen Laubwandzonen erreicht, beschreibt die **Lichtinterzeption**. Es ist der prozentuale Anteil des Lichtes oberhalb der Laubwand, der ins Innere der Laubwand eindringen kann.

Die Untersuchungen von Weyand und Schultz (2006) vergleichen die Interzeptionsverluste in einem Rebbestand mit **Minimalschnitt** und einer normalen **Spaliererziehung**. Wegen der sehr unterschiedlichen Entwicklung der Blattflächen in beiden Systemen fallen die gemessenen Unterschiede zur Interzeption auch sehr deutlich aus. Dabei steigt die Blattfläche beim Minimalschnitt etwa auf den dreifachen Wert der Spaliererziehung. Die Messungen erfolgten jeweils auf dem Boden der Rebzeilen senkrecht zur Zeilung der Rebanlagen an Tagen mit kräftiger Sonneneinstrahlung zu verschiedenen phänologischen Entwicklungsstadien während der Vegetationszeit 2002.

Das Bild 11 (Anhang) zeigt die Lichtschwächung als Mittelwerte über den Tag für drei ausgewählte Termine mit zwei Messprofilen. Jedes der Rastergitter deckt die gesamte Zeilenbreite von jeweils 2,80 m mit insgesamt 3920 Datenpunkten über eine Bodenfläche von 7 m² für jedes Erziehungssystem ab. Am 18. Juni fällt der Interzeptionsverlust wegen der noch nicht voll entwickelten Laubwand in beiden Systemen im Vergleich zu den späteren Terminen etwas geringer aus, allerdings mit deutlichen Vor-

Tab. 7.2 *Über alle Messdurchgänge einzelner Tage gemittelte prozentuale Lichtinterzeption der Laubwände von MP und VSP getrennt nach Rastergitter A und B sowie die daraus gemittelten Werte eines jeden Systems des Jahres 2002 auf der Versuchsfläche Geisenheimer Kläuserweg.*

		MP		VSP	
Datum/BBCH	**Var**	**Einzel [%]**	**Mittel [%]**	**Einzel [%]**	**Mittel [%]**
08.05.02	A	32,9	34,8	17,6	17,3
BBCH 17	B	36,7		17,0	
18.06.02	A	61,3	62,9	37,5	36,2
BBCH 57	B	64,4		34,8	
15.08.02	A	63,6	62,7	52,0	51,1
BBCH 81	B	61,7		50,1	
01.10.02	A	75,0	76	63,6	62,7
BBCH 85	B	77,0		61,7	

Erläuterungen:
MP: Minimalschnitt — VSP: Spaliererziehung
A: Variante Rastergitter A — B: Variante Rastergitter B

teilen der Spaliererziehung gegenüber dem Minimalschnitt. Mit zunehmender Laubwand im August und Oktober nehmen die Interzeptionswerte zu, die Vorteile der Spaliererziehung bleiben aber bestehen. Man erkennt deutlich die wesentlich größere Raumausdehnung der Laubwand im Minimalschnittsystem zu allen Terminen. Bei den Tagesgängen zeigt sich ein ähnliches Verhalten. Die Unterschiede in den Systemen bleiben bestehen.

Die Tab. 7.2 stellt die mittleren Interzeptionswerte für beide Systeme als jeweiliges Tagesmittel über die gesamte Zeilenbreite für verschiedene phänologische Entwicklungsstadien zusammen. Dabei ergibt sich für beide Systeme eine enge Korrelation zwischen der Zunahme der Blattfläche und den Interzeptionswerten. In den späteren Entwicklungsstadien nehmen die Unterschiede zwischen beiden Systemen ab. Möglicherweise ist dieses Phänomen auf einen stärkeren Trockenstress im Minimalschnittsystem zurückzuführen.

Die Unterschiede in der Lichtinterzeption begründen aber keine unmittelbar daraus folgenden Qualitätsunterschiede. Minimalschnittsysteme weisen eine deutlich bessere Kohlenstoffbilanz auf, neigen wegen der größeren Blattfläche aber zu mehr Wasserstress bei einem gleichzeitig erhöhten Ertragsniveau. Auf der anderen Seite sind die Trauben lockerbeerig und weniger anfällig gegen Grauschimmel.

Die nachfolgenden Ergebnisse zur Temperatur und Luftfeuchtigkeit gelten für eine Spaliererziehung, wobei die Laubwandhöhe 2,20 m und die Gassenbreite 2,00 m beträgt.

7.1.2 Blatt- und Beerentemperatur

Wechselnde Witterungsverhältnisse beeinflussen nicht nur die Rebentwicklung, sondern prägen auch das Bestandsklima. An

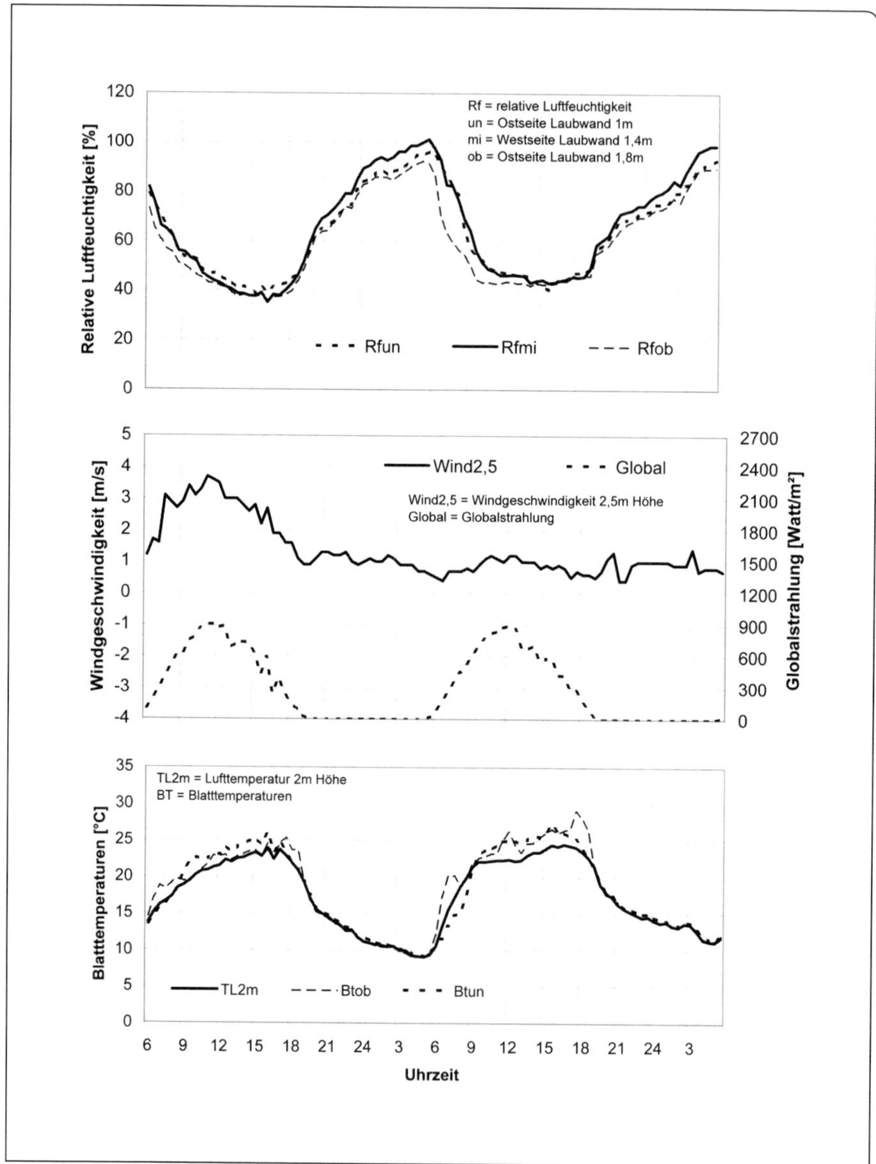

Abb. 7.5: Tagesgänge der relativen Luftfeuchtigkeit (Bild oben), der Blatttemperaturen (Bild unten) in drei Laubwandzonen (ob = 1,8 m Ostseite Laubwand, mi = 1,4 m Westseite Laubwand, un = 1 m Ostseite Laubwand), der Lufttemperatur (2 m), der Globalstrahlung und der Windgeschwindigkeit (2,5 m) (Bildmitte) an zwei Strahlungstagen im August 1993 in einer Nord-Süd gezeilten Rebanlage (Standort Mäuerchen, Geisenheim, Rheingau).

***Tab. 7.3** Temperaturdifferenzen zwischen einem Blatt in 1 m Höhe auf der Westseite der Laubwand und der Lufttemperatur in 2 m Höhe in Abhängigkeit von Globalstrahlung und Windgeschwindigkeit.*

	Globalstrahlung [W/m²]			
Windgeschwindigkeit [m/s]	**200**	**400**	**600**	**800**
3	0,5	1,2	1,6	1,7
2	0,5	1,7	2,6	3,2
1	0,7	2,4	3,8	4,8
0,5	0,9	2,8	4,4	5,7

Wingeschwindigkeit in 2,5 m über Grund
Rebanlage: Nord-Süd-Zeilung, 2,25 m Laubwandhöhe, Zeilenabstand 2 m

sonnenscheinreichen Tagen steigen die Unterschiede zu den Referenzmessungen in 2 m Höhe an, an bewölkten Tagen nehmen die Unterschiede ab. Darüber hinaus entscheidet der Wind darüber, ob die Unterschiede erkennbar werden. Die Einflüsse wollen wir uns an einem Beispiel für 2 Tage mit hoher Sonneneinstrahlung aus dem August 1993 verdeutlichen (Abb. 7.5).

Am ersten Tag steigt neben der Globalstrahlung auch die Windgeschwindigkeit tagsüber deutlich über 3 m/s an. Trotz hoher Einstrahlungswerte von knapp 900 W/m² bleiben die Unterschiede zwischen Bestand und Freiland klein und klettern nur in einzelnen Stunden über die 1°-Schwelle, wobei die tiefer gelegenen Laubwandzonen tagsüber wärmer sind. In den frühen Morgenstunden treffen die Sonnenstrahlen bei noch geringer Luftbewegung voll das Blatt in 1,8 m Höhe auf der Ostseite der Laubwand. In dieser Zeit ist das Blatt um 2 Grad wärmer als die Lufttemperatur in 2 m Höhe. In der folgenden Nacht gleichen sich die Temperaturen an. Der Folgetag bleibt bei wieder kräftig zunehmender Sonneneinstrahlung windschwach mit Werten, die nur wenig um 1 m/s schwanken. Im Vergleich zum ersten Tag entwickelt sich ein Bestandsklima mit deutlichen Unterschieden zum Freiland. Das frühmorgendlich besonnte Blatt auf der Ostseite erwärmt sich sehr rasch, während die Blätter auf der Westseite im Schatten liegen und um 5 Grad kühler sind als das besonnte Blatt. Die Schattenzone bleibt sogar kühler als das Freiland. Gegen Mittag kehren sich die Verhältnisse um, die Westseite erwärmt sich mit zunehmender Besonnung, und die Temperaturunterschiede zum Freiland wachsen auf über 4 Grad an. In den Abendstunden treffen die Sonnenstrahlen noch einmal auf das Blatt an der Ostseite und dieser Wärmeschub löst einen kräftigen Temperaturanstieg aus.

Die Blätter leben tagtäglich im Wechselbad stark schwankender Temperaturen. Die Unterschiede im Mikroklima sind größer als die klimatischen Unterschiede zwischen verschiedenen Weinbauregionen.

Insbesondere in den Nachmittagsstunden wachsen die Temperaturunterschiede auf der Westseite bei von Nord nach Süd gezeilten Systemen an. Bei extrem hohen Temperaturen nimmt das Risiko für Hitzestress dann deutlich zu (vgl. Kap. 7.2.1). In solchen Wettersituationen kann eine stärkere

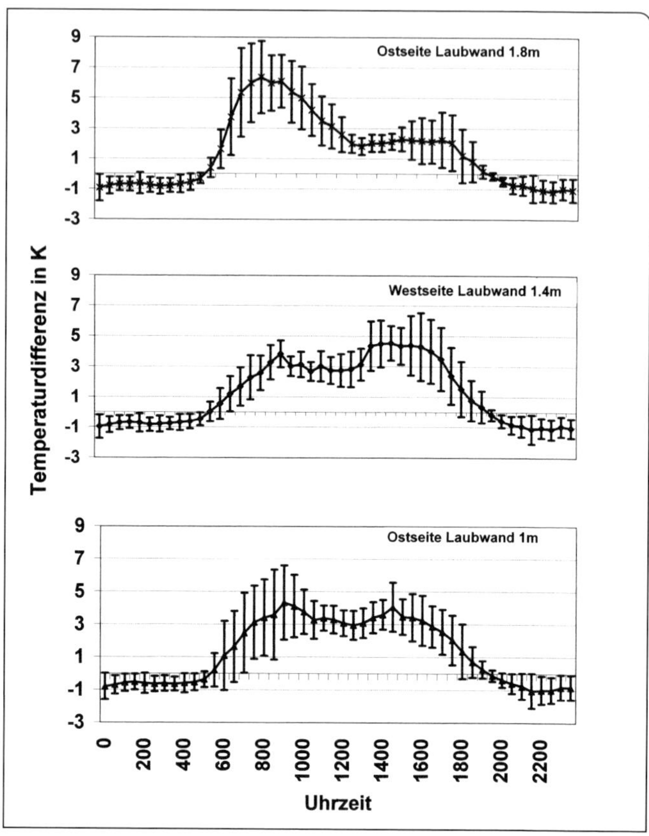

Abb. 7.6: Tagesgang der mittleren Temperaturdifferenzen zwischen Blatttemperaturen in verschiedenen Laubwandhöhen und der Lufttemperatur (2 m Höhe) sowie die Streuung (senkrechte Striche, 66 % der maximalen Differenz) an Strahlungstagen von Juli bis September 1993 in einer Nord-Süd gezeilten Rebanlage (Standort Mäuerchen, Geisenheim, Rheingau) (nach FRÜHAUF und JAGOUTZ 2003).

Durchlüftung eine deutliche Kühlung bringen (Tab. 7.3). Mit zunehmender Einstrahlung wächst die Differenz der Blatttemperaturen zur Lufttemperatur im Freiland, gleichzeitig mindern Windgeschwindigkeiten von mehr als 2 m/s diese Differenz sehr deutlich. Der dargestellte Zusammenhang gilt für besonnte Blätter.

Ähnliche Beziehungen gibt es auch zwischen der Beeren- und der Lufttemperatur. Der Wind wirkt sich hier allerdings schwächer auf die Übertemperaturen aus. Auch die relative Luftfeuchtigkeit zeigt die für Strahlungstage typische Differenzierung. Die oberen Teile der Laubwand bleiben bei stärkerer Durchlüftung trockener, die Laubwandmitte bleibt deutlich feuchter, bei stärkerem Wind am ersten Tag nehmen die Unterschiede zum Freiland ab. Die Rebblätter erwärmen sich in Abhängigkeit des Angebots aus direkter Sonneneinstrahlung und diffuser Himmelsstrahlung.

Bei wolkenlosem Himmel bietet uns die Sonne 80 %, die diffuse Himmelsstrahlung dagegen nur 20 % vom gesamten Anteil der Globalstrahlung. Bei bedecktem Himmel fällt die Zustrahlung der Sonne komplett weg und die Globalstrahlung sinkt etwa auf ein Viertel des Wertes bei Sonneneinstrahlung. Als Folge des verminderten Wärmeangebotes wird sich das Bestandsklima gar nicht oder nur wenig entwickeln. Aus Abb. 5.15 wissen wir, dass die Sonne im Juli und August an 45 bis 50, im September an 40 bis 45 Stunden von maximal möglichen 100 Stunden in den Weinbaugebieten bei uns scheint, der Anteil von Stunden mit stärkerer Bewölkung liegt somit eindeutig höher.

Frühauf und Jagoutz (2003) haben die Blatttemperaturen im Rebbestand für bedeckte Tage und Strahlungstage untersucht. Die Abb. 7.6 zeigt die Unterschiede für die drei Laubwandzonen an sonnigen Tagen auf. Die Zuordnung entspricht den Angaben in Abb. 7.5.

An den bedeckten Tagen liegen die Blatttemperaturen nur wenig über denen der Lufttemperatur in 2 m Höhe. Ein vollständig anderes Bild ergibt sich für die Strahlungstage. Nun dominieren eindeutig die Besonnungs- und Beschattungszeiten auf der West- und Ostseite der Laubwand. Die Besonnung auf der Ostseite führt im oberen Teil der Laubwand schon frühzeitig zu einem Wärmeüberschuss, im unteren Teil fällt der Anstieg wegen längerer Beschattung kleiner aus. Um die Mittagszeit sinken die Unterschiede, da die Sonne bei steilem Einfallswinkel die oberen besonnten Blattzonen trifft, die Laubwandmitte und der untere Teil liegen dann im Schatten. In den Nachmittagsstunden verschiebt sich das relative Wärmeoptimum auf die Westseite, die Temperaturunterschiede wachsen in der Laubwandmitte an. Von der Nachmittagssonne profitiert aber auch die Ostseite, da ein Teil der Strahlen bei schrägem Einfall die Laubwand durchdringt und Blattbewegungen durch Wind das Licht kurzzeitig ungehindert durchlassen. Die senkrechten Striche deuten die Streuung der Einzelwerte um den Mittelwert an. Die hohen Streuungen um die Mittelwerte sind auf das Phänomen wechselnder Beschattung zurückzuführen. Auch Wolken, die kurzzeitig die Sonne abdecken, lösen den kleinen „Temperatursturz“ an den Blättern aus.

Bisher haben wir nur Einzelblätter gemessen. Inzwischen kann man mit Infrarotaufnahmen auch die Oberflächentemperatur von kompletten Laubwänden oder die Beerentemperaturen messen. Die Thermalbilder (Bild 12 im Anhang) zeigen die Blatttemperaturen auf der Westseite der Laubwand Anfang September 2004 in einem Rebbestand mit Nord-Süd-Zeilung in Geisenheim zu insgesamt vier Terminen. Die Mittelwerte, Maxima und Minima entlang der weißen Linie sind in den Bildern links unten angegeben. Am Nachmittag um 15:00 Uhr (Bild 12, links oben) ist die Westseite der Laubwand voll besonnt und der Rebbestand ist ausreichend mit Wasser versorgt. Dennoch erkennt man an den hellen und dunklen Rottönen die besonnten und beschatteten Blätter. Die Blatttemperaturen entlang der weißen Schnittlinie schwanken zwischen 17 und knapp 30 °C. Einige Stellen in der Laubwand liegen noch darüber. Die besonnten Flächen der Bodenoberfläche erreichen Temperaturen von über 40 °C.

In dem frühmorgendlichen Thermalbild um 04:00 Uhr nehmen die Temperaturunterschiede in der Laubwand sehr deutlich ab. Wegen der hohen Wärmeabstrahlung an der Laubwandobergrenze (vgl. Kap. 7.1.1) kühlt dieser Bereich am stärksten aus. Bei ausreichend hoher Luftfeuchtigkeit setzt dort zuerst die Taubildung ein. Nach einem Gewitter am frühen Abend und anschließend klarer Nacht mit intensiver Taubildung können sich auch Pilzinfektionen (z. B. *Plasmopara viticola*) mit abtropfendem Tau ausbreiten. Anders als im Freiland ohne Laubwand bleibt der Boden in der Rebzeile relativ warm. Die Laubwände verhindern eine intensive Wärmeabstrahlung. Nach Sonnen-

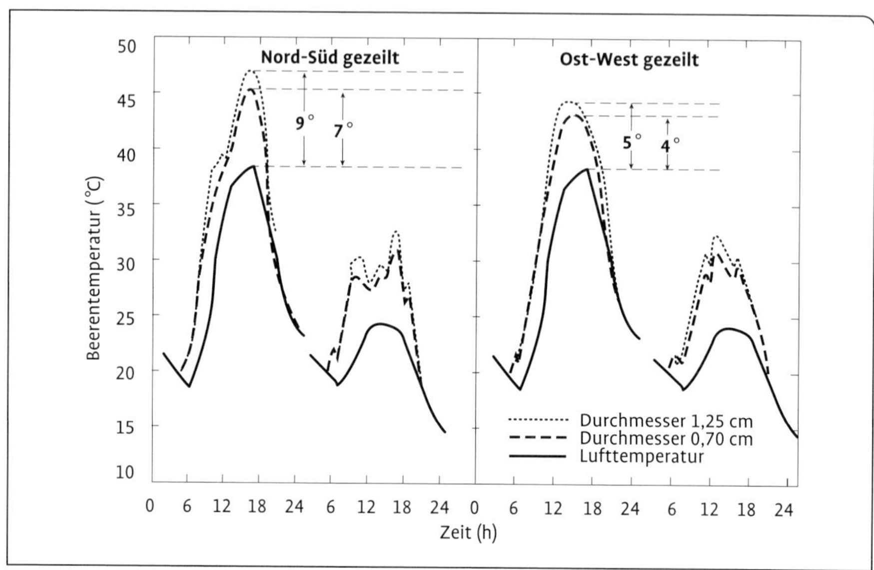

Abb. 7.7: Berechnete Beerentemperaturen für verschiedene Beerendurchmesser (1,25 und 0,7 cm) und die gemessene Lufttemperatur (2 m Höhe) in einer Nord-Süd und Ost-West gezeilten Rieslinganlage während eines heißen Sommertages 1998 (Geisenheim, Rheingau) (nach SCHULTZ 1999).

aufgang um 08:00 Uhr (Bild 12, links unten) liegen die oberen Teile der Ostseite voll in der Sonne, die Temperaturunterschiede fallen dann zwischen besonnten und beschatteten Flächen mit 12 Grad wieder sehr hoch aus, der Boden verharrt noch in der nächtlichen Kühle. Um 12:00 Uhr liegen bei senkrecht über der Laubwand stehender Sonne weite Teile der Rebzeile im Schatten, die Schwankungen nehmen deutlich ab und der Boden erhitzt sich auf über 40 °C. Der Temperaturunterschied zwischen Boden und Laubwand steigt dann auf über 20 Grad an.

Wie verhalten sich die Beerentemperaturen bei intensiver Sonneneinstrahlung?

Wir wenden uns zunächst einem Beispiel aus den mediterranen Klimabedingungen Portugals zu. Dort untersuchten STOLL und JONES (2005) das Bestandsklima in Rebbeständen mit und ohne Bewässerung. Das Bild 13 (Anhang) vergleicht die Beerentemperaturen der weißen Rebsorte Muskat mit der regionalen roten Rebsorte Castelão. Mit den dargestellten Thermalbildern kann man die Oberflächentemperatur von Beeren oder Blättern ablesen. Die Bilder links erfassen die Temperaturen einzelner Beeren, die Thermalbilder rechts die Mittelwerte von Trauben. Die Werte sind in der Tabelle unter dem Bild aufgelistet. Sowohl Schattenbeeren als auch -trauben liegen um 4–7 Grad über der Lufttemperatur von 28 °C. Besonnte Beeren und Trauben sind um 12–15 Grad wärmer als die umgebende Luft und liegen somit deutlich oberhalb des Optimalbereichs für die Einlagerung wertgebender Inhaltsstoffe (Kap. 7.2). Die hohen Temperaturen sind einer Folge lang andauernder Trockenheit. Aber auch unter unseren klimatischen Bedingungen können an sehr heißen Tagen die Temperaturen der Beeren sehr deutlich über die Lufttemperatur klettern (Abb. 7.7). Es handelt sich in diesem Beispiel nicht um Messungen, sondern um Modellrechnungen (Schultz 1999).

Kleine Beeren bleiben etwas kühler als große Beeren, und Beeren in Ost-West gezeilten Rebanlagen bleiben kühler als bei einer Nord-Süd-Zeilung.

Der wesentliche Grund für diese Unterschiede liegt in der direkten Besonnung der Traubenzone in den Nachmittagsstunden in der Nord-Süd-Zeilung.

Der Effekt der Zeilenorientierung auf die Physiologie der Rebe und die Inhaltsstoffbildung wurde bei roten Rebsorten in Südafrika untersucht (Hunter und Volschenk 2008). Versuche in Geisenheim wurden mit der Rebsorte Riesling durchgeführt. Dabei wurden auf kleinem Raum in einem homogenen Weinberg drei verschiedene Zeilenorientierungen (Nord-Süd, Ost-West und Nordost-Südwest) gepflanzt (Abb. 7.8).

Der Geisenheimer Versuch stellt insofern eine Besonderheit dar, dass er nicht nur in einer kühlen Klimazone liegt, sondern während der Wachstumsperiode die längsten Tage und somit die größten Unterschiede zwischen den Reihenorientierungen zeigt. Besonders auffällig ist der Temperaturverlauf in der Nord-Süd-Zeilung. Einer langsamen Erwärmung, die durch Selbstbeschattung der Reihen hervorgerufen wird, folgt ein hohes Temperaturmaximum am Nachmittag, wenn die Sonne in einem Azimutwinkel (der Winkel zwischen Richtung der Sonneneinstrahlung und Orientierung der Reihe) von 90° auf die Laubwand trifft und maximale Umgebungstemperaturen vorliegen. Mögliche Auswirkungen auf die Inhaltsstoffzusammensetzung werden von Friedel et al. (2015) beschrieben (siehe auch Kap. 7.3).

7.1.3 Luftfeuchtigkeit und Blattbenetzung

Die Ergebnisse gelten wie bereits oben erwähnt für eine Spaliererziehung.

Die relative Luftfeuchtigkeit und die Blattbenetzung sind auch als wichtige Rand-

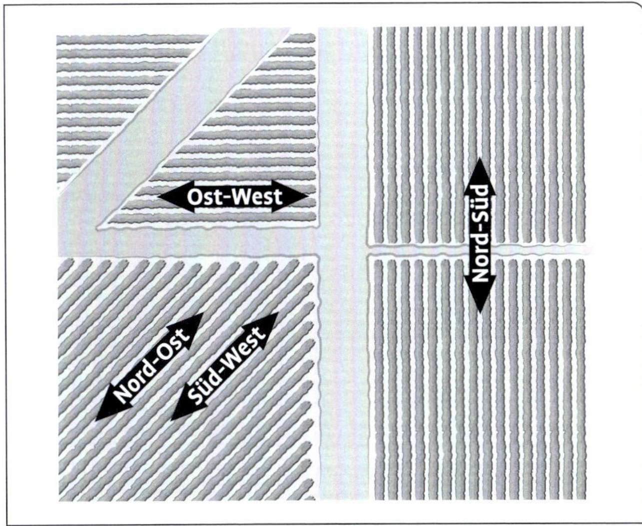

Abb. 7.8: Zeilenorientierungsversuch: Infrarot-Luftbild des Versuchsweinberges (Hochschule Geisenheim; Lage: Eibinger Magdalenenkreuz).

bedingungen für die Entwicklung von Pilzerkrankungen bedeutsam.

In diesem Zusammenhang stellt sich die Frage, ob es im Rebbestand generell feuchter ist als im Freiland und in welchen Größenordnungen die Unterschiede liegen. Bei trockenem, sonnenscheinreichem Wetter beobachten wir im Rebbestand die in Abb. 7.9 dargestellten Verhältnisse, die die Differenz der relativen Luftfeuchtigkeit im unteren und mittleren Laubwandbereich zu den Freilandwerten in 2 m Höhe für eine Folge von drei Tagen dokumentiert.

Während der Nachtphase ist es in der Laubwand zwischen 4 und 10 % feuchter als in der Referenzhöhe in 2 m. Da wir inzwischen wissen, dass sich die Laubwand in klaren Nächten stärker abkühlt als die umgebende Luft, steigt als Folge die Luftfeuchtigkeit in der Laubwand überproportional an. Wenn am Folgetag dann die Sonne scheint, nehmen die Unterschiede deutlich ab und können am Nachmittag sogar negativ werden, d. h. die Laubwand ist dann trockener als das umgebende Freiland. Auch in diesem Fall besteht ein Zusammenhang zwischen Temperatur und Luftfeuchtigkeit, da mit der Sonneneinstrahlung die Laubwandtemperatur stärker ansteigt als in der Referenzhöhe. In der Folge nimmt die relative Luftfeuchtigkeit stärker ab. Diesen Zusammenhang zwischen Temperatur und relativer Luftfeuchtigkeit verdeutlicht auch die Abb. 7.10 (mittlere Grafik), in der beide Wetterelemente nahezu invers zueinander verlaufen.

Die Abb. 7.9 belegt aber auch, dass die mittlere Laubwandzone feuchter wird als der untere Laubwandbereich, der wieder stärker durchlüftet wird. Wenn man die Unterschiede über alle Wetterlagen vergleicht, so ergeben sich die in Tab. 7.4 dargestellten Verhältnisse.

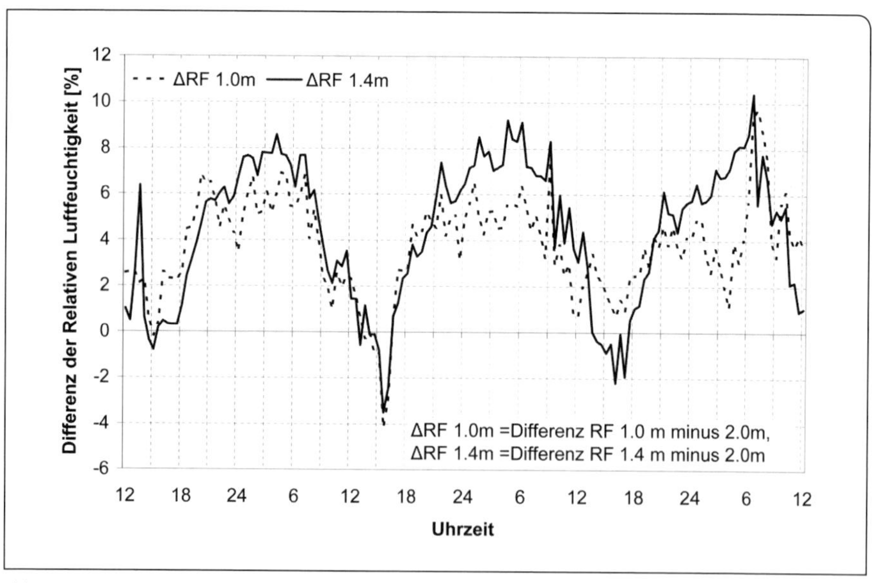

Abb. 7.9: Differenzen der relativen Luftfeuchtigkeit zwischen zwei Höhen in der Laubwand (1 m und 1,4 m Höhe) an zwei Strahlungstagen Anfang August 1993 in Nord-Süd gezeilter Rebanlage (Standort Mäuerchen, Geisenheim, Rheingau).

Die Häufigkeitsverteilung zeigt auch die große Bandbreite der Unterschiede auf, wobei die Differenzen am Tage stärker schwanken als in der Nacht. Nach Regenfällen bleiben auch am Tage die Rebbestände länger feucht; die Globalstrahlung und der Wind bestimmen die Dauer dieser Nässeperioden und in der Folge auch die Abtrocknung. Die Ausbreitung des Falschen Mehltaus (*Plasmopara viticola*) hängt von dem Auftreten von Blattnässeperioden im Rebbestand ab.

Im Mittel ist es während der hellen Tagesphase in der Laubwand um ca. 5 % und während der Nacht zwischen 5 und 8 % feuchter als in der Referenzhöhe von 2 m.

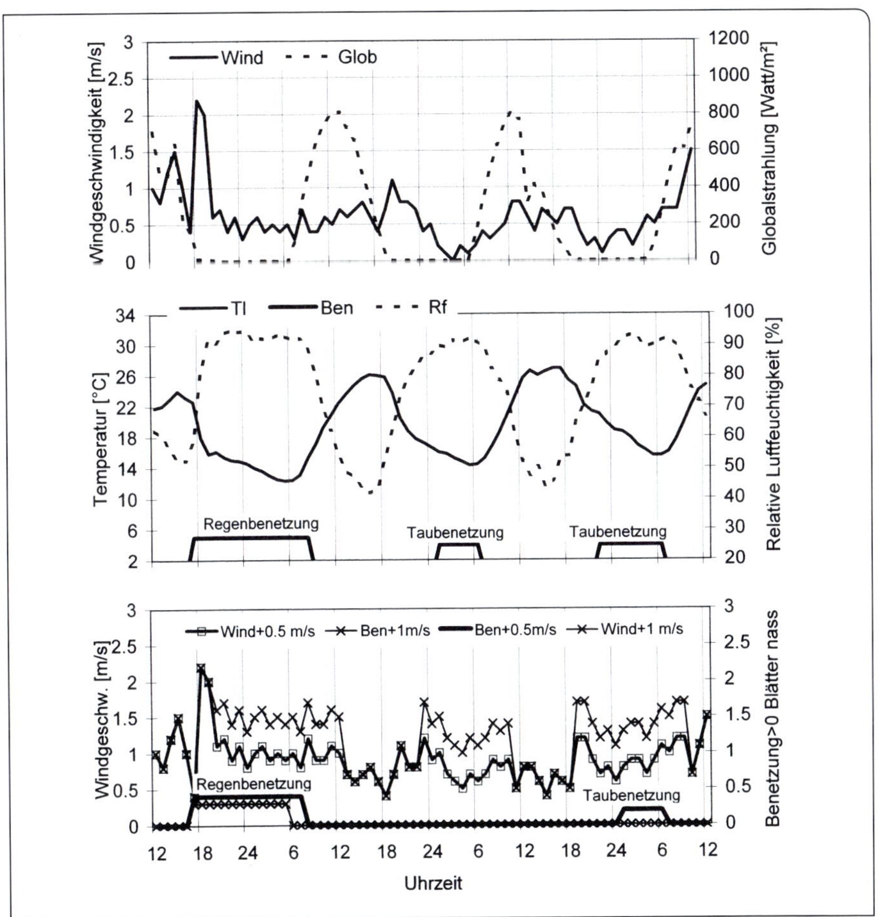

Abb. 7.10: Globalstrahlung und Windgeschwindigkeit (oben), Lufttemperatur, Luftfeuchtigkeit (2 m Höhe) und Blattnässe (berechnet)(Bildmitte) nach einem frühabendlichen Gewitter mit nachfolgenden Strahlungsnächten. Das untere Bild zeigt die Blattbenetzung in der gleichen Wettersituation aber mit künstlich angehobener Windgeschwindigkeit (+0,5 m/s, +1 m/s).

***Tab. 7.4** Häufigkeit der Differenz der relativen Luftfeuchtigkeit in der Laubwand zum Freiland in 2 m Höhe von Juli bis September 1993 (Geisenheim).*

	Tag		Nacht	
ΔRF	Δ1,0 m	Δ1,4 m	Δ1,0 m	Δ1,4 m
18–16,1	1 %	1 %	0 %	0 %
16–14,1	1 %	1 %	0 %	0 %
14–12,1	2 %	3 %	0 %	2 %
12–10,1	4 %	6 %	3 %	15 %
10–8,1	10 %	15 %	10 %	35 %
8–6,1	14 %	16 %	19 %	26 %
6–4,1	21 %	15 %	30 %	14 %
4–2,1	22 %	17 %	28 %	6 %
2–0,1	14 %	14 %	9 %	2 %
0 – –1,9	7 %	7 %	1 %	0 %
–2 – –3,9	2 %	3 %	0 %	0 %
–4 – –5,9	1 %	1 %	0 %	0 %
Max	24,2	24,6	18,8	18,9
Min	–10,6	–8,8	–2,6	–1,5
Mit	4,6	5,2	5,0	7,8

Erläuterungen:
ΔRF Differenz relative Luftfeuchtigkeit Laubwand zu Freiland 2 m Höhe
Δ1,0 m Differenz RF 1,0 m minus 2,0 m
Δ1,4 m Differenz RF 1,4 m minus 2,0 m
Max Maximale Differenz
Min Minimale Differenz
Mit Mittelwert der Differenz
Zeilenbreite: 2 m Laubwandhöhe: 2 m

Die Abb. 7.10 soll das Auftreten der Blattbenetzung in Abhängigkeit der dargestellten Wetterelemente verdeutlichen. Am ersten Tag fällt in den Abendstunden ein kräftiger Regenschauer. Nach 19:00 Uhr bleibt es dann trocken. Der Rebbestand ist so durchnässt, dass die Blattbenetzung bis zum nächsten Morgen gegen 8:00 Uhr andauert. Nach dem Regenschauer reduziert sich auch der Wind auf einen mittleren Wert von 0,5 m/s. Dieser leistet keinen Beitrag zur Abtrocknung, vielmehr steigt die relative Luftfeuchtigkeit auf über 90 % bei einer gleichzeitig starken Abkühlung der Luft, die darauf hinweist, dass der Himmel nach dem Regenschauer aufklart. In dieser

Situation gesellt sich zu der Regenbenetzung noch Tau. Die Benetzungszeit kann erst die zunehmende Globalstrahlung am nächsten Morgen beenden. Nach 2 Stunden hat sie ganze Arbeit geleistet, der Bestand ist trocken. In den beiden Folgetagen fällt kein Regen, während der Nacht setzt aber Taubildung ein. Der kleine Unterschied zwischen den beiden Nächten besteht darin, dass in der ersten Taunacht bis etwa 24:00 Uhr ein etwas stärkerer Wind weht, der den Beginn der Blattbenetzung verzögert. In der zweiten Taunacht setzt die Benetzung bei ähnlichen Temperaturen und Luftfeuchtigkeiten, aber fehlendem Wind deutlich früher ein.

Die Bedeutung des Windes für die Benetzung verdeutlicht die untere Grafik in Abb. 7.10. Bei gleichem Witterungsablauf wurde die Windgeschwindigkeit während der Benetzung um jeweils 0,5 m/s im ersten Fall und um 1 m/s im zweiten Fall erhöht. Mit einer Modellrechnung lässt sich die Wirkung des zunehmenden Windes auf die Benetzungszeiten darstellen. Die Erhöhung der Windgeschwindigkeit um 0,5 m/s reduziert die Regenbenetzung um 1 Stunde, der Tau der zweiten Nacht verschwindet und die Taubenetzung in der dritten Nacht mindert sich von 9 auf 6 Stunden. Wenn wir die Windgeschwindigkeit um 1 m/s erhöhen, fallen die Taubenetzungen in beiden Nächten weg und die Benetzung nach dem Regen verringert sich von 16 auf 13 Stunden.

Sehr dichte Laubwände mindern die Durchlüftung. Die Wirkung auf die Luftfeuchtigkeit und die Nässezeiten werden ähnlich wie im dargestellten Beispiel ablaufen, nur mit dem Unterschied, dass die Windgeschwindigkeit durch die dichte Laubwand herabgesetzt wird. Die Entwicklung von Grauschimmel und anderen phytosanitären Problemen wird begünstigt. Negative Folgen für die Qualität sind dann unvermeidlich.

7.1.4 Wasserhaushalt und Transpiration

Einen umfassenden Überblick über die Thematik der Interaktion Pflanze-Umwelt liefert Jones (2014). Bei der Blatttemperatur stellt die Transpiration neben den Strahlungskomponenten die wichtigste Stellgröße dar (vgl. Abb.7.1). Bei Trockenstress kann die Rebe über Phytohormone die Öffnung der Stomata regulieren und somit auch die Transpiration einschränken. Die daraus resultierenden Folgen wollen wir uns an extremen Beispielen aus trockenen Klimaten verdeutlichen.

Das erste Beispiel stammt aus dem Staat Washington im Nordwesten der USA. Das Klima ist dort während des Sommers sehr heiß und trocken und die Vegetationszeit ist mit 160 Tagen sehr kurz. In der Regel benötigen die Reben eine Zusatzbewässerung. Zur Optimierung der Bewässerung wurden an ganzen Rebstöcken der Rebsorte Cabernet Sauvignon Gaswechselmessungen durchgeführt, um den gesamten Stoffwechsel bei unterschiedlichen Wasserstresssituationen zu untersuchen (Perez-Pena 2004).

Die Abb. 7.11 zeigt die Transpirationsraten der gesamten Laubwand einschließlich der Beeren an zwei Terminen vor und nach Reifebeginn für drei verschiedene Bewässerungsstufen. In der Standardstufe wird dem Boden über eine Tröpfchenbewässerung 70 % der berechneten vollen Transpirationsrate zugeführt. In der Stufe mit frühem Defizit reduzieren sich die Wassergaben in der Zeit vom Fruchtansatz bis zum Reifebeginn, in der Stufe mit spätem Defizit erst nach Reifebeginn auf jeweils 35 % der vollen Transpirationsrate. Zusätzlich enthalten die

Darstellungen die zeitlichen Verläufe der photosynthetisch aktiven Strahlung und des Sättigungsdefizits. Strahlung und Sättigungsdefizit übertreffen deutlich die bei uns bekannten Werte. Ein Sättigungsdefizit von 37 hPa führt beispielsweise zu einem Verdunstungsanspruch der Atmosphäre von 7 mm pro Tag. In der oberen Abbildung von Abb. 7.11, die die Situation vor Reifebeginn beschreibt, laufen die Transpirationsraten der Standardvariante und im Versuch mit spätem Defizit weitgehend parallel, sie folgen der ungehinderten Einstrahlung und dem Verlauf des Sättigungsdefizits. Im Versuch mit frühem Defizit schränken die Reben die Transpiration während des Tages deutlich ein, sie folgen dem allgemeinen Anstieg nur bis 8:00 Uhr Ortszeit.

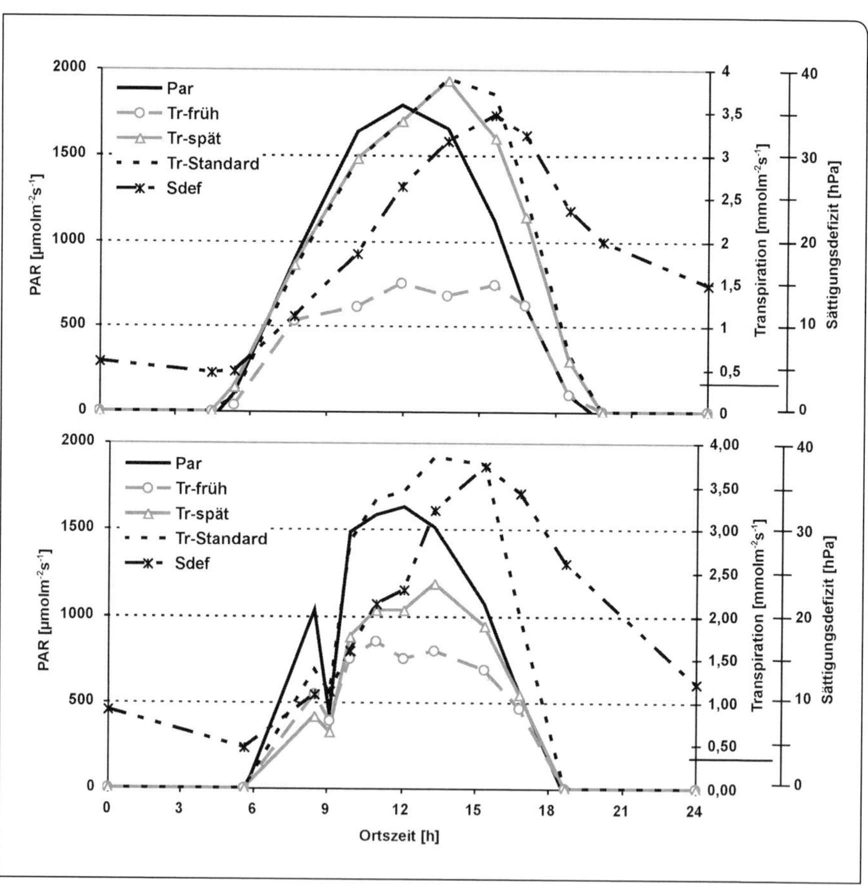

Abb. 7.11: Transpiration eines Rebstockes (Blätter und Beeren), photosynthetisch aktive Strahlung (PAR) und Sättigungsdefizit (Sdef) an zwei Terminen vor und nach Reifebeginn 2003 für drei verschiedene Bewässerungsstufen. (Tr-Standard = Bewässerung mit 70 % der Transpiration, Tr-früh = 35 % der Transpiration vor Reifebeginn, 70 % nach Reifebeginn, Tr-spät umgekehrt wie Tr-früh für die Rebsorte Cabernet Sauvignon in der Region Alderdale, US-Staat Washington) (PEREZ-PENA 2004).

Im unteren Bild von Abb. 7.11 nach Reifebeginn folgt nur noch die Standardvariante dem Verdunstungsanspruch der Atmosphäre. Die Transpiration reagiert auch unmittelbar auf die kurzeitig durch Bewölkung fallende Einstrahlung. In dem Versuch mit frühem Defizit erholt sich die Transpiration, das späte Defizit macht sich in der dritten Variante bereits bemerkbar. Auch die Photosyntheseleistungen fallen in den Defizitvarianten deutlich ab. Sehr aufschlussreich ist aber das Ergebnis der Ernte: Kein Versuchsglied unterscheidet sich signifikant von den anderen. Offensichtlich können rote Rebsorten deutlich besser mit Wasserstress umgehen. Die Aussagen im Kap. 6 finden damit eine Bestätigung.

Wie wirken sich eingeschränkte Transpirationsraten auf Blatt- und Beerentemperaturen aus?

Konkrete Antworten zu dieser Frage liefert die Auswertung bildschaffender thermografischer Messverfahren. Unter trocken-heißen Bedingungen lässt sich über Wasserstressindizes die Wasserverfügbarkeit bestimmen und die Bewässerung steuern (JONES et al. 2009). Im Bereich der Züchtung fand diese Methode Einzug, um wassernutzungseffizientere Zuchtlinien zu selektionieren (JONES und VAUGHAN 2010).

Für Reben unter sehr warmem und trockenem Klima in Portugal zeigt Bild 13 (Anhang) beispielhaft Thermalbilder aus einem Versuch von STOLL und JONES (2005).

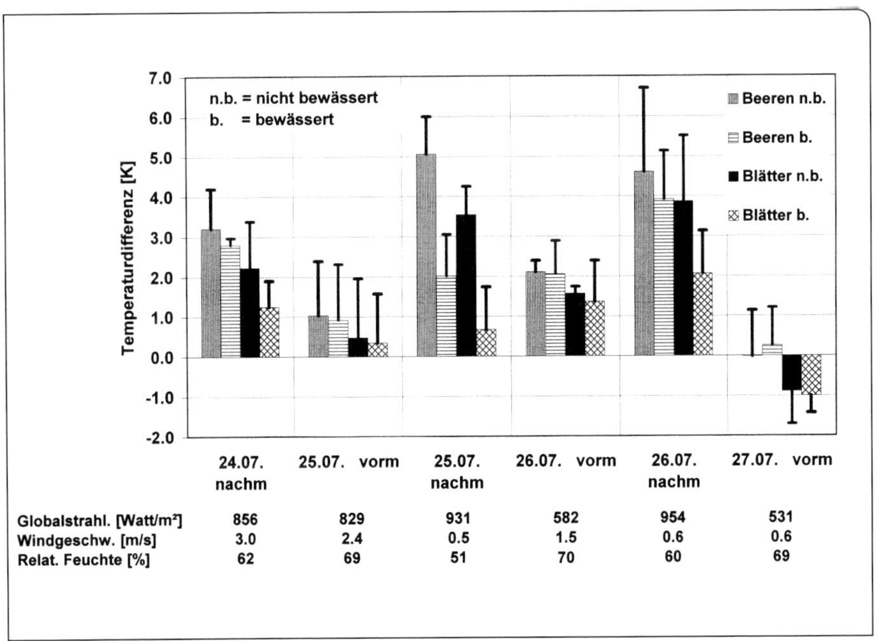

	24.07. nachm	25.07. vorm	25.07. nachm	26.07. vorm	26.07. nachm	27.07. vorm
Globalstrahl. [Watt/m²]	856	829	931	582	954	531
Windgeschw. [m/s]	3.0	2.4	0.5	1.5	0.6	0.6
Relat. Feuchte [%]	62	69	51	70	60	69

Abb. 7.12: Temperaturdifferenzen zwischen Blatt- bzw. Traubentemperaturen und der Lufttemperatur vom 24.07. bis 27.07.2001 für eine bewässerte (70 % der Transpiration) und eine unbewässerte Rebfläche (Rebsorte Castelão, Pegões, Portugal) Senkrechte Striche bedeuten die Streuung der Einzelwerte. Messungen erfolgten vormittags von 10:30 bis 12:30 Uhr und nachmittags von 15:00 bis 16:30 Uhr. Die Tabelle unter der Abbildung zeigt die meteorologischen Bedingungen während der Messungen (nach STOLL und JONES 2005).

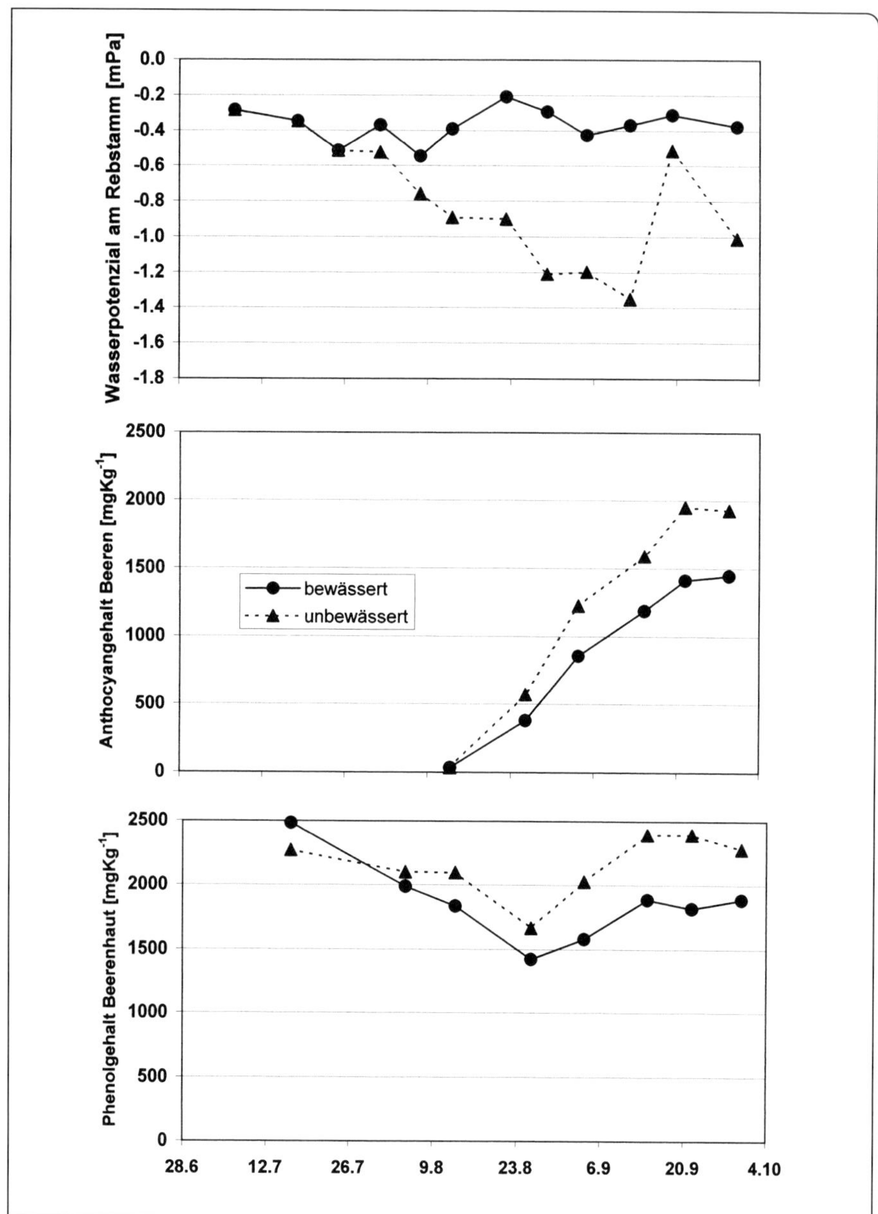

Abb. 7.13: Wasserpotenzialwerte im Stamm eines Rebstocks in einer bewässerten und unbewässerten Versuchsvariante bei der Rebsorte Merlot (Bild oben), Anthocyangehalte der Beeren (Bildmitte) und Phenolgehalte in den Beerenhäuten (Bild unten) (Udine, Italien, 2004) (nach CASTELLARIN et al. 2005).

Weitere Aufschlüsse liefern die Vergleiche zwischen bewässerten und unbewässerten Parzellen in Abb. 7.12. In der bewässerten Variante wurden die Bodenwasservorräte mit den berechneten vollen Transpirationsraten aufgefüllt. In Abb. 7.12 sind die Ergebnisse von vier Tagen mit jeweils drei morgendlichen und drei Nachmittagssituationen dargestellt. Es handelt sich dabei um Thermalbilder, wobei die einzelnen Pixel der Bilder ausgewertet wurden. Vor allem am Nachmittag sind die Beeren- und Blatttemperaturen in der trockenen Variante deutlich höher, wobei die Beeren noch einmal deutlich wärmer werden als die Blatttemperaturen. Zur Vervollständigung ergänzen die meteorologischen Randbedingungen (Einstrahlung, Wind und relative Luftfeuchtigkeit) in den Versuchszeiträumen die Abb. 7.12.

Neben den tageszeitlichen Schwankungen ergeben sich auch Einflüsse der Einstrahlung und der Durchlüftung. Bei niedrigen Strahlungswerten und mit zunehmender Belüftung mindern sich die Temperaturen sowohl in den Beeren als auch in den Blättern. In der morgendlichen Situation am 27.07. unterschreiten die Blatttemperaturen sogar die Temperatur der Umgebungsluft, weil bei niedriger Einstrahlung und einer Luftfeuchtigkeit um 70 % die volle Transpiration noch möglich ist.

Zu hohe Blatt- und Beerentemperaturen lassen sich nicht nur durch eine Zusatzbewässerung vermeiden. Eine physiologisch sehr wirksame Methode stellt die **klimatisierende Beregnung** dar. Dabei wird ein feiner Sprühnebel von Wassertröpfchen – ähnlich der Frostschutzberegnung – über den Rebbestand ausgebracht, der die relative Luftfeuchtigkeit deutlich anhebt und Blatt- und Beerentemperaturen deutlich senkt. Die Regner laufen nur minutenweise, eine Anfeuchtung des Bodens findet nicht statt. Die bereits 1959–1964 am Schloss Böckelheim an der Nahe durchgeführten Versuche brachten deutliche Qualitätssteigerungen bei der Rebsorte Riesling (Goedecke 1967, Schneider und Horney 1969). Wegen des hohen technischen Aufwandes und der Kosten fand diese Methode in der Praxis allerdings keine Verbreitung. Wo bereits eine Frostschutzberegnung installiert ist, lässt sich die Methode auch ohne Schwierigkeiten einsetzen.

Die qualitativen Auswirkungen von Wasserstress und den damit verbundenen hohen Blatt- und Beerentemperaturen an der Rebsorte Merlot wurden von Castellarin et al. (2005) untersucht. Die Abb. 7.13 zeigt im oberen Bild den Verlauf der Wasserpotenzialwerte am Stamm in der bewässerten und trockenen Variante, die Phenolgehalte in der Beerenhaut im mittleren Bild und die Entwicklung der Anthocyane im unteren Bild. Die Wasserpotenziale sinken in der trockenen Variante deutlich unter −1 MPa ab. Damit differenzieren sich auch deutlich Phenole und Anthocyane mit jeweils signifikant höheren Werten in der trockenen Variante.

Andere Versuche bestätigen dieses Ergebnis, dass mit Wassermangel die Konzentrationen an Anthocyanen und Tanninen zunehmen (z. B. Matthews und Anderson 1988, Kennedy et al. 2000, Kennedy et al. 2002). Die Zunahme wird einerseits mit einer geringeren Beerengröße, die das Verhältnis von Beerenhaut zum gesamten Beerengewicht vergrößert, andererseits auch mit Veränderungen in der Struktur der Beerenhaut begründet (Roby et al. 2004).

In Versuchen, in denen gleiche Beerengrößen unterschiedlicher Bewässerungsvarianten verglichen wurden, zeigte sich eine Zunahme der Tannine und Anthocyane in der Beerenhaut durch Wassermangel unabhängig von der Beerengröße, während die Tanninkonzentration in den Kernen weitestgehend unbeeinflusst blieb. Die Bildung von Tanninen und Anthocyanen in den Beeren wird in Kap. 8.2.2 näher erläutert.

7.2 Auswirkungen auf Wachstum und Qualität

7.2.1 Gibt es mikroklimatische Risiken?

Dichte und kompakte Laubwände erhöhen die relative Luftfeuchtigkeit und verlängern die Blattnässezeiten. Die Bedeutung von Strahlung und Wind auf die Verkürzung der Nässeperioden verdeutlicht die Abb. 7.10.

Mit den gezielten Laubarbeiten und dem Entblättern kann der Winzer die Durchlüftung verbessern. In der Folge nimmt die Luftfeuchtigkeit in der Traubenzone deutlich ab und mindert das Risiko für Pilzerkrankungen und verbessert die Traubengesundheit.

Andererseits birgt die freie Exposition der Trauben zum Sonnenlicht bei sehr hohen Temperaturen die Gefahr für Hitzestress und **Sonnenbrand**.

Wann tritt Sonnenbrand auf? Generell sind die Trauben weniger gefährdet, wenn sie bald nach der Blüte teilweise entblättert werden. Die auftreffende UV-Strahlung führt zu einer Verdickung der Beerenkutikula und lässt die Wachsschicht anwachsen. Das wiederum schützt die Beeren vor UV-Strahlung und das Sonnenlicht schwächt sich in den außen liegenden Zelllagen deutlich ab. Zudem erhöht sich die Reflexion. Bei späterer Freistellung nimmt die Wachsbildung mit zunehmender Beerenentwicklung deutlich ab.

Neben deutlichen Rebsortenunterschieden hängt das Gefahrenpotenzial vom Witterungsverlauf ab. Dieses ist besonders groß, wenn folgende Situation auftritt:

- gute Wasserversorgung,
- eine Hitzeperiode mit sehr hohen Temperaturen folgt auf eine kühle Periode,
- sehr niedrige Luftfeuchtigkeit und hohe Sättigungsdefizite für Wasserdampf.

Beeren haben im Vergleich zu Blättern relativ wenige Spaltöffnungen. Hohe Temperaturen und niedrige Luftfeuchtigkeit heizen die Beeren sehr stark auf. In der Folge steigt auch das Wasserdampfsättigungsdefizit stark an und die Beere verliert viel Wasser. Eine solche Entwicklung zeigt die Abb. 7.14, ein Beispiel aus dem Jahr 1998. Die Beerentemperaturen wurden dabei berechnet (Schultz 1999).

Bei dem Wechsel in eine extreme Hitzeperiode kann auch der Wassernachschub zur Beere abreißen, obwohl die Wasserversorgung in dieser Zeit noch gut war. Trotz Freistellung bildet sich unter den vorher kühlen Bedingungen eine vergleichsweise dünne Wachsschicht. Mit der guten Wasserversorgung wächst die Beerengröße schnell an. In dieser Situation bilden sich auch geringere Mengen an phenolischen Substanzen und Flavonolen, denen man eine Schutzfunktion gegenüber UV-Strahlung zubilligt.

Insgesamt zeigten Ost-West gezeilte Rebflächen geringere Schäden als Nord-Süd gezeilte Weinberge, da auf der Westseite am Nachmittag die Beerentemperaturen besonders stark ansteigen (Abb. 7.16, Beeren 45° zur Sonne).

Die Temperatur spielt somit die dominierende Rolle; einen Einfluss der UV-Strahlung kann man ausschließen, da auch Trauben in geschützten Folienhäusern diese Stresssymptome zeigen.

Welchen Einfluss haben Extremtemperaturen auf die Beereninhaltsstoffe?

Den markantesten Einfluss haben hohe Temperaturen auf die Äpfelsäure. Lakso

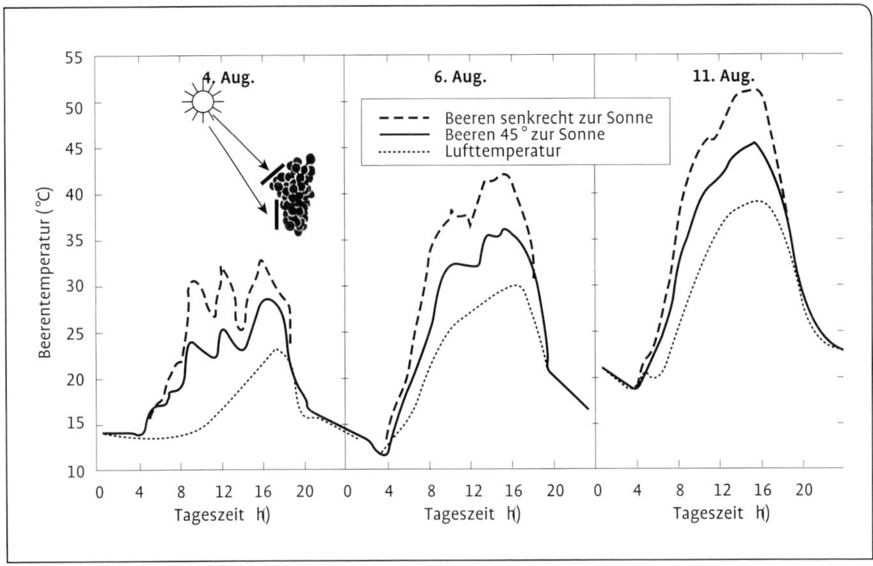

Abb. 7.14: Berechnete Beerenhauttemperaturen und gemessene Lufttemperaturen (2 m Höhe) für drei Strahlungstage am 4., 6. und 11. August 1998 für die Rebsorte Spätburgunder bei unterschiedlichem Einfallswinkel der Sonnenstrahlen (90 u. 45°) (nach SCHULTZ 1999).

und KLIEWER (1975) berichten von starken Veränderungen in den Aktivitäten verschiedener, am Äpfelsäurestoffwechsel beteiligter Enzyme selbst nach nur kurzen Phasen von Temperaturen über 40 °C. Diese Extreme führen zu teilweise drastischen Abnahmen der Äpfelsäuregehalte. Da innerhalb eines Weinberges bzw. innerhalb der Laubwand und selbst innerhalb der Einzeltrauben und -beeren extreme Unterschiede im Temperaturverlauf vorliegen (Abb. 7.14), ist mit sehr heterogenem Traubenmaterial hinsichtlich der Äpfelsäure zu rechnen.

Kurzzeitig extrem hohe Temperaturen verändern die Anthocyansynthese bzw. -verteilung innerhalb der Beere. Extremtemperaturen können dazu führen, dass Anthocyane aus den Zellvakuolen heraus transportiert werden (NOVER und HÖHFELD 1996) und sich wieder in ihre Zucker- und Phenolbestandteile aufspalten und damit ein Farbverlust eintritt. In warmen Gebieten kommt es oftmals zu starken Atmungsraten der Pflanzen und damit verbunden zu einem hohen Zuckerverlust. Dieser Zucker fehlt dann zur Bildung von Farbstoffen. Allerdings ist ein solcher Effekt für die deutschen Anbaugebiete nicht zu erwarten, da die Extremtemperaturen für die meisten Sorten vor Einsetzen der Reifephase und damit vor der Bildung von Anthocyanen auftreten.

7.2.2 Beeinflusst das Mikroklima das Wachstum und die Traubenqualität?

Die Auswirkungen des Mikroklimas auf Wachstum und Qualität sind sehr vielfältig. Die kontrollierenden inneren Faktoren für das Wachstum ergeben sich aus dem komplexen Zusammenspiel der **Pflanzenhormone** Auxin, Gibberellinsäure, Cytokinin und Abscisinsäure. Die Auxinsynthese z. B. wird nachweislich durch höhere Temperaturen stimuliert, während die Konzentrations- und Aktivitätsverhältnisse verschiedener Hormone zueinander vorwiegend auf die Lichtqualität reagieren. Hierbei spielt das Verhältnis von hellrotem (HR; 660 nm) zu dunkelrotem Licht (DR; 730 nm) eine entscheidende Rolle. Ein Pigmentkomplex, das sogenannte **Phytochrom**, reagiert auf dieses Lichtverhältnis (HR/DR). Je höher das Verhältnis (also je mehr hellroter Anteil), desto mehr aktives Phytochrom liegt vor. Phytochrom moduliert verschiedene Enzymsysteme und Signalwege in der Pflanze, unter anderem auch bei der Hormonsynthese (Halliday und Frankhauser 2003).

Die Abb. 7.15 stellt das HR/DR bei sonnenexponierten und beschatteten Reblaubwandzonen dar (Schultz 1996). Da die photosynthetisch aktiven Blätter Licht im Wellenlängenbereich von 400–700 nm absorbieren, verarmt mit der Erhöhung der Blattlagenanzahl einer Laubwand zunehmend der hellrote Lichtanteil.

Dies führt zu einer durch Phytochrom modulierten Veränderung der Hormonsysteme und dadurch zu einem schnelleren Wachstum der abgeschatteten Triebe, wie es im Innern von dichten Reblaubwänden zu beobachten ist.

Auch die Fruchtbarkeit und der Blühverlauf leiden bei Lichtmangel. Beispielsweise haben **Wasserschosse** eine geringere Fruchtbarkeit, wenn sich diese Triebe bei meistens spätem Wachstum in lichtarmen Laubwandzonen entwickeln. Es kommt zu einer schwach ausgeprägten Anlage von **Infloreszenzen** in den Knospen. Wenn Wasserschosse sich unter ähnlich guten Lichtbedingungen entwickeln wie normale Rebtriebe, ist der Fruchtbarkeitsgrad mit diesen vergleichbar.

Temperatur und Licht sind zwar die äußeren Faktoren, die die Infloreszenzbildung

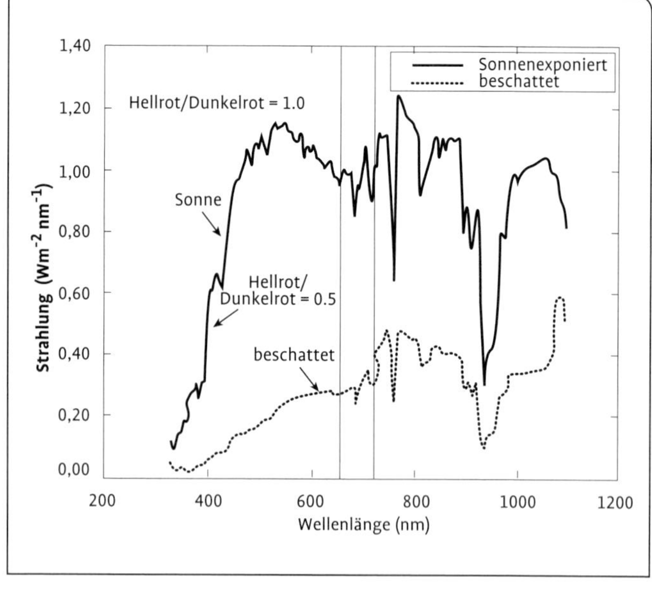

Abb. 7.15: Die Verteilung der Globalstrahlung in Abhängigkeit von der Wellenlänge für ein besonntes und beschattetes Blatt und das Verhältnis von hellrotem Licht HR (660 nm) zu dunkelrotem Licht DR (730 nm) (nach Schultz 1999).

beeinflussen, die innere Steuerung übernehmen aber auch hier Pflanzenhormone. Hierbei spielt das Verhältnis von Cytokinin zur Gibberellinsäure eine entscheidende Rolle. Ein Übergewicht in Richtung Gibberellinsäure verringert die Infloreszenzbildung, eine höhere Cytokininkonzentration verbessert hingegen die Fruchtbarkeit (Srinivasan und Mullins 1980).

In Laubwandzonen mit geringerer Belichtung überwiegt die Gibberellinsäure und verstärkt das schnelle vegetative Wachstum.

Triebe, die sich in diesen Zonen entwickeln, weisen im Jahr darauf auch eine geringe Gescheinsanzahl auf. Das Zusammenspiel von Lichtintensität und Temperatur führt dazu, dass Blätter, die nicht die volle Lichtintensität empfangen, kühler bleiben und mit der geringeren Lichtintensität eventuell höhere Photosyntheseraten erzielen als Blätter, die direkt der vollen Lichtstärke bei gleichzeitig zu hohen Blatttemperaturen ausgesetzt sind. Schattenblätter im Innern einer Laubwand können niedrige Lichtintensitäten besser nutzen als Sonnenblätter und sind in der Lage, bei nur 1 % belichteter Blattfläche die Atmungsverluste auszugleichen (Intrieri et al. 1995). Allerdings leisten diese Blätter über den Tag betrachtet einen deutlich geringeren Beitrag zur Zuckerproduktion der Pflanze als Blätter an der Laubwandperipherie und können vor allem bei hohen Nachttemperaturen mit hohen Atmungsraten zu einem „Sink“ (Ort des Verbrauchs) werden.

Hieraus ergibt sich auch ein Zusammenhang zum **Beerenwachstum**. Temperatur, Sättigungsdefizit und Sonneneinstrahlung, die wiederum die Beerentemperatur beeinflussen, spielen dabei eine wichtige Rolle. Zusätzlich agieren verschiedene Enzyme während der Reife, z. B. verschiedene Invertasen, die den vom Blatt transportierten Transportzucker Saccharose in Glucose und Fructose spalten. Ähnlich wie verschiedene Enzyme, die beim Wachstum eine Rolle spielen, ist der Aktivitätszustand der **Invertase** auch abhängig vom Verhältnis von hell- zu dunkelrotem Licht. Deshalb können Maßnahmen zur Verbesserung des Mikroklimas in der Traubenzone auch zu einer verbesserten Zuckereinlagerung führen (Bledsoe et al. 1988).

Ähnlich verhält es sich mit dem **Äpfelsäureabbau** (vgl. Kap. 8.1). Dafür sind möglichst höhere Temperaturen in beiden Tageshälften optimal. Entsprechend sind die Säuregehalte vom Jahrgang, von der Lage und dem Laubwandmanagement abhängig.

Mit den Entblätterungsmaßnahmen steigen beispielsweise auch die Beerentemperaturen. Natürlich reagieren auch die **Polyphenole** und die Aromen in den Beeren auf das sie umgebende Bestandsklima. Das Enzym Phenylalanin-Ammonium-Lyase (PAL) steuert die Umwandlung von Phenylalanin in trans-Zimtsäure (vgl. Kap.8.2.2). Es reagiert stark auf Belichtung und Temperatur und wird durch die Wüchsigkeit beeinflusst. Auch reagiert dieses Enzym ähnlich wie die Invertase auf das Verhältnis von hell- zu dunkelrotem Licht (Smart et al. 1988).

Bei den weißen Rebsorten ist Sauvignon Blanc wahrscheinlich das Paradebeispiel, wenn es um die Interaktion abiotischer Faktoren und sekundärer Pflanzenstoffe oder der **Aromenausprägung** geht. Eine wichtige Rolle in der Aromenausprägung und damit Weinstilistik spielen bei dieser Rebsorte insbesondere die Methoxpyrazine, die durch eine intensive Belichtung abgebaut werden (Hunter et al. 2004).

Bei der Rebsorte Riesling reagieren die in der Beerenhaut lokalisierten Carotinoide intensiv auf den Faktor Licht. Carotinoide sind Begleitpigmente des Chlorophylls und schützen den Photosynthese-Apparat vor zu hohen Lichtintensitäten. Bis zum Weichwerden der Beeren nehmen die Gehalte an Carotinoiden zu und werden in den reifenden Früchten zu Norisoprenoiden abgebaut. Ihre geruchliche Wahrnehmung reicht von positiv bewerteten „exotischen Blüten bis tropische Früchte" (u. a. β-Damascenon) bis zu negativ bewerteten Vitispiran mit Attributen wie „Eukalyptus oder Kampfer" oder dem Petrol- oder Kerosinton des TDN (1,1,6-Trimethyl-1,2-dihydronaphtalin).

Das Laubwandmanagement und das Erziehungssystem können über die Veränderungen im Mikroklima auf die Terpenkonzentration einwirken. Reynolds und Wardle (1989, 1993) untersuchten den Einfluss der Laubwandstruktur sowie des Einkürzens und der Entblätterung der Traubenzone auf die Gehalte an freien und gebundenen Terpenen (**PVT** = potentially-volatile terpenes) bei Riesling und Gewürztraminer. **Terpene** können sich als „florale, duftige Aromen" äußern und deutlich auf Licht reagieren. Laubwandsysteme mit gut belichteter, offener Traubenzone, wie z. B. die Spaliererziehung, hatten gegenüber Laubwänden mit verdichteter Traubenzone, wie z. B. Lenz-Moser, signifikant höhere Gehalte an PVT, obwohl auch der Jahrgang zu Unterschieden zwischen den Systemen führte. Einkürzen und Entblättern der Traubenzone hatten ähnlich positive Effekte wie offene Laubwandstrukturen. Hier scheint die Hauptursache in der Erhöhung der Traubentemperatur zu liegen, wobei extreme Temperaturen in heißen Regionen zu einer Verminderung der PVT führen können.

Beerentemperaturen werden nicht nur durch die direkte Belichtung beeinflusst, sondern hängen bei gleicher Belichtung von der Beerengröße und dem Grad der Traubenkompaktheit ab.

So haben kompakte, großbeerige Trauben eine weniger effiziente molekulare und turbulente Wärmeabgabe infolge schlechter Durchlüftung als lockerbeerige Trauben. Das führt zu höheren Temperaturen bei kompakten Trauben.

Flavanole und Hydroxyzimtsäuren reagieren hauptsächlich vor der Veraison auf Licht. Die Bildung der Flavonoide hängt vom Licht und von der Temperatur in der Laubwand ab. Eine stark abgeschattete Laubwand bei einer engen Zeilenbreite und hoher Laubwand reduziert die **Flavonoide**. Flavonole hingegen werden mengenmäßig deutlich mehr gebildet und steigen insbesondere nach der Veraison am stärksten an. Die Flavonol-Synthase-Genexpression und damit Flavonol-Akkumulation kann in der letzten Reifephase bereits nach wenigen Stunden Sonnenlicht stimuliert werden (Friedel et al. 2015).

Anthocyane der roten Rebsorten entwickeln sich ebenfalls in Abhängigkeit vom Mikroklima (vgl. Kap. 8.2.2). Bei sehr hohen Beerentemperaturen oberhalb von 30 °C bilden sich weniger Anthocyane. Hohe Beerentemperaturen ergeben sich beispielsweise aus Wasserstress (vgl. Abb. 7.12).

Dagegen ist die Bildung der **Tannine** in den Beeren nur wenig lichtabhängig. Hier wirken sich die Beerentemperaturen deutlich stärker auf die Tanninbildung aus. So wiesen Trauben des Spätburgunders aus sonnenexponierten Teilen der Laubwand mit höheren Beerentemperaturen deutlich weniger Bittertöne auf als Trauben aus Schattenzonen (vgl. Kap. 8.2.2).

In dieser Betrachtung über die Auswirkung des Bestandsklimas auf die Qualität der Trauben dürfen die **Aromen** nicht fehlen. Blätter reagieren auf Temperaturänderungen anders als Trauben. So wird z. B. das Ausmaß der Bildung von Hitzestress-Proteinen (HSP), die den Organismus befähigen, höhere Temperaturen zu tolerieren, durch die Verfügbarkeit an löslichen Aminosäuren, Zucker und Zuckeralkoholen, Glutathion und einigen Hormonen beeinflusst (Nover und Höhfeld 1996). Trockengestresste oder stickstoffunterversorgte Rebanlagen mit geringeren Aminosäure- und Zuckergehalten bilden somit weniger HSP und sind anfälliger, was auch den Beobachtungen des Sonnenbrandauftretens entspricht (Mohr und Düring 2000). Die Interaktionen dieser Zusammenhänge mit Maßnahmen des praktischen Weinbaus, wie z. B. der Entblätterung und anderen Laubarbeiten, sind Gegenstand vieler Untersuchungen.

7.3 Kann der Winzer das Mikroklima steuern?

Aus den Erläuterungen in Kap. 7.2 wird deutlich, dass diese Frage eindeutig bejaht werden muss. Erziehungssystem, **Laubwandmanagement**, Bodenpflege und Bewirtschaftung beeinflussen das Mikroklima. Viele Aspekte wurden in Kap. 7.2 bereits angesprochen. Mit der Wahl der Erziehungssysteme, der Zeilenorientierung, Laubwandhöhe und Zeilenbreite steuert der Winzer bereits in der Planungsphase das Bestandsklima.

Bei großen Gassenbreiten werden die Trauben zwar ausreichend besonnt, die Laubwände verdichten sich aber möglicherweise, weil eine größere Augenzahl auf den laufenden Meter der Rebgasse entfällt. Bei sehr engen Gassen liegt die Traubenzone über viele Tagesstunden im Schatten. Nach den bisherigen Erfahrungen sollte das Verhältnis aus der Laubwandhöhe und dem Laubwandabstand bei 0,8 liegen (Schultz 1995).

Zukünftig spielt bei der Wahl von Gassenbreite und Laubwandhöhe möglicherweise auch das Thema Sonnenbrand eine Rolle, der sich vor allem auf der Westseite Nord-Süd orientierter Rebgassen stärker bemerkbar macht. Die Ost-West-Zeilung könnte da Abhilfe schaffen. Eine weitere Variante bietet die Nordost-Südwest-Zeilung (Abb. 7.16 a und b). Die Abbildung veranschaulicht die Besonnungszeit der Traubenzone bei einer Gassenbreite und Laubwandhöhe von jeweils 2 m zum einen auf der Südostseite (Abb. 7.16 a) und zum andern auf der Nordwestseite der Rebgasse (Abb. 7.16 b). Auf der Südostseite wäre die Traubenzone beispielsweise am 1. September von 9:00 bis 15:30 Uhr, auf der Nordwestseite dagegen von 12:30 bis 16:30 Uhr besonnt. Damit lassen sich extreme Beerentemperaturen vermeiden. Diese Zeilenrichtung ist natürlich nur dort möglich, wo Hangrichtung und Oberflächengestaltung diese Wahl ermöglichen.

Bei einer Nord-Süd-Zeilung ist bei dem Entblättern in der Traubenzone auf der Westseite Vorsicht geboten, insbesondere dann, wenn es nach einer kühlen und feuchten Witterungsperiode plötzlich sehr heiß wird.

Es ist klar, dass dem Laubwandmanagement während der Wachstumszeit der Reben und der Reifezeit der Beeren eine große Bedeutung zukommt. Die **Entblätterung** der Traubenzone schafft günstige Licht- und Temperaturverhältnisse für die Traube und Beere und vermindert das Risiko für Pilzerkrankungen. Das gilt besonders für rote Trauben, deren Qualität von einer gesunden Beerenhaut und guter Farbausstattung abhängt. Bezüglich des Hitzestresses sind rote Rebsorten in der Regel toleranter als weiße.

Ein weiteres Augenmerk sollte dem **Blatt-Frucht-Verhältnis** gelten. Nach den Empfehlungen von Müller (2004) sollten unter den Klimabedingungen bei uns für die Erzeugung von 1 kg Trauben etwa 1,6–2,2 m^2 Laubfläche zur Verfügung stehen. Auf

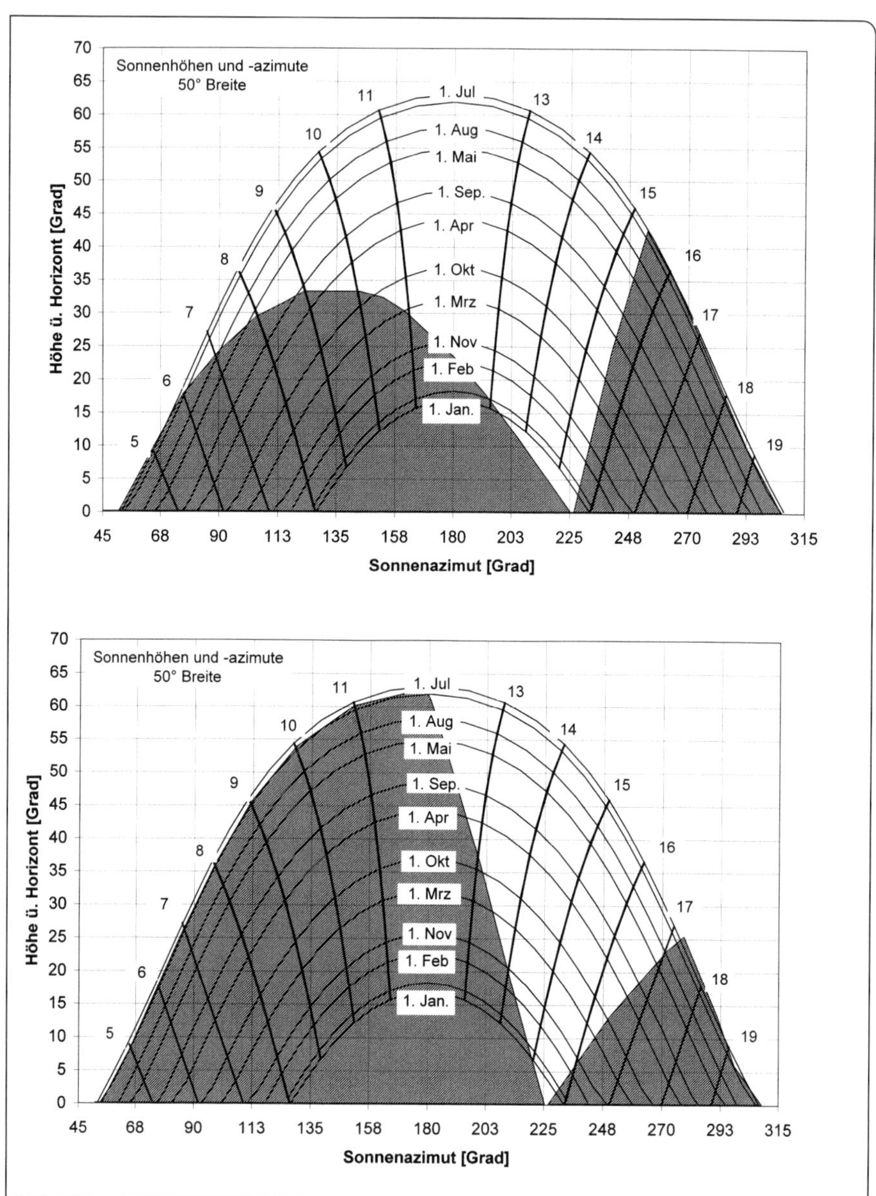

Abb. 7.16 a und b: Das Sonnenhöhen- und -azimutdiagramm von Januar bis Dezember für 50° Nord (Beschreibung vgl. Abb. 3.9) und die Abschattungszeiten eines Einzelblatts (schraffiert) in 1 m Höhe bei einer Nordost-Südwest gezeilten Rebanlage (Laubwandhöhe 2,2 m, Zeilenabstand 2 m) auf der Südostseite (a) bzw. der Nordwestseite (b) der Laubwand.

sehr strahlungsreichen und trockenen Standorten können die Optimalwerte auch um 20 % unterschritten werden. Für die Zuckereinlagerung in die Beeren und die Geschwindigkeit des Reifeverlaufs spielt das Verhältnis aus der vorhandenen Blattfläche und dem Traubenertrag eine entscheidende Rolle, sodass der Laubwandgestaltung unter sich ändernden klimatischen Bedingungen eine immer größere Bedeutung zukommt.

Durch weinbauliche Maßnahmen lässt sich das Blatt-Frucht-Verhältnis auch innerhalb eines vorgegebenen Erziehungssystems variieren sowie der aktuellen Jahrgangswitterung anpassen. Es bietet sich somit die Möglichkeit, auf saisonale Unterschiede zu reagieren und dadurch die Geschwindigkeit der Kohlenhydrateinlagerung sowie die Synthese wertgebender Inhaltsstoffe zu beeinflussen. Dies kann insbesondere dann von Bedeutung sein, wenn sich nach frühem Austrieb oder früh und erfolgreich durchlaufener Blüte ein früher Eintritt in die Reifungsphase oder ein früher Lesetermin vorhersagen lässt.

Der Zeitpunkt, die Position der Eingriffe am Rebstock und die Intensität der Entblätterungen sind hierbei von zentraler Bedeutung (Stoll et al. 2013). Hierzu bieten sich auch innerhalb der in Deutschland üblichen Spaliererziehung zahlreiche Möglichkeiten, das Blatt-Frucht-Verhältnis zu beeinflussen (Abb. 7.17).

Neben der Entblätterung ist der **Laubschnitt** an sich ein zentrales Thema. Ein früher Laubschnitt, wie er früher empfohlen wurde, kann zwar den Blühverlauf verbessern, aber gleichzeitig wird damit der Ertrag erhöht, weil er das Wachstum der Gipfelknospen unterbricht und die Zellteilung der jungen heranwachsenden Beeren fördert. Dadurch entstehen größere Beeren und kompaktere Trauben. Kompakte Trauben unterliegen aber einem stärkeren Hitzestress unter heißen Witterungsbedingungen und sind anfälliger für Grauschimmel.

Ein Hinauszögern des Termins des ersten Laubschnitts ermöglicht ein längeres Aufrechterhalten der Assimilatkonkurrenz zwischen den jungen Trauben und der Trieb-

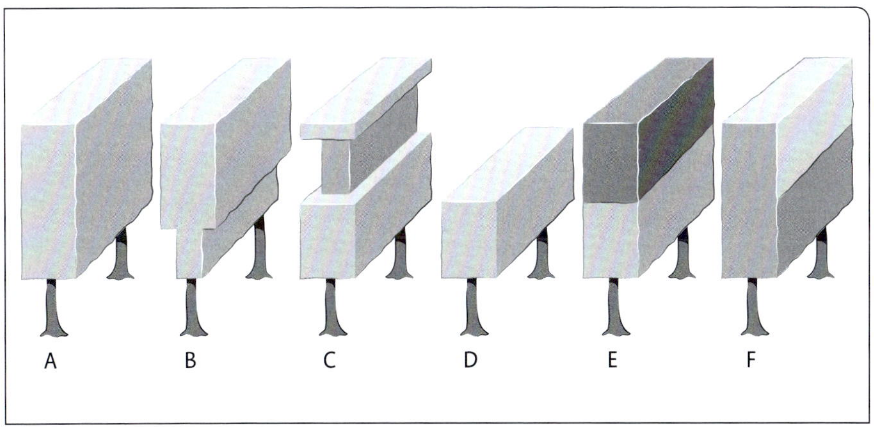

Abb. 7.17: Laubwandgestaltung: Variation des Blatt-Frucht-Verhältnisses durch unterschiedliche Entblätterungsmaßnahmen A: „normale" Laubwandhöhe; B: Entblätterung der Traubenzone – hier beispielsweise beidseitig; C: Entblätterung über der Traubenzone; D: starker Sommerschnitt; E: Applikation transpirationshemmender Öle; F: Schattiernetz mit unterschiedlichen Schattierwerten (nach Stoll et al. 2012).

spitze. Dies induziert durch die reduzierte Assimilatversorgung der Blüte- und Zellteilungsvorgänge eine lockerere Traubenstruktur und, damit einhergehend, eine verzögerte Fäulnisepidemie, eine längere Reifephase und eine verbesserte potenzielle Weinqualität. In Abhängigkeit von der Rebsorte kann das Hinauszögern des ersten Laubschnitts bis zum letzten technisch möglichen Termin als ein wertvoller Baustein im Rahmen der weinbaulichen Maßnahmen zur Fäulnisvermeidung und Qualitätsoptimierung empfohlen werden (vgl. Kap. 4; Molitor et al. 2015).

Das Wachstum der Rebe zu kontrollieren, ist eine der zentralen Herausforderungen in der weinbaulichen Bewirtschaftung. Sowohl eine extrem hohe Wüchsigkeit als auch eine kümmerliche Anlage können das Qualitätsstreben sowie das Betriebsergebnis nachteilig beeinflussen.

8 Traubenqualität, Jahrgang und Terroir

Seit 1988 beobachten wir in den deutschen Weinbaugebieten eine fast ununterbrochene Folge von guten Weinjahrgängen. Diese Tatsache verdanken wir dem Klimawandel (s. Kap. 10) und der Tatsache, dass die Qualität der Trauben bei der Lese sehr wesentlich von der abgelaufenen Witterung des Einzeljahres mitbestimmt wird. Wie groß dieser Einfluss werden kann, wollen wir nachfolgend klären.

8.1 Die Qualität der Trauben, ein Spiegelbild der Jahreswitterung

Über die Stärke des Einflusses der Jahreswitterung auf die Qualität gehen auch heute noch die Meinungen sehr stark auseinander. Die scheinbar gegensätzlichen Standpunkte sollen mit zwei älteren Zitaten verdeutlicht werden. So stellte Sartorius (1952) fest: *„der Hauptregulator der Qualität der Ernte eines Stockes ist die Ertragsmenge, Menge und Güte sind im Grunde zwei unvereinbare Gegensätze.“*

Den gegensätzlichen Standpunkt vertrat Graf Matuschka-Greiffenclau (1958): *„Weder die Rebenselektion noch die Umstellung auf Amerikanerunterlagen noch die Fortschritte in der Pflege der Weinberge, die zusammen genommen die Mengenerträge so außerordentlich erhöhten, hatten einen praktisch erkennbaren Einfluss auf die Mostgewichte. Offensichtlich war einzig und allein der Klimaablauf und insbesondere der Umfang der Sonneneinstrahlung in den einzelnen Jahren ausschlaggebend für die Höhe der Mostgewichte.“*

Diese sehr plakativen Aussagen haben nichts an Aktualität verloren; ertragsregulierende Maßnahmen stehen auch heute hoch im Kurs, wenn zur Ertragsreduzierung die Laubwand entblättert oder die Trauben halbiert werden (Kap. 4.2). Zeigen die Entwicklung der Erträge [hl/ha] Abb. 8.1 und 8.2 und der Mostgewichte [°Oe] am Schloss Johannisberg von 1901 bis 2000. Zunächst fallen starke Jahresschwankungen auf, die für nördliche Anbauzonen typisch sind und die man in einen direkten Zusammenhang zur abgelaufenen Jahreswitterung stellen kann. So sind Ertragsunterschiede von 50 hl/ha und Mostgewichtsunterschiede von 50°Oe von Jahr zu Jahr nicht ungewöhnlich.

Die Trendberechnungen (durchgezogene schwarze Linien) in Abb. 8.1 und 8.2 klammern die kurzfristigen Jahresschwankungen aus und zeigen die über Jahrzehnte hinweg andauernden Entwicklungen. Diese sind sowohl beim Mostgewicht als auch beim Ertrag ausgeprägt. Beim Ertrag liegt der Trendanteil an der gesamten Schwankungsbreite sogar bei 68 %, beim Mostgewicht ist es lediglich ein Anteil von 16 %.

Die Entwicklung kennzeichnet die Kulturrevolution im Weinbau im vergangenen Jahrhundert. Bis 1925 lagen die Erträge infolge des Reblausbefalls unter dem Existenzminimum. Mit der Einführung reblausresistenter Unterlagen und den Fortschritten in der Weinbautechnik haben sich die Erträge bis heute vervierfacht. Beim Mostgewicht führt ein leicht gegenläufiger Trend in der Zeit von 1920 bis 1980 zu einem Abfall von 10°Oe; seit 1980 verzeichnen wir wegen des Klimawandels einen Anstieg von 7°Oe und erreichen im Jahr 2000 das Niveau von 1900 – allerdings auf dem vierfachen Niveau der Erträge.

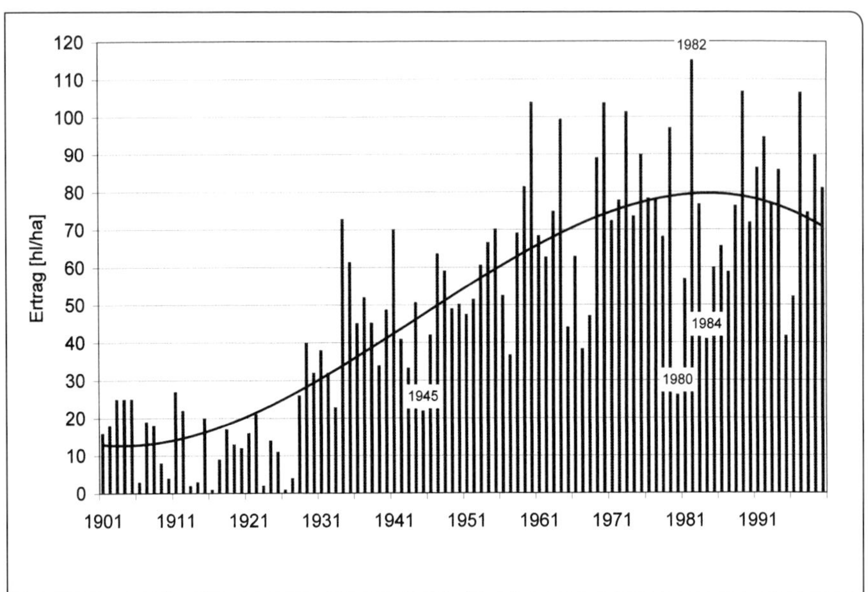

Abb. 8.1: Mittlerer Ertrag [hl/ha] am Schloss Johannisberg (Rheingau) (1901–2000) (Quelle: Domänenverwaltung Schloss Johannisberg).

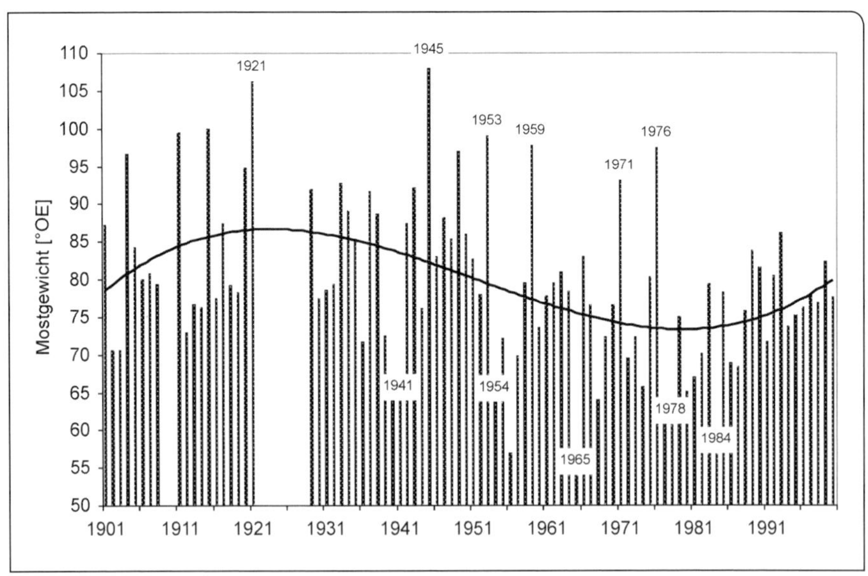

Abb. 8.2: Mittlere Mostgewichte [°Oe] am Schloss Johannisberg (Rheingau) (1901–2000) (Quelle: Domänenverwaltung Schloss Johannisberg).

Die aktuell hohen Erträge haben sich offensichtlich nicht negativ auf die Qualität ausgewirkt. Bei genauer Betrachtung von Abb. 8.1 und 8.2 scheint sich das Zitat von Graf Matuschka-Greiffenclau eher zu bestätigen. Auch der Ertrag fällt seit 1980 wieder leicht, da man heute besonderen Wert auf die Qualitätsbildung in den Trauben legt, die nicht ausschließlich durch das Mostgewicht festgelegt wird. Über wertgebende Inhaltsstoffe liegen allerdings keine langjährigen Aufzeichnungen vor.

Offensichtlich vermindern sich beim Mostgewicht seit 1985 die Schwankungen von Jahr zu Jahr. Auch diese Tatsache resultiert aus dem Klimawandel (Kap. 10). An die extrem niedrigen Mostgewichte der Jahre 1954, 1956 und 1965 können sich nur noch die Väter der aktuellen Winzergeneration erinnern.

Welche Faktoren der Jahreswitterung nehmen Einfluss auf die Qualitätsbildung der Trauben?

Während der Vegetationsperiode beeinflussen die klimatischen Umgebungsbedingungen die vegetative und generative Entwicklung mit dem Wachstum der Trauben, die Bildung der Reservestoffe Zucker und Stärke, die Zuckereinlagerung und die Zu- bzw. Abnahme des Säuregehaltes in den Beeren. Dabei spielen Strahlung und Temperatur eine besondere Rolle.

Die Witterung während des Sommers bestimmt auch die Frosthärte des Rebholzes in der folgenden Winterruhe. Mangelnde Holzreife (abhängig vom Stärke- und Wassergehalt) erhöht die Gefahr von Winterfrostschäden. So traten im Winter 1984/85 Frostschäden bereits bei Temperaturen von −15 bis −20 °C auf, die die meisten Rebsorten normalerweise unbeschadet überstehen. Anhaltend niedrige Temperaturen im Winter verhindern den vorzeitigen Augenaustrieb.

Nun ist für unser Klimagebiet der rasche Wechsel von kalten und warmen Witterungsperioden typisch. In solchen warmen Perioden kann die Winterruhe durch vorzeitigen Saftanstieg (Bluten) teilweise gelöst werden. In einem warmen Frühjahr beginnt dann bereits im April die Vegetationsperiode mit dem Austrieb.

Die Geschichte der Rebentwicklung des aktuellen Jahres beginnt bereits im Vorjahr, denn die Blütenstände (Infloreszenz oder Geschein) bilden sich schon ca. 15 Monate vor der eigentlichen Ernte der Trauben in den Winteraugen gegenüber den Blättern am grünen Trieb.

In den Winteraugen werden dabei aus einer sogenannten „Anlage“, die einen noch undifferenzierten Vegetationskegel darstellt, entweder Infloreszenzen, Ranken oder Mischformen gebildet. Diese Vorgänge laufen in der Zeit von Juni bis etwa Anfang August des Vorjahres ab und sind von Temperatur und Licht abhängig.

Frühe Untersuchungen zeigten, dass Temperaturen von 20–30 °C die Infloreszenzausbildung fördern und dass Sorten, die an kühle Klimazonen angepasst sind, einen geringeren Temperatur- und Lichtbedarf haben (Buttrose 1970). Riesling hatte beispielsweise in diesen Untersuchungen bei 25–30 °C die höchste Fruchtbarkeit. Der Impuls zur Infloreszenzbildung ging dabei zum größten Teil von den Blättern aus, da eine Abschattung der Knospen kaum eine Veränderung in der Fruchtbarkeit im nächsten Jahr nach sich zog (Lavee et al. 1967). Demzufolge folgen auf warme, sonnenreiche Sommer immer Jahre mit hohem Gescheinsansatz.

Kehren wir zu den Verhältnissen des Folgejahres zurück. Die weitere phänologische Entwicklung nach dem Austrieb steuert im Wesentlichen die Temperatur mit den Temperatursummen über den definierten Schwellenwerten von 6, 10 und 13 °C (vgl. Kap. 3. und 4). Die Weiterentwicklung der Infloreszenzen des Vorjahres zu vollständigen Gescheinen erfolgt nach dem Austrieb. In dieser Zeit werden die potenzielle Größe und die Blütenzahl festgelegt (May 2004). Eine gewisse Sortenabhängigkeit ist auch hier gegeben, da bei manchen Sorten dieser Prozess direkt nach dem Austrieb startet, während bei anderen Sorten eine 12- bis 15-tägige Verzögerung beobachtet wird. Die Temperatur in dieser Phase beeinflusst die Blütenzahl pro Geschein.

In Versuchen mit Merlot und Cabernet Sauvignon wurden bei einer Temperatur von 12 °C von kurz vor bis nach dem Austrieb deutlich mehr Blüten gebildet. Bei dieser Temperatur wies der Cabernet Sauvignon auch längere Gescheine auf als bei einer Temperatur von 25 °C (Pouget 1981) bzw. 28 °C (Ezzili 1993). Die Erklärung für diese auf den ersten Blick paradoxen Ergebnisse liegt wahrscheinlich darin, dass kühlere Temperaturen die Triebentwicklung mehr hemmen als das Gescheinswachstum.

Blühzeitpunkt und Blühverlauf beeinflussen schon recht eindeutig die Oualitäts- und Ertragsbildung: Eine frühe Blüte ermöglicht eine lange Ausreifezeit. Temperaturen unterhalb 15–17 °C über wenige Tage führen zu einem unregelmäßigen Blühverlauf mit verminderter Pollenentwicklung. In der Folge fällt der Befruchtungsgrad niedriger aus. Niedrige Luftfeuchte, hohe Temperaturen und hohe Lichtintensitäten tragen zu einem schnellen Abfall der Blütenkäppchen bei und verbessern damit die Blührate. Die Rolle der Lichtintensität liegt hierbei in der indirekten Funktion, die Temperatur der Gescheine und Blüten anzuheben und in ihrer direkten Wirkung auf die Photosyntheseleistung und die Assimilatversorgung der Gescheine.

Neben zu niedrigen Temperaturen können auch zu **hohe Temperaturen** einen negativen Einfluss auf Blüh- und Befruchtungsrate sowie den Beerenansatz haben. Auch hier zeichnen sich Sortenunterschiede ab. Sowohl bei Spätburgunder als auch bei Carignan und Cabernet Sauvignon verringerte sich der Beerenansatz, wenn die Temperatur 2–8 Tage vor der Blüte bis 12–18 Tage nach der Blüte von 25 °C auf 35 und 40 °C erhöht wurden (Kliewer 1977). Spätburgunder, Carignan und Cabernet Sauvignon wiesen fast normale Befruchtungsraten bis 35 °C in den verbliebenen Beeren auf. Obwohl die Temperaturen nach der „Warmphase“ für alle Varianten bis zur Ernte gleich bei 25 °C am Tag und 20 °C in der Nacht gehalten wurden, waren die Beerengewichte umso geringer je höher die Temperatur in der ersten Nachblütephase war. Auch nach dem Ablauf von Blüte und Beerenansatz bleibt die weitere Entwicklung von der Temperatur abhängig.

Generell teilt man die Entwicklung nach der Blüte in drei Phasen ein (Geisler und Radler 1963). Nach der Befruchtung kommt es zu einem raschen Wachstum des Fruchtknotens und die Transformation zur Beere beginnt. Die Beerenentwicklung folgt einem charakteristischen, nichtlinearen Wachstumsrhythmus (Abb. 8.3), wie ihn auch andere Obstsorten aufweisen, wie z. B. der Pfirsich. Die Beschreibung der Klimaeinflüsse auf das Beerenwachstum folgt diesen drei Phasen.

Die Beerengröße wird vor allem in den Phasen I und III durch Umweltfaktoren beeinflusst, da in diesen Phasen Zellteilungs- und Zelldehnungsvorgänge stattfinden, die empfindlich auf die Temperatur reagieren. Allgemein gelten Temperaturen von 20–25 °C während der Blüte und in Phase I als optimal für das Beerenwachstum (Kliewer 1977). Niedrige Temperaturen von weniger als 15 °C oder sehr hohe von über 35 °C be-

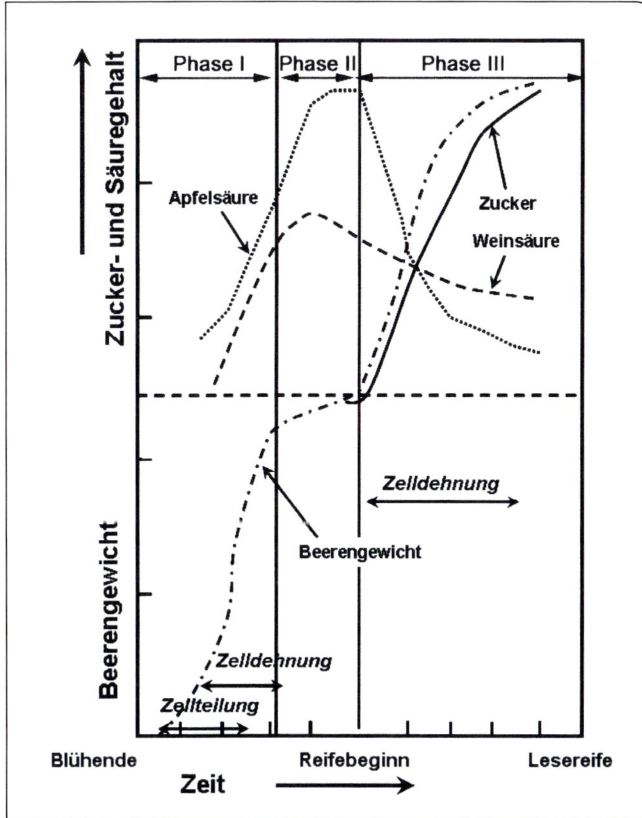

Abb. 8.3: Die drei Entwicklungsphasen der Beeren nach Fruchtansatz bis zur Lesereife. Die Entwicklungen der Zucker- und Säuregehalte sind vereinfacht dargestellt (GEISLER und RADLER 1963).

einflussen das Beerenwachstum negativ, wobei der Wasserhaushalt einen deutlich größeren Einfluss auf die Beerengröße ausüben kann als die Temperatur.

Es gibt keinen direkten Zusammenhang zwischen dem Temperaturoptimum der Photosynthese und dem Temperaturoptimum des Beerenwachstums.

Unterschiedliche Temperaturverhältnisse beeinflussen neben der Beerengröße auch die Phasendauer der Beerenentwicklung. Während hohe Temperaturen (30–35 °C) die Dauer der Phase I stark verkürzen und gleichzeitig die Beerengröße reduzieren, können sie die Phase II stark verlängern, während auf die Dauer der Phase III so gut wie kein Temperatureinfluss zu verzeichnen ist (HALE und BUTTROSE 1974). Sicherlich gibt es auch hier Sortenunterschiede, über die bisher nur wenig bekannt ist.

Der Lichteinfluss auf die Beerenentwicklung ist nur schwierig vom Temperatureinfluss zu entkoppeln. Allerdings kommt es in warmen Gebieten mit niedrigen Sonnenscheinstunden zu einer Verzögerung der Beerenentwicklung, da die Veratmung von Photosyntheseprodukten deutlich stärker mit zunehmender Temperatur steigt als die

Photosyntheserate. Diese schwächt sich bei niedrigen Lichtintensitäten zusätzlich ab und verringert damit die für die Rebe insgesamt zur Verfügung stehenden Zuckeranteile. Ein Beispiel für diese Abhängigkeit hat GLADSTONES 2005 für die Region Hunter Valley in Australien beschrieben.

Den Einflüssen auf die Qualitäts- und Ertragsbildung kommt man auf die Spur, wenn man langjährige Ertrags- und Qualitätsbeobachtungen zur Jahreswitterung in Beziehung setzt. Es ist sinnvoll, die Vegetationszeit nicht nach Kalenderterminen, sondern nach den Eckpunkten der phänologischen Entwicklung einzuteilen:

- BBCH 09 = Knospenaufbruch
- BBCH 61 = Beginn der Blüte: 10 % der Blütenkäppchen abgeworfen
- BBCH 69 = Ende der Blüte
- BBCH 81 = Beginn der Reife: Beeren beginnen hell zu werden bzw. beginnen sich zu verfärben
- BBCH 89 = Vollreife der Beeren (Lesereife)

Wegen der langen Dauer der Entwicklungsabschnitte Austrieb bis Blühbeginn, Blühende bis Reifebeginn und Reifebeginn bis Lese ist es zweckmäßig, diese Entwicklungsabschnitte jeweils in zwei Phasen zu unterteilen, sodass für die Darstellung der Einflüsse auf die Traubenqualität insgesamt sieben Entwicklungsphasen vom Austrieb bis zur Lese entstehen. Für die Betrachtung der Klimaeinflüsse auf Ertrag und Qualität wäre es natürlich sinnvoller, die bereits beschriebenen drei Entwicklungsphasen der Beere zu berücksichtigen. Dazu gibt es aber keine langjährigen Datenreihen. Die Reifephasen 6 und 7 fallen mit der Phase III der Beerenentwicklung zusammen, die Phase I und II entsprechen näherungsweise den Phasen 4 und 5 in den nachfolgenden Betrachtungen.

Ebenso wie die Qualität schwanken auch die Entwicklungsstadien von Jahr zu Jahr (vgl. Kap. 3.2). Abb. 8.4 verdeutlicht, dass bereits der Eintrittstermin „Ende der Blüte" die Mostgewichte der Rebsorte Riesling bei

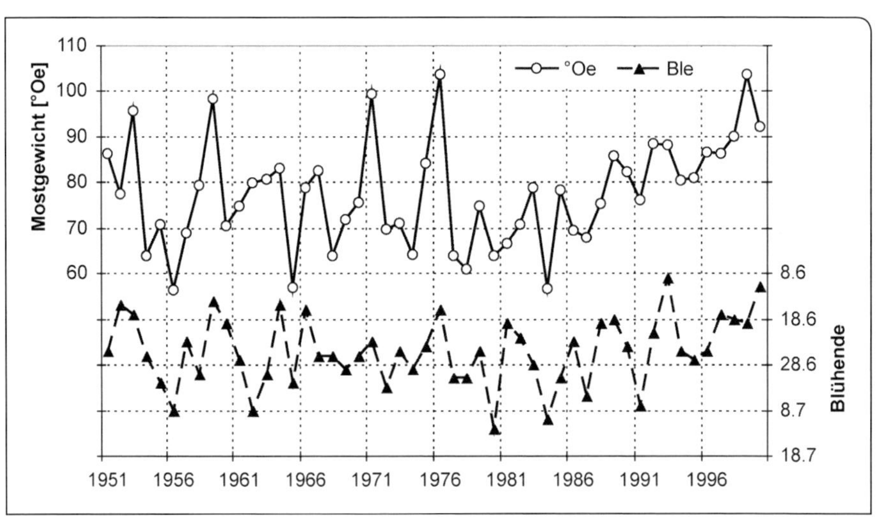

Abb. 8.4: Vergleich der Termine des Blühendes (BBCH 69) bei der Rebsorte Riesling mit den mittleren Mostgewichten am Schloss Johannisberg (Rheingau) (1951–2000).

der Lese am Schloss Johannisberg im Rheingau beeinflusst. Bei später Blüte in den Jahren 1956, 1965, 1980 oder 1984 überschreiten die Mostgewichte kaum die Grenze von 60 °Oe, andererseits liegen bei sehr früher Blüte wie 1959, 1964, 1976, 1993 oder 2000 die Mostgewichte deutlich über 85 °Oe.

Dieser Zusammenhang begründet auch die alte Winzerweisheit im Rheingau:

„Johannisblüt (24. Juni) tut immer gut, Petriblüt (29. Juni) tut auch noch gut, Magarethenblüt (20. Juli) tut selten gut.“

Eine frühe Blüte, wie beispielsweise 1981 (19. Juni), ist zwar noch keine hinreichende Bedingung für einen guten Jahrgang, aber bei einer späten Blüte im Juli ist die Zeit zu knapp, um die volle Ausreife der Beeren zu erreichen. In den letzten 15 Jahren wurden späte Blühtermine immer seltener, der Anstieg der Mostgewichte ist unverkennbar.

Der starke Einfluss der Jahreswitterung zeigt sich auch überregional bei dem Vergleich der Mostgewichte am Schloss Johannisberg und in Weinsberg (Abb. 8.5). Die Zuckergehalte bei der Rebsorte Riesling schwanken in ähnlicher Weise mit der wechselnden Jahreswitterung. In einzelnen Jahren steigen die relativen Unterschiede zwischen beiden Regionen in Abhängigkeit von den Standortbedingungen an. So wechselte beispielsweise in Weinsberg der Versuchsstandort für die Rebsorte Riesling, am Johannisberg sind die Standortbedingungen über die Jahrzehnte gleich geblieben.

Statistische Verfahren bieten die Möglichkeit, den prozentualen Anteil der einzelnen Klimavariablen an den Jahresschwankungen des Mostgewichtes zu bestimmen. In Abb. 8.6 ist dieser prozentuale Anteil der Größen, die das Mostgewicht steuern, in einem Kreisdiagramm dargestellt. Den Hauptanteil an den Mostgewichtsschwankungen trägt in diesem Beispiel die Temperatursumme im zweiten Abschnitt der Reifezeit mit 42 %, gefolgt von der Globalstrahlung in der Zeit vor Reifebeginn mit 18 %, dem Beginn der Blüte mit 9 % und der Temperatursumme in der Zeit nach der Blüte mit 3 %. Diese prozentu-

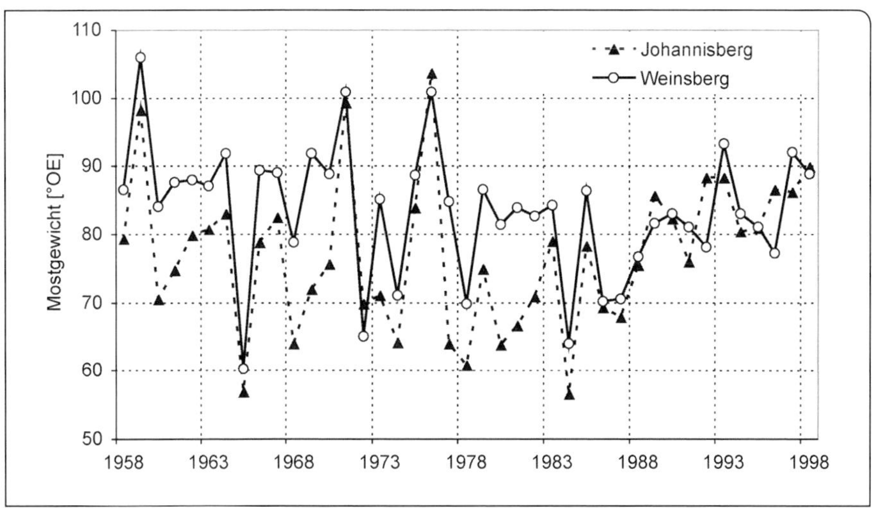

Abb. 8.5: Vergleich der Mostgewichte der Rebsorte Riesling am Schloss Johannisberg (Mittelwert aus 19 Parzellen) und in Weinsberg (wechselnde Beobachtungsstandorte) (1958–1998).

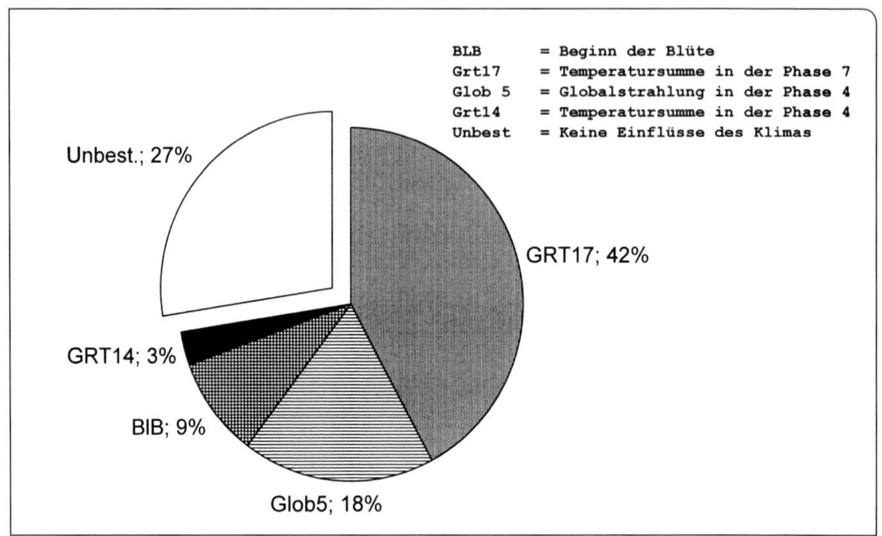

Abb. 8.6: Prozentuale Anteile der Jahreswitterung und des Termins „Blühbeginn" an den Jahresschwankungen des mittleren Mostgewichtes der Rebsorte Riesling am Schloss Johannisberg (Rheingau) (1951–2000).

alen Anteile verändern sich mit den Zeiträumen, die man untersucht. Für die Zeitreihe von 1947 bis 1984 hatte beispielsweise der Termin der Vollblüte einen Anteil von 46 % an der Qualitätsbildung (Hoppmann 1987). Die Änderungen der Prozentanteile hängen damit zusammen, dass sich die Einzelkorrelationen der Klimagrößen zum Mostgewicht bei unterschiedlichen Zeitreihen verändern können. Der Gesamtanteil der Klimagrößen an den Mostgewichtschwankungen beträgt in diesem Beispiel 73 %; 27 % der Schwankungen zwischen den Jahren entziehen sich den Einflüssen des Klimas.

Bei vergleichbaren Untersuchungen an der Rebsorte Riesling in Weinsberg und in Bernkastel an der Mosel fiel der gesamte Einfluss aller Klimavariablen mit 70 und 68 % ähnlich aus (Tab. 8.1). Die prozentualen Anteile sagen auch nichts über die Stärke und Richtung der Zusammenhänge aus. Die letzten drei Spalten der Tab. 8.1 verdeutlichen den Einfluss der Verspätung der Blüte und die Zunahme der Temperatursummen auf das Mostgewicht. Die Verspätung der Blüte um 10 Tage mindert das Mostgewicht im Rheingau um 6 °Oe, in Weinsberg um 7,3 °Oe und an der Mosel um 3,6 °Oe. Allerdings ist der Zeitraum an der Mosel mit 23 Jahren noch sehr kurz.

Der Anstieg der Temperatursummen in der Phase 4 nach der Blüte um 2 Gradtage hat einen Mostgewichtsanstieg von 3,3; 3,1 und 4,8 °Oe zur Folge. Dieses Ergebnis bestätigt die weiter oben dargestellten Einflüsse des Klimas in Phase I des Beerenwachstums. Dabei ist zu beachten, dass sich die Erhöhung von 2 Gradtagen auf einen Tag bezieht. Wenn beispielsweise dieser Entwicklungsabschnitt der Rebe 30 Tage andauert, so folgt daraus eine Zunahme von 60 Gradtagen für den gesamten Zeitraum. Die genannte Verspätung der Blüte und die Erhöhung der Temperatursummen umfassen etwa 40 % der gesamten Schwankungsbreite dieser Variablen.

***Tab. 8.1** Einflüsse der Jahreswitterung auf die Mostgewichte der Rebsorte Riesling an den Standorten Johannisberg (1951–2000), Weinsberg (1958–1998) und Bernkastel (1976–1998).*

				Änderung °Oe		
Standort	**Gebiet**	**Zeitraum**	**Proz. Klima**	**Blüte**	**Tsum4**	**Tsum7**
Johannisberg	Rheingau	1951–2000	73 %	−6,0	3,3	4,4
Weinsberg	Württemberg	1958–1998	70 %	−7,3	3,1	---
Bernkastel	Mittelmosel	1976–1998	68 %	−3,6	4,8	3,3

Erläuterungen:
Proz. Klima = Einfluss aller Klimavariablen (%) an den Jahresschwankungen des Mostgewichtes
Blüte = Verspätung der Blüte um 10 Tage
Tsum4 = Erhöhung Temperatursumme in der Nachblütezeit um 2 Gradtage pro Tag
Tsum7 = Erhöhung der Temperatursumme in der letzten Reifephase um 1 Gradtag pro Tag

Somit zeigt sich, dass auch überregional der Blühtermin eine wichtige Stellgröße für das erreichbare Mostgewicht ist.

Der Blühtermin selbst wird fast ausschließlich von den Temperatursummen in der Zeit vom Austrieb bis zur Blüte bestimmt (Kap. 3.2).

Zu vergleichbaren Ergebnissen gelangt auch Basler (1980) bei seinen Untersuchungen in der Schweiz. Die Temperatursummen ergaben die besten Korrelationen zum Mostgewicht. Die Stärke des Einflusses wechselte – wie in Tab. 8.1 dargestellt – von Region zu Region.

Hinter dem starken Einfluss der Temperatursummen auf die Rebentwicklung und die Reifeentwicklung der Beeren verbergen sich auch die Einflüsse anderer Klimagrößen. So sind beispielsweise die Globalstrahlung, die Temperatursummen und die potenzielle Verdunstung sehr stark miteinander korreliert, d. h. der erhöhten Sonneneinstrahlung folgen dann die höheren Temperaturen und Verdunstungsraten in einem Entwicklungsabschnitt der Rebe.

Für die Untersuchungen am Schloss Johannisberg ergeben sich für den Zeitraum von 1951–2000 keine signifikanten Abhängigkeiten. An diesem Standort dominieren eindeutig die jährlich schwankenden Witterungsverläufe. Im Mittel liegen die Erträge bei 76 hl/ha und nur in wenigen Jahren überschreiten sie die Schwelle von 100 hl/ha. Ein anderes Bild ergibt sich in Weinsberg. Die Jahresschwankungen der Erträge von 1958 bis 1998 liegen bei der Rebsorte Riesling um 30 % höher als in Johannisberg und als Folge beeinflussen die Erträge signifikant die Mostgewichte (Tab. 8.2).

Neben dem Termin der Blüte und anderer Klimavariablen hat der **Einfluss des Ertrages** einen Anteil von 16 % an den jährlichen Mostgewichtsschwankungen. Dabei nehmen die Mostgewichte um 9,7 °Oe ab, wenn die Erträge um 1 kg/m² zunehmen (Tab. 8.2). Noch extremer fällt die Menge-Güte-Relation bei der Rebsorte Schwarzriesling mit einer Abnahme von 12,8 °Oe bei gleicher Ertragssteigerung aus. Dabei steigt der prozentuale Anteil an den Mostgewichtschwankungen auf 30 % an. Die angegebenen Zahlen sind ausschließlich als die partiellen Anteile des Ertrages ausgewiesen, der Einfluss der anderen Klimavariablen ist dabei bereits mit eingeschlossen. Deshalb

Tab. 8.2 Prozentuale Einflüsse der Jahreswitterung und des Ertrages sowie die partiellen Einflüsse des Ertrages bei verschiedenen Rebsorten auf das Mostgewicht am Standort Weinsberg (1958–1998).

	Einfluss auf das Mostgewicht		Änderung
Rebsorte	alle Variablen	Ertrag (partiell)	Mostgewicht
Riesling	64 %	16 %	−9,7
Silvaner	63 %	23 %	−12,1
Müller-Thurgau	82 %	---	---
Schwarzriesling	79 %	30 %	−12,8
Trollinger	86 %	17 %	−4,0
Lemberger	88 %	---	---

Erläuterungen:
Die ausgewiesene Abnahme des Mostgewichte entspricht einer Zunahme des Ertrages um 1 kg/m².

weist die Tab. 8.2 auch den gesamten Einfluss aller Variablen an den jährlichen Qualitätsschwankungen aus. Bei den Rebsorten Müller-Thurgau und Lemberger ergeben sich keine partiellen Menge-Güte-Relationen.

Mit der modernen Weinbautechnik ist es möglich, die Erträge zu begrenzen, die Menge-Güte-Beziehung verliert dadurch an Bedeutung (vgl. Kap. 4.7).

Ähnlich wie die Mostgewichte wechselt auch der **Geamtsäuregehalt** in Abhängigkeit von der Jahreswitterung. Er besteht zu ca. 90 % aus der Wein- und Äpfelsäure. Mit Reifebeginn (Phase III des Beerenwachstums) beginnt die Zuckereinlagerung in den Beeren, gleichzeitig beginnt die Säure zu fallen. Mit diesem Abschnitt beginnt die Phase, in der die meisten der chemischen Prozesse ablaufen, die für die Qualität der Trauben von Bedeutung sind.

Primärer Ort für die Zuckerproduktion ist der Photosyntheseapparat im Rebblatt. Das primäre Photosyntheseenzym (Ribulose-1,5-bisphosphat-Carboxylase) ist verantwortlich für den Zuckeraufbau. Seine Bedeutung erkennt man daran, dass nahezu die Hälfte des Stickstoffgehaltes eines Rebblattes in diesem Enzym lokalisiert ist. Der **Säureabfall** resultiert zum überwiegenden Teil auf dem Abbau der Äpfelsäure, während der Abbau der Weinsäure relativ gering ausfällt und im Wesentlichen durch Verdünnung in der Beere oder späteren Weinsteinausfall während der Weinbereitung verursacht wird.

Für den Abbau der Äpfelsäure entwickelten Schultz et al. (2006) ein Temperaturmodell, in das die Temperatursummen der Tagesmitteltemperatur über 7 °C während der Reifezeit einfließen. Den Abbau der Äpfelsäure beschreibt Abb. 8. 7. Mithilfe oben genannter Temperaturfunktion lässt sich auch eine abgesicherte Beziehung zum Gesamtsäuregehalt ermitteln. Abb. 8.8 zeigt, dass 81 % der Jahresschwankungen des Gesamtsäuregehaltes dem Einfluss der Jahreswitterung zuzuschreiben sind. Allein 52 % werden von der Temperatursumme während der Reifezeit abgedeckt, die weiteren Einflüsse verteilen sich mit 19 % auf den Blühbeginn, 10 % auf Temperatursummen und Globalstrahlung während der Reifezeit.

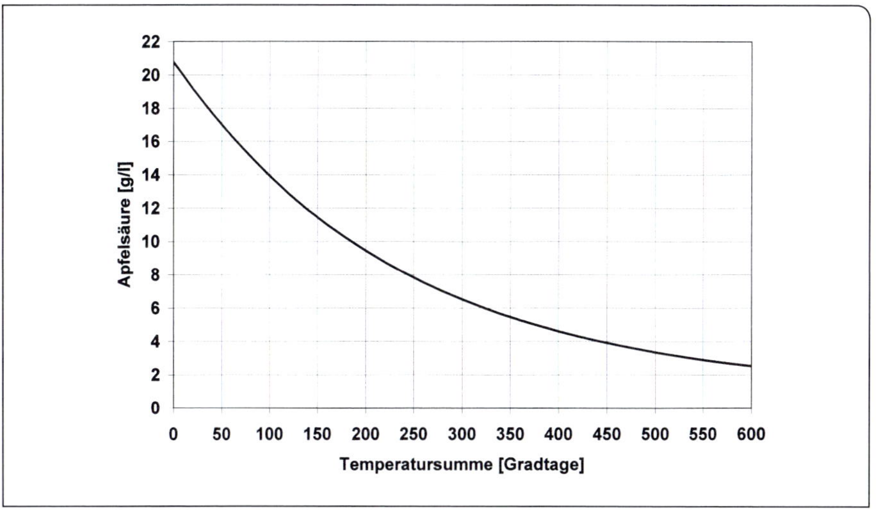

Abb. 8.7: Berechnung des Äpfelsäureabbaus nach Reifebeginn in Abhängigkeit von Temperatursummen der Tagesmitteltemperatur > 7 °C (nach einem Modell von SCHULTZ et al. 2006).

Natürlich wirken sich die einzelnen Größen sehr unterschiedlich aus (Tab. 8.3).

Im Gegensatz zum Mostgewicht spielt beim Gesamtsäuregehalt die Witterung vor der Reife – abgesehen vom Blühbeginn – nur eine untergeordnete Rolle.

Mit einer Verspätung der Blüte um 10 Tage steigt der Gesamtsäuregehalt um 2 g/l an. Der Hauptanteil fällt aber der Tagesmitteltemperatur während der Reifezeit zu. Zu Beginn fällt der Säuregehalt um fast 8 g/l bei gleichzeitiger Zunahme der Temperatursumme um 200 Gradtage. Später flacht sich die Abnahme ab und sinkt auf 1 g/l in der Endphase. Die in Tab. 8.3 angegebenen 5 g/l beziehen sich auf den mittleren Bereich der Abb. 8. 7.

Die Grundparameter der Weinqualität Mostgewicht und Säuregehalt werden somit weitgehend von den phänologischen Eintrittsterminen und den Temperatursummen sowie der Sonneneinstrahlung in der Nachblütezeit und in der Reifezeit bestimmt. Die Einflüsse umfassen zwischen 60 und 80 % der gesamten Qualitätsschwankungen von Jahr zu Jahr.

Zur Klärung der Einflüsse der Jahreswitterung auf Zucker- und Säuregehalte des Traubenmostes ist es sinnvoll, einige Stoffwechselvorgänge während der Reifezeit zu erläutern. Neben der CO_2-Assimilation, die den gesamten Bedarf an Zuckerbausteinen für Wachstum, Erhaltungsatmung, den Energieaufwand zur Aufnahme von Nährstoffen und die Transportvorgänge in der Rebe deckt und auf alle klimatischen Variabeln reagiert, ist die eigentliche Zuckereinlagerung in die Beere während der Reifezeit nur indirekt abhängig von der Photosyntheseleistung. Dies hängt mit den Besonderheiten des Beerenwachstums zusammen. Wenn man die Beeren durch das Einspannen in einen Rahmen künstlich am Wachstum hindert (COOMBE 1973), so erfolgt keine Zuckereinlagerung. Deshalb haben selbst unterschiedliche Beerengrößen eine der Volumen-

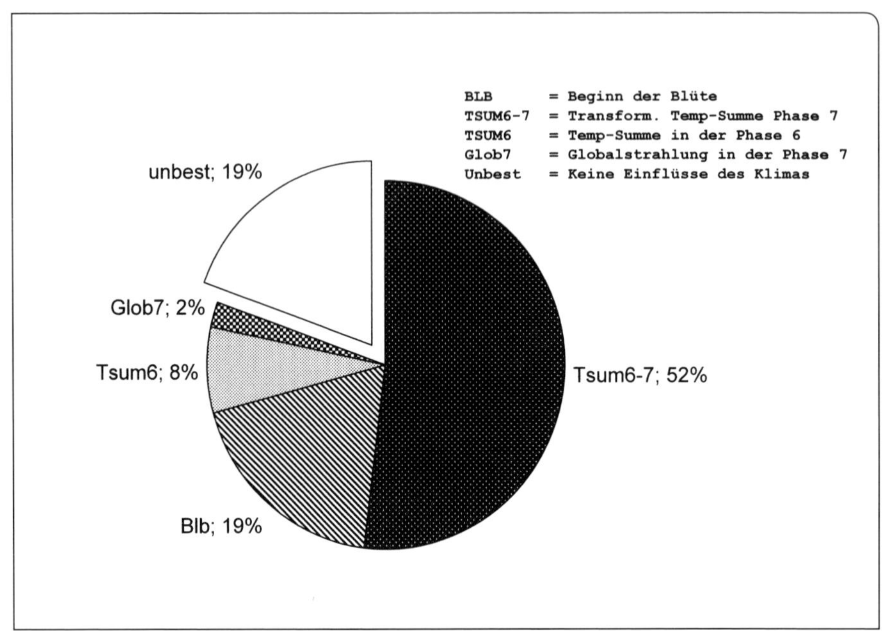

Abb. 8.8: Prozentuale Anteile der Jahreswitterung und des Termins „Blühbeginn“ an den Jahresschwankungen des mittleren Gesamtsäuregehaltes der Rebsorte Riesling am Schloss Johannisberg (Rheingau) (1951–2000).

zunahme proportionale Zuckereinlagerung. Eine Verringerung des Blatt-Frucht-Verhältnisses in der Reifezeit reduziert die Photosyntheseleistung und als Folge nehmen das Beerenwachstum und die Zuckereinlagerung ab. Ein hoher Ertrag führt auf der anderen Seite zu den gleichen Reaktionen. Dies bedeutet aber nicht, dass die größten Beeren den höchsten Zuckergehalt haben. Hier spielen wiederum verschiedene Phytohormone eine Rolle.

Tab. 8.3 *Einflüsse der Jahreswitterung auf den Gesamtsäuregehalt der Rebsorte Riesling (Mittelwert 19 Parzellen) am Standort Johannisberg (1951–2000).*

	Änderungen	
Einflüsse	**Klimagröße**	**Säuregehalt**
Tsum6–7	200 Gradtage	–5,0
BlB	10 Tage	1,8
Tsum6	2 Gradtage	–1,0
Glob7	0,4 kJ	0,7
Proz. Klima		80,6 %

Faktoren, die das Wachstum fördern, wie ausreichend Wasser und z. B. Stickstoff, führen über das Phytohormon Auxin zu einem maximalen Volumen der Beeren. Da aber gleichzeitig viel assimilierter Zucker in das Wachstum investiert wird, steht weniger zur Einlagerung zur Verfügung und das Gleichgewicht mit dem „Reifehormon“ Abscisinsäure wird gestört. Da in Traubenbeeren nach Reifebeginn das Xylem als Transportbahn für Wasser seine Funktion weitgehend verliert (Findlay et al. 1987), erfolgt danach der Transport von Mineralstoffen, von Zucker und Wasser über das Phloem, das normalerweise den Zucker transportiert.

Da Wasser eine wichtige Trägerfunktion hat, kann man durch Erhöhung der Wasserverdunstungsrate der Traube auch die Zuckereinlagerung erhöhen. Auch der Zusammenhang zum Beerenwachstum ergibt sich hieraus. Temperatur, Sättigungsdefizit und Sonneneinstrahlung, die wiederum die Beerentemperatur beeinflussen, spielen dabei eine wichtige Rolle. Zusätzlich agieren verschiedene Enzyme während der Reife, z. B. verschiedene Invertasen, die die aus dem Blatt transportierte Saccharose in Glucose und Fructose spalten.

Der natürlich erreichbare Zuckergehalt in der Traube ist zum einen durch physikalisch-chemische Faktoren limitiert, zum anderen durch die genetische Prädisposition der Rebsorte. Die Begrenzung des Zuckergehalts lässt sich aus den physikalischen Gegebenheiten einer reifen Beere erklären (Champagnol 1984). So sind gesunde Beeren nur in der Lage, maximal 87–108 °Oe pro Liter zu speichern. Diese Zuckergehalte entsprechen einem osmotischen Potenzial von 22–33 bar und können nicht überschritten werden, ohne dass die Beere platzt. Eine zusätzliche Aufkonzentrierung ist nur durch Veränderungen in der Beerenhaut (z. B. Botrytis-Befall) möglich.

Wie verhält es sich mit dem Säuremetabolismus?

In der Zeit vom Beerenansatz bis zum Reifebeginn nimmt der Gehalt an **Äpfelsäure** und Weinsäure zu und erreicht mit Reifebeginn das Säuremaximum. Der Anstieg des Äpfelsäuregehaltes, der Hauptsäure bei *Vitis*, ist sortenspezifisch und stark von den Umweltbedingungen abhängig (Ruffner 1982). Hohe Temperaturen und Strahlungswerte fördern in diesen Phasen die Synthese. Äpfelsäure scheint hier als Energiespeicher zu dienen. Um 1 g Äpfelsäure zu synthetisieren, sind 0,67 g Glucoseäquivalente zur Biosynthese nötig.

Die Synthese der Äpfelsäure findet sowohl in jungen noch wachsenden Geweben als auch in ausgewachsenen Geweben von Blättern und Trauben statt.

Mit Reifebeginn ergibt sich eine drastische Umorientierung im Säuremetabolismus (Abb. 8.3). Hier kommt es zu einer starken Veratmung der in den verschiedenen „Pools" gespeicherten Äpfelsäure, welche mit zunehmender Temperatur stark ansteigt (Lakso und Kliewer 1975). Den Äpfelsäureabbau fördert warmes Wetter.

Die **Weinsäure** ist im Metabolismus sehr viel weniger aktiv als die Äpfelsäure. Sie wird nur in wachsenden Organen gebildet. Ihre Synthese ist in den Trauben intensiver als in den Blättern. Im Gegensatz zur Äpfelsäure verändert sich der Weinsäuregehalt nach anfänglicher Synthese in den Beerenwachstumsphasen I und II auch während der Reifephase kaum (Rapp und Klenert 1974). Nur zunehmende Verbindung mit Kalium und Bildung von Calciumtartrat führt zu Veränderungen im Gehalt an freier Säure. Dies erfolgt vor allem bei sehr hohen Temperaturen. Die Änderungen bei den Klimagrößen entsprechen 40 % der gesamten Schwankungsbreite.

Zum Abschluss wenden wir uns dem **Ertrag** zu. Es ist zu erwarten, dass der Ertrag selbst auch von Klimavariablen beeinflusst wird. Dazu ist es aber notwendig, die Witterung des Vorjahres mit einzubeziehen. Insgesamt sind sieben Klimagrößen an den Ertragsschwankungen beteiligt (Abb. 8.9). Sie können insgesamt 72 % der gesamten Ertragsschwankungen bei der Rebsorte Riesling am Schloss Johannisberg von 1952

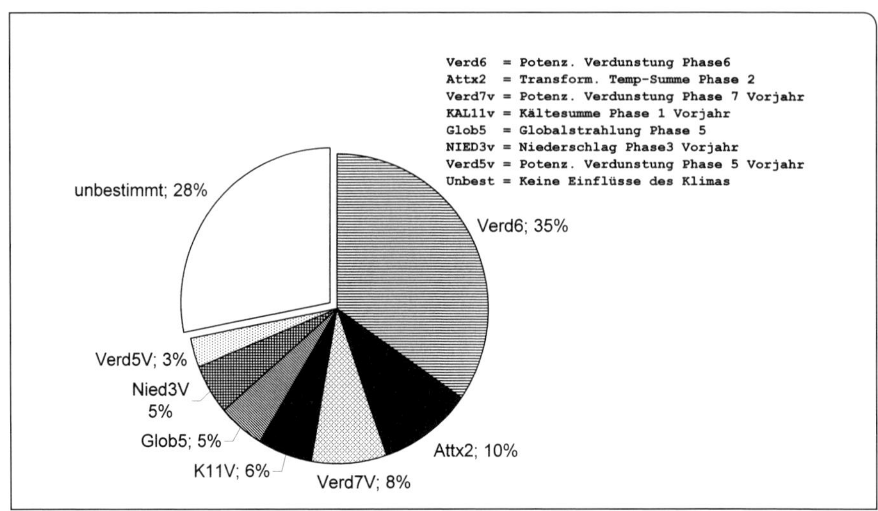

Abb. 8.9: Prozentuale Anteile der Witterung des Vorjahres und des aktuellen Jahres an den Jahresschwankungen des Ertrags der Rebsorte Riesling am Schloss Johannisberg (Rheingau) (1951–2000).

bis 2000 erklären. Den Hauptanteil bilden die **potenzielle Verdunstung** in der Phase 6, die **Temperatursumme** in der Phase 2 und die **Globalstrahlung** in der Phase 6. Hinzu kommen noch Größen aus dem Vorjahr. In Tab. 8.4 sind Richtung und Stärke des Einflusses angegeben, wobei sich die Änderungen der Klimagrößen auf jeweils 40 % der Schwankungsbreite dieser Klimagröße zwischen den Jahren beziehen. Die Einflüsse fallen unerwartet hoch aus, da Bewirtschaftung, Bestandsführung, Düngung, Lese und Rebschnitt mit Sicherheit auch den Ertrag beeinflussen. Da Mostgewicht und Säuregehalt weitgehend von der Jahreswitterung bestimmt werden, ist es nur folgerichtig, dass sich der Jahrgang auch im Geschmack und in der Ausprägung eines Weines wiederfindet.

Weiterführende Untersuchungen zu diesem Thema führten Jones und Storchmann (1998) im Bordeauxgebiet durch. Die Spitzenweine des Bordeaux sind in der Regel Cuvées aus den Traubensorten Cabernet Sauvignon und Merlot, die auf die Variabilität der Jahreswitterung sehr unterschiedlich reagieren. Die Tab. 8.5 zeigt den Zusammenhang zwischen Phänologie, Zucker- und Säuregehalt sowie die Qualitätsbewertung der Weine auf. Mit Ausnahme des Austriebs besteht eine enge Korrelation zwischen den phänologischen Eintrittsterminen und den Qualitätsmerkmalen. Ein früher Austriebstermin führt nicht zwingend zu einer frühen Reife und hoher Qualität. An den höheren Korrelationen beim Merlot erkennt man, dass diese Rebsorte empfindlicher auf die phänologischen Eintrittstermine und damit auch auf die Jahreswitterung reagiert. Es ergeben sich engere Beziehungen zum Säuregehalt. Jahre mit verzögerter Entwicklung führen zu ungenügender Ausreife und hohen Säuregehalten. Bei den Untersuchungen zeigte es sich, dass frühe Niederschläge vor der Blüte das Wachstum fördern, nach der Blüte sich negativ auf die Qualität auswirken. Warme und trockene Bedingungen nach der Blüte fördern die Zuckereinlagerung und später die Abnahme der Säure.

STONES und STORCHMANN (1998) stellen darüber hinaus einen Zusammenhang zwischen den Qualitätsmerkmalen und den später auf Auktionen erzielten Preisen her, wobei allerdings auch das Alter und die Bewertung (Parker-Punkte) der Weine eine Rolle spielt. Wegen der unterschiedlichen Sensibilität gegenüber dem Klima, werden durch den Verschnitt witterungsbedingte Nachteile etwas ausgeglichen, sie können aber nicht vollständig ausgeschaltet werden. Mit einem steigenden Anteil des Cabernet Sauvignon wird der wetterbedingte Preisrückgang gemildert. Auf der anderen Seite werden mit höherem Merlotanteil höhere Qualitäten, bessere Bewertungen und damit auch höhere Preise erzielt. Der Jahrgang bleibt auch bei zukünftig ansteigenden Temperaturen ein spannendes Thema (vgl. Kap. 10).

Haben wir bereits jetzt das Klimaoptimum erreicht oder möglicherweise bereits überschritten?

In Kap. 3.3 wurden die unterschiedlichen Meinungen bezüglich eines optimalen Reifeverlaufs dargestellt. Während GLADSTONES (1992) das Temperaturoptimum bei nahe 20 °C mit der Folge einer zügigen Reifeentwicklung sieht, befürworten europäische Weinexperten eher die kühle Variante mit einer langen Reifezeit auf einem deutlich tieferen Temperaturniveau. Für die Qualitätsparameter Mostgewicht und Säure scheinen sich die Angaben von GLADSTONES (1992) auf den ersten Blick mit den langjährigen Daten für den Riesling am Schloss Johannisberg zu bestätigen. In Abb. 8.10 werden die prozentualen Häufigkeiten der Tagesmitteltemperatur während der Reifezeit mit den erzielten Mostgewichten am Schloss Johannisberg korreliert. Die Temperaturklassen umfassen jeweils 2 °C und decken den Bereich von 4 bis 22 °C ab. Höchste positive Korrelationen zum Mostgewicht liegen im Bereich von 18 bis 20 °C. Der Temperaturbereich unterhalb von 12 °C ist durchgängig stark negativ zum Mostgewicht korreliert. Diese negativen Korrelationen begründen auch den höheren Schwellenwert von 13 °C für die Berechnung der Temperatursummen für die Entwicklung der Trauben. Aus den hohen positiven Korrelationen der Klasse 18–20 °C stellt sich die Frage, wie häufig dieses Ereignis während der Reifezeit auftritt.

Aufschluss zu dieser Frage bietet die Tab. 8.6, in der die prozentualen Anteile der Tagesmitteltemperatur in den Temperaturklas-

***Tab. 8.4** Einflüsse der Jahreswitterung auf den Ertrag der Rebsorte Riesling (Mittel aus 19 Parzellen) am Standort Johannisberg (1951–2000).*

	Änderungen	
Einflüsse	**Klimagröße**	**Ertrag [hl/ha]**
ATTX2	1,7	7,6
GLOB5	0,3	6,6
VERD6	0,8	12,2
KAL11v	1,1	6,2
NIED3v	2,6	-5,9
VERD5v	1	–4,9
VERD7v	0,6	11,0

Erläuterungen:
Verd6 = potenzielle Verdunstung [mm] Phase 6
Attx2 = Transform. Temp-Summe [Gradtage] Phase 2
Verd7v = potenzielle Verdunstung [mm] Phase 7 Vorjahr
KAL11v = Kältesumme [Gradtage] Phase 1 Vorjahr
Glob5 = Globalstrahlung [KJ/cm²] Phase 5
NIED3v = Niederschlag [mm] Phase 3 Vorjahr
Verd5v = potenzielle Verdunstung [mm] Phase 5 Vorjahr
Die Änderungen bei den Klimagrößen entsprechen 40 % der gesamten Schwankungsbreite.

Tab. 8.5 Korrelationen zwischen Phänologie, Zusammensetzung und Qualität von Bordeauxweinen (Jones und Storchmann 1998).

Variable	Austrieb	Blüte	Reifebegin	Ernte	Cabernet Säure	Cabernet Zucker	Merlot Säure	Merlot Zucker	Qualität
Austrieb	1	0,164	0,036	0,025	-0,144	0,224	-0,086	0,218	0,128
Blüte	0,165	1	0,953*	0,911*	0,522*	-0,299*	0,727*	-0,395*	-0,462*
Reifebeginn	0,036	0,953*	1	0,925*	0,561*	-0,309*	0,756*	-0,394*	-0,484*
Ernte	0,025	0,911*	0,925*	1	0,539*	-0,440*	0,726*	-0,452*	-0,552*
Cabernet Säure	-0,144	0,522*	0,561*	0,539*	1	-0,670*	0,905*	-0,692*	-0,825*
Cabernet Zucker	0,224	-0,299*	-0,309*	-0,440*	-0,670*	1	-0,567*	0,925*	0,847*
Merlot Säure	-0,086	0,727*	0,756*	0,726*	0,905*	-0,567*	1	-0,664*	-0,770*
Merlot Zucker	0,218	-0,395*	-0,394*	-0,452*	-0,692*	0,925*	-0,664*	1	0,799*
Qualität	0,128	-0,462*	-0,484*	-0,552*	-0,825*	0,847*	-0,770*	0,799*	1

* Signifikanzniveau (p = 0,05).

sen von 4 bis 22 °C im Zeitraum von 1951 bis 2000 für den Standort Geisenheim aufgelistet sind. Dabei werden der gesamte Zeitraum sowie die 15 besten und die 15 geringsten Jahrgänge betrachtet. Tab. 8.6 bestätigt die große Variabilität der Temperatur während der Reifezeit; der Anteil der Temperaturen im Bereich von 18 bis 20 °C bleibt mit 9 % im Mittel, 11 % in den guten und 4 % in den geringen Jahren relativ bescheiden.

Nun wissen wir aus Kap. 5.1, dass die Temperaturen während der Reifezeit am Schloss Johannisberg je nach Exposition und Neigung um 1–2 °C höher liegen als an der Vergleichsstation in Geisenheim. Deshalb ist es berechtigt, auch die Klasse 16–18 °C in den Optimalbereich mit einzubeziehen. Wenn man die Werte oberhalb von 16 °C aufsummiert, so ergibt sich im Mittel ein Anteil von 28 %, für die guten Jahrgänge ein Anteil von 38 % und für die geringen Jahrgänge ein Anteil von 15 %. Dabei unterscheidet sich die Länge der Reifezeit mit 45 Tagen im Mittel, 48 Tagen in den guten Jahrgängen und 44 Tagen in den geringen Jahrgängen nur wenig. Entscheidend ist vielmehr der Beginn der Reifezeit, die im Mittel am 29. August, in den guten Jahren bereits am 20. August und in den geringen Jahren erst am 4. September beginnt. Der Anteil sehr ungünstiger Temperaturen < 12 °C erhöht sich bei dem Vergleich der guten Jahre mit 20 % auf 31 % auf alle Jahre und steigt bei Betrachtung der geringen Jahre auf 48 %. Immerhin werden bei einem Anteil von 20 % ungünstiger Temperaturen noch Mostgewichte von über 90 °Oe erzielt und erst bei einem Anteil von 48 % sinken die Werte unter die akzeptable Grenze von 70 °Oe.

Die hohe Variabilität der Temperaturen in der Reifezeit relativiert die Aussage von Gladstones (1992), denn bei der Betrach-

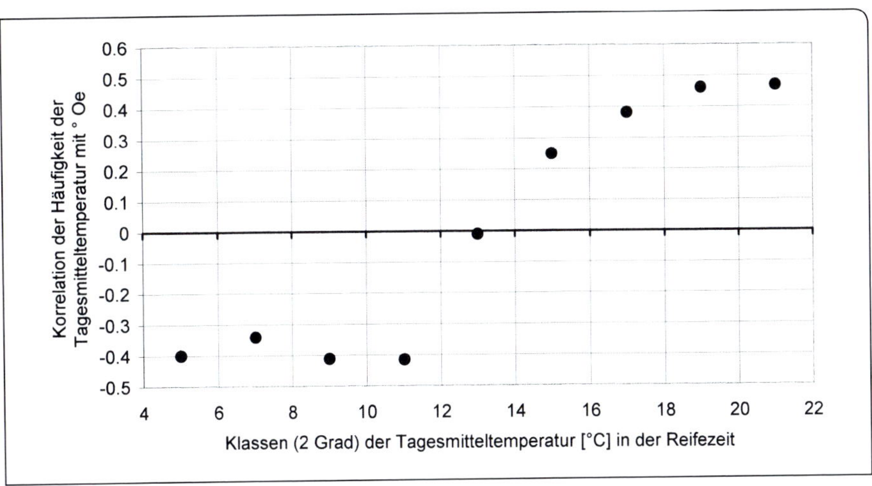

Abb. 8.10: Häufigkeitskorrelation des prozentualen Auftretens der Tagesmitteltemperatur in neun Klassen während der Reifezeit mit dem Mostgewicht des Rieslings am Schloss Johannisberg (1951–2000).

***Tab. 8.6** Häufigkeitsverteilung der Tagesmitteltemperaturen während der Reifezeit der Rebsorte Riesling (Geisenheim 1951–2000).*

Jahr	Mittel	15-opt	15-pess
°Oe	77	91	64
Reifebeginn	29.8	20.8	4.9
Lesereife	13.10	8.10	19.10
Dauer (Tage)	45	48	44
23,9–22,0	1 %	3 %	0 %
21,9–20,0	4 %	7 %	1 %
19,9–18,0	9 %	11 %	4 %
17,9–16,0	14 %	17 %	10 %
15,9–14,0	20 %	22 %	16 %
13,9–12,0	21 %	19 %	21 %
11,9–10,0	16 %	10 %	21 %
9,9–8,0	8 %	5 %	14 %
7,9–6,0	5 %	4 %	9 %
5,9–4,0	2 %	0 %	3 %

15 opt/press = Die 15 Betriebe, die am wenigsten/meisten entfernt vom Optimum sind.

tung der guten Jahrgänge wird nur an 38 % der Tage der optimale Temperaturbereich erreicht. Es bleibt also genügend Spielraum für kühle Temperaturen mit langsamer Ausreife der Beeren.

Die Frage der **Inhaltsstoffe** und **Aromen** kann mit der Betrachtung der Mostgewichte nicht eindeutig geklärt werden. Hierbei spielen die Temperaturdifferenzen zwischen Tag und Nacht eine besondere Rolle. Zur Aroma- und Farbbildung ist eine relativ große Differenz zwischen Tages- und Nachttemperaturen erforderlich. Zusätzlich ist die Synthese beider Komponenten bei gleicher Tag-Nacht-Amplitude in den Regionen am höchsten, deren Temperaturspektrum während der Reifephase im Bereich von ca. 16–26 °C liegt (Iland 1989, Gladstones 1992). Dieser Wert kann allerdings nur für mediterrane Rotweinsorten gültig sein, denn aus Tab. 8.6 wissen wir, dass am Schloss Johannisberg während der 15 besten Jahre 80 % aller Temperaturwerte im Bereich von 12–22 °C lagen, wenn man die wärmeren geländeklimatischen Bedingungen am Schloss mit berücksichtigt. Unterhalb bzw. oberhalb dieser Kardinaltemperaturen wirken die Weine unbalanciert. Bei zu niedrigen Temperaturen stehen zu hohe Säure- und zu niedrige Aroma- und Farbstoffwerte im Vordergrund, bei zu hohen Temperaturen überwiegen hohe Alkoholgehalte, da die Photosyntheseleistung, also die Zuckerassimilation, deutlich weniger sensibel auf hohe Temperaturen reagiert als andere Inhaltsstoffe (Coombe 1987).

Die Problematik in warmen Regionen besteht nicht nur in der Temperatur allein, sondern in der dadurch bedingten sehr schnellen Reifephase, in der das Fenster der optimalen Lesereife im Gegensatz zu kühlen Regionen sehr klein ist, bevor Überreife eintritt und die primären Aromen maskiert. Die Bedeutung der Tag-Nacht-Temperaturdifferenz liegt vor allem darin, dass die meist glykosidisch an Zucker gebundenen Aroma- und Farbstoffe in der Pflanze besser transportiert werden.

Ideale Bedingungen für die Assimilation von CO_2 während des Tages und die Retention des gebildeten Zuckers während der Nacht spiegeln sich in hohen Aroma- und Farbwerten wider, sofern sich die Tag-Nacht-Differenz im oben genannten optimalen Bereich bewegt. Für mediterrane Rotweinsorten gilt der Bereich von 16 bis 26 °C, für Riesling der Bereich von 12 bis 22 °C als optimal.

Bei zu hohen Nachttemperaturen wird entsprechend viel assimilierter Kohlenstoff bei hoher Enzymaktivität veratmet und steht danach nicht zur Kopplung an Anthocyan- bzw. Aromamoleküle zur Verfügung (Buttrose et al. 1971). Dies führt z. B. in Tafeltraubenregionen mit hohen Nachttemperaturen (Süd-Kalifornien, Israel) zu einer schwachen Farbausprägung. Zu ähnlichen Farbverlusten kann es auch nach Maßnahmen wie intensiver Entblätterung und dadurch provozierten hohen Traubentemperaturen kommen (Downey et al. 2006). Bei zu niedrigen Nachttemperaturen ist die Aktivität der Enzymsysteme gehemmt, was zwar zu niedrigen Atmungsraten und dadurch hoher Zuckerretention führt, aber auch Enzyme hemmt, die für die Kopplung der Zuckerstoffe an Aroma- und Farbstoffmoleküle verantwortlich sind.

8.2 Traubenqualität und Standort

Die Sonneneinstrahlung und die Temperaturen sind an der Nordgrenze des Weinbaus die klimatisch begrenzenden Faktoren. In Jahren mit langen Trockenperioden beeinflusst auch die Wasserbilanz an einem Standort die Qualität. Dieser Anteil trockener Jahre kann je nach Bodenart in den Anbaugebieten mit weniger als 550 mm Jahresniederschlag bis auf 40 % ansteigen (Kap. 6). Die Basisdaten wurden in jahrzehntelangen Standortuntersuchungen im Rheingau erarbeitet. Die Variabilität von Boden und Geländeklima wurde in den vorangehenden Kapiteln verdeutlicht. Ein Einfluss von Boden und Geländeklima auf die Mostqualität kann nur dann quantitativ ermittelt werden, wenn die erforderlichen Grunddaten für eine Vielzahl von Standorten bekannt sind und gleichzeitig auf diesen Standorten über einen längeren Zeitraum Erhebungen zur Mostqualität vorliegen. Solche Untersuchungen wurden im Rheingau in dem Zeitraum von 1960 bis 1984 auf insgesamt 123 Standorten an der Rebsorte Riesling durchgeführt. Für die Auswertung werden nur solche Standorte verwendet, auf denen Mostgewichtserhebungen über einen Zeitraum von mindestens 10 Jahren durchgeführt wurden (Hoppmann 1987).

8.2.1 Mostgewicht und Säure

Der Einfluss des Geländeklimas auf das Wachstum und die Reife der Beeren wechselt in einzelnen Entwicklungsstadien. Die klimatischen Standortvariablen werden deshalb den phänologischen Entwicklungsstadien (BBCH-Code) zugeordnet. Tab. 8.7 listet alle Größen auf, die als Standortvariablen die Qualität beeinflussen. Die Größen liegen mit Unterstützung eines geografischen Informationssystems für jeden Geländepunkt im Raster 20 × 20 m vor. Mithilfe von Temperaturfunktionen können die tatsächlichen Temperaturverhältnisse an jedem einzelnen Standort in Abhängigkeit von der Höhenlage und der Geländeform berechnet werden (vgl. Kap. 5.1) Mit statistischen Methoden ist es möglich, den Einfluss der Variablen auf das Mostgewicht zu ermitteln.

Die **Temperatur der hellen Tagesphase** während der Reifezeit stellt die wichtigste klimatische Einflussgröße auf die Mostgewichtsschwankungen im Gelände dar. Dieses Ergebnis ergibt sich aus den langjährigen Untersuchungen auf 123 Standorten im Zeitraum von 1960 bis 1984 im Rheingau (Hoppmann 2004b). So steigert beispielsweise die Erhöhung der Mitteltemperatur der hellen Tagesphase um 0,6 K das Mostgewicht um 2,8 °Oe (Tab. 8.8).

Eine weitere Schlüsselstellung nimmt die **nutzbare Feldkapazität** (nFK) ein. Eine Erhöhung um 40 mm lässt das Mostgewicht um 1,8 °Oe anwachsen. Tab. 8.8 verdeutlicht auch die Wirkung der anderen Einflussgrößen. Bei der Darstellung wurden die Einflussgrößen jeweils um die einfache Standardabweichung erhöht.

***Tab. 8.7** Topografische, pedologische und geländeklimatische Standortfaktoren für die Gütekarte.*

Topografie	Boden	Geländeklima
Hangneigung	Bodentyp	direkte Sonneneinstrahlung
Hangrichtung	Bodenart	potenzielle Verdunstung und Wasserbilanz
Höhe ü. NN	nFK	Temperatur (Höhe, Hangrichtung, Hangneigung)
Höhe über Talgrund		Kaltluftgefährdung uund Windgefährdung

nFK = nutzbare Feldkapazität

Tab. 8.8 Quantifizierbare Einflüsse der Standortfaktoren auf die langjährigen Mittelwerte der Mostgewichte von 123 Testparzellen während des Zeitraums 1960–1984.

Klima-Standortfaktor	Veränderung (Standardabw.)	Qualitätsverlust/ -gewinn [°Oe]	Zuwachs Einfluss
Mitteltemperatur der hellenTagesphase (Reifebeginn bis Lese)	+0,6 °C	2,8	51,0 %
Pflanzenverfügbares Bodenwasser (Standortkarte)	+40 mm	1,4	15,5 %
Nächtliches Temperaturminimum (Vollblüte bis Reifebeginn)	+0,3 °C	1,6	5,3 %
Potenzielle Verdunstung (Austrieb bis Blüte)	+0,05 mm/Tag	1,0	4,2 %
		Gesamteinfluss	76,0 %

Die Tabelle zeigt auch den Anteil der Einflussgrößen an der gesamten Schwankungsbreite der Mostqualität im Gelände (4. Spalte). Allein 51 % entfallen auf Temperatur, 15 % auf das pflanzennutzbare Bodenwasser, 5,3 % auf die Temperaturminima und 4,2 % auf die Verdunstung. Insgesamt können 76 % der gesamten Standortschwankungen erklärt werden. Die nicht erklärbaren Einflüsse gehen auf das Konto unterschiedlicher Bewirtschaftung und Pflege der Weinberge. Schaderreger und Mangelerscheinungen mindern ebenfalls die Qualität.

Diese Ergebnisse können nicht auf andere Weinbaugebiete übertragen werden, weil sich makroklimatische Bedingungen, Bodenarten und -typen sowie die Rebsorten ändern. Mit knapper werdendem Wasserangebot nehmen auch die Säurewerte sehr stark ab. Die neue Standortkarte des Rheingaus berücksichtigt diesen Zusammenhang und weist Gebiete mit höherem Trockenstressrisiko insbesondere in den Steillagen aus (Löhnertz et al. 2004). Das Beispiel des Rheingaus soll nur exemplarisch die Zusammenhänge für ein Weinbaugebiet an der Nordgrenze des Weinbaus aufzeigen.

Grundsätzlich kommt in den nördlichen Anbaugebieten der Strahlung und der Temperatur die größte Bedeutung zu, gefolgt von den bodenkundlichen Einflussgrößen, wobei sich allerdings die Gewichte in den Weinbaugebieten verschieben können. Die Differenzen zwischen berechneten und gemessenen Mostgewichten schwankten bei den Untersuchungen im Rheingau in einem Bereich von ± 5 °Oe (Abb. 8.11). Diese Schwankung erklärt die Reststreuung von 24 %, die durch das Mostgewichtsmodell nicht erfasst wird. Diese Streuung der gemessenen Mostgewichte um die berechneten Werte muss bei der Erstellung der Karte zum potenziellen Mostgewicht mit berücksichtigt werden. Aufgrund dieser Ergebnisse ist es notwendig, an jedem berechneten Mostgewicht einen Zuschlag von + 5 °Oe vorzunehmen. Unter Berücksichtigung dieser Zuschläge ist es nicht möglich, dass an einem Standort im langjährigen Mittel ein höheres Mostgewicht erzielt wird als es das Mostgewichtsmodell ermittelt. Da die Reststreuung insbesondere die unterschiedliche Bewirtschaftung und Kulturführung (Pflanzenschutz, Düngung, Laubarbeiten) bein-

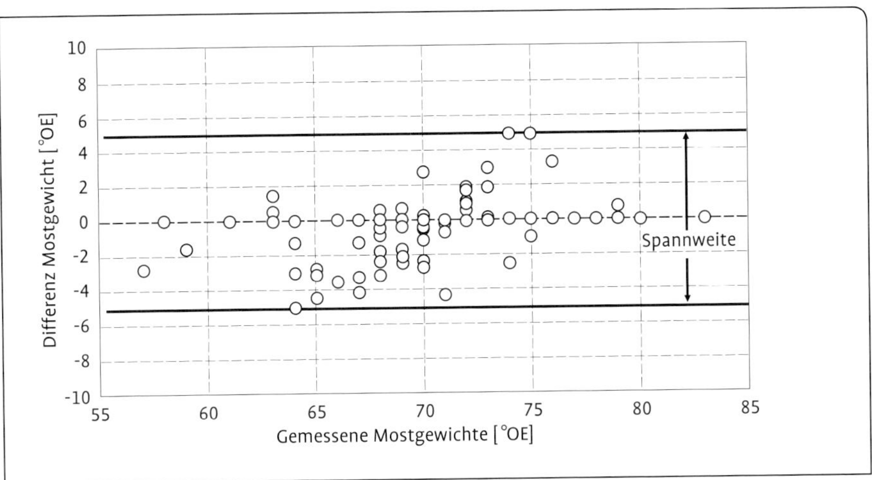

Abb. 8.11: Differenzen zwischen gemessenen und berechneten Mostgewichten an 123 Einzelstandorten im Rheingau (10-jährige Mittelwerte während des Zeitraums 1960–1984) (HOPPMANN 2004a).

haltet, ist der Zuschlag gleichzeitig die Voraussetzung dafür, dass der Winzer die Fläche optimal bewirtschaftet und die Kulturführung entsprechend der „guten fachlichen Praxis" betreibt. Der berechnete Wert wird deshalb auch als **potenzielles Mostgewicht** bezeichnet.

Die Karte des potenziellen Mostgewichtes für den Rheingau besteht aus sieben Einzelblättern im Maßstab 1:25000. Die Flächen werden in fünf Stufen klassifiziert (Abb. 8.12). Die Wertebereiche <75 und ≥85 werden jeweils zu einer Klasse zusammengefasst. Schwarz und dunkelgrau eingefärbte Bereiche sind Flächen mit sehr hohen Qualitäten, Flächen mit hellgrauen bis gepunkteten Tönen sind gute Qualitäten, weiße Flächentöne sind eher für früh reifende Rebsorten geeignet (Abb. 8.12).

Für Geisenheim ergibt sich die qualitative Rangfolge der Lagen „Rothenberg A" und „Kläuserweg B". In Johannisberg setzen der „Schloßberg C", die „Hölle D" und die „Mittelhölle E" mit steilen S- bis SW-Hängen deutliche Akzente. Aber nicht überall erreicht das planzenverfügbare Bodenwasser Werte von über 150 mm. Das ist im Rheingau ein Grenzwert für verstärkten Trockenstress mit Qualitätseinbußen. In trockenen Jahren wirkt sich ein hoher Strahlungsgenuss dann eher negativ aus.

Klimatisch gesehen beeinflusst auch die Kaltluft des Elsterbaches die talnahen Gebiete am Schloß Johannisberg (Lage Klaus). Klimatisch bevorzugt sind dann wieder die südexponierten Hänge der Lage „Hasensprung F". Weiter unten in der Nachbarschaft des Rheins breitet sich dann in einem schmalen Streifen die sehr gute Lage des „Jesuitengartens G" aus. Sie liegt windgeschützt und ist meistens auch gut mit Wasser versorgt. Die zwischen Schloss Johannisberg und Schloss Vollrads gelegenen hellen Flächen des „Dachsberg" im Bereich von mehr als 220 m Höhe ü. NN fallen unter anderem auch wegen ihrer mageren Böden in der Qualität ab.

Die **Qualität des Weins** wie wir sie im Weinglas erleben, wird nicht allein durch das Mostgewicht bestimmt.

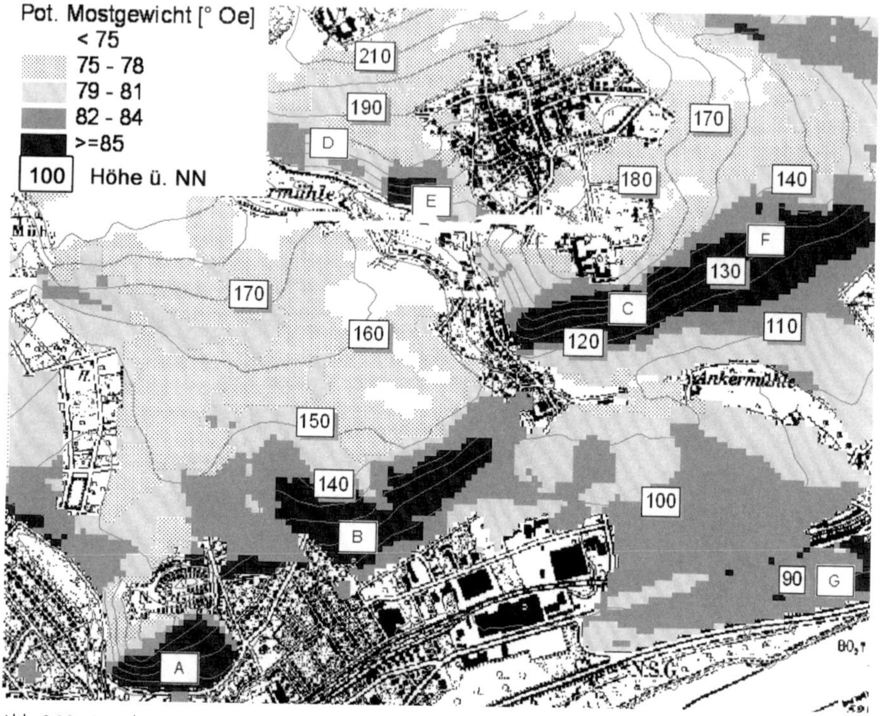

Abb. 8.12: Berechnetes potenzielles Mostgewicht der Rebsorte Riesling im Raster von 20 × 20 m für die Rebflächen im Raum Geisenheim–Johannisberg (Rheingau) (30-jährige Mittelwerte (1961–1990) (Hoppmann 2004a).

Die relativ hohen Mostgewichte in Rheinnähe verdanken die Lagen nicht der Reflexion des Sonnenlichts im Rhein, sondern den sehr günstigen Bodenverhältnissen.

Die Qualität im Glase, die sich durch Ausprägung, Geschmack, Inhaltsstoffe sowie Aroma- und Duftstoffe charakterisieren lässt, wird innerhalb der verschiedenen Qualitätsstufen im Gelände von der Bewirtschaftung und Düngung der Rebflächen, den Laubarbeiten, der Ertragsregulierung und der Kellertechnik bestimmt.

Einflüsse des Bodens, wie beispielsweise das pflanzenverfügbare Bodenwasser oder die Nährstoffversorgung und betriebstypische Komponenten haben im Bereich der Geschmacks- und Inhaltsstoffe einen großen Einfluss auf das Endprodukt. Die Mengen werden neuerdings auf den qualitativ wertvollen Standorten stärker begrenzt, weil nur dann die gewünschte hohe Qualität der Trauben erreicht werden kann. In Steillagen mit skelettreichen flachgründigen Böden, wie beispielsweise den Steillagen von Rüdesheim und Assmannshausen, stellt die Ertragsregulierung den Winzer vor keine größeren Probleme, da die natürlichen geringeren Wasserreserven des Bodens den Ertrag reduzieren (Hoppmann und Schaller 1981).

Die **Steuerung des Ertrages** ist in den Lagen mit tiefen nährstoffreichen Böden wesentlich problematischer. Diese Standorte findet man häufig in den mit Lösslehm bedeckten Hangfußlagen. In der potenziellen Mostgewichtskarte sind auch diese Standorte wegen der vergleichsweise hohen nutzbaren Feldkapazität (nFK-Karte) begünstigt. Diese Standorte neigen aufgrund der günstigen Wasser- und Nährstoffversorgung zu höheren Erträgen und dichten Laubwänden. Dichte Laubwände wiederum fördern die Entwicklung von Krankheiten. Deshalb bedürfen diese Standorte besonderer Pflege und besonderer Bestandsführung (Entblättern und Ausdünnen), um die günstigen Bedingungen des Bodens und des Klimas voll nutzen zu können.

Die Mostgewichtskarte bestätigt in eindrucksvoller Weise, dass der Rheingau im Hinblick auf Klima und Boden eine Spitzenstellung im Weinbau einnimmt. So kann auf 50 % der Rebfläche im 30-jährigen Durchschnitt ein Mostgewicht von mehr als 80 °Oe erzielt werden und nur 14 % der Rebfläche erzielen potenziell weniger als 75 °Oe.

Die Klima- und Bodengunst begründet sich auf verschiedene Faktoren: Die günstig exponierten Hänge nach S und SW erbringen hohe Einstrahlungswerte. Ungünstige Hangrichtungen sind mit weniger als 5 % Anteil an der Gesamtfläche vertreten. Die Höhen des Rheingaus sind bewaldet. Der Wald bremst im Gegensatz zu Acker- und Wiesenflächen den ungehinderten Abfluss nächtlicher Kaltluft in die tiefer gelegenen Rebhänge. Auch gibt es nur wenige ausgedehnte Seitentäler, die den Rebhängen von den Höhen her Kaltluft zuführen. Die Böden bieten beste Voraussetzungen für den Anbau von Reben. In Trockenjahren fällt häufig nicht genug Regen, um die Reben ausreichend mit Wasser zu versorgen. Mehr als zwei Drittel der Böden im Rheingau können jedoch während des Winterhalbjahres mehr als 150 l/m² als Wasserreserve für den Sommer einlagern.

Neben dem Mostgewicht ist die Säure ein weiterer wesentlicher Grundparameter für die Qualität einer Lage. Von talnahen, häufig kaltluftgefährdeten Standorten mit guter Wasserversorgung sind eher säurebetonte Weine zu erwarten. Der Abbau der Säure wird nach Schultz et al. (2006) im Wesentlichen durch die Temperatur während der Reifezeit bestimmt (Kap. 2.2). Der wichtigste Vorgang ist dabei der Abbau der Äpfelsäure, d. h. in den warmen Hanglagen wird die Äpfelsäure wesentlich schneller abgebaut. In sehr warmen trockenen Jahren kann daraus ein Nachteil für die Qualität werden, wenn den Weinen aus den Steillagen die Frische fehlt.

In Tab. 8.9 (Hoppmann und Schaller 1981) sind die Ergebnisse zum Mostgewicht und Gesamtsäuregehalt als 10-jährige Mittelwerte (1964–1973) aus den Steillagen im Raum Rüdesheim-Lorch und den Flachhanglagen im Bereich Oestrich-Winkel gegenübergestellt. Im Steilhang dominieren flachgründige, skeletthaltige Böden, in den Flachlagen dagegen tiefgründige Lösslehmböden. Nach den Untersuchungen verhalten sich Mostgewicht und Säure nahezu umgekehrt. Hohe Einstrahlungswerte mindern die Säurewerte.

Im Mittel nimmt das Mostgewicht oberhalb eines Qualitätsoptimums in ca. 30–50 m über dem örtlichen Talgrund um 3–4°Oe auf 100 m Höhenzuwachs ab, oberhalb von 100 m über dem Talgrund nehmen die Säurewerte dagegen stark zu.

Wind- und Kaltluftgefährdung sowie das Wasserspeichervermögen der Böden wirken sich vor allem in den Steillagen positiv auf die Säurewerte aus.

Der Einfluss des Standortes auf die Gesamtsäure soll am Beispiel von Schloss Johannisberg aus dem Spitzenjahrgang 1971 verdeutlicht werden (Bild 14 Anhang). Die Säurewerte schwanken zwischen 9,0 und 13,3 ‰. Bei Gegenüberstellung für ein Einzeljahr ist auch der Lesezeitpunkt nicht zu vernachlässigen. Dennoch bestätigen sich die weiter oben erläuterten Zusammenhänge. Die Lagen am Hangfuß erbringen höhere Säurewerte, im Steilhang fallen die Säurewerte ab und steigen bei ungünstigen Expositionen nach Nordosten oder Nordwesten wieder an. In geringen Jahren nehmen die Unterschiede noch zu, dann dominiert allerdings der Einfluss der Höhe.

Die potenzielle Mostgewichtskarte bietet nicht nur die Möglichkeit zu qualitativen Abgrenzungen, sondern ist zugleich ein **Beratungsinstrument**. Das soll an einem Beispiel einer Gütekarte aus dem Weinbaugebiet Luxemburg verdeutlicht werden. Abb. 8.13 zeigt einen Ausschnitt aus der Gütekarte Luxemburg mit drei Qualitätsstufen im Bereich der Obermosel. Die Gütestufen wurden mit den gleichen Methoden wie im

***Tab. 8.9** Einflüsse verschiedener Standortfaktoren auf das Mostgewicht und den Gesamtsäuregehalt im 10-jährigen Mittel (1964–1973) (nach* HOPPMANN *und* SCHALLER *1981).*

Oestrich-Winkel						
Rang	**Mostgewicht**			**Säure**		
	Sto	**B [%]**	**E**	**Sto**	**B [%]**	**E**
1	Stra	35	++	Höhe	36	++
2	Höhe	5	-	Stra	10	- -
3	Kaltl	6	-			
4	Bod	2	+			
Rüdesheim-Lorch						
Rang	**Mostgewicht**			**Säure**		
	Sto	**B [%]**	**E**	**Sto**	**B [%]**	**E**
1	Höhe	41	- -	Höhe	42	++
2	Wspv	8	+	Stra	11	-
3	Stra	6	+	Wind	4	+
4				Kaltl	2	+
5				Wspv	4	+

Erläuterungen:
Rang = Rangfolge im Einfluss; Sto = Standortfaktor; B = Bestimmtheitsmaß
E = + oder – Einfluss; ++ = sehr stark positiv; - – = sehr stark negativ
Höhe = Höhe über Talgrund; Stra = Sonneneinstrahlung; Kaltl = Kaltluftgefährdung
Wind = Windgefährdung; Wspv = Wasserspeicher-Boden; Bod = Bodentyp

Rheingau allerdings ausschließlich nach klimatischen Kriterien differenziert. Es war nicht möglich, den Boden bei der Differenzierung zu berücksichtigen, weil im Weinbaugebiet Luxemburg infolge von Flurbereinigungsverfahren vielerorts Fremdböden aufgetragen wurden und die Zuordnung von Boden und geologischer Herkunft verloren gegangen ist. Dieses Problem der Flurbereinigung dürfte auch in Deutschland in vielen Regionen zu erheblichen Schwierigkeiten führen, ein Terroir vom Bodentyp her zu definieren.

Die Abstufung dient aber nicht dem Ziel, Rebflächen zu klassifizieren, sondern bietet **Entscheidungshilfen für die Auswahl von Rebsorten**. Spätreifende Burgundersorten sollen vornehmlich in Bereichen der höchsten Gütestufen gepflanzt werden, früh reifende Sorten bleiben eher den mittleren Standorten vorbehalten. Mittlere Gütestufen sind vornehmlich auf die Lagen mit östlicher bis nördlicher Exposition verbreitet, die höchsten Qualitätsstufen bleiben auf Südwesthänge bzw. windgeschützte konkave Hanglagen begrenzt. Ähnliche Überlegungen sind aus dem Piemont bekannt, wo Weißweine vornehmlich auf Nordhänge, Rotweine dagegen auf die wärmeren Südhänge gepflanzt werden.

8.2.2 Beeinflussen Boden und Klima den Geschmack des Weines?

Mostgewicht und Säuregehalt einschließlich der damit in Verbindung stehenden Inhaltsstoffe wie Kohlenhydrate und organische Säuren bilden das Grundgerüst für die Qualität der Weintrauben bei der Ernte. Hinzu kommen Stickstoffverbindungen, Mineral-

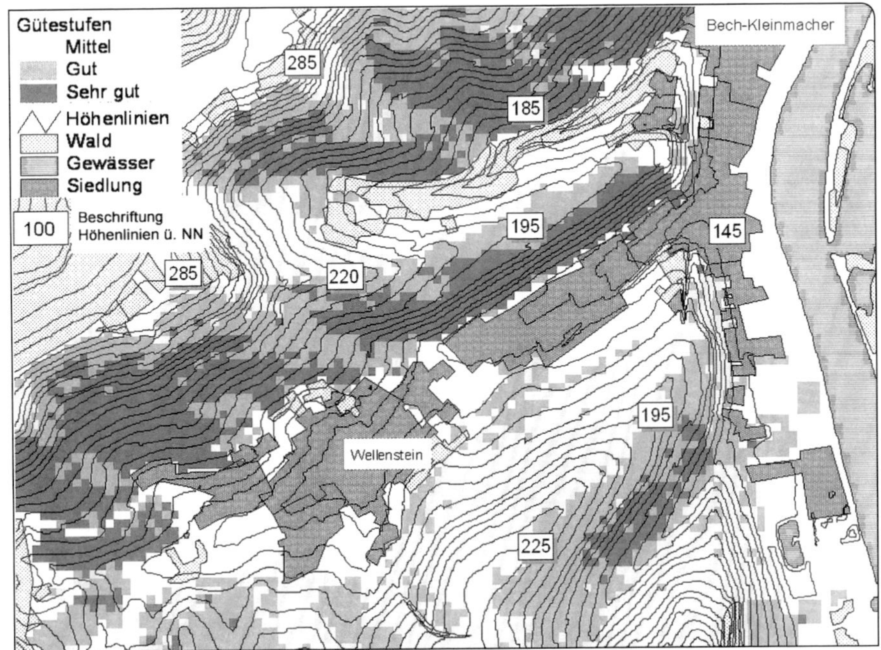

Abb. 8.13: Berechnete Gütestufen im Weinbaugebiet Luxemburg im 20 × 20 m Raster (FRÜHAUF et al. 2007).

stoffe, Polyphenole und Aromastoffe. **Geschmacksunterschiede** im Wein resultieren insbesondere in der Art und Menge der in Beeren vorhandenen Phenole und Aromaverbindungen. Diese konzentrieren sich sehr stark in den Beerenhäuten. Nachfolgend werden nur solche Einflüsse beschrieben, deren Konzentration auch vom Klima oder Boden beeinflusst wird.

Bei der Rotweinbereitung sind die **Phenole** als Geschmacks-, Farb- und Strukturkomponenten des Weines eine sehr wichtige Inhaltsstoffklasse. Bei der weiteren Unterscheidung der Phenole in die Gruppen der „nicht-flavonoiden" und die „flavonoiden" Phenole kommt der Letzteren die weitaus größte Bedeutung zu. Die drei Klassen Anthocyane, Flavonole und Tannine (Flavanole), die zur Gruppe der **Flavonoide** gehören, sind sowohl in Trauben als auch im Wein vorhanden. Die Flavonole stehen meist in Verbindung mit einem Zuckerbaustein. Flavonoide sind bekannt für ihre UV-Schutzfunktion, aber auch als Pflanzengift gegen Insekten. Letzteres resultiert aus der bitteren und adstringierenden Wirkung der Tannine. Von den drei genannten Gruppen (Tannine, Anthocyane, Flavonole) haben die Tannine mengenmäßig den größten Anteil, gefolgt von den Anthocyanen mit meist nur relativ geringen Konzentrationen an Flavonolen.

Die Biosynthese der Flavonoide erfolgt über zwei Bildungswege. Beim Shikimisäure-Weg entstehen über das Zwischenprodukt Phenylalanin Flavonoide, beim Phenylpropanoid-Weg hingegen dient Phenylalanin über verschiedene Zwischenstufen zur Synthese der Flavonoide. Unter normalen Wachstumsbedingungen fließen 20 % des durch die Pflanze fixierten Kohlenstoffs durch den Shikimisäure-Weg, während nur 2 % des fixierten Kohlenstoffs weiter in den Phenylpropanoid-Metabolismus gelangen.

Das Enzym **Phenylalanin-Ammonium-Lyase (PAL)** entscheidet über den Übergang des einen zum anderen Biosyntheseweg. Dieses Enzym ist für die Umwandlung von Phenylalanin in trans-Zimtsäure verantwortlich. Es reagiert stark auf Belichtung und Temperatur und wird ebenfalls durch die Wüchsigkeit beeinflusst. Auch reagiert dieses Enzym ähnlich wie die Invertase auf das Verhältnis von hell- zu dunkelrotem Licht (Kliewer und Smart 1989).

Es gibt viele Faktoren, die die Flavonoidbiosynthese in Pflanzen beeinflussen können, wie z. B. Belichtung, Temperatur, Höhenlage, Bodenart, Wasserhaushalt, Nährstoffversorgung, Pflanzenkrankheiten, Bioregulatoren und andere. Einige dieser Faktoren wurden experimentell bei Reben erprobt, allerdings kommt der Großteil der Informationen von Versuchen an Modellpflanzen, wie z. B. vom Kohlgewächs *Arabidopsis*.

Unabhängig von der Synthesekapazität für Flavonoide nimmt die **Beerengröße** eine zentrale Stellung ein, da sie durch viele Maßnahmen oder Umweltfaktoren beeinflussbar ist und die Reduktion des Verhältnisses von Beerenvolumen zu Beerenhaut bei kleineren Beeren zwangsläufig zu einer Aufkonzentrierung bestimmter Inhaltsstoffe führt.

Unabhängig von anderen Umweltfaktoren, wie Nährstoffversorgung, Wasser, Licht und Temperatur, liegen bei kleineren Beeren größere Mengen an Flavonolen und Tanninen, allerdings nicht unbedingt an Anthocyanen vor. Der Anteil an Flavonoiden wird insbesondere durch Wasser- und Nährstoffversorgung sowie durch die mikroklimatischen Bedingungen beeinflusst (vgl. Kap. 7).

Unterschiedliche Wege wurden in der Vergangenheit zur Klärung der Effekte von Licht und Temperatur auf die Flavonoidzusammensetzung eingeschlagen. In den meisten Fällen wurde entweder die Lichtintensität auf der Laubwand oder in der Traubenzone modifiziert. Eine stark abgeschattete Laubwand, z. B. durch eine enge Zeilenbreite bei gleichzeitig hoher Laubwand, führte zu einer Reduzierung der Flavonoide (Crippen und Morrison 1986), was neben dem Licht- bzw. Temperatureffekt aber auch auf die reduzierte Photosyntheseleistung und den dadurch geringeren Eintrag von Kohlenstoff in den Shikimisäure- und Phenylpropanoid-Stoffwechselweg zurückzuführen sein könnte.

Die Effekte von Licht und Temperatur auf die Trauben selbst sind sehr viel differenzierter. Die Bildung von Anthocyanen wurde in den letzten 50 Jahren in direkter Abhängigkeit zum Lichtangebot dargestellt (Dokoozlian und Kliewer 1996). Bei Äpfeln ist das Licht für die Anthocyansynthese zwingend notwendig. Neuerdings gibt es auch Hinweise auf genau gegenteilige Effekte mit gleichbleibenden bis stark reduzierten Gehalten an Anthocyanen in sonnenexponierten Trauben (Spayd et al. 2002). Hier scheint der Temperatureffekt deutlich stärker ausgeprägt zu sein als der Lichteffekt, mit der Konsequenz, dass bei hohen Temperaturen in der Beerenhaut weniger Anthocyane gebildet werden. Je nach getesteter Sorte war in manchen Fällen überhaupt kein Licht zur Induktion der Anthocyansynthese nötig. Insgesamt scheinen relativ niedrige Lichtintensitäten von 10–20 % der Außenstrahlung für die Bildung einer maximalen Gesamt-Anthocyanmenge auszureichen.

Schwierig ist die Unterscheidung von Licht- und Temperatureffekt. Die Gefahr der Überschreitung der Optimaltemperaturwerte ist vor allem auf der Westseite bei Nord-Süd-Reihenorientierung und eventueller Entblätterung gegeben, da die Sonnentrauben um mehr als 10 K höhere Temperaturen haben als Schattentrauben (s. Kap. 7). Eine solche Situation führt zu Farbverlusten.

Es ist allerdings sehr wahrscheinlich, dass unterschiedliche Rotweinsorten unterschiedliche Temperaturoptima für die Anthocyansynthese haben. Eine der wenigen Untersuchungen hinsichtlich der Temperaturoptima der Anthocyansynthese bei verschiedenen Rotweinsorten führte Carbonneau (1980) unter kontrollierten Bedingungen an Blattscheiben durch. Die Versuche zeigten für die Sorten Gamay und Spätburgunder Temperaturoptima bei ca. 18 °C, während die Optima für die Sorten Cabernet Sauvignon und Cabernet Franc bei 25 °C lagen.

Die Synthese der **Flavonole** ist lichtabhängig (Downey et al. 2004).

Flavonole kommen in der Traube meist gebunden an Glucose, Galactose und Rutinose vor. Dementsprechend haben hier das Laubwandmanagement und die Erziehungsform großen Einfluss. Das wichtigste Flavonol ist Quercetin, welches auch als Co-Pigmentfaktor zur Stabilisierung der Weinfarbe beiträgt. Da dieser Stoff während der Blüte und nach Reifebeginn gebildet wird, können Maßnahmen zur Förderung der Belichtung zu unterschiedlichen Zeiten der Beerenentwicklung einen Einfluss ausüben.

Im Gegensatz zu den Flavonolen ist die **Tanninsysnthese** sowohl in den Kernen als auch in der Beerenhaut zum Großteil lichtunabhängig.

Die höchsten Tanninkonzentrationen werden um den Reifebeginn gemessen, danach nehmen die Gehalte wieder ab, wobei hier wahrscheinlich mehr eine Abnahme der Extrahierbarkeit als ein Abbau oder eine Umwandlung vorliegt. Die Extrahierbarkeit scheint stark von der Bindungskapazität des

Zellwandmaterials der Beere abzuhängen. Diese kann sowohl durch Lage, Wasserhaushalt, Reifezustand und andere Einflüsse verändert werden (Adams 2006). Die genauen Mechanismen sind noch unbekannt.

Einerseits spielt das Licht bei der Synthese der Tannine nur eine untergeordnete Rolle, andererseits reagiert aber der Polymerisationsgrad der Tannine auf das Licht. So konnte trotz ähnlicher Gesamtgehalte der Tannine zumindest in einer Studie nachgewiesen werden, dass Weine, die aus Sonnentrauben des Spätburgunders hergestellt wurden, einen höheren Gehalt an kondensierten Tanninen aufwiesen als an Monomeren, was in der Konsequenz für die Sensorik eine Reduzierung der bitteren und eine gleichzeitige Erhöhung der adstringierenden Attribute bedeuten müsste (Price et al. 1995).

Ein weiteres wichtiges Thema sind die **Weinaromen**. Die Bestandteile des Weinaromas können mehrere hundert flüchtige Komponenten umfassen, deren Konzentrationen von wenigen ng/l bis zu einigen mg/l reichen. Hierbei ist nicht alleine die Konzentration entscheidend, sondern auch der jeweilige Geruchsschwellenwert. Viele flüchtige aromatische Komponenten werden erst während der Gärung gebildet, sie sind aber direkt oder indirekt ein Resultat der Zusammensetzung der Traube.

Viele wichtige **Aromakomponenten** entstehen aus geruchlosen Vorstufen, den sogenannten Präkursoren, die in unterschiedlicher Zusammensetzung sortenspezifisch vorhanden sind. Nachstehend werden nur die beiden wichtigsten Klassen der Carotinoide und der Monoterpene behandelt.

Die **Carotinoide** gehören zur Klasse der Lipide und gelten als wichtige Vorstufen der Aromastoffklasse der **C13-Norisoprenoide**, die sowohl in weißen als auch in roten Sorten eine wichtige Rolle für die Aromaausprägung spielen (Sefton 1998). Die Funktion der Carotinoide beruht auf ihrer Rolle als Begleitpigment des Chlorophylls bei der Photosynthese und als Schutzpigment vor hohen Lichtintensitäten. Daraus ergibt sich auch die Interaktion mit den Umwelt- und Klimafaktoren. Carotinoide sind sehr instabil und können durch Sauerstoff-, Licht- und Temperatureinwirkung zu aromatischen Komponenten abgebaut werden.

Es gibt eine deutliche Korrelation zwischen der Carotinoidabnahme während der Reifezeit und der Bildung von Norisoprenoiden (Razungles et al. 1993), die für verschiedene Fruchtattribute stehen (z. B. Damascenon – exotische Früchte).

Dieser Zusammenhang begründet möglicherweise die zunehmende Qualität spät gelesener Trauben. Da die Abbaurate von Lichtintensität, Lichtspektrum und Temperatur abhängig ist, liegt hier der Anknüpfungspunkt zu Maßnahmen des praktischen Weinbaus bzw. zur Einwirkung von unterschiedlichen geländeklimatischen Gegebenheiten verschiedener Weinbergslagen. Diese Stoffe kommen aber in extrem niedrigen Konzentrationen vor. Ihr Nachweis ist deshalb sehr schwierig. Es gibt kaum Untersuchungen, die praktikable Hinweise geben, welche weinbaulichen Maßnahmen zu welchem Zeitpunkt und bei welchen Sorten gezielt der Aromaförderung dienen könnten. Zusätzlich sind nicht alle Komponenten dieser Stoffklasse positiv für die Weinaromatik.

So wird die Bildung von zwei wichtigen Norisoprenoiden dem Carotinoidabbau zumindest zum Teil zugeschrieben und vor allem mit der Alterung von Weißweinen in Verbindung gebracht, so z. B. die **Vitispirane**, die mit Geruchsattributen wie Kampfer und Eukalyptus beschrieben werden, sowie der Kohlenwasserstoff **1,1,6-Trimethyl-1,2-dihydronaphtalin (TDN)**, der für den Kerosin- bzw. Petrolton bei Riesling verantwortlich ist. Beide sind meist glykosidisch gebunden und ihre Konzentration steigt mit zunehmender Traubenreife ähnlich wie beim Damascenon an (STRAUSS et al 1987). Es gibt allerdings große Unterschiede in der Bildungsintensität in Abhängigkeit vom Klima, wobei in warmen Klimazonen oder in sonnenexponierten Trauben mehr und schneller TDN gebildet wird (MARAIS et al. 1992).

Neben den Norisoprenoiden stellen die **Monoterpene** die wichtigste Aromastoffklasse dar. Vor allem für Weißweinsorten mit Muskatcharakter, zu denen neben dem Gewürztraminer und anderen Muskatsorten auch Müller-Thurgau, Riesling und Kerner gehören, sind sie von Bedeutung. Da der Monoterpengehalt bzw. das Profil der Einzelterpene stark sortenabhängig ist, kann es zur Sortendiskriminierung (RAPP et al. 1985) dienen.

Während der Beerenentwicklung nimmt die Gesamtheit der Gehalte an gebundenen aber nicht riech- und schmeckbaren sowie freien, aber riechbaren Terpenen zu. Während der Reifezeit wird der größte Teil der freien Komponenten synthetisiert bzw. aus den gebundenen Formen freigesetzt. Die Endkonzentration von Monoterpenen in Traubenbeeren ist abhängig von klimatischen Faktoren, dem erzielten Ertrag und dem Gesundheitszustand der Trauben. Abb. 8.14 zeigt den Zusammenhang zwischen der Temperatur im September und verschiedenen Aromen für sehr unterschiedliche geländeklimatische Bedingungen im Weinbaugebiet Venetien auf (TOMASI et al. 2005). Der Anstieg der Monoterpene mit zunehmender Maximumtemperatur im September in den Einzellagen ist ebenso eindeutig wie die Zunahme des Linalool mit sinkenden Temperaturminima im August und September. In sehr warmen Klimazonen können dagegen hohe Temperaturen, vor allem in sonnenexponierten Trauben, zu niedrigen Terpengehalten führen (MACCAULEY und MORRIS 1993), ebenso wie ein zu hoher Ertrag (ESCHENBRUCH et al 1987). Auch der Befall durch *Botrytis cinerea* führt durch die Oxidation des Terpens Linalool zu Veränderungen im Terpenspektrum.

Welche Rolle fällt nun bei der Geschmacksbildung dem Boden zu, der in der Terroir-Diskussion eine so bedeutende Rolle spielt?

Der geologische Untergrund steht in Interaktion zum Boden und setzt über die Verwitterung – allerdings extrem langsam – einen Teil der in den Mineralen gebundenen Nährelemente frei, welche die Rebe zum Gedeihen benötigt. Die Mineralstoffe müssen aber im Bodenwasser gelöst vorliegen, damit die Wurzel sie aufnehmen kann (s. Abb. 5.36 und 5.37).

Die Nährstoffe, die im Boden fehlen, ergänzt der Winzer mit seiner Bewirtschaftung. Wenn es zu trocken wird, hat er die Möglichkeit, zu bewässern. Ferner führt er dem Boden Humus zu, denn dadurch erhöht sich die Bodenfruchtbarkeit und das Wasserspeichervermögen. Die Beispiele zeigen die Vielfalt menschlicher Einflüsse auf. Durch das Rigolen im Abstand von 50 bis 60 Jahren bis in 1 m Bodentiefe wurden die vorliegenden Bodenhorizonte kräftig durchmischt.

Die Ausgangsmaterialien der Bodenbildung setzen sich aus Kiesen, Sanden, Quarziten, Magmatiten, Sandsteinen, Schiefer, Lehmen, Tonen, Mergel und Kalken zusammen, und sollen nach den Vorstellungen der Anhänger des Terroirs auch im Wein wieder zu erkennen sein. Es mangelt aber an wissenschaftlichen Untersuchungen, in welcher Weise der Boden die Sensorik des Weins beeinflusst. So konnte SCHENK ZU TAUTENBURG (1999) in einer umfassenden Untersu-

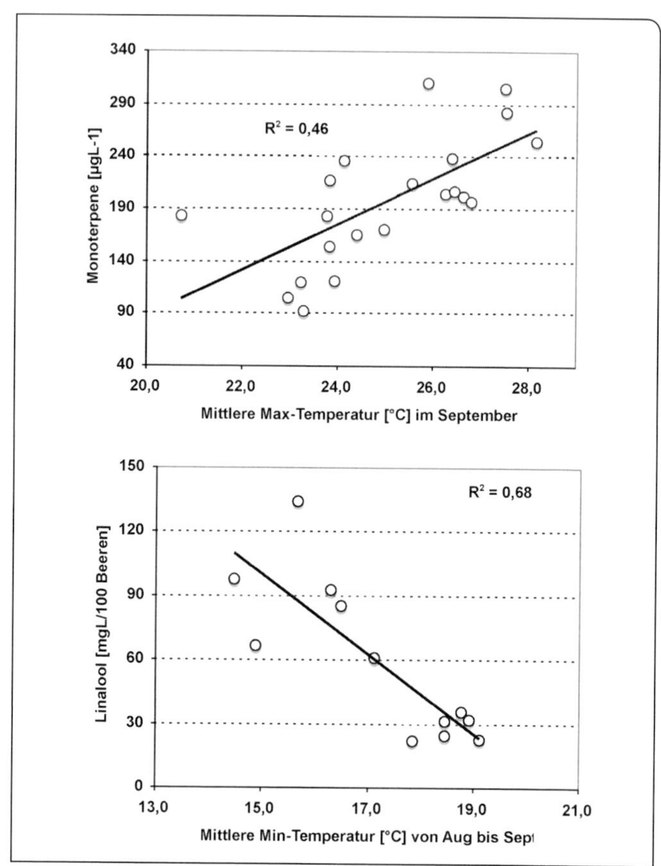

Abb. 8.14 oben: Einfluss der mittleren Maximumtemperatur im September [°C] für verschiedene Standorte in Venetien mit unterschiedlichem Geländeklima auf die Konzentration der Monoterpene im Traubenmost der Rebsorte Prosecco; R^2 = Bestimmtheitsmaß (nach TOMASI et al. 2005).

Unten: Einfluss der mittleren Minimumtemperatur im September [°C] für verschiedene Standorte in Venetien mit unterschiedlichem Geländeklima auf die Konzentration der Linaloolgehalte in den Beeren der Rebsorte Garganega; R^2 = Bestimmtheitsmaß (nach TOMASI et al. 2005).

chung die Mineralien des Ausgangsgesteins in der chemischen Zusammensetzung sowie im Geschmack des Weines nicht nachweisen. Zu anderen Ergebnissen kommen die nachfolgenden Untersuchungen.

Bodenart und Bodentyp können sich in engen räumlichen Grenzen ändern. Aufschlussreich hierzu sind Untersuchungen, die eine Arbeitsgruppe in Südafrika vorgenommen hat. Anlass war, die erfolgversprechendsten Anbauflächen für Sauvignon Blanc zu finden. Auf zwei Parzellen, die nur 30 m Abstand zueinander hatten, sich aber in ihrem Wasserregime unterschieden, konnte ermittelt werden, dass der „klassische" Sauvignon Blanc auf der Parzelle 1 mit dem niedrigen Wasserstress erzeugt werden konnte. Die Untersuchungen bestätigten sich über mehrere Jahre hinweg (Tab. 8.10). Im südlich gelegenen Bordelais stellen die hydrologischen Faktoren des Bodenklimas den Faktor schlechthin für die Traubenqualitäten dar. Diese Zusammenhänge sind sehr gut untersucht und beschrieben. Die dazu durchgeführten Versuche im Bordelais (DUTEAU und SEGUIN 1976; DUTEAU 1983; SE-

GUIN 1975; LEEUWEN und SEGUIN 1994) und im Loiretal (JOURJON et al. 1991; MORLAT 1989) zeigen, dass die unterschiedlichen Qualitäten der Ernten auf den physikalischen Bodeneigenschaften und ihren pedoklimatischen Auswirkungen, aber auch auf den chemischen Eigenschaften des Bodens beruhen.

Neben dem milden Wasserstress zeichneten sich die am besten bewerteten Weine (Spalte 2 und 4) durch eine niedrige Stickstoffversorgung aus (Tab. 8.11). Weitere Untersuchungen in Frankreich demonstrieren sehr augenfällig, wie die Standorte mit ihrem unterschiedlichen Substrat bei wechselnden Wasserangeboten die Menge an Zucker (Abb. 8.15 oben) und Anthocyanen (Abb. 8.15 unten) beeinflussen können.

Die vorteilhaftesten Terroirs sind charakterisiert durch ihre Fähigkeit, eine gleichmäßige Wasserversorgung mit einem leichten Stress sicherzustellen, da er bestimmte erwünschte sensorische Merkmale im **Rotwein** hervorruft (CHONE et al. 2001).

Tab. 8.10 *Einfluss des Bodentyps auf das Aromaprofil (%) bei Sauvignon Blanc (nach* CONRADIE *1998).*

Aromakomponente	Boden 1 (geringer Wasserstress)	Boden 2 (starker Wasserstress)
Gras/grüner Paprika	39,1	37,2
Grüne Bohnen/Spargel	17,4	38,3
Tropische Frucht	43,4	24,4

Tab. 8.11 *Phenolgehalte im Traubenmost und im Wein und Bewertung des Weines beim Cabernet Sauvignon 1997 auf vier unterschiedlichen Standorten im Bordelais (nach* CHONE *et al. 2001).*

Bodentyp	Flussabl. auf Kiesboden	Sedimente mit schwerem Ton	Gley mit hohem Tonanteil	Podsol
Bodenart	sandiger Lehm	schwerer Ton	sandiger Lehm	Sand
Messung des Wasserstress mit Blattwasserpotenzialmessungen	milder Wasserstress (Max = −0,31 MPa	wenig Wasserstress (Max = −0,2 MPa)	milder Wasserstress (Max = −0,24 MPa)	kein Wasserstress (Max = −0,16 MPa)
Most Anthocyaningehalt [mg/l]	989	823	1180	748
Mosttanningehalt (IPT)	33	29,8	36,5	28
Wein Anthocyaningehalt [mg/l]	611	463	730	401
Weintanningehalt (IPT)	54	50	70	43
Bewertung Weinprobe	50,5 a(2)	39 b	58 a	21 c

Rebsorte Cabernet Sauvignon
(2) Bewertungen mit gleichem Buchstaben unterscheiden sich nicht signifikant

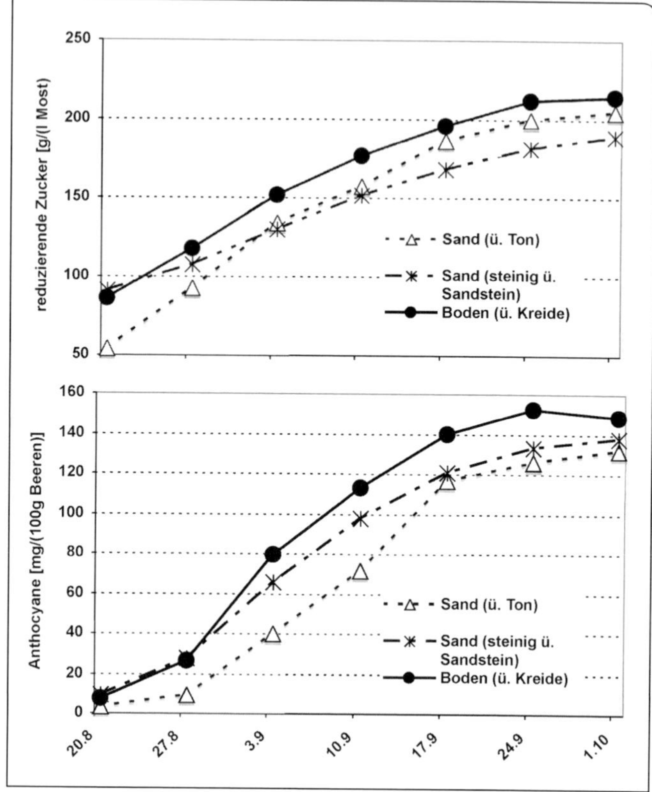

Abb. 8.15: Einfluss eines unterschiedlichen Wasserangebotes auf die Anreicherung von Zuckern (Bild oben) und von Anthocyanen (Bild unten) in die Beeren bei der Rebsorte Cabernet Franc (MORLAT 2001a) über einen zeitlichen Verlauf.

Die Einflüsse des Terroirs sollen sich nach Auffassung verschiedener Autoren auch in der **Zusammensetzung der Weine** und deren **sensorischer Ausprägung** niederschlagen. Man muss gleichzeitig aber auch darauf hinweisen, dass die beeinflussenden Faktoren, wie beispielsweise das Wasserangebot, beachtlichen Jahresschwankungen unterliegen können und demzufolge sich das sensorische Bild eines Weines durchaus von Jahr zu Jahr ändern kann. Das heißt, die Reproduzierbarkeit solcher Untersuchungen wird vermutlich nicht gelingen.

Beispielhaft zeigt Abb. 8.16 die Unterschiede in der sensorischen Bewertung eines Cabernet Franc von drei verschiedenen Standorten in zwei verschiedenen Jahrgängen auf. Man erkennt, dass zwischen den Jahren erhebliche Unterschiede auftreten können. Die Streuungen der Bewertungen sind zudem sehr beachtlich, sodass vielfach nicht von echten Unterschieden ausgegangen werden kann. Wenn in den trockenen warmen subtropischen Klimaten der Einfluss des Bodens mit Bodenart und Wasserhaushalt die Qualität wesentlich beeinflusst und in den nördlichen kühlen Klimaten das Makro- u. Geländeklima eine große Bedeutung für die Qualität haben, so müssen sowohl Boden als auch Klima mit ihrem Einfluss auf die Zuckerbildung und Ausprägung sensorischer Eigenschaften beachtet wer-

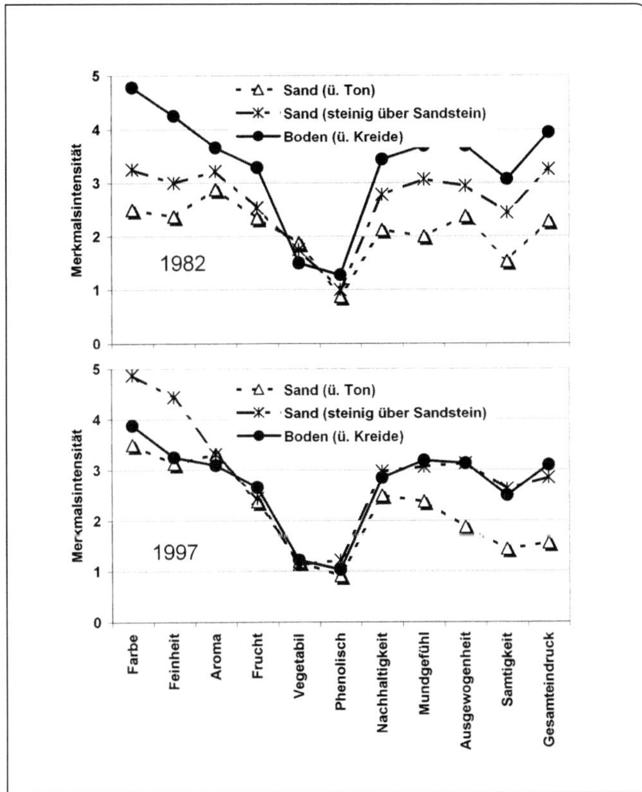

Abb. 8.16: Einfluss des Terroirs auf das sensorische Profil eines Cabernet Franc aus den Jahren 1982 (36 Prüfer) und 1997 (24 Prüfer). Bewertungsschema: 1 = sehr schwach ausgeprägt, 5 = sehr stark ausgeprägt (MORLAT 2001b).

den. Wenn nur isolierte Standorte ohne Kenntnis der klimatischen und bodenphysikalischen Gegebenheiten untersucht werden, so erhält man beliebig interpretierbare Ergebnisse, die unter Umständen sogar in die falsche Richtung weisen.

Umgekehrt kann natürlich die Beschreibung bodenphysikalischer und klimatischer Einflussgrößen auch nur eine Teilerklärung zum Terroir bringen.

In den letzten Jahren laufen in den deutschen Weinbaugebieten vermehrt Anstrengungen, einen direkten Zusammenhang zwischen dem Boden mit seinem Ausgangsgestein und den sensorischen Eigenschaften des Weins herzustellen. In Rheinland-Pfalz werden seit 2004 zum Thema Terroir und Sensorik in 24 verschiedenen Lagen, die in ihren geologischen und geografischen Herkünften möglichst vielfältig sein sollen, Weinqualität und Sensorik untersucht. Sie liefern erste Hinweise auf einen Zusammenhang zwischen Ausgangsgestein und Weinaromen (FISCHER und BAUER 2006), ohne aber die Ursachen für diese Zusammenhänge aufzeigen zu können.

Die Verkostung der Weine wurde in einem Gremium von 20 Teilnehmern durchgeführt und die Ergebnisse in einem sogenannten **Aromaprofil** dargestellt. Die Geschmacksprofile zeigten deutliche Unterschiede zwischen den Standorten. Der auf dem Löss-Lehm-Basalt-Boden gewachsene Riesling zeichnete sich durch intensive Aromen aus, die nach Zitrone, Pfirsich, Mango und Honigmelone schmeckten, während der Wein von einem Buntsandstein etwas säuerlicher war und eine Apfelnote betonte. Die Weine wurden sowohl betriebstypisch als auch neutral nach standardisierenden Verfahren im Technikum der DLR-Rheinpfalz in Neustadt/Weinstraße ausgebaut.

Abb. 8.17 zeigt die Unterschiede zwischen betriebstypischen und standardisierenden Verfahren für den gleichen Standort in einem sternförmigen Diagramm auf. Je stärker ein bestimmter Geschmack den Wein prägt, desto höher wird die Note in der Skala in Richtung des bestimmten Aromas ausschlagen. Es zeigen sich bei beiden Varianten sehr unterschiedliche Aromaprofile. Bei dem standardisierten Verfahren sind die Unterschiede in den Profilen eher unauffällig. Fischer und Bauer (2006) führen die geringe Differenz darauf zurück, dass mit Ausnahme des Schiefers mehrere Lagen zum Mittelwert des Ausgangsgesteins verrechnet wurden.

Die Einbeziehung des Winzers in die Welt des Terroirs ist deshalb nur folgerichtig, denn er versorgt die Reben mit Nährstoffen und möglicherweise mit zusätzlichem Wasser, wählt für den Standort geeignete Rebsorten aus, wählt ein Laubwandmanagement, das die Qualität der Trauben erhöht und die Mengen begrenzt, und beendet letztendlich mit dem Zeitpunkt der Lese den natürlichen Reifeprozess.

Deutlich ausgeprägter waren die Unterschiede in den Weinen, die vom Betrieb ausgebaut wurden. Insbesondere bei Pfirsich, Mango und Säure ließen sich die Aromen deutlicher differenzieren. Der Autor hebt in

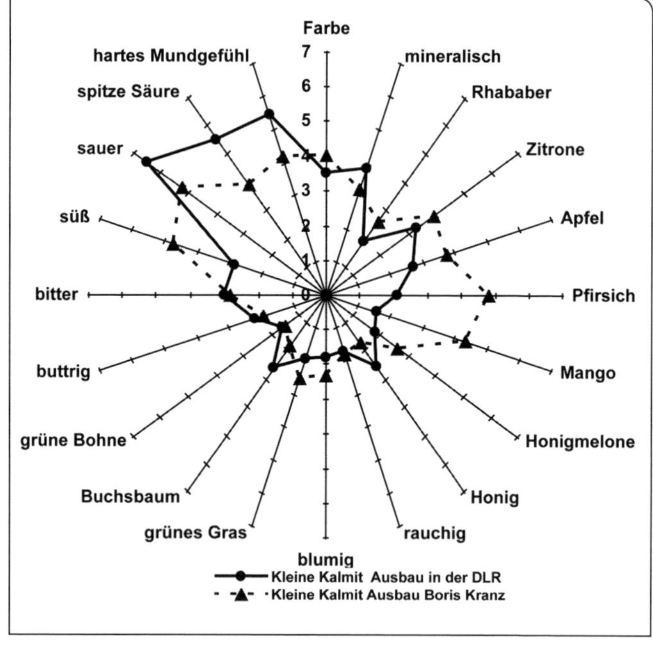

Abb. 8.17: Vergleich der Aromaprofile aus einer Lage, deren Weinausbau sowohl im Weingut als auch im Technikum des DLR in Neustadt stattfand (nach Fischer und Bauer 2006).

diesem Zusammenhang hervor, dass die Betriebe über langjährige Erfahrungen im Ausbau der Weine in bestimmten Lagen verfügen.

In diesem Zusammenhang ist auch die Frage noch ungeklärt, welchen Einfluss die **Hefen** bei der Weinbereitung auf die Aromaprofile haben.

Als Schlussfolgerung entsteht ein Terroir erst aus dem Zusammenwirken natürlicher Standortfaktoren auf das Rebwachstum und dem Wissen des Winzers über die Auswirkungen auf die Weinqualität.

Die weiterführenden Untersuchungen sollen die Frage klären, ob das Terroir auch in verschiedenen Jahrgängen wiedererkennbar wird. Wegen der weiter oben dargestellten Einflüsse des Jahrgangs, des Standortes und des Mikroklimas auf die Qualität ist die Erhaltung des vom Terroir geprägten Geschmacks über die Jahrgänge hinweg sehr schwierig, wenn nicht sogar unmöglich. Diese neuen Versuche zur Ausprägung der Weine können auch nicht klären, welche Ursachen die Unterschiede in der Sensorik haben. Nicht jedes Jahr eignet sich dazu, dem Wein ein bestimmtes Terroir zuzuordnen. Im Jahr 2000 wurden an der Nahe 15 Weingüter dahingehend untersucht, ob sich die Weine aus den Weingütern sensorisch unterscheiden (BURGMANN 2001). Die Weine wurden unter kontrollierten Bedingungen ausgebaut. Trotz sehr unterschiedlicher Böden war es kaum möglich, die Weine zuzuordnen, weil die hohen Niederschläge während der Reifezeit zu Botrytis-Befall führten, der die verschiedenen Geschmackskomponenten überlagerte.

9 Das Weinbau-Terroir

9.1 Beschreibung und Begründung

Das Wort Terroir findet sich überall. Es taucht auf vielen in- und ausländischen Weinetiketten auf und noch häufiger in Werbematerialien von Weingütern, Weingeschäften und in Weinmagazinen, um besondere Qualitäten anzupreisen. Der Weinkonsument wird spätestens bei einem Restaurantbesuch damit konfrontiert, wenn ihm ein ambitionierter Sommelier einen besonderen Wein empfiehlt, passend zum gewählten Menü.

In Kap. 2 ist bereits ein Überblick zum Terroir gegeben worden. Es wurden dabei die Definitionen angeführt, die in langen Diskussionsrunden beim OIV und der UNO entwickelt wurden und die als Leitschnur für zukünftige Entwicklungen dienen können. Zusätzlich wurden Faktoren dargestellt, die als Einflussgrößen bei der Beurteilung und möglichen Fortschreibung des Terroirs im Sinne einer Weiterentwicklung von Bedeutung sein können.

An dieser Stelle soll Herkunft und Entwicklung dieses vieldeutigen Begriffs erläutert werden. Weiter soll der Versuch unternommen werden, zu prüfen, inwieweit eine naturwissenschaftliche Basis vorliegt und eine reelle Bedeutung für den Weinbau und die Weinbereitung daraus erwachsen kann.

9.1.1 Begriff des Terroirs

Sinn und Begriff des Wortes „Terroir" haben in der deutschen Sprache keine Entsprechung. Insofern verdient es eine genauere Erklärung.

Seit den 90er-Jahren des letzten Jahrhunderts ist der Begriff Terroir in Mode gekommen, insbesondere im Bereich des Weinbaus und der Weinbereitung.

Der Grund liegt vermutlich nicht zuletzt in der Suche nach einem Ausgleich zwischen dem rasanten technischen Fortschritt, den wir gerade heute in unserer Gesellschaft wahrnehmen, und den traditionellen Vorstellungen der Biologie. Dieses „zurück zur Natur" und die Sorge um die Umwelt, haben mit Sicherheit diese Vielzahl von Studien zum „Terroir" und die Aufwertung des Images von „Terroir-Produkten" stark befördert.

9.1.2 Entwicklung der Begrifflichkeit des Wortes „Terroir"

Im wissenschaftlichen Bereich hat eine Vielzahl von Akteuren aus den unterschiedlichsten Weinbauländern, wie Frankreich, Italien, Südafrika, Brasilien, Chile, Argentinien, Portugal, Deutschland und den USA, dem Begriff „Terroir" sein jetziges spezifisches Gepräge gegeben.

Um zum Ursprung des Wortes „Terroir" zurückzukommen, ist es doch überraschend, feststellen zu müssen, wie vieldeutig ein Begriff zu gewissen Zeiten und in bestimmten Regionen sein kann. So genossen beispielsweise in der Region Béziers (vor dem Auftreten der Reblaus) die „Terroir-Weine" ein miserables Ansehen, denn sie repräsentierten jene Weine, die keine Akzeptanz im Markt fanden und die verstärkt am Ort ihrer Erzeugung oder in unmittelbarer Nähe konsumiert werden mussten. Sie hatten den

„goût de terroir“. Verglichen mit dem heutigen Glanz, den das Wort Terroir genießt, ist dies nur sehr schwer nachvollziehbar.

Die Idee, dass ein bestimmtes Stück Land besonders attraktive Weine hervorbringt, ist nicht neu. So vermerkte 1677 der Philosoph John Locke bei seinem Besuch in Bordeaux die **Einzigartigkeit des Bodens** von Château Haut-Brion, der sich von den Böden in seiner Nachbarschaft deutlich unterschied. In einem von Abbot Arnoux 1728 in London erschienenen Buch wird die Einzigartigkeit Montrachets im Burgund für einen bestimmten Streifen Erdoberfläche der Côte d'Or beschrieben.

Weitere Bedeutungen weisen auf zusätzliche Gewinnsituation oder Segmentierung des Marktes hin, im Kontext einer ausgeprägten Konkurrenzsituation. Erst kürzlich wurde der Begriff Terroir mit den Vorgaben der Rückverfolgbarkeit von Produkten oder der Kommunikation in Verbindung gebracht.

Und weiter wurde die Antinomie zwischen Terroir und Technologie hervorgehoben – soweit neue Informations- und Kommunikationstechniken die Entwicklung eines „Präzisionsweinbaus“ erlauben und schlussendlich den Charakter und die Heterogenität des Weinbau-Terroirs anerkennen.

Bezüglich seiner etymologischen Herkunft besitzt der Begriff „Terroir“ zwei Bedeutungen:

- „territorium“ (lat.), welches dann Territorium oder Terroir ergab; es entspricht einem durch die römische Armee besetzten Gebiet, gut eingeschränkt oder begrenzt, beherrscht durch die militärische Autorität und dem römischen Gesetz unterstehend. Es ist unmöglich, hier nicht den Geist zu erkennen, welcher buchstäblich in den AOC-Regeln wiederzufinden ist.
- „produit des terroir“ (fr.), welches im Mittelalter verwendet wurde, um ein landwirtschaftliches Produkt als natürlich und original einzustufen; gebunden an einen genauen Ort und kaum irgendwo anders zu finden. Im Deutschen kann es wohl am Besten mit dem Wort Herkunft umschrieben werden.

Die Vermischung dieser beiden etymologischen Wurzeln, in Verbindung mit allen Bedeutungen und seiner historischen Notierung, sind ohne Zweifel das Kennzeichen dieses französischen Wortes „Terroir“, das seither in einer Vielzahl von Weinsprachen Eingang gefunden hat.

Die Definitionen des Terroirs, die sowohl die Vereinten Nationen als auch das Internationale Weinamt (OIV) verabschiedet haben, sind bereits in Kap. 2 zitiert.

Was nicht aus diesen Herkunftsangaben abgeleitet werden kann, sind die häufigen Bezüge, die man in populären Darstellungen findet, nämlich zum Boden oder auch zum geologischen Untergrund.

Im Französischen gibt es dazu sehr wohl eine sprachliche Differenzierung:

- „terre“ (fr.), beschreibt das Land in Form eines Besitzes, aber auch durch ein Adjektiv (terre arable, terre cultivée [Ackerboden]) seine mögliche Verwendung als landwirtschaftliches Produktionsmittel.
- „sol“ beschreibt den Grund als Boden und verweist durch seine Adjektive (glaiseux [lehmig], sablonneux [sandig], marneux [mergelig]) auf seine mögliche landwirtschaftliche Nutzung.

Ähnliche Begriffspaare gibt es in den romanischen Sprachen: suolo, terreno (it.), suelo, terreno (span.) und solo, terreno (port.).

Im mittlerweile dominanten englischen Sprachgebrauch und der zugehörigen Weinwelt existiert nur der Begriff „soil“ (engl.). Möglicherweise erwächst daraus das sehr distanzierte Verhältnis zum Begriff des Terroirs.

Ungeachtet dieser sprachlichen Unterschiede haben in den vergangenen drei Jahrzehnten insbesondere französische Wissenschaftler aus diversen Universitäten und Forschungseinrichtungen im Sinne der oben diskutierten Definitionen versucht, einen wissenschaftlich begründeten Unterbau für das System „Terroir" zu formulieren.

In der Zusammenführung aller Ideen lassen sich folgende Schwerpunkte herausstellen:

Die Basis der Produktion – und dies gilt prinzipiell für alle landwirtschaftlichen Kulturen – stellt die **„Basiseinheit des Ter-**

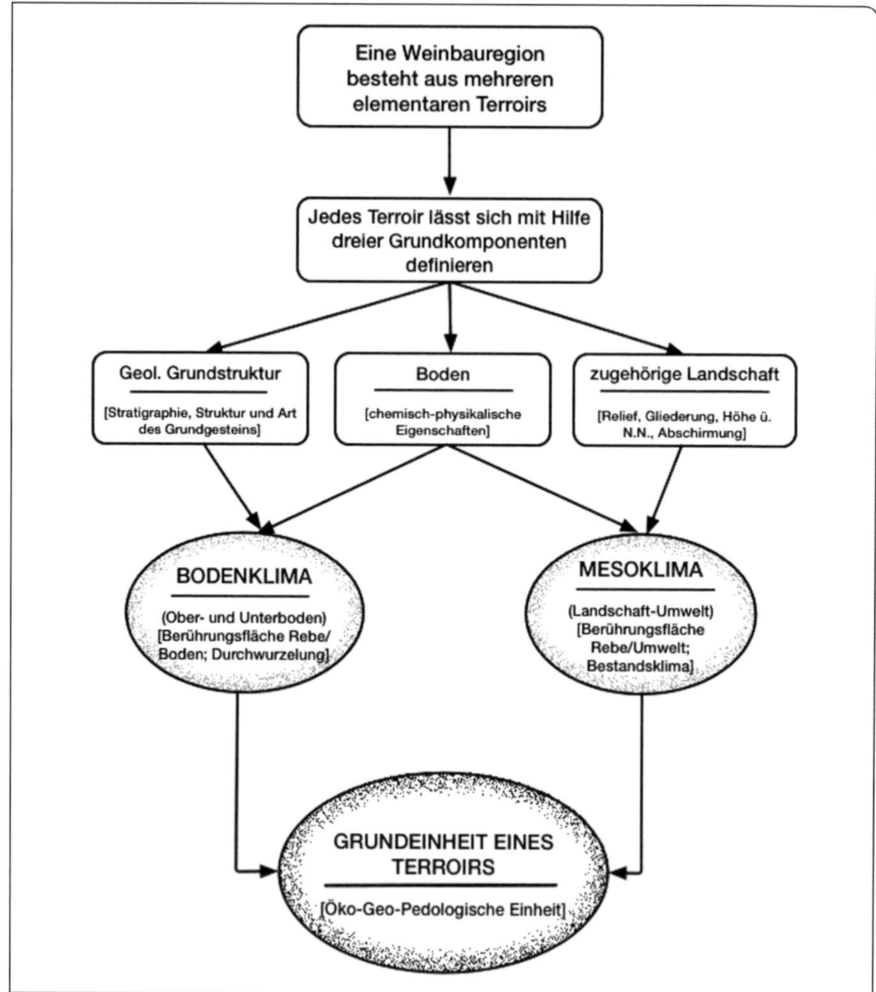

Abb. 9.1: Aufbau und Wirkungsbeziehungen in einer Terroir-Einheit (UTB).

roirs" [unité terroir de base (UTB)] dar. Vielleicht lässt sie sich auch als „Basiseinheit der pflanzlichen Produktion" bezeichnen. Sie steht in Interaktion mit dem Mesoklima des jeweiligen Standortes – über die Zeitschiene bis zur Ernte – und dem Boden. Die Arbeitsgruppe der INRA in Angers bezeichnet dies als eine „Öko-Geo-Boden-Sequenz", in der die Funktionen von Klima und Boden verschmelzen (Abb. 9.1).

Wenn diese Basiseinheit (UTB) in eine Wechselwirkung mit der Rebsorte und dem jeweilig gewählten Kultursystem tritt, charakterisiert durch seine ökophysiologischen Faktoren (Blattfläche, Produktion, Wuchskraft, Wasserstatus der Rebe etc.), wird es so zu einer **„weinbaulichen Terroir-Einheit" [unité terroir viticole (UTV)]**.

UTV zusammen mit einem Betrieb oder einer AOC schafft eine erkennbare **Typizität des Weines**. Es ist das Ergebnis einer nachvollziehbaren technischen Vorgehensweise oder einer reproduzierbaren historischen Erfahrung.

Es gilt festzuhalten, dass in Frankreich die berufsständischen Organisationen und die INAO (Nationalinstitut für Herkunft und Qualität) – vielleicht früher oder später auch das OIV? – bestrebt sind, genau diesen Begriff des Terroirs auf diesem hoch integrierten Niveau zu halten, vor allem, in dem der Mensch eine zentrale Stelle einnimmt. Die agronomischen Überlegungen bewegen sich auf der Ebene der UTV.

Auf die beiden, nach Meinung französischer Weinbauwissenschaftler besonders wichtigen Faktoren innerhalb eines Terroirs sei noch einmal kurz Bezug genommen:

- 1. Die „menschlichen Faktoren" umfassen sowohl einen ausgereiften Umgang mit der Technik als auch mit den überkommenen historischen Praktiken. Aus dieser Überlegung heraus wird der Winzer zu einem Teil des Terroirs. Zusätzlich wäre es wünschenswert, dass der Begriff „Terroir" reserviert bleibt für das „Terroir Viticole", wo die menschlichen Faktoren die bestimmenden Determinanten sind, und dass die UTBs mit der „Umwelt" verbunden bleiben oder mit der Landbewirtschaftung.
- 2. Die Historie beinhaltet eine technische Dimension, die eventuell mit einer definierten Typizität in Verbindung gebracht werden kann, hat aber vielfach in anderen Fällen eine rein gesellschaftliche Dimension unter dem gleichen Banner ohne dass die Typizität des Produktes eingeschränkt werden würde. In solchen Fällen ist die Verknüpfung zur Typizität eines Weines weniger offensichtlich, aber die Bindung der Gruppe markiert nichtsdestotrotz das Produkt.

Man mag erkennen, dass sich im Verlaufe vieler Jahrzehnte eine sehr spezifische Anschauung zur Reb- und Weinkultur in Frankreich – als der führenden und mit überreichen Erfahrungen gesegneten Weinnation – herausgebildet hat. Ohne dem Schlusskapitel vorgreifen zu wollen, steckt hinter diesen Vorstellungen natürlich auch ein gerüttelt Maß an Agrarprotektionismus und Marketingstrategie. Aus diesem Grund sind in verschiedensten Weinbau treibenden Nationen dieser Welt in der jüngsten Vergangenheit Forschungsaktivitäten initiiert worden, die ähnlich wie in Frankreich dem Geheimnis des Terroirs auf die Spur kommen wollen und wollten. Im Nachfolgenden wird der Versuch unternommen, die verschiedenen Arbeitsrichtungen darzustellen und sie am Ende in einer Synopse zusammenzuführen.

9.2 Das Terroir als erfassbare Größe

9.2.1 Grundsätzliches

Die landwirtschaftliche Tätigkeit kennt eigentlich schon immer den Zusammenhang zwischen der natürlichen an einem Standort vorkommenden Bodenfruchtbarkeit und den zu erwartenden Erträgen der jeweilig angebauten Kulturen. Diese engen Verknüpfungen zwischen Standort und Ertrag – letztendlich ein Erfahrungswissen von Landwirten, Gärtnern und Winzern – haben beispielsweise in Deutschland dazu geführt, ein anerkanntes und allgemein gültiges Bewertungsschema zu entwickeln. Nach dem Bodenschätzungsgesetz vom 16. Oktober 1934 (zuletzt geändert am 20. Dezember 2007) wurde die Möglichkeit geschaffen, alle in Kultur stehenden Böden nach einem einheitlichen Schema zu bewerten und einzustufen. Alle Flächen in Deutschland sind mittlerweile bewertet. Dies erfolgt durch eine Bodenzahl als ein ungefähres Maß für die Ertragsfähigkeit. Ein strikter Zusammenhang ist nicht herzuleiten, da, wie die praktische Tätigkeit zeigt, noch eine Vielzahl weiterer Faktoren die pflanzliche Ertragsbildung beeinflussen (s. Kap.5–8).

Als Bodenkenngrößen werden verwendet:

- **Bodenart** (S, Sl, lS, SL sL, L, LT, T)
- **geologisches Alter** (Diluvial-, Löss-, Alluvial-, Verwitterungs- und Gesteinsböden)
- **Zustandsstufe** (Entwicklungsgrad vom Rohboden mit höchster Produktivität hin zu starker Verarmung mit insgesamt sieben Stufen)

Eine wesentliche Rolle bei der Beurteilung spielen dabei die Tiefe des Wurzelraums und der Krume. Die ermittelten Zahlen sind Verhältniszahlen. Sie bringen Reinertragsunterschiede zum Ausdruck, die lediglich durch die Bodenbeschaffenheit bedingt sind.

Für **Rebstandorte** werden besonders berücksichtigt:

- Ausgangsgestein,
- Bodenart,
- Stein- und Kalkgehalt,
- nutzbare Feldkapazität,
- ökologisch wirksamer Feuchtegrad,
- Wärmeverhältnisse und
- acht Zustandsstufen.

Zusätzlich wird eine Empfehlung für die Sortenwahl ausgesprochen. Die Standortkarte des Weinbaus im Rheingau leitet aus der räumlichen Abgrenzung nach Boden Klima auch eine Rebsortenempfehlung ab (Bild 22 Anhang). Das Kartenwerk kann auch unter (http://weinbaustandort.hessen.de/mapapps/resources/apps/weinbaustandort/index.html? lang=de) eingesehen werden.

Derartige Beurteilungsschemata existieren nahezu in jedem Land, in dem Landwirtschaft mit bäuerlichen Betrieben vorherrschend ist, da sie neben der Möglichkeit zur Klassifizierung von Produktionsstandorten auch eine solide Basis für einen geordneten Grundstücksverkehr bilden.

Die bis jetzt genannten Grundsätze zur Charakterisierung von Anbauflächen gelten auch für den Weinbau. Einschränkend muss man allerdings festhalten, dass das gesellschaftliche Ansehen des Weinbaus und insbesondere das der Weinproduzenten wesentlich stärker herausgehoben ist, als das eines Landwirts, der *nur* Gerste für die Bierherstellung erzeugt. In der Folge bleibt es nicht aus, dass angenommen wird, die Kultur der Reben erfordere eine spezifische Einordnung in das System des Landbaus.

Diese Unterscheidung setzt bereits in der Antike ein und kann bei COLUMELLA (1981) in seinem Werk „De re rustica“ nachgelesen werden. So werden Hinweise gegeben, welche Flächen sich besonders für diese Kultur eignen, sozusagen erste Ansätze zur Definition eines speziellen „Terroirs“. PLINIUS (1994) beschreibt ein Abgrenzungssystem für den Falerner Wein, wo die oberste Lage als Caucinian, der Mittelhang als Faustian und die unteren Bereiche als Falernian bezeichnet werden.

Die **Rebkultur**, die von den Römern nach Mittel- und Nordeuropa gebracht wurde, hat sich vorwiegend in Lagen mit besonderer Wärmegunst ausgebreitet. Wenn man Überlieferungen Glauben schenken kann, so wurde aus den Beobachtungen und Erfahrungen, wie z. B. vorzeitige Schneeschmelze oder frühzeitiger Austrieb fruchttragender Gehölze, die besondere Eignung von möglichen Rebstandorten ermittelt. Beispielhaft sei auf die nicht eindeutig belegte Überlieferung verwiesen, wonach KARL DER GROSSE bei einer Schiffsfahrt auf dem Rhein zu seiner Pfalz in Ingelheim beobachtete, dass an den Hängen des Rüdesheimer Berges der Schnee zuerst schmolz und er daraufhin befahl, hier einen Weinberg anzulegen. Eine ähnliche Geschichte von ihm wird aus dem Burgund berichtet, wo er den Corton-Berg als gute Lage erkannt und den oberen Teil des Hangs der Abtei Saulieu schenkte. Ihm zu Ehren heißt der Wein bis heute Corton-Charlemagne. Vermutlich entspricht nicht alles der Wahrheit, aber eine Abgrenzung, die auf KARL DEN GROSSEN zurückzuführen ist, hat mit Sicherheit mehr Gewicht als jede andere.

Unter Ausschluss von Spekulationen kann man festhalten, dass die landwirtschaftliche Tätigkeit im Verlaufe ihrer Jahrtausende währenden Entwicklung ein großes Erfahrungswissen angesammelt hat, das schließlich auch ein solches „Abgrenzungswissen“ mit beinhaltete. In diesem Zusammenhang sei nur beispielhaft auf die Karten der preußischen Steuerverwaltung zum Rheingau verwiesen, in denen jene Flächen ausgewiesen sind, die die höchsten zu versteuernden Einnahmen aus dem Weinverkauf erbrachten (Bild 21 Anhang). Viele dieser Flächen sind nahezu deckungsgleich mit jenen, die im Rahmen eines vom Rheingauer Weinbauverband initiierten Forschungsprojektes ermittelt wurden für die Erzeugung des „Ersten Gewächses“ (HOPPMANN 2004 a) (Abb 8.12).

Frühe Formen der Abgrenzung nach geografischen Gesichtspunkten finden sich im Tokaj (1700), in der Toskana (1716) und 1756 im Douro durch den MARQUIS DE POMBAL. Sie existieren bis heute. Das 1855 in Bordeaux etablierte System steht der geografischen Betrachtung diametral gegenüber, denn es klassifiziert die Weingüter nach ihrem Marktwert.

Der Begriff „**Terroir**“ taucht erstmals zu Beginn des 20. Jahrhunderts auf, und zwar in Zusammenhang mit den Abgrenzungsarbeiten, die im Rahmen der Einrichtung der AOC-Gebiete in Frankreich durchgeführt wurden (KUHNHOLTZ-LORDAT 1963). Grundlage bildete ein Gesetz aus dem Jahr 1905, das bestimmte Standards für landwirtschaftliche Produkte festlegte, insbesondere zu geografischer Herkunft und Herstellungsverfahren. Ein weiteres aus dem Jahr 1919 legte Strafmaßnahmen fest bei Nichtbefolgung dieser Vorgaben.

Die Festlegung der diversen AOC-Gebiete für die Weinherstellung war Mitte der 30er-Jahre abgeschlossen. Sie basierte auf der Erfassung geomorphologischer Eigenschaften, einschließlich hydrologischer und klimatologischer Daten.

In Kreisen der Weinwissenschaft war der Begriff des Terroirs immer Gegenstand viel-

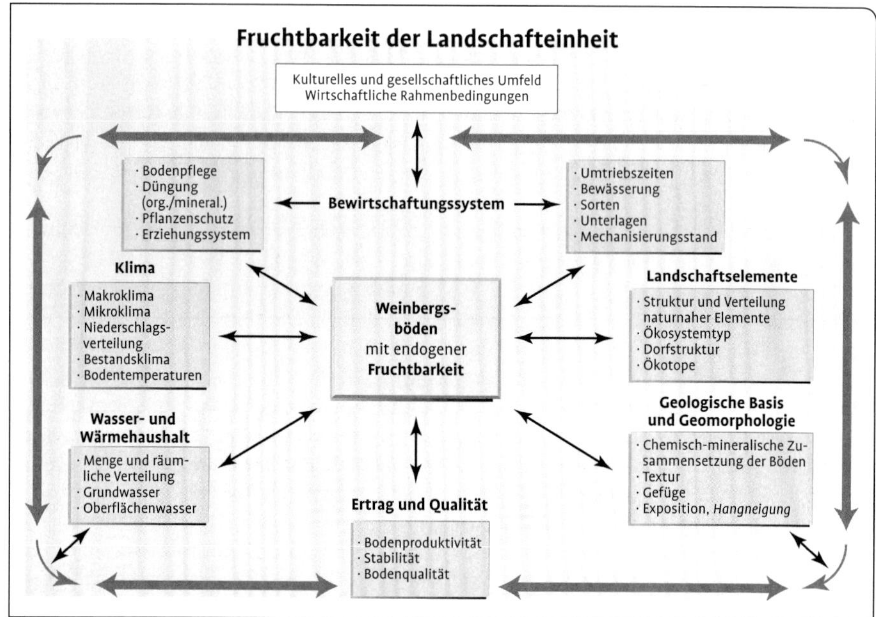

Abb. 9.2: Theoretisches Modell für weinbauliche Produktionsstandorte mit den zugehörigen unveränderlichen und veränderbaren Größen (modifiziert nach DABBERT 1994).

fältiger Diskussionen. Mitte der 90er-Jahre begann er sich fest in der Weinwelt zu etablieren, besonders intensiv aber in Kreisen des Handels, der Weinliebhaber, Weinjournalisten und gehobenen Gastronomie (Sommeliers), die alle und jeder für sich spezielle Deutungen des Begriffs vornahmen.

Im Rahmen des vorliegenden Buches soll der Versuch unternommen werden, eine objektiv-naturwissenschaftliche Beschreibung vorzunehmen.

9.2.2 Geografisch-geomorphologische Bezugseinheit

Bei allen Vorschlägen, die zur Charakterisierung von weinbaulichen Terroir-Systemen gemacht werden, findet man nahezu ohne Ausnahme an erster Stelle die naturräumliche Gliederung des vorgesehenen Anbaugebietes (siehe hierzu die Hinweise in Kap. 5 über den Einfluss des Geländes auf das Mesoklima). Dies ist einleuchtend, denn sowohl der geologische Untergrund als auch die im Verlaufe von Jahrmillionen durch geologische Hebungen, Senkungen, Abtragungs-, Verlagerungs- und Verwitterungsvorgänge entstandenen Landschaftsformen als Ergebnis unserer jetzigen Umwelt, bilden die Grundlage zukünftigen Wirtschaftens. Insbesondere viele Geologen sehen die Geologie als einen der wesentlichen Faktoren für das Herausbilden des Terroirs in Weinbau treibenden Ländern an. Als Paradebeispiel dient natürlich Frankreich mit seinen verschiedenen geologischen Formationen (WILSON 1999).

Abb. 9.2 zeigt wie ein weinbauliches Produktionssystem in eine Landschaft eingebunden sein kann.

Im Zentrum der Betrachtung steht der Weinberg oder ein größerer Landschaftsausschnitt, der eine potenzielle und natürliche Fruchtbarkeit besitzt. Diese wird bestimmt durch die vier Einheiten

- Klima,
- Wasser- und Wärmehaushalt,
- Landschaftselement,
- Geologie und Geomorphologie.

Sie bestimmen, was an einem Standort ohne irgendwelche sonstigen Eingriffe erzeugt werden kann. In einem begrenzten Umfang kann menschliche Aktivität sicher die chemische Zusammensetzung und das Gefüge der Böden über die Zufuhr von Düngestoffen (organisch und mineralisch) und durch Bodenpflege (mechanisch und/oder biologisch) verändern.

Trotzdem bleibt eine agrarisch/weinbaulich genutzte Landschaft nicht statisch. Der wirtschaftende Mensch wird „seine" Landschaft prägen, in dem er z. B. durch die Wahl der Kulturpflanzen, ihre verschiedenen Anbauformen, den jährlich unterschiedlich ausfallenden Bewirtschaftungszyklus und den Einsatz von Hilfsmitteln (verschiedene Materialien, Grad der Mechanisierung etc.) einen speziellen Aspekt in der Landschaft formt.

Die Reben werden unter seiner Obhut und dem ihm eigenen Wissen ihren Wachstumszyklus vollenden. Entsprechende Beobachtungsgabe des Winzers unterstellt, wird er auch den richtigen Zeitpunkt für die Traubenlese erkennen und ein qualitativ hochstehendes Produkt ernten.

Produktmenge und -qualität werden sich logischerweise ändern, wenn Klima sowie Wasser- und Wärmehaushalt Schwankungen aufweisen oder sich nachhaltig ändern. Dies kann sowohl in der vorgegebenen Landschaftseinheit eintreten als auch in einer benachbarten, wo beispielsweise durch andere Exposition und Hangneigung eine andere Produktionssituation vorliegt. Es ist zu erwarten, dass unterschiedliche Verläufe in der Jahreswitterung mal den einen oder den anderen Standort in Qualität und Quantität begünstigen werden.

Aber das ist *allgemeingültiges* landwirtschaftlich/weinbauliches Wissen! Dies bedeutet aber auch, dass uns der Standort mit einem gewissen Korsett versieht, das nur in begrenztem Umfang verändert werden kann.

9.2.3 Bodenkundliche Faktoren zur Charakterisierung des Rebenstandorts

In der Diskussion um das Terroir wird dem Boden eine herausragende Stellung zuerkannt. Dies zeigen die mittlerweile zehn Kongresse zum Terroir, die in verschiedenen Weinbau treibenden Ländern seit 1996 abgehalten wurden. Fasst man nur die Kommentare zusammen, die von Winzern, Weinliebhabern, Weinjournalisten und auch den Händlern abgegeben wurden, so ist der Boden das Medium, welches für die Differenzierung der Weine in einem hohen Maße verantwortlich scheint. Stellvertretend sei nur ein Zitat genannt: *„Unsere Weine spiegeln das Land und ihre Herkunft wider. Gleiches kann man von einem Käse oder anderen landwirtschaftlichen Produkt sagen. Jedoch können moderne Technologien, der Gebrauch industrieller Produkte und menschliche Eingriffe ganz schnell solche Spuren zunichte machen"* (SAMUEL GUIBERT, Languedoc).

Zu diesem Kapitel ist festzuhalten, dass der Boden für die Rebe ein Substrat darstellt, in dem sie sich mit ihrem Wurzelsystem fest verankert und in dem sie während ihrer gesamten Standzeit (durchschnittlich 20–40 Jahre) mit Wasser, Nährstoffen und

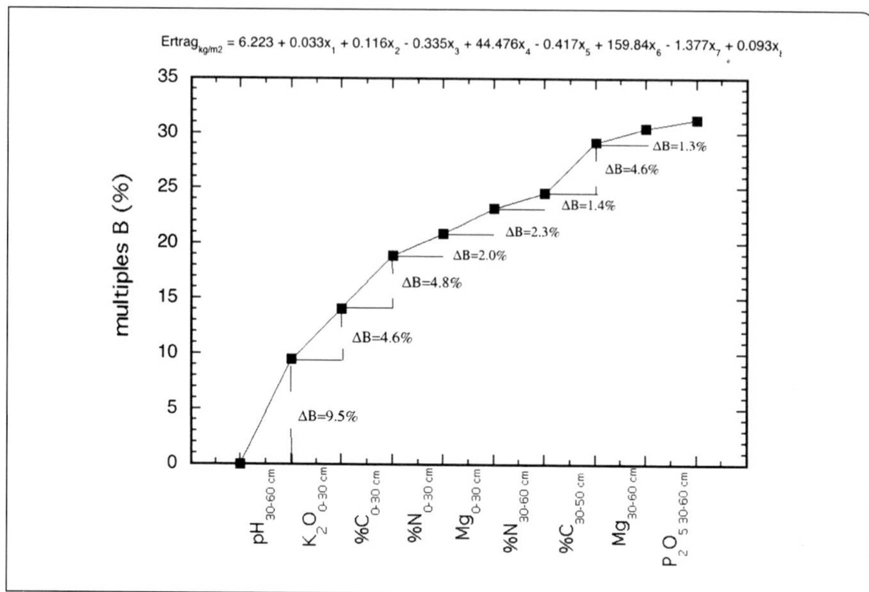

Abb. 9.3: Schätzung der Traubenerträge mithilfe einer multiplen Regression aus Bodenkennwerten von 112 Testparzellen über 10 Jahre im Rheingau (HOPPMANN und SCHALLER 1997) [multiples B = $R^2 \times 100$].

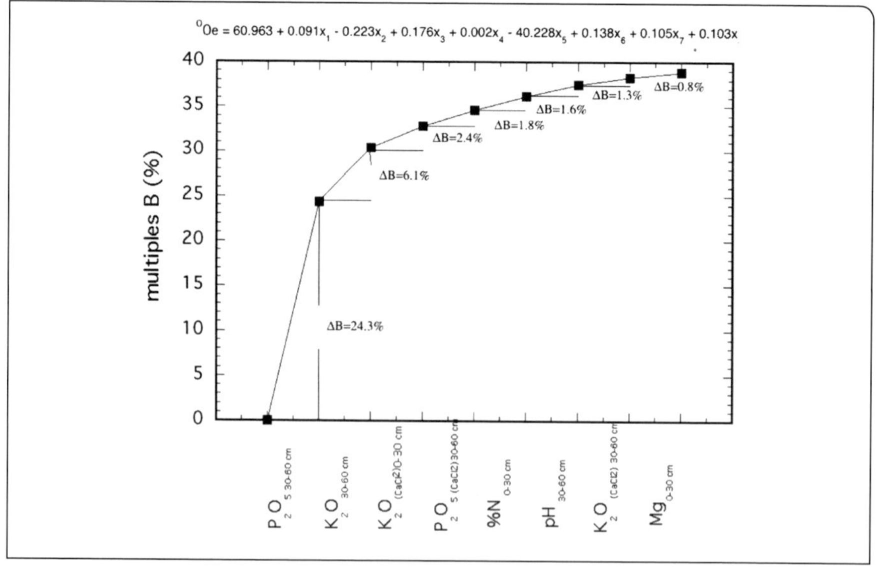

Abb. 9.4: Schätzung der Mostgewichte [°Oe] mithilfe einer multiplen Regression aus Bodenkennwerten von 112 Testparzellen über 10 Jahre im Rheingau (HOPPMANN und SCHALLER 1997) [multiples B = $R^2 \times 100$].

möglicherweise mit weiteren Wirkstoffen versorgt wird.

Ganz allgemein gesprochen ist der Boden ein physikalisch-chemischer Reaktor, der die ganze Vegetationszeit über tätig ist und der über die äußeren Antriebskräfte Niederschlag (= Wasser) und Sonneneinstrahlung (= Wärmeenergie) am Laufen gehalten wird.

Der geologische Untergrund trägt dazu so gut wie nichts bei! Wie in Kap. 9.1 schon beschrieben formt er die Landschaft nicht unerheblich mit, aber für die Lebensäußerungen der Rebe hat er keine Bedeutung. Die Beiträge von Geologen in diversen Zeitschriften zum Terroir und seiner Entwicklung sind sehr umfangreich (Burns 2012, Bussaca und Meinert 2003, Hancock 2005, Hugget 2005, Wilson 1999). Vielleicht hängt es auch damit zusammen, dass sie alle gerne guten Wein trinken möchten.

Die wesentlichen Grundzüge **bodenphysikalischer Phänomene** wurden bereits in Kap. 5 dargestellt.

Es ist das Verdienst von Seguin (1970, 1986) mit seinen Untersuchungen die Bedeutung der Bodentextur und des Wasserspeichervermögens für die Beerenqualität im Anbaugebiet des Haute-Medoc aufgezeigt zu haben. Van Leeuwen (1991) führte etwas später in Saint-Emillion ähnliche Untersuchungen durch und bestätigte die Ergebnisse. Die Arbeitsgruppe um Morlat et al. (1981, 1989) und Asselin et al. (1992) erweiterten die Standortcharakterisierung um die Bodentiefe und damit um die „Nachhaltigkeit“ der Versorgung mit dem Nährstoff Wasser. Diese Erkenntnisse sind mit nur geringen Abstrichen auf nahezu alle Weinbaugebiete übertragbar.

Flächendeckende Erfassungen des nutzbaren Wassers in weinbaulich genutzten Flächen, z. B. für den Rheingau, sind in diversen Kartenwerken niedergelegt (vgl. Abb. 5.37).

Die **Nährstoffversorgung der Rebe** wird in der Literatur zum Thema Terroir nur selten erwähnt.

Im Gegensatz zu den physikalischen Eigenschaften eines Bodens, sind Nährstoffkreisläufe dort beweglicher. Nähstoffe können beispielsweise auch von außen zugeführt werden. Sie verändern den Boden, diese Varibilität widerspricht der Statik, die man dem Terroir zuschreibt. Diese Tatsache kann begründen, warum Nährstoffe bei der Ausprägung des Terroir keine Rolle spielen.

Eine Auswertung von Ertragswerten, Mostgewichten und Mostsäuren von 112 Testparzellen im Rheingau, über einen Zeitraum von zehn Jahren erlaubte es, den Einfluss klimatischer, standort- und bodenkundlicher Faktoren zu ermitteln (Hoppmann 1997, Hoppmann und Schaller 1981, 1997, 1999). Unter ausschließlicher Berücksichtigung von bodenchemischen Parametern zeigt sich, dass sich die gemessenen Erträge zu ca. 23 % aus pH-Wert, Kaliumgehalt, C- und N-Gehalt, gemessen in 0–30 cm Tiefe, schätzen lassen (Abb. 9.3).

Dieser Wert erklärt nur ungefähr 1/4 der auftretenden Variabilität. Hier sei jedoch darauf verwiesen, dass die Standortfaktoren (Höhe ü. NN, Hangneigung, Strahlungsgenuss etc.) einen weiteren größeren Beitrag zur Erklärung der Ertragsvariabilität liefern, sodass insgesamt mehr als 60 % durch dieses Faktorenbündel erklärt werden können.

Eine andere Faktorenkombination ergibt sich bei den Untersuchungen zum Mostgewicht (Abb. 9.4). Man erkennt, dass mit nur zwei Kenngrößen, nämlich dem Phosphorgehalt und dem Kaligehalt im Unterboden (30–60 cm) genau 30 % der Mostgewichtsschwankungen geschätzt werden können.

Beachtenswert ist, dass das Nährstoffangebot im Unterboden von ausschlaggebender Bedeutung ist. Angemerkt sei hier, dass es sich nicht um den geologischen Untergrund handelt, sondern um den tieferen Teil der Bodendecke, in der auch sehr viele, aktiv wachsende Wurzeln vorzufinden sind.

In Verbindung mit den Standortfaktoren – Höhe ü. NN, Strahlungsgenuss, Hangexposition und -inklination lassen sich bis ca. 70 % der Mostgewichtsschwankungen erklären. Bei der Betrachtung von Einzeljahren kann man sehr deutlich erkennen, dass die verschiedenen untersuchten Standorte Vorteile erfahren, z. B. besseres Wasserangebot in Trockenjahren, oder auch Nachteile in niederschlagsreichen Perioden (Hoppmann und Schaller 1981).

Kaum eine Erwähnung findet der **Stickstoff** in der Literatur zum Terroir. Dies ist umso erstaunlicher, da ohne ihn ein ordnungsgemäßer Weinbau nicht möglich

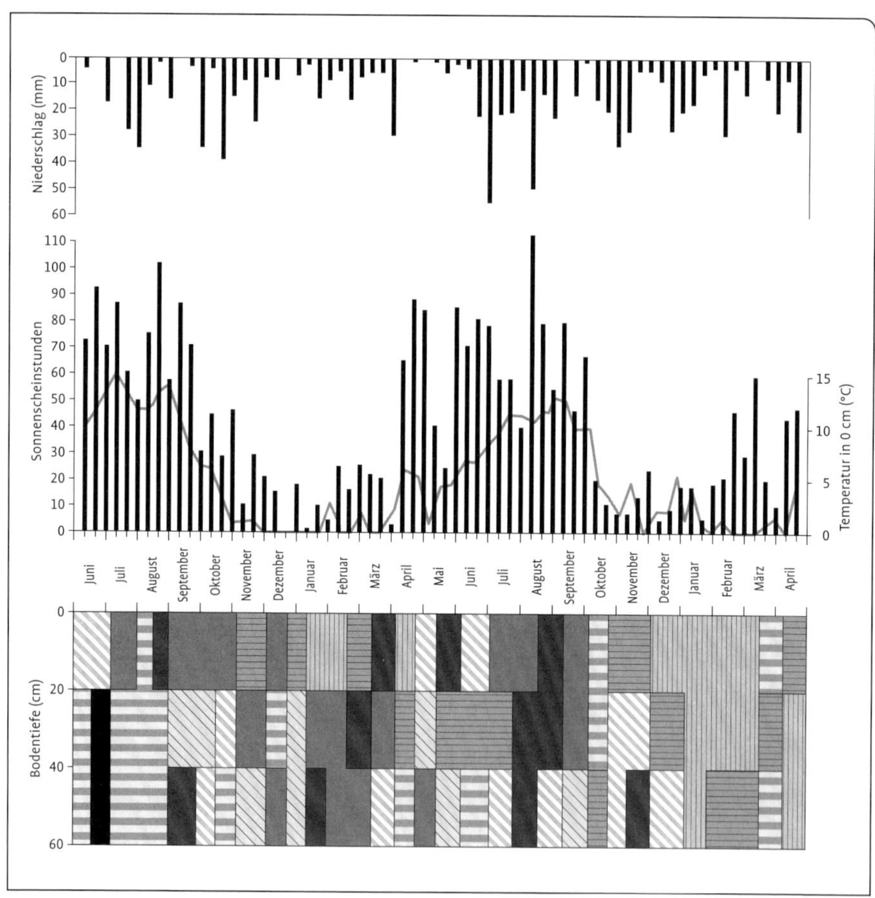

Abb. 9.5: Nitratbildung in einem sandigen Lehm im Verlauf von 22 Monaten in den Schichten 0–20, 20–40 und 40–60 cm. Je dichter die Schraffur, desto mehr Nitrat liegt im Boden vor (Schaller 1976).

wäre, auch insbesondere unter den Ansprüchen, die von Verbraucherseite gestellt werden. Dabei ist es unerheblich, ob er aus dem bodeneigenen Humusvorrat durch mikrobielle Tätigkeit freigesetzt wird, aus Gründüngung mit Leguminosen, Stallmist, Kompost oder aus mineralischem Dünger. Der geologische Untergrund kann hierzu nichts beitragen, denn er ist frei von solchen Molekülen.

Meist wird der Einsatz von Stickstoff im Weinbau nur unter dem Gesichtspunkt einer einmaligen punktuellen Maßnahme gesehen, um z. B. das Wachstum der Rebe anzuregen oder zu unterstützen. Ein anderer Blickwinkel ist der, den Stickstoff als eine variable Größe zu sehen, die über Raum und Zeit beachtlich schwanken und so direkt oder indirekt das Ökosystem eines Weinberges nachhaltig beeinflussen kann.

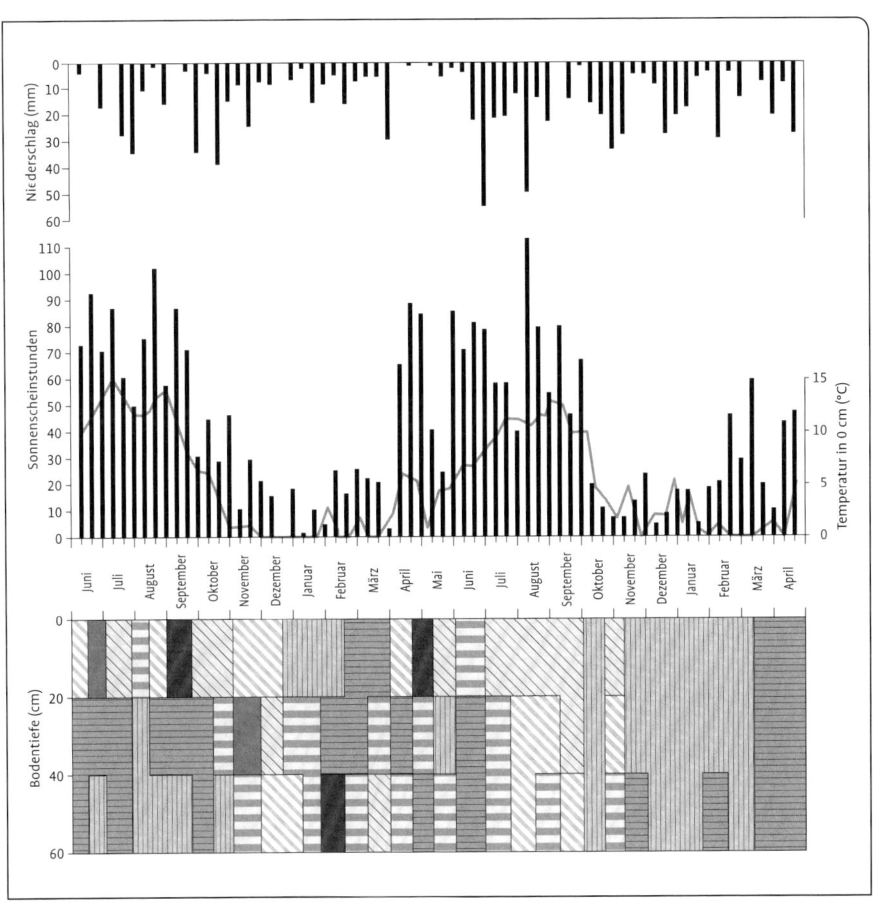

Abb. 9.6: Nitratbildung in einem Löss im Verlauf von 22 Monaten in den Schichten 0–20, 20–40 und 40–60 cm. Je dichter die Schraffur, desto mehr Nitrat liegt im Boden vor (SCHALLER 1976).

Dies soll verdeutlicht werden mit den nachfolgenden Darstellungen. Zwei in enger Distanz (ca. 600 m) beieinander liegende Weinberge wurden über knapp zwei Jahre in enger zeitlicher Abfolge in drei Bodenschichten auf ihren **Nitratgehalt** untersucht und so ein Einblick in das Nährstoffangebot gewonnen (Abb. 9.5).

In der Phase von Juli bis September werden in dem sandigen Lehm große Mengen Nitrat gebildet, die dann in den nachfolgenden Monaten in den Untergrund verlagert werden. Im zeitigen Frühjahr März bis April erfolgt eine geringe Neubildung in 0–20 cm; die unteren Schichten 20–60 cm sind nur gering versorgt. Im Juni bis August erfolgt ein erneuter Aufbau größerer Nitratmengen. Ab Oktober entleert sich das Profil über den Winter erneut.

Man erkennt deutlich, dass die Nitratbildung im Wesentlichen von den Bodentemperaturen und den Niederschlägen abhängt.

Im Löss (Abb. 9.6) ist eine gleich verlaufende Dynamik erkennbar, aber auf einem wesentlich geringeren Niveau (helle Schraffuren). Auffallend ist, dass in der Phase Juni bis August weitaus weniger Nitrat gebildet wird als im sandigen Lehm. Die Entleerung des gesamten Profils im Winter ist sehr tief.

Für beide Standorte zeigen Berechnungen, dass die Nitratbildung im Wesentlichen vom C-Gehalt des Bodens und vom aktuellen Feuchtegehalt abhängt sowie von einem Term aus Temperatur an der Bodenoberfläche × Sonnenscheinstunden. Das heißt al-

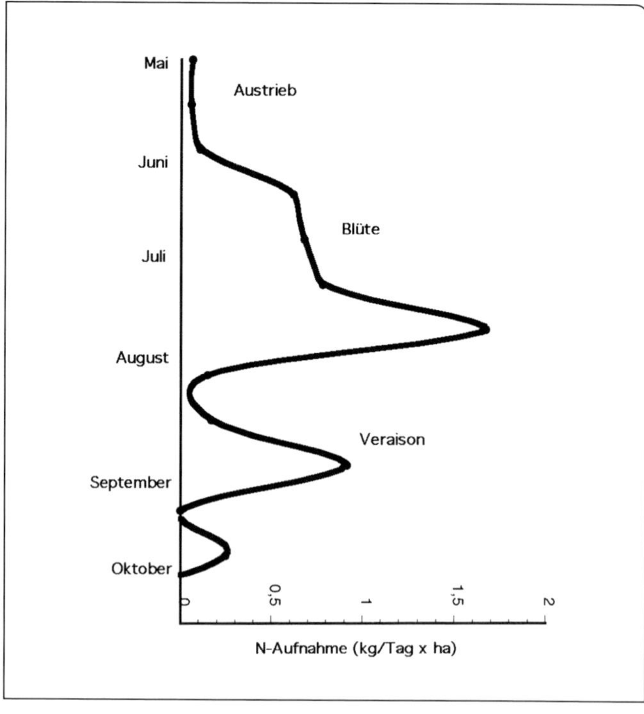

Abb. 9.7: Tägliche Stickstoffaufnahme von Reben im Verlauf eines Wachstumszyklus in [kg N pro Tag und Hektar] (modifiziert nach LÖHNERTZ 1988).

lein durch eine simple Zufuhr von Kompost oder auch Trester kann das N-Angebot im Boden dramatisch verändert werden und damit auch das Verhalten der Rebe. Veränderungen der Traubenqualität sind dann nur eine logische Konsequenz dieser menschlichen Eingriffe und nicht unbedingt eine Wirkung des Terroirs, die eventuell nur mittelbar zu sehen ist.

Perez-Alvarez et al. (2014) bestätigen diese Annahme mit ihren Untersuchungen im Rioja. Das unterschiedliche Nitratangebot in 5 verschiedenen Böden im Najerilla-Tal hat die Zusammensetzung der Moste signifikant verändert, einschließlich der Anthocyane. Schreiner et al. (2013) und Scarlett et al. (2014) beschreiben Einflüsse des Nährstoffangebots und des Unterbodens auf die Bildung der Qualität und bestimmter Inhaltsstoffe bei Cabernet Sauvignon. Bei der Ausprägung der finalen Weinqualität sind dann gleichermaßen große Unterschiede zu erwarten (Bell und Henschke 2005, Romano et al. 2003).

Ein wichtiger Gesichtspunkt soll abschließend noch erwähnt werden, weil er die Bedeutung des Standortes (= Terroir) in der Wechselwirkung mit der Rebe aufzeigen soll: Die Rebe hat im Verlauf ihres jährlichen Wachstumszyklus einen wechselnden Bedarf an Nährelementen. Beispielhaft ist dies in der Abb. 9.7 für den Stickstoff dargestellt. Man erkennt, dass nur zu bestimmten Entwicklungsphasen ein hoher bis sehr hoher Bedarf besteht. So werden in der Phase nach dem Austrieb bis zur Blüte, also über einen Zeitraum von knapp sechs Wochen, pro Tag zwischen 0,5–0,8 kg N/ha benötigt. In der Zeit nach der Blüte steigt dieser Wert auf fast 2 kg/ha und Tag an.

Beachten sollte man auch den kleineren Aufnahmepeak in der Phase der Veraison. Er hat vermutlich eine außerordentliche Bedeutung für den Aufbau von Aminosäuren, die für die spätere Gärung von den Hefen benötigt werden.

Diese Mengen muss das Ökosystem Boden alljährlich bereitstellen können.

Projiziert man die Abb. 9.7 als „Nachfragefunktion“ in die Abb. 9.5 und 9.6, so erkennt man, dass der Boden in Abb. 9.5 die Nachfrage nach Stickstoff zeitgerecht befriedigen kann. Der Boden in Abb. 9.6 hingegen wird die Spitzennachfrage nach der Blüte nur bedingt erfüllen können.

Je nachdem wie der Boden den Nährstoff anliefern kann, d. h. welche endogenen Ressourcen zur Verfügung stehen, und wie die exogenen Faktoren (Niederschlag, Bodentemperatur) dessen Bildung steuern, kann die Rebe optimal gedeihen und ausreichend Ertrag und Qualität ausbilden. Ist dies nur unzureichend gewährleistet, wird es zu Störungen kommen, die die Stoffwechsellage so verändern können, dass der Wein unter Umständen nicht erwünschte Eigenschaften zeigt, also nicht mehr die Vorstellungen für ein gewünschtes „Terroir“ erfüllt.

Lassen sich die Ansprüche der Rebe und das Nährstoffangebot aus dem Boden nicht ausreichend synchronisieren, sind Auswirkungen auf die Ausprägung verschiedenster qualitativ bedeutender Inhaltsstoffe zu erwarten. Typizität und Originalität des Weines werden dadurch in Frage gestellt.
Denn der „Komplex Boden“ beeinflusst das Ökosystem Weinberg stark.

Da sind die bodenphysikalischen Kenngrößen Wasser- und Wärmehaushalt, die eine Weinbaulandschaft prägen im Zusammenspiel mit der Geomorphologie und den Wetter- und Klimaereignissen. Dieses Faktorenbündel ist relativ statisch und ändert sich nur in längeren Zeiträumen. Der Faktor der Bodenchemie kann unmittelbar spürbaren Einfluss auf die Lebensäußerungen der Rebe

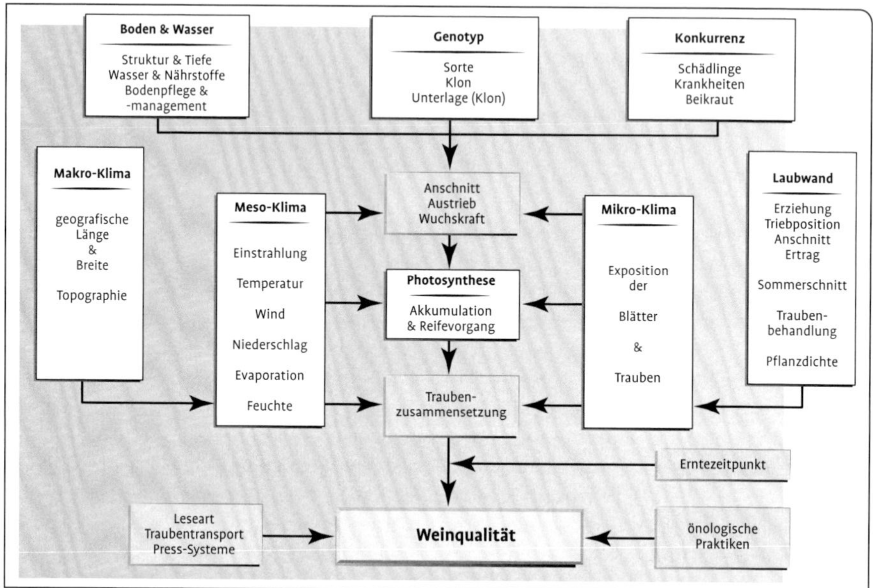

Abb. 9.8: Terroir, dargestellt ausschließlich unter Berücksichtigung pflanzenbaulicher Faktoren (verändert nach SMART und ROBINSON 1991).

nehmen und zu einer Modulation des Terroirs führen, welche im weitesten Sinne auch „schmeckbar" werden kann.

9.2.4 Terroir: der pflanzenphysiologische Aspekt

Die wesentlichen Informationen über die Stellung der Rebe im weinbaulichen Ökosystem einschließlich ihrer stofflichen und physiologischen Leistungen wurden bereits in den Kapiteln 6, 7 und 8 dargestellt. An dieser Stelle soll nun aufgezeigt werden, wie bestimmte Leistungen gefördert oder auch unterdrückt werden können und wie die Mitwirkung des Standortes (= Terroir) zu werten ist.

Die Untersuchungen über den Einfluss exogener Faktoren (Licht, Wasser, Erziehung, Bodenmanagement, Laubwandmanagement, sonstige Pflegearbeiten) sind Legion und sollen hier gar nicht umfänglich dargestellt werden. Insbesondere mit dem Eintritt der „Neue-Welt-Länder" in die Arena der Weinbauforschung sind die Veröffentlichungen sprunghaft angestiegen; die Auswahl an zu zitierenden Arbeiten muss deshalb punktuell und damit auch weitgehend subjektiv bleiben.

Die Sichtweise auf die Stellung der Rebe in einem Terroir, welches naturgemäß die pflanzenbaulichen Faktoren in den Mittelpunkt der Betrachtungen stellt, ist in der Abb. 9.8 dargestellt.

Diese Betrachtungsweise klammert im Gegensatz zu dem allgemeinen Terroir-Ansatz aus Abb. 9.2 die Bereiche der Landschaftselemente und die geologischen und geomorphologischen Aspekte aus und ersetzt sie mehr oder minder durch das Makroklima, das geografische Breite und Länge sowie die Topografie umfasst, welche im

Wesentlichen für die Ausprägung des örtlichen Klimas von Bedeutung sind. Es wird größerer Wert auf die Faktoren gelegt, die exakteren Messungen zugänglich sind. Boden und Wasser sind bereits im Kap. 5 in ihrer Bedeutung für Entwicklung und Fruchtbarkeit der Rebe beschrieben worden.

Eine wichtige Stellung nehmen die **Sorte** und die **Unterlage** ein, welche beide an den Standort angepasst sein sollen. Nur so kann eine optimale Ernte und Qualität erzielt werden. In aller Regel werden heute Klone im Anbau verwendet, die passgenau für die diversen Standorte eingesetzt werden können (SCHMID et al. 2011, IFV) und so das Standortmilieu maximal nutzen. Nur am Rande sei erwähnt, dass die Bekämpfung tierischer und pflanzlicher Schädlinge ein wichtiges Aufgabenfeld im Weinbau bildet, welches gleichermaßen über die Qualität des Ernteproduktes und die finale Weinqualität entscheidet.

Im Zentrum dieses Typs von Terroir steht bewusst die Rebe, die über die diversen Aktionen des Laubwandmanagements (WANG et al. 2014, RYONA et al. 2008), der Erziehungsform (ŠUKLJE et al. 2014), Sorten und Klone (ŠUKLJE et al. 2014, CHARLTON et al. 2010, JOGIAAH et al. 2010), Düngung (JACKSON und LOMBARD 1993, STOCKERT et al. 2013), Bewässerung (ESCALONA et al. 1999, BERDEJA et al. 2014) und eventuelle Veränderungen des Mikroklimas (DELOIRE und HUNTER 2005, RYONA et al. 2008, GREER und WEEDON 2013) in ihren physiologischen Leistungen stimuliert werden kann.

Die Darstellung in Abb. 9.8 zeigt aber auch, dass alle der aufgeführten Wachstumsfaktoren in einer wechselseitigen Abhängigkeit stehen und – wie weiter gesehen werden kann – dass die die Qualität beeinflussenden Faktoren (Sortenwahl, Anschnitt, Laubwandgestaltung, Sommerarbeiten, Traubenbehandlung) alle die Traubenzusammensetzung (Zucker, Säure, Farbstoffe, Aromen und Aromavorstufen etc.) direkt beeinflussen können.

Die Ausgestaltung der Faktoren liegt in den Händen des Winzers. Die Folge wird sein, dass der Terroir-Einfluss im ursprünglichen Sinne bestenfalls sehr stark in den Hintergrund tritt, wenn nicht sogar zu einer „quantité négligeable" wird.

Daher muss man festhalten, dass es unter dem Aspekt einer Prägung der Syntheseleistungen der Rebe durch *den* Faktor Terroir schwerfällt, dieser Argumentation zu folgen. Es existieren einfach zu viele Stellschrauben, die unterschiedlichste Reaktionen der Rebe auslösen können.

An einem kleinen Detail aus dem Stoffwechsel der Rebe sei beispielhaft erläutert, wie z. B. eine Änderung in der Stickstoffversorgung eine mächtige Umsteuerung einleiten kann.

Stickstoff muss der Rebe immer von außen über den Boden oder in seltenen Fällen auch über das Blatt angeboten werden. Die Aufnahmecharakteristik ist in der Abb. 9.7 dargestellt. Wenn zu Zeiten des größten Bedürfnisses das Angebot an die Pflanze nicht ausreicht, kommt es in der Pflanze zu einem Überschuss an Kohlenhydraten (KH), da der Photosyntheseapparat – entsprechendes Lichtangebot, CO_2 und Wasser vorausgesetzt – immer weiter Zucker produziert. Normalerweise dienen die hergestellten Zucker als Grundbausteine für Aminosäuren, aus denen Eiweiße für den Aufbau neuer Zellstrukturen gebildet werden. Die Pflanze muss nun versuchen die Kohlenhydrate sinnvoll zu verwerten, denn eine Beseitigung im Sinne eines Überschussproduktes ist der Pflanze nicht möglich.

Der Stoffwechsel kann so umgesteuert werden, dass der knappe Stickstoff dazu be-

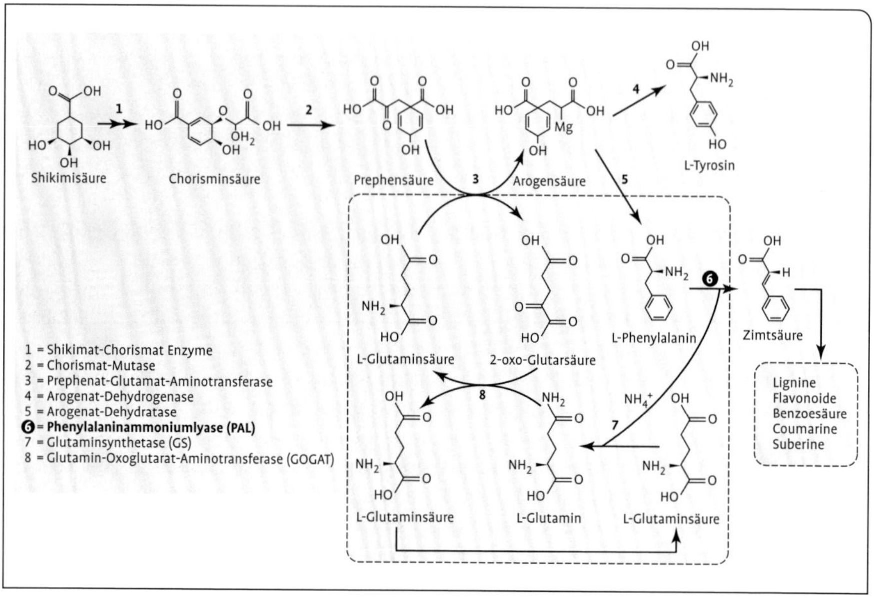

Shikimisäure
Chorisminsäure
Prephensäure
Arogensäure
L-Tyrosin
L-Glutaminsäure
2-oxo-Glutarsäure
L-Phenylalanin
Zimtsäure
L-Glutaminsäure
L-Glutamin
L-Glutaminsäure
Lignine
Flavonoide
Benzoesäure
Coumarine
Suberine
1 = Shikimat-Chorismat Enzyme
2 = Chorismat-Mutase
3 = Prephenat-Glutamat-Aminotransferase
4 = Arogenat-Dehydrogenase
5 = Arogenat-Dehydratase
6 = Phenylalaninammoniumlyase (PAL)
7 = Glutaminsynthetase (GS)
8 = Glutamin-Oxoglutarat-Aminotransferase (GOGAT)

Abb. 9.9: Bildung von phenolischen Inhaltsstoffen bei Stickstoffmangel in Pflanzen durch Aktivierung des Phenylpropanoid-Stoffwechselweges.

PAL (Dunkelheit)
PAL (Licht)
PAL-Aktivität (nmol Zimtsäure/h /g FM)
Inkubationszeit (h)
0
5
10
15
20
25
0
10
20
30
40
50
60
70
80

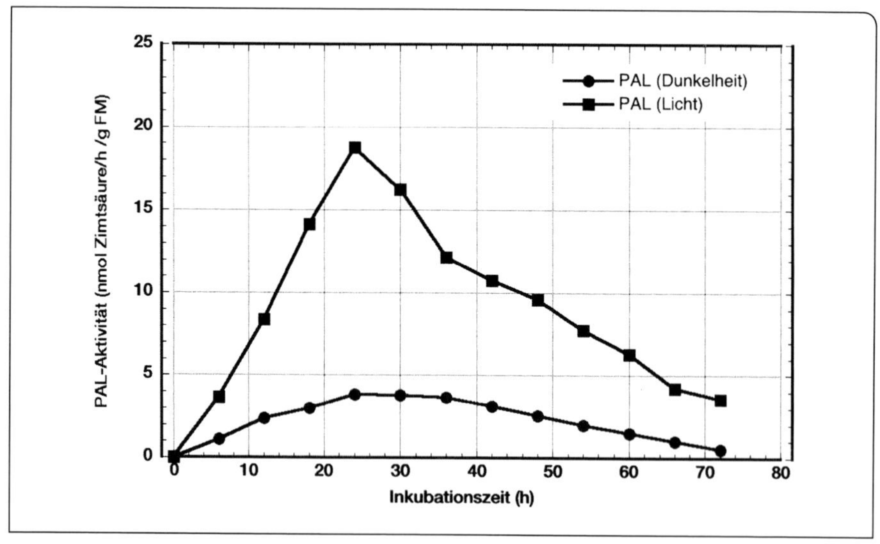

Abb. 9.10: PAL-Aktivität in Süßkartoffelgewebe unter dem Einfluss von Licht und Dunkelheit (SINGH et al. 1998).

nutzt wird, aus der Aminosäure Phenylalanin mithilfe des Enzyms **Phenylalanin-Ammonium-Lyase (PAL)** Zimtsäure zu bilden. Diese kann dann zum Aufbau weiterer Stoffe genutzt werden, die allgemein als „pflanzliche Phenole" bezeichnet werden (Abb. 9.9).

Man erkennt sehr deutlich, dass die zur Bildung von Arogensäure notwendige NH_2-Gruppe sozusagen im Kreislauf verwendet wird. Auf diese Art und Weise kann die Pflanze die überschüssigen Kohlenhydrate in „Phenole" umwandeln (RAZAL et al. 1996, SINGH et al. 1998).

Das Schlüsselenzym PAL hat die Eigenschaft, dass durch verschiedenste exogene Reize seine Aktivität erhöht wird und so verstärkt „Phenole" gebildet werden können. 30–40 % der Trockenmasse von Landpflanzen wird über diesen Weg gebildet. Es gibt eine Vielzahl von Reizen, die die Pflanze veranlassen diesen Stoffwechselweg „anzuschalten". Die einfachste Reaktion stellt der Lichteinfluss dar. In Abb. 9.10 ist die Wirkung von Licht auf die Bildung des Enzyms in Scheiben von Süßkartoffeln dargestellt. Man sieht, dass über den Versuchszeitraum von 72 Stunden die belichteten Scheiben immer eine erhöhte Aktivität des Enzyms aufwiesen.

Die Reaktionen der Pflanzen und natürlich auch der Reben auf **Umweltreize** sind fast immer begleitet von Veränderungen des Gehaltes an „phenolischen Inhaltsstoffen". Die Reaktionen auf **Licht** wurden bereits aufgezeigt (Abb. 9.10), wobei weißes Licht die PAL induziert. UV-B-Bestrahlung führt zu einer raschen Bildung von Quercetin, Kaempferol und Hydroxyzimtsäure (ALENIUS et al. 1995). Die Substanzen schützen gegen UV-Strahlung und dessen mögliche Schäden. Die **Temperatur** ganz allgemein führt ebenfalls zu Veränderungen des „Phenol-Stoffwechsels". Bei Reben konnte gezeigt werden, dass ein positiver Zusammenhang zwischen Anthocyanbildung und der Umgebungstemperatur besteht. Werden jedoch bestimmte Bereiche überschritten, so kann das zu dramatischen Veränderungen führen (KLIEWER und TORRES 1972, SPAYD et al. 2002). Weitere Untersuchungen befassten sich mit Temperatureffekten in bestimmten Entwicklungsphasen der Beeren und bestätigten diesen Zusammenhang immer wieder. Unter **normalen Anbaubedingungen** wird die Rebe z. B. den vorherrschenden Bedingungen ausgesetzt, beispielsweise der Sonneneinstrahlung. Hier kann beobachtet werden, dass der Sonne ausgesetzte Beeren höhere Gehalte an löslichen Phenolen aufwiesen (CRIPPEN und MORRISON 1986, BERGQUIST et al. 2001). Sogenannter „biotischer Stress" führt ebenfalls zur Synthese von Phenolen als eine Abwehrreaktion gegen Krankheitserreger, wie z. B. Mehltau oder Botrytis. Die Bildung von Resveratrol ist die Folge (JEANDET et al. 1995, LANDRAULT et al. 2002).

Ein weiterer wichtiger Stressfaktor bei der Kultur von Reben ist Wassermangel. Der Anbau erfolgt häufig in Zonen, in denen während der Traubenentwicklung Wassermangel bis hin zu andauerndem Stress möglich ist (vgl. Kap. 6).

Daher sind sehr viele Untersuchungen in den verschiedensten Ländern vorgenommen worden, die eigentlich immer die vermuteten Zusammenhänge bestätigten: Wasserstress führt zu einer Akkumulation von Anthocyanen in den Beeren; in einigen Fällen konnte nachgewiesen werden, dass die kleineren Beeren, bedingt durch die geringere Oberfläche natürlich eine höhere Konzentration aufwiesen. Andere Autoren zeigten aber auch bezogen auf gleiches Beerenvolumen, dass diejenigen aus der Stressvariante höhere Gehalte aufwiesen. DELOIRE et al. (2004) geben hierzu einen guten Überblick.

Neben diesen wesentlichen Faktoren Licht und Wasser werden bei der Erzeugung bewusst auch noch weitere Betriebsmittel eingesetzt. Die Versorgung der Rebe mit **Nährstoffen** ist ein solcher Vorgang. Werden z. B. Blattdünger eingesetzt, so kann erwartet werden, dass die Bildung von Anthocyanen gehemmt wird. Gibt man hingegen Zucker in solche Formulierungen, wird deren Bildung verstärkt (Pirie und Mullins, 1976). Spayd et al. (1994) konnten bei Riesling zeigen, dass eine geregelte Stickstoffdüngung die Phenolgehalte absenkt. Kliewer (1977) fand, dass steigendes N-Angebot bei geringerer Belichtung immer den Gehalt an Anthocyanen und Phenolen reduzierte. Delgado (2004) hingegen fand heraus, dass eine moderate N-Gabe zur Veraison die Farbdichte bei Tempranillo erhöhte. Eine gleichzeitige Kaliumgabe schien diesen Effekt wieder aufzuheben. Calcium über das Blatt zugeführt, induziert die PAL-Aktivität und damit die Bildung von Phenolen (Ruiz et al. 2003). Kupfer, häufig als Pflanzenschutzmittel eingesetzt, fördert in geringen Dosen die Bildung von Phenolen, bei hoher Konzentration hingegen wird die Bildung gehemmt (Caldwell 2002).

Diese geraffte Darstellung äußerer Einflüsse auf die physiologischen Leistungen von Reben stehen in guter Übereinstimmung mit den in Abb. 9.9 aufgezeigten Faktorenbündeln, die ein Rebbestand entweder über klimatologisch bedingte Ereignisse (Niederschlag, Einstrahlung, Wind etc.) erhält, oder Faktoren, die der wirtschaftende Mensch selbst beeinflussen kann (Bodenbearbeitung, Laubwandmanagement, Erziehungsform etc.), und jenen, wo er aktive Veränderungen herbeiführt (Bewässerung, Düngung, Pflanzenschutz).

Angesichts dieser Vielzahl an Eingriffsmöglichkeiten kann der Einfluss des Terroirs im engeren Sinne extrem stark in den Hintergrund gedrängt, wenn nicht sogar komplett ausgeschaltet werden, wenn man alle Möglichkeiten zur Veränderung ausschöpft.

9.2.5 Terroir und verschiedene Weinbereitungsmethoden

Wenn man die umfängliche Literatur zum Terroir darauf untersucht, was zur Weinbereitung mitgeteilt wird, so wird sich kaum mit diesem Thema befasst. In populären Schriften taucht eher – und das verschämt – der Hinweis auf, dass der Oenologe vielmehr ein Reparateur ist, der dann zu Hilfe gerufen wird, wenn es scheint, dass etwas schief gelaufen ist bei der Herstellung des Weines.

Betrachtet man den Entwurf zum Terroir, wie er von französischen Weinbauexperten (Bernard et al. 2004, Breonon et al. 2005, van Leeuwen et al. 2001, van Leeuwen et al. 2004, Vaudour 2003) vorgestellt wurde, so wird klar, welcher Stellenwert der Weinbereitung zugedacht ist (Abb. 9.11).

Nach dieser Darstellung hat die Erzeugung des Präproduktes für den Wein einen gewaltigen Unterbau in Form des UTB und des UTV mit Handlungsanweisungen für den Winzer. Der oenologische Part hingegen ist vergleichsweise gering ausgefallen und bezieht sich nur auf die Grundoperationen der Weinherstellung. Es entsteht der Eindruck, als hätte die Oenologie nur ganz wenige Möglichkeiten zur Formung des Endproduktes Wein.

Im Gegensatz zum Weinbau – so wie er heute noch von den meisten Leuten gesehen wird –, der eine menschliche Komponente aufweist, wo mit körperlichem Einsatz die Trauben der Natur abgerungen werden, haftet der Oenologie das Image an, von der

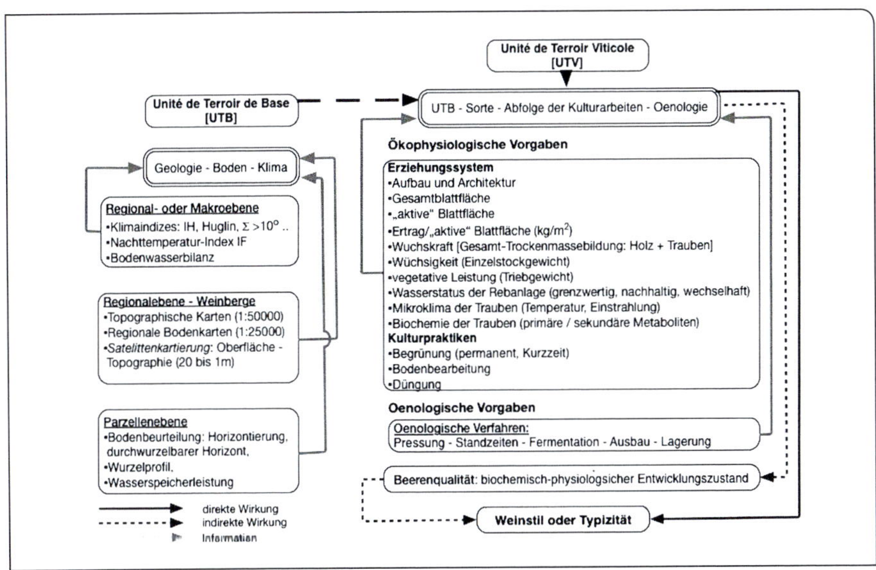

Abb. 9.11: Das Terroir in umfassender Darstellung unter Einbeziehung des Weinherstellungsprozesses und aus spezieller Sicht französischer Weinwissenschaftler.

Technik und der Technologie dominiert zu sein. Der Weinbau verkörpert sozusagen die Seele, die Oenologie die Ratio im Vorgang der Weinherstellung.

Entspricht dies der Realität?

In aller Regel wird es so sein, dass Oenologe und Weinbauer die die Reife der Trauben zusammen verfolgen; der Erntezeitpunkt ist eine gemeinsame Entscheidung. Oberste Priorität hat dabei die Traubenqualität und die potenzielle Qualität in der Flasche.

Logischerweise gilt es auch, eine Güterabwägung zu treffen, inwieweit es die vorliegenden Fakten (Traubengesundheit, Wetterentwicklung etc.) zulassen, das Optimum (Maximum?) der Qualität abzuwarten oder bereits die Lese zu beginnen.

Die nächsten Schritte zum Wein liegen voll in der Hand des Oenologen, nämlich Transport und Behandlung des Traubengutes. Beides sollte schonend und ohne große mechanische Belastungen vor sich gehen (Schutz vor Oxidationen).

Bei der Weißweinbereitung ist eigentlich die Mostgewinnung ein zentraler Vorgang, denn über den Pressvorgang werden alle notwendigen Stoffe aus der Beere gewonnen, die für die spätere Gärung und nachfolgende Lagerung von größter Bedeutung sind.

Das ein so simpler Vorgang wie die Pressung Mostinhaltsstoffe verändern kann, zeigt die nachfolgende Abb. 9.12.

Die beiden Verbindungen **Ammonium** und **Arginin** sind, neben anderen Inhaltsstoffen, besonders wichtig für den Gärungsverlauf. Je besser ein Most damit ausgestattet ist, desto zügiger wird die Gärung einsetzen und auch beendet werden.

Man sieht auch, dass z. B. die Anwesenheit der Rappen die Ausbeute an beiden N-Komponenten erhöht im Vergleich zum

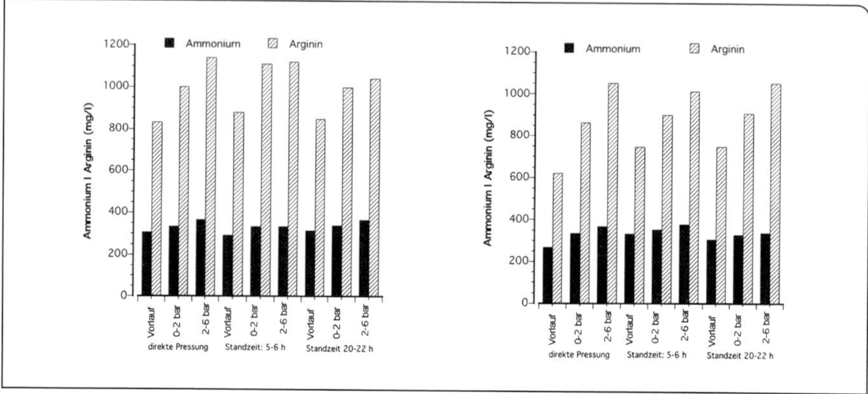

Abb. 9.12: Gehalte von Rieslingmosten an Ammonium und Arginin bei direkter Pressung, 5–6 h und 20–22 h Maischestandzeit und drei Pressfraktionen. Maische mit Rappen (links), entrappte Traubenmaische (rechts) (MENGLER 1985).

entrappten Lesegut. Vermutlich verhindern die Stielgerüste, dass der Presskuchen sehr stark verdichtet und keine Inhaltsstoffe mehr extrahiert werden können. Der Einfluss der **Maischestandzeit** sollte ebenfalls beachtet werden: Tendenziell lassen sich mit zunehmender Standzeit weniger Ammonium und Arginin extrahieren. Ins Auge fällt natürlich der Einfluss des Pressdrucks.

Allein an diesem kleinen Beispiel erkennt man, welch weitreichende Folgen die Entscheidung des Oenologen zur Traubenvorbehandlung und zum Pressvorgang selbst auf die Zusammensetzung des Mostes haben kann. Die Entscheidungen können z. B. bei der Rotweinbereitung noch weitergehende Konsequenzen haben, da ja die gesamten Beeren zur Farbstoffgewinnung während der Hauptgärung in der Maische verbleiben.

Die Ergebnisse der letzten Jahre zeigen, dass die **Mikrobiologie** der Moste und Weine keine Hilfswissenschaft für das Terroir ist, sondern ein eigener Wissenszweig im Gesamtgebiet der Oenologie. Die Erkenntnisse, die aus ihr zu ziehen sind, werden vermutlich die gesamte Weinwissenschaft in einigen Jahrzehnten revolutionieren (PRAETORIUS 2011).

Ein Kernelement der Weinbereitung stellt die **Fermentation** dar. Hier sind Entscheidungen zu treffen, die letztlich in das Geschmacks- und Aromabild eines Weines tief eingreifen können.

Beim Gärvorgang werden die von der Traube kommenden Geschmackselemente und Aromen bzw. Aromavorstufen von denen der Hefe, die einen eigenen Stoffwechsel besitzt, zum einen überlagert oder durch sie aus den meist glykosidisch gebundenen Vorstufen, die die Traube liefert, freigesetzt. Und dies unabhängig davon, ob nun eine Spontangärung vorgesehen ist oder mit gezielter Hefeeinsaat gearbeitet wird! Im erstgenannten Fall besteht nur ein erhöhtes Risiko, dass das Endprodukt dann nicht den Vorstellungen entspricht, die man ursprünglich realisieren wollte.

Die **Gärung** von Weinmosten ist ein hochkomplexer Vorgang, der erst langsam voll verstanden wird. Eine große Hilfe für

Der Weingeschmack

Nach den Erfahrungen geschulter Önologen kann z.B. Geschmack und Mundgefühl eines **Amarone** mit ca. **35 chemischen** Verbindungen beschrieben werden

adstringent-zusammenziehend

▲ Caftarsäure
· Furan-2-carbonsäure
· Aconitsäure

▲ Gallussäure
· HMW-Fraktion (hochmolekulare Fraktion, die Polysaccharide und Tannine enthält)

▲ p-Coumarsäure-ethylester
· Gallussäure-ethylester
· Syringasäure-ethylester
· Vanillinsäure-ethylester
· Kaffeesäure-ethylester
· Ferulasäure-ethylester

adstringent-bitter

(>Alkoholgehalt verstärkt das Bitterempfinden)

· 3,4-Dihydroxybenzoesäure
· (+)-Catechin
· (-)-Epicatechin

adstringent-samtig

(Flavonolglucoside und Antioxidantien ergeben Samtigkeit)

▲ Syringetin-3-glucosid
· Isorhamnetin-3-glucosid
· Dihydroquercetin-3-rhamnosid

▲ Quercetin-3-galactosid
· Dihydrokaempferol-3-rhamnosid
· Quercetin-3-glucosid

süss & voll

▲ Fructose
· Glucose
· L-Prolin

▲ Glycerin (voll)
· 1,2 Propandiol

salzig

(unterdrücken die Säureempfindung)

· Kaliumphosphat
· Magnesiumchlorid
· Ammoniumchlorid

sauer

(verstärken die adstringierende Wirkung)

· Weinsäure
· Bernsteinsäure
· Äpfelsäure
Galacturonsäure
Milchsäure
Zitronensäure

Abb. 9.13: Typische Komponenten eines Rotweines und ihre geschmacklichen Ausprägungen bzw. Wechselwirkungen untereinander (Hufnagel und Hofmann 2008, Wollmann 2013).

das Verständnis war die Einführung gentechnischer Methoden, mit deren Einsatz die verschiedenen „Hefen" im Verlaufe der Gärung untersucht werden konnten und auch ihr Beitrag zu verschiedenen Geschmacks- und Aromabildern aufgeschlüsselt werden konnte (DANIELS et al. 2015, RAUHUT et al. 1996, RAUHUT 2009, SCHULLER et al. 2012). Die Hefeflora eines Standortes (Terroir?) prägt nicht zwingend den Wein mit all seinen Attributen, vielmehr hat die endogene Hefe im Keller einen gewissen Vorteil. Hefen mit stärkerem selektiven Vorteil – sie können von außen, aus dem Keller oder durch Einsaat kommen – werden überleben und dann den Wein prägen.

Am Ende der Gärung und Lagerung liegt dann ein hochkomplexes Produkt vor, das zwar bestimmte Stoffgruppen durch die Rebe vermittelt bekam, die teilweise von der Hefe noch umgeformt wurden, bzw. im Zuge der Lagerung mittels gezielter Eingriffe verändert wurden (Oxygenierung) oder dem Wein hinzugefügt wurden durch Reifung/Lagerung im Barrique. Nicht unterschlagen werden sollte, dass in der Rotweinbereitung noch eine zweite Gärung mit Bakterien vorgenommen wird, die einen weiteren Beitrag zu Geschmack und Aroma liefern. Auch sollte nicht vergessen werden, dass das verwendete Holz seine eigenen charakteristischen Noten mitbringt, welche dem Wein nachträglich „aufgeprägt" werden (SEEGMÜLLER 2014).

Wie man sieht, entfernt sich wahrscheinlich der fertige Wein immer weiter vom ursprünglichen Terroir und spiegelt am Schluss mehr die Arbeit des Oenologen wider, als die ursprünglich eingesetzten Trauben. Dem französischen Oenologen MICHEL ROLLAND wird nachgesagt, dass an all den Orten weltweit, an denen er als Berater arbeitet, die Weine seinen spezifischen Stil aufweisen. Ein Statement, das man im Rahmen der Diskussion um das Terroir mit beherzigen sollte!

Das Produkt Wein soll primär nicht eine Assoziation zu einer Landschaft herstellen, sondern es ist ein Genussmittel, welches mit seiner Struktur, den Aromen und dem vermittelten Geschmacksbild ein Lebensmittel darstellt, das bestimmte Emotionen auslösen kann und soll: sich wohlfühlen, ein Essen begleiten, Geschmackskombinationen erleben etc. Dies kann auf sehr komplexe Art und Weise erfolgen, wie es die Abb. 9.13 näher bringen will.

Es ist ein intensives Zusammenspiel verschiedenster Substanzen, die teils aus der Beere stammen, teils aber auch erst im Verlauf der Gärung und Lagerung gebildet wurden. Die Konzentrationen der jeweiligen Verbindungen können natürlich schwanken, wie z. B. über diverse Anbautechniken oder durch die Verarbeitungstechnik dargestellt wurde. Dadurch können sie variierende Geschmackseindrücke erzeugen, die kaum allein auf das Terroir zurückgeführt werden können.

Exkurs: Mineralität

Seit ungefähr dem Jahr 2000 hat sich in Kreisen der Weinjournalisten, Sommeliers und sonstiger Connaisseure ein neuer Begriff entwickelt: Mineralität. Der Gebrauch dieses Begriffes entwickelte sich innerhalb zweier Jahrzehnte phänomenal, von absolut unbekannt zu allgemeinem Sprachgebrauch, zumindest in Weinkreisen. Es gibt keine Erklärung für den Begriff, geschweige denn einen wissenschaftlichen Hintergrund. In manchen Blogs findet man Begriffe wie „mineralischer Geschmack", „mineralischer Charakter". In

älteren Weinlexika stehen Begriffe wie „stahlig", „schlank" oder auch für bestimmte Weißweine „feuersteinartig", „kreidig". „Mineralität" ist eine neue Erfindung. Es wird versucht, diese Sinneseindrücke auf den geologischen Untergrund des Anbaugebietes zurückzuführen, wie z. B. im Chablis (z. B. http://www.billaud-simon.com/Billaud-Simon%20Text_Chablis_Vineyard.htm).
Kann man Minerale sensorisch wahrnehmen? Dies ist schlechterdings unmöglich, denn wenn überhaupt, ist dies nur über die gelöste Form als Ionen möglich. Dem steht entgegen, dass Minerale mit ihrem Kristallgitter extrem schwer löslich sind und sich natürlich auch nicht im Wein befinden können, wie z. B. Quarz oder Feldspat. Die Ausstattung eines Weines mit Mineralstoffen, also Ca^{2+}, Mg^{2+}, K^{+}, um nur die wichtigsten zu nennen, ist beachtlich, aber wiederum so gering, dass sie keinen sensorischen Reiz auslösen können. Weine können ca. 60–140 mg/l Ca, 60–100 mg/l Mg und 700–1200 mg K/l enthalten. Auf den ersten Blick mag das viel erscheinen. Entscheidend ist aber, ob diese Mengen einen Reiz auslösen können, der sensorisch als „mineralisch" einzuordnen ist? Untersuchungen aus der Lebensmittelforschung über zweiwertige Salze zeigen, dass beispielsweise Ca- und Mg-Salze eine Bitterempfindung auslösen, Mg zusätzlich einen metallischen Eindruck hinterlässt. Um aber diese Reize überhaupt auslösen zu können, benötigt man sehr große Konzentrationen, nämlich bei Calcium ca. 540 mg/l und bei Magnesium ca. 670 mg/l, also das 4- bis 9-Fache dessen, was an Calcium im Wein ist und bei Magnesium das 6- bis 10-Fache (Yang und Lawless 2005). Kalium in der vorliegenden Konzentration löst noch keine spezifischen sensorischen Reize aus, es kann unter Umständen die Sauerempfindung verstärken.
Vermutlich werden all diese Empfindungen, die in Wine-Blogs und -Journalen beschrieben werden („Lakritz" in Weinen vom Priorat, „Meeres"-Ton im Chablis) durch spezielle mikrobiell gebildete Verbindungen ausgelöst, die während der Weinbereitung gebildet werden (Fugelsang und Edwards 2007). Dies bestätigt unter anderem den Hinweis auf die Möglichkeiten des Oenologen im Rahmen der Weinbereitung. Wie es scheint, ist die Weinwelt wieder um eine Begrifflichkeit erweitert worden, die allerdings auch keine wissenschaftliche Begründung besitzt.
Es zeigt sich weiterhin, dass diese Beschreibungen irgendwelchen Assoziationen aus dem Lebensumfeld der Weintrinker entstammen und dann sehr schnell den Weg in die „Gemeinschaft" finden. Sie haben aber nichts mit dem Standort oder Terroir zu tun, da es dazu überhaupt keinen direkten Zusammenhang gibt (Maltman 2013).

9.2.6 Terroir – ökonomische Aspekte

Hier soll nur kurz die ökonomische Situation des globalen Weinbaus aufgezeigt werden und ob eventuell daraus gewisse Schlussfolgerungen für die Terroir-Frage bzw. Abgrenzungen gezogen werden können.

Global gesehen wird die Traubenproduktion von fünf Giganten beherrscht: Spanien (1,021 Mio. ha), China (0,799 Mio. ha), Frankreich (0,792 Mio. ha), Italien (0,690 Mio. ha) und die Türkei (0,502 Mio. ha). Bei letzterer steht allerdings die Tafeltraubenproduktion im Vordergrund. Fast 50 % der globalen Anbaufläche werden von diesen fünf Ländern bewirtschaftet.

Die Weinproduktion beläuft sich auf ca. 280 Mio. hl weltweit und ist seit Jahren mehr oder weniger unverändert. Die fünf größten Produzenten sind Frankreich (46,6 Mio. hl), Italien (44,7 Mio. hl), Spanien (41,6 Mio. hl), USA (22,3 Mio. hl) und Argentinien (15,1 Mio. hl). Der gegenwärtige weltweite Konsum beträgt ca. 240 Mio. hl.

Das bedeutet auch, dass 40 Mio. hl über die Weltmärkte vagabundieren und einen Konsumenten suchen – für die Preisbildung des Produktes sicher nicht vorteilhaft.

Fünf Länder konsumieren knapp die Hälfte des weltweit erzeugten Weines: USA (13 %), Frankreich (12 %), Italien (9 %), Deutschland (8 %) und China (7 %). Die USA führen mit 30,7 Mio. hl die Konsumentenliste an. Der Gesamthandelswert des Weines beträgt rund 26 Milliarden Euro.

Wertmäßig betrachtet exportiert Frankreich für 7,7 Mrd. €, gefolgt von Italien mit 5,1 Mrd. €, Spanien mit 2,6 Mrd. €; alle weiteren Länder – Australien, Deutschland, USA und Chile – bewegen sich mit ihren Exportvolumina bei 1,0–1,4 Mrd. €. 70 % des Exportvolumens vereinigen Spanien (1), Italien (2), Frankreich (3), Chile (4) und Australien (5) auf sich.

100 Mio. hl an Weinimporten gingen im Jahr 2014 nach Deutschland (1), Großbritannien (2), USA (3), Frankreich (4) und Russland (5); wertmäßig ergibt sich eine andere Reihung, nämlich USA (1), Großbritannien (2), Deutschland (3), Kanada (4) und Japan (5). Alle Zahlen, einschließlich vertiefender Statistiken können unter http://www.oiv.int/oiv/cms/index recherchiert werden.

Die wenigen angeführten Zahlen sollen nur einen aktuellen Ausschnitt für das Jahr 2014 wiedergeben. Insgesamt herrscht aber eine beachtliche Dynamik im System und die Marktanteile verschieben sich über Länder hinweg. Eine große Unbekannte bleibt der chinesische Markt, der sich 2014 um 7 % verringert hat. Andererseits ist davon auszugehen, dass gerade Asien mit seinen jungen, wachsenden Volkswirtschaften zukünftig Verschiebungen im globalen Weinmarkt induzieren kann. Ein gutes Beispiel hierfür ist Australien, das seinen Fokus nicht mehr so stark auf die europäischen Märkte legt und sich vermehrt in Asien engagiert.

Was bedeuten diese Marktzahlen für die Zukunft der Abgrenzungssysteme?

Die großen Spieler in diesem System sind im Anbietermarkt Frankreich, Italien und Spanien. Frankreich setzt auf sein etabliertes System, der Herkunft, geprägt durch das „Terroir". Italien hat in den letzten beiden Jahrzehnten große Anstrengungen unternommen, mithilfe moderner Kartografieverfahren, vor allem gestützt auf GPS und GIS, seine Flächen zu erfassen und zu bewerten. Diese Bewertung steht aber tendenziell dem französischen System sehr nahe. Spanien und auch Portugal haben ebenfalls in der jüngsten Vergangenheit ähnlich wie Italien Flächen mit GIS und GPS kartiert. Zusätzlich wurden engmaschige bodenkundliche Erhebungen, ähnlich wie in Deutschland, vorgenommen und mit dem Gesamtsystem verschmolzen. Beide Länder neigen mehr dem System zu, das Deutschland und die „Neue-Welt"-Länder präferieren. Es ist sehr stringent und orientiert sich ausschließlich an zugänglichen Messgrößen (Abb. 9.14).

Man sieht ganz klar, dass hier ohne Historisierung und Mensch-Landschaft-Interaktionen eine Anbaueinheit erfasst wird, die mit rationalen Methoden bebaut wird und in der die Endprodukte hergestellt werden.

Eine weitere Überlegung für die Zukunft ist, dass der gesamte globale Weinbau sich von einem Produzenten- zu einem Konsumentenmarkt gewandelt hat. Das bedeutet, es werden nur die dem Produkt inhärenten Eigenschaften nachgefragt werden, die für den Verbraucher von Interesse sind.

Inwieweit das Terroir französischer Prägung oder ein Anbaugebiet, abgegrenzt nach AVA oder verwandten Richtlinien, für den Verbraucher einen so hohen Stellenwert besitzt, dass sie für ihn zum Auswahlkriterium werden könnten, ist bei dem gegenwärtigen

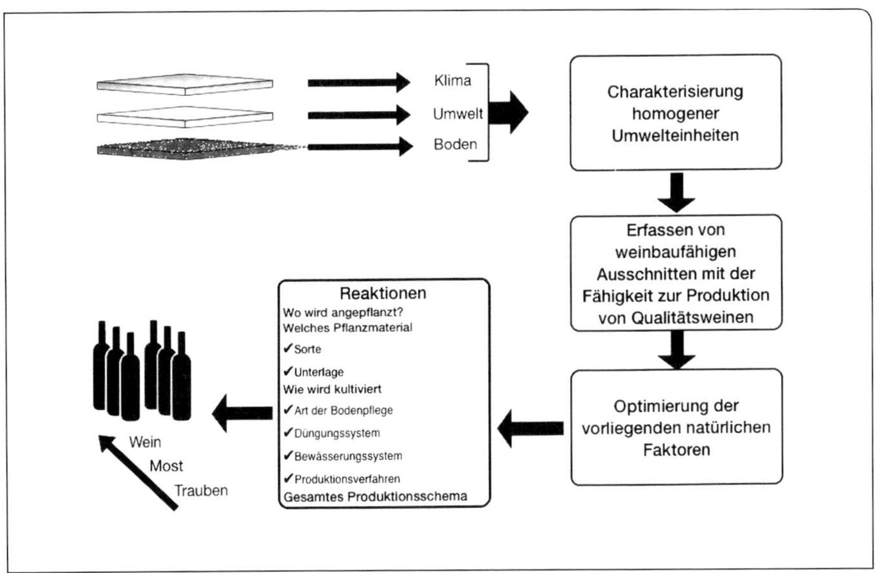

Abb. 9.14: Präferierte Abgrenzung in Spanien und Portugal auf der Basis zugänglicher und messbarer Faktoren.

Stand der Märkte nicht eindeutig zu beantworten.

9.2.7 Terroir – ein Marketingkonzept

Es soll an dieser Stelle keine Vision für ein generelles Weinmarketing entwickelt werden. Dies bleibt den Experten vorbehalten. Hier soll nur eher punktuell darauf eingegangen werden, inwieweit sich das Terroir als ein viel versprechendes Marketingkonzept nutzen ließe, um bestimmte Probleme der Weinmärkte mit zu lösen.

Im Kap. 9.2.6 wurde bereits darauf verwiesen, dass der globale Weinmarkt, aber auch regionale Einheiten sich von Anbieter- zu Nachfragemärkten transformiert haben. Angesichts eines seit Jahren hohen Überschusses von weltweit rund 40 Mio. hl wird dies die Situation sicher nicht entspannen. Mehr als die Hälfte des weltweit gehandelten Weines wird über Supermärkte verkauft; in der EU liegt der Anteil nahe 70 % (Euromonitor 2008). Wein wird damit zu einem sich schnell verkaufenden Konsumgut. Eine gewisse Anonymisierung des Produktes Wein läuft natürlich mit solchen Entwicklungen parallel.

Ein Lösungsansatz für dieses Dilemma könnte wahrscheinlich sein, wieder auf **Ursprung/Herkunft** der Produkte zu setzen. Zwei Wege könnten beschritten werden:

- Die **Regionalität** (= Herkunft) in den Mittelpunkt stellen. Es wird versucht, einen geschätzten und anerkannten Weinstil in das Blickfeld zu rücken. Diese Art der Regionalität ist verwirklicht z. B. im Chablis, im Mosel-Saar-Ruwer-Gebiet und im Rioja-Gebiet. Sie alle haben einen speziellen Stil für ihre Weine erarbeitet. Andere Länder, die noch nicht so lange im Markt agieren, haben zu Beginn ihres Eintritts in den Weltmarkt mit ihren Qualitäten die Konsumenten überzeugen können, haben sich aber aufgrund des gewählten Vertriebsweges (Supermarkt und Discounter) sehr schnell abgenützt. Man sieht nun neuerdings einen Imagegewinn darin, wenn man Produkte mit einer überprüfbaren Herkunft anbietet. „Lieber Weine irgendwo produzieren, als im Nirgendwo". Allerdings hatten sehr viele Anbieter, sowohl in der „Alten Welt" als auch in der „Neuen Welt" die gleiche Idee. Mittlerweile gibt es aber eine nahezu unüberschaubare Zahl von GIs, AOCs, DOCs und AVAs, die den führenden Gebieten (Bordeaux, Burgund, Rhône, Chablis etc.) nacheifern wollen. Allein in Italien bestehen mehr als 300 DOCs und in Frankreich mehr als 400 AOCs.

- Bleibt als zweiter Weg das **Terroir**. Wobei man bei diesem Weg zumindest immer die Messlatte Frankreich im Auge haben muss. Es muss glaubhaft vermittelt werden können, dass es sich um eine einmalige, nicht austauschbare Region handelt. Bei den erzeugten Weinen geht es beileibe nicht um die Allerweltsattribute, nein, es sollte gelingen die wirklich herausragenden Eigenschaften von Status und Luxus in den Vordergrund zu rücken, eventuell verstärkt durch eine Politik der Verknappung mit herausgehobener Qualität und einer Preisstruktur ähnlich der von Luxusgütern und nicht derjenigen landwirtschaftlicher Produkte. Unter solchen Umständen muss die jährliche Vorstellung des Produktes von einer Zeremonie begleitet sein, um die inneren Eigenschaften nach außen zu bringen, um die Einzigartigkeit des Weines in das Gedächtnis einzuprägen.

Es ist ein nicht einfacher Weg, aber mit gewisser Hartnäckigkeit umsetzbar.

Beiden Vorgehensweisen sind gemeinsam, dass sie einen Puffer gegen die Austauschbarkeit des Produktes Wein bilden können. Als durchaus gangbare Möglichkeiten kann man hier aus innerdeutscher Sicht beispielhaft anführen:

- Das **VDP-System**. Seine Begründung ist zwar schwierig nachzuvollziehen, die alljährliche Promotion der Weine im festlichen Rahmen gibt ihm jedoch Recht.
- Das „**System Franken**". Es hebt auf kulturelle Identität und regionale Typizität ab. Es hat sich gut im Markt etabliert und man hat eine Sonderstellung erreicht.
- „**Erstes Gewächs Rheingau**". Dies basiert auf einer nachvollziehbaren Abgrenzungsmethodik. Die Hinweise auf den hedonischen Mehrwert werden allerdings zu wenig herausgestellt, d. h. das lustvolle und freudige Erleben eines hochwertigen Weines im Sinne Epikurs, wonach *„Vergnügungen und Freude Erregungen sind, welche die Seele in Tätigkeit versetzen"*.

Exkurs: Terroir „System Franken"

Im Rahmen des gestiegenen Bewusstseins der deutschen Anbaugebiete für ihre speziellen Erzeugnisse, würde es den Rahmen des Buches sprengen, jede einzelne Produktphilosophie zu beschreiben. Wobei partiell mit Wiederholungen zu rechnen ist. Deshalb soll an dieser Stelle exemplarisch Franken herausgegriffen werden, weil nach unserer Meinung hier ein in sich schlüssiges Konzept geschaffen wurde.

Jede geplante weinbauliche Abgrenzung wird natürlich zuerst versuchen, sich auf eine naturwissenschaftliche Basis zu stützen. Im Fall des fränkischen Systems sind das die von der Bayerischen Landesanstalt für Wein- und Gartenbau weiterentwickelten Standortkartierungen (Mi-

CHEL et al. 2002). Grundlage zur Berechnung der „Klimagüte" von Rebflächen bildet die direkte Einstrahlung (Bild 15, Anhang). Die höchstmögliche Einstrahlung in den Reifemonaten September und Oktober erhält 100 Punkte (= 100 %), darunter liegende Werte entsprechend weniger. Von diesem ermittelten Eingangswert werden nun Wind- und Frostgefährdung abgezogen (Bild 16, Anhang). Die Frostgefährdung – in Franken aufgrund seiner kontinentalen Klimakomponenten sehr bedeutsam – erhält, wie schon bei WEISE und WITTMANN (1971), eine doppelt so hohe Gewichtung, da ihre Auswirkungen über die gesamte Vegetationsperiode nachwirken können (verzögerter Austrieb, Totalausfall, verkürzte Vegetationsperiode, verringerte Qualitätsausprägung). Windeinflüsse werden eher als marginal eingestuft.

Bei der Bewertung der Bodenbedingungen stehen die Werte der nutzbaren Feldkapazität an oberster Stelle (Bild 17, Anhang), denn vergleichbar zum Rheingau gehört Franken zu den eher trockenen Weinbauregionen Deutschlands, in denen der Wasserhaushalt des Bodens bei der Bewertung von Rebflächen neben den klimatischen Kenngrößen eine wichtige Rolle spielt.

Das Konzept für ein fränkisches Terroir legt KOLESCH (2002) in der Broschüre „Ein Weinlesebuch – Terroir in Franken" vor (http://frankenwein-aktuell.de/download/weinlesebuch-terroir-in-franken_2012_web.pdf). Er sieht das Terroir mit seinen Begrifflichkeiten in Franken als Chance, die Weinbauregion im hart umkämpften Weinmarkt in Verbindung mit der Sorte Silvaner zu einer gewissen Einzigartigkeit zu führen (http://www.lwg.bayern.de/mam/cms06/weinbau/dateien/w4_das_fr%C3 %A4nkische_terroir.pdf). Neben den unerlässlichen Klimafaktoren wird bei diesem Konzept besonders auf die Entwicklung der fränkischen Weinbaulandschaft abgehoben. Klassische Vorbilder dazu findet man in den USA, wo die Abgrenzung der AVAs nach ähnlichen Kriterien erfolgte (GREGUTT 2007, POGUE 2009).

Die Geschichte der fränkischen Landschaft – des Terroirs – ist eine faszinierende geologische Geschichte: Die **„Trias"** ist die älteste geochronologische Periode des Erdmittelalters. Der Geologe V. ALBERTI (1795–1878) fasste in einem Beitrag zu einer Monografie von 1834 in Süddeutschland **Buntsandstein**, **Muschelkalk** und **Keuper** zu dem System Trias („Dreiheit") zusammen. Mehr als die Hälfte Nordbayerns wird von Gesteinen der drei Abteilungen eingenommen. Hauptgebiete sind Odenwald, Spessart, Mainfranken, Mittelfranken und der Grabfeldgau. 3 % der Frankenwein-Anbaufläche liegen auf Buntsandstein, 70 % auf Muschelkalk, 25 % auf Keuper und 2 % auf Kristallin (Hörstein). Eine Übersicht über die Verbreitung der Trias in Franken zeigt die Abb. 9.15.

Man sieht, wie sich der Main, von Bamberg beginnend, durch alle drei Formationen der Trias hindurcharbeitet und damit die heutige Grundlage für die den Fluss begleitende Landschaft bildet. Man hat den Eindruck als möchte er mit den groß angelegten Bewegungen möglichst viel von der jeweiligen Gesteinsformation durchstreifen und dem Weinbau Gelegenheit geben die Landschaft voll für sich zu nutzen. Die Ära der Trias begann vor ca. 250 Millionen Jahren und dauerte ca. 35 Millionen Jahre an. Mit dieser Ära setzt die Vorherrschaft des Landes ein. Das Buntsandsteinbecken ist eine riesige Niederung, in die Flüsse unvorstellbare Mengen an Verwitterungsmaterial eintrugen. Das Material besteht überwiegend aus Quarzkörnern, die zusammen mit Kieselsäure, Feldspat, Tonen und Hämatit fest verbacken wurden. Der Hämatit verleiht den Sandsteinen die typische rote Färbung (Bild 18, Anhang). Bei Bamberg besitzt der Sandstein eine Mächtigkeit von rund 500 m.

Der **Mittlere Buntsandstein** des Spessart-Maintales gilt als Rotweinboden (Klingenberg, Groß-

heubach, Miltenberg, Bürgstadt, Dorfprozelten, Hasloch, Kreuzwertheim).
Zehn Millionen Jahre später wechselte das Klima in eine feucht-warme Periode. Ein Meer bedeckte Franken; es bildeten sich Kalkriffe. Muscheln und andere Meerestiere wurden in den nachfolgenden trockenen und feuchten Perioden mit wechselnder Ausdehnung des Meeres stetig abgelagert. Aus ihnen bildete sich der **Muschelkalk** (Bild 19, Anhang). Was wir heute an der Oberfläche vorfinden, ist meist tonhaltiger Kalk, dessen Kalkanteil zwischen 46 und 93 % schwanken kann. Eine besondere Form ist der **Wellenkalk**. Er bildet den Sockel der Feste Marienberg. Weinbaulich genutzt werden die Flächen der Erthaler Kalkberge bei Hammelburg, bei Erlenbach (Marktheidenfeld) und Thüngersheim. Der Mittlere Muschelkalk bildet in Würzburg die Leisten. Im **Hauptmuschelkalk** findet man eine Vielzahl von Weinbaugemeinden: Wipfeld, Ober- und Untereisesheim, Fahr, Volkach, Nordheim, Escherndorf, Köhler, Sommerach, Dettelbach, Kitzingen, Repperndorf, Sulzfeld, Marktbreit, Frickenhausen, Ochsenfurt, Sommerhausen, Eibelstadt, Randersacker und Würzburg.
Weitere 10 Millionen Jahre später wechselte das Klima erneut und es herrschten tropisch feuchte Verhältnisse. Das Triasbecken weitete sich nach Osten, Nordosten und Südosten aus. Die tropischen Wälder sterben bei Überflutungen ab und bilden zusammen mit weiteren Sedimenten den **Keuper** (Bild 20, Anhang). Die Hauptgesteinsarten des Keupers sind Tonsteine, Tone und Tonmergel, sowie mit Sanden oder Karbonaten durchsetzte Tonschiefer (Mergelschiefer). Ihre Farbenfülle erregt seit jeher das Interesse der Menschen. In klimatisch begünstigten Bereichen der Keuperstufe sind bekannte Weinorte wie Ippesheim, Bullenheim, Seinsheim, Hüttenheim, Einersheim, Iphofen, Rödelsee, Wiesen-

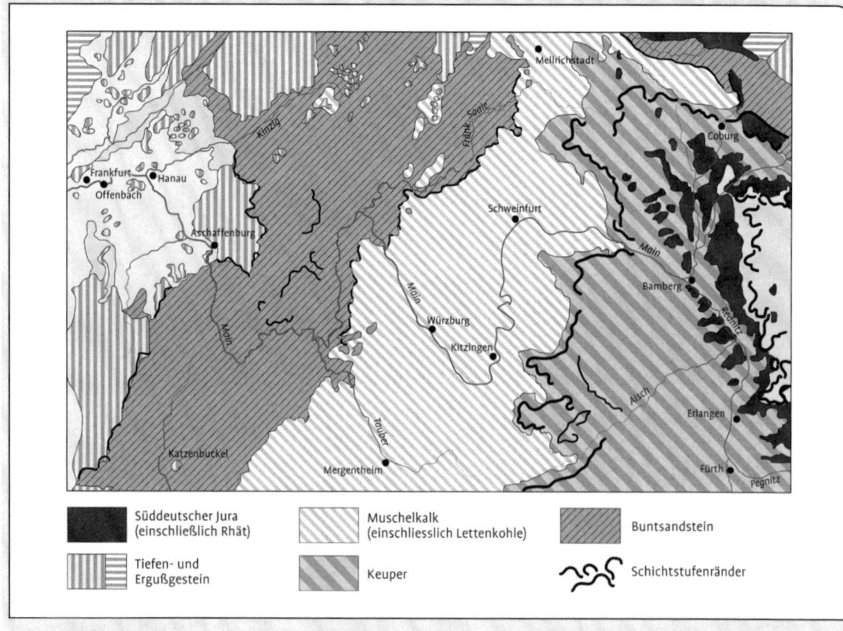

Abb. 9.15: Flächige Verbreitung der Trias in Franken (nach RUTTE 1981).

bronn, Castell, Abtswind, Oberschwarzach, Handthal, Michelau, Altmannsdorf und Falkenstein.
Erst vor 30 Millionen Jahren erhielten die lange Zeit horizontal liegenden Schichten ihre heutige von West nach Ost fallende Form, weil sich der Oberrheingraben absenkte und sich gleichzeitig die Alpen auffalteten. Enormer Druck presste die Schichten zusammen. Lang anhaltende Erosion führte zur Abtragung der unterschiedlich harten Gesteinsschichten. Später veränderte noch der Main das ursprüngliche Landschaftsbild, es bildeten sich die Talzonen aus. Das heutige geologische Profil verdeutlicht Abb. 9.16, das im Westen bei Hörstein mit dem Kristallin beginnt, in den Buntsandstein übergeht und im Osten am Steigerwald mit dem Keuper endet.
Dazwischen hat sich in zwei markanten Schleifen – Maindreieck und Mainviereck – der Main eingegraben (Abb. 9.15). Mit dieser Abfolge der Gesteinsschichten und den daraus entstandenen charakteristischen Landschaftsteilen, die den Flusslauf begleiten, stellt sich die Unverwechselbarkeit der Weinlandschaft Frankens dar. Die an der Oberfläche anstehenden Gesteine haben zu den in Franken typischen Bodenbildungen geführt, wie sie in Tab. 9.1 aufgeführt sind.

Neben den Grundelementen der Geologie und den vorliegenden Böden wird das Gebietsprofil durch zwei weitere Faktoren vervollständigt: Das Gebietsprofil bestimmt zum einen die Rebsorte Silvaner, die einen wesentlichen Teil der fränkischen Identität darstellt; mit ihr soll ein Alleinstellungsmerkmal erreicht werden, indem man mit ihr „Spitzenweine" produziert, die die Qualitätspyramide anführen. Zum anderen gehört als weiterer wesentlicher und äußerst wichtiger Punkt der Winzer dazu. Er komplettiert das Terroir mit seinen Aktivitäten, denn nur er versteht den Umgang mit seiner Umwelt, dem Silvaner und dem Maßnahmenpaket, das notwendig ist, um den fränkischen Wein zu seiner vollen Entfaltung zu bringen (s. Abb. 9.18). Zusammen mit der unverwechselbaren Landschaft der fränkischen Weinbaugebiete und der reichen Kultur erleben Weintrinker eine neue Ebene der Wahrnehmung und „Erlebniswelt" (Abb. 9.17).
Wie weiter unten beschrieben wird, entziehen sich diese Faktoren der wissenschaftlichen Messbarkeit und wecken den emotionalen Teil im Menschen. So definiert Franken zum einen „sein" Terroir primär über Geologie und Boden, über die Erfahrungen seiner Winzer und lädt zum anderen diese Faktoren zusätzlich mit den Emotionen der fränkischen Landschaftserfah-

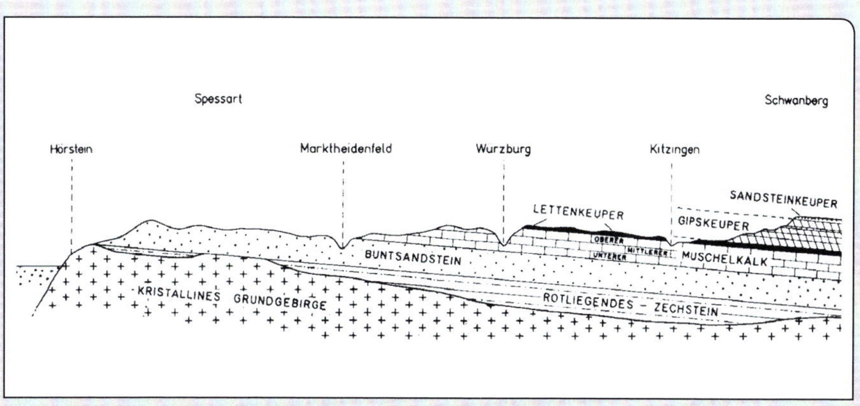

Abb. 9.16: Die Trias: Das geologische W-O-Profil durch Franken (RUTTE 1957).

rung und überreich vorhandenen Kultur auf. Mit diesem „Faktorenbündel“ gelingt es zweifelsohne eine deutliche Abgrenzung zu anderen Weinbaugebieten herzustellen. Fünf Winzer gründeten beispielsweise eine Vereinigung mit dem Namen „TRIAS“ und besitzen Lagen auf allen drei genannten Formationen und vermarkten ihren Wein gemeinsam unter dem Motto „Trias – Terroir, Passion“. Langfristig sollte es bei geschickter Vermarktung gelingen, auch einen gewissen Mythos um die „Trias“ aufzubauen.

Tab. 9.1 *Beschreibung der Buntsandstein-, Muschelkalk- und Keuperböden in Franken (*Kolesch *2005).*

Beschreibung	Buntsandstein	Muschelkalk	Keuper
Ausgangsgesteine	Sandsteine, Schiefertone des Röt	Kalk- und Kalkmergel, Tonsteine, Dolomit	karbonatreiche Schiefertone, Schiefergrus
Bodenart	lehmiger Sand, sandiger Lehm, toniger Lehm	steiniger, schluffiger Lehm, lehmiger bis toniger Sand, steiniger bis schwachtoniger Lehm	lehmiger Ton mit unterschiedlichem Schiefergrusanteil (bis 50 %)
Eigenschaften	mäßig trocken bis sehr trocken, teilweise hoher Steingehalt, geringe Wasserspeicherung, schnelle Erwärmbarkeit, teilweise im Oberhang flachgründig, pH-Wert 5,5–6,8	mäßig trocken bis trocken, geringe bis sehr gute Wasserspeicherung, langsame Erwärmbarkeit, teilweise sehr flachgründig, hoher Skelettanteil, pH-Wert 7,3–7,7	mäßig trocken bis trocken, geringe bis sehr gute Wasserspeicherung, langsame Erwärmbarkeit, sehr gute Wärmespeicherung, hohe Wärmeabstrahlung, im Oberhang flachgründig, geringer bis mittlerer Steinanteil, pH-Wert 7,0–7, 4

Die Liste ließe sich quer durch alle Anbaugebiete fortsetzen, wobei im Prinzip immer nur gewisse Abweichungen nach oben oder unten feststellbar wären.

Als Fazit kann man festhalten, dass viele Abgrenzungen dem Marktgeschehen geschuldet sind und es einer naturwissenschaftlichen Basis mangelt.

Wie schon weiter oben dargestellt, stehen dahinter historische Entwicklungen, wie sie beispielsweise beim VDP zu finden sind oder historisch-kulturelle Überlegungen, wie im Anbaugebiet Franken. Damit ist keine Bewertung, geschweige denn ein Qualitätsurteil gefällt. Eigen ist allen Erzeugerringen oder Vereinigungen eine strikte interne Qualitätskontrolle, die die Einhaltung der gesetzten Standards durchsetzt. Terroir-Systeme im wirklich engen Sinn sind sie nicht, aber sie nutzen die Kraft des Begriffs. Im Sinne eines guten Marketings ist es allemal legitim.

Bei einer „tour d‘horizon“ der wichtigsten und potentesten Anbaugebiete weltweit, kann man diverse Ansätze erkennen, das Terroir in irgendeiner Art und Weise in den

Abb. 9.17: Die Gipskeuperlandschaft am Steigerwald (Franken) (KOLESCH, Bayerische Landesanstalt für Weinbau und Gartenbau, Würzburg).

Modellansätze zum Terroir und ihre Zielrichtungen

Faktor	Modell I	Modell II	Modell III	Modell IV
	mediterran [FR, IT, ES, PT]	N-europäisch [AT, D, HU, LU, RO]	angelsächsisch [AU, USA, ZA]	Marketing orientiert [AU, USA]
1	**Boden/Terroir**	**Sorte**	**Sorte**	**Konsumentengeschmack**
2	**Klima**	**Klima**	**Vinifikationstechnik Weinausbau**	**Packaging, Transport**
3	**Sorte**	**Boden**	**Konsumentengeschmack**	**Vinifikationstechnik Weinausbau**
4	**Vinifikationstechnik Weinausbau**	**Vinifikationstechnik Weinausbau**	**Klima**	**Sorte**
5	**Packaging, Transport**	**Packaging, Transport**	**Boden**	**Klima**
6	**Konsumentengeschmack**	**Konsumentengeschmack**	**Packaging, Transport**	**Boden**
	agrarisch [primärer Sektor]	technologisch-industriell [sekundärer Sektor]	technologisch-industriell [sekundärer Sektor]	kommerziell [tertiärer Sektor]

Abb. 9.18: Erkennbare Modellvorstellungen zum Terroir und ihre Zielrichtungen. Die Faktoren nehmen in ihrer Gewichtung von 1 nach 6 ab.

Traubenerzeugungsprozess und die Weinbereitung zu integrieren (Abb. 9.18). Die europäischen Ansätze (Modell I + II) stehen sich noch sehr nahe. Bei der Bewertung von Boden und Sorte bestehen Unterschiede, die historisch gewachsen sind und vermutlich auch nicht schnell überwunden werden. Es führt zu einer innereuropäischen Differenzierung, die dem Verbraucher vermutlich auch Variabilität beschert.

Die Modelle III und IV sind angelsächsische Modelle, die in unterschiedlichem Umfang den Konsumenten mit seinen Vorstellungen und Wünschen in den Vordergrund stellen. Es sind Modelle, die den geänderten Marktgeschehnissen Rechnung tragen: Der Konsument bestimmt letztlich, was in einem Nachfragemarkt passiert.

9.2.8 Terroir: ein international anwendbares System?

Seit der Unterzeichnung des **GATT**-Abkommens (General Agreement on Tariffs and Trade) 1994 zwischen der EU und den USA haben sich deren lang anhaltende Auseinandersetzungen eher verstärkt als abgenommen. In dieser weltweiten Debatte haben sich andere Länder außerhalb der beiden Hauptblöcke entweder mit der EU oder mit den USA zusammengeschlossen. Die zum Teil beachtlichen Differenzen sind nach Außen hin kaum bekannt, außer vielleicht in Kreisen von Experten für internationales Recht oder unter speziellen Handelsexperten. Allerdings könnten die Ergebnisse bedeutende Auswirkungen für die weltweite ländliche Entwicklung haben.

Insbesondere ist der Teil des GATT betroffen, der sich mit „geistigem Eigentum" befasst und der auf die **„Geografischen Herkünfte" (GI)** abhebt (Agreement on Trade-Related Aspects of Intellectual Property Rights; **TRIPS**).

GIs werden definiert als „Herkünfte, die einem bestimmten Territorium eines Mitgliedsstaates entstammen, einer Region oder Örtlichkeit in diesem Territorium, wo eine vorgegebene Qualität, eine bestimmte Wertschätzung oder ein anderes Charakteristikum einer Ware in erster Linie ihrer geografischen Herkunft zugeschrieben werden kann."

GIs werden oftmals als „Herkunft-Labels" verstanden. Speziell im Bereich von Weinen und Spirituosen wird dies sehr intensiv genutzt. Ihnen wird im Abkommen sogar ein eigener Artikel 23 gewidmet (TRIPS 2016). Die allgemeinen Regeln können auf Käse, Fleischprodukte und andere Lebensmittel angewendet werden. In Europa tragen „traditionelle" oder „typische" Produkte ein **Herkunftszeichen**.

Es ist eine zunehmende Nachfrage nach solchen Produkten zu erkennen. Erklären kann man dies vermutlich dadurch, dass Herkunftszertifikate als eine Manifestation „lokaler", „qualitätsorientierter" oder „endogener" Nahrungssysteme angesehen werden (VAN DER PLOEG und LONG 1994). Man schätzt für zukünftige Entwicklungen, dass sich die gesamte agrarische Produktion in ein bipolares System wandeln wird mit einem hohen Marktvolumen im Segment „täglicher Produkte", verteilt unter Umständen von multinationalen Firmen, und ein kleinvolumiges Marktsegment, welches sich aus „Spezialitäten" zusammensetzt, die mit Herkunftszertifikaten ausgestattet sind (GILG 1996). Es wird auch davon ausgegangen, dass sie in der Zukunft ein bedeutender Faktor sein werden, um die ländliche Entwicklung zu stärken und zu sichern.

Klar sollte allerdings auch sein, dass es Herkunftsbezeichnungen geben wird, die zwar auf eine bestimmte Herkunft hinweisen, aber nicht staatlich sanktioniert sind. Im Falle einer GI ist *beides* gewährleistet: Herkunft und Originalität.

Einen spezifischen Fall bildet das ursprünglich in Frankreich entwickelte System der **AOC**: Hier sichert der Staat die Herkunft und die Einhaltung bestimmter Herstellungsverfahren. Er garantiert damit ihre Typizität oder einen speziellen Charakter des Produktes.

Dieses System ist das älteste aller europäischen Herkunftssysteme und es wird als stringent und durchdacht eingestuft. Eine wichtige Stütze innerhalb des AOC-Regelwerkes ist das „Terroir-Konzept".

Die Abgrenzungen, die mithilfe der AOC-Regeln vorgenommen werden, können durchaus mit einem GI gleichgesetzt werden, denn sie brachten wesentliche Gesichtspunkte in die von der EU eingeführten **PDO**s ein (Protected Designations of Origin).

Der Einfluss der AOC-Regelungen hat in jedem Fall weit über die EU hinaus zugenommen, da viele Länder die französische Regierung um Hilfe nachgesucht haben, ihr eigenes, geplantes System an das AOC anzupassen (INAO 2000).

AOC- und Terroir-Regelungen

Die Entstehung des Begriffes Terroir ist bereits unter Kap. 9.1 beschrieben worden.

Die wichtigsten Determinanten im AOC-System sind die natürlichen Faktoren oder anders formuliert, wie repräsentiert ein Produkt „sein" Terroir.

An erster Stelle sind die natürlichen Faktoren zu nennen. Nach Angaben der INAO sind mehr als 50 % der Bestimmungsgründe für ein „Terroir" natürlich-geografische Bezüge, z. B. Boden, Klima, Mikroklima, Hangneigung und Exposition (siehe hierzu Kap. 2, 3, 9.2.2 und 9.2.3); die zweite Hälfte stellt einen Mix dar aus natürlichen, gekoppelt mit menschlichen Faktoren. So scheint es, dass von den betrachteten Faktoren sich immer eine Bindung zur Natur herstellen lässt oder zu „ihrem" Terroir.

Insgesamt gesehen ist das Verfahren zur Anerkennung als AOC-Produkt sehr komplex, und durch ein engmaschiges Netz von 26 INAO-Büros werden ständig Kontrollen durchgeführt, um die vorgegebenen Standards zu sichern. In jedem Fall soll die Bindung des Produktes an sein Terroir immer sichergestellt werden.

Von den Konsumenten wird vielfach das Gegenteil gesehen: Es wird angenommen, dass das AOC-Produkt besonders umweltfreundlich sei oder mit einem hohen Grad an Nachhaltigkeit erzeugt würde. Allerdings behält sich der Staat vor, AOC-Gebiete schärfer auf die Einhaltung von Umweltstandards zu überprüfen. Restriktionen für AOC-Produzenten können höher ausfallen, aber nicht in jedem Fall (Bérad et al. 2001). Manchmal kann auch das Bestehen auf Einhaltung traditioneller Methoden in der Produktion bestimmter Produkte zu einer Verbesserung einer vorhandenen Umweltsituation führen, wenn z. B. zerstörte Terrassen alter Weinberge wieder errichtet werden müssen.

Der traditionelle, ursprünglich bei der Abgrenzung zugrunde liegende Terroir-Gedanke, ist in der Abb. 9.19 dargestellt. Es ist dies eine Zusammenschau der natürlichen Anbaugrundlagen (Weinbau bei bestimmter Boden-Klima-Konstellation), die historischen Hintergründe (begründet durch Römer, Zisterzienzer etc.), die technischen Grundlagen der Weinherstellung und die kulturellen Kontexte (Kirche, Weinfeste, etc.). Aus diesen Quellen schöpft eine Region ihre Tradition und das Bewusstsein für diese besondere Form agrarischer Kultur. Es ist ein sehr tradiertes System, das sich noch sehr auf seine agrarischen Wurzeln bezieht und in dem Neuerungen nur bedingt Zugang finden können.

Welche Teile in die Neuzeit und einen globalisierten Weinbau hinübergerettet wer-

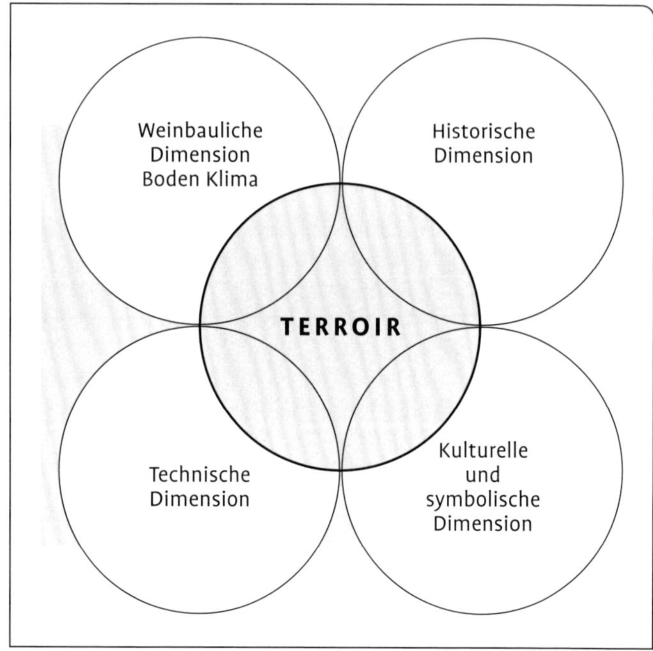

Abb. 9.19: Ein Terroir-System, wie es in den Anfängen der AOC-Entwicklung gesehen wurde, das historische, kulturelle, weinbauliche und technische Erfahrungen zum Terroir zusammenführt.

den können, müssen die sich langsam entwickelnden Reaktionen der Weinbauregionen zusammen mit der involvierten staatlichen Verwaltung zeigen.

Das INAO hat bereits in den zurückliegenden Jahren damit begonnen, für mehrere AOCs die Abgrenzungen neu zu überprüfen, um sicherzustellen, dass sie unter Umweltgesichtspunkten und historischen Aspekten zusammenpassen Mit gewissen Erweiterungen und Veränderungen kann wohl gerechnet werden. Es hat zwischenzeitlich eine fachgebietsübergreifende Diskussion eingesetzt, bei der nicht nur Agronomen und Marketingfachleute die Gespräche dominieren, sondern es werden verstärkt Soziologen gewonnen, sich am Diskurs um das Terroir zu beteiligen, dessen Stand in der Abb. 9.20 dargestellt ist.

Man erkennt, dass man das traditionelle System aufwerten möchte. Im Bereich „Terroir-Anbau“ werden nun ganz klar die Klima-Boden-Pflanze-Beziehungen herausgestellt und beim „Terroir Herkunft“ ist eine Annäherung an andere Bezeichnungssysteme erkennbar. Neu ist innerhalb des Terroir-Gedankens das klare Bekenntnis zum Marketing und einer Akzentuierung von Lifestyle, Imageentwicklung und Werbung.

Dies mag auch mit den WTO-Verhandlungen zusammenhängen, die einen gewissen Druck quer durch die EU ausübten, sich um abgestimmte Standards zu bemühen. Die dadurch notwendig werdende Anwendung wissenschaftlicher Methoden als rationaler Prozess (vgl. Kap. 9.2) könnte insbesondere die kulturellen und historischen Bezüge im AOC-System infrage stellen. Andererseits wird dieser Vorgang als eine Rechtfertigung für die Wissenschaft angesehen und nicht nur Marketinggesichtspunkte. Es geht bei diesem Prozess darum, das Terroir-Konzept

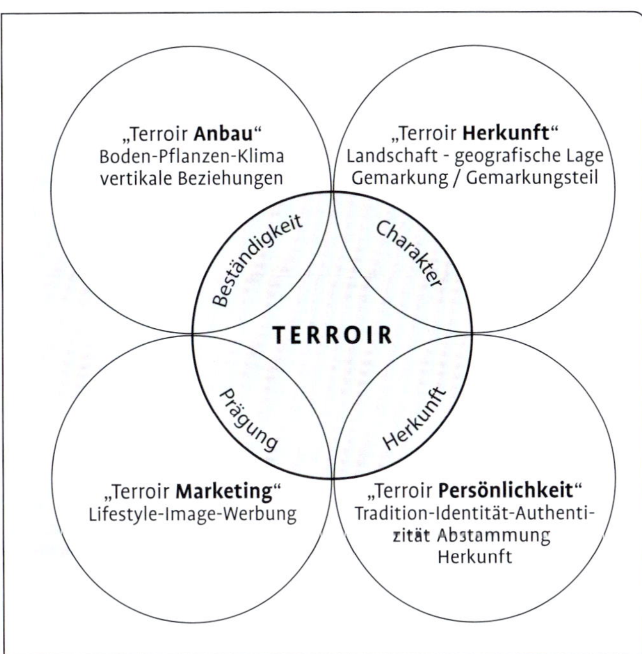

Abb. 9.20: Gegenwärtiger Stand der Diskussion zu einer Neuorientierung des Terroirs.

so zu interpretieren, „was ist über die Natur bekannt" und nicht „die Natur ist ein Hindernis, welches überwunden oder kontrolliert werden muss für die Produktion".

Sicher lässt sich die Weinherstellung als historischer Prozess belegen, aber es ist nicht opportun die aktuellen Entwicklungen im Weinbau und der Oenologie zu negieren. Beide Faktoren miteinander zu verschmelzen, wird das Hauptproblem eines neuen AOC-Systems sein, das dann auch mit den WTO-Anforderungen deckungsgleich werden kann (Bérard und Marchenay 2000).

Die Terroir-Abgrenzung muss aber zu den rein naturwissenschaftlichen Gesetzmäßigkeiten weitere Aspekte berücksichtigen, die den ökologischen Part kaum berühren, nämlich die menschlichen Erfahrungswerte (Know-how oder Savoir faire), die mit dem Produkt in Zusammenhang stehen.

Bei der Verknüpfung von Produkt und Terroir sollte Konsens darüber bestehen, dass die aufgezeigten Effekte wissenschaftlich nachvollziehbar sein sollten! In Europa gibt es eine Reihe wissenschaftlicher Arbeitsgruppen, die herauszufinden trachten, wie ein Terroir sein Produkt (Wein, Käse, Brot) im Hinblick auf seine chemische Zusammensetzung und anderer Faktoren prägt (Schlesier et al. 2009, Römisch et al. 2009, Smeyers-Verbeke et al. 2009).

Für manche Produkte, wie z. B. Wein, bildet die Grundlage für den Herkunftsnachweis (Terroir) in aller Regel ein Verkostungspanel. Bei der Organisation eines Panels stellt sich direkt die Frage nach der Kompetenz der Koster (Casabianca und Sainte Marie 2000). Normalerweise werden sie aus dem jeweiligen Produktionsgebiet rekrutiert und umfassen Produzenten, „Connoisseurs" (meist ehemalige Produzenten mit guter Produkterfahrung), „Mediatoren" wie Küchenchefs, spezialisierte Händler und Bedienstete aus den AOC-Büros. Die Stimme der Produzenten ist bedeutend, aber sie müssen sich mit Experten aus anderen Regionen und den Konsumenteninteressen (Händler etc.) abstimmen. Die erzielten Kompromisse müssen aber weitere Akzeptanzen in breiteren Netzwerken mit einschließen: horizontal im lokalen Feld, aber auch vertikal über die Produktions- und Verteilerschiene sowie die verschiedenen Ebenen an Expertise in Überwachung und Regulation.

In der Vergangenheit konnten die Erzeuger zusammen mit lokalen Vertretern des AOC die Produktbewertungen vornehmen. Mittlerweile muss aber ein Querschnitt der wichtigsten Marktteilnehmer an der Ergebnisermittlung mitarbeiten.

Aus wissenschaftlicher Sicht ist dies ein beachtlicher Fortschritt, denn der gesamte Beurteilungsvorgang wird breiter. Ob er auch besser wird, ist in Kap. 9.2.7 erläutert worden.

Es ist zumindest ein wichtiger Schritt vollzogen in Richtung „Wo, wie und durch wen ist das Nahrungsmittel (Wein) hergestellt, verarbeitet, vermarktet und konsumiert worden?" (Goodman und Watts 1994).

Unter diesen Voraussetzungen kann davon ausgegangen werden, dass nach einigen weiteren Geburtswehen aus den WTO-Vorschlägen und den weiter entwickelten AOC-Regeln eventuell ein weltweites System entsteht, das für die Weinwirtschaft einen globalen Durchbruch erzielen könnte.

Einen Kontrapunkt zu diesem von Frankreich favorisierten System bildet dasjenige der **AVA** (American Viticultural Association); http://www.wineinstitute.org/resources/avas), das Weinbauflächen und -gebiete nach geografischen Gesichtspunkten abgrenzt unter Hinzuziehung von Informationen, wie sie z. B. auch in Deutschland verwendet werden.

Vermutlich wird es eine gewisse Koexistenz diverser Beurteilungssysteme geben, da speziell die Befürworter des AVA-Systems, dem Terroir, wie es in Frankreich eingestuft wird, sehr skeptisch gegenüber stehen (Moschini et al. 2008).

9.2.9 Terroir – soziokulturelle Aspekte

Unabhängig davon, welche Gewichtung der Begriff Terroir in der Produktion von Wein für den gesamten Herstellungsprozess und die Bewertungsvorgänge besitzt, weist der Begriff abseits der fachlichen Sphäre auch eine gesellschaftliche Dimension auf. Zu allererst sollte darauf verwiesen werden, dass Geografen und Sozialwissenschaftler sich im ausgehenden 19. Jahrhundert im Rahmen der Anthropogeografie, der neu entwickelten Geopolitik, sowohl mit landschaftlichen Räumen wie auch der Einbindung des Menschen in diese befassten. Herausstellen muss man hier den deutschen Geografen und Zoologen Friedrich Ratzel (1844–1904), der mit seinen Überlegungen den „Lebensraum" definierte (https://de.wikipedia.org/wiki/Geopolitik#Der_Staat_als-Organismus:_Ratzel_und_Kjell.C3.A9n). Sein Einfluss erreichte auch den französischen Geografen Vidal de la Blache (1845–1918), der dessen Ideen in seiner Humangeografie mit verarbeitete (Beck 1982). Ein Zitat verweist bereits sehr deutlich auf seine raumbezogene Betrachtung in Verbindung mit den dort ansässigen Menschen:

„Eine geographische Individualität ergibt sich nicht aus einfachen geologischen und klimatologischen Betrachtungen. Das ist nicht eine im Voraus von der Natur gegebene Sache. Man muss von der Idee ausgehen, dass eine Landschaft ein Reservoir ist, wo Energien

schlummern, deren Keim die Natur eingesenkt hat, deren Gebrauch aber vom Menschen abhängt. Er erhellt sich ihre Individualität, indem er sie zu seinem Nutzen entfaltet. Er stellt eine Verbindung zwischen zerstreuten Charakterzügen her; er ersetzt einen systematischen Kräftezusammenhang durch zusammenhängende Wirkungen örtlicher Umstände. Dann präzisiert und differenziert sich eine Landschaft und wird auf Dauer wie eine mit dem Bildnis eines Volkes geprägte Medaille".

Seine Geografie verfolgt verschiedene Konzepte, aber man kann sagen, dass alle betrachteten Aspekte einen großen Akkord bilden:

- Landschaften (paysages)
- Lebensmilieu (milieu)
- Regionen
- Lebensstil (genre de vie)
- Dichte

Die fünf genannten Faktoren prägen den Menschen und formen zusammen eine Einheit, das Terroir. Vidal hat also weit vor der Etablierung des Terroirs durch die Abgrenzungsarbeiten von KUHNHOLTZ-LORDAT (1963), eine Begrifflichkeit geschaffen, die bis heute prägend ist.

Unter gesellschaftlichen Aspekten, erweitert sich der Begriff des Terroirs und wird sehr vielfältig, denn in der postmodernen Lebenswelt erfährt er eine zusätzliche Anreicherung des inhärenten Gedankenguts.

Ein wichtiger Aspekt ist die Angst vor der **Globalisierung** und der damit einhergehenden Vermassung, welche den Wunsch nach anderen sozialen Strukturen antreibt. Beste Beispiele sind hierzu die Demonstrationen gegen TTIP oder nach einer Veränderung der gegenwärtigen Landwirtschaft.

Mit dem Einsetzen der Globalisierung verschiebt sich auf der Angebotsseite (Erzeuger) der Weinbau bzw. die Landwirtschaft zu einem System gezielter Ressourcennutzung, wobei die „Agro-Industrie" standardisierte Massenprodukte anbot. Der Verbraucher nahm wahr, dass eine Erosion der Diversität bei den landwirtschaftlichen Ressourcen einsetzte und die Diversität der agrarischen Produkte langsam verschwand.

Fast zeitgleich mit den einsetzenden Globalisierungsprozessen entstand im Mittelmeerraum eine aktive Bewegung in der Bevölkerung, die eine administrative Dezentralisierung forderte. Unter diesen Eindrücken begann auch der Begriff des Terroirs sehr attraktiv zu werden und zog insbesondere die städtische Bevölkerung an, die nach ihren ursprünglichen Wurzeln suchte. Damit nahm auch der „Hype" nach „Terroir Produkten" Fahrt auf.

Gleichzeitig in Verbindung mit dem aufkommenden „Grünen (sanften) Tourismus" entwickelte sich die Vermarktung „authentischer" Produkte von Handwerkern, Kleinbauern und lokalen Unternehmungen. In der Folge übernahmen dies auch die großen Ketten und Restaurants. Überall kann man nun „Terroir-Produkte" kaum überteuert erwerben.

Nur am Rande sei erwähnt, dass 1989 „Slow Food" gegründet wurde, mit dem Ziel die Qualität der Nahrung und der Umwelt zu schützen und lokale Produzenten zu unterstützen. Slow Food hat mittlerweile 100000 Mitglieder und 1300 Büros in 130 Ländern. Die Bewegung hat eine eigene „Universität" gegründet, um den Umgang mit Nahrung zu einem tiefen Erlebnis zu machen. Hier hat mit Sicherheit auch das Gedankengut des Terroirs bei der Gründung mit Pate gestanden.

All diese genannten Produkte sind mit einer gefühlsbezogenen und nostalgischen Konnotation versehen, die vor allem Tradition, eine gewisse Idealisierung der Vergan-

Mittlerweile gibt es in den verschiedenen Ländern Bewegungen, die alle mit ähnlichem Hintergrund unter den unterschiedlichsten Labeln, aber gleicher Ambition „**Regionalität**" und „Terroir" und ähnliche Formulierungen eine Neubewertung weinbaulicher/landwirtschaftlicher Produkte einfordern.

genheit mit einem Hang zu Gastfreundschaft und gehobener Kulinarik verbindet. Verstärkt wird dies alles durch die Sehnsucht und Verklärung der Vergangenheit. Vielleicht baut man auch ein Stück Utopia. Einschränkend muss man unter heutigem Wissen natürlich festhalten, dass die früheren Produkte keineswegs besser waren als die heutigen. Die Vergangenheit zeigt uns doch, dass die herausragenden Qualitäten der Oberschicht vorbehalten waren, die mäßigen eher fürs Volk gedacht waren.

Heute werden weltweit Produkte hoher Qualität produziert, weil permanente Forschung die Qualität der Prä-Produkte kontinuierlich verbessert hat und Wissenschaftler auch traditionelle Methoden ständig verbessern.

Was für die Zukunft unabdingbar sein wird, ist, dass dem engagierten, aber auch weniger involvierten Verbraucher der Wert und die Wertigkeit des Weines oder eines anderen landwirtschaftlichen Produkts verdeutlicht werden. Es existiert ein Problem beim Konsumenten, dass er für sich keine Einschätzung vornehmen kann. Kochshows ersetzen nicht die „aktive Sensorik". Die beste AOC kann eine Unwissenheit nur überwinden, wenn eine Kultur der Weinqualität geschaffen wird (Abb. 9.21).

Diese Fähigkeiten zu entwickeln und zu verfeinern, ist angesichts der oben beschriebenen Vermassung von landwirtschaftlichen Erzeugnissen notwendig, um dabei vor allen Dingen beim Wein eigenes Wissen entgegenstellen zu können. Es geht darum, die Urteilskraft des engagierten Konsumenten zu stärken. Weiter wird eine solche Annäherung an das Produkt Wein dazu führen, dass sich keine sozio-ökonomischen Eliten herausbilden werden, die dann die Kennerschaft für sich allein beanspruchen (Veblen 1899, Bourdieu 1987). Es sollte eine Herausforderung sowohl für die Erzeuger als auch für die Konsumenten sein, sich diesem Produkt so zu widmen, dass es auch in der Zukunft in entsprechenden Qualitäten allen zur Freude und zum Genuss zur Verfügung stehen kann.

Zusammenfassung und Ausblick

Die Ausführungen und Darstellungen zum „Terroir" in seiner Gesamtheit als mögliches naturwissenschaftlich begründbares und überprüfbares Faktum bis hin zu den gesellschaftlich relevanten Aspekten, zeigen sehr deutlich auf, dass einfache Lösungen sich nicht anbieten werden, um immer eine oder *die* richtige Antwort direkt parat zu haben.

Die Ausführungen der Kap. 9.2.2 bis 9.2.8 geben zu der Folgerung Anlass, es handelt sich um „objektiv messbare" Fakten und Faktoren, die die Reaktionen der Rebe in ihrer jeweiligen Umwelt beschreiben. Es ist zum einen der Standort, der mit seiner geografischen Orientierung und den daraus resultierenden Klimafaktoren sozusagen den generellen Schirm bildet, unter dem sich das System Boden langfristig mit seinen inneren Eigenschaften (physikalisch, chemisch) herausbilden kann. Zum anderen bietet dieses System der Rebe die Möglichkeit, sich unter der fürsorgenden Mithilfe des Winzers angemessen zu entwickeln.

Die Kultur der Rebe ist zwar menschheitsbegleitend, aber das intensive Verständnis für die Rebkultur, im Sinne einer agronomischen Disziplin, ist nicht älter als 150 Jahre. Am besten kann dies abgelesen

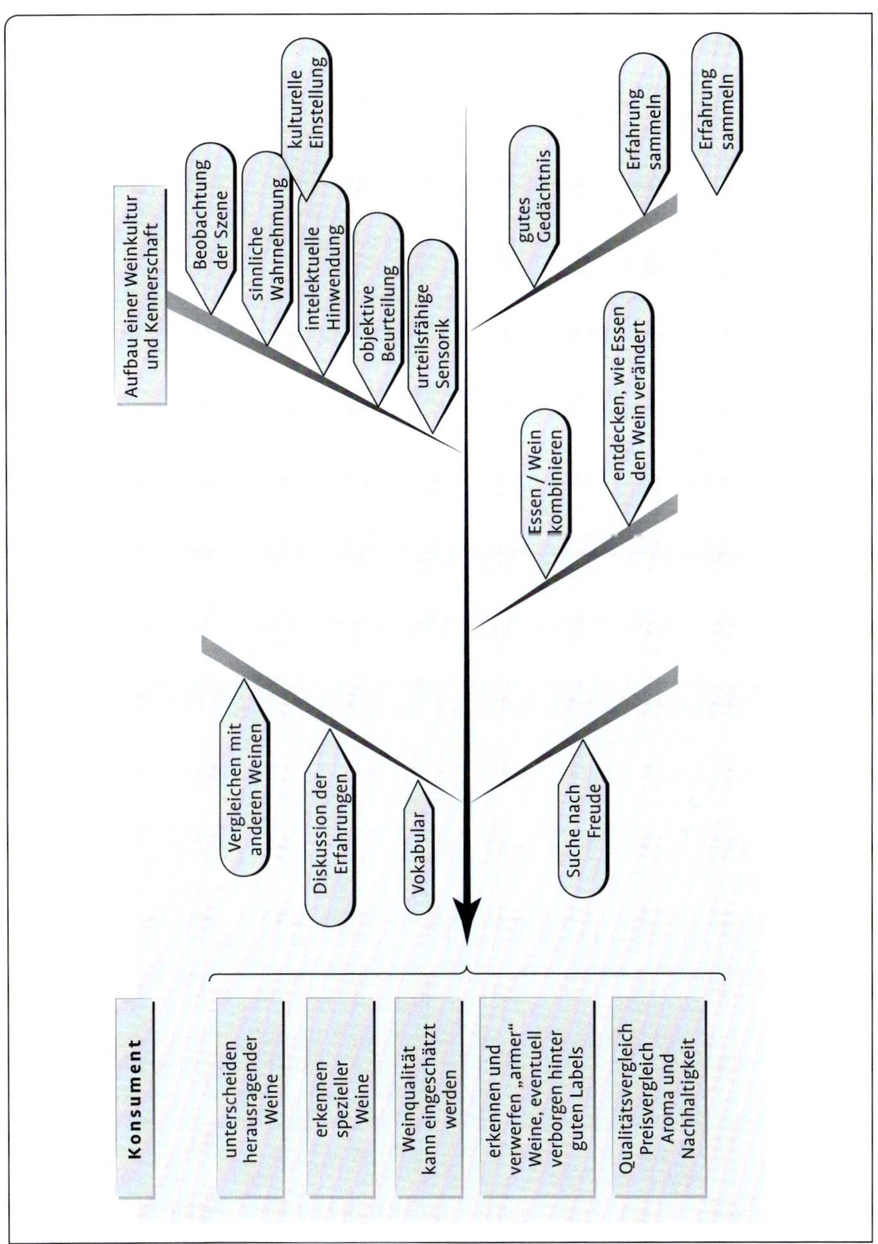

Abb. 9.21: Aktiver Erwerb von Fähigkeiten, um das Terroir-Produkt Wein einschätzen und vergleichen zu können.

werden an den ersten Lehrbüchern, die dazu verfasst wurden (Babo und Mach 1891/92). Sie würden bei einer zeitgemäßen Übertragung in unsere Ära immer noch einen hohen Grad an Aktualität besitzen. Das gilt sowohl für den Weinbau als auch für die Kellerwirtschaft. Selbstverständlich ist der Grad an Detailwissen im Weinbau in den letzten 50 Jahren enorm angewachsen; noch mehr gilt dies für die Kellerwirtschaft.

Beide Disziplinen gründen im handwerklichen Bereich („craftmanship"), sind aber mittlerweile in wissenschaftliche Dimensionen hineingewachsen. Sie nehmen für sich in Anspruch, alle Prozesse und Vorgänge erklären zu können, die mit Anbau und Herstellung hochwertiger Weine im Zusammenhang stehen (Abb. 9.22).

Man erkennt, dass am Anfang eine Reihe fixer Faktoren aus dem Bereich Umwelt, Bodenphysik und -chemie vorliegt, wobei eine eingeschränkte Manipulationsmöglichkeit im Sektor Bodenchemie besteht. Beim Übergang in den pflanzenbaulichen und dann insbesondere den oenologischen Bereich wird ersichtlich, dass die Zahl an Eingriffsmöglichkeiten überproportional ansteigt.

Weinbereitung ist ein überaus komplexer Vorgang, der sich mittlerweile aus der rein handwerklichen Sphäre weit entfernt hat, insbesondere wenn es um die Herstellung anspruchsvoller Produkte geht.

Mit dieser Aussage ist die berufliche Ausbildung in diesen Arbeitsbereichen nicht infrage gestellt, sondern es wird vielmehr deutlich, dass eine Vielzahl von Fähigkeiten („skills") bei denjenigen nachgefragt sind, die in diesem Feld tätig sind oder sein wollen.

Darüber hinaus muss der Wein – neben den hohen Qualitätsansprüchen, die alle ernst zu nehmenden Produzenten heute an sich selbst stellen – wie jedes andere landwirtschaftliche Produkt, auch den Weg zum Konsumenten finden. Insbesondere in einer Welt, wo praktisch jeder Erzeuger sich auf dem globalen Marktplatz präsentieren kann, ist dies kein leichtes Unterfangen. Deshalb haben sich in jüngster Zeit Betriebswirtschaft und Marketing dieses Problems angenommen und Mittel und Wege aufgezeigt, wie Verteilung und Positionierung im Markt geschehen soll. Die Rückkopplung mit Weinbauern und Oenologen muss dabei entsprechend hoch ausfallen, wenn sich ein nachhaltiger Erfolg einstellen soll.

Als Fazit kann man festhalten: Je weiter man sich in der Prozesskette hin zum fertigen Wein bewegt, desto mehr rückt eine Prägung des Standortes in den Hintergrund und desto geringer wird der ursprünglich bestimmende Einfluss des Terroirs.

Genau an dieser Stelle taucht dann ganz von selbst die Frage nach dem Terroir auf, das nach Meinung gehobener Konsumenten das Produkt prägen soll.

Kann es sein, das genau hier eine Sollbruchstelle vorhanden ist zwischen dem Weinbau moderner Prägung (Abb. 9.21) und dem Anspruch nach Terroir, also Ursprünglichkeit und Unverbildetheit (Kap. 9.2.9)?

Die Wissenschaftssoziologie hat gezeigt, dass die wissenschaftliche Frage nach der Wahrheit, eingefasst durch die Suche nach der Objektivität, den Objekten des Wissens die Form unabhängiger und autonomer „Dinge" gewährt; „Daten" werden ohnehin als gesetzt und vorgegeben betrachtet. Fügen sich nun „reale Objekte" nur in die Form von Daten oder Sachen? Wenn nicht, in welche andere Form und Objektivität können sie dann eingepasst werden?

Zu diesen Fragen passt eigentlich ganz gut der Disput zwischen Wissenschaft und

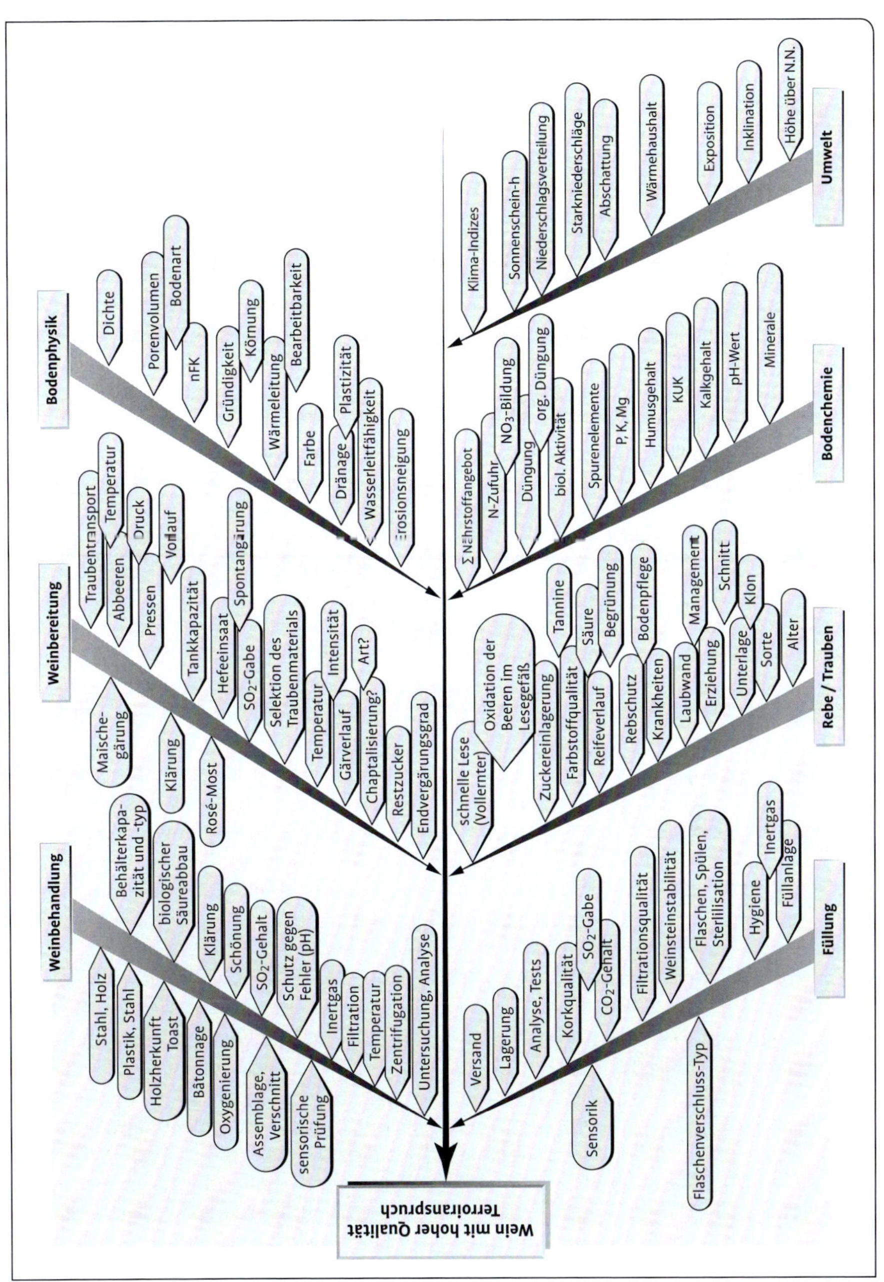

Abb. 9.22: Prozesskette der Traubenerzeugung und Weinbereitung nach dem gegenwärtigen Kenntnisstand.

Winzern über das Terroir, wenn wir es im Sinne von Teil (2011) verstehen: *„Eine komplexe Kombination aus Weinbau, Weinbereitung und agro-klimatischen Faktoren, die dem Wein mit Hilfe des Winzers eine gewisse „Terroir-Typizität" verleihen sollen"*.

Die Qualität wird durch verschiedene Labels geschützt (PDO [= Protected Denomination of Origin], AOC etc.), nachdem sichergestellt ist, dass bestimmte Regularien während der Herstellung eingehalten wurden. Wie kann man nun *eine* bestimmte Qualität (Terroir) eines Winzers identifizieren? Ähnlich wie in der Wissenschaft streben Winzer danach, es über ihre Tätigkeit und die ausgewählten Techniken zu beschreiben, bevor sie seine Gegenwart über Verkostung prüfen, um dann auch andere ihren Wein prüfen lassen.

Die Aufgabe der „Terroir-Winzer" besteht darin, den Terroir-Ausdruck ihrer Weine kunstvoll („craftmanship") zu fertigen. Um es mit einem musikalischen Vergleich darzustellen, führen sie die Partitur des Terroirs auf. Um seinen Auftritt zu ermöglichen, muss es die Vorstellung zulassen, dass es sich von selbst, aus seinem Inneren, ausdrückt und weniger durch eine überzogene Aufführungspraxis (Teil 2011).

Daraus wird nun geschlossen, dass man den Wein nicht stört, um alle ihm innewohnenden Teile zu schützen. Beim Anbau werden alle Tätigkeiten unterlassen, die die Aufnahme des Terroirs hindern oder es „verdünnen" könnten, wie z. B. durch die Anwendung mineralischer Düngemittel.

Bei der Kellerarbeit wird darauf geachtet, dass nichts erlaubt wird, was den Wein „artifiziell" macht. Man spricht von einer nicht interventionistischen Weinbereitung („Know-how-not-to"). So ist der „Terroir-Ausdruck" nicht das zufällige Resultat einer freizügigen „Umgangsart", sondern er wird eingefasst durch die Interpretationen der Winzer sowie weiterer Erfahrungen und Diskussionen, bezogen auf ihre eigenen Ergebnisse. Angesichts der großen Zahl von Winzern, welche in diesem System tätig sind, ist das Terroir mit seinen möglichen Interpretationen über eine weite Bandbreite von diversen „Umgangsarten" verteilt. Und schließlich müssen die Weine jedes Jahr wieder mit jeder neuen Ernte erneuert werden; so muss auch der „Terroir-Ausdruck" jedes Jahr aufs Neue entdeckt werden. Terroir ist nach diesen Überlegungen eine vorläufige und aufgeteilte Herstellungsart.

Es scheint, dass bei allen Bestrebungen, dem Terroir zum Objekt im wissenschaftlichen Sinne zu verhelfen, dieses trotzdem nur ein bloßes Wort bleibt. Eine simple Auflistung individueller Interpretationen, ein Konstrukt, das man als eine Aufzeichnung individueller Schilderungen auffassen kann, was Terroir sein könnte. Sie können sozial oder kulturell bestimmt sein, aber ihre „idealistische Natur" wandelt das Terroir in ein vollständig dehnbares Konzept um, das keinen verlässlichen Widerstand bietet gegen die beständigen normverändernden Definitionen, die ihm zugeordnet werden.

Die Definitionen zum Terroir werden als eine auf sich selbst beziehende Konstruktion eingestuft, ohne irgendein objektives Vorbild zu besitzen.

Die Selbstbeschränkungen, die sich Weinbauern auferlegen bezüglich des Anbaus und der Weinbereitung, werden mittlerweile mit Argwohn betrachtet, da es außerordentlich schwierig ist, die genauen Effekte auf den Geschmack des Weines zu bestimmen. Unruhe hat weite Kreise der Winzerschaft erfasst, die sicher nicht ohne Rückwirkung auf das AOC-System bleiben wird.

Ökonomen, die ebenfalls Forschungen zu Fragen des Terroirs durchführten, formulierten, dass Terroir ein soziales Konstrukt sei (Gergaud und Ginsgurgh 2008, Josling 2006). Aus dieser Perspektive gesehen ist es nicht mehr als eine „Idee", die die Akteure von ihm haben. Wieder andere vermuten hinter dem Terroir nur eine protektionistische Barriere der nationalen Agrarverwaltung; und Weinkritiker, die die Qualität ermitteln, seien nur „Parasiten" dieses Marktes (Combris et al. 1997, Gergaud und Ginsburgh 2008, Shapin 2005).

Eine umfängliche Debatte ist angebrochen über Fehleinschätzungen zum Terroir und zum AOC-System. Das „Terroir" erhebt einen Anspruch im Sinne von „geistigem Eigentum" (s. WTO), obwohl seine Basis unbegründet ist und es nicht fähig ist, zwischen Weinqualitäten zu differenzieren (Addor und Grazioli 2002, Charlier und Ngo 2007, Handler 2006, Josling 2006, Moschini et al. 2008). Der Begriff der Terroir-Qualität scheint Schwierigkeiten zu haben, sich in eine Definition einzupassen, eventuell ist man auch nicht in der Lage, sie strikt genug zu definieren.

Wie es scheint ist die Wahrheit, die zum Terroir führt, wahrscheinlich ebenso unerreichbar, wie jene, die die Wissenschaft zu finden trachtet.

Abschließend kann man, unter Wertung all der vorangegangenen Überlegungen, festhalten, dass der Begriff „Terroir" in der Weinszene sich partiell zu einem Surrogat nach Natursehnsucht und Ursprünglichkeit entwickelt hat. Es soll gemäß unserer jetzigen Lebensform etwas ganz prägnant zum Ausdruck gebracht werden, es soll sich gut kommunizieren lassen und es soll zeigen, dass man auf der Höhe der Zeit ist, was den Weingeschmack anbelangt! Damit kann man auch die Komplexität umgehen, die im Wein steckt und die man im Rahmen eines schnellen oder kurzfristigen Genusses gar nicht genau beschreiben und einordnen kann. Terroir heißt aber auch anzuerkennen, dass durch die umfangreiche Prozesskette unterschiedliche „Geschmacksansprüche" an die Sinne entstehen können, für die beispielsweise auch ein Oenologe eine merkliche Rolle gespielt hat.

10 Klimawende – was kommt auf den Winzer zu?

Das Klima ist über längere Zeiträume nicht konstant. Die Veränderungen der Sonneneinstrahlung, der Gasbestandteile in der Atmosphäre, der Meeresströmungen, heftige Vulkanausbrüche sowie die Verschiebung der Kontinente steuern diesen Wandel auf natürliche Weise. Klimaschwankungen unterliegen neben diesen genannten natürlichen auch anthropogenen (menschgemachten) Einflüssen. Letztere sind der Konzentrationszunahme strahlungsaktiver Spurengase zuzuschreiben. In der Summe heizen sie die Atmosphäre, die Ozeane und die Landoberflächen zusätzlich auf.

10.1 Klimatologische Grundlagen

Die Ursache für den Temperaturanstieg wird am sogenannten **Treibhauseffekt** festgemacht, dessen Wirkungen kurz verdeutlicht werden sollen (Abb. 10.1). Wenn wir die von der Sonne auf die Erde auftreffende kurzwellige Strahlung mit 100 % ansetzen (linker Teil der Abb. 10.1), dann erreichen die Erdoberfläche auf direktem Weg knapp 50 % der Strahlung, 30 % gehen gleich wieder durch Reflexion in den Weltraum verloren. An der Reflexion sind sowohl die Atmo-

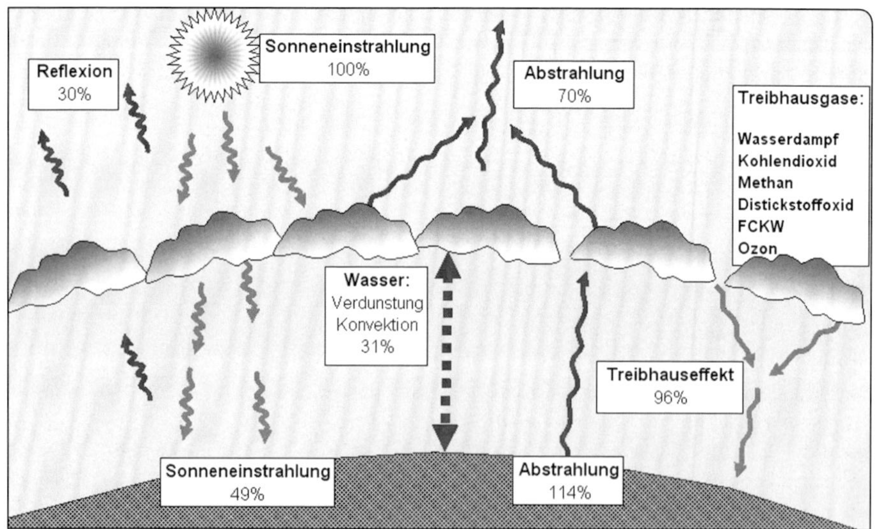

Abb. 10.1: Vereinfachtes Schaubild zur Erklärung des Treibhauseffekts mit kurzwelligen (links im Bild) und langwelligen Strahlungsflüssen (rechts im Bild) der Atmosphäre sowie der Verdunstung und Konvektion (Doppelpfeil gestrichelt). Zur Erde hingerichtete Pfeile bringen Strahlungszugewinne, von der Erde weggerichtete Pfeile Strahlungsverluste.

sphäre und die Wolken als auch die Erdoberfläche beteiligt. Von einem Weltraumbeobachter erscheint die Erde als ein mit Wolkenwirbeln durchsetzter blauer Planet, wobei an wolkenfreien Stellen die Erdoberfläche sichtbar wird. Da 70 % der Erdoberfläche mit Wasser bedeckt sind, wird ein hoher Anteil (31 %) der zugeführten Sonnenenergie von der Verdunstung und Konvektion verbraucht. Im Vergleich dazu ist der Energieverbrauch der Pflanzen für die Photosynthese vernachlässigbar klein. Trotz des hohen Verlustes durch die Verdunstung bleibt immer noch ein Überschuss von 18 %. Ohne die langwelligen Strahlungsverluste (rechte Seite der Abb. 10.1) würde sich die Erdoberfläche kontinuierlich aufheizen.

Im Vergleich zur zugeführten kurzwelligen Sonnenstrahlung ist der Wärmeverlust durch die langwellige Wärmeabstrahlung der Erdoberfläche mit 114 % extrem hoch. Sie ist ausschließlich eine Folge der Erdoberflächentemperatur. Nun absorbieren die Atmosphäre und die Wolken 96 % der langwelligen Wärmeabstrahlung bzw. geben selbst Wärmeabstrahlung an die Erdoberfläche zurück. So bleibt auf der langwelligen Seite lediglich ein Defizit von 18 % übrig, das den Überschuss im kurzwelligen Bereich komplett kompensiert. An der Absorption in der Atmosphäre sind die kleinen Wassertröpfchen und Eiskristalle der Wolken sowie die Gasanteile Wasserdampf, Kohlendioxyd, Methan, Ozon, Distickstoffoxid und die Fluorkohlenwasserstoffe (FCKW) beteiligt. Die Wirkung der Gasanteile wird als Treibhauseffekt umschrieben. Wenn die Konzentration der genannten Gase ansteigt, verschieben sich die oben genannten Prozentzahlen und das Erdklima gerät aus dem Gleichgewicht.

Nach dem Klimabericht des IPCC (Intergovernmental Panels on Global Climate Change, 2007) wird der Gleichgewichtszustand noch drastischer verändert als bisher angenommen. Die Verwendung fossiler Brennstoffe wird die CO_2-Kozentration bis zur Jahrhundertmitte auf eine Höhe von 540 ppm treiben, wobei die weitere Entwicklung der Mensch selbst in der Hand hat. Aus den bisherigen Erkenntnissen schwankte die CO_2-Konzentration in den letzten 420000 Jahren immer zwischen 180 und 300 ppm.

Der Treibhauseffekt ist auf der anderen Seite für das Leben auf der Erde zwingend notwendig. Ohne ihn läge die Mitteltemperatur der Erdoberfläche bei etwa −18 °C, die Entwicklung höherer Lebewesen wäre undenkbar.

Die Temperaturen steigen mit der zunehmenden Konzentration der Treibhausgase aber nicht überproportional an, denn in der Folge der Erwärmung verdunstet mehr Wasser auf den Meeren und der Landoberfläche. Dafür wird bekanntlich viel Wärme benötigt. Es gelangt mehr Wasserdampf in die Atmosphäre und es bilden sich daraus Wolken, die ihrerseits die Erwärmung abschwächen können. Die Klimaforscher haben inzwischen herausgefunden, dass eine Zunahme der niedrigen Wolken die Erderwärmung dämpft, Eiswolken in größeren Höhen dagegen die Erderwärmung verstärken.

Die Wechselwirkungen sind also höchst komplex. Um dennoch eine Aussage über das zukünftige Klima zu erhalten, bedient man sich der **Klimamodelle**, die es ermöglichen, das Klima mathematisch zu beschreiben. Es handelt sich dabei um Kombinationen modifizierter Wettervorhersagemodelle mit Modellen des Ozeans und der Eisgebiete. Mit diesen lassen sich auch die Wirkungen anthropogener Veränderungen der Zusammensetzung der Atmosphäre simulieren. Dabei sind dies ausschließlich sogenannte Klimaszenarien (Abb. 10.2).

Es ist notwendig, für das verwendete Klimamodell einen Anstieg der Treibhausgase vorzugeben. Bei einer optimistischen Betrachtungsweise wird der Anstieg moderat, bei pessimistischen Betrachtungsweisen dagegen sehr stark ausfallen. Abb. 10.2 zeigt die gesamte Spannweite des möglichen CO_2-Anstiegs in den nächsten 100 Jahren mit unterschiedlichen Modellen und Szenarien, wobei die Prognosen in diesem Buch sich auf die Ergebnisse des Potsdam-Instituts für Klimafolgenforschung (PIK) mit den Szenarien RCP2.6 und RCP 8.5 stützen. Das optimistische Szenario geht davon aus, dass die globale Mitteltemperatur um maximal 2 K ansteigt, wie es die Vereinbarungen der Klimakonferenz in Paris (2015) vorsehen. Dabei steigt der CO_2-Gehalt der Atmosphäre nicht über 500 ppm. Im Szenario RCP8.5 Geht man davon aus, dass die Menschen mit dem CO_2-Anstieg weitermachen wie bisher. Leider folgt der CO_2-Anstieg, der in den letzten zwei Jahrzehnten beobachtet wurde, eher dem Szenario RCP 8. 5. Der CO_2-Gehalt steigt dabei bis zum Ende des Jahrhunderts auf über 1000 ppm an.

Die Klimaänderung und ihre Folgen bieten gerade in extremen Jahren, wie 2003 oder 2006 welche waren, bei den Winzern und weinbaulich interessierten Menschen genug Gesprächsstoff. Mit Tagesmaxima von über 40 °C war der Sommer 2003 der wärmste seit 1901. Nach der Lese purzelten im Weinbau die Rekorde der erreichten Mostgewichte. 2006 war dagegen durch andere Extreme gekennzeichnet: Juni und Juli waren extrem warm, dann folgten ein kühler August und ein September mit höheren Temperaturen, als sie normalerweise im August erreicht werden. Die Reife der Trauben entwickelte sich deshalb rasant, und das böse Erwachen setzte Anfang Oktober ein, als mit den einsetzenden Niederschlägen die Trauben in einem bisher nicht gekannten Ausmaß faulten. Die Jahre 2000, 2010 und 2014 weisen bei frühem Reifebeginn ähnlich feuchte Witterungsabläufe während der Reifezeit auf.

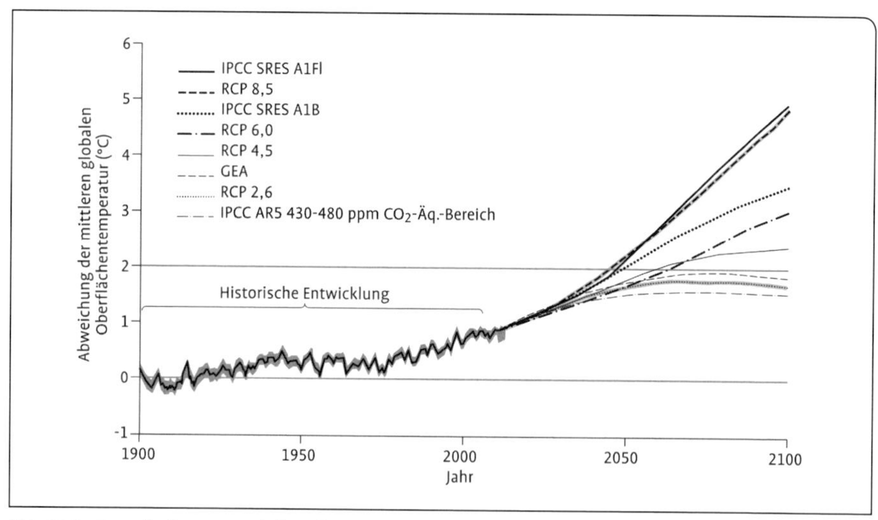

Abb. 10.2: Spannbreite von Modellergebnissen mit verschiedenen Temperaturszenarien bis zum Jahr 2100. RCP2.6 und RCP8.5 wurden verwendet (KARTSCHALL et al. 2015). Farbige Grafik im Anhang (Seite 338).

Müssen wir in Zukunft eine größere Häufigkeit extremer Jahrgänge erwarten?

Nach den Gesetzen der Statistik lag die Wahrscheinlichkeit unter 0,5 %, dass sich der Jahrhundertsommer 2003 in den nächsten 10 Jahren wiederholt. Diese Aussage gilt aber nur dann, wenn das Klima stabil bleibt. Aber genau diese Voraussetzung ist aus den oben genannten Gründen nicht gegeben. Deshalb ist es unsicher, ob die berechnete Wahrscheinlichkeit zur Wiederkehr des Jahrhundertsommers zutrifft.

Leider ist es nicht möglich, nach dem Auftreten extremer Witterungsereignisse deren Wiederkehr für die Zukunft abzuschätzen. Es können allenfalls die zu erwartenden Trends abgeschätzt werden. Der nachfolgende Abschnitt untersucht die Frage, wie sich der Klimawandel auf den Weinbau auswirken wird. Es werden die Chancen und Risiken auf der Basis des heutigen Kenntnisstandes, der beobachteten Trends der Vergangenheit und den berechneten Klimaszenarien für die Zukunft aufgezeigt.

10.2 Temperaturtrends und -szenarien

Kontinuierliche Temperaturmessungen gibt es in Deutschland seit etwa 230 Jahren. Dennoch ist es der Wissenschaft gelungen, auch das Klima lang zurück liegender Zeiträume zu rekonstruieren. Ein berühmtes Beispiel dazu lieferte eine Publikation von Petit et al. (1999) in der Zeitschrift Nature (Abb. 10.3). Die Rekonstruktion wurde aus Eisbohrkernen in der Antarktis bis in 3500 m Tiefe gewonnen. Abb. 10.3 zeigt deutlich die Parallelen zwischen Temperaturverlauf und CO_2-Konzentration auf. Offensichtlich sind auch abrupte Klimaänderungen möglich, deren Ursachen allerdings weitgehend unbekannt sind.

Wenn wir uns allein mit den letzten 1000 Jahren beschäftigen (Abb. 10.4), so ist der Klimawechsel eher langsam abgelaufen. In den letzten 150 Jahren (Abb. 10.4 oben) stieg die globale Mitteltemperatur um ca. 0,6 K an, in den letzten 1500 Jahren (Abb. 10.4 unten) schwankte sie in einem Bereich

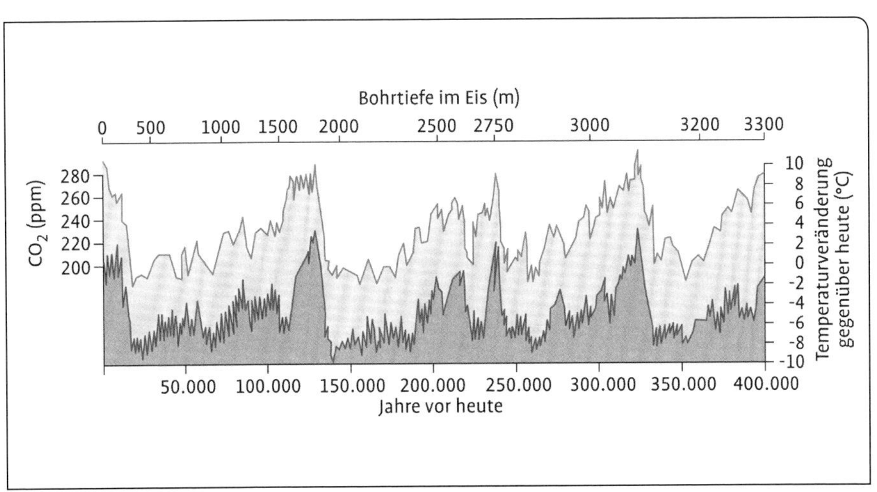

Abb. 10.3: Der Verlauf der Temperatur und des CO_2-Gehaltes in den letzten 400000 Jahren (Petit et al. 1999).

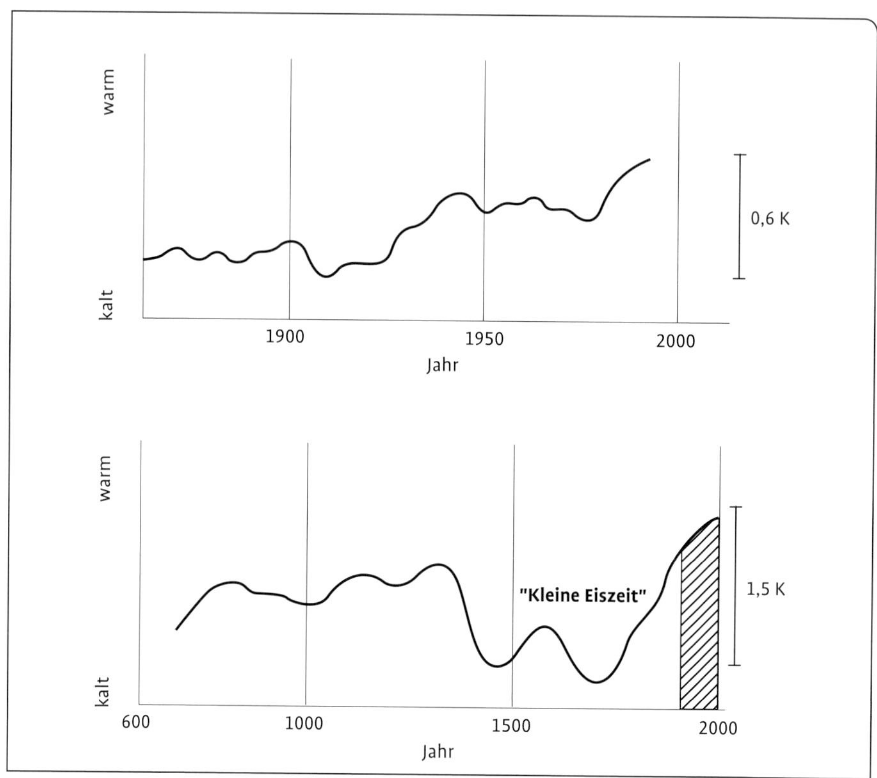

Abb. 10.4: Die Rekonstruktion des Temperaturverlaufs in den letzten 150 (oben) und 1500 Jahren (unten) (GRAEDEL und CRUTZEN 1995).

von 1,5 K, wobei die mittelalterliche Warmzeit und die „kleine Eiszeit" vom 15. bis zum 18. Jahrhundert ins Auge fallen. Im Mittelalter dehnte sich der Weinbau bis nach Schlesien und Ostpreußen aus. Mit den sinkenden Temperaturen gingen die Weinbaugebiete im Osten verloren. Einen beredten Beweis für die relative Kaltzeit bieten auch die Winterbilder holländischer Maler aus dem 17. Jahrhundert von zugefrorenen holländischen Flüssen und Seen.

Zurzeit wird beim Temperaturanstieg aber eine Geschwindigkeit beobachtet, die alle bisher bekannten Zeitszenarien übertrifft. Der Eingriff des Menschen in das normalerweise aufeinander abgestimmte Wechselspiel aus Sonne, Atmosphäre und Erde wird als Auslöser für diese schnelle Klimaänderung gesehen. Den dramatischen Temperaturanstieg verdeutlicht auch Abb. 10.5 mit den Wintertemperaturen für Karlsruhe von 1901 bis 2010. Der Verlauf ist sehr typisch für die Veränderung des Winters im Südwesten Deutschlands.

Seit 1985 lagen die mittleren Wintertemperaturen von Dezember bis Februar allesamt über der Null-Grad-Grenze.

Besonders deutlich wird der Temperaturtrend seit Mitte der 60er-Jahre. Markant setzt sich die Kälte der Kriegswinter 1940–

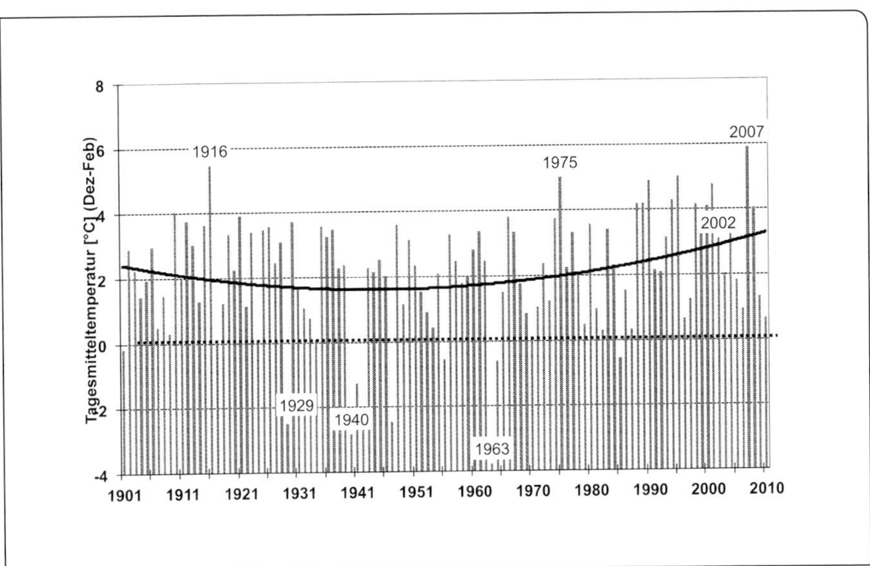

Abb. 10.5: Der Trend der Tagesmitteltemperatur im Winter (Dezember–Februar) für die Station Karlsruhe von 1901 bis 2010.

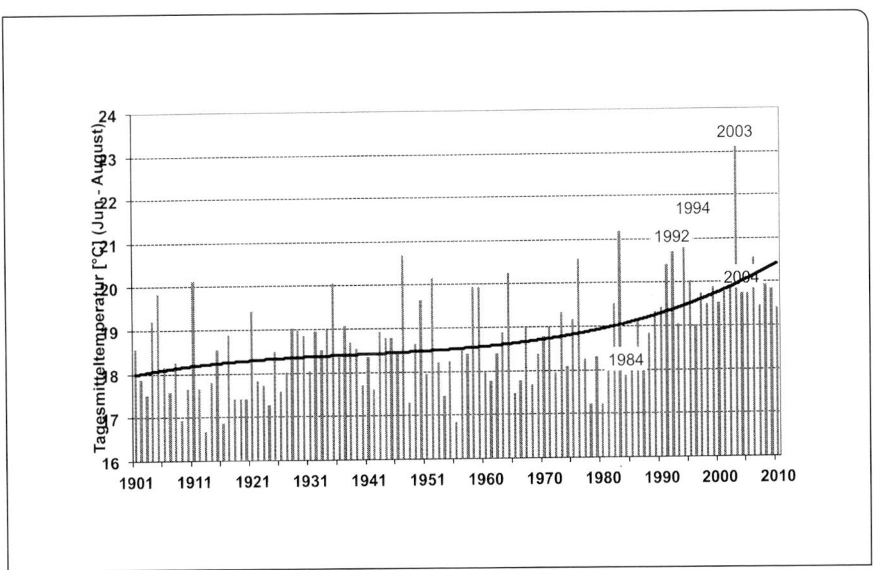

Abb. 10.6: Der Trend der Tagesmitteltemperatur im Sommer (Jun–Aug) für die Station Karlsruhe von 1901 bis 2010.

1943 und 1963 ins Bild, aber vor fast 100 Jahren war der Winter von 1915/16 so warm wie danach erst wieder im Jahr 2007. Der Anstieg der Wintertemperaturen hat auch für die Reben eher positive Folgen, denn die Zahl der Tage mit Schneebedeckung ist in deutschen Rebflächen in den letzten 30 Jahren dramatisch zurückgegangen. Da die Temperaturen bei offenen Böden nur selten unter −15 °C absinken (s. Kap. 4), werden in Zukunft die Winterfröste zumindest in den südwestlichen Landesteilen keine Rolle mehr spielen.

Sechs der 10 wärmsten Jahre über alle 110 Jahre fallen in den Zeitraum ab 1990. Eine solche Häufung kann nicht mehr als ein zufälliges Ergebnis gewertet werden.

Noch deutlicher zeigt sich im Südwesten der Trend bei der Entwicklung der Sommertemperaturen. Abb. 10.6 dokumentiert die zunehmende Häufigkeit warmer Sommer in den letzten 30 Jahren.

Seit 1970 ist die Temperatur im Mittel in den Monaten Juni–August um 1,6 K angestiegen. Das wirkt sich mit Sicherheit auch auf das Rebwachstum aus. Die phänologischen Zeitspannen verkürzen sich und die Reife der Beeren beginnt früher. Aufschluss über den Temperaturtrend der letzten 100 Jahre geben die Untersuchungen von Gerstengarbe und Werner (2003). In den alten Bundesländern änderten sich die Temperaturen in den letzten 100 Jahren um maximal 1,7 K (Bild 26 Anhang). Wesentlich moderater steigen die Temperaturen in den

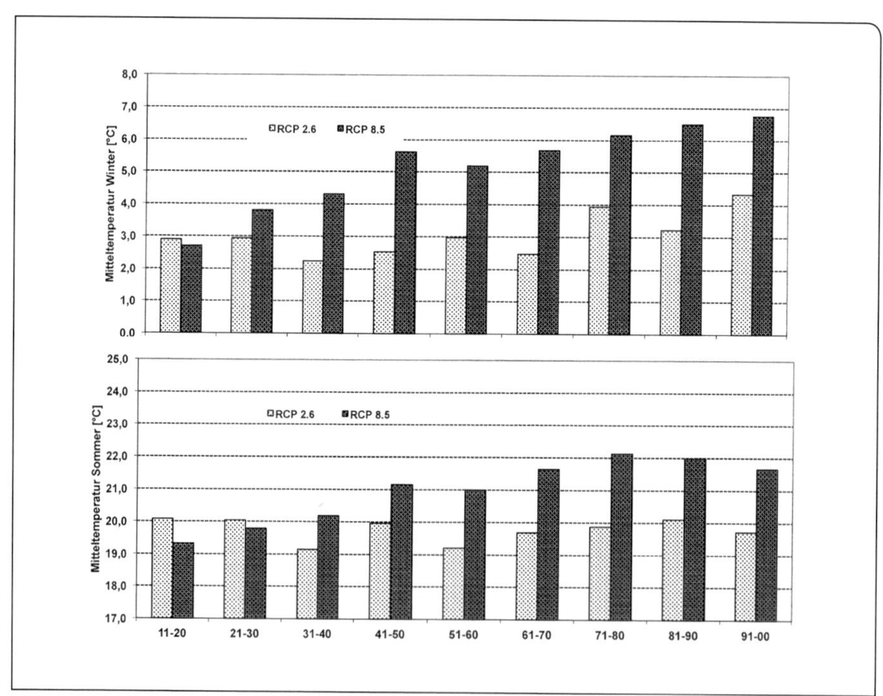

Abb. 10.7: Temperaturszenarien mit RCP2.6 und RCP8.5 in Karlsruhe für den Winter im oberen Bild und für den Sommer im unteren Bild (Quelle der Temperaturdaten 1901–2100: PIK Potsdam).

neuen Bundesländern. Sie liegen dort deutlich unter 1 K. Die neuen Bundesländer sind klimatisch kontinentaler geprägt, d. h. dass vor allem die Wintertemperaturen nicht so stark ansteigen wie im Westen. Von einem Temperaturanstieg zwischen 1 K und 1,7 K in den letzten 100 Jahren sind daher vor allem die Weinbaugebiete in den alten Bundesländern betroffen.

Der in den letzten Jahrzehnten beobachtete Anstieg der Temperaturen wird sich nach den Klimaszenarien des Potsdam-Instituts für Klimafolgenforschung auch in den nächsten Jahrzehnten fortsetzen. Abb. 10.7 zeigt den erwarteten Anstieg der Winter- und Sommertemperaturen am Beispiel der Station Karlsruhe bis 2100 für die Szenarien RCP2.6 und RCP8.5. Es handelt sich dabei um Mittelwerte über jeweils zehn Jahre. Die Darstellung der Einzeljahre wäre im Zusammenhang mit Klimaszenarien nicht sinnvoll, da immer nur Trends berechnet werden und die reale Witterung eines Einzeljahres mit dem Klimaszenario für ein Einzeljahr nicht übereinstimmen muss. Bei der Entwicklung der Temperatur im Winter und Sommer weisen die Modellergebnisse mit beiden Szenarien deutliche Unterschiede auf. Bei RCP2.6 wird die Schwelle von 2 K eingehalten, im Szenario RCP8.5 steigt die im Winter um 4–5 K, im Sommer um 2–3 K an. Insgesamt fallen die Schwankungen bei den Wintertemperaturen deutlich höher aus als bei den Sommertemperaturen. Aber der Temperaturanstieg ist uns sowohl im Sommer als auch im Winter bis 2100 gewiss.

Neben dem CO_2 erfahren auch die anderen Treibhausgase einen deutlichen Anstieg. Methan mit + 16 %, Stickoxide mit + 6 % und Fluorkohlenwasserstoffe mit + 13 % fördern ebenfalls einen deutlichen Temperaturanstieg. Auch die industriellen Schwellenländer sind inzwischen spürbar an den Emissionen beteiligt. Inzwischen ist der Schadstoffausstoß in China höher als in den USA. Im Pro-Kopf-Ausstoß liegt China allerdings deutlich hinter den USA.

10.3 Niederschlagstrends und -szenarien

Es ist sicher, dass wir uns bei der Temperatur bereits jetzt mitten im Klimawandel befinden. Aus dem erwartenden Temperaturanstieg resultiert insgesamt ein höherer Verdunstungsanspruch der Atmosphäre.

Da insgesamt 70 % der Erdoberfläche mit Wasser bedeckt sind, gelangt somit mehr Wasserdampf in die Atmosphäre und dieser wird sich über die Wolken auch wieder ausregnen. Man rechnet damit, dass sich die hydrologischen Zyklen beschleunigen.

Die bisher berechneten Trends zeigen, dass insbesondere die Winterniederschläge zunehmen. Beim Niederschlag gibt es allerdings keine ähnlich gut abgesicherten Trends wie bei der Temperatur. Zum einen schwankt der Niederschlag prozentual gesehen wesentlich stärker zwischen den Einzeljahren, zum anderen weisen die Klimamodelle trotz hoher Komplexität immer noch Schwächen bei der Darstellung des Niederschlags auf. So können beispielsweise Gewitter mit Starkregen oder das Auftreten von Hagel und extremen Wetterereignissen, die mit Wolken und Wasser zu tun haben, nicht berechnet werden.

Abb. 10.8 zeigt die Entwicklung der Niederschläge in den letzten 100 Jahren für die Station Karlsruhe in den Sommermonaten Juni–August. Die gesamte Spannweite deckt den Bereich von 70 mm im Jahr 1983 bis 470 mm im Jahr 1931 ab. Man hat zwar visuell den Eindruck, dass die Sommerniederschläge wohl eher abnehmen, ein statistisch abgesicherter Zusammenhang zu mehr Trockenheit lässt sich wegen der großen Schwankungsbreite daraus noch nicht ableiten.

Statistisch abgesicherte Trends ergeben sich allerdings, wenn man die Jahressummen des Niederschlags über das gesamte Bundesgebiet betrachtet (Bild 27 Anhang). Deutlich erkennbar ist der regional in westlichen Bundesländern zu beobachtende Anstieg um über 200 mm pro Jahr, ebenso wie die zunehmenden Defizite mit bis zu −200 mm in den neuen Bundesländern. Von dem Anstieg sind insbesondere die Regenstaugebiete der Mittelgebirge im Westen und Südwesten betroffen, von den Defiziten eher die Regenschattengebiete in der Mitte sowie weite Teile von Mecklenburg-Vorpommern bis nach Thüringen und weiter bis Sachsen. Nach Stock et al. (2007) stieg der Niederschlag in dem Untersuchungsgebiet im Südwesten in der Zeit von 1950 bis 2000 im Gebietsmittel um 64 mm an. Das entspricht einer prozentualen Zunahme von 8,2 %.

Bei diesen Ergebnissen ist allerdings zu beachten, dass der Anstieg vor allem der Zunahme milder und niederschlagsreicher Winter mit + 15,7 % mehr Niederschlag zu verdanken ist, während die Sommer in dem untersuchten Gebiet im Südwesten wärmer und zugleich trockener (−17,6 % weniger Niederschlag) werden. Für die Rebe bedeutet mehr Sommertrockenheit zugleich mehr Wasserstress. Daraus resultieren die zurzeit aktuellen Diskussionen um die Bewässerung der Reben (s. Kap. 6).

Der Trend zu mehr Winterniederschlägen setzt sich auch in den Niederschlagsszenarien für die nächsten 90 Jahre fort (Abb. 10.9). Im Szenario 2.6 ergeben sich relativ geringe Änderungen und Schwankungen in den kommenden Jahrzehnten. Bei RCP8.5 fallen Änderungen und Schwankungen wesentlich deutlicher aus. So steigt der Winterniederschlag (Abb. 10.9 oben) bis 2080 deutlich an, danach fällt er wieder auf das heutige Niveau. Im Sommer sind die beiden Szenarien eher gegenläufig mit mehr Som-

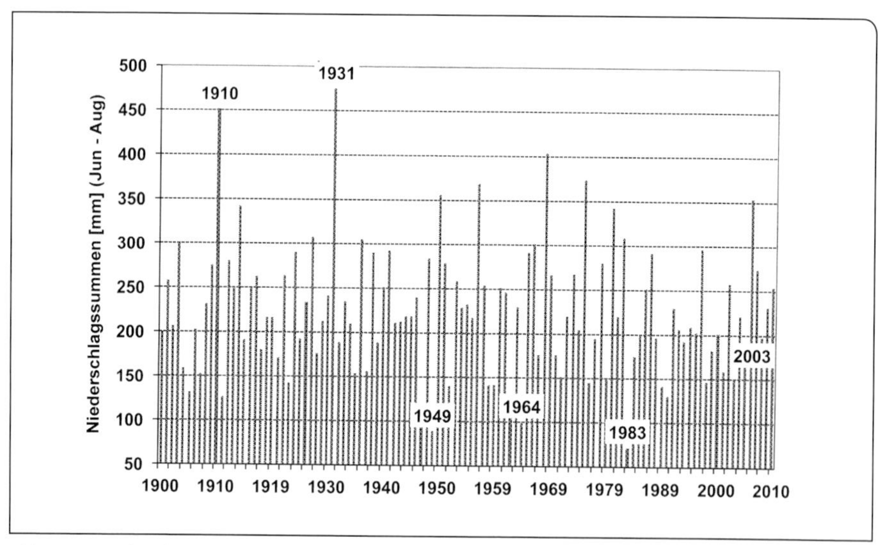

Abb. 10.8: Niederschlagssummen im Sommer (Juni bis August) für Karlsruhe von 1900 bis 2010.

mertrockenheit bei RCP8.5 (Abb. 10.9 unten). Bei RCP2.6 steigen die Sommerniederschläge bis 2070 deutlich an. Die Winde aus Westen und Südwesten führen feuchte Wolkenluft nach Europa. Ein signifikantes Klimasignal wird bereits heute erkennbar, denn in den zunehmend milderen Wintern wird die Zahl der Tage mit Schneebedeckung in Mitteleuropa immer geringer. Kalte Winter mit Schnee in Europa fördern die Entwicklung kalter Luftmassen in Europa, die dann in der Folge die vom Atlantik herannahenden Tiefs abblocken und nach Südosten ins Mittelmeer oder nach Nordosten in Richtung Norwegen abdrängen. Bei fehlender Schneedecke bringen die feuchten Luftmassen viele Regenwolken nach Europa, die sich dann auf den Luvseiten der Mittelgebirge ausregnen. Insgesamt beobachtet man eine Zunahme der Westwindwetterlagen im Winter.

Wie schon eingangs erwähnt, sind die Klimaszenarien vor allem beim Niederschlag mit Untersicherheiten behaftet. Die Abb. 10.10 zeigt die Ergebnisse aus zwei unterschiedlichen Klimamodellen CLM und WETTREG für die Station Geisenheim über den Zeitraum 2011–2060 auf. Das Modell CLM betreibt eine regionale Differenzierung mit numerischen Methoden, das Modell WETTREG leitet aus einem globalen Modell die regionalen Unterschiede mit statistischen Methoden ab. Das Modell WETTREG berechnet deutlich höhere Temperaturen als CLM, beim Niederschlag drehen sich die Verhältnisse um. Die Schwankungen sind beim Modell CLM deutlich größer als beim Modell WETTREG. Die Niederschläge erge-

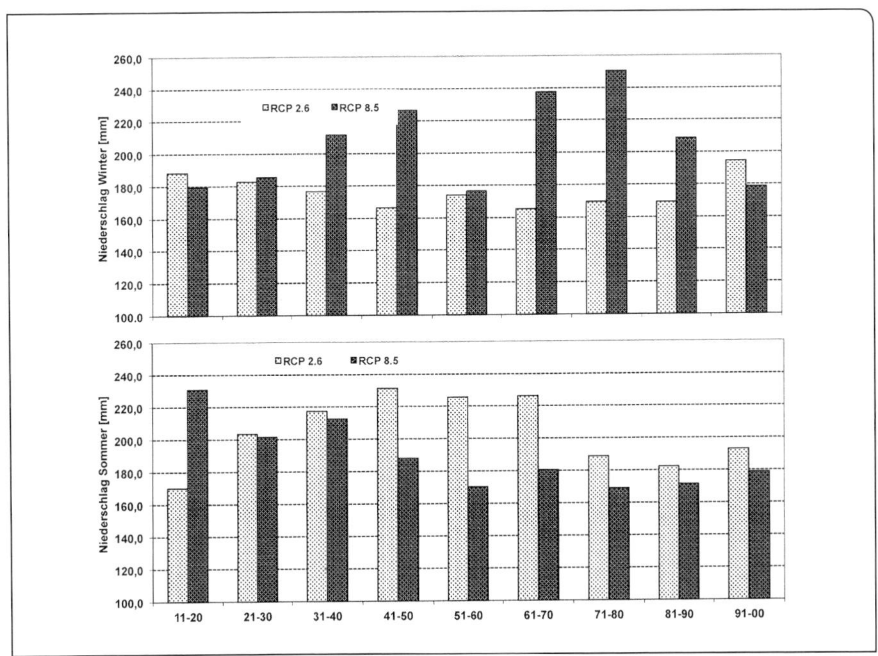

Abb. 10.9: Niederschlagszenarien mit RCP2.6 und RCP8.5 in Karlsruhe für den Winter im oberen Bild und für den Sommer im unteren Bild (Quelle der Temperaturdaten 1901–2100: PIK Potsdam).

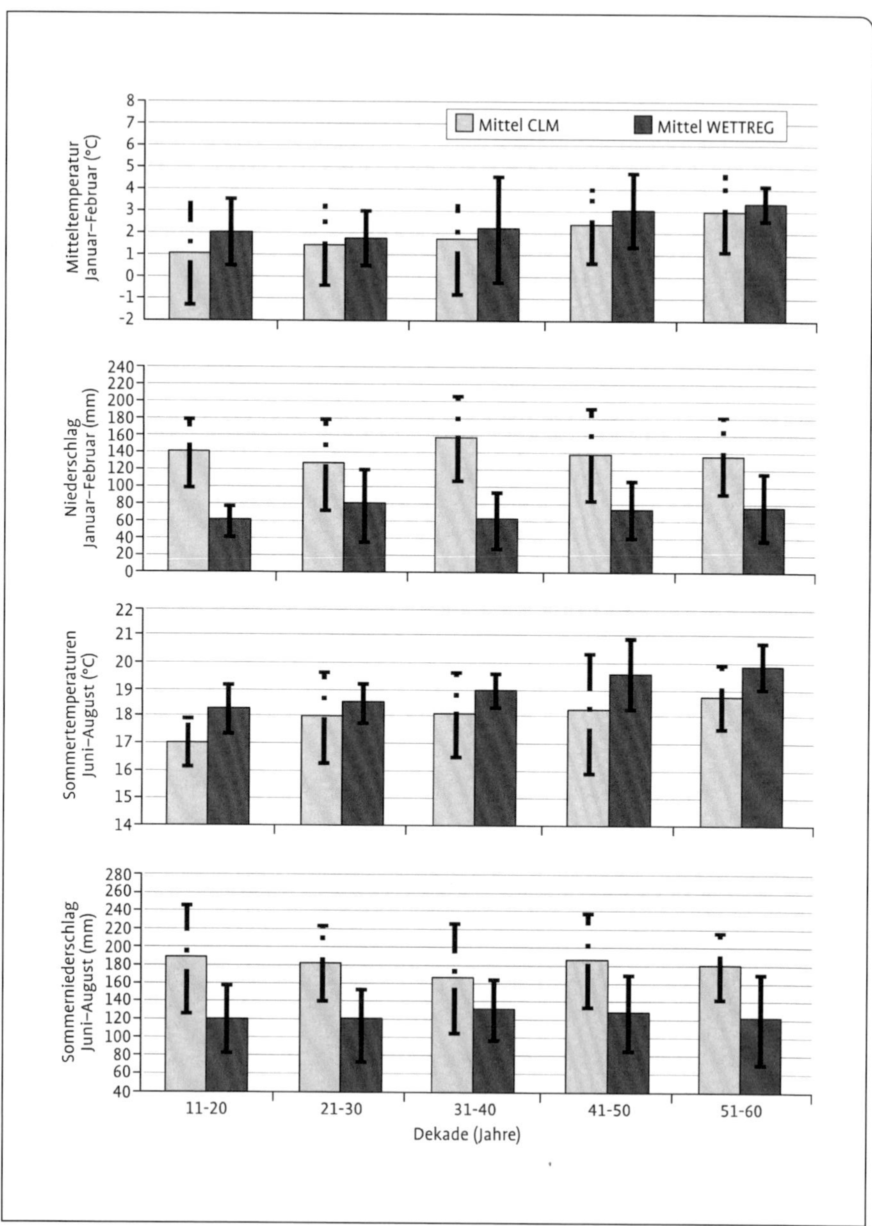

Abb. 10.10: Die Temperatur- und Niederschlagsänderung (2011–2060) mit unterschiedlichen Klimamodellen CLM und WETTREG für Sommer und Winter an der Station Geisenheim (Quelle der Daten: Deutscher Wetterdienst Braunschweig).

Tab. 10.1 *Trend der Temperatursummen in Gradtagen (> 10 °C) und der potenziellen Verdunstung in [mm] für vier Stationen von 2011 bis 2100 und die mittleren Änderungen pro Dekade von April bis Oktober für das Szenario RCP8.5.*

Temperatursumme	Freiburg			Karlsruhe			Geisenheim			Würzburg			Dresden		
	A	B	C	A	B	C	A	B	C	A	B	C	A	B	C
Sep–Okt	338	29,9	***	320	27,8	***	275	25,8	***	250	25,5	***	235	26,2	***
Jul–Aug	653	22,9	***	633	21,8	***	561	22,4	***	529	22,9	***	515	20,0	***
Apr–Jun	519	29,4	***	506	27,9	***	451	24,9	***	406	25,3	***	377	23,0	***

Erläuterungen:
A = Ausgangswert Temperatursumme [Gradtage] 2011
B = Änderung in Gradtagen pro Dekade
C = signifikant (n. s. = nicht signifikant * = 5 %, ** =1 %, *** = 0,1 % Irrtumswahrscheinlichkeit)

pot. Verdunst.	Freiburg			Karlsruhe			Geisenheim			Würzburg			Dresden		
	A	B	C	A	B	C	A	B	C	A	B	C	A	B	C
Sep–Okt	115	8,7	***	106	7,5	***	97	7,6	***	97	7,7	***	98	7,5	***
Jul–Aug	234	9,4	***	224	10,1	***	209	9,3	***	201	9,3	***	199	8,9	***
Apr–Jun	223	6,6	***	217	7,1	***	212	6,3	***	191	7,5	***	181	7,4	***

A = Ausgangswert potenzielle Verdunstung [mm] 2011
B = Änderung in mm pro Dekade
C = signifikant (n. s. = nicht signifikant * = 5 %, ** =1 %, *** = 0,1 % Irrtumswahrscheinlichkeit)

ben in beiden Modellen keinen Trend zu höheren oder niedrigeren Werten in den nächsten Jahrzehnten.

Für den Weinbau ist insbesondere die zukünftige Verteilung der Sommerniederschläge von Bedeutung. Im Sommer fallen im Modell CLM im Vergleich zu WETTREG deutlich höhere Niederschläge. Die trockene Variante WETTREG bietet mit 40 mm pro Monat viel zu geringe Niederschläge. Bei allen Unsicherheiten in den einzelnen Szenarien ist es unstrittig, dass die Reben bei höheren Temperaturen auch mehr Wasser benötigen. Die im Winter im Boden gebildeten Wasserreserven werden sich dann während des Sommers rascher entleeren.

10.4 Trends und Szenarien bei der Phänologie der Rebe

Die Temperatur bestimmt die phänologische Entwicklung der Rebe. Höhere Temperaturen beschleunigen das Wachstum, tiefe Temperaturen verzögern die Entwicklung. Man kann die phänologische Entwicklung mit Temperatursummen beschreiben (s. Kap. 3). Heute liegt die mittlere Wärmesumme pro Tag um 1,5 K höher als 1950. Die zusätzliche Wärmesumme beschleunigt die Entwicklung der Reben um mindestens 14 Tage. Die Trends zu höheren Wärmesummen im Zeitraum 2011–2100 zeigen sich in den meisten Weinbauregionen, wobei der Anstieg von Juli bis August etwas geringer als im Frühjahr und Herbst ausfällt (Tab. 10.1 oben). In allen Zeitspannen während der Vegetationszeit sind die Trends signifikant und deutlich positiv. Die Basis für die Berechnungen bildet das Klimaszenario RCP8.5. In den nächsten Jahrzehnten steigen in allen Gebieten die Temperatursummen zwischen 20 und 30 Gradtage pro Dekade. In 50 Jahren summiert sich die Zunahme auf über 100 Gradtage.

Das Jahr 2003 brach alle Rekorde bezüglich Reifebeginn der Trauben. So begann beispielsweise beim Riesling die Reife im Rheingau bereits am 2. August. Die Superjahre 1993 (9. August) und 1976 (10. August) folgen erst eine Woche später. Milde Winter, ein warmes Frühjahr und heiße Sommer beschleunigen die phänologische Entwicklung. Mit den Temperatursummen steigt auch die potenzielle Verdunstung (Tab. 10.1 unten) stark an. Hier ist die Änderung in der Zeitspanne von Juli bis August besonders groß. Das Maximum erreicht Karlsruhe mit 10 mm in einem Jahrzehnt. Die negativen Folgen für den Wasserhaushalt wurden bereits erwähnt.

Werden dem Extremjahr 2003 weitere Superjahre in den nächsten Jahrzehnten folgen?

Der Austrieb der Rebsorte Riesling liegt heute bereits um acht Tage früher als im Durchschnitt der Jahrzehnte von 1960 bis 1990. Diese Verfrühung wird sich bei einem zu erwartenden Temperaturanstieg von 4 K in den nächsten 90 Jahren fortsetzen. Abb. 10.11 und Abb. 10.12 verdeutlichen die zunehmende Verfrühung der Blüte und des Reifebeginns in Geisenheim am Beispiel der Rebsorte Riesling von 1961 bis 2060, wobei die vom PIK-Potsdam bereitgestellten Klimaszenarien RCP2.6 und RCP8.5 verwendet wurden (Kartschall et al. 2015). Es werden nicht die Einzeljahre, sondern die 10-jährigen Mittelwerte berechnet. Die Ergebnisse bestätigen den derzeitigen Trend.

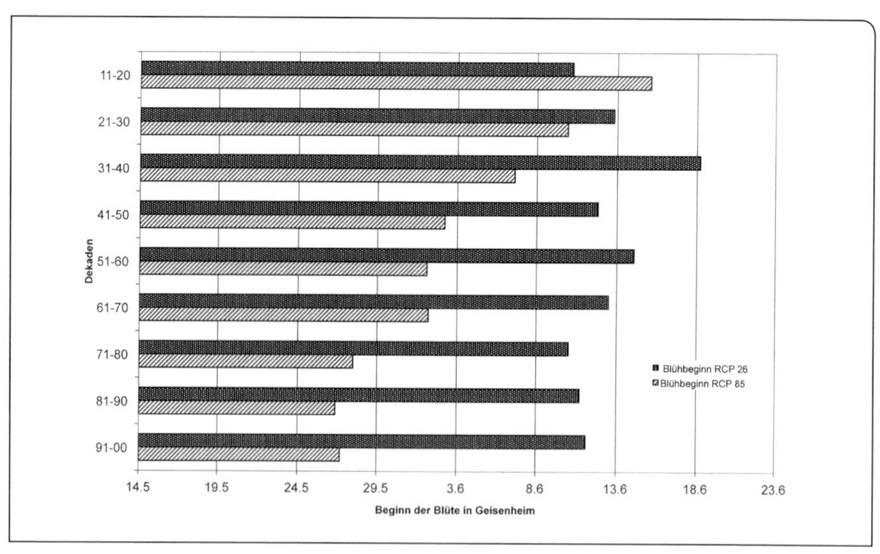

Abb. 10.11: Verfrühung des Blühbeginns der Rebsorte Riesling in Geisenheim (Rheingau) bis zur Dekade 2091–2100 für die Szenarien RCP2.6 und RCP8.5 (Quelle der Klimadaten 2091–2100: PIK Potsdam).

Über den 90-jährigen Zeitraum bis 2100 wird sich der Beginn der Blüte beim Riesling um insgesamt 14 Tage verfrühen. Heute beginnt die Blüte um den 10. Juni, vor 50 Jahren begann sie im Mittel am 21. Juni, 2100 wird die Blüte im Mittel am 27. Mai beginnen (Abb. 10.11). Das gilt nur für das Klimaszenario RCP8.5. Bei Anwendung des Szenarios RCP2.6 fällt die Verfrühung kaum ins Gewicht. Die Entwicklung nach diesem Szenario wird von der Fachwelt zurzeit als unwahrscheinlich angesehen. Sie würde maximal einen Temperaturanstieg um 2 K voraussetzen. Der Anstieg der Treibhausgase folgt zurzeit aber dem Szenario RCP8.5. Die für den Rheingau gewonnenen Ergebnisse lassen sich auf andere Weinbaugebiete übertragen, wenn man die bekannten regionalen Unterschiede berücksichtigt. So beginnt heute die Blüte bei spät reifenden Rebsorten im Kaiserstuhl etwa sieben Tage früher als im Rheingau. Das bedeutet, dass im Mittel um das Jahr 2100 die Blüte im Kaiserstuhl bereits um den 20. Mai beginnt. Die Beschleunigung bleibt nicht bei der Blüte stehen, sondern verstärkt sich weiter über die Reife bis zur Lese. Nach den Abschätzungen beginnt die Reife 2100 um den 07. August (Abb. 10.12), im Mittel der letzten 30 Jahre begann sie am 21. August. Im Jahr 2003 begann die Reife am 02. August. Das ist noch fünf Tage früher als der Mittelwert von 2071–2080.

In 50 Jahren entspricht der Reifebeginn des Jahres 1976 oder 1993 schon der Normalität, 2003 wird als Mittelwert vorerst noch nicht erreicht.

Ein frühzeitiger Reifebeginn Anfang bis Mitte August verspricht zwar hohe Mostgewichte, kann sich aber negativ auf andere Wert gebende Inhaltsstoffe auswirken. Wichtige Inhaltsstoffe erfordern ein langsames Ausreifen der Beeren bei relativ niedrigen Nachttemperaturen. Neben zu niedri-

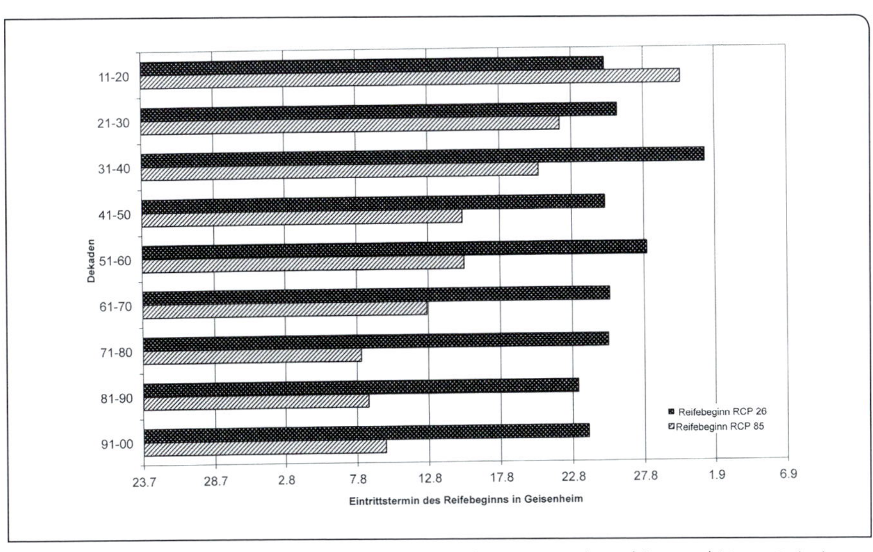

Abb. 10.12: Verfrühung des Reifebeginns der Rebsorte Riesling in Geisenheim (Rheingau) bis zur Dekade 2091–2100 für die Szenarien RCP2.6 und RCP8.5 (Quelle der Klimadaten 2091–2100: PIK Potsdam).

gen Säurewerten verändern sich bei einer zu frühen Abreife die Geschmackskomponenten. Durch die frühere Ernte auf einem insgesamt höheren Temperaturniveau müssten die Trauben für eine optimale Gärung in den Abend- und Nachtstunden geerntet werden. Wenn an einem Standort die Temperatur um 1 K ansteigt, verlagert er sich klimatisch 500 km nach Süden, d. h. Freiburg läge dann beispielsweise im unteren Rhonetal. Das lässt auch die umgekehrte Schlussfolgerung zu, dass die Anbauzonen der Rebsorten nach Norden wandern.

10.5 Trends und Szenarien zur Qualität

Die Verfrühung des Blüh- und Reifetermins wirkt sich beim Riesling direkt auf den Endzuckergehalt der Trauben [°Oe] aus. Mit einer Verfrühung um eine Woche ist ein Mostgewichtsanstieg von ca. 5°Oe verbunden. Wenn man die gesamte Verfrühung der 90 Jahre von 2011 bis 2100 berücksichtigt, so bedeutet das einen Anstieg von 10°Oe von 2011 bis 2100.

Unter Berücksichtigung aller Einflussgrößen lassen sich auch Trendberechnungen für die Rebsorte Riesling am Standort Geisenheim für den Zeitraum von 2011 bis 2100 durchführen (Abb. 10.13). Es werden Dekadenmittelwerte mit den Schwankungen innerhalb der Dekade dargestellt. Während die Mostgewichte in den Jahrzehnten 1951–1990 weitgehend konstant blieben, stiegen sie ab 1990 in einem vorher nicht gekannten Ausmaß an. 2070 liegen sie um 2–3 Qualitätsstufen höher als 2010. Die Mostgewichtsschwankungen innerhalb einer Dekade nehmen zum Ende des Jahrhunderts deutlich ab.

Die Freude über den Qualitätsanstieg hält sich bei den Winzern in Grenzen. Mit dem Mostgewichtsanstieg fällt gleichzeitig die Säure ab. Insbesondere werden die Rieslinge aus den flachgründigen Steillagen

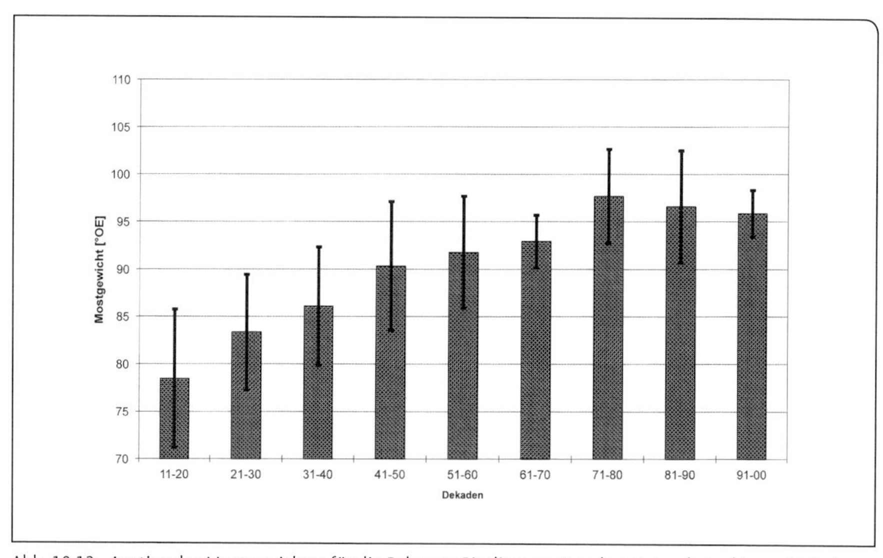

Abb. 10.13: Anstieg des Mostgewichtes für die Rebsorte Riesling am Standort Geisenheim bis zur Dekade 2091–2100 mit dem Szenario RCP8.5 (Quelle der Klimadaten 2011–2100: PIK Potsdam).

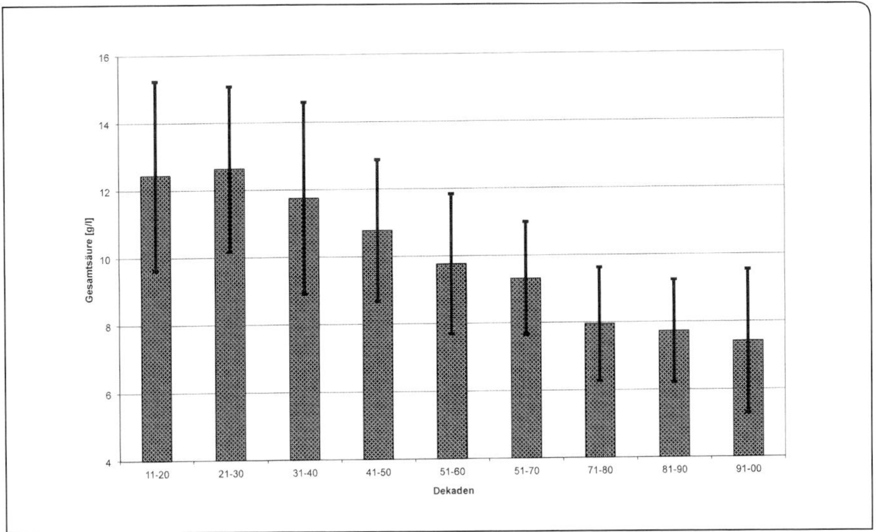

Abb. 10.14: Abfall der Gesamtsäure während der Reifezeit der Rebsorte Riesling für Würzburg bis zur Dekade 2091–2100 mit dem Szenario RCP8.5 (Quelle der Klimadaten 2011–2060: PIK Potsdam, nach SCHULTZ 2006).

in der Zukunft deutlich weniger Äpfelsäure enthalten. Die fehlende Äpfelsäure nimmt den Weinen die Frische. Erstmals wurden die deutschen Winzer 2003 mit diesem Problem konfrontiert. Mithilfe des Temperaturmodells von Schultz et al. (2006) (vgl. Kap. 8) kann die zukünftige Entwicklung des Gesamtsäureabbaus für den Riesling abgeschätzt werden. Als Startwert für den Reifebeginn wurden 18,5 g/l Äpfelsäure gewählt. Dieser Startwert ist natürlich fiktiv und muss nicht mit den Startwerten in einem Einzeljahr übereinstimmen. Auch die Endwerte zum Zeitpunkt der Lese müssen nicht mit den gemessenen Werten übereinstimmen. Es geht bei der Gegenüberstellung in der Abb. 10.14 lediglich um die zu erwartenden Trends der kommenden Jahrzehnte. Der Trend zu säureärmeren Weinen ist bereits heute erkennbar und wird sich auch weiter fortsetzen. Davon betroffen sind insbesondere die warmen Hanglagen.

10.6 Das Rebsortenspektrum

Die erwarteten Veränderungen bezüglich der Anbauzonen lassen sich näherungsweise mit Wärmesummen berechnen (vgl. Kap. 3). Abb. 10.15 stellt die Entwicklung des Huglin-Index in den Jahrzehnten von 2011 bis 2100 für Geisenheim und Freiburg dar. Er besagt (s. Tab. 3.3), dass für einen erfolgreichen Rieslinganbau der Wert zwischen 1700 und 1800 benötigt wird, während Müller-Thurgau mit 1500–1600 auskommt. Die in Tab. 3.3 aufgelisteten Bereiche für die Rebsorten sind als makroklimatische Richtwerte für eine Weinbauregion zu sehen. Der Indexwert lässt sich nur als makroklimatischer Näherungswert für die Eignung einer Rebsorte ansehen. Man erkennt dennoch die bevorzugte Stellung von Freiburg in Deutschland mit deutlich höheren Wärmesummen im Vergleich zum Rheingau. Der Stadteinfluss lässt die Temperatursummen noch zusätzlich ansteigen. Die Werte werden in der ländlichen Umgebung im Breisgau niedriger liegen.

Die Anbaubedingungen in Deutschland waren 1950–1990 nicht immer optimal. Die relativ große Zahl sehr mäßiger Weinjahrgänge zwischen 1955 und 1984 stützt diese Aussage. Seit 1985 erleben wir in Deutschland aber einen dramatischen Wandel.

> In den nächsten Jahrzehnten wird in Deutschland der Anbau wärmeliebender, mediterraner Rebsorten möglich. Im Rheingau wäre der Anbau des Merlot möglich, Freiburg erfüllt dann bereits die klimatischen Bedingungen für den Anbau des Syrah.

Bild 25 (Anhang © PIK/Wodinski, Kartschall 2016) verdeutlicht die Entwicklung des Huglin-Index in den westlichen, mittleren und südlichen Anbaugebieten im Vergleich der Zeiträume 1981–2010 und 2041–2070. Der Rheingau und Württemberg ähneln sich in der Entwicklung, die Südpfalz liegt in den Huglin-Werten deutlich besser. Während des Zeitraums 1981–2010 begrenzen sich die Anbaumöglichkeiten im Rheingau und am Neckar auf die Sorten Riesling, Weißburgunder und Müller-Thurgau. Im Zeitraum von 2041 bis 2070 dehnen sich die Gebiete für einen möglichen Rebanbau flächenmäßig deutlich aus und wandern zugleich in größere Höhen. Dieser Trend setzt sich fort und wird die weinbauklimatischen Bedingungen der Zukunft nachhaltig beeinflussen. In den Weinbaugebieten Pfalz und Baden erreicht der Huglin-Index Spitzenwerte von über 2000. Mitte des 21. Jahrhunderts sind in diesen Gebiete die Voraussetzungen für den Anbau von wärmeliebenden Rotweinsorten aus dem Mittelmeerraum gegeben. Im Rheingau und in Württemberg sind größere Flächen für den Anbau der Rebsorte Merlot geeignet.

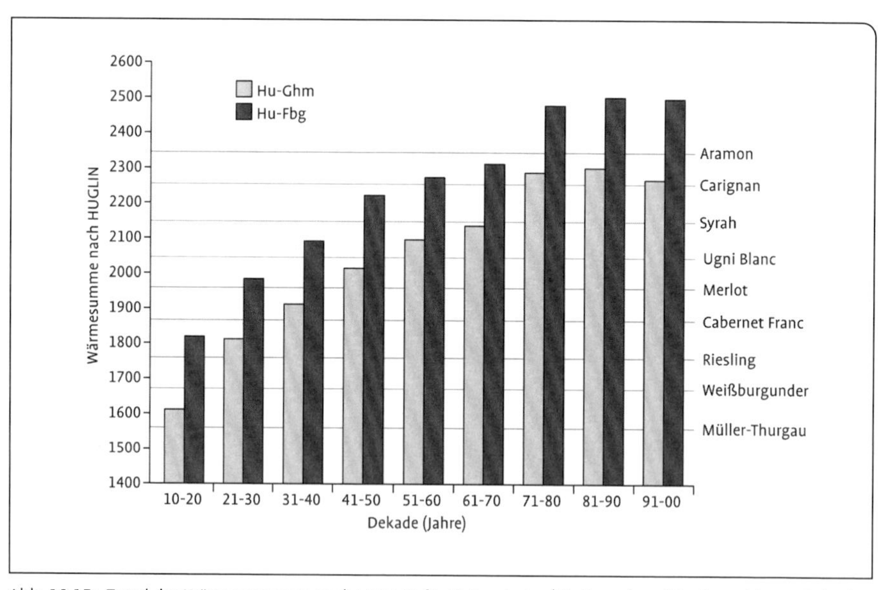

Abb. 10.15: Trend der Wärmesummen nach Huglin für Geisenheim (Rheingau) und Freiburg bis zur Dekade 2091–2100 mit dem Szenario RCP8.5 (Quelle der Klimadaten 2011–2060: PIK Potsdam).

Bei **Neuanpflanzungen** ist der Trend zu anspruchsvolleren Rebsorten bereits heute zu beobachten. Dieser Trend wird sich möglicherweise in den nächsten Jahrzehnten verstärkt fortsetzen. Die Winzer sehen diese Entwicklung allerdings mit gemischten Gefühlen. Auf der einen Seite bietet sich ihnen die Chance, sich in Felder (Rotwein) zu begeben, die bisher von Mitbewerbern aus dem Ausland besetzt waren, andrerseits wird der Konkurrenzdruck größer und die Typizität der klassischen Weißweinsorten in den nördlichen Anbauzonen geht verloren. So schnitten beispielsweise die deutschen Rieslinge bei einem internationalen Vergleich in Geisenheim deutlich besser ab als die Rieslingkonkurrenz aus den warmen Anbauregionen. Die Nachfrage nach Riesling, Silvaner und Müller-Thurgau steigt zurzeit wieder stark an. Die Anpflanzung anspruchsvoller Rotweinsorten sollte also gut überlegt sein. Die Rebfläche ist in der EU flächenmäßig festgeschrieben.

Mit dem Beitritt der osteuropäischen Länder vergrößert sich die potenzielle Rebfläche. Folgt man allein dem Huglin-Index, so könnten heute weitaus größere Gebiete für den Anbau von Reben freigegeben werden. Marktpolitisch wäre das eine Katastrophe. Die Weinbaupolitik ist gefordert, sich den zukünftigen klimatischen Entwicklungen zu stellen.

10.7 Witterungsbedingte Risiken des Klimawandels

10.7.1 Hagel, Frost und Hitze

Neben dem Frost bedeutet das Auftreten von **Hagelschlag** die größte Gefahr für den Weinbau. Hagelschlag tritt als räumlich eng begrenztes Wetterrisiko auf. Trends lassen sich bei diesem Phänomen nicht aufzeigen. Die Tab. 4.13 (Kap. 4.3.2.2.) listet eine Hagelstatistik für verschiedene Standorte in Deutschland auf. Sie erhebt keinen Anspruch auf Vollständigkeit. Im regionalen Vergleich weist Stuttgart ein höheres Risiko auf als alle anderen Standorte. In Alzey ist das Hagelrisiko am geringsten. Es ist bekannt, dass Kessellagen in Verbindung mit städtisch geprägten Regionen die Entwicklung von schweren Gewittern begünstigen. Ebenso tendieren Standorte mit ausgeprägter Orografie zu einem höheren Hagelrisiko (Trier und Bernkastel). Mit der eingangs erwähnten erhöhten Zufuhr von Wasserdampf erhöht sich das Risiko für starke vertikale Umlagerungen infolge der damit verbundenen labilen Temperaturschichtung in der Atmosphäre. Es ist daher plausibel, dass sich damit auch das Risiko für Hagel erhöht.

Leider bieten die statistischen Trends und die Klimaszenarien noch keine Möglichkeit, das zukünftige Hagelrisiko für die kommenden Jahrzehnte abzuschätzen.

Die Verfrühung des Austriebs birgt möglicherweise ein erhöhtes Risiko eines Spätfrostes. Wenn es auch im Trend wärmer wird, lässt sich die Gefahr eines kurzfristigen Kälteeinbruchs im April oder auch noch im Mai nicht ausschließen.

Die Tab. 10.2 (Kartschall et al. 2015) zeigt die **Frostwahrscheinlichkeit** (%) für die Vergleichszeiträume 1931–1960 und 1981–2010 mit den Beobachtungen und für den Zeitraum 2031–2060 mit den Klimaszenarien RCP 2.6 und RCP8.5. Die Frostwahrscheinlichkeit ist in den letzten drei Jahrzehnten gegenüber dem Zeitraum 1931–1960 deutlich von 24 % auf 10 % gefallen. Ebenso auffallend ist die deutlich ansteigende Tendenz von 10 auf 29 % im Zeitraum 2031–2060 mit dem Szenario RCP8.5. Bei dem Szenario RCP2.6 steigt die Frostwahrscheinlichkeit deutlich geringer an. Im Mit-

Tab. 10.2 *Die Frostwahrscheinlichkeit in [%] aller Jahre nach Beginn des Austriebs bei der Rebsorte Riesling für die Vergleichszeiträume 1931–1960 und 1981–2010 sowie in den zukünftigen Szenarien RCP2.6 und RCP 8.5 für den Zeitraum 2031–2060 (nach* KARTSCHALL *et al. 2015).*

		Beobachtungen				Modell RCP2.6		Modell RCP8.5	
Weinbaugebiet	**Station**	**1931–1960**		**1981–2010**		**2031–2060**		**2031–2060**	
		Aus	**FR (%)**	**Aus**	**FR (%)**	**Aus**	**FR(%)**	**Aus**	**FR (%)**
Baden	Freiburg i.Br.	20.4	10 %	16.4	10 %	18.4	13 %	31.3	7 %
Baden	Eichstetten	19.4	17 %	15.4	10 %	16.4	13 %	31.3	10 %
Württemberg	Öhringen	30.4	30 %	26.4	13 %	27.4	24 %	16.4	39 %
Württemberg	Obersulm-Willsbach	29.4	33 %	25.4	17 %	26.4	18 %	13.4	42 %
Pfalz	Bad Berg zabern	28.4	23 %	24.4	3 %	26.4	17 %	13.4	30 %
Hessische Bergstr.	Heidelberg	25.4	7 %	20.4	10 %	23.4	6 %	9.4	12 %
Rheinhessen	Alzey	30.4	47 %	26.4	3 %	28.4	23 %	17.4	39 %
Rheingau	Geisenheim	28.4	23 %	25.4	3 %	26.4	17 %	15.4	19 %
Nahe	Roxheim	29.4	43 %	26.4	10 %	27.4	30 %	17.4	47 %
Mittelrhein	Koblenz	25.4	23 %	21.4	20 %	23.4	29 %	7.4	30 %
Mosel	Bernkastel-Kues	25.4	23 %	23.4	10 %	25.4	20 %	12.4	26 %
Ahr	Bad Neuenahr-Ahrw.	26.4	37 %	24.4	10 %	25.4	32 %	15.4	36 %
Franken	Würzburg	1.5	23 %	27.4	10 %	29.4	19 %	18.4	38 %
Saale-Unstrut	Bad Bibra	1.5	23 %	27.4	10 %	29.4	20 %	17.4	42 %
Sachsen	Coswig	3.5	10 %	28.4	7 %	30.4	8 %	20.4	19 %
	Mittelwert	28.4	24 %	24.4	10 %	26.4	19 %	13.4	29 %
Alle Regionen	Standardabweichung	4.1	11 %	4.1	5 %	4.1	7 %	6.1	13 %
	Minimum	19.4	7 %	15.4	3 %	16.4	6 %	31.3	7 %
	Maximum	6.5	47 %	2.5	20 %	2.5	32 %	24.4	47 %
Erläuterungen		Modell RCP2.6=		berechnet nach Modell RCP2.6					
		Modell RCP8.5=		berechnet nach Modell RCP8.5					
		Aus =		Datum des Austriebs					
		FR (%) =		Frostrisiko nach Austrieb in Prozent der 30 Jahre					

tel wird in jedem fünften Jahr ein Frost auftreten. Die Austriebstermine verändern sich in diesem Vergleich nur unwesentlich. Der Austrieb verfrüht sich dagegen im Szenario RCP8.5 um etwa zehn Tage im Vergleich zum Beobachtungszeitraum 1981–2010. Daraus erklärt sich die Zunahme der Frostwahrscheinlichkeit. Tab. 10.2 belegt, dass die Zahl der **Fröste** nach Austrieb des Rieslings im regionalen Vergleich sehr unterschiedlich ausfällt. In den Anbaugebieten Württemberg, Rheinhessen, Nahe, Franken und Saale-Unstrut fallen im Szenario RCP8.5 die Frostrisiken besonders hoch aus. In jedem zweiten oder dritten Jahr tritt bei dieser Entwicklung in den genannten Gebieten ein Frost auf. Der Rheingau, die Hessische Bergstraße und das Weinbaugebiet Baden schneiden im regionalen Vergleich viel günstiger ab. In Baden reduziert sich das Frostrisiko auf ein Frostereignis in zehn Jahren. Die Spätfröste werden uns auch in Zukunft begleiten. Wenn in Zukunft der Austrieb häufiger bereits Anfang April einsetzt, ist die Gefahr durch nachfolgende Kaltlufteinbrüche besonders groß. So werden auch die warmen Klimazonen im Mittelmeerraum bei sehr frühem Austrieb ab und zu von verheerenden Frostschäden heimgesucht.

Neben Frost und Hagel tritt als weiterer Risikofaktor im letzten Jahrzehnt der **Sonnenbrand** an Trauben bei hoher Sonneneinstrahlung während der Reifezeit auf. Er wird durch eine dunkle Pigmentierung auf den Trauben sichtbar. Sie resultiert aus dem Hitzestress der Trauben – insbesondere bei intensiver Sonneneinstrahlung. Hier empfiehlt die Weinbauberatung, die Entblätterung der Traubenzone, die am Nachmittag stark beschienen wird, zu unterlassen, um den Trauben somit einen natürlichen Sonnenschutz zu bieten.

10.7.2 Risiken durch Trockenstress

Wie in Kap. 10.3 bereits erwähnt, nehmen die Winterniederschläge zu, die Sommer werden dagegen in vielen Weinbauregionen trockener. Enke (2004) erkennt in seinen regionalen Untersuchungen für das Bundesland Hessen einen Anstieg der Intensität der Regenschauer bei gleichzeitig längeren Trockenperioden im Sommer, d. h. die Durststrecken für die Rebe werden im Sommer größer, wenn sich die Tendenz zur Sommertrockenheit bestätigt.

Aufschluss über diese Zusammenhänge bietet die **klimatische Wasserbilanz** als Differenz zwischen Niederschlag und der potenziellen Verdunstung (Abb. 10.16). So war beispielsweise in Karlsruhe die klimatische Wasserbilanz im Sommer um 1900 noch nahezu ausgeglichen, heute ist das Defizit bereits auf –110 mm gefallen. Das extreme Defizit von –338 mm des Jahres 2003 ist die Folge extrem hoher potenzieller Verdunstung von knapp 500 mm. Das Niederschlagsangebot lag mit 158 mm deutlich höher als in anderen extremen Trockenjahren wie 1983, 1964 oder 1947.

Die tatsächliche Verdunstung erreicht in Trockenjahren bei Weitem nicht die potenziellen Werte. Dennoch muss bei starken negativen Wasserbilanzen mit einem hohen Wasserstress gerechnet werden. Bei weiter ansteigendem Defizit kann es in Trockenperioden auch für die Reben sehr eng werden. Einen zusätzlichen Anhaltspunkt bietet die Abb. 10.17, in der oben die potenzielle Verdunstung und unten die klimatische Wasserbilanz während der Sommermonate mit den Szenarien RCP2.6 und RCP8.5 für die Station Karlsruhe dargestellt sind. Aus Abb. 10.9 wissen wir, dass der Niederschlag im Sommer im RCP8.5 stark abfällt, bei RCP2.6 dagegen nahezu konstant bleibt. Das spiegelt auch die Abb. 10.17 wider. Wir beobachten

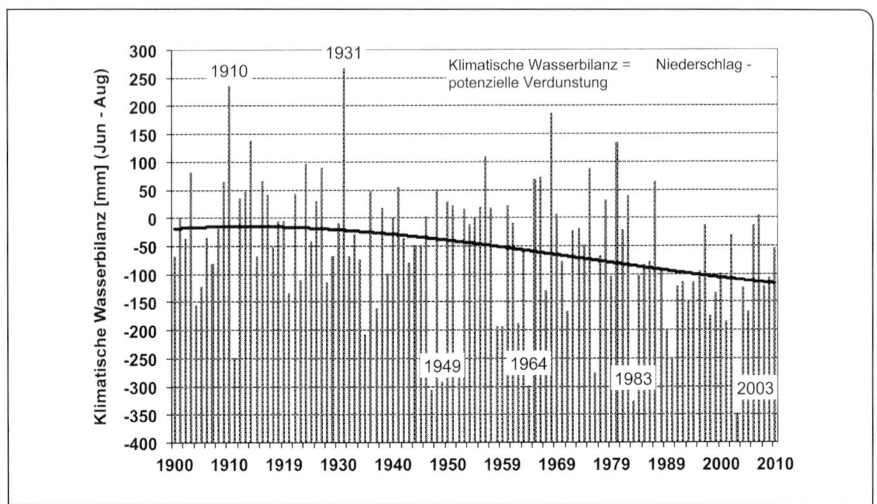

Abb. 10.16: Der Trend der klimatischen Wasserbilanz im Sommer (Jun–Aug) für die Station Karlsruhe von 1900 bis 2010.

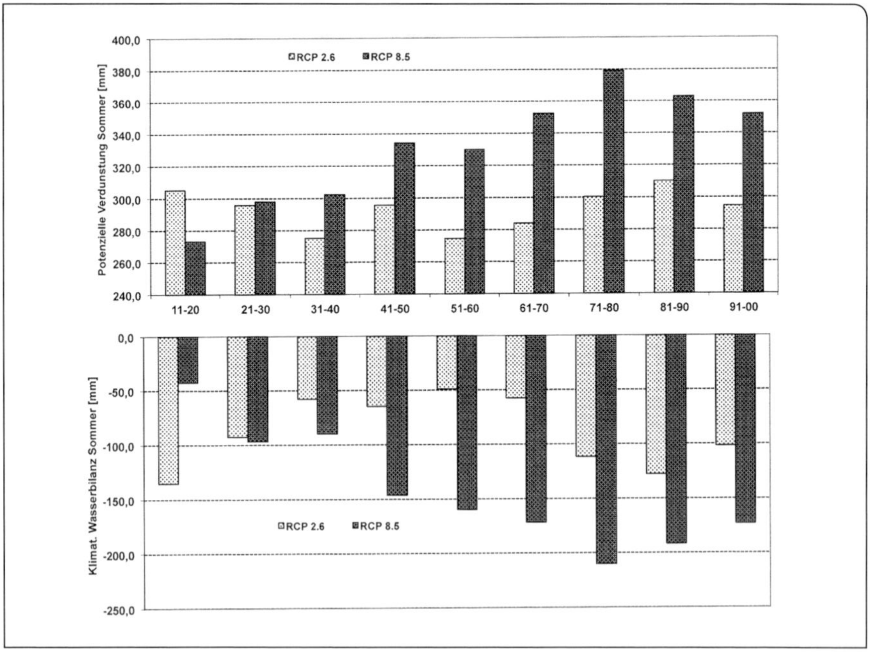

Abb. 10.17: Änderung der potenziellen Verdunstung und der klimatischen Wasserbilanz in mm für Karlsruhe in den kommenden Jahrzehnten (2011–2100) für die Klimaszenarien RCP2.6 und RCP8.5.

bei RCP8.5 eine starke Erhöhung der potenziellen Verdunstung. Spiegelbildlich dazu fällt die klimatische Wasserbilanz ab. Für RCP2.6 ergeben sich keine deutlichen Veränderungen. Im Frühjahr und Herbst sind die Änderungen nicht signifikant. Den größten Anteil am Abfall der klimatischen Wasserbilanz trägt dabei die Zunahme der potenziellen Verdunstung in den nächsten Jahrzehnten.

Die starke Zunahme der potenziellen Verdunstung im Sommer ist an allen Stationen in den Weinbaugebieten zu beobachten.

In den Weinbaugebieten mit relativ geringem Niederschlagsangebot wird der Ruf nach künstlicher Bewässerung im Rebanbau lauter werden. Es muss aber betont werden, dass das Wasserdefizit regional sehr unterschiedlich ausfällt. Den Böden kommt somit in der Zukunft bezüglich des Wasserhaushaltes eine große Bedeutung zu. Böden mit hohen Speichervermögen können die Winterniederschläge als Wasservorrat für den Sommer einlagern und während der Vegetationszeit an die Reben wieder abgeben. Steillagen werden von den Winterniederschlägen nur wenig profitieren, da die Bodenmächtigkeit häufig nicht mehr als 50 cm beträgt. Somit sind die Wasserreserven während der Vegetationszeit schnell aufgebraucht. Die Hanglagen neigen auch deshalb zu mehr Trockenstress, weil bei Starkregen ein hoher prozentualer Anteils des Regens in Abhängigkeit von der Hangneigung oberflächenhaft abfließt (s. Kap. 6). Eine Begrünung der Steillagen, die den Oberflächenabfluss weitgehend verhindern könnte, ist wegen des angespannten Wasserhaushalts auch nicht immer möglich. In diesem trockenen Milieu hilft nur die zusätzliche Bewässerung.

Die mit ansteigenden Temperaturen zunehmende potenzielle Verdunstung während der Vegetationszeit führt auf jeden Fall zu einem höheren Wasserbedarf der Reben.

10.8 Anpassungsstrategien

Die für die Klimaprognose durchgeführten Modellrechnungen sagen einen deutlichen Temperaturanstieg von 4 K in den nächsten 90 Jahren voraus, wobei zwischen den verwendeten Modellen deutliche Unterschiede auftreten. Sie eröffnen dem Weinbau ganz neue Möglichkeiten bei der Auswahl der Rebsorten. Das positive an der Entwicklung ist, dass die Weine in den letzten Jahrzehnten deutlich besser geworden sind. Auch erfahrene Weintrinker bestätigen, dass Weiß- wie Rotweine heute in Deutschland eine Klasse erreicht haben, die in den 60er- und 70er-Jahren undenkbar gewesen wäre.

Neben den weinbau- und kellertechnischen Fortschritten liegt die qualitative Verbesserung zu einem guten Teil auch am Klimawandel. Seit 1988 gibt es in Deutschland keinen weit unter dem Durchschnitt liegenden Weinjahrgang. Die Pflanzenentwicklung wird sich deutlich verfrühen mit allen dargestellten positiven und negativen Aspekten. Die klimatisch potenziellen Rebflächen nehmen stark zu, aber es darf bezweifelt werden, ob eine Ausdehnung bei den schon jetzt herrschenden Überschüssen an Rotwein marktpolitisch eine Lösung bringt. Auch die Ausweitung des Weißweinanbaus in größere Höhen ist wenig sinnvoll, denn welche Lösungen findet man dann für die warmen Hanglagen in Deutschland?

Die Anpflanzung wärmeliebender Rotweinsorten bringt wegen der Marktsituation möglicherweise neue Probleme. Mit der Hinwendung zu den roten Rebsorten haben die Winzer aber auch neue Strategien im

Hinblick auf den Anbau und die Vermarktung weiterentwickelt. Inzwischen werden heimische Rotweinsorten mit Cabernet Franc, Merlot oder Zweigelt verschnitten. Die daraus entstehenden Cuvées genügen auch internationalen Ansprüchen.

Eine andere Möglichkeit wäre die klimatische Anpassung der autochthonen weißen Rebsorten an den Klimawandel durch Klonenselektion und die Erprobung mediterraner Unterlagsrebsorten. Im Augenblick steigt aber eher die Nachfrage nach klassischen Weißweinen wie Riesling, Silvaner, Weißburgunder, Grauburgunder oder Müller-Thurgau. Das wärmer gewordene Klima hat bereits jetzt den Weißweinstil verändert. Niemand wir den Katastrophenjahren 1956, 1965, 1968, 1980 und 1984 eine Träne nachweinen, aber an die höheren Alkoholgehalte beim Riesling wird sich der Weintrinker erst gewöhnen müssen. Ein schöner und schlanker Riesling braucht eine lange Reifezeit und die ist aus den genannten Gründen nicht mehr gewährleistet.

Bei der Abschätzung der zukünftigen Niederschlagsverteilung bestehen Unsicherheiten. Die Tendenz ist aber eindeutig: Der hydrologische Kreislauf wird schneller durchlaufen, es fallen mehr Niederschläge im Winter, die Verteilung über die Vegetationsperiode lässt derzeit keine eindeutigen Aussagen zu. Es zeigt sich im Sommer eine Tendenz zu größeren Defiziten in der Wasserbilanz, weil mit ansteigender Temperatur auch der Verdunstungsanspruch der Atmosphäre ansteigt. Da die Niederschlagswerte während der Sommermonate stark schwanken, können lange Trockenperioden die Reben in Stress versetzen. Das haben wir 2003 bereits erlebt. Der Steillagenweinbau ist dann besonders gefährdet.

Der erwarteten zunehmenden Sommertrockenheit könnte man mit der **Tröpfchenbewässerung** begegnen. Dann wäre es auch möglich, die Steillagen zu begrünen und vor Oberflächenabfluss und Erosion bei Starkregen zu schützen. Damit folgen aber andere Fragen. Wenn es trockener wird, gibt es auch weniger Wasser. Wer stellt das Wasser für die Winzer bereit und wer trägt die Kosten? Bei knapper werdendem Wasserangebot werden die Wasserpreise steigen. Auf den Winzer kämen unkalkulierbare Kosten zu. Zudem kann nicht in jeder Region Wasser bereitgestellt werden.

Mit dem Beitritt der neuen EU-Staaten im Osten erhöht sich der Konkurrenzdruck für die Winzer im Westen. Polen hat Anfang 2007 in Brüssel einen Antrag auf die Genehmigung zur Anlage von 100000 ha Rebfläche gestellt. Andere EU-Länder können folgen, weil bereits jetzt die klimatischen Bedingungen für den Rebanbau erfüllt sind. Auch in Deutschland gibt es Bestrebungen, den Weinbau nach Norden und Osten hin auszudehnen. Im Mittelalter war er bereits in Ostpreußen und Schlesien heimisch. Auch die Agrarpolitik ist gefordert, die gesetzlichen Rahmenbedingungen für den Anbau von Reben dem Klimawandel anzupassen.

Darüber hinaus sollte es das Bestreben sein, die **Kulturlandschaft** in ihrer jetzigen Form zu erhalten. Zum Weintrinken gehört auch das Erleben der Kulturlandschaft, die durch den Anbau von Reben geprägt ist und in der Regel viele kulturhistorisch wertvolle Denkmäler hat.

Trotz intensiver Untersuchungen ist das ganze Ausmaß der Wirkungen der Treibhausgase noch nicht erfasst.

Die unbelastete Vegetation kann sich nach heutigem Wissen maximal an eine Temperaturerhöhung von 0,1 °C pro Jahrzehnt anpassen. Von diesem Grenzwert sind wir im Augenblick weit entfernt.

Die Menschheit hat mit der Zufuhr von klimarelevanten Treibhausgasen in die Atmosphäre ein gewaltiges Naturexperiment gestartet – wobei der Ausgang dieses Experimentes höchst ungewiss ist. Dieses Experiment können wir nur dann noch beeinflussen, wenn wir unser Verhalten bald ändern. In diesem Zusammenhang sollten wir uns an das Wort von Antoine de Saint-Exupéry erinnern:

„Die Zukunft stellt uns nicht vor die Aufgabe, sie vorher zu sehen, sondern sie zu ermöglichen." Dieser Weisheit ist nichts hinzuzufügen.

11 Anhang

Glossar

Absorption: Strahlungsenergie wird vom absorbierenden Medium aufgenommen und in andere Energieformen (vor allem Wärme) umgewandelt.

Albedo: Rückstrahlvermögen diffus reflektierender Oberflächen, angegeben als Verhältnis von reflektierter zu einfallender kurzwelliger Strahlung. Eine Oberfläche mit einer Albedo von 0,3 z. B. reflektiert 30 % der einfallenden Strahlung und absorbiert 70 %.

Anthocyane: Anthocyane (griechisch „Blüte, Blume" und „dunkelblau") sind wasserlösliche Pflanzenfarbstoffe, die in nahezu allen höheren Pflanzen vorkommen und den Blüten und Früchten die rote, violette, blaue oder blauschwarze Färbung geben. Sie gehören zu den Flavon-ähnlichen Stoffen, den Flavonoiden.

Aquaporine: [von *aqua -], funktionell definierte Gruppe von Wasserkanalproteinen tierischer und pflanzlicher Zellen. Es handelt sich um porenbildende Transmembranproteine, die dem spezifischen Transport von Wassermolekülen durch Membranen (Membran, Wassertransport) dienen, aber für Ionen (auch H_3O^+) und kleine Metaboliten undurchlässig sind. Aquaporine erlauben den schnellen Austausch größerer Mengen Wasser durch die Plasmamembran und intrazelluläre Membranen

Assimilation: Assimilation ist der Stoff- und Energiewechsel, bei dem aufgenommene körperfremde Stoffe unter Energiezuführung schrittweise in körpereigene Verbindungen umgewandelt werden. Das Wort Assimilation kommt vom lateinischen assimilatio und bedeutet Angleichung, Eingliederung. Es werden also Stoffe aus der Umwelt den Anforderungen des Organismus angeglichen. Dabei wird nach dem jeweils bestimmenden aufgenommenen Stoff zwischen Kohlenstoff-, Stickstoff-, Schwefel-, Phosphat- und Mineralstoff-Assimilation unterschieden.

Atmung: (Respiration) Gasaustausch der pflanzlichen und tierischen Organismen, durch den der Luftsauerstoff zu den Orten der biologischen Oxidationen gelangt, wobei das durch die Stoffwechselvorgänge entstandene Kohlendioxid nach außen abgegeben wird.

Ausstrahlung: Die vorwiegend langwellige Wärmestrahlung der Erde und der Atmosphäre in Richtung Weltraum. Der Energieverlust der Erdoberfläche durch nächtliche Ausstrahlung wird durch die **Gegenstrahlung** der Atmosphäre vermindert. Die Differenz beider Strahlungsflüsse heißt **effektive Ausstrahlung.**

BBCH-Code: Das phänologische Entwicklungsstadium der Reben wird mit Codezahlen verschlüsselt.

Bestandsklima: siehe Mikroklima

Bestimmtheitsmaß: Dieses stellt den Anteil der Varianz der durch die Regressionsgerade geschätzten Stichprobe an der Gesamtvarianz der Stichprobe dar. Das Bestimmtheitsmaß B ist gleich dem Quadrat des **Korrelationskoeffizienten** zwischen der Stichprobe und der durch die lineare Regression geschätzten Stichprobe.

Bewölkung: Bedeckung des Himmels mit Wolken. Der Bedeckungs- oder Bewölkungsgrad wird unabhängig von der Art der Wolken geschätzt und in Achteln angegeben.

Biotop: Als Biotope bezeichnet man natürlich entstandene Landschaftsbestandteile wie Bäche, Bergwald, Nadelwald, Mischwald etc. Weitere gängige Beispiele von Biotopen sind etwa Flussauen, Wüsten, Wattlandschaften oder Streuobstwiesen. Bei den Reben meint man die Auwälder gemäßigter bis mediterraner Klimate.

Blattflächenindex: Dimensionslose Maßzahl zur Charakterisierung vegetationsbedeckter Flächen. Der B. ist die einseitig gerechnete, über die Höhe des Bewuchses aufsummierte Blattfläche pro Einheitsgrundfläche.

Carrier: Carrier-Proteine, Permeasen, Transportproteine, Translokatoren, die in biologischen Membranen lokalisierten Proteine (Membranproteine), die den passiven Transport (katalysierte Diffusion) oder aktiven Transport (Membrantransport) polarer niedermolekularer Stoffe, wie Ionen, Zucker und Aminosäuren, bewirken. Sie dienen damit u. a. der Versorgung der Zelle mit Ionen und Metaboliten, der Regulation des pH-Wertes und des Membranpotenzials, dem Aufbau von Ionen-Gradienten sowie der Entgiftung.

Cumulus: Cumulus (lateinisch für Anhäufung, Abk.: Cu) oder auch Kumulus ist die Bezeichnung einer Wolkenform. Der gemeinsprachliche Begriff dazu ist Haufenwolke oder Quellwolke.

Dampfdruck: Wasserdampfdruck

Diffuse Strahlung: siehe Strahlung

Direkte Sonneneinstrahlung: Die der Erde und ihrer Atmosphäre von der Sonne zugeführte Strahlung: siehe Strahlung

Exposition: Der Begriff Exposition (lateinisch: expositio; wörtlich: Aussetzung oder übertragen: Darlegung) bezeichnet in der Geografie die Ausrichtung eines Hanges.

Energiebilanz: Summe aller Energien, die einem bestimmten Luftvolumen oder einer Luftschicht zugeführt werden. Ist die E. positiv, dann erhöht sich der Energieinhalt des Volumens bzw. der Schicht, und seine Temperatur steigt, andernfalls erfolgt Temperaturerniedrigung.

Evaporation: siehe Verdunstung.

Evapotranspiration: siehe Verdunstung

Falscher Mehltau: Rebenperonospora

Flavonoide: Die Flavonoide sind eine Gruppe von wasserlöslichen Pflanzenfarbstoffen; sie spielen eine wichtige Rolle im Stoffwechsel vieler Pflanzen. Sie gehören zusammen mit den Phenolsäuren zu den Polyphenolen. Es gibt über 6500 unterschiedliche Flavonoide. Die meisten Flavonoide sind an Glucose oder Rhamnose gebunden – daher nennt man sie Glykoside. Nur die Flavanole und die Proanthocyanidine sind nicht an Zuckermoleküle gebunden (= Aglykone). Flavonoide befinden sich in vielen pflanzlichen Lebensmitteln wie

Zitronen, Nopal-Feigenkaktus *Opuntia*, Weintrauben bis hin zu Tee und der kakaohaltigen Schokolade (dort: Epicatechin).

Flavonol: siehe Flavonoide

Gasstoffwechsel: Der Austausch der Atemgase zwischen dem Inneren der Organismen und ihrer Umgebung.

Gegenstrahlung der Atmosphäre: Die langwellige Rückstrahlung der Atmosphäre in Richtung Erdoberfläche. Sie beruht hauptsächlich auf der Wärmestrahlung der Wolken sowie der Spurengase Wasserdampf und Kohlendioxid.

Geländeklima: siehe Mesoklima

Geschein: Geschein-Blütenstand der Weinrebe, botanisch Rispe.

Glimmerschiefer: Glimmerschiefer ist ein Sammelbegriff für schiefrige Metamorphite, die vom Gneis durch das Zurücktreten von Feldspat unterschieden werden können.

Globalstrahlung: Unter Globalstrahlung versteht man die an der Erdoberfläche auf eine horizontale Empfangsfläche insgesamt eintreffende Solarstrahlung. Die Globalstrahlung setzt sich zusammen aus der auf direktem Weg eintreffenden **direkten Sonneneinstrahlung** und der Strahlung, die über Streuung an Wolken, Wasser- und Staubteilchen die Erdoberfläche erreicht, die **diffuse Himmelsstrahlung**.

Gneis: Gneis (alte sächsische Bergmannsbezeichnung aus dem 16. Jahrhundert, vielleicht zu althochdeutsch: gneisto = Funke) ist ein metamorphes Gestein mit hohem Umwandlungsgrad. Gneis besteht hauptsächlich aus den Mineralen Feldspat (> 20 %), Quarz sowie Hell- und Dunkelglimmer.

Granodiorit: Granodiorit ist ein eng mit dem Granit verwandtes magmatisches Gestein, das weltweit verbreitet ist und unter den Plutoniten der Erdkruste einen Anteil von 34 % hat.

Habitat: In der Biologie ist ein Habitat ein charakteristischer Wohn- oder Standort, den eine Art besiedelt. Das Habitat wird unterschieden von einem Biotop mit parzellierter Struktur, also uneinheitlich in den Grundparametern und nicht flächendeckend von der untersuchten Art (Leitspezies) besiedelt. Der Begriff geht auf den Naturforscher Carl von Linné zurück. Ein Habitat kann dabei durchaus aus mehreren Biotopen bestehen, während ein Biotop mehrere Habitate bereitstellen kann.

Hagel: Hagel ist eine Form von Niederschlag, der aus Eisklumpen besteht. Zur Abgrenzung spricht man erst bei einem Durchmesser von über 0,5 cm von Hagel bzw. Eishagel, darunter von Graupel. Bei Aggregaten von Schneeflocken mit einem Durchmesser unter 1 mm spricht man von Griesel.

Hedonisch: Als hedonisch (griechisch, „Lust“, „Freude“) bezeichnet man eine Bewertungsmethode, die ein Objekt nach seinen intrinsischen (inneren) und extrinsischen (äußeren) Werten beurteilt. Das Wort leitet sich aus dem Griechischen kommenden englischen Wort hedonic („Lust-“) ab. Die hedonische Preisberechnung wird manchmal bei volkswirtschaftlichen Statistiken und auf Immobilien angewendet.

Holzreife: Der Entwicklungszustand der unteren Internodien der Sommertriebe der Weinrebe beim Eintritt in die Winterruhe;

sie beginnt bereits im August mit einer Braunfärbung der Triebe und ist gekennzeichnet durch die gute Ausbildung der Winterknospen sowie durch die Entwicklung eines kräftigen Holzkörpers (Verholzung), seiner Rinde und des Stärkegehalts. Gute Holzreife ist maßgeblich für die Winterfestigkeit (Frostfestigkeit) der Rebe und für die Qualität des Fruchtansatzes im Folgejahr.

Infloreszenz: Mit Blütenstand oder Infloreszenz wird der Teil des Sprossachsensystems bezeichnet, der der Blütenbildung bei Samenpflanzen dient und daher entsprechend modifiziert ist.

Invertase: Invertase, auch als Saccharase und vor allem in älteren Veröffentlichungen als Invertin bezeichnet, ist ein Enzym, das Haushaltszucker (Saccharose) in Fruchtzucker (Fructose) und Traubenzucker (Glucose) hydrolytisch aufspaltet.

Irrtumswahrscheinlichkeit: Die Irrtumswahrscheinlichkeit 1. Art (alpha) ist die Wahrscheinlichkeit dafür, dass bei einem Test die Nullhypothese H_0 zu unrecht abgelehnt wird. Die Irrtumswahrscheinlichkeit 2. Art (beta) ist die Wahrscheinlichkeit dafür, dass bei einem Test die Nullhypothese H_0 fälschlicherweise nicht abgelehnt wird.

Keuper: Der Keuper ist die oberste der drei lithostratigrafischen Gruppen der Germanischen Trias.

Kolluvisol: Kolluvisole sind Böden aus durch Abschwemmung verlagertem, humosen Bodenmaterial.

Konvektion: Konvektion (lateinisch convehere = mittragen, mitnehmen) ist in der Meteorologie die vertikale Luftbewegung mit Aufsteigen erwärmter Luft bei gleichzeitigem Absinken kälterer Luft in der Umgebung.

Korrelationskoeffizient: Dieser ist ein Maß für die lineare Abhängigkeit zweier Zufallsvariablen. Falls der Korrelationskoeffizient verschwindet, sind die entsprechenden Zufallsvariablen unkorreliert.

Körnung: Abgekürzter Begriff für Korngrößenverteilung. Die Körnung ist eine der wichtigsten Bodeneigenschaften hinsichtlich der Ertragsfähigkeit, der Bodenentwicklung und der Filterung von anorganischen und organischen Stoffen.

Labilität: Eine labile Atmosphärenschichtung bezeichnet den Zustand der Erdatmosphäre, bei dem die vertikale Temperaturabnahme größer als die Temperaturabnahme des aufsteigenden Luftpakets ist. Ein Luftpaket kühlt sich um −1 K ab, wenn es um 100 m nach oben steigt. Eine labile Schichtung liegt vor, wenn die vertikale Temperaturabnahme < −1 K ist.

Leelage: in der Klimatologie Bezeichnung für die Lage eines Ortes oder Landschaftsraums, deren Klima aufgrund der vorherrschen Windrichtungen durch häufige Leewirkungen (geringe Bewölkung und Niederschläge, höhere Sonnenscheindauer; Föhn) geprägt wird.

Luvlage: in der Klimatologie Bezeichnung für die Lage eines Ortes oder Landschaftsraums, deren Klima aufgrund der vorherrschen Windrichtungen durch häufige Luvwirkungen (mehr Bewölkung und Niederschläge, Regenstau sowie weniger Sonnenscheindauer geprägt wird.

Lysimeter: Ein Lysimeter (griechisch „Lösung“ und „Maß“) ist ein Gerät zur Ermittlung von Bodenwasserhaushaltsgrößen (Versickerungsrate, Verdunstung) und zur Beprobung von Bodensickerwasser, um dessen Quantität und Qualität zu bestimmen.

Magmatite: Als magmatische Gesteine oder Magmatite (Erstarrungsgesteine) fasst man in der Geologie alle Gesteine zusammen, die durch Erstarrung von Magma entstehen und daher ihren Ursprung in Prozessen des Erdinneren haben. Die Magmatite sind eine der drei Hauptgruppen der Petrografie. Die zwei anderen Gesteinsgruppen, die eine sehr unterschiedliche Entstehungsgeschichte und Struktur haben, sind die Sedimente und die metamorphen Gesteine. Im Mineralgehalt können die drei Gruppen jedoch ähnlich sein.

Makroklima: Das Makroklima oder Großklima ist das Klima größerer Gebiete mit einer Ausdehnung bis zu 500 km, das in erster Linie von der allgemeinen Zirkulation der Erde abhängt. Im Rahmen dieses Buches bezieht sich das Makroklima auf die Differenzierung der verschiedenen Weinbaugebiete. Die räumliche Ausdehnung liegt in der Regel unter 150 km.

Mergel: Mergel (lateinisch „marga") bzw. Mergelstein ist ein Sedimentgestein und besteht je etwa zur Hälfte aus Ton und Kalk. Bei höheren Kalkgehalten spricht man von Kalkmergel, bei niedrigeren von Tonmergel. Er entsteht, wenn gleichzeitig Ton abgelagert und Kalk ausgefällt wird.

Mesoklima: Räumlich begrenzte Klimabesonderheiten, die sich auf Einflüsse der Topografie zurückführen lassen. Sie beziehen sich auf Areale mit einer Ausdehnung von wenigen hundert Metern bis etwa 50 km. Im Buch wird der Teilbereich **Geländeklima** beschrieben, dessen Differenzierung im Weinbau in der Regel deutlich unter 1 km liegt.

Mikroklima: Kleinklima, Grenzflächenklima. Das Klima der bodennahen Luftschicht bis zu einer Höhe von etwa 2 m, in der Horizontalen bezogen auf Areale von 1 cm bis 100 Meter: Es ist der Bereich der Grenzschicht, in dem die Pflanzen (Reben) wachsen. Man spricht auch vom **Bestandsklima**. Maßgeblich wird das Bestandsklima von der Stärke der Sonneneinstrahlung, der Windgeschwindigkeit, der Bestandsgeometrie und der räumlichen Verteilung der Blattfläche beeinflusst.

Mittlere Ortszeit: Zur Angabe der Tageszeit wird der Begriff Ortszeit in folgenden drei Bedeutungen verwendet: Ortszeit (als gesetzliche Zeit innerhalb einer Zeitzone), Wahre Ortszeit, (auch Wahre Sonnenzeit) und Mittlere Ortszeit (auch Mittlere Sonnenzeit). Bei der Wahren Sonnenzeit erreicht die Sonne um 12 Uhr ihren höchsten Punkt und steht dann genau im Süden. Wahre und Mittlere Ortszeit variieren stetig mit dem Längengrad, während die gesetzliche Ortszeit innerhalb eines Längengradbereichs gilt. Dieser Bereich (Zone) erstreckt sich in der Regel über 15°, wodurch sich die gesetzlichen Zeiten zweier benachbarter Zeitzonen um eine Stunde unterscheiden. Aufgrund der elliptischen Bahn der Erde um die Sonne sowie der Neigung der Erdachse gegen die Bahnebene geht die Wahre Ortszeit gemessen an einer Uhr mit konstanter Ganggeschwindigkeit je nach Jahresdatum vor (maximal ungefähr 14 Minuten) oder nach (maximal ungefähr 16 Minuten). Der Zeitausgleich führt zur Mittleren Ortszeit (Mittlere Sonnenzeit). Die Mittlere Ortszeit wäre mit der Wahren Ortszeit identisch, wenn die Erdbahn um die Sonne exakt kreisförmig wäre und die Erdachse senkrecht zur

Bahnebene stünde. Die Differenz zwischen Wahrer Sonnenzeit WOZ und Mittlerer Sonnenzeit MOZ heißt Zeitgleichung.

Mostgewicht: Das Mostgewicht beschreibt die Dichte von Traubenmost, also die Masse des Mostes im Verhältnis zu seinem Volumen. Das Mostgewicht ist ein Maß für den Anteil aller gelösten Stoffe im Traubenmost. Diese werden auch als Extrakt bezeichnet. Hauptsächlich besteht dieses Extrakt aus Zucker (Traubenzucker und Fruchtzucker), Säuren, Glyzerin und in kleinen Mengen auch aus Phenolen, Pektinen, Proteinen und Mineralien. Das Mostgewicht wird in Deutschland, Luxemburg und der Schweiz in Grad Oechsle [°Oe] gemessen. So entsprechen beispielsweise 80 °Oe einer Dichte von 1,08 g/cm³.

Muschelkalk: Der Muschelkalk ist die mittlere der drei lithostratigrafischen Gruppen der Germanischen Trias.

Orografie: Die Bezeichnung „Orografie" stammt vom griechischen „Berg" und „(be) schreiben". Die Orografie beschreibt die Höhenstrukturen auf der natürlichen Erdoberfläche. Hauptthema ist der Verlauf und die Anordnung von Gebirgen und die Fließverhältnisse von Gewässern. Im Weinbau gehören dazu auch die Beschreibung von Hangneigungen und Hangrichtungen (**Exposition**) des Geländes.

Parabraunerde: Parabraunerde (oder „Lessivé") ist ein Boden, bei dem Tonpartikel vom Oberboden in den Unterboden verlagert worden sind. Die Parabraunerde ist ein weit verbreiteter Bodentyp im gemäßigthumiden Klima aus primär kalkhaltigem Lockergestein.

Pararendzina: Pararendzina ist ein Ah/C Boden aus Sand- oder Lehmmergel (2–70 % $CaCO_3$). Der A-Horizont ist geringmächtiger als 40 cm. Die Pararendzina entwickelt sich aus Löss, Geschiebemergel, karbonathaltigen Schottern, Sanden oder Sandstein durch Humusakkumulation, Bildung koprogener Aggregate und mäßige Karbonatverarmung. Der A-Horizont ist noch karbonathaltig.

Phenole: Als Phenole werden in der Chemie Verbindungen bezeichnet, die aus einem aromatischen Ring oder Aren und einer oder mehrerer daran gebundener Hydroxylgruppen bestehen. Nach der chemischen Nomenklatur werden Phenole durch Anhängen der Nachsilbe -ol oder Voranstellen der Vorsilbe Hydroxy- bezeichnet.

Phloem: Das Phloem (griechisch. „Bast, Rinde") oder der Siebteil ist derjenige Teil eines Leitbündels bei Gefäßpflanzen, der die Siebelemente, das heißt die assimilatleitenden Zellen, und die sie begleitenden Parenchym- und Festigungszellen umfasst. Bei Reben wird das aktive Phloem häufig als Bast bezeichnet. Die wichtigsten transportierten Stoffe sind Zucker (vorwiegend Saccharose) und Aminosäuren. Sie werden von den Orten ihrer Produktion („source", vorwiegend die Laubblätter, aber auch Speicherorgane bei der Mobilisierung der Nährstoffe) zu den Orten des Verbrauchs („sinks", Speicherorgane, wachsende Organe) transportiert.

Photosynthese: die **Assimilation** des Kohlendioxids in den grünen Pflanzen mithilfe des Sonnenlichtes (Photonen) unter Aufbau von Kohlehydraten.

Photonen: (Lichtquanten) sind winzige Energiepakete, die sich mit Lichtgeschwindigkeit im Raum ausbreiten und u. a. die Energiezufuhr für die **Photosynthese** liefern.

Photosynthetisch aktive Strahlung (PAR): Die photosynthetisch aktive Strahlung ist der Bereich im Spektrum der Sonnenstrahlung, der von photosynthetisch aktiven Lebewesen genutzt werden kann. Dieser Bereich (380–780 nm) deckt sich weitgehend mit dem Bereich der für Menschen sichtbaren Strahlung (380–780 nm), welcher etwa 50 % der Globalstrahlung ausmacht. Die photosynthetisch aktive Strahlung setzt sich aus Photonen mit sehr unterschiedlicher Energie zusammen (blau: energiereich, rot: energiearm). Wegen der Beziehung zwischen absorbierten Photonen (im Bereich von 400–700 nm) und der photosynthetischen CO_2-Bindung wurde die **Photonenstromdichte (PPFD)** in der Biologie zum Standard. Sie wird in $\mu mol/(m^2 s)$ gemessen.

Phyllit: Phyllit, Phyllitschiefer, Tonglimmerschiefer oder Urtonschiefer ist ein feinkristalliner, dünnschiefriger, meist blättriger Metapelit mit einem Serizit-Anteil von mehr als 50 %, der neben Glimmer auch Quarz, Feldspat, Chlorite, Augit, Turmaline und Eisenoxid als Mineralphasen enthalten kann.

Plastochron: Ursprünglich von Askenasy (1880) „Formungszeit" genannt, bezeichnet ein Plastochron die Zeitspanne zwischen zwei aufeinanderfolgenden, ähnlichen, sich periodisch wiederholenden Ereignissen. Im vorliegenden Fall wird dies auf die Bildung von Blättern angewendet.

Pleistozän: Pleistozän (früher auch Diluvium, manchmal auch Eiszeitalter genannt) bezeichnet in der Geologie die erdgeschichtliche Serie von vor etwa 1,8 Millionen Jahren bis vor 11500 Jahren. Es ist die vorletzte Serie des Erdzeitalters des Känozoikums (Erdneuzeit). Geprägt ist es vor allem durch den Wechsel von Kalt- und Warmzeiten.

Plutonite: auch Intrusiva, Intrusivgesteine oder Tiefengesteine genannt. Dies sind Gesteine, die in großer Tiefe durch die Kristallisation von Magmen entstehen. Sie bilden sich bei hohen Temperaturen und hohen Drücken und stellen eine Unterart der magmatischen Gesteine dar. Plutonite kühlen in den unterirdischen Intrusionen, sogenannten Plutonen, wesentlich langsamer ab, als an die Erdoberfläche dringendes Magma (Lava), woraus wiederum Vulkanite entstehen.

Polyphenole: Polyphenole sind aromatische Verbindungen, die zwei oder mehr direkt an den aromatischen Ring gebundene Hydroxylgruppen enthalten und zu den sekundären Pflanzenstoffen gerechnet werden. Natürliche Polyphenole kommen in Pflanzen als bioaktive Substanzen wie Farbstoffe (Flavonoide, Anthocyane), Geschmacksstoffe und Tannine vor. Sie sollen die Pflanze vor Prädatoren schützen oder durch ihre Farbe Insekten zur Bestäubung anlocken.

Porosität: Parameter, der charakterisiert, wie offen bzw. wie dicht eine Blattmasse innerhalb der rechteckigen Form einer Rebenlaubwand ist (in %). Vereinfacht gibt er die Anzahl der Löcher in der Laubwand als Prozentsatz der gesamten Seitenfläche an.

Porphyr: Porphyr (griech. für purpurfarben) ist ein Sammelbegriff für verschiedene vulkanische Gesteine, die große, gut ausgebildete Kristalle in einer feinkörnigen Grundmasse besitzen. Sie haben für gewöhnlich eine saure (quarzreiche) bis intermediäre Zusammensetzung und bestehen meist aus Feldspäten.

Regression: Unter dem Begriff Regression versteht man die funktionale Beschreibung des Zusammenhangs zweier Zufallsvariabler bzw. Stichproben. In der Regressionsrechnung sollen Ursache und Wirkung des Zusammenhanges (der Abhängigkeit) festgestellt werden. Dabei möchte man von einer oder mehreren Größen (Regressanden) auf eine andere Größe, den Regressor, schließen.

relative Feuchte: Verhältnis zwischen dem aktuellen Wasserdampfdruck e und dem zur aktuellen Lufttemperatur gehörigen Sättigungsdampfdruck E. Die relative Feuchte wird in Prozent angegeben. Ihr Wert ergibt sich dementsprechend durch Multiplikation des Quotienten e/E mit 100.

Rendzina: Als Rendzina wird in der Bodenkunde ein Ah-C-Boden auf kalkhaltigem Fest- oder Lockergestein (meistens Kalkstein) bezeichnet. Die Rendzina ist wie der verwandte Ranker von Hangneigung und Untergrund abhängig. Der A-Horizont weist dabei wieder nur eine geringe Mächtigkeit auf – es handelt sich um relativ karge Böden. Die Rendzina gehört wie der Ranker und die Pararendzina zu den Leptosolen; diese unterscheiden sich durch ihren Kalkgehalt.

Respiration: Nächtliche Dissimilation (Veratmung) von Kohlenhydraten unter Sauerstoffverbrauch zu CO_2.

Regosol: Ein Regosol (griechisch „rhegos“ = Decke) entwickelt sich aus kalkfreiem oder kalkarmem jungen Lockersediment oder Lockergestein und weist einen Ah-C-Horizont auf.

Rigosol: Ein Rigosol ist ein künstlicher Boden, der durch tiefgreifendes Umschichten von Bodenmaterial (dem Rigolen) entsteht. Dieses wird zwecks Verbesserung der Eigenschaften des Oberbodens zur landwirtschaftlichen Nutzung vorgenommen. Der Bodentyp Rigosol zählt zur Bodenklasse Y, die terrestrische anthropogene Böden beinhaltet.

Rotliegend: Das Rotliegend ist eine Gesteinseinheit im hierarchischen Rang einer Gruppe und der untere Abschnitt der mittel- und westeuropäischen Dyas. Die Dyas („das Zweigeteilte“, nach der in Mitteleuropa ausgeprägten Zweiteilung in Rotliegend und Zechstein) war eine alternative Bezeichnung des Perm-Systems. In der heutigen wissenschaftlichen Auffassung ist Rotliegend kein Zeitintervall mehr, sondern lediglich eine rein durch Gesteinsmerkmale definierte Gesteinseinheit.

Saprolith: Saprolith (griech. sapro = „faulig“ und líthos = „der Stein“), auch Saprolit, ist die Bezeichnung für ein ursprünglich silikatisches Gestein, das unter humiden Bedingungen (z. B. Tropengebieten) tiefgründig chemisch verwittert ist. Er ist gewöhnlich weich oder bröckelig und zeigt als autochthone, nicht umgelagerte Verwitterungsbildung noch die Struktur des Ausgangsgesteins.

Sättigungsdefizit: Differenz aus aktuellem **Wasserdampfdruck** und demjenigen bei Sättigung.

Silberjodid: auch Silberiodid, ist eine chemische Verbindung aus Silber und Iod. Es ist ein gelbliches, in Wasser unlösliches Salz.

Solifluktion: Unter Solifluktion (Bodenfließen, im Zusammenhang mit periglazialen Prozessen auch Gelifluktion) sind großflächige, hangabwärts gerichtete Fließbewegungen von Schutt- und Erdmassen in Periglazialgebieten zu verstehen.

Spaltöffnung: Spaltöffnung oder **Stoma** heißen die beiden Schließzellen in Pflanzen mit dem Spalt, der die sonst lückenlose Schicht der Epidermiszellen durchbricht. Dieser vermittelt die Verbindung zwischen der Außenluft und dem Interzellularsystem der Pflanzen und wird durch den besonderen Bau der Schließzellen mittels Turgorschwankungen regulatorisch geschlossen oder geöffnet.

Stabilität der Schichtung der Atmosphäre: Die Schichtungsstabilität der Erdatmosphäre beschreibt deren thermodynamische **Stabilität** bzw. **Labilität** bezüglich des vertikalen Temperaturgradienten anhand verschiedener Gleichgewichtszustände. Es wird zwischen einer labilen, stabilen und neutralen Atmosphärenschichtung unterschieden.

Stabilität: Eine stabile Atmosphärenschichtung bezeichnet den Zustand der Erdatmosphäre, bei dem die vertikale Temperaturabnahme kleiner als die Temperaturabnahme des aufsteigenden Luftpakets ist. Ein Luftpaket kühlt sich um −1 K ab, wenn es um 100 m nach oben steigt. Eine stabile Schichtung liegt vor, wenn die vertikale Temperaturabnahme > −1 K ist oder die Temperatur mit der Höhe zunimmt.

Stomata: Durch die Stomata (Sing. Stoma, griechisch „Mund", auch „Mündung", „Öffnung") oder Spaltöffnungen erfolgt der Gasaustausch einer Pflanze. Die Stomata werden normalerweise von zwei bohnenförmigen Zellen, den Schließzellen, gebildet, die eine Öffnung, den Spalt, umschließen. Zählt man die Zellen, die um die Schließzellen herum liegen, noch hinzu, spricht man vom Spaltöffnungsapparat (stomatären Komplex). Die Poren selber sind streng genommen die eigentlichen Spaltöffnungen.

Strahlung: In der Meteorologie die Energieübertragung zwischen Sonne, Erde und Atmosphäre durch elektromagnetische Wellen. Von fundamentaler Bedeutung ist der Wellenlängenbereich von ca. 0,3 bis etwa 100 µm. Er wird unterteilt in die von der Sonne herrührende kurzwellige **direkte Sonneneinstrahlung** (Wellenlängen von 0,3 bis 4 µm mit einem Maximum im sichtbaren Bereich bei 0,5 µm) und die langwellige S. der Erde und der Atmosphäre (3,5 bis 100 µm mit einem temperaturabhängigen Maximum bei etwa 10 µm). Die langwellige S. wird auch als Wärmestrahlung oder thermische S. bezeichnet. Bei der auf die Erde auftreffenden kurzwelligen S. ist zu unterscheiden zwischen direkter und indirekter Sonnenstrahlung, die durch Streuung oder Reflexion entsteht und die die Erde aus allen Himmelsbereichen als **diffuse Strahlung** erreicht. Die Strahlungsbilanz ist die Summe der auf ein Flächenelement auftreffenden kurz- und langwelligen Strahlung abzüglich der von dem Flächenelement ausgehenden Strahlung.

Tannin: Die Tannine (von franz. tanin = „Gerbstoff") sind natürlich vorkommende Polyphenole, die sich alle von der Gallussäure ableiten lassen. Deswegen spricht man häufiger auch von Gallotanninen. Bekannteste Verbindung und Namensgeber dieser Stoffgruppe ist das Gallotannin. Tannine kommen unter anderem in den Schalen, Kernen und Stielen von Weintrauben vor.

Tephrit: Tephrite (griechisch „Asche") sind rotbraune bis schwarzgraue Ergussgesteine bei der Vulkanbildung.

Topografie: Der Begriff Topografie (griechisch „Ort" und „zeichnen, beschreiben"; wörtlich Ortsbeschreibung und sinngemäß Geländeskizze) umfasst in der Geografie oft ein Synonym für natürliche Gestalt der Erdoberfläche. Die Topografie ein Teilgebiet, das sich mit der Lagebeschreibung der natürlichen und künstlichen Objekte an der Erdoberfläche beschäftigt.

Transpiration: siehe Verdunstung

Trockenstressindex: Unter der Annahme, dass die Verdunstungskühlung eines Blattes fast ausschließlich über die Spaltöffnungen erfolgt, liefert die Blatttemperatur einen sensitiven Indikator für die Energieverhältnisse eines Blattes. Mithilfe von trockenen und feuchten Referenzen, die entweder die maximale oder minimale Bestandstemperatur widerspiegeln, lässt sich ein Stressindex (I_{CWSI}; I: Index; CWSI: crop water stress index) ableiten, dessen Temperaturverhältnisse eine gute Korrelation mit der stomatären Leitfähigkeit liefert (JONES et al. 2002). Somit ist ein direkter, relativer Indikator für das Auftreten von Wassermangelstress verfügbar.

$$I_{CWSI} = \frac{(T_{Laubwand} - T_{feuchte\ Referenz})}{(T_{trockene\ Referenz} - T_{feuchte\ Referenz})}$$

Tschernosem: Schwarzerde oder Tschernosem ist ein fruchtbarer Bodentyp mit einem mächtigen humosen Oberboden.

Verdunstung: Übergang des Wassers vom flüssigen in den dampfförmigen Zustand. Für den Verdunstungsvorgang wird Wärme verbraucht, die der Flüssigkeit und ihrer Umgebung entzogen wird und die anschließend im entstehenden Wasserdampf in Form latenter Wärme vorhanden ist. Verdunstung ist deshalb mit Abkühlung verbunden (Verdunstungskälte). Von großer Bedeutung für den Wärmehaushalt der Erde ist, dass bei **Kondensation** die dann frei werdende latente Wärme des Wasserdampfs der Atmosphäre wieder zugeführt wird. Am Boden unterscheidet man zwischen der V. lebloser Oberflächen (Erdboden, Wasserflächen), der **Evaporation**, und der V. lebender Objekte (Pflanzen), der biologisch gesteuerten **Transpiration**. Ist beides nebeneinander vorhanden, so spricht man von **Evapotranspiration**. Die von einer Oberfläche tatsächlich verdunstende Wassermenge heißt **aktuelle V.** im Gegensatz zur **potenziellen V.**, die stets von einer optimalen Wasserversorgung der Fläche ausgeht, unabhängig davon, ob die benötigte Wassermenge tatsächlich zur Verfügung steht. Die potenzielle V. entspricht deshalb der unter den klimatischen Gegebenheiten maximal möglichen Verdunstung.

Wärmestrahlung: siehe Strahlung

Wasserdampfdruck: Partialdruck des im atmosphärischen Gasgemisch enthaltenen Wasserdampfes. Luft kann Wasserdampf nur bis zu einem temperaturabhängigen **Sättigungsdampfdruck** aufnehmen, wobei warme Luft mehr Wasserdampf aufnimmt als kalte. Darüber hinaus vorhandener Dampf **kondensiert** zu Tropfen, sodass Wolken- oder Nebelbildung einsetzt, oder er schlägt sich an festen Oberflächen als **Tau** nieder.

Wasserdampfdruckdifferenz: Differenz des Wasserdampfdrucks zwischen Blatt und Atmosphäre. Bei der Berechnung des Wasserdampfdrucks im Blatt errechnet man den Sättigungsdampfdruck bei der gemessenen Blatttemperatur. Der Wasserdampfdruck der Atmosphäre ergibt sich aus der relativen Luftfeuchte und der Lufttemperatur.

Wasserpotenzial: Als Wasserpotenzial bezeichnet man das Potenzial, mit dem die Verfügbarkeit von Wasser für Pflanzen erfasst wird. In diesem Zusammenhang ist ein

Potenzial die Arbeit (Physik), die geleistet werden muss, um eine Einheitsmenge Wasser aus einem System (Boden und Pflanze) in ein Referenzsystem (Atmosphäre) zu transportieren. Wasser bewegt sich immer von einem hohen Energiezustand (hohes Wasserpotenzial (nahe 0 MPa) zu einem niedrigen Energiezustand (niedriges Wasserpotenzial (negatives Vorzeichen). Meist wählt man eine Volumeneinheit als Bezugsgröße, wodurch das Wasserpotenzial als Druck in Pascal oder MPa angegeben werden kann. Anschaulich ist auch die Angabe als Länge [cm Wassersäule], wenn es auf das Gewicht des Wassers im Kraftfeld der Erde bezogen wird.

Wind: horizontal (als Aufwind auch vertikal) bewegte atmosphärische Luft. Der Wind wird charakterisiert durch die Angabe von Windgeschwindigkeit und Windrichtung. Die Windgeschwindigkeit wird in Meter pro Sekunde [m/s], Kilometern pro Stunde [km/h] oder in Knoten [kn] gemessen. Die Windrichtung ist die Richtung, aus der der Wind weht. Sie wird gegen den Uhrzeigersinn in Grad gegen Nord gemessen (Ost = 90). Daneben sind noch Einteilungen in 32, 16 oder 8 Abschnitte (Sektoren) in Gebrauch.

Xylem: Das Xylem (griechisch „Holz“) oder der Holzteil der höheren Pflanzen ist ein komplexes, holziges Leitgewebe, das dem Transport von Wasser und anorganischen Salzen durch die Pflanze dient, aber auch Stützfunktionen übernimmt. Das Xylem findet sich zusammen mit dem Phloem in Leitungsbahnen, den sogenannten Leitbündeln, die die Sprossachsen (bei krautigen Stängel, bei Bäumen Stamm genannt), die Blattstiele und Blätter durchziehen. Wurzeln besitzen einen zentralen Xylemkern.

Abkürzungen

AVA American Viticultural Organisation
AOC Appellations d'Origine Contrôllée
DOC Denominazione di Origine Controllata (it.)
Denominação de Origem Controlada (port.)
Denominación de Origen Calificada (span.)
GATT General Agreement on Tariffs and Trade
GPS Geographical Positioning System
GI Geographische Herkunft
GIS Geographical Information System
INAO Institute Nationale de l'Origine et de la Qualité; Nationalinstitut für Herkunft und Qualität
OIV Office International de la Vigne et du Vin; Internationales Weinamt
PDO Protected Designations of Origin (EU)
TTIP Transatlantic Trade and Investment Partnership; Transatlantisches Freihandelsabkommen
TRIPS Agreement on Trade-Related Aspects of Intellectual Property Rights
UTB Unité Terroir de Base; Grundeinheit für ein Terroir
UTV Unité Terroir Viticole; weinbauliche Terroir-Einheit
VDP Verband Deutscher Prädikats- und Qualitätsweingüter e. V.
WTO World Trade Organisation; Welthandelsorganisation

Die chemischen Elemente

Ca Calcium
Cu Kupfer
Fe Eisen
K Kalium
Mg Magnesium
Mn Mangan
Mo Molybdän
N Stickstoff
P Phosphor
S Schwefel
Zn Zink

Literaturverzeichnis

Adams, D. O. (2006): Phenolics and ripening in grape berries. Am J Enol. Viticult. 57, 3, 249–256.

Addor, F., Grazioli, A. (2002): Geographical indications beyond wines and spirits. A roadmap for a better protection for geographical indications in the Wto/Trips Agreement. The J. World Intellectual Property 5, 865–897.

AK Bodensystematik (1998): Systematik der Böden und der bodenbildenden Substrate Deutschlands. Mitt. Dt. Bodenk. Ges. 86, 1–180.

Alenius, C. M., Vogelman, T. C., Bornman, J. F. (1995): A three-dimensional representation of the relationships between penetration of U. V.-B radiation and U. V.-screening pigments in leaves of Brassica napus. New Phytologist 13, 297–302.

Alleweldt, G. (1965): Über den Einfluß der Temperatur auf die Blutung von Reben. Vitis 5, 10–16.

Askenasy, E. (1880): Über eine neue Methode, um die Verteilung der Wachstumsintensität in wachsenden Teilen zu bestimmen. Verh. Naturh. Medic. Ver. Heidelberg 2, 70–73.

Asselin, C., Pages, J., Morlat, R. (1992): Typologie sensorielle du Cabernet Franc et influence du terroir. Utilisation de méthodes statistiques multidimensionelles. Int. J. Vine Wine Sci. 26, 129–154.

Ava (2016): www.ttb.gov./winr/ava.shtml

Babo, A. Frh. V., Mach, E. (1891/92): Handbuch des Weinbaus und der Kellerwirtschaft. Verlag Paul Parey, Berlin.

Barbeau, G., Morlat, R., Asselin, C. (1998): Relation entre précocité de la vigne et composition des baies de divers cépages du val de Loire (France). Progrès Agricole et Viticole 115, 5, 106–112 und 6, 127–130.

Basler, P. (1980): Effect on the productivity of vine (*Vitis vinifera* L.) in Eastern Switzerland by climatic factors and grape yield and an attempt to forecast must quality (m. franz., engl. Zus.). Wein-Wiss. 35, 3–18, 90–116, 155–176, 227–241.

Bassirirad, H. (2000): Kinetics of nutrient uptake by roots: responses to global change. New Phytol. 147, 155–169.

Beck, H. (1982): Große Geographen. Pioniere, Außenseiter, Gelehrte. Dietrich Reimer Verlag, Berlin.

Becker, N. (1978): Rebenentwicklung, Reifeprozess und Qualität der Weine. Der Einfluss von Klima und Lage an der nördlichen Grenze der Rebkultur. Rebe u. Wein 31, 133–142.

Becker, N. (2000): Die Rebe in ihrer Umwelt. In: Vogt, E., Schruft, G. (Ed.) Weinbau. Ulmer Verlag, Stuttgart, 73–90.

Bell, S. J., Henschke, P. A. (2005): Implications of nitrogen nutrition for grapes, fermentation and wine. Aust. J. Grape Wine Res. 11, 242–295.

Bérad, L., Marchenay, P. (2001): Le Sens de la Durée: Ancrage Historique des „Produits de Terroir". In: Autrement No. 194, Vives Campagnes: Le Patrimoine Rural, Project de Société, 191–216.

Bérad, L., Beucherie, O., Fauvet, M., Philippe, M., Monticelli, C. (2001): Indication Gégraphique Protégée. Critères de Zonage. Chamre Régionale d'Agriculture Rhône-Alpes, Lyon, France.

Berdeja, M., Hilbert, G., Dai, Z. W., Lafontaine, M., Stoll, M., Schultz, H. R., Delrot, S. (2014): Effect of water stress and rootstock gentype on Pinot Noir berry composition. Austr. J. Grape Wine Res. 20, 409–421.

Bergquist, J., Dokozlian, H., Ebisuda, N. (2001): Sunlight exposure and temperature effects on berry growth and composition of Cabernet Sauvignon and Grenache in the central San Joaquin valley of California. Am. J. Enol. Viticult. 52,1–7.

Bernard, N., Zebic, O., Deloire, A. (2004): Estimation de l'ézaz hydrique de la vigne par la mesure de la température foliaire: un outil au srvice professionnels. Le Progrès Agricole et Viticole. 23, 539–542.

Bledsoe, A. M., Kliewer, W. M., Marois, J. J. (1988): Effects of timing and severity of leaf removal on yield and fruit composition of Sauvignon Blanc grapevines. Am. J. Enol. Viticult. 39, 49–54.

Böttcher, F. (2015): Prinzipielle Zusammenhänge zwischen Klimawandel und Bodenfruchtbarkeitsparametern. http://www.iva.de/verband/pflanzenernaehrung/bundesarbeitskreis-duengung/bodenfruchtbarkeit-grundlage-erfolgreicher-landwirtschaft-21-und (rech. am 01.12.2015).

Bourdieu, P. (1987): Die feinen Unterschiede. Suhrkamp Verlag, Frankfurt (Nr.: 658).

Bowen, G. D. (1991): Soil temperature, root growth, and plant function. In: Waisel, Y., Eshel, A., Kafkafi, U. (eds.): Plant Roots, the Hidden Half. Marcel Dekker, New York, 309–330.

Breonon, E., Bernard, N., Zebic, O., Deloire, A. (2005): Maturité du raisin: proposition d'une méthode utilisant le volume des baies comme indicateur. Rev. Œnol. 117, 1–3.

Brescia, M. A., Caldorala, V., De Giglio, A., Benedetti, D., Fanizzi, F. P., Sacco, A. (2002): Characterization of the geographical origin of Italian red wines based on traditional and nuclear magnetic resonance spectrometric determinations. Analytica Chimica Acta 458, 177–186.

Bronner, J. P. (1836): Der Weinbau im Rheingaue von Hochheim bis Coblenz. 3. Heft. Universitätsbuchhandlung von C. F. Winter, Heidelberg.

Burgmann, J. (2001): Terroir an der Nahe – Einfluss des Terroirs auf die Sensorik des Weines am Beispiel der Rebsorte Riesling im Weinbaugebiet Nahe. Diplomarbeit. Fachhochschule Wiesbaden. Fachbereich Weinbau und Getränketechnologie. 132 S.

Burns, S. (2012): The importance of soil and geology in tasting terroir with a case history from the Willamette Valley, Oregon. In: Dougherty, F. H. (ed.): The Geography of Wine: Regions, Terroir and Techniques. Springer, Dordrecht, Heidelberg, London, New York, DOI: 10.1007/978-94-007-0464-0.

Bussaca, A. J., Meinert, L. D. (2003): Wine and geology – The terroir of Washington State. In: Swanson, T. W.: Western Cordillera and Adjacent Areas. Geological Society of America Field Guide 4, 69–85.

Buttrose, M. S. (1969a): Fruitfulness in grapevines: Effects of light and temperature. Bot. Gaz. 130, 166–173.

Buttrose, M. S. (1969b): Vegetative growth of grape-vine varieties under controlled temperature and light intensity. Vitis 8, 280–285.

Buttrose, M. S. (1970): Fruitfulness in grapevines: The response of different cultivars to light, temperature and daylength. Vitis 9, 121–125.

Buttrose, M. S., Hale, C. R. (1973): Effect of temperature on development of the grapevine inflorescence after bud burst. Am. J. Enol. Viticult. 24, 14–16.

Buttrose, M. S., Hale, C. R., Kliewer, W. M. (1971): Effect of temperature on the composition of "Cabernet Sauvignon" berries. Am. J. Enol. Viticult. 22, 71–75.

Caldwell, C. R. (2002): Effect of elevated copper on phenolic compounds of spinach leaf tissue. J. Plant Nutr. 25, 1225–1237.

Calo, A., Costacurta, A., Tomasi, D., Becker, N., Bourquin, H. D., De Villiers, F. S., Garcia de Lujan, A., Huglin, P., Jaquinet, L., Le Maitre, C. (1992): The duration of grapevine phenological development as an index for the characterization of local conditions. Conference Proceedings Quaderni della Scuola di Specializzazione in Viticoltura ed Enologia, Univ. Torino 16, 189–194.

Carbonneau, A. (1980): Early physiological tests of selection: a key for breeding programs. Conference Proceedings: 3rd International Symposium on Grape Breeding. Davis, 147–157.

Carbonneau, A. P., Casteran, P. (1987b): Interactions 'training system × soil × rootstock' with regard to vine ecophysioiogy, vigour, yield, and red wine quality in the Bordeaux area. Acta Horticulturae 206, 119–140.

CARBONNEAU, A. P., CASTERAN, P. (1987a): Optimization of vine performance by the lyre training systems. Proceedings, Sixth Australian Wine Industry Technical Conference, Adelaide 1986, 194–204.

CASABIANCA, F., DE SAINTE MARIE, C. (2000): Typical food products and sensory assessment: designing and implementing typicality trials. In: SYLVANDER, B., DOMINIQUE, B., FILIPPO, A. (Eds.): The Socio-Economics of Origin Labelled Products in Agri-Food Supply Chains. 67th EAAE Conference, Le Mans, France. INRA Edition, Versailles, France, 2, 269–276.

CASTELLARIN, S. D., DEGAN, M., GASPERO, G. DI PETERLUNGER, E. (2005): Impact of water deficit on the synthesis of phenolic compounds during berry ripening of *Vitis vinifera* cv. Merlot. Proceedings GiESCO 2005 (XIV. International GiESCO Meeting Geisenheim 23.–27.08.05), 173–179.

CHAMPAGNOL, F. (1984): Elements de Physiologie de la Vigne et de Viticulture Generale. F. Champagnol, Saint Gely du Fesc, 351.

CHARLIER, C. NGO, M. (2007): An analysis of the European Communities: Protection of trademarks and geographical indications for agricutural products and foodstuffs dispute. The J. World Intellectual Property 10, 171–186.

CHARLTON, A. J., WROBEL, M. S., STANIMIROVA, I., DASZYKOWSKI, M., GRUNDY, H. H., WALCZAK, B. (2010): Multivariate discrimination of wines with respect to their grape varieties and vintages. Euro Food Res. Technol. 231, 733–743.

CHONE, X., VAN LEEUWEN, C.,CHERY, P., RIBEREAU-GAYON, P. (2001): Terroir influence on water status and nitrogen status of non-irrigated Cabernet Sauvignon (**Vitis vinifera**). Vegetative development, must, and wine composition (example of a Medoc top estate vineyard, Saint Julien area, Bordeaux, 1997). South African J. Enol. Viticult. 22, 1, 8–15.

COLUMELLA; L. I. M. (1981): Zwölf Bücher über Landwirtschaft (3. Buch „Rebbau). Artemis Verlag, München, 1981.

COMBRIS, P., LECOCQ, S., VISSER, M. (1997): Estimation of a hedonic price equation for Bordeaux wine: does quality matter? Economic J. 107, 390–402.

COOMBE, B. G. (1973): The regulation of set and development of the grape berry. Acta Hort. 34, 1, 261–273.

COOMBE, B. G. (1987): Distribution of solutes within the developing grape berry in relation to its morphology. Am. J. Enol. Viticult. 38, 120–127.

CRIPPEN, D. D. JR., MORRISON, J. C. (1986): The effect of exposure on the phenol content of Cabernet Sauvignon berries during development. Am. J. Enol. Viticult. 37, 243–247.

CZERATZKI, W. (1961): Die Beregnung der Zuckerrübe nach der Bodenfeuchte. Zucker 14, 244–249.

DABBERT, S. (1994): Ökonomik der Bodenfruchtbarkeit. Verlag Ulmer, Stuttgart.

DEFANT, F. (1949): Zur Theorie der Hangwinde, nebst Bemerkungen zur Theorie der Berg- und Talwinde. Arch. Meteor. Geophys. Bioklimatol., Ser. A, 7, 421–450.

DELGADO, M. R. P., DEL ALAMO, M. GONZALES, M. R. (2004): Changes in the phenolic composition of grape berries during ripening in relation to vineyard nitrogen and potassium fertilization rates. J. Sci. Food Agricult. 84, 623–630.

DELOIRE, A., CARBONNEAU, A., WANG, Z. P., OJEDA, H. (2004): Vine and water – a short review. J. Int. des Sciences de la Vigne et du Vin 38, 1–13.

DELOIRE, A., HUNTER, J. J. (2005): Microclimat des grappes et maturation du raisin. Progrès Agricole et Viticole 122, 151–156.

DOKOOZLIAN, N. K., KLIEWER, W. M. (1996): Influence of light on grape berry growth and composition varies during fruit development. J. Am. Soc.. Horticult. Sci. 121, 5, 869–874.

DOWNEY, M. O., DOKOOZLIAN, N. K., KRSTIC, M. P. (2006): Cultural practice and environmental impacts on the flavonoid composition of grapes and wine: A review of recent research. Am. J. Enol. Viticult. 57, 3, 257–268.

DOWNEY, M. O., HARVEY, J. S., ROBINSON, S. P. (2004): The effect of bunch shading on berry development and flavonoid accumulation in Shiraz grapes. Austr. J. Grape and Wine Res. 10, 1, 55–73.

DUTEAU, J. (1983): Influence de quelques facteurs naturels sous le climat oceanique du Bordelais sur le poids des grains a maturité (Varieté Merlot noir). Rapport des Activites de Recherches 86–88.

DUTEAU, J., SEGUIN, G. (1976): The viticultural soils of Saint Emilion and Pomerol. In Rappt. Activ. Rech., Inst. Oenol. 42–43.

EIMERN, J. VAN, HÄCKEL, H. (1984): Wetter- und Klimakunde. Ein Lehrbuch der Agrarmeteorologie (4. Aufl.). Ulmer Verlag, Stuttgart, 275 S.

EMDE, K. (1992): Experimentelle Untersuchungen zu Oberflächenabfluss und Bodenaustrag in Verbindung mit Starkregen bei verschiedenen Bewirtschaftungssystemen in Weinbergsarealen des oberen Rheingaus. Geisenheim: Gesellschaft zur Förderung der Forschungsanstalt Geisenheim, Geisenheimer Berichte, Band 12.

ENDLICHER, W. (1980): Geländeklimatische Untersuchungen im Weinbaugebiet des Kaiserstuhls. Berichte des Deutschen Wetterdienstes 150, 124 S.

ENKE, W. (2004): Erweiterung des Simulationszeitraumes der wetterlagenbasierten Regionalisierungsmethode auf der Basis des ECHAM4-OPYC3 Laufes für die Dekaden 2011/2020 und 2051/2100, Szenario B2. Abschlussbericht zum Werkvertrag Auftrag-Nr.: 2004/09353876_1 zwischen dem Landesamt für Umwelt und Geologie Hessen und der Firma Meteo-Research.

ERGAUD, O., GINSBURGH, V. (2008): Natural endowments, production technologies, and the quality of wines in Bordeaux. Does terroir matter? The Economic J.118, F142–F157.

ESCALONA, J. M., FLOXAS, J., SCHULTZ, H. R., MEDRANO, H. (1999): Effect of moderate irrigation on aroma potential and other markers of grape quality. Acta Hort. 493, 261–267.

ESCHENBRUCH, R., SMART, R. E., FISHER, B. M., WHITTLES, J. G. (1987): Influence of yield manipulations on the terpene content of juices and wines of Muller Thurgau. In: LEE, T. H. (ed.): Proceedings of the 6th Australian Wine Industry Technical Conference, 14–17 July 1986, Adelaide, 89–93.

EUROMONITOR (2008): The World Market for Wine.

EZZILI, B. (1993): Modification of floral programme after the flower cluster setting in the principal latent buds in *Vitis vinifera* L. Bulletin de l' O. I. V. 66, 5–17.

FINDLAY, N., OLIVER, K. J., NIL, N., COOMBE, B. G. (1987): Solute accumulation by grape pericarp cells. IV. Perfusion of pericarp apoplast via the pedicel and evidence for xylem malfunction in ripening berries. J. Experiment. Botany 38, 668–679.

FISCHER, U., BAUER, A. (2006): Sensorische Ausprägung des Rieslings in verschiedenen Lagen der Pfalz: Das Terroir schmeckbar machen. Das Deutsche Weinmagazin 2, 24–31.

FRAEDRICH, K., GERSTENGARBE, F. W., WERNER, P. C. (2001): Climate shifts during the last century. Climatic Change 50, 4, 405–417.

FRIEDEL, M., STOLL, M., PATZ, C. D., DIETRICH, H. (2015): Impact of light exposure on compositional development of white Riesling (*Vitis vinifera* L.). Vitis 54: 107–116.

FRIEDEL, M., STOLL, M., PATZ, C. D., DIETRICH, H. (2013): Welche Rolle spielt die Zeilenorientierung? Der Winzer 6, 6–8.

FRIEDRICH, K., SABEL, K.-J. (2004): Die Böden und ihre Verbreitung in den hessischen Weinbaugebieten. In: LÖHNERTZ, O. et al. (2004): Die Standortkartierung der hessischen Weinbaugebiete. Geol. Abh. Hessen, 114, 59–70.

FRÜHAUF, C., HOPPMANN, D., SIEVERS, U., VOSS, P. H. (2007): Das Weinbaugebiet Luxemburg. Klassifizierung der Rebflächen. Proceedings zur 6. Fachtagung BIOMET. Berichte des Met. Institutes Universität Freiburg 16, 212–216.

FRÜHAUF, C., JAGOUTZ, H. (2003): Untersuchung zum Verhalten der Temperatur oberhalb und innerhalb eines Rebbestandes in

Abhängigkeit von den herrschenden Strahlungsbedingungen. Tagungsband 5. Biomet-Tagung. Mensch – Pflanze – Atmosphäre. 3.–5.12.2003 Dresden, 109–112.

Fugelsang, K. C., Edwards, C. G. (2007): Wine microbiology: Practical applications and procedures. 2nd ed. Springer Verlag, New York.

Geiger, R. (1961): Das Klima der bodennahen Luftschicht (4. Aufl.).Vieweg Verlag, Braunschweig.

Geisler, G., Radler, F. (1963): Entwicklungs- und Reifevorgänge an Trauben von Vitis. Ver. Dt. Bot. Ges. 76, 112–119.

Gerhadrs, D., Büchl, N., Wenning, M., Scherer, S., von Wallbrunn, Ch. (2015): Terroir or yeast? Application of FTIR spectroscopy and molecular methods for strain typing of yeasts. BIO Web of Conferences 5, 02001, DOI: 10.1051/bioconf/20150502001.

Gerstengarbe, F. W., Werner, P. C (2003): Klimawandel: Extreme Jahre nehmen zu. DLG-Mitteilungen 12, 12–15.

Gilg, A. (1996): Countryside Planning: The First Half Century, 2nd Edition, Routledge, New York.

Glad, C., Regnard, J. L., Querou, Y., Brun, O., Morot-Gaudry, J. F. (1992): Phloem sap exudates as a criterion for sink strength appreciation in *Vitis vinifera* cv. Pinot noir grapevines. Vitis 31, 131–138.

Gladstones, J. (1992): Viticulture and Environment. Winetitles, Underdale, Australia, 310 pp.

Gladstones, J. (2005): Margaret River viticulture region. Austr. and New Zeal. Wine Industry J. 20, 6, 18–27.

Goedecke, H. (1967): Beregnung im Weinbau. Perrot Bibliothek. Deutsche Reihe 15, 15 S.

Goodman, D., Watts, M. (1994): Reconfiguring the rural or fording the divide? Capitalist restructuring and the global agro-food system. J. of Peasant Studies 22, 1, 1–49.

Graedel, T. E., Crutzen, P. J.(1995): Atmosphäre im Wandel. Die empfindliche Lufthülle unseres Planeten. Spektrum Akademischer Verlag, Heidelberg, 221 S.

Graf Matuschka-Greiffenclau, E. (1958): 50 Jahre Erfahrung mit dem Riesling-Qualitätsweinbau im Rheingau und Ausblick auf seine künftige Erhaltung und Rentabilität. Weinberg u. Keller 5, 513–523.

Greer, H. D., Weedon, M. M. (2013): The impact of high temperature on *Vitis vinifera* L. cv. Semillon grapevine performance and berry ripening. Frontiers in Plant Science 4, 1–9.

Gregory, G. R. (1963): Soil requirements for grapegrowing. Agricultural Gazette of New South Wales 74, 434–438, 465–467.

Gregutt, P. (2007): Washington vines and wineries, the essential guide. University of California Press, Berkeley.

Gruber, B. R., Castellarin, S., Lafontaine, M., Peterlunger, E., Steinberg, B., Schultz, H. R. (2004): Einfluss einer bedarfsgerechten Zusatzbewässerung auf die Inhaltsstoffbildung bei *Vitis vinifera* L. cv. Riesling. Quality management in horticulture and viticulture, Internationales ATW-Symposium, Stuttgart 2004, KTBL-Schrift 421, 162–170

Gruber, B. R., Schultz, H. R. (2005): Water relations of grapevines in steep slope viticulture. Proceedings GESCO 2005 (XIV. International GESCO Meeting Geisenheim 23.-27.08.05), 88–95.

Gruber, B. R., Schultz, H. R., Rupp, D. (2006): Unverdünnte Qualität mit Tropfbewässerung? Der Deutsche Weinbau 11, 18–21.

Gutierrez, A. P., Williams, D. W., Kido, H. (1985): A model of grape growth and development: the mathematical structure and biological considerations. Crop Science 25, 721–728,

Guyot, J. (1865): Culture of the Vine and Wine Making. Translated from the French by L. Marie. Walker.

Häckel, H. (2008): Meteorologie (5. Aufl.) Ulmer Verlag, Stuttgart, 447 S.

Hale, C. R., Buttrose, M. S. (1974): Effect of temperature on ontogeny of berries of *Vitis vinifera* L. cv. Cabernet Sauvignon. J. Amer. Soc. Hort. Sci. 99, 390–394.

Halliday, K. J., Fankhauser, C. (2003): Phytochrome-hormonal signalling networks. New Phytologist 157. 3, 449–463.

Hancock, J. M. (2005): Geology of Wine. In: Selley, R. C., Cocks, L. R. M., Plimer, I. R: The Encyclopaedia of Geology Vol III. Elsevier, Amsterdam, 85–90.

Handler, M. (2006): The WTO geographical indications dispute. Modern law review 69, 70–80.

Hofmann, B. (2004): Das Trockenstressrisiko bei einer Dauerbegrünung der Rebanlagen. In: Löhnertz, O. et al.(2004): Die Standortkartierung der hessischen Weinbaugebiete. Geol. Abh. Hessen 114, 101–114.

Hofmann, M., Schultz, H. R. (2015): Modeling the water balance of sloped vineyards under various climate change scenarios. In: BIO Web of Conferences – 38th World Congress of Vine and Wine (ed.) J.-M. Aurand, Mainz 01026, doi: 10.1051/bioconf/20150501026.

Hofmann, M., Lux, R., Schultz, H. R. (2014): Constructing a framework for risk analyses of climate change effects on the water budget of differently sloped vineyards with a numeric simulation using the Monte Carlo method coupled to a water balance model. Frontiers in Plant Science 5, 645, 1–22.

Höller, H., Meischner, P. F. (1993): Untersuchung von mikro- und makrophysikalischen Strukturen und Prozessen in Hagelwolken im Hinblick auf deren Beeinflussung. DVLR Oberpfaffenhofen, 71 S.

Hopkins, H. T. (1956): Absorption of ionic species of orthophosphate by barley roots: effect of 2,4-dinitrophenol and oxygen tension. Plant Physiol. 31, 155–161.

Hoppmann, D. (1987): Der Einfluss von Jahreswitterung und Standort auf die Mostgewichte der Rebsorten Riesling und Müller-Thurgau (*Vitis vinifera* L.). Agrarmeteorologischer Beitrag zur Standortbeurteilung im Weinbau. Thesis Universität Gießen. Fachbereich Agrarwissenschaften, 222 S.

Hoppmann, D. (2004a): Die direkte Sonneneinstrahlung. In: Löhnertz, O. et al.: Die Standortkartierung der hessischen Weinbaugebiete. Geol. Abh. Hessen 114, 27–38.

Hoppmann, D. (2004b): Die Karte des potenziellen Mostgewichtes für das Weinbaugebiet Rheingau als objektive Grundlage zur Charakterisierung der Weinlagen. In: Löhnertz, O. et al.: Die Standortkartierung der hessischen Weinbaugebiete. Geol. Abh. Hessen 114, 115–124.

Hoppmann, D., Schaller, K. (1981): Der Einfluss verschiedener Standortfaktoren auf Qualität und Quantität der Reben (2 Mitteil.). Die Wein-Wissenschaft 36, 5, 299–319 und 6, 371–377.

Hoppmann, D., Berkelmann-Löhnertz, B. (2000): Prognosis of phenological stages of *Vitis vinifera* (cv. Riesling) for optimizing pest management, Bulletin OEPP/EPPO Bulletin 30, 121–126.

Hoppmann, D., Sievers, U., Hessel, J. (1997): Klimatische Risiken erkennen, Das Deutsche Weinmagazin 20, 24–28.

Hoppmann, D. (1999): Die Karte des potenziellen Mostgewichtes für das Weinbaugebiet Rheingau als objektive Grundlage zur Charakterisierung der Weinlagen. Weltkongress für Rebe und Wein, Sektion 1: Methoden des Rebanbaus. Mainz, 5.–9.07.99, Kongressband. BMELF, Hrsg., 176–183.

Hoppmann, D., Schaller, K. (1997): Characterization of vineyard sites for quality production using meterological and soil chemical and physical data. Les Terroirs Viticoles. 1er Colloque International, Angers.

Hoppmann, D., Schaller, K. (1999): Characterization of vineyard sites for quality wine production – German experiences. Territorio & Vino. La zonazione strumento di conoscenza per la qualità, Siena.

Horney, G. (1969a): Bodentemperaturen in verschiedenen Boeden unter gleichen Bedingungen. Weinberg u. Keller 16, 401–406.

Horney, G. (1969b): Temperaturen eines Rebstockes bei Sonneneinstrahlung über einer Schneedecke. Weinberg u. Keller 16, 463–466.

Horney, G. (1975): Das Häufigkeitsspektrum der Windrichtungen in ökologischer Sicht –

dargestellt an den besonderen Verhältnissen im Rheingau. Ber. D. Deutsch. Wetterdienstes 135, 7 S.

Hubrich, H. (1970): Bodenformen und Bodenwasser im Flußgebiet der Döllnitz. Wiss. Veröff. Geogr. Inst. der DAW, Nr. 27/28, 399.

Hufnagel, J. C., Hofmann, T. (2008): Quantitative reconstruction of the non-volatile sensometabolome of a red wine. J. Agric. Food. Chem. 56, 9190–9199.

Hugget, J. M. (2005): Geology and wine: a review. Proc. of the Geologists' Assoc. 117, 239–247.

Huglin, P. (1978): Nouveau mode d'evaluation des possibilites heliothermiques d'un milieu viticole. C. R. Acad. Agr. France, 1117–1126.

Huglin, P. (1986): Biologie et Ecologie de la Vigne. Ed. Payot, Lausanne 372 pp.

Hüster, H. (1993): A long-term simulation of the soil water budget in tilled and grass covered vineyard. Wein-Wissenschaft. 48, 3–6, 127–129.

Hunter, J. J., Volschenk, C. G., Marais, J., Fouche, G. W. (2004): Composition of Sauvignon blanc grapes as affected by pre-veraison canopy manipulation and ripeness levels. S. Afr. J. Enol. Vitic. 25,1, 13–17.

Hunter, J. J., Volschenk, C. G. (2008): Implications of grapevine row orientation in South Africa. Proc. VIIth Int. Terroir Congr., 19–23 May 2008. Agroscope Changins-Wadenswil, Switzerland, 336–342.

IFV – Institut Francais de la Vigne et du Vin (http://www.vignevin.com) (rech. 20.01.2016).

Iland, P. (1989): Grape berry composition – the influence of environmental and viticultural factors. I. Temperature. II. Solar radiation. Australian Grapegrower & Winemaker 302, 13–15 und 304, 74–76.

Inao (2000). Annual Report.

Intrieri, C., Zerbi, G., Marchiol, L., Poni, S., Caiado, T. (1995): Physiological response of grapevine leaves to lightflecks. Scientia Horticulturae 61, 1, 47–59.

Jackson, D. I., Lombard, P. B. (1993): Environmental and management practices affecting grape composition and wine quality – a review. Am. J. Enol. Viticult. 44, 409–430.

Jeandet, P., Bessis, R., Sbaghi, M., Meunier, P. (1995): Production of the phytoalexin resveratrol by grapes as a response to botrytis attack under natural conditions. J. Phytopahthol. 143, 135–139.

Jogiaah, S., Oulkar, D. P., Banerjee, K., Ravendran, P., Rokade, N. P. (2010): Amino acid profile of Thompson Seedles grapes grafted on different rootstocks at various stages of berry development. Int. J. Fruit Sci. 10, 323–340.

Johnson, H., Brook, S. (2004): Der große Johnson. Die Enzyklopädie der Weine, Weinbaugebiete und Weinerzeuger der Welt. Hallwag Verlag, München, 672 S.

Jones, G. V., Storchmann, K. H. (1998): Empirie der Preisbildung bei Crus Classés des Bordelais – Determinanten, Sensitivitäten und Prognosen. Wein-Wissenschaft 53, 3, 136–149.

Jones, H. G., Stoll, M., Santos, T., De Sousa, C., Chaves, M. M., Grant, O. M. (2002): Use of infrared thermography for monitoring stomatal closure in the field: application to grapevine. J. Exp. Bot. 53, 378, 2249–2260.

Jones, H. G., Serraj, R., Loveys, B. R., Xiong, L., Wheaton, A., Price, A. H. (2009): Thermal infrared imaging of crop canopies for the remote diagnosis and quantification of plant responses to water stress in the field. Functional Plant Biology 36, 11, 978–989.

Jones, H. G., Vaughan, R. A. (2010): Remote Sensing of Vegetation: Principles, Techniques, and Applications. Oxford University Press, Oxford.

Jones, H. G. (2014): Plants and microclimate, a quantitative approach to environmental plant physiology. Cambridge University Press, Cambridge, UK, 428.

Josling, T. (2006): The war on Terroir: Geographical indications as a transatlantic trade conflict. J. Agricultural Economics 57, 337–363.

Jourjon, F., Morlat, R., Seguin, G. (1991): Characterization work on the Loire middle valley's soils. Experimental plots, climate, soils, and vineyard water supply. J. Int. des Sciences de la Vigne et du Vin. Connaissance de la Vigne et du Vin 25, 179–202, 251.

Kartschall, T., Wodinski, M., von Bloh, W., Oesterle, H., Rachimow, C., Hoppmann, D. (2015): Changes in phenology and frost risk of *Vitis vinifera* (cv Riesling). Met. Zeitschrift 24, 2,189–200.

Kennedy, J.A., Matthews, M.A., Waterhouse, A.L. (2000): Changes in grape seed polyphenols during fruit ripening. Phytochemistry 55, 1, 77–85.

Kennedy, J.A., Matthews, M.A., Waterhouse, A.L. (2002): Effect of maturity and vine water status on grape skin and wine flavonoids. Am. J. Enol. Viticult. 53, 4, 268–274.

Kliewer, W.M. (1975): Effect of root temperature on budbreak, shoot growth, and fruit set of 'Cabernet Sauvignon' grape vines. Am. J. Enol. Viticult. 26, 82–89.

Kliewer, W.M. (1977): Influence of temperature, solar radiation, and nitrogen on coloration and composition of Emperor grapes. Am. J. Enol. Viticult. 28, 96–103.

Kliewer, W.M. (1977): Effect of high temperatures during the bloom-set period on fruitset, ovule fertility, and berry growth of several grape cultivars. Am. J. Enol. Viticult. 28, 215–222.

Kliewer, W.M. ,Torres, R.E. (1972): Effect of controlled day and night temperatures on grape coloration. Am. J. Enol. Viticult. 23, 71–77.

Kliewer, W.M., Smart, R.E. (1989): Canopy manipulation for optimising vine microclimate, crop yield, and composition of grapes. In: Wright, C.J. (ed.): Manipulation of Fruiting. Summer School Sutton Bonnington, Butterworth, London, 275–291.

Kolesch, H. (2002): Terroir in Franken. Ein Weinlesebuch. Bayerische Landesanstalt für Wein- und Gartenbau, Würzburg, 22 S.

Kolesch, H. (2005): Das fränkische Terroir (Wie eine Weinlandschaft entstanden ist). Vortrag fränkische Weinbautage 2005 unter Internetadresse: www.lwg.bayern.de/weinbau/weinbau_franken/18059/, 35 S.

Königer, S., Schwab, A. (2003): Bewertung der Wasserspeicherfähigkeit von Weinbergsböden mittels GIS. Rebe und Wein 56, 7, 24–28.

Köppen, W. (1923): Grundriss der Klimakunde. De Gruyter, Berlin.

Kreybig, L. (1951): A talajok hö es vizgazdálkodása (Wärme- und Wasserhaushalt der Böden). Budapest.

Kreybig, L., Bajai, J. (1952): MTA Agràrtud. Oszt. Közl. (Budapest) 1, 23. zit. in: diGliera, Klimes, Szmik-Dvoracsek: Bodenphysik und Bodenkolloidik., VEB Gustav Fischer Verlag, Jena, 1962, 710.

Kuhnholtz-Lordat, G. (1963): La genèse des appellations d'origine des vins. Buguet-Comptour, Mâcon, 1963.

Lakso, A.N., Kliewer, W.M. (1975): The influence of temperature on malic acid metabolism in grape berries. I. Enzyme responses. Plant Physiol. 56, 370–372.

Landrault, N., Larcade, F., Delauney, J.C., Castagnino, C., Vercauteren, J., Merillon, J.M., Gasc, F., Cros, G., Teissedre, P.I. (2002): Levels of stilbene oligomers and astilbin in French varietal wines and in grapes during noble rot development. J. Agric. Food Chemistry 50, 2046–2052.

Lange, O.L. (1959): Untersuchungen über den Wärmehaushalt und Hitzeresistenz mauretanischer Wüsten- und Savannenpflanzen. Flora 147, 595–651.

Lavee, S., Regev, U., Samish, R.M. (1967): The determination of induction and differentiation in grape vines. Vitis 6, 1, 1–13.

Lebon, E., Dumas, V., Pieri, P., Schultz, H.R. (2003): Modelling the seasonal dynamics of the soil water balance of vineyards. Functional Plant Biology 30, 6, 699–710.

Leeuwen, C.van, Seguin, G. (1994): Vegetative development and grape maturation of *Vitis vinifera* L. cv. Cabernet franc, Saint-Emilion 1990, on soils with different water supply. Estimates of plant and soil water status by leaf water potential measurements. J. Int. des Sciences de la Vigne et du Vin 28, 81–110, 181–182.

LÖHNERTZ, O. (1988): Untersuchungen zum zeitlichen Verlauf der Nährstoffaufnahme bei *Vitis vinifera* L. cv. Riesling. Geisenheimer Berichte Bd. 1. ISBN: 3-980-1872-0-9.

LÖHNERTZ, O., HOPPMANN, D., EMDE, K., FRIEDRICH, K., SCHMANKE, M., ZIMMER, T. (2004): Die Standortkartierung der hessischen Weinbaugebiete. Geologische Abhandlungen Hessen, Bd. 114, 147 S.

LORENZ, D. H., EICHHORN, K. W., BLEIHOLDER, H., KLOSE, R., MEIER, U., WEBER, E. (1994): Phaenologische Entwicklungsstadien der Weinrebe (*Vitis vinifera* L. ssp. *vinifera*). Codierung und Beschreibung nach der erweiterten BBCH-Skala. Wein-Wissenschaft 49, 66–70.

LYR, H., HOFFMANN, G. (1967): Growth rates and growth periodicity. Int. Rev. Forestry Res. 2, 181–236.

MACAULAY, L. E., MORRIS, J. R. (1993): Influence of cluster exposure and winemaking processes on monoterpenes and wine olfactory evaluation of Golden Muscat. Am. J. Enol. Viticult. 44, 198–204.

MALBERG, H. (1999): Bauernregeln. Aus meteorologischer Sicht. Springer Verlag, Berlin, 224 S.

MALTMAN, A. (2013): Minerality in wine: a geological perspective. J. Wine Res. 24, 169–181.

MARAIS, J., VAN WYK, C. J., RAPP, A. (1992): Effect of sunlight and shade on norisoprenoid levels in maturing Weisser Riesling and Chenin blanc grapes and Weisser Riesling wines. South African J. Enol. Viticult. 13, 23–32.

MASON, B. (1958): An example of climatic control of land utilization Paris: Unesco = Arid Zone Research, Vol. XI, Climatology and Microclimatology. Proceedings of the Canberra Symposium, 188–194.

MATTHEWS, M. A., ANDERSON, M. M. (1988): Fruit ripening in *Vitis vinifera* L.: Responses to seasonal water deficits. Am. J. Enol. Viticult. 39, 4, 313–320.

MAY, P. (2004): Flowering and Fruitset in Grapevines. Lythrum Press, Adelaide, Australia, 119 pp.

MCCARTHY, M. G., COOMBE, B. G. (1985): Water status and winegrape quality. 1st Intern. Symposium on Water Relations in Fruit Crops, Pisa. Acta Horticult. 171, 447–456.

MENGLER, H. (1985). Diplomarbeit. Fachbereich Weinbau und Kellerwirtschaft der Fachhochschule Wiesbaden in Geisenheim.

MICHEL, S., KÖNIGER, S., SCHWAB, A. (2002): Klimatische Einteilung von Weinbergsflächen: „Terroir" in Franken. Das Deutsche Weinmagazin 16/17, 24–27.

MOHR, H. D., DÜRING, H. (2000): Sonnenbrand bei Weinreben – Eine Nachlese. Deutsches Weinbau-Jahrbuch 51, 95–102.

MOLITOR, D., BARON, N., SAUERWEIN, T., ANDRÉ, C. M., KICHERER, A., DÖRING, J., STOLL, M., BEYER, M., HOFFMANN, L., EVERS, D. (2015): Postponing first shoot topping reduces grape cluster compactness and delays bunch rot epidemic. Am. J. Enol. Viticult. 66, 2, 164–176.

MORLAT, R. (2001b): Terroirs Viticoles: Etude et Valorisation. Collection Avenir Oenologie, page 22 Oenoplurimedia Sarl ISBN: 2-905428-16-3.

MORLAT, R. (2001a): Terroirs Viticoles: Etude et Valorisation. Collection Avenir Oenologie, page 18. Oenoplurimedia Sarl ISBN: 2-905428-16-3.

MORLAT, R. (1989): Le terroir viticole: contribution à l'étude de sa caractérisation et son influence sur les vins; application aux vignobles rouges de la Moyenne Vallée de la Loire. PhD thesis, Université Bordeaux II, Bordeaux.

MORLAT, R. (1989): Vineyard sites: Studies for their characterization and influence on wine production, applied to the red wine growing region of the middle Loire valley. Thesis, Univ. Bordeaux II, Inst. d' Oenologie, Talence, 289 pp.

MORLAT, R. (1998): Les relations entre le terroir, la vigne et le vin. Comptes Rendus des Séances de l'Académie d'Agriculture de France 84, 2, 19–32.

MORLAT, R., JAQUET, A. (1993): The soil effects on the grapevine root system in several vineyards of the Loire Valley (France). Vitis 32, 35–42.

Morlat, R., Puissant, C., Asselin, C., Leon, H., Remque, M. (1981): Quelques aspects de l'influence du milieu édaphique sur l'enracinement de la vigne, consequences sur la qualité du vin. Bulletin de l'Association Française d'Etude du Sol 2, 125–145.

Moschini, G. C., Menapace, L., Pick, D. (2008): Geographical indications and the competitive provision of quality in agricultural markets. Am. J. Agric. Economics 90, 794–812.

Mouat, M. C. H., Nes, P. (1986): Influence of soil water content on the supply of phosphate to plants. Austr. J. Soil Research 24, 435–440.

Müller, E. (2004): Die Laubarbeit als Instrument zur Steuerung der Traubenqualität. Schweiz. Z. Obst-Weinbau 8, 11–14.

Nover, L., Höhfeld, J. (1996): Hohe Temperaturen. In: Brunold, C., Rüegsegger, A., Brändle, R.: Stress bei Pflanzen. Paul Haupt Verlag, Bern, 49–70.

OIV (2010): Resolution OIV/VITI 333. Definition von „Einbauterroir".

Ojeda, H., Andary, C. Kraeva, E., Carbonneau, A., Deloire, A. (2002): Influence of pre- and postveraison water deficit on synthesis and concentration of skin phenolic compounds during berry growth of *Vitis vinifera* cv. Shiraz. Am. J. Enol. Vitic. 53, 4, 261–267.

Oke, T. R. (1987): Boundary Layer Climates. Methnen & Co. Ltd., London, 2. Aufl., 435 S.

Onjia, A., Razic, S. (2010): Trace element analysis and pattern recognition techniques in classification of wine from Central Balkan countries. Am. J. Enol. Viticult. 61, 4, 506–511.

Pachatz, G. C. (2005): Analyse der Effizienz der Hagelabwehr in der Steiermark anhand von Fallbeispielen. Thesis. Wegener Zentrum für Klima und globalen Wandel. Universität Graz. Wissenschaftl. Bericht 3, 163 S.

Perez Peña, J. E. (2004): Whole-canopy photosynthesis and transpiration under regulated deficit irrigation in *Vitis vinifera* L. cv. Cabernet Sauvignon. Thesis, Washington State University, 234 p.

Pérez-Álvarez, E. P., Garde-Cérdan, T., Garcia-Escudero, E., Martinez-Vidaurre, J. M. (2014): Soil N-NO_3 influence on amino acid content in Tempranillo must from AOC Rioja growing area, Spain. Xth Intern. Terroir Congress, Tokaj (Hungary).

Petit, J. R., Jouzel, J., Raynoud, D., Barkov, N. I., Barnola, J., Basile, I., Bender M., Chapellaz, J., Davis, M., Delaygue, G., Delmotte, M., Kotylakow, V., Legrand, M., Lipenkov, V., Lorius, C, Pepin, L., Ritz, C., Saltzmann, E., Stievenard, M. (1999): Climatic and atmospheric history of the past 420000 years from the Vostok ice core, Antarctica. Nature 399, 429–436.

Pirie, A., Mullins, M. G. (1976): Changes in anthocyanin and phenolics content of grapevine leaf and fruit tissue treated with sucrose, nitrate, and abscisic acid. Plant Physiol. 58, 468–472.

Plinius D. Ä. Naturalis Historia (1994): Fruchttragende Bäume. 2 Bde. Artemis Winkler Akademie Verlag, Stuttgart.

Pogue, K. (2009): Folds, floods, and fine wine: Geological influences on the terroir of the Columbia Basin. In: O'Connor, J. E., Dorsey, R. J., Madin, I. P. (eds.): Volcanoes to Vineyards: Geologic Field Trips through the Dynamic Landscape of the Pacific Nordwest. Geol. Soc. of America Field Guide 15, 1–17.

Portes, L., Ruyssen, F. (1886): Traite de la Vigne et de ses Produits. Tome 1. Octave Doin, Paris.

Pouget, R. (1981): Temperature effects on the differentiation and development of flower organs during the prebursting and postbursting phases of latent buds in *Vitis vinifera* (m. engl., dt., span., ital. Zus.). Connaiss. Vigne Vin 15, 65–79.

Praetorius, S. (2011): Festvortrag anlässlich der Gründungsversammlung der Hochschule Geisenheim. 09.02.2011.

Price, S. F.,Breen, P. J.,Valladao, M., Watson, B. T. (1995): Cluster sun exposure and quercetin in Pinot noir grapes and wine. Am. J. Enol. Viticult. 46, 2, 187–194.

RAMDAS, L. A., DRAVID R. K. (1934): Soil temperature. Current Science, London, 3, 266–267.

RAPP, A., GUENTERT, M., HEIMANN, W. (1985): Beitrag zur Sortencharakterisierung der Rebsorte Weisser Riesling. I. Untersuchung der Aromastoffzusammensetzung von ausländischen Weissweinen mit der Sortenbezeichnung „Riesling",. Zeitschrift Lebensmittel-Untersuchung und -Forschung 181, 357–361.

RAPP, A., KLENERT, M. (1974): Einfluss der Samen auf die Beerenreife bei *Vitis vinifera* L. (m. engl. Zus.). Vitis 13, 222–232.

RAUHUT, D. (2009): Usage and Formation of Sulphur Compounds. In: KÖNIG, H. et al. (eds.): Biology of Microorganisms on Grapes, in Must, and Wine. Springer Verlag, Berlin Heidelberg.

RAUHUT, D., KÜRBEL, H., DIITTRICH, H. H., GROSSMANN, M. (1996): Properties and differences of commercial yeast strains with respect to their formation of sulfur compounds during fermentation. Vitic. Enol. Sci. 51, 187–192.

RAZAL, R., ELLIS, S., SINGH, S., LEWIS, N. G., TOWERS, G. H. N. (1996): Nitrogen recycling in phenylpropanoid metabolism. Phytochemistry 41, 31–35.

RAZUNGLES, A., GUNATA, Z., PINATEL, S., BAUMES, R., BAYONOVE, C. (1993): Quantitative studies on terpenes, norisoprenoids, and their precursors in several varieties of grapes. Sciences des Aliments 13, 59–72.

REUTER, S., HARDT, C. (2005): Vom Regional-Terroir zum Lagen-Terroir, Der Deutsche Weinbau 14, 40–43.

REUTHER, G., REICHERT, A. (1963): Temperatureinflüsse auf Blutung und Stoffwechsel bei *Vitis vinifera*. Planta 59, 391–410.

REUTHER, H., REBHOLZ, F., ZIEGLER, B., EDER, J., SIMONIS, A., TREIS, F., RUPP, D., PRIOR, B., BALMER, M. (2004): Bewässerung. Planung & Umsetzung: Was ist zu beachten? Meininger Verlag, Neustadt/Weinstraße, 68 pp.

REYNOLDS, A. G., WARDLE, D. A. (1989): Impact of various canopy manipulation techniques on growth, yield, fruit composition, and wine quality of Gewuerztraminer. Am. J. Enol. Viticult. 40, 121–129.

REYNOLDS, A. G., WARDLE, D. A. (1993): Significance of viticultural and enological practices on monoterpene flavorants of British Columbia-grown *Vitis vinifera* berries and juices. Wein-Wissenschaft 48, 194–202.

RICHARDS, D. (1983): The grape root system. Hort. Reviews 5, 127–167.

RIOU, C., PIERI, P., LE CLECH, B. (1994): Consommation d'eau de la vigne en conditions hydriques non limitantes. Formulation simplifiée de la transpiration. Vitis 33, 109–115.

RIOU, C., MORLAT, R., ASSELIN, C. (1995): An integrated approach of viticultural 'terroirs'. Discussions on the accessible criteria of characterization. Bulletin de l'O. I. V. 68, 767–768, 93–106.

RIOU, C., PIERI, P., LE CLECH, B. (1994): Water use of grapevines well supplied with water. Simplified expression of transpiration. Vitis 33, 109–115.

ROBINSON, J. (1995): Das Oxford Weinlexikon. 2 Bde. Hallwag Verlag, Bern, Stuttgart, 1330 S.

ROBY, G., HARBERTSON, J. F., ADAMS, D. A., MATTHEWS, M. A. (2004): Berry size and vine water deficits as factors in winegrape composition: Anthocyanins and tannins. Austr. J. Grape and Wine Research 10, 2, 100–107.

ROMANO, P., FIORE, C., PARRAGIO, M., CARUSO, M., CAPECE, A. (2003): Function of yeast and strains in wine flavor. Int. J. Food Microbiol. 86, 169–180.

RÖMISCH, U., JÄGER, H., CAPRON, X., LANTERI, S., FORINA, M., SMEYERS-VERBEKE, J. (2009): Characterisation and determination of the geographical origin of wines. PART III: multivariate discrimination and classification methods. Eur. Food Res. Technol. 230, 31–45.

ROULLIER-GALL, C., LUCIO, M., NORET, L., SCHMITT-KOPPLIN, P., GOUGEON, R. D. (2014): How subtle is the "Terroir" effect? Chemistry-related signatures of two "climats de Bourgogne". PLoS ONE 9, 5, e97615–11. DOI=10.1371/journal.pone.0097615.

RUFFNER, H. P. (1982): Metabolism of tartaric and malic acids in Vitis: A review, Part B. Vitis 21, 346–358.

RUIZ, J. M., RIVERO, B. M., LOPEZ-CANTAREO, I., ROMERO, L. (2003): Role of Ca^{2+} in the metabolism of phenolic compounds in tobacco leaves (*Nicotiana tabacum* L.). Plant Growth Regulation 41, 173–177.

RUPP, D. (2006): Bewässerung richtig einsetzen: Tröpfchen für Tröpfchen. Rebe und Wein 59, 5, 20–24.

RUTTE, E. (1957): Einführung in die Geologie von Unterfranken. Laborarztverlag, Würzburg, 168 S.

RUTTE, E. (1981): Bayerns Erdgeschichte. Der geologische Führer durch Bayern. Ehrenwirt, München.

RYONA, I., PAN, B. S., INTRIGLIOLO, S., LAKSO, A., SACKS, G. L. (2008): Effect of cluster light exposure on 3-isobutyl-2-methoxypyrazine accumulation and degradation patterns in red wine grapes (*Vitis vinifera* L. cv. Cabernet Sauvignon). J. Agrig. Food Chem. 56, 10838–10846.

SALETTE, J., ASSELIN, C., MORLAT, R. (1998): The relationship between 'terroir' and product: An analysis on the 'terroir-vine-wine' system and its analogous application to other products. Sciences des Aliments 18, 3, 251–265.

SATORIUS, O. (1952): Das Menge-Güte-Gesetz. Die Wein-Wissenschaft 6, 83–84.

SCARLETT, N. J., BRAMLEY, P. G. V., SIEBERT, T. C. (2014): Within-vineyard variation in the „pepper" compound rotundone is spatially structured and related to variation in the land underlaying the vineyard. Aust. J. Grape Wine Res. 20, 214–222.

SCHALLER, K. (1976): Nitratdynamik in charakteristischen Weinbergsböden im Verlaufe zweier Vegetationszeiten. Unveröffentlicht.

SCHALLER, K., LÖHNERTZ, O., GEIBEN, R., BREIT, N. (1989): N-Stoffwechsel von Reben. 1. Mitt.: N- und Arginindynamik im Holzkörper der Sorte Müller-Thurgau im Verlauf einer Vegetationsperiode. Vitic. Enol. Sci. 44, 91–101.

SCHENK ZU TAUTENBURG, J. FREIHERR VON (1999): Untersuchungen über den Zusammenhang von Standorteigenschaften, Inhaltsstoffen und geschmacklicher Beurteilung von Prädikatsweinen der Rebsorte Riesling im Rheingau. Geisenheimer Berichte 39, 253 S.

SCHLESIER, K., FAUHL-HASSEK, C., FORINA, M., COTEA, V., KOCSI, E., SCHOULA, R., VAN JAARSVELD, F., WITTKOWSKI, R. (2009): Characterisation and determination of the geographical origin. Eur. Food Res. Technol. 230; 1–13.

SCHMID, J., MANTY, F., LINDNER, B. (2011): Geisenheimer Rebsorten und Klone. Geisenheimer Berichte Nr. 67. ISBN 978-3-934742-56-7.

SCHMIDT, S. A., DILLON, S., KOLOUCHOVA, R., HENSCHKE, P. A., CHAMBERS, P. J. (2011): Impacts of variations in elemental nutrient concentration of Chardonnay musts on *Saccharomyces cerevisiae* fermentation kinetics and wine composition. Applied Microbiol. Biotechnol. 91, 2, 365–375.

SCHMIDT, W. (1931): Über kleinklimatische Forschungen. Meteorolog. Z. (Braunschweig) 48, 4877.

SCHNEIDER, M., HORNEY, G. (1969): Auswirkungen von Beregnung auf Boden- und Bestandsklima sowie auf Blatttemperaturen im Weinbau. Beregnung zur Ergänzung des Bodenwasservorrates und klimatisierende Beregnung. Z.Bewässerungswirtschaft 2, 162–199.

SCHNELLE, F. (1965): Frostschutz im Pflanzenbau. Bd. 1: Die meteorolog. und biolog. Grundlagen der Frostschadensverhütung. Bd. 2: Die Praxis der Frostschadensverhütung. BLV Verlag, München.

SCHÖNWIESE, C. D. (1992): Klima im Wandel – Tatsachen, Irrtümer, Risiken. Deutsche Verlags-Anstalt, Stuttgart, 223 S.

SCHREINER, R. P., LEE, J., SKINKIS, P. A. (2013): N, P, and K supply to Pinot noir grapevines: Impact on vine nutrient status, growth, physiology, and yield. Am. J. Enol. Viticult. 64, 26–38.

Schuller, D., Cardoso, F., Sousa, S., Gomes, P., Gomes, A.C. et al. (2012): Genetic diversity and population structure of *Saccharomyces cerevisiae* strains isolated from different grape varieties and winemaking regions. PLoS ONE 7, 2, e32507. doi:10.1371/journal.pone.0032507.

Schultz, H.R. (1995): Grape canopy structure, light microclimate, and photosynthesis. I. A two-dimensional model of the spatial distribution of surface area densities and leaf ages in two canopy systems. Vitis 34, 4, 211–215.

Schultz, H.R. (1999): Sommer 98: Verbrennungserscheinungen an den Trauben. Einfacher Sonnenbrand oder Umweltschaden? Der Deutsche Weinbau 3, 12–15.

Schultz, H.R. (2000): Climate change and viticulture: A European perspective on climatology, carbon dioxide, and UV-B effects. Austr. J. Grape and Wine Research 6, 1, 2–12.

Schultz, H.R. (2003): Differences in hydraulic architecture account for near-isohydric and anisohydric behaviour of two field-grown *Vitis vinifera* L. cultivars during drought. Plant Cell and Environment 26, 8, 1393–1405.

Schultz, H.R. (2003): Extension of a Farquhar model for limitations of leaf photosynthesis induced by light environment, phenology and leaf age in grapevines (*Vitis vinifera* L. cvv. White Riesling and Zinfandel). Functional Plant Biology Australia 30, 6, 673–687.

Schultz, H.R., Gruber, B.R. (2005): Bewässerung und „Terroir“: Ergänzung oder Gegensatz? Das Deutsche Weinmagazin 1, 24–28.

Schultz, H.R., Steinberg, B. (2002): Wasserhaushalt der Rebe und Möglichkeiten der Tropfbewässerung: Tropfen für Tropfen zur Qualität (Teile 1 + 2). Das Deutsche Weinmagazin 21, 30–35 und 22, 16–21.

Schultz, H.R. (1992): An empirical model for the simulation of leaf appearance and leaf area development of primary shoots of several grapevine, *Vitis vinifera* L., canopy systems. Scientia Horticulturae 52, 179–200.

Schultz, H.R. (1993): A dynamic physiological model of grapevine gas exchange. Wein-Wissenschaft 48, 86–89.

Schultz, H.R. (1996): Leaf absorptance of visible radiation in *Vitis vinifera* L. Estimates of age and shade effects with a simple field method. Scientia Horticulturae 66, 1–2, 93–102.

Schultz, H.R., Hoppmann, D., Hofmann, M. (2006): Der Einfluss klimatischer Veränderungen auf die phänologische Entwicklung der Rebe, die Sorteneignung sowie Mostgewicht und Säurestruktur der Trauben. Projektbericht zum integrierten Klimaschutzprogramm des Landes Hessen (InKlim 2012) des Fachgebietes Weinbau der Forschungsanstalt Geisenheim, 43 S.

Schultz, H.R.,Hofmann, M. (2008): Abschlussbericht zum integrierten Klimaschutzprogramm des Landes Hessen (InKlim 2012 II plus) des Fachgebiets Weinbau der Forschungsanstalt Geisenheim.

Seegmüller, S. (2014): Wie beeinflusst das Holz-Terroir den Wein? Der Deutsche Weinbau 16/17, 46–49.

Sefton, M.A. (1998): Hydrolytically-released volatile secondary metabolites from a juice sample of *Vitis vinifera* grape cvs. Merlot and Cabernet Sauvignon. Austr. J. Grape and Wine Research 4, 1, 30–38.

Seguin, G. (1970): Les sols de vignobles du Haute-Medoc. Influence sur l'alimentation en eau en cas de la vigne et sur la maturation du raisin. PhD thesis, University of Bordeaux II, Bordeaux.

Seguin, G. (1971): L'alimentation en eau de la vigne et la maturation du raisin en 1970, sur quelques sols typiques du Haut-Medoc. Connaiss. Vigne Vin (Talence) 5, 293–313.

Seguin, G. (1975): Alimentation en eau de la vigne et composition chimique des mouts dans les grands crus du Medoc. Phenomènes de regulation. Connaiss. Vigne Vin 9, 23–34.

Seguin, G. (1983): Effects of viticultural habitats on the composition and quality of the vintage. Bull. OIV. 56, 3–18.

SEGUIN, G. (1986): „Terroirs“ and pedology of wine growing. Experientia (Basel) 42, 861–872.

SEPULVEDA, G., KLIEWER, W. M. (1986): Effect of high temperature on grapevines (*Vitis vinifera* L.). II. Distribution of soluble sugars. Am. J. Enol. Viticult. 37, 1, 20–25.

SHAPIN, S. (2005): HEDONIC Fruit Bombs. London Review of Books 27, 30–32.

SINGH, S., LEWIS, N. G., TOWERS, G. H. N. (1998): Nitrogen recycling during phenylpropanoid metabolism in sweet potato tubers. J. Plant Physiol. 153, 316–323.

SLATYER, R. O. (1967): Plant-water relationships. Academic Press, New York.

SMART, R. E., ROBINSON, M. D. (1991): Sunlight into Wine. A Handbook for Winegrape Canopy Management. Winetitles, Adelaide.

SMART, R. E. (1982): Vine manipulation to improve wine grape quality. Proceedings, Grape and Wine Centennial Symposium, University of California, Davis, 1980, 362–375.

SMART, R. E., SMITH, S. M., WINCHESTER, R. V. (1988): Light quality and quantity effects on fruit ripening for Cabernet Sauvignon. Am. J. Enol. Viticult. 39, 3, 250–258.

SMART, R. E., DRY, P. R. (1980): A climatic classification for Australian viticultural regions. Austral. Grapegrower Winemaker 17, 196, 8–10, 16.

SMEYERS-VERBEKE, J., JÄGER, H., LANTERI, S., BRERETON, P., JAMIN, E., FAUHL-HASSEK, C., FORINA, M., RÖMISCH, U. (2009): Characterisation and determination of the geographical origin of wines. Part II: descriptive and inductive univariate statistics. Eur. Food Res. Technol. 230, 15–29.

SOAR, C. J., DRY, P. R., LOVEYS, B. R. (2006): Scion photosynthesis and leaf gas exchange in *Vitis vinifera* L. cv. Shiraz: Mediation of rootstock effects via xylem sap ABA. Austr. J. Grape and Wine Research 12, 2, 92–86.

SPAYD, S. E., TARARA, J. M., MEE, D. L., FERGUSON, J. C. (2002): Separation of sunlight and temperature effects on the composition of *Vitis vinifera* cv. Merlot berries. Am. J. Enol. Viticult. 53, 3, 171–182.

SPAYD, S. E., WAMPLE, R. L., EVANS, R. G., STEVENS, R. G., SEYMOUR, B. J., NAGEL, C. W. (1994): Nitrogen fertilization of White Riesling grapes in Washington. Must and wine composition. Am. J. Enol. Viticult. 45, 34–42.

SRINIVASAN C., MULLINS, M. G. (1980): Effects of temperature and growth regulators on formation of anlagen, tendrils and inflorescences in *Vitis vinifera* L. Ann. Bot. 45, 439–446.

STEUDLE, E. (2001). The cohesion-tension mechanism and the acquisition of water by plant roots. Ann. Review of Plant Physiol. Plant Molecular Biol. 52, 1, 847–875.

STOCK, M., BADECK, F., GERSTENGARBE, F. W., HOPPMANN, D., KARTSCHALL, T., ÖSTERLE, H., WERNER, P. C., WODINSKI, M. (2007): Perspektiven der Klimaänderung bis 2050 für den Weinbau in Deutschland (Klima 2050). PIK Report 106. Potsdam Institut für Klimafolgenforschung, 132 S.

STOCKERT, C. M., BISSON, L. F., ADAMS, D. O., SMART, D. R. (2013): Nitrogen status and fermentation dynamics for Merlot on two rootstocks. Am. J. Enol. Viticult. 64, 195–202.

STOLL, M., JONES, H. G. (2005): Thermal imaging as a viable tool for monitoring plant stress. J. Int. des Sciences de la Vigne et du Vin 41, 2, 77–84.

STOLL, M., TITTMANN, S., SCHULTZ, H. R. (2012): Laubwand – so viel wie nötig...Der Deutsche Weinbau 11, 22–24.

STOLL, M., STOEBER, V., TITTMANN, S. (2013): Viticultural practices to match future challenges. Alcohol level reduction in wine. Vigne et Vin Publications Internationales, Bordeaux, 21–22.

STRAUSS, C. R., WILSON, B., ANDERSON, R., WILLIAMS, P. J. (1987): Development of precursors of C13 nor-isoprenoid flavorants in Riesling grapes. Am. J. Enol. Viticult. 38, 1, 23–27.

ŠUKLJE, K., ANTALICK, G., COETZEE, Z., SMIDTKE, L., ČERNIK, H., BRANDT, J., DU TOIT, W. J., LISJAK, K., DELOIRE, A. (2014): Effect of leaf removal and ultraviolet radiation on the composition and sensory perception of *Vitis vinifera* L. cv. Sauvignon Blanc wine. Austr. J. Grape Wine Res. 20, 223–233.

Svabik, O. (2004): Hagelabwehr in der Steiermark 1982–2001. Forschungsbericht der ZAMG, Wien.

Tarr, P.T., Dreyer, M.L., Athanas, M., Shahgholi, M., Saarloos, K., Second, T.P. (2013): A metabolomics based approach for understanding the influence of terroir in *Vitis vinifera* L. Metabolomics. 9, S1, 170–177.

Teil, G., Barrey, S., Floux, P., Hennion, A. (2011): Le vin et l'environnement: faire compter la difference. Presses de l'Ecole des Mines, Paris.

Tomasi, D., Pascarella, G., Sivilotti, P. (2005): Aroma precursors in Garganega, Prosecco and Sauvignon blanc grapes: Microclimatic effects. Proceedings GiESCO 2005 (XIV. International GiESCO Meeting Geisenheim 23.-27.08.05), 297–303.

TRIPS (2016). Annex 1c, Artikel 22, 1 und 23. (https://www.wto.org/english/tratop_e/trips_e/t_agm3_e.htm accessed: 20.01.2016).

Van Der Ploeg, J.D., Long, A. (1994): Born from Within: Practice and Perspective of Endogenous Rural Development. Vaon Gorcum, Assen, The Netherlands.

van Leeuwen, C., Friant P., Choné, X., Tregoat, O., Koundouras, S., Dubourdieu, D. (2004): Influence of climate, soil, and cultivar on terroir. Am. J. Enol. Viticult. 55, 207–217.

van Leeuwen C., Gaudillière, J.P., Tregoat, O. (2001): L'évaluation du régime hydrique de la vigne à partir du rapport isotopique 13C/12C. L'intérêt de sa mésure sur les sucres du moût à maturité. Int. J. des Sciences de la Vigne et du Vin 35, 195–205.

Van Leeuwen, C.P. (1991): Le vignoble de Saint Emillion: répartition des sols et fonctionnement hydrique, incidence sur le comportement de la vigne et la maturation du raisin. PhD thesis University of Bordeaux II, Bordeaux.

Vaudour, E. (2003): Les terroirs viticole. Définitions, caractérisation, protection. Ed. Dunod, Paris.

Veblen, T. (1899): Die Theorie der feinen Leute. Eine ökonomische Untersuchung der Institutionen. Fischer Taschenbuch Nr.17625.

Waldvogel, A. (1993): Niederschlagsbeeinflussung am Beispiel der Hagelbekämpfung. Promet 23, 3, 87–91.

Wang, L., Harada, J., Endo, Y., Hisamoto, M., Saito, F., Okuda, T. (2014): Changes in amino acid concentrations in Riesling and Chardonnay grape juices and possible role of sunlight. Am. J. Enol. Viticult. 65, 435–442.

Weise, R.,Wittmann, O. (1971): Boden und Klima fränkischer Weinberge. Bayer. Landwirtschaftsverl., München, So.-Heft Bayer. Landwirtsch. Jahrbuch 43.

Weissenbach, P., Ruffner, H.P. (2002): Auslauben – ein Widerspruch in sich? Schweizerische Zeitschrift für Obst- und Weinbau 138, 15, 380–383.

Weyand, K.M., Schultz, H.R. (2006): Light interception, gas exchange, and carbon balance of different canopy zones of minimally and cane-pruned field grown Riesling grapevines. Vitis 45, 3, 105–114.

Wild, H. (1878): Über die Bodentemperaturen. Rep. f. Meteorol. 6, 1–95.

Wilson, J.E. (1999): Terroir. Schlüssel zum Wein. Hallwag Verlag, Bern, Stuttgart, 336 S.

Winter, F. (1958): Das Spätfrostproblem im Rahmen der Neuordnung des südwestdeutschen Obstbaues. Gartenbauwiss. 23, 342–362.

Wittmann, O. (2006): Boden und Untergrund der deutschen Weinbaustandorte. Ergänzter Nachdruck Abschnitt 4.2.4.1 der „Deutsche Weinbaustandorte. Handbuch der Bodenkunde." Verlag Hüthig Jehle Rehm, Landsberg, 46 S.

Wollmann, N., Hofmann, T. (2013): Compositional and sensory characterisation of red wine polymers. J. Agric. Food Chem. 61, 2045–2061.

WOODHAM, R. C., ALEXANDER, D. M. (1966): The effect of root temperature on development of small fruiting sultana vines. Vitis 5, 5, 345–350.

YANG, H. H., LAWLESS, H. T. (2005): Descriptive analysis of divalent salts. J. Sensory Studies 20, 97–113.

YOUNG, F. D. (1920): Effect of topography on temperature distribution in Southern California. Month. Weather Rev. 48, 462–463.

ZAKOSEK, H., BECKER, H., BRANDTNER, E. (1979): Einführung in die Weinbaustandortkarte Rheingau i. M. 1:5000. Geol. Jb. Hessen 107, 261–281.

ZAKOSEK, H., KREUTZ, W., BAUER, W., BECKER, H., SCHRÖDER, E. (1967): Die Standortkartierung der hessischen Weinbaugebiete. Abh. Hess. Landesamt Bodenforschung 50, 81 S.

ZIMMER, T. (1997): Untersuchungen zum Wasserhaushalt von Weinbergsböden. Geisenheimer Ber. 35, 232 S.

ZIMMER, T. (2004): Die Karte der nutzbaren Feldkapazität. In: LÖHNERTZ, O. et al. (2004): Die Standortkartierung der hess. Weinbaugebiete. Geol. Abh. Hessen 114, 71–76.

ZUFFEREY, V., MURISIER, F., SCHULTZ, H. R. (2000): A model analysis of the photosynthetic response of *Vitis vinifera* L. cvs. Riesling and Chasselas leaves in the field : I. interaction of age, light, and temperature. Vitis 39, 1, 19–26.

Farbtafeln und typische Bodenprofile

Bild 1: Frostschäden an den jungen Rebblättern der Rebsorte Riesling infolge durchwachsener Begrünung in einer kaltluftgefährdeten Lage in der Nähe von Geisenheim (Rheingau) 1997.

Bild 2: Schwerer Hagelschaden in einer Rebfläche an der Mosel (MOLITOR 2007).

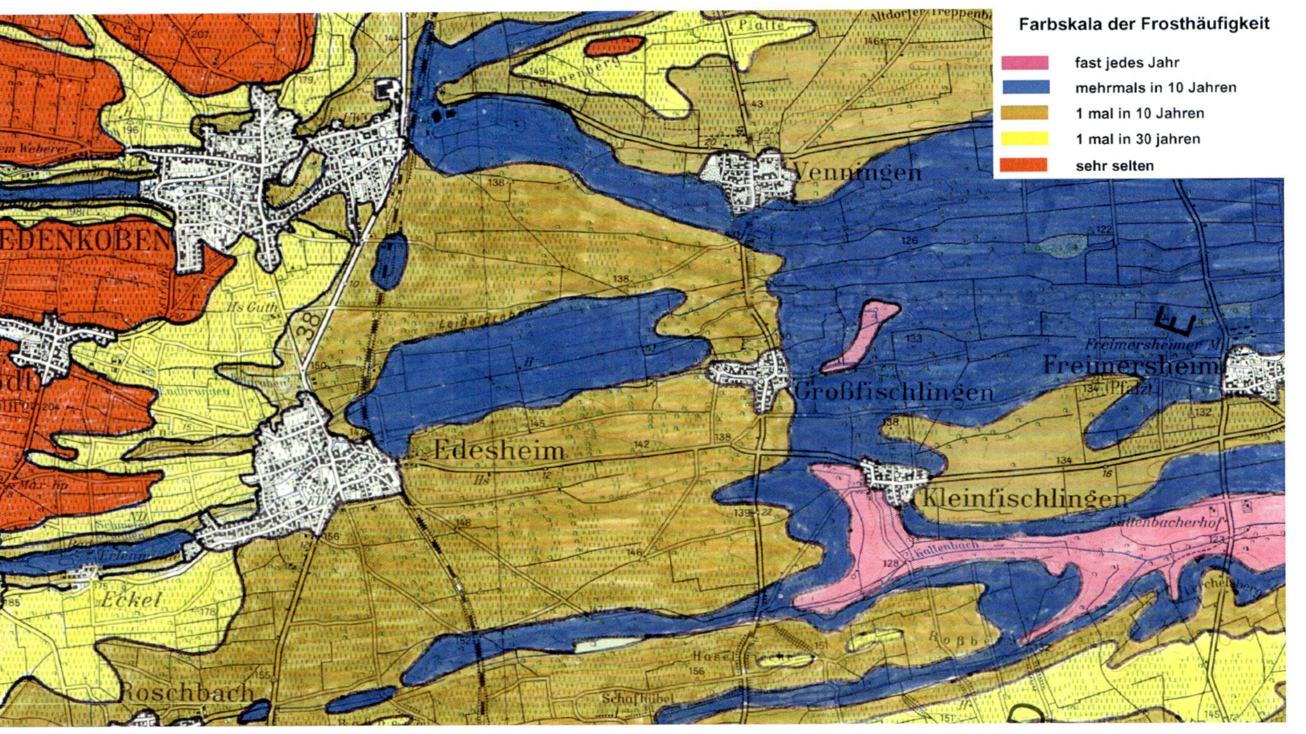

Bild 3: Ergebnis einer Klimakartierung zur Frost- und Kaltluftgefährdung in der Südpfalz (Quelle: Deutscher Wetterdienst Mainz).

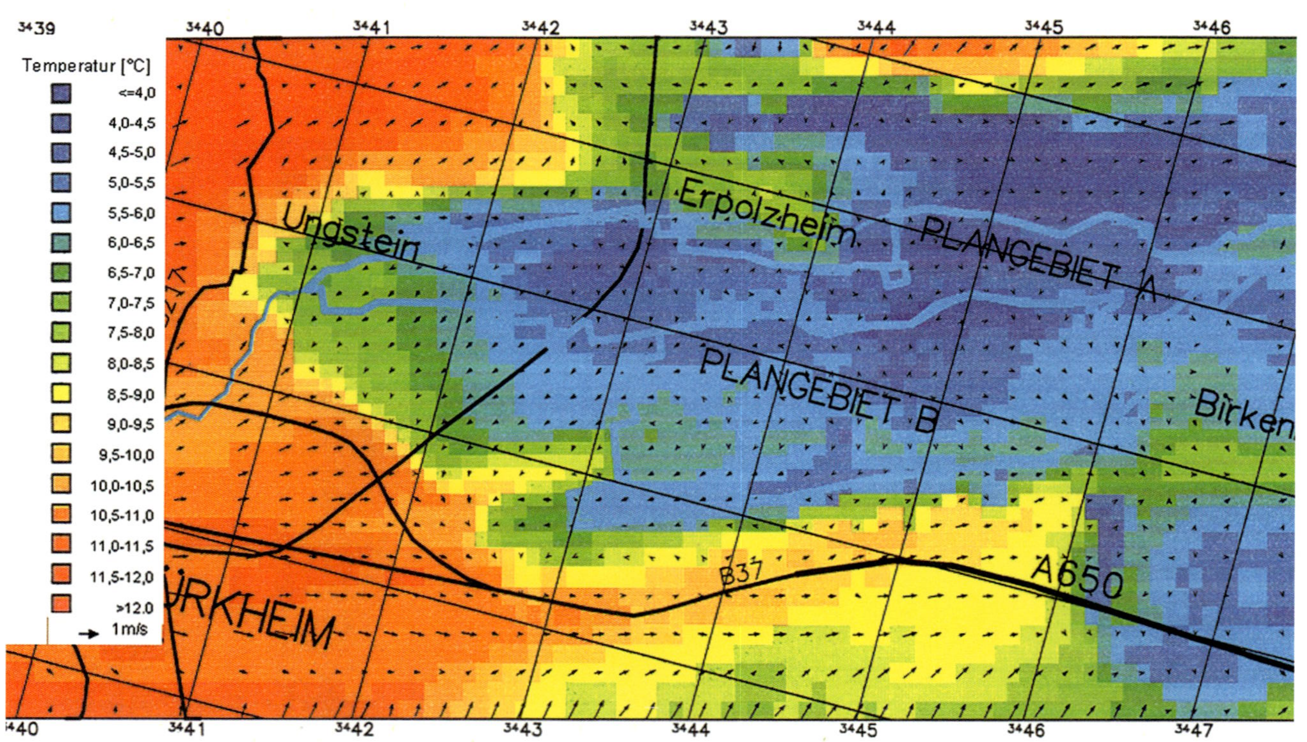

Bild 4: Computersimulation der nächtlichen Kaltluftbewegungen und der Temperatur (70 cm Höhe) im Raum Bad Dürkheim (HOPPMANN et al. 1997).

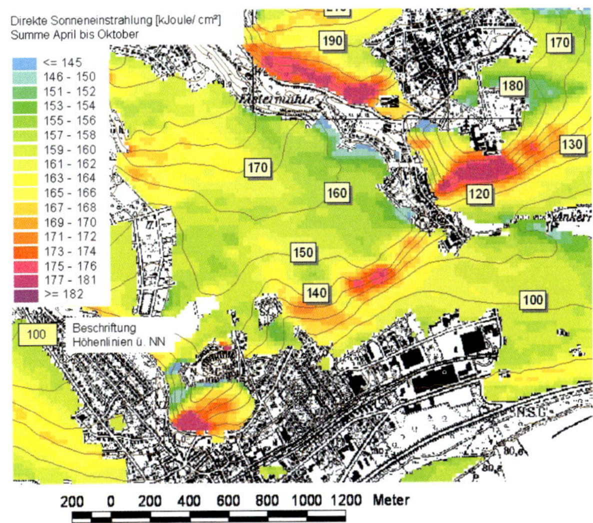

Bild 5: Die flächendeckende Darstellung der Summe der direkten Sonneneinstrahlung (kJ/(cm²Vp) von April bis Oktober im Raster 20 m × 20 m für den Bereich Geisenheim-Johannisberg (Rheingau) (HOPPMANN 2004a).

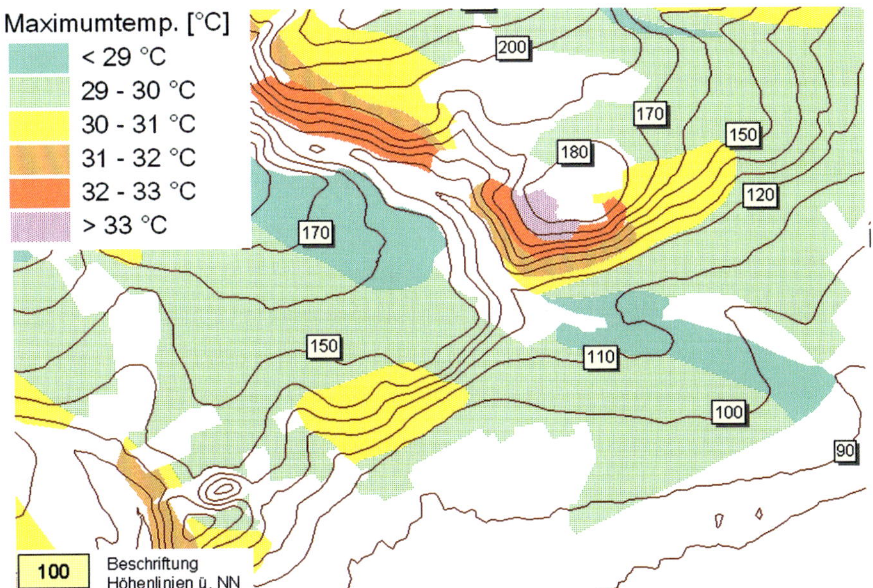

Bild 6: Flächendeckende Darstellung der gemessenen Maximumtemperaturen in 70 cm über Grund am 09. Sept. 1999 im Raum Geisenheim-Johannisberg (Rheingau).

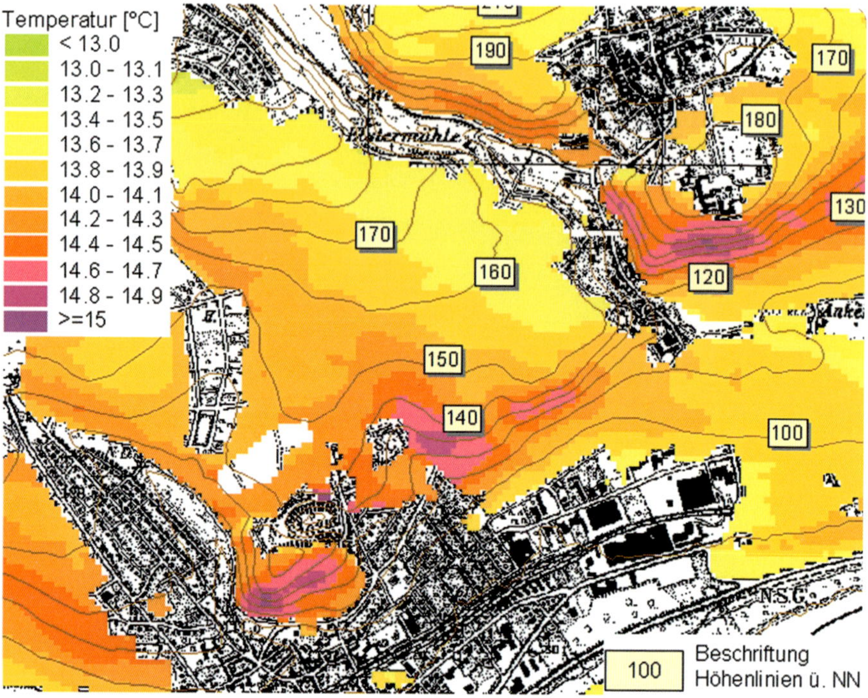

Bild 7: Flächendeckende Darstellung der berechneten Mitteltemperatur der hellen Tagesphase in 70 cm Höhe über Grund während der Reifezeit der Rebsorte Riesling im Raum Geisenheim-Johannisberg (Rheingau) 1961–1990 (HOPPMANN 2004b).

Bild 8: Typischer Rigosol mit grobbodenreichem aufgefülltem Bodenmaterial von 0 bis 100 cm Bodentiefe über tertiärem Meeressand am Greifenberg (Schloss Vollrads, Rheingau) (FRIEDRICH und SABEL 2004).

Bodenausgangsgesteine 279

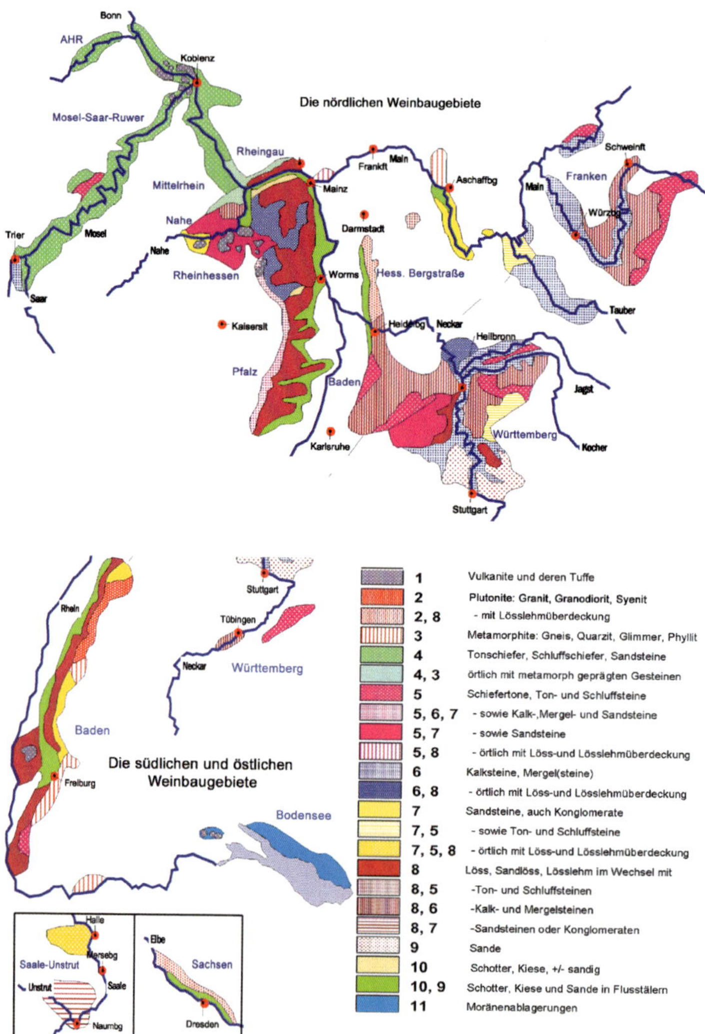

Bild 9: Übersichtskarte der Bodenausgangsgesteine in den Weinbaugebieten Baden, Bodensee und östliche Weinbaugebiete. Der Inhalt ist maßstabsbedingt stark generalisiert und vereinfacht. In den ausgegrenzten Flächen sind teilweise verschiedene Gesteine mit mehrfachen Nummern vertreten. Die Erläuterung der Geologie ist in Tab. 5.4 enthalten (nach WITTMANN 2007).

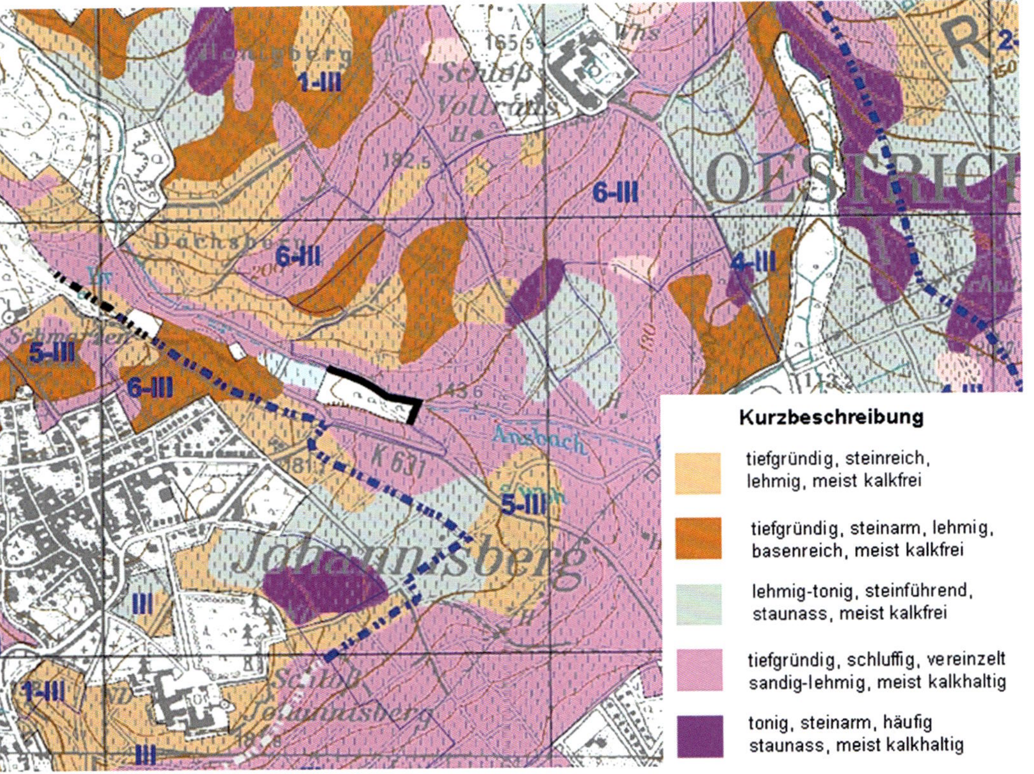

Bild 10: Räumliche Verteilung der Bodengruppen des Rheingaus im Bereich Johannisberg-Winkel (FRIEDRICH und SABEL 2004).

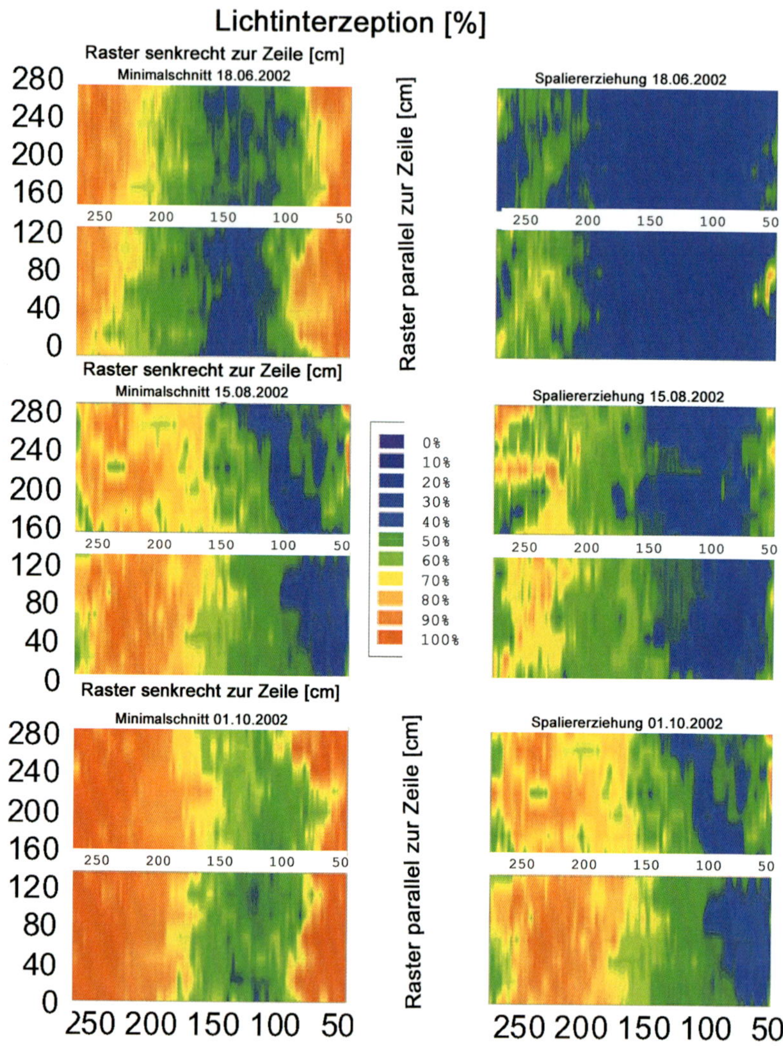

Bild 11: Räumliche und zeitliche Änderung der mittleren täglichen Lichtinterzeption für jeweils zwei Versuchsflächen (1,25 m × 3 m) in Rebflächen mit Minimalschnitt (MP) und Spaliererziehung (VP). Das Bildraster umfasst mehr als 30000 Bildpunkte (nach WEYAND und SCHULTZ 2006).

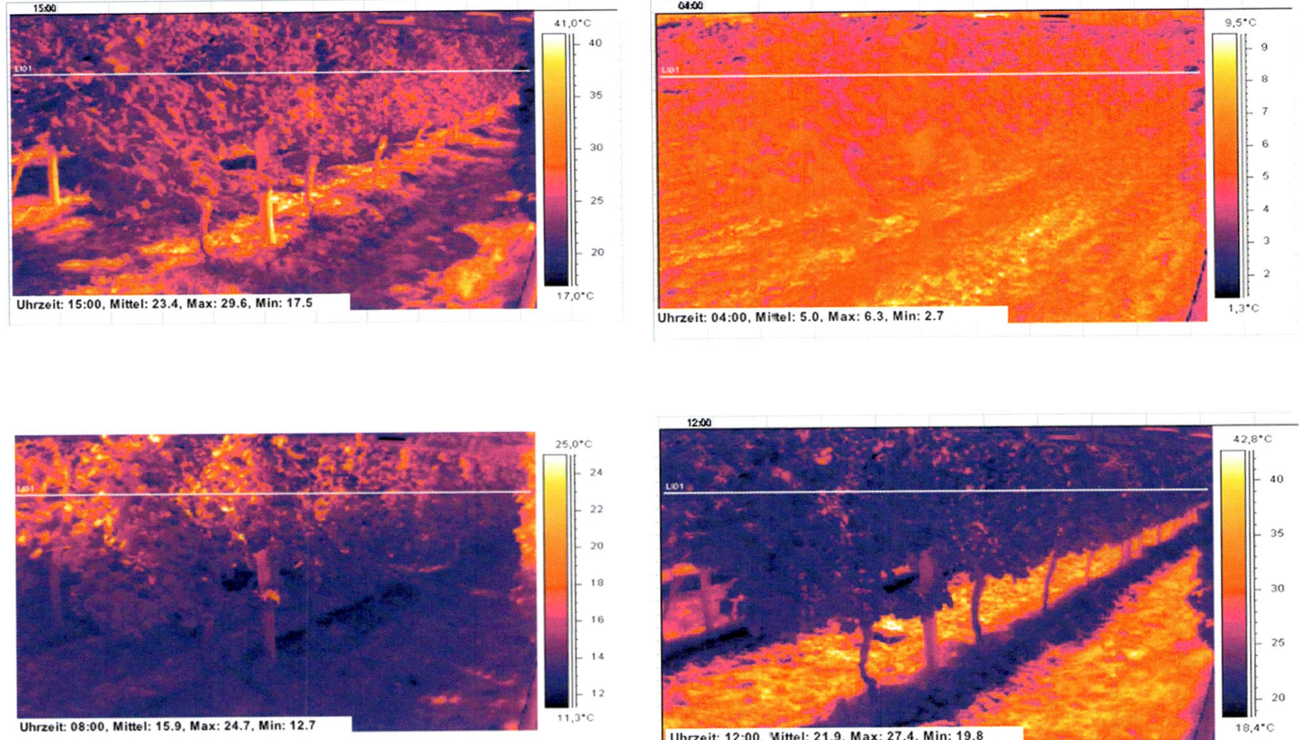

Bild 12: Thermalbilder (flächendeckende Darstellung der Oberflächentemperaturen) der Westseite einer Nord-Süd gezeilten Rebanlage an einem Strahlungstag (1. Sept. 2004) zu verschiedenen Tageszeiten (15:00 und 04:00 Uhr; 08:00 und 12:00 Uhr Ortszeit) (Quell: Deutscher Wetterdienst, Braunschweig).

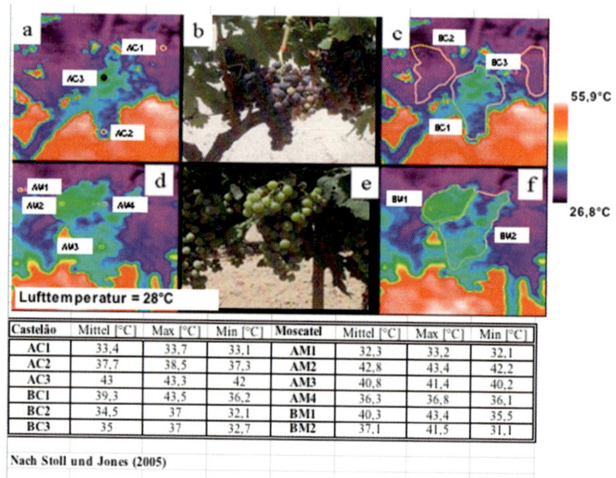

Castelão	Mittel [°C]	Max [°C]	Min [°C]	Moscatel	Mittel [°C]	Max [°C]	Min [°C]
AC1	33,4	33,7	33,1	AM1	32,3	33,2	32,1
AC2	37,7	38,5	37,3	AM2	42,8	43,4	42,2
AC3	43	43,3	42	AM3	40,8	41,4	40,2
BC1	39,3	43,5	36,2	AM4	36,3	36,8	36,1
BC2	34,5	37	32,1	BM1	40,3	43,4	35,5
BC3	35	37	32,7	BM2	37,1	41,5	31,1

Nach Stoll und Jones (2005)

Bild 13: Thermalbilder (Oberflächentemperatur) von Trauben der Rebsorten Castelão (b) und Muskat (e) vom 28. Juli 2001 gegen 13:00 Uhr Ortszeit. Bild a und c beziehen sich auf die Rebsorte Castelão, d und f auf die Rebsorte Muskat. Die linken Bilder a und d sind Punktmessungen von Einzelbeeren (Kreise), die rechten Bilder c und f beziehen sich auf Traubensegmente (helle Linien grenzen die Bereiche ab). die darunter stehende Tabelle enthält die Mittelwerte und Extreme während des Messzeitraums (Pergões, Portugal) (nach STOLL und JONES 2007).

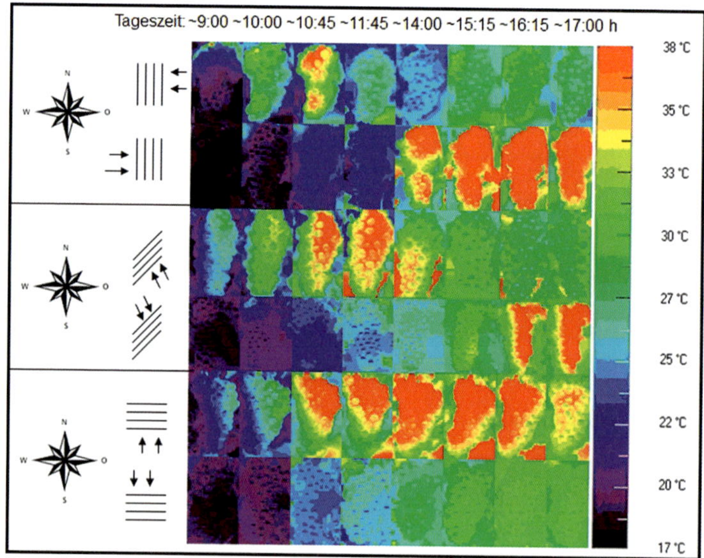

Bild 14: Infrarotthermografisch aufgenommener Tagesgang der Temperatur einer Traube der Nord-Süd-, Ost-West- und Nordost-Südwest-ausgerichteten Zeile (FRIEDEL et al. 2013).

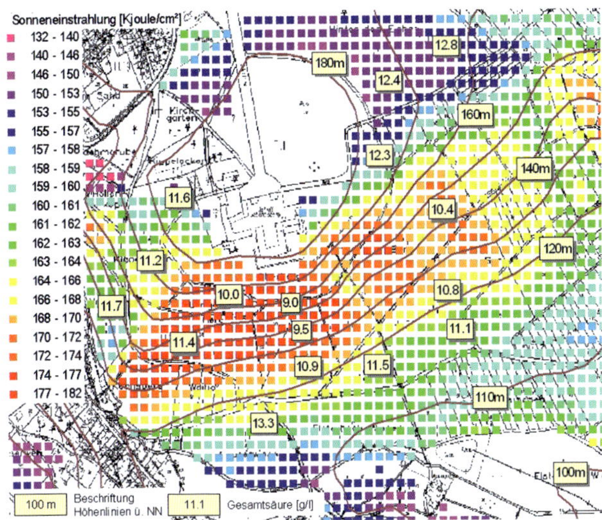

Bild 15: Verteilung der Gesamtsäuregehalte (g/l) am Schloss Johannisberg im Spitzenjahr 1971. Mit Symbolen in grauen Abstufungen sind die mittleren Strahlungssummen aus der direkten Sonneneinstrahlung (30-jährige Mittelwerte) von April bis Oktober dargestellt.

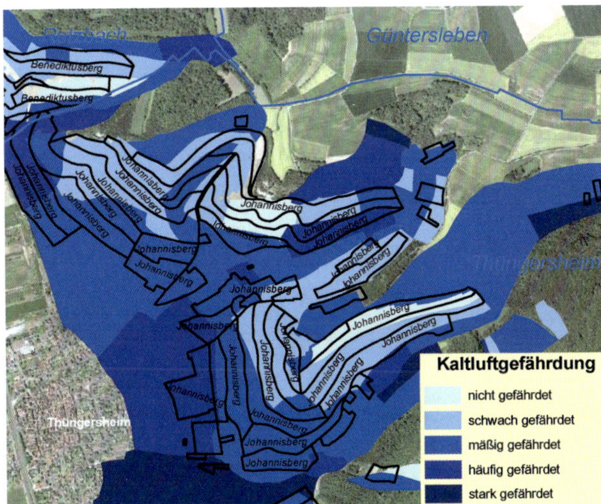

Bild 16: Die Kaltluftgefährdung in den Rebflächen der Gemeinde Thüngersheim (Franken) (Quelle: BayWIS, MICHEL et al 2005).

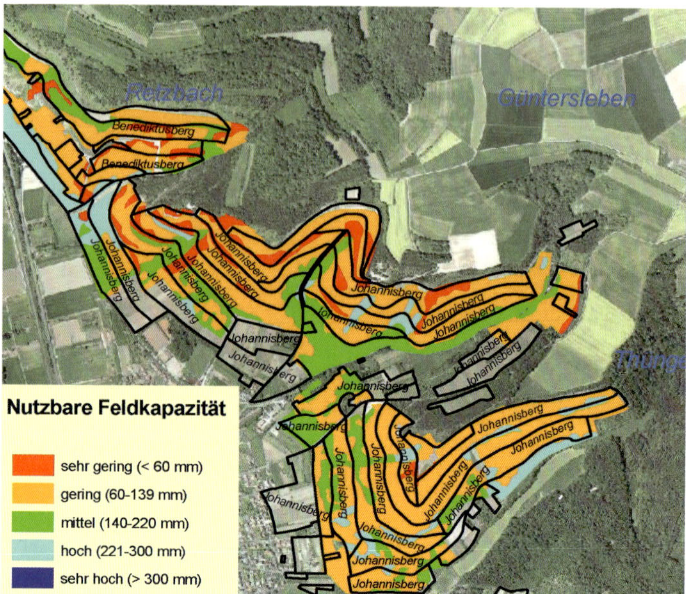

Bild 17: Die nutzbare Feldkapazität in den Rebflächen der Gemeinde Thüngersheim (Franken) (Quelle: BayWIS, KÖNIGER et al. 2005).

Bild 18: Rebe auf einem Buntsandsteinboden (KOLESCH Bayerisches Landesamt für Weinbau und Gartenbau, Würzburg).

Bild 19: Rebe auf einem Muschelkalkboden (KOLESCH Bayerisches Landesamt für Weinbau und Gartenbau, Würzburg).

Bild 20: Rebe auf einem Gipskeuperboden (KOLESCH Bayerisches Landesamt für Weinbau und Gartenbau, Würzburg).

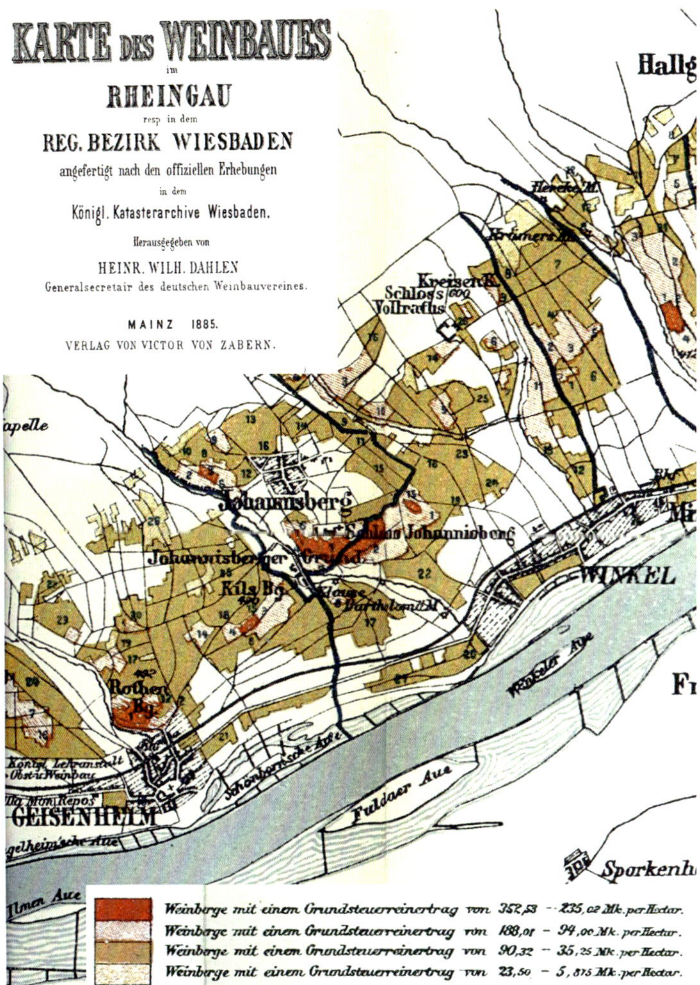

Bild 21: Die Klassifizierung der Rebflächen im Rheingau (nach DAHLEN 1885).

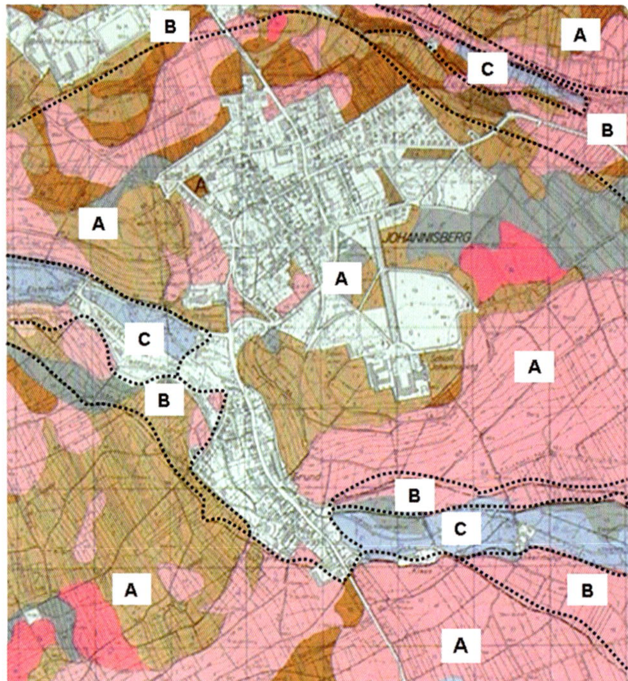

Bild 22: Die qualitative Abgrenzung der Standorte nach Boden und Klima im Rheigau im Bereich Johannisberg (Zone A = für spätreifende Sorten geeignet, Zone B = für frühreifende Sorten geeignet, Zone C = für den Rebanbau ungeeignet) (ZAKOSEK et al. 1979).

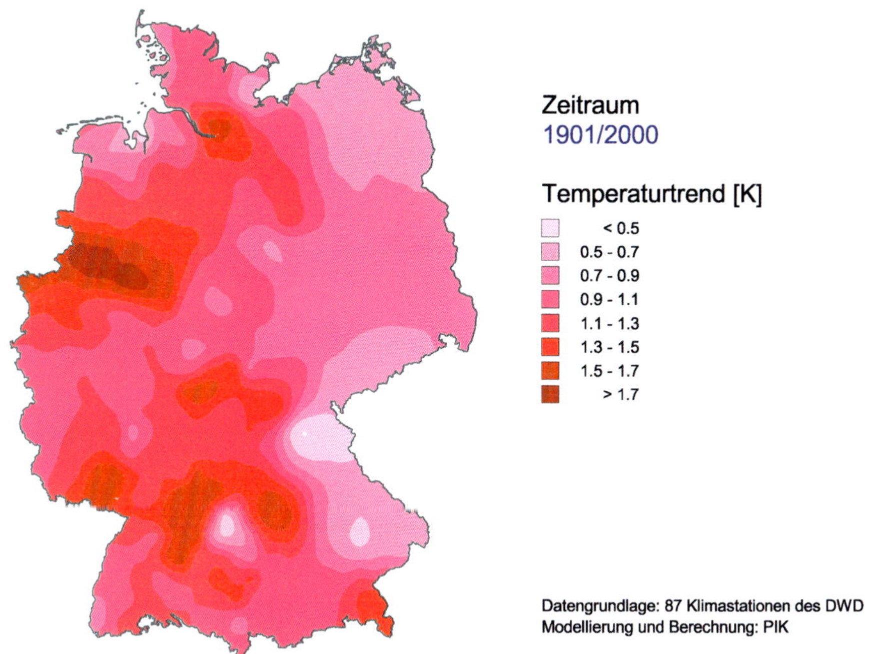

Bild 23: Flächendeckender Temperaturtrend für Deutschland von 1901 bis 2000 (GERSTENGARBE 2003).

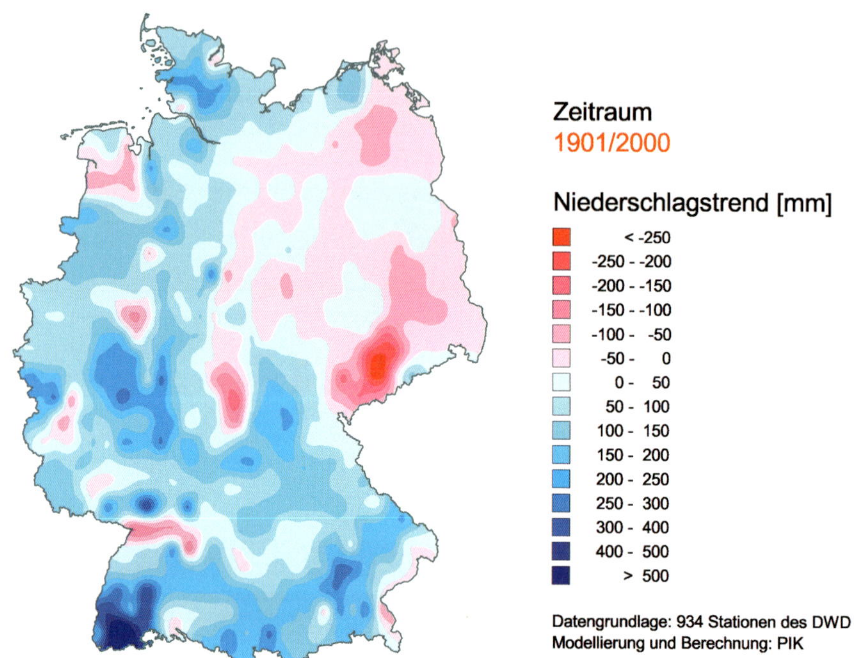

Bild 24: Flächendeckender Trend der Niederschlagssummen für Deutschland von 1901 bis 2000 (GERSTENGARBE 2003).

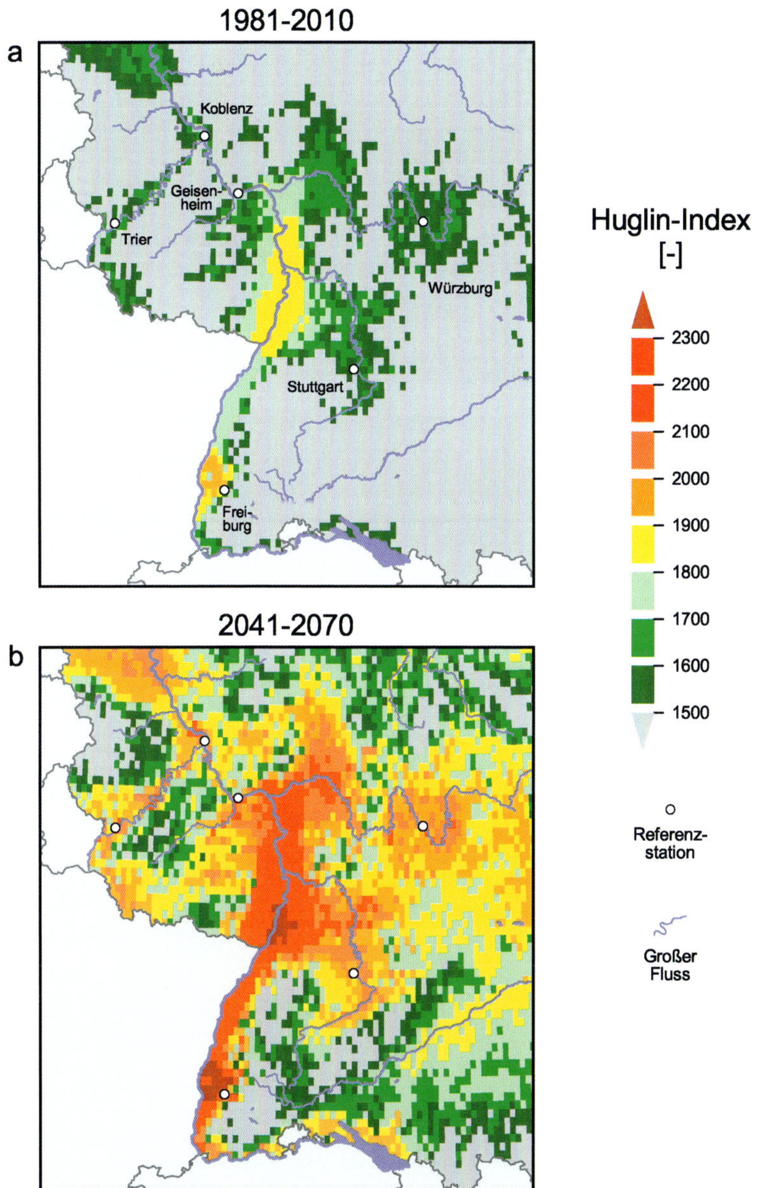

Bild 25: Die Entwicklung des Huglin-Index in den westlichen, mittleren und südlichen Anbaugebieten im Vergleich der Zeiträume 1981–2010 und 2041–2070 (© PIK/Wodinski, Kartschall 2016).

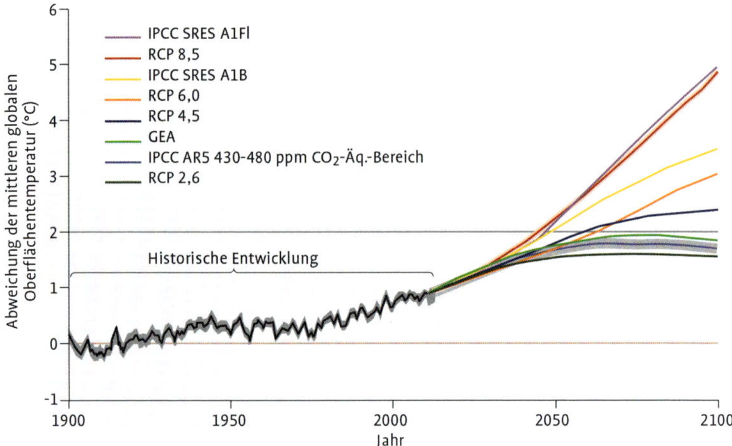

Bild 26 (Abb. 10.2): Spannbreite von Modellergebnissen mit verschiedenen Temperaturszenarien bis zum Jahr 2100.

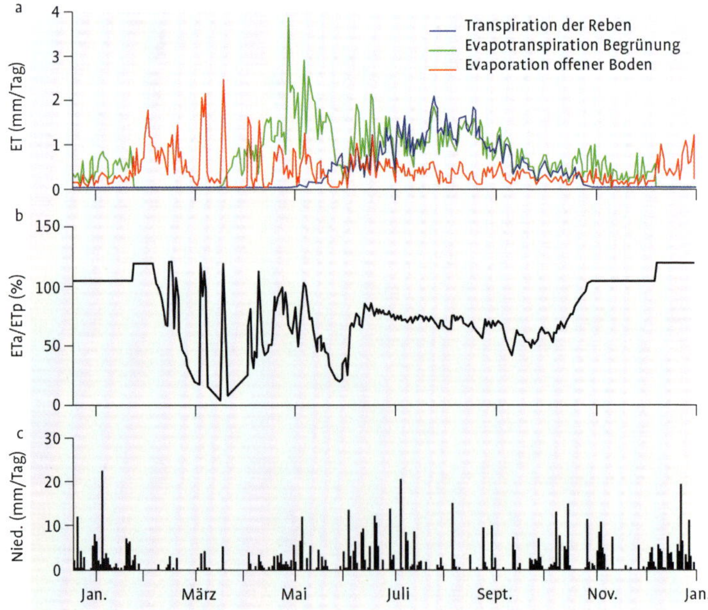

Bild 27 (Abb. 6.11): Simulationsrechnung für das Jahr 2012 für einen Weinberg mit guter Wasserversorgung im Rüdesheimer Schlossberg (Quelle: MARCO HOFMANN, Hochschule Geisenheim).

Bodenprofile der Regionen

1–5 Rheingau – Bergstraße

6–10 Rheinhessen

11–14 Mosel

15–16 Württemberg

17–19 Baden

Rheingau – Bergstraße

1 Bodental – Steinberg (Rheingau). Tonschiefer, lössarme Solifluktionsdecke über karbonatfreiem Schiefer. Bodenart: Schluff bis sandiger Lehm mit hohen Grus- und Steinanteilen. Eigenschaften: kalkfrei, gut durchlüftet, hohe Wasserdurchlässigkeit, geringe Wasserspeicherfähigkeit, nährstoffarm, eingeschränkter Wurzelraum (Quelle: FRIEDRICH, Hessisches Landesamt für Umwelt und Geologie).

2 Heppenheimer Stemmler (Bergstraße). Granodiorit als Untergrundgestein mit einer lösshaltigen, kolloidreichen Braunerde. Bodenart: sandiger Lehm, steinig. Bodeneigenschaften: kalkfrei, mittel bis gut durchlüftet, gute Wasserdurchlässigkeit, mittlere Wasserspeicherfähigkeit, neigt zeitweise zur Austrocknung (Quelle: FRIEDRICH, Hessisches Landesamt für Umwelt und Geologie).

3 Bodenprofil in der Lage Winkeler Hasensprung (Winkel). Rigosol aus Löss (basen- und karbonatreich) mit folgenden Eigenschaften: sehr hohes Wasserspeichervermögen, sehr gute Durchwurzelbarkeit, mäßige Durchlüftung, mäßige Erwärmbarkeit, kalkreich, geringes Mineralstoffpotenzial (Quelle: BÖHM, MUSKAT, LÖHNERTZ 2008).

1

2

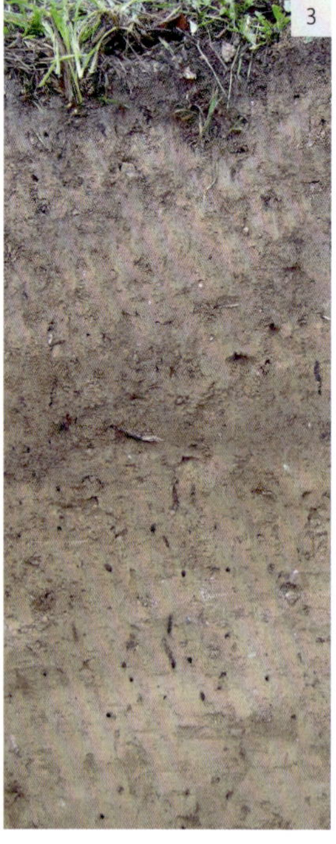
3

4 Zwingenberger Alte Burg (Bergstraße). Rigosol aus Flugsand. Bodenart: lehmiger Sand. Eigenschaften: zum Teil kalkfrei, meist aber kalkhaltig, tiefgründig, geringe bis mittlere Wasserspeicherfähigkeit, gute Erwärmbarkeit, erosionsgefährdet((Quelle: FRIEDRICH, Hessisches Landesamt für Umwelt und Geologie).

5 Erbacher Rheinhell (Rheingau). Auenboden, Flusssediment. Bodenart: Schluff. Bodeneigenschaften: kalkhaltig, tiefgründig, gute Durchwurzelbarkeit, grundwassernaher Standort, überflutungsgefährdet, wechselnde Grundwasserstände, unterschiedliche Erwärmbarkeit nach Grundwasserstand (Quelle: FRIEDRICH, Hessisches Landesamt für Umwelt und Geologie).

Rheinhessen

6 Eckelsheimer Kirchberg (Rheinhessen). Kiessand, Regosol. Bodenart: Sand mit hohem Steingehalt. Bodeneigenschaften: geringer Kalkgehalt, gute Durchlüftung, geringes Wasserspeichervermögen, trockenstressgefährdet (Quelle: DIEMER, Landesamt für Geologie und Bergbau Rheinland-Pfalz).

7 Ingelheimer Rotes Kreuz (Rheinhessen). Flugsand Rigosol. Bodenart: schwach lehmiger Sand. Bodeneigenschaften: im Oberboden kalkreich, darunter kalkarm, geringe Wasserspeicherfähigkeit, trockenstressgefährdet, gute Erwärmbarkeit (Quelle: DIEMER, Landesamt für Geologie und Bergbau Rheinland-Pfalz).

8 Niersteiner Ölberg (Rheinhessen). Rotliegend, Rigosol. Bodenart: sandig, mit hohen Steinanteilen. Bodeneigenschaften: kalkhaltig, geringe Wasserspeicherfähigkeit, geringe Durchwurzelung, gute Durchlüftung, gute Erwärmbarkeit, reichlich Eisenminerale, trockenstressgefährdet, erosionsgefährdet (Quelle: DIEMER, Landesamt für Geologie und Bergbau Rheinland-Pfalz).

6

7

8

9 Oppenheimer Herrenberg (Rheinhessen). Mergel, Pararendzina. Bodenart: lehmiger Ton. Bodeneigenschaften: sehr hoher Kalkgehalt, hohe Wasserspeicherfähigkeit, ausreichende Durchlüftung, mittlere Erwärmbarkeit, Neigung zu Staunässe in einem feuchten Frühjahr (Quelle: DIEMER, Landesamt für Geologie und Bergbau Rheinland-Pfalz).

10 Alzeyer Pfaffenhalde (Rheinhessen). Löss, Tschernosem. Bodenart: Schluff. Bodeneigenschaften: kalkhaltig, hoher Humusgehalt, hervorragender Pflanzenstandort, günstiger Lufthaushalt, sehr hohe Wasserspeicherfähigkeit, tiefgründig, hohe biologische Aktivität (Quelle: DIEMER, Landesamt für Geologie und Bergbau Rheinland-Pfalz).

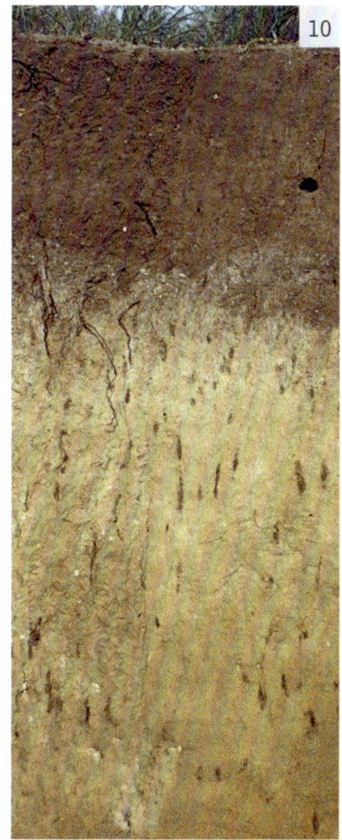

Mosel

11 Zeltinger Sonnenuhr (Mittelmosel). Rigosol aus dunklem Tonschiefer. Bodenart: toniger Lehm mit hohem Steingehalt. Eigenschaften: kalkfrei, gute Durchlüftung und gut wasserdurchlässig, begrenzte Wasserspeicherfähigkeit, geringe Erosionsgefahr, stark wechselnde Bodenmächtigkeit, Bodenauflage an den steilen Oberhängen sehr gering (Quelle: DIEMER, Landesamt für Geologie und Bergbau Rheinland-Pfalz).

12 Geologischer Aufschluss zum roten Tonschiefer aus dem Bereich um Schweich (Mosel). Dreiwertige Eisenverbindungen geben dem Schiefer die rote Farbe. Der rote Schiefer ist weicher und tiefgründiger als der dunkle Schiefer und kann mehr Wasser speichern, die Nährstoffversorgung ist allerdings geringer (Quelle: SPIES, Landesamt für Geologie und Bergbau Rheinland-Pfalz).

11

12

Württemberg

13 Kalkhaltiger Schiefer mit Fossilien. Wärmehaushalt günstig, geringe Wasserspeicherfähigkeit (Quelle Quelle: SPIES, Landesamt für Geologie und Bergbau Rheinland-Pfalz).

14 Bremmer Calmont Felsgrat (Mittelmosel). Flachgründiger Rigosol aus quarzitischem Sandstein/Devon. Bodenart: sandig-lehmig mit hohen Steinanteilen. Eigenschaften: kalkfrei, gute Durchlüftung und gut wasserdurchlässig, geringe Wasserspeicherfähigkeit, sehr gute Erwärmbarkeit, begrenzte Durchwurzelungstiefe (Quelle: DIEMER, Landesamt für Geologie und Bergbau Rheinland-Pfalz).

15 Aufschluss im Gipskeuper. Durch die Verwitterung der rötlich-blauen Tonmergel entsteht ein gut erwärmbarer, lehmig-toniger Boden (Quelle: Rupp, Staatliche Lehr- und Versuchsanstalt für Wein- und Obstbau, Weinsberg).

16 Weinsberger Schemelsberg (Württemberg). Gipskeuper, Pararendzina-Rigosol. Bodenart: lehmiger Ton. Bodeneigenschaften: kalkhaltig, nährstoffreich, mäßige Durchlüftung, mittlere Wasserspeicherfähigkeit, mächtiger Rigolhorizont, darunter schichtig abgelagerte Tonmergel. In Hangfußlagen nach Nässeperioden Gefahr von Chlorose (Quelle: Rupp, Staatliche Lehr- und Versuchsanstalt für Wein- und Obstbau, Weinsberg).

15

16

Baden

17 Hecklinger Kapellenberg (Markgräfler Land). Rendzina über Kalkstein aus dem Bereich des Mittleren Muschelkalks. Bodenart: sandiger Schluff in tieferen Schichten ansteigender Grus-Steinanteil. Eigenschaften: hoher Kalkgehalt, gut wasserdurchlässig und durchlüftet, mittlere Wasserspeicherfähigkeit, erosionsanfällig, gute Erwärmbarkeit (Quelle: GLOMB, Fa. Solum).

18 Pfaffenstück Luginsland (Markgräfler Land). Pararendzina, rigolt aus Lymnäenmergel mit Lössüberdeckung. Bodenart: schluffiger Lehm im Oberboden und Schluff im Unterboden. Eigenschaften: humushaltig, im Untergrund wenig verwitterte Mergelschichten, kalkreich, gut wasserdurchlässig und gut durchlüftet, mittlere bis hohe Wasserspeicherfähigkeit, mittlere Erwärmbarkeit (Quelle: GLOMB, Fa. Solum).

19 Einzellage Alte Burg (Breisgau). Pararendzina aus Löss. Bodenart: Schluff mit wenig Grobanteilen. Bodeneigenschaften: kalkreich, hohe biologische Aktivität, gut wasserdurchlässig und durchlüftet, hohe Wasserspeicherfähigkeit, erosionsanfällig, gute Erwärmbarkeit (Quelle: GLOMB, Fa. Solum).

Niederschlagstabellen Weinbaugebiete

Monatliche Niederschlagssummen, Halbjahres- und Jahressummen des Niederschlags für ausgewählte Stationen aus den deutschen Weinbaugebieten (Mittelwerte 1981–2010). Für die Darstellung der Höhenabhängigkeit in den einzelnen Gebieten wurden auch Stationen ausgewählt, die in der Nachbarschaft der Weinbaugebiete liegen.

Tab. A1

Baden und Bodensee																	
Stationsname	**Breite**	**Länge**	**Höhe**	**Jan**	**Feb**	**Mrz**	**Apr**	**Mai**	**Jun**	**Jul**	**Aug**	**Sep**	**Okt**	**Nov**	**Dez**	**IV-IX**	**X-III**	**Jahr**
Achern-Fautenbach	48°37‘	8°2.‘	138	67	62	79	75	97	99	100	79	86	97	80	86	536	471	1006
Baden-Baden-Geroldsau	48°43‘	8°14‘	240	98	97	118	92	122	113	118	99	96	118	110	123	640	664	1302
Müllheim	47°48‘	7°38‘	273	55	57	65	79	103	96	94	96	90	79	66	86	558	408	966
Bretten	49°1.‘	8°41‘	181	55	63	69	52	76	66	85	65	63	72	68	76	407	403	809
Durbach-Ebersweier	48°30‘	7°59‘	196	62	56	68	72	105	103	94	85	85	89	79	83	544	437	980
Eichstetten	48°5.‘	7°44‘	215	42	44	55	65	98	86	84	78	78	75	59	66	489	341	829
Emmendingen-Mundingen	48°8.‘	7°50‘	201	44	44	59	69	105	94	93	85	78	78	63	71	524	359	882
Ettlingen-Ettlingenweier	48°55‘	8°22‘	118	68	62	77	68	94	88	97	61	75	95	79	90	483	471	955
Freiburg	48°1.‘	7°50‘	236	47	51	68	74	110	95	94	85	90	76	65	79	548	386	934
Ohlsbach	48°25‘	7°59‘	176	69	66	81	80	116	105	109	95	84	92	76	97	589	481	1068
Graben-Neudorf	49°8.‘	8°28‘	109	53	54	59	50	76	74	75	61	60	75	65	73	396	379	775
Hartheim	47°56‘	7°37‘	205	35	35	45	51	86	75	76	71	70	66	47	52	429	280	709
Haslach Kinzigtal	48°16‘	8°5.‘	220	89	77	91	80	119	105	113	87	88	98	94	114	592	563	1154
Heidelberg	49°25‘	8°40‘	110	47	49	57	50	77	68	77	62	58	64	63	63	392	343	736
Kandern-Sitzenkirch	47°44‘	7°40‘	416	63	58	66	83	103	94	93	94	90	93	75	82	557	437	993

Tab. A1 Fortsetzung 1

Baden und Bodensee																	
Stationsname	**Breite**	**Länge**	**Höhe**	**Jan**	**Feb**	**Mrz**	**Apr**	**Mai**	**Jun**	**Jul**	**Aug**	**Sep**	**Okt**	**Nov**	**Dez**	**IV-IX**	**X-III**	**Jahr**
Karlsruhe	49°2.‘	8°21‘	112	60	56	58	53	77	79	75	55	60	74	63	73	399	384	783
Königsbach-Stein	48°57‘	8°38‘	230	55	55	66	58	83	72	86	66	59	74	66	77	424	393	819
Konstanz	47°40‘	9°11‘	442	44	45	55	62	89	98	97	89	77	63	60	66	512	333	845
Lahr	48°21‘	7°49‘	155	44	45	58	67	101	77	85	89	66	79	59	65	485	350	835
Weil am Rhein-Haltingen	47°36‘	7°37‘	273	54	48	60	66	106	93	83	93	80	80	64	77	521	383	902
Markdorf	47°43‘	9°22‘	515	52	52	66	75	106	106	117	99	91	74	72	72	594	388	981
Münstertal	47°52‘	7°48‘	456	72	73	88	93	131	115	114	109	109	108	92	105	671	538	1210
Neuried-Altenheim	48°27‘	7°48‘	148	40	41	51	57	87	77	79	70	71	73	55	58	441	318	758
Oppenau	48°28‘	8°9.‘	315	133	119	138	119	138	138	125	106	122	137	138	171	748	836	1585
Rastatt	48°50‘	8°11‘	114	70	62	76	64	85	85	81	69	73	89	78	88	457	463	920
Rheinau-Memprechtshofen	48°40‘	7°59‘	131	56	54	66	64	91	93	87	74	78	82	73	77	487	408	894
Rheinfelden	47°33‘	7°47‘	287	69	67	75	79	108	97	98	93	92	90	81	97	567	479	1045
Säckingen, Bad	47°33‘	7°56‘	339	86	77	84	94	111	108	111	98	97	102	88	103	619	540	1159
Schopfheim-Eichen	47°38‘	7°50‘	400	102	91	98	95	117	119	108	96	101	101	104	135	636	631	1265
Schwetzingen	49°22‘	8°34‘	99	45	44	55	49	73	62	78	58	56	61	59	61	376	325	701
Simonswald-Obersimonswald	48°4.‘	8°5.‘	419	147	129	145	110	146	140	139	121	117	147	148	191	773	907	1681

Tab. A1 Fortsetzung 2

Baden und Bodensee																	
Stationsname	**Breite**	**Länge**	**Höhe**	**Jan**	**Feb**	**Mrz**	**Apr**	**Mai**	**Jun**	**Jul**	**Aug**	**Sep**	**Okt**	**Nov**	**Dez**	**IV-IX**	**X-III**	**Jahr**
Überlingen	47°46‘	9°9.‘	446	50	47	57	63	100	96	108	95	82	68	63	69	544	354	896
Waghäusel-Kirrlach	49°14‘	8°32‘	105	46	48	57	47	67	68	73	59	54	62	60	63	368	336	705
Wiesloch	49°17‘	8°40‘	123	54	46	59	54	82	69	70	60	64	67	61	70	399	357	756
Wolfach	48°17‘	8°14‘	291	111	98	108	92	127	110	124	103	95	107	111	131	651	666	1317
Oberried/Baden	47°55‘	7°56‘	467	126	114	130	111	140	118	129	123	114	133	127	151	735	781	1516
Württemberg																		
Stationsname	**Breite**	**Länge**	**Höhe**	**Jan**	**Feb**	**Mrz**	**Apr**	**Mai**	**Jun**	**Jul**	**Aug**	**Sep**	**Okt**	**Nov**	**Dez**	**IV-IX**	**X-III**	**Jahr**
Gottmadingen	47°44‘	8°47‘	438	60	55	54	59	85	98	93	83	69	68	59	76	487	372	859
Oberndorf/Neckar	48°17‘	8°34‘	516	89	81	84	75	99	83	90	72	71	83	83	99	490	519	1010
Rottenburg-Kiebingen	48°28‘	8°58‘	360	38	37	45	51	83	78	89	72	52	59	44	57	425	280	705
Stuttgart-Echterdingen	48°41‘	9°13‘	371	41	36	48	49	86	87	86	69	57	59	50	50	434	284	718
Esslingen/Neckar	48°44‘	9°19‘	310	46	44	54	55	97	89	89	76	62	63	59	60	468	326	797
Stuttgart (Neckartal)	48°47‘	9°13‘	224	38	36	43	45	80	77	74	66	50	54	47	50	392	268	659
Winterbach, Rems-Murr-Kreis	48°48‘	9°28‘	240	54	52	65	62	93	92	92	76	63	67	64	76	478	378	855

Tab. A1 Fortsetzung 3

Württemberg																		
Stationsname	**Breite**	**Länge**	**Höhe**	**Jan**	**Feb**	**Mrz**	**Apr**	**Mai**	**Jun**	**Jul**	**Aug**	**Sep**	**Okt**	**Nov**	**Dez**	**IV-IX**	**X-III**	**Jahr**
Fellbach	48°48‘	9°16‘	280	45	41	52	52	89	83	83	72	57	63	56	57	436	314	748
Stuttgart (Schnarrenberg)	48°49‘	9°12‘	314	36	34	41	48	86	82	74	66	51	56	46	54	407	267	674
Markgröningen	48°54‘	9°4.‘	281	44	43	54	50	84	76	73	74	58	61	52	56	415	310	724
Löchgau	49°0.‘	9°6.‘	263	51	50	58	47	72	73	72	63	55	66	55	63	382	343	725
Gaildorf-Hägenau	49°1.‘	9°44‘	351	80	74	87	64	82	90	89	64	69	88	77	97	458	503	960
Bönnigheim	49°2.‘	9°5.‘	227	50	48	55	47	73	68	73	63	54	66	56	60	378	335	712
Neckarwestheim	49°2.‘	9°11‘	275	54	52	62	53	81	80	78	75	63	72	62	70	430	372	801
Crailsheim-Alexandersreut	49°5.‘	10°5.‘	423	69	61	72	49	83	81	74	67	61	74	67	80	415	423	837
Obersulm-Willsbach	49°7.‘	9°21‘	230	57	60	73	58	89	83	86	71	64	76	64	76	451	406	858
Eppingen-Elsenz	49°9.‘	8°51‘	220	55	55	65	52	80	71	79	65	59	73	66	73	406	387	794
Öhringen	49°12‘	9°31‘	276	62	57	73	57	83	75	82	68	63	78	64	78	428	412	841
Neuenstadt am Kocher	49°13‘	9°20‘	184	58	55	65	52	74	72	81	65	57	71	60	72	401	381	781
Kupferzell-Rechbach	49°14‘	9°40‘	354	69	64	80	57	87	79	80	72	65	81	70	85	440	449	887
Gundelsheim	49°17‘	9°9.‘	170	72	65	76	55	84	71	83	62	64	77	67	86	419	443	861
Schöntal-Bieringen	49°20‘	9°32‘	230	75	65	71	54	76	73	79	63	66	81	66	82	411	440	851

Tab. A1 Fortsetzung 4

Stationsname	Breite	Länge	Höhe	Jan	Feb	Mrz	Apr	Mai	Jun	Jul	Aug	Sep	Okt	Nov	Dez	IV-IX	X-III	Jahr
Württemberg																		
Mulfingen/Jagst	49°20‘	9°48‘	294	69	65	73	55	76	76	79	63	62	77	68	80	411	432	842
Adelsheim	49°24‘	9°23‘	260	85	67	77	56	70	72	76	56	65	82	69	93	395	473	869
Ravenstein-Hüng-heim	49°24‘	9°30‘	305	67	60	72	52	73	69	79	61	59	77	65	80	393	421	813
Elztal-Rittersbach	49°25‘	9°14‘	312	95	85	97	57	76	78	83	62	71	91	82	113	427	563	990
Creglingen	49°28‘	10°1.‘	306	53	52	60	50	69	70	78	59	61	65	58	63	387	351	738
Mergentheim, Bad-Neunkirchen	49°28‘	9°45‘	250	63	58	67	52	68	69	76	55	58	67	59	72	378	386	764
Buchen, Kr. Neckar-Odenwald	49°31‘	9°19‘	340	80	68	76	51	69	59	71	55	58	75	63	88	363	450	813
Lauda-Königsho-fen-Heckfeld	49°33‘	9°38‘	324	65	57	66	51	68	68	78	54	54	67	59	73	373	387	758
Großrinderfeld-Ilmspan	49°40‘	9°47‘	325	49	45	54	46	66	63	78	57	52	55	52	61	362	316	678
Pfalz																		
Stationsname	**Breite**	**Länge**	**Höhe**	**Jan**	**Feb**	**Mrz**	**Apr**	**Mai**	**Jun**	**Jul**	**Aug**	**Sep**	**Okt**	**Nov**	**Dez**	**IV-IX**	**X-III**	**Jahr**
Bergzabern, Bad	49°6.‘	7°59‘	252	68	67	70	53	68	73	68	55	59	74	73	90	376	442	816
Dürkheim, Bad	49°28‘	8°11‘	107	40	41	42	40	58	57	52	52	42	46	46	58	301	273	574
Eppenbrunn	49°6.‘	7°33‘	290	80	73	76	60	79	74	70	60	74	92	83	98	417	502	918
Göllheim	49°35‘	8°2.‘	243	43	43	45	39	57	51	58	52	47	55	47	53	304	286	589

Tab. A1 Fortsetzung 5

Stationsname	Breite	Länge	Höhe	Jan	Feb	Mrz	Apr	Mai	Jun	Jul	Aug	Sep	Okt	Nov	Dez	IV-IX	X-III	Jahr
Pfalz																		
Grünstadt	49°33‘	8°10‘	160	35	31	36	35	53	56	49	46	44	46	39	46	283	233	515
Hirschthal	49°2.‘	7°45‘	205	82	79	81	58	82	77	90	60	71	94	89	105	438	530	967
Kandel	49°5.‘	8°12‘	123	58	53	57	50	67	68	71	40	57	66	61	71	353	366	718
Leimen/Pfalz	49°16‘	7°46‘	470	99	82	92	66	90	81	78	71	77	104	93	110	463	580	1042
Lemberg/Pfalz	49°10‘	7°39‘	370	77	68	74	60	82	76	69	64	75	92	77	92	426	480	907
Rülzheim	49°9.‘	8°18‘	105	50	48	54	47	71	68	66	47	57	67	58	69	356	346	701
Speyer	49°21‘	8°25‘	99	43	35	42	46	66	63	64	41	53	56	49	51	333	276	609
Weinbiet	49°22‘	8°7.‘	553	46	47	48	43	66	58	60	54	51	53	52	58	332	304	636
Rheinhessen																		
Stationsname	**Breite**	**Länge**	**Höhe**	**Jan**	**Feb**	**Mrz**	**Apr**	**Mai**	**Jun**	**Jul**	**Aug**	**Sep**	**Okt**	**Nov**	**Dez**	**IV-IX**	**X-III**	**Jahr**
Alzey	49°43‘	8°6.‘	215	36	37	43	40	56	52	60	50	48	49	45	50	306	260	564
Hochborn	49°43‘	8°12‘	275	34	33	41	38	57	53	62	52	48	51	45	46	310	250	559
Ingelheim	49°58‘	8°2.‘	90	36	33	40	38	47	59	65	40	49	50	46	47	298	252	551
Mainz-Lerchenberg	49°58‘	8°12‘	195	44	43	47	43	57	59	68	48	52	55	49	55	327	293	620
Mettenheim	49°44‘	8°19‘	89	33	33	41	35	61	50	62	53	47	49	44	43	308	243	550
Oppenheim	49°50‘	8°22‘	85	35	35	43	39	54	54	59	48	49	52	44	45	303	254	556
Wolfsheim	49°52‘	8°2.‘	198	34	32	38	40	51	54	59	45	52	47	40	42	301	233	534
Worms	49°36‘	8°21‘	88	33	35	42	41	62	63	62	57	50	53	46	49	335	258	593

Tab. A1 Fortsetzung 6

Nahe																		
Stationsname	**Breite**	**Länge**	**Höhe**	**Jan**	**Feb**	**Mrz**	**Apr**	**Mai**	**Jun**	**Jul**	**Aug**	**Sep**	**Okt**	**Nov**	**Dez**	**IV-IX**	**X-III**	**Jahr**
Bayerfeld-Steck-weiler -Schmalfel-derhof	49°41‘	7°50‘	310	42	41	46	42	58	56	63	55	54	57	50	53	328	289	617
Kirn	49°47‘	7°29‘	181	55	48	50	43	59	54	58	57	52	58	52	61	323	324	648
Kreuznach, Bad	49°51‘	7°52‘	102	36	39	38	38	51	48	55	52	48	51	44	48	292	256	549
Mittelrhein																		
Stationsname	**Breite**	**Länge**	**Höhe**	**Jan**	**Feb**	**Mrz**	**Apr**	**Mai**	**Jun**	**Jul**	**Aug**	**Sep**	**Okt**	**Nov**	**Dez**	**IV-IX**	**X-III**	**Jahr**
Boppard-Salzig, Bad	50°12‘	7°38‘	77	54	52	59	54	64	66	66	56	62	57	59	62	368	343	710
Oberbachheim	50°14‘	7°44‘	328	52	50	59	48	62	69	64	57	61	56	55	60	361	332	692
Koblenz-Horch-heim	50°20‘	7°35‘	85	50	43	50	52	63	75	69	64	63	53	52	52	386	300	686
Oberwesel	50°6.‘	7°42‘	110	54	50	53	48	56	58	64	49	55	54	53	60	330	324	653
Mosel-Saar-Ruwer																		
Stationsname	**Breite**	**Länge**	**Höhe**	**Jan**	**Feb**	**Mrz**	**Apr**	**Mai**	**Jun**	**Jul**	**Aug**	**Sep**	**Okt**	**Nov**	**Dez**	**IV-IX**	**X-III**	**Jahr**
Bernkastel-Kues	49°55‘	7°3.‘	120	55	46	54	47	62	66	68	61	63	62	54	61	367	332	697
Bitburg	49°58‘	6°31‘	359	78	59	63	56	61	66	68	53	71	73	68	81	375	422	795
Blankenrath	50°2.‘	7°18‘	417	70	60	73	60	77	76	64	68	73	74	63	83	418	423	840
Kail	50°11‘	7°14‘	290	53	46	53	48	65	65	60	52	64	57	53	59	354	321	674
Densborn	50°7.‘	6°36‘	308	103	78	85	65	70	69	74	68	78	88	88	108	424	550	975

Tab. A1 Fortsetzung 7

Mosel-Saar-Ruwer																	
Stationsname	**Breite**	**Länge**	**Höhe**	**Jan**	**Feb**	**Mrz**	**Apr**	**Mai**	**Jun**	**Jul**	**Aug**	**Sep**	**Okt**	**Nov**	**Dez**	**IV-IX**	**X-III**	**Jahr**
Leiwen	49°49‘	6°52‘	140	64	51	58	51	61	69	68	57	61	70	60	66	367	369	734
Manderscheid-Sonnenhof	50°6.‘	6°48‘	413	101	71	82	60	72	68	67	65	77	83	78	106	409	521	931
Mörsdorf	50°6.‘	7°20‘	340	65	56	61	54	69	64	63	58	65	62	59	72	373	375	747
Münstermaifeld	50°14‘	7°21‘	255	45	38	47	49	69	66	62	56	56	52	46	51	358	279	636
Newel	49°48‘	6°35‘	365	81	66	71	59	69	74	75	62	74	84	77	92	413	471	883
Prüm-Watzerath	50°11‘	6°21‘	386	89	73	83	62	72	69	76	71	78	81	81	97	428	504	931
Temmels	49°41‘	6°27‘	142	71	52	63	55	60	72	65	55	69	74	64	78	376	402	777
Trier-Petrisberg	49°44‘	6°39‘	265	68	54	62	54	65	68	73	63	63	74	64	73	386	395	779
Ahr																		
Stationsname	**Breite**	**Länge**	**Höhe**	**Jan**	**Feb**	**Mrz**	**Apr**	**Mai**	**Jun**	**Jul**	**Aug**	**Sep**	**Okt**	**Nov**	**Dez**	**IV-IX**	**X-III**	**Jahr**
Ahrbrück	50°29‘	6°58‘	195	54	50	58	54	71	68	68	66	63	53	54	55	390	324	712
Andernach	50°25‘	7°25‘	75	46	39	48	44	57	59	67	52	53	45	50	47	332	275	607
Neuenahr, Bad-Ahrweiler	50°32‘	7°5.‘	111	47	44	54	51	66	65	66	67	59	50	51	51	374	297	671
Rodder	50°23‘	6°51‘	512	63	55	60	54	71	66	63	70	66	59	58	66	390	361	750

Tab. A1 Fortsetzung 8

Stationsname	Breite	Länge	Höhe	Jan	Feb	Mrz	Apr	Mai	Jun	Jul	Aug	Sep	Okt	Nov	Dez	IV-IX	X-III	Jahr
Rheingau																		
Rüdesheim-Presberg	50°3.‘	7°53‘	403	48	44	52	49	62	63	71	57	58	56	53	57	360	310	670
Geisenheim	49°59‘	7°57‘	110.2	41	35	40	36	50	52	61	43	47	49	45	49	289	259	546
Wiesbaden-Biebrich	50°2.‘	8°13‘	90	45	42	48	39	53	57	69	49	52	54	50	55	319	294	612
Wiesbaden (Süd)	50°4.‘	8°15‘	147	51	45	50	43	53	62	67	50	57	60	55	60	332	321	653
Frankfurt/Main	50°1.‘	8°31‘	99.7	45	41	48	42	63	58	65	57	53	55	49	54	338	292	629
Mühlheim/Main	50°7.‘	8°49‘	102	51	42	48	43	59	60	68	51	57	56	52	62	338	311	648
Bergstrasse																		
Stationsname	**Breite**	**Länge**	**Höhe**	**Jan**	**Feb**	**Mrz**	**Apr**	**Mai**	**Jun**	**Jul**	**Aug**	**Sep**	**Okt**	**Nov**	**Dez**	**IV-IX**	**X-III**	**Jahr**
Beerfelden	49°33‘	8°58‘	450	106	93	104	65	92	78	82	72	80	100	91	116	469	610	1078
Lampertheim-Neuschloß	49°36‘	8°30‘	94	41	44	53	46	70	71	73	59	58	59	55	53	377	305	682
Michelstadt	49°40‘	9°0.‘	240	82	72	84	58	83	68	85	65	69	77	73	96	428	484	910
Lindenfels	49°40‘	8°46‘	341	90	89	104	70	93	86	92	83	84	100	94	104	508	581	1087
Biblis	49°41‘	8°25‘	88	34	35	42	39	62	62	63	53	53	54	47	47	332	259	592
Gernsheim	49°45‘	8°29‘	90	39	39	49	45	70	61	68	52	57	60	51	53	353	291	643
Dieburg	49°53‘	8°50‘	145	55	53	60	47	64	61	67	55	60	63	56	65	354	352	707
Groß-Gerau-Wallerstädten	49°54‘	8°26‘	87	37	36	45	35	58	58	64	51	49	51	47	49	315	265	582

Tab. A1 Fortsetzung 9

Franken																		
Stationsname	**Breite**	**Länge**	**Höhe**	**Jan**	**Feb**	**Mrz**	**Apr**	**Mai**	**Jun**	**Jul**	**Aug**	**Sep**	**Okt**	**Nov**	**Dez**	**IV-IX**	**X-III**	**Jahr**
Altertheim-Oberaltertheim	49°43‘	9°46‘	300	53	48	60	50	66	71	76	59	56	57	55	65	378	338	714
Alzenau	50°5.‘	9°3.‘	111	57	54	56	52	70	69	79	60	65	61	64	66	395	358	752
Arnstein-Altbessingen	50°1.‘	9°58‘	265	60	46	50	43	59	62	68	49	57	59	55	63	338	333	669
Bergtheim	49°53‘	10°4.‘	273	49	41	47	39	56	65	71	52	52	52	53	60	335	302	635
Bütthard	49°36‘	9°53‘	263	49	44	52	44	60	62	68	49	53	55	49	58	336	307	642
Castell	49°43‘	10°21‘	403	45	37	48	43	63	70	73	47	58	56	50	49	354	285	639
Dettelbach-Effeldorf	49°47‘	10°5.‘	293	45	36	46	40	58	61	67	46	51	53	47	52	323	279	602
Elsenfeld-Rück	49°49‘	9°12‘	165	56	50	61	50	68	66	70	61	63	63	57	63	378	350	728
Euerbach-Sömmersdorf	50°3.‘	10°5.‘	270	57	45	52	42	57	61	65	55	58	54	58	65	338	331	668
Eußenheim-Hundsbach	50°0.‘	9°52‘	210	63	49	53	49	60	62	70	47	59	60	56	66	347	347	693
Geiselwind	49°46‘	10°28‘	344	59	52	65	53	66	73	78	55	64	65	63	68	389	372	760
Gemünden/Main-Adelsberg	50°1.‘	9°44‘	213	68	56	58	46	64	67	72	57	58	60	63	75	364	380	744
Großostheim	49°55‘	9°5.‘	110	53	52	63	50	65	73	68	56	63	58	57	67	375	350	726
Hammelburg	50°7.‘	9°54‘	220	59	47	52	41	58	59	71	58	55	57	57	69	342	341	683

Tab. A1 Fortsetzung 10

Franken																	
Stationsname	**Breite**	**Länge**	**Höhe**	**Jan**	**Feb**	**Mrz**	**Apr**	**Mai**	**Jun**	**Jul**	**Aug**	**Sep**	**Okt**	**Nov**	**Dez**	**IV-IX**	**X-III**	**Jahr**
Hasloch/Main (Schirrhof)	49°47‘	9°28‘	130	65	59	65	51	67	68	70	61	59	65	66	78	376	398	774
Hofheim	50°8.‘	10°30‘	263	56	45	50	48	59	70	76	54	60	57	57	64	367	329	695
Holzkirchen/Unter-franken	49°46‘	9°40‘	204	58	50	55	46	63	65	67	55	55	59	54	64	351	340	692
Johannesberg-Oberafferbach	50°1.‘	9°8.‘	335	68	58	64	62	74	71	80	71	70	74	74	77	428	415	843
Karlstadt	49°57‘	9°46‘	173	57	49	51	40	58	57	64	54	54	53	55	64	327	329	655
Kitzingen	49°44‘	10°10‘	188	42	39	47	40	58	62	67	54	51	47	48	53	332	276	607
Knetzgau-Ober-schwappach	49°58‘	10°28‘	267	56	45	50	49	62	70	83	48	61	57	57	61	373	326	698
Lohr/Main -Rup-pertshütten	50°4.‘	9°32‘	370	113	88	92	63	77	84	92	67	90	92	101	118	473	604	1075
Markt Bibart	49°39‘	10°23‘	317	49	47	59	47	62	73	76	61	61	64	57	65	380	341	721
Markt Einersheim	49°41‘	10°17‘	291	43	41	52	45	66	71	74	56	59	56	55	57	371	304	676
Markt Erlbach-Wilhelmsgreuth	49°29‘	10°32‘	415	46	45	56	48	65	73	78	64	58	61	56	60	386	324	709
Markt Taschendorf -Obersteinbach	49°39‘	10°33‘	320	53	53	63	49	65	73	75	56	59	65	60	66	377	360	737
Marktheidenfeld	49°49‘	9°34‘	145	67	59	62	45	63	65	65	54	55	62	60	76	347	386	731

Tab. A1 Fortsetzung 11

Franken																	
Stationsname	**Breite**	**Länge**	**Höhe**	**Jan**	**Feb**	**Mrz**	**Apr**	**Mai**	**Jun**	**Jul**	**Aug**	**Sep**	**Okt**	**Nov**	**Dez**	**IV-IX**	**X-III**	**Jahr**
Mespelbrunn	49°55‘	9°17‘	302	75	72	85	64	82	81	87	75	74	80	82	91	463	485	949
Michelau/Unter-franken-Neuhausen	49°55‘	10°28‘	375	58	48	56	52	69	65	83	58	64	60	61	67	391	350	741
Miltenberg	49°42‘	9°13‘	128	62	57	64	47	73	58	72	58	54	61	56	71	362	371	733
Röllbach	49°45‘	9°15‘	239	54	49	63	49	74	66	75	59	59	58	57	63	382	344	726
Oberaurach-Fat-schenbrunn	49°55‘	10°35‘	426	76	60	68	54	67	76	84	63	71	70	80	84	415	438	852
Oberdachstetten	49°24‘	10°25‘	430	46	48	58	47	63	67	67	56	56	61	55	60	356	328	684
Wörth am Main	49°47‘	9°9.‘	132	63	63	77	61	78	75	78	65	67	71	68	79	424	421	843
Prichsenstadt	49°49‘	10°20‘	261	52	40	53	48	64	70	79	47	61	62	57	58	369	322	689
Rieneck	50°5.‘	9°38‘	198	97	76	72	56	62	69	74	51	68	77	74	101	380	497	876
Rimpar-Gram-schatz	49°55‘	9°58‘	320	59	46	52	45	63	71	68	52	55	60	57	62	354	336	689
Rothenburg ob der Tauber	49°23‘	10°10‘	415	52	49	57	46	69	65	67	59	53	62	54	61	359	335	693
Schlüsselfeld-Hohn am Berg	49°47‘	10°32‘	410	56	50	61	47	64	71	73	52	63	65	63	66	370	361	730
Schwarzach/Main (Klärwerk)	49°47‘	10°13‘	188	40	36	44	37	53	60	69	46	49	48	46	51	314	265	579
Dorfprozelten	49°46‘	9°23‘	133	64	61	70	53	70	74	75	60	60	65	66	75	392	401	793

Tab. A1 Fortsetzung 12

Franken																		
Stationsname	**Breite**	**Länge**	**Höhe**	**Jan**	**Feb**	**Mrz**	**Apr**	**Mai**	**Jun**	**Jul**	**Aug**	**Sep**	**Okt**	**Nov**	**Dez**	**IV-IX**	**X-III**	**Jahr**
Sugenheim	49°36‘	10°26‘	313	47	45	54	43	65	72	71	55	56	56	50	57	362	309	670
Sulzbach/Main-Dornau	49°53‘	9°11‘	225	57	52	62	57	71	67	75	60	67	66	60	66	397	363	761
Urspringen/Main	49°54‘	9°40‘	265	72	56	60	47	60	64	66	54	61	66	58	76	352	388	739
Veitshöchheim	49°50‘	9°52‘	187	56	47	52	44	61	64	67	51	54	58	53	64	341	330	669
Wasserlosen	50°5.‘	10°1.‘	330	60	48	50	45	59	60	65	53	55	59	56	64	337	337	674
Wiesen	50°6.‘	9°21‘	397	116	93	96	81	82	95	103	73	90	100	97	117	524	619	1142
Windsheim, Bad	49°30‘	10°25‘	310	41	40	50	40	63	66	70	53	55	54	51	52	347	288	634
Würzburg	49°46‘	9°57‘	268	43	37	47	40	59	58	65	53	50	51	45	54	325	277	601
Zeil-Bischofsheim	50°1.‘	10°38‘	348	60	50	55	49	61	67	84	55	64	59	65	71	380	360	739
Saale Unstrut																		
Stationsname	**Breite**	**Länge**	**Höhe**	**Jan**	**Feb**	**Mrz**	**Apr**	**Mai**	**Jun**	**Jul**	**Aug**	**Sep**	**Okt**	**Nov**	**Dez**	**IV-IX**	**X-III**	**Jahr**
Auerstedt	51°6‘	11°34‘	150	32	32	42	42	53	61	66	63	43	35	43	44	328	228	556
Bibra, Bad	51°12‘	11°34‘	190	39	40	48	42	59	62	72	58	53	34	46	50	346	257	602
Goseck	51°11‘	11°52‘	160	29	29	37	38	55	52	70	57	41	30	41	40	313	206	517
Weißenfels-Wengelsdorf	51°16‘	12°3.‘	92	30	30	39	42	55	49	78	59	47	30	46	42	330	217	546
Kösen, Bad	51°7.‘	11°43‘	136	36	34	45	45	56	57	72	61	42	36	46	47	333	244	579
Laucha/Unstrut	51°13‘	11°40‘	117	34	33	41	38	55	54	70	57	47	31	44	44	321	227	545

Tab. A1 Fortsetzung 13

Stationsname	Breite	Länge	Höhe	Jan	Feb	Mrz	Apr	Mai	Jun	Jul	Aug	Sep	Okt	Nov	Dez	IV-IX	X-III	Jahr
Saale Unstrut																		
Stationsname	**Breite**	**Länge**	**Höhe**	**Jan**	**Feb**	**Mrz**	**Apr**	**Mai**	**Jun**	**Jul**	**Aug**	**Sep**	**Okt**	**Nov**	**Dez**	**IV-IX**	**X-III**	**Jahr**
Lehesten	50°58‘	11°34‘	272	33	34	43	45	63	61	71	61	48	37	50	44	349	241	590
Mertendorf	50°59‘	11°47‘	330	39	37	48	48	69	65	85	72	56	43	57	49	395	273	667
Sachsen																		
Stationsname	**Breite**	**Länge**	**Höhe**	**Jan**	**Feb**	**Mrz**	**Apr**	**Mai**	**Jun**	**Jul**	**Aug**	**Sep**	**Okt**	**Nov**	**Dez**	**IV-IX**	**X-III**	**Jahr**
Dippoldiswalde-Reinberg	50°55‘	13°42‘	365	55	53	59	51	71	72	97	97	53	50	65	64	441	346	786
Dresden-Klotzsche	51°7.‘	13°45‘	227	45	36	45	42	65	61	85	84	50	43	56	53	387	278	664
Dresden-Hosterwitz	51°1.‘	13°50‘	114	42	34	49	44	67	67	82	88	52	40	53	53	400	271	670
Dresden-Gohlis	51°5.‘	13°37‘	106	40	34	43	36	57	59	75	70	45	35	47	50	342	249	591
Karsdorf	50°56‘	13°42‘	400	49	47	55	49	73	70	94	93	54	46	60	60	433	317	749
Tanneberg	51°3.‘	13°24‘	248	39	39	45	41	59	64	80	78	48	39	50	49	370	261	629
Zehren	51°11‘	13°24‘	108	46	37	48	40	59	57	77	76	49	41	54	52	358	278	635
Brandenburg																		
Stationsname	**Breite**	**Länge**	**Höhe**	**Jan**	**Feb**	**Mrz**	**Apr**	**Mai**	**Jun**	**Jul**	**Aug**	**Sep**	**Okt**	**Nov**	**Dez**	**IV-IX**	**X-III**	**Jahr**
Kleinmachnow	52°24‘	13°13‘	42	47	43	42	33	58	59	60	58	48	40	47	53	316	272	588
Langerwisch	52°19‘	13°4.‘	40	44	40	42	32	53	57	60	58	45	38	47	53	305	264	567
Potsdam	52°22‘	13°3.‘	81	46	39	42	34	57	61	61	64	47	37	46	53	324	263	586
Werder/Havel	52°20‘	12°54‘	60	40	36	37	32	49	61	60	60	45	35	42	45	307	235	542

Service

Bildquellen

Titelfoto: Fotoarchiv der Hochschule Geisenheim Univerity

Quellen werden in den Bildunterschriften genannt.

Abbildungen ohne Quellenangabe stammen von den Autoren.

Die Autoren

Prof. Dr. Dieter Hoppmann

Nach Studium und Promotion in Berlin und Gießen leitete Dieter Hoppmann die Außenstelle des Deutschen Wetterdienstes in Geisenheim. Dort entwickelte er objektive Kriterien, mit Hilfe derer Rebflächen klimatisch und bodenkundlich differenziert werden können. Aus seinen Methoden und Ergebnissen entstand en der *Standortatlas* der *Hessischen Weinbaugebiete* und die Karte zum *Ersten Gewächs* im Rheingau. Dieter Hoppmann lehrte an den Fachhochschulen Geisenheim und Soest und an der Universität Bonn. In der 1. Auflage erschien das Buch *Terroir* unter seiner Autorenschaft.

Prof. Dr. Klaus Schaller

Nach Studium und Promotion in München leitete Klaus Schaller das Institut für Bodenkunde und Pflanzenernährung an der Forschungsanstalt Geisenheim. Er forschte zur N-Versorgung und zu Nährstoffausträgen bei Reben. Dazu entwickelte er ein Modell, das Nitratbildung und Nitrataustrag in Böden erfasst. Klaus Schaller war viele Jahre Vizepräsident der Gruppe *Viticulture* beim OIV in Paris, von 1986 bis 2009 war er Direktor der Forschungsanstalt Geisenheim University.

Prof. Dr. Manfred Stoll

Nach Studium und Promotion in Geisenheim, Würzburg und Adelaide leitet Manfred Stoll das Institut für allgemeinen und ökologischen Weinbau an der Hochschule Geisenheim University. Er erforscht die Reaktion von Reben auf verschiedene abiotische Faktoren und Bewirtschaftungssysteme und Auswirkungen des Klimawandels. Er arbeitet an der Entwicklung neuer Strategien des Ressourcenmanagements und legt großen Wert auf die Vermittlung von Praxiswissen an die Lernenden.

Register